中国国家标准汇编

2011年修订-2

中国标准出版社　编

中国标准出版社
北　京

图书在版编目(CIP)数据

中国国家标准汇编:2011年修订.2/中国标准出版社编.—北京:中国标准出版社,2012
ISBN 978-7-5066-6932-0

Ⅰ.①中… Ⅱ.①中… Ⅲ.①国家标准-汇编-中国-2011 Ⅳ.①T-652.1

中国版本图书馆CIP数据核字(2012)第197067号

中国标准出版社出版发行
北京市朝阳区和平里西街甲2号(100013)
北京市西城区三里河北街16号(100045)

网址 www.spc.net.cn
总编室:(010)64275323 发行中心:(010)51780235
读者服务部:(010)68523946

中国标准出版社秦皇岛印刷厂印刷
各地新华书店经销

*

开本 880×1230 1/16 印张 37.25 字数 1 013 千字
2012年9月第一版 2012年9月第一次印刷

*

定价 220.00 元

出 版 说 明

1.《中国国家标准汇编》是一部大型综合性国家标准全集。自1983年起，按国家标准顺序号以精装本、平装本两种装帧形式陆续分册汇编出版。它在一定程度上反映了我国建国以来标准化事业发展的基本情况和主要成就，是各级标准化管理机构，工矿企事业单位，农林牧副渔系统，科研、设计、教学等部门必不可少的工具书。

2.《中国国家标准汇编》收入我国每年正式发布的全部国家标准，分为“制定”卷和“修订”卷两种编辑版本。

“制定”卷收入上一年度我国发布的、新制定的国家标准，顺延前年度标准编号分成若干分册，封面和书脊上注明“20××年制定”字样及分册号，分册号一直连续。各分册中的标准是按照标准编号顺序连续排列的，如有标准顺序号缺号的，除特殊情况注明外，暂为空号。

“修订”卷收入上一年度我国发布的、被修订的国家标准，视篇幅分设若干分册，但与“制定”卷分册号无关联，仅在封面和书脊上注明“20××年修订-1，-2，-3，……”字样。“修订”卷各分册中的标准，仍按标准编号顺序排列（但不连续）；如有遗漏的，均在当年最后一分册中补齐。需提请读者注意的是，个别非顺延前年度标准编号的新制定的国家标准没有收入在“制定”卷中，而是收入在“修订”卷中。

读者配套购买《中国国家标准汇编》“制定”卷和“修订”卷则可收齐由我社出版的上一年度我国制定和修订的全部国家标准。

3. 由于读者需求的变化，自1996年起，《中国国家标准汇编》仅出版精装本。

4. 2011年我国制修订国家标准共1 989项。本分册为“2011年修订-2”，收入新制修订的国家标准26项。

中国标准出版社

2012年8月

目　　录

ICS 29.180
K 41

中华人民共和国国家标准

GB/T 1094.6—2011
代替 GB/T 10229—1988

电力变压器　第6部分：电抗器

Power transformers—Part 6: Reactors

(IEC 60076-6:2007, MOD)

2011-07-29 发布　　2011-12-01 实施

中华人民共和国国家质量监督检验检疫总局
中国国家标准化管理委员会　发布

前　言

GB 1094《电力变压器》目前包含了下列几个部分：

——第1部分：总则；

——第2部分：温升；

——第3部分：绝缘水平、绝缘试验和外绝缘空气间隙；

——第4部分：电力变压器和电抗器的雷电冲击和操作冲击试验导则；

——第5部分：承受短路的能力；

——第6部分：电抗器；

——第7部分：油浸式电力变压器负载导则；

——第10部分：声级测定；

——第101部分：声级测定　应用导则；

——第11部分：干式变压器。

本部分为GB 1094系列标准的第6部分。

本部分按照GB/T 1.1—2009给出的规则编写。

本部分的前版标准代号为GB/T 10229，对应的IEC标准代号为IEC 60289。由于IEC有关电力变压器的标准代号现均调整为IEC 60076系列，为了与IEC的标准代号相协调且使用方便，本次修订也将标准代号按新IEC标准系列进行调整。

本部分代替GB/T 10229—1988《电抗器》。

本部分与GB/T 10229—1988相比主要变化如下：

a) 编写格式按GB/T 1.1—2009《标准化工作导则　第1部分：标准的结构和编写》和GB/T 20000.2—2009《标准化工作指南　第2部分：采用国际标准》的规定进行了修改；

b) 标准名称由《电抗器》改为《电力变压器　第6部分：电抗器》；

c) 增加了规范性引用文件；

d) 扩大了电抗器的范围；

e) 增加了各类电抗器的术语和定义的条款；

f) 增加了符号与缩写；

g) 补充了干式电抗器的使用条件，增加了其他特殊使用条件；

h) 增加了设计、试验、偏差和应用；

i) 增加了放电电抗器和高压直流输电用平波电抗器的有关技术内容，并对原标准中已有的各类电抗器的技术内容进行了调整；

j) 原标准各篇中的“定义”改为“术语和定义”；

k) 增加了附录。

本部分使用重新起草法修改采用IEC 60076-6:2007《电力变压器　第6部分：电抗器》(英文版)。在附录A中列出了本部分章条编号与IEC 60076-6:2007章条编号的对照一览表。

考虑到我国国情，在采用IEC 60076-6:2007时，本部分做了一些修改。有关技术性差异已编入正文中并在它们所涉及的条款的页边空白处用垂直单线标识。在附录B中给出了这些技术性差异及其原因的一览表以供参考。

本部分对IEC 60076-6:2007进行了下列编辑性修改：

a) “本国际标准”一词改为“本部分”；

b） 删除了 IEC 60076-6:2007 的前言；

c） 用小数点“.”代替作为小数点的逗号“,”。

本部分由中国电器工业协会提出。

本部分由全国变压器标准化技术委员会(SAC/TC 44)归口。

本部分起草单位:沈阳变压器研究院、顺特电气有限公司、北京电力设备总厂、特变电工沈阳变压器集团有限公司、保定天威保变电气股份有限公司、西安西电变压器有限责任公司、国网电力科学研究院、广州市番禺明珠电器有限责任公司、思源电器股份有限公司第一分公司、宁波宁变电气有限公司、保定保菱变压器有限公司、广东电网公司电力科学研究院、广州智光电气股份有限公司、特变电工衡阳变压器有限公司、中电电气集团。

本部分主要起草人:郭振岩、孙军、刘燕、李霞、任玉民、张喜乐、陈荣、陈江波、毛启武、侯建国、王辉、郑泉、徐林峰、易兆林、禹云长、徐子宏、张显忠。

本部分所代替的 GB/T 10229 于 1988 年首次发布,本次为第一次修订。

引　　言

本部分的目的是为在该范围内的电抗器提供技术参数和试验的依据。本部分也为电抗器的某些应用提供重要信息，以帮助制定电抗器的技术规范。

本部分尽可能地参考了 GB 1094 其他部分中与电力变压器相关的章节。然而，由于电抗器与变压器有些本质上的区别，所以在电抗器的规范、试验和应用上需要有些特殊的考虑。本部分包括了这些考虑。

本部分的第 1 章至第 6 章适用于所有的电抗器，第 7 章至第 12 章对应于不同类型的电抗器。一般来说，第 7 章至第 12 章的每一章对应一类电抗器。

本部分的定义条款不止一个，第 3 章的一般定义适用于整个部分，第 7 章至第 12 章中的每一章规定了某一类型的电抗器及其定义，并只适用于该章节。

第 7 章至第 12 章有统一的结构。在该结构下，额定值条款给出用户需要提供的电抗器技术参数的基本信息。每章的试验条款规定了用于该类型电抗器的试验，并且还包括了一些附加项目，这些项目需要在订货时协商确定。

附录 C、附录 D、附录 E、附录 F、附录 H 和附录 I 提供了某类型电抗器使用和试验的更进一步的信息。附录 G 阐述了干式电抗器匝间过电压试验。

本部分包括了干式和液浸式电抗器，当某些章条只适用于某一种电抗器时，也做了澄清。

电力变压器　第6部分：电抗器

1　范围

GB 1094 的本部分适用于下列电抗器：

——并联电抗器；

——串联电抗器，包括限流电抗器、中性点接地电抗器、功率控制电抗器、电动机启动电抗器和电弧炉串联电抗器；

——滤波(调谐)电抗器；

——电容器阻尼电抗器；

——电容器放电电抗器；

——接地变压器(中性点耦合器)；

——消弧线圈；

——高压直流输电和工业用平波电抗器。

但下列电抗器除外：

——额定容量小于 1 kvar 的单相电抗器和额定容量小于 5 kvar 的三相电抗器；

——各种专用电抗器，例如：高频的线路阻波器或安装于铁道车辆上的电抗器。

若小型电抗器或专用电抗器无相应标准时，本部分的全部或部分内容可适用。

2　规范性引用文件

下列文件对于本文件的应用是必不可少的。凡是注日期的引用文件，仅注日期的版本适用于本文件。凡是不注日期的引用文件，其最新版本(包括所有的修改单)适用于本文件。

GB 1094.1—1996　电力变压器　第1部分：总则(eqv IEC 60076-1:1993)

GB 1094.2　电力变压器　第2部分：温升(GB 1094.2—1996，eqv IEC 60076-2:1993)

GB 1094.3—2003　电力变压器　第3部分：绝缘水平、绝缘试验和外绝缘空气间隙(eqv IEC 60076-3:2000)

GB/T 1094.4—2005　电力变压器　第4部分：电力变压器和电抗器雷电冲击和操作冲击试验导则(IEC 60076-4:2002，MOD)

GB 1094.5—2008　电力变压器　第5部分：承受短路的能力(IEC 60076-5:2006，MOD)

GB/T 1094.7　电力变压器　第7部分：油浸式电力变压器负载导则(GB/T 1094.7—2008，IEC 60076-7:2005，MOD)

GB/T 1094.10—2003　电力变压器　第10部分：声级测定(IEC 60076-10:2001，MOD)

GB 1094.11—2007　电力变压器　第11部分：干式变压器(IEC 60076-11:2004，MOD)

GB/T 4109　交流电压高于 1 000 V 的绝缘套管(GB/T 4109—2008，IEC 60137:2003，MOD)

GB/T 4797.7　电工电子产品环境条件分类　自然环境条件　地震振动和冲击(GB/T 4797.7—2008，IEC 60721-2-6:1990，IDT)

GB/T 7354　局部放电测量(GB/T 7354—2003，IEC 60270:2000，IDT)

GB/T 13499—2002　电力变压器应用导则(IEC 60076-8:1997，IDT)

GB/T 16927.1—1997　高压试验技术　第一部分：一般试验要求(eqv IEC 60060-1:1989)

GB/T 17211 干式电力变压器负载导则(GB/T 17211—1998,eqv IEC 60905:1987)

GB/T 20836 高压直流输电用油浸式平波电抗器

GB/T 20837 高压直流输电用油浸式平波电抗器技术参数和要求

GB/T 25092 高压直流输电用干式空心平波电抗器

JB/T 5895 污秽地区绝缘子使用导则(JB/T 5895—1991,neq IEC 60815:1986)

IEC/TR 60943:1998 电气设备部件许可温升相关导则 特指端子

3 术语和定义

下列术语和定义适用于本文件。

本章给出的定义属于通用性的。在本文件其余各章中给出的补充定义则是针对某种具体类型的电抗器作出的专门规定,或者当它与电抗器类型有关时给出特别的含义。

本文件会经常引用GB 1094系列标准中有关变压器和变压器试验方面的技术条款。这些标准中的术语可能不总是与电抗器内容有严格的关系,例如:在电抗器上进行的"感应耐受电压试验"是这样一种试验,即绕组两端上的试验电压不是从另一个绕组"感应"过来的,而是直接由试验电源施加的。

3.1 电抗器的类型

3.1.1

并联电抗器 shunt reactor

接到电力系统中的相与地之间、相与中性点之间或相间的用以补偿电容电流的电抗器。

3.1.2

限流电抗器 current-limiting reactor

串联在电力系统中用以限制系统故障电流的电抗器。

3.1.3

中性点接地电抗器 neutral-earthing reactor

接到电力系统的中性点与地之间,能将系统接地故障时的线对地电流值限制到要求值以内的电抗器。

3.1.4

功率控制电抗器 power flow control reactor

串联在电力系统中用以控制功率的电抗器。

3.1.5

电动机启动电抗器 motor starting reactor

与电动机串联连接,用以限制电动机启动涌流值的电抗器。

3.1.6

电弧炉串联电抗器 arc-furnace series reactor

与电弧炉串联连接,用以提高金属熔融工作效率和减少电力系统电压波动的电抗器。

3.1.7

阻尼电抗器 damping reactor

与并联电容器串联连接,用以限制该电容器合闸涌流,限制近区发生故障或邻近电容器切换时产生的外界涌流或供电容器组消谐,以避免其与电力系统发生谐振的电抗器。

3.1.8

滤波电抗器 filter reactor

与电容器串联或并联连接,用以降低或阻断频率达10 kHz的谐波或控制信号(脉动信号)的电抗器。

3.1.9

放电电抗器　discharge reactor

用于高压电力系统串联电容器组的旁路/放电回路中以限制故障电流的电抗器。

3.1.10

接地变压器(中性点耦合器)　earthing transformer (neutral coupler)

接到电力系统中,为系统提供一个直接接地或经阻抗接地的中性点的三相变压器或电抗器。

注:接地变压器也可以向本地辅助负载供电。

3.1.11

消弧线圈　arc-suppression reactor

接到电力系统中性点与地之间,用以补偿单相接地故障(谐振—接地系统)时的相对地电容电流的电抗器。

3.1.12

平波电抗器　smoothing reactor

串联在直流系统中,用以降低交流电流成分和暂态过电流的电抗器。

3.2　其他定义

3.2.1

设备最高电压　highest voltage for equipment

U_m

按 GB 1094.3 的规定,决定电抗器绝缘水平值的基准电压。

3.2.2

磁屏蔽　magnetic shield

电抗器绕组外部用以控制磁通的铁磁部分。

注:它包括铁轭、无绕组的心柱、铁磁油箱磁分路等。

3.2.3

空心电抗器　air-core reactor

绕组内部或外部均不含有用以控制磁通的铁磁材料的电抗器(通常为干式电抗器)。

3.2.4

间隙铁心电抗器　gapped-core reactor

绕组内部有带间隙铁心的电抗器。

3.2.5

磁屏蔽空心电抗器　magnetically-shielded air-core reactor

绕组内部不含任何铁磁材料,但在绕组外部配有用以控制磁通的磁屏蔽的电抗器。

3.2.6

间隙铁心磁屏蔽空心电抗器的空心电抗　air-core reactance of a gapped-core or magnetically-shielded air-core reactor

在一台含有控制磁通用的铁磁材料的电抗器中,当其所有铁磁部分中的磁通呈完全饱和时,由电抗器微分电感(见 C.4)计算出的电抗值。

3.2.7

磁化特性　magnetic characteristic

电抗器的磁化特性是指电抗器绕组的磁链与电流之间的关系。

注:磁化特性可以是如图 1a)所示的线性特性、如图 1b)所示的非线性特性或如图 1c)所示的饱和特性。

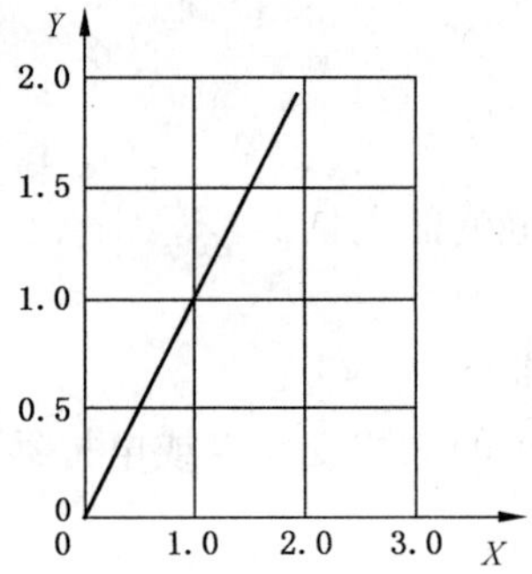

a) 线性

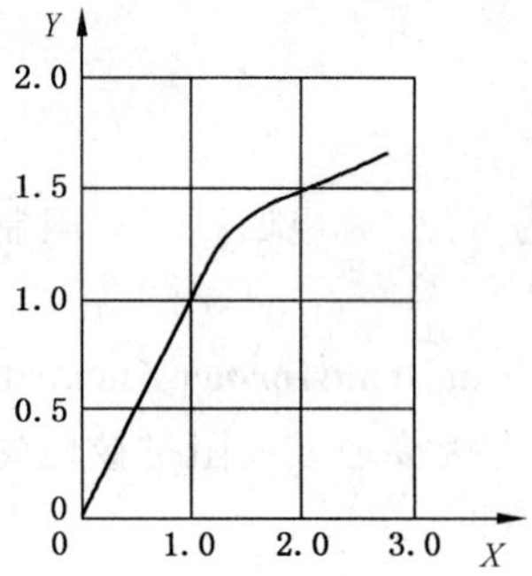

b) 非线性

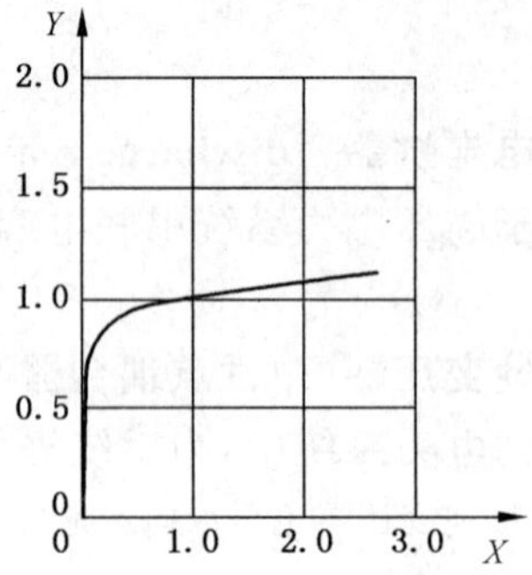

c) 饱和

图中：

X 轴：以额定电流为基准值的瞬时电流标幺值。

Y 轴：以额定电流下的磁链为基准值的瞬时磁链标幺值。

图 1 电抗器磁化特性类型

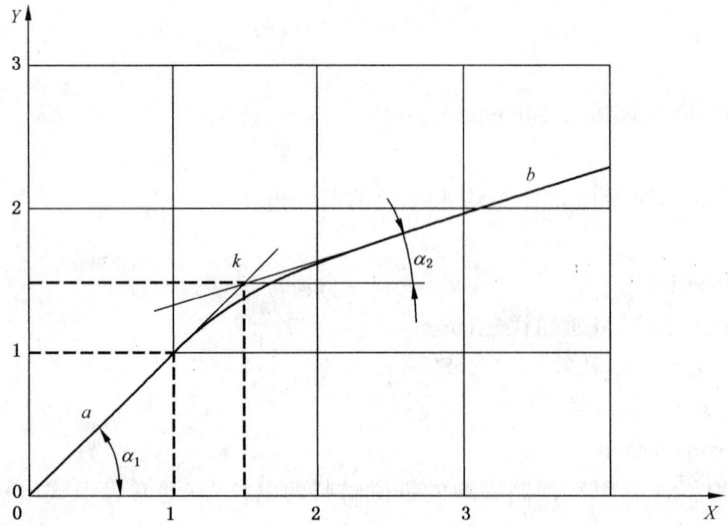

图中：

X 轴：以额定电流为基准值的瞬时电流标幺值。

Y 轴：以额定电流下的磁链为基准值的瞬时磁链标幺值。

α_1：特性曲线非饱和部分斜角（微分电感）。

α_2：特性曲线饱和部分斜角（微分电感）。

k：饱和拐点，两直线 a 和 b 的交点。

图 2 非线性磁化特性曲线

3.2.8

线性电抗器 linear reactor

当电流或电压在一定范围内，电抗（对于平波电抗器则指电感）是一个常数，且其偏差符合各有关章条规定的电抗器。

注： 线性电抗器如果没有铁磁部分，则具有如图 1a）所示的线性磁化特性；如果配置有铁心或磁屏蔽，则具有图 1b）所示的非线性磁化特性。

3.2.9

饱和电抗器 saturated reactor

电抗值被专门设计成随运行电压或电流而变化的电抗器。

注：图 1c)为具有磁饱和特性的电抗器的示例。

3.2.10

工频 power frequency

电抗器所安装电力系统中的额定频率。

3.2.11

参考温度 reference temperature

对于液浸式电抗器，参考温度是 75 ℃；对干式电抗器，按绝缘等级规定的参考温度见 GB 1094.11。

注：对于干式电抗器，如果在正常运行时的温升明显低于相应绝缘等级的规定值时，则需要协商降低参考温度。

4 符号与缩写

符　号	含　义	单　位
f_r	额定频率(见注)	Hz
f_{rd}	额定放电频率	Hz
f_{rIN}	额定涌流频率	Hz
f_{rt}	额定调谐频率	Hz
I_{equ}	工频等效电流	A
I_d	额定持续直流电流	A
I_h	h 次谐波下的谐波电流	A
I_{Nr}	额定持续中性点电流	A
I_{NSTr}	额定短时中性点电流	A
I_{MSCr}	额定机械短路电流(动稳定电流)	A
I_r	额定电流(见注)	A
I_{rd}	额定放电电流	A
I_{rIN}	额定涌入电流	A
I_{SCr}	额定热短路电流(热稳定电流)(见注)	A
I_T	等效直流试验电流	A
I_{test}	试验电流	A
I_{STr}	额定短时电流	A
k	耦合系数(见注)	
L_{inc}	增量电感	H
L_r、L_{SCr}	额定电感(见注)	H
Q_f	品质因数	
R	直流电阻	Ω
T_{NSTr}	额定短时中性点电流持续时间	s
T_r	额定电流持续时间	s

符　　号	含　　义	单　　位
T_{SCr}	额定热短路电流持续时间	s
T_{STr}	额定短时电流持续时间	s
U_{ac}	交流耐受电压	V
U_{d}	额定直流电压	V
U_{dc}	直流耐受电压	V
U_{dmax}	最高持续直流电压	V
U_{m}	设备最高电压(见 GB 1094.3—2003 中的 3.1)	V
U_{max}	最高运行电压、最高持续电压(见注)	V
U_{pr}	极性反转试验电压	V
U_{r}	额定电压(见注)	V
U_{test}	试验电压	V
X_{0}	零序电抗	Ω
X_{m}	互电抗	Ω
X_{r}、X_{SCr}	额定电抗(见注)	Ω
Z_{0}	零序阻抗	Ω
Z_{r}	额定连续阻抗	Ω
Z_{r1}	额定单相连续阻抗	Ω
Z_{r3}	额定三相连续阻抗	Ω
Z_{SCr}	额定短路阻抗	Ω
Z_{SCr1}	额定单相短路阻抗	Ω
Z_{SCr3}	额定三相短路阻抗	Ω
Z_{STr}	额定短时阻抗	Ω
Z_{STr1}	额定单相短时阻抗	Ω
Z_{STr3}	额定三相短时阻抗	Ω
注：这些额定值定义，在涉及具体类型电抗器的有关章条中给出。		

5　使用条件

5.1　概述

电抗器的正常使用条件和特殊使用条件分别与 GB 1094.1 和 GB 1094.11 的规定相同。

GB 1094.1 和 GB 1094.11 规定的正常使用条件中未包括的使用条件，用户应在询价时提出。

注：这些条件举例如下：

——最高或最低环境温度超过 GB 1094.1 规定限值；

——海拔超过 GB 1094.1 规定限值；

——考虑电抗器外绝缘或电抗器自身对环境污秽等级(见 GB/T 4109 和 JB/T 5895)的环境因素。

例如：

- 有害的烟雾和蒸气；

- 过量的或研磨的粉尘；
- 工业污染；
- 盐雾；
- 湿热性气候。

这些与干式电抗器特别有关。制造方应阐述其满足这些污染要求所采取的措施(特殊的涂层、防护罩等)以及对这些措施的维护要求等。

5.2 地震条件

在地震条件下运行的电抗器，经供需双方协商，应按GB/T 4797.7的规定，用计算的方法验证其抗震能力。

6 设计、试验、偏差和应用

电抗器试验的实施，一般遵从GB 1094对变压器所作出的相应的规定，但在本部分列出了适用于某些电抗器的特殊因素，它们可能会使试验水平受到限制。任何对试验水平的限制应该由制造方在投标时向用户说明。

无论其实际试验水平是否能达到规定的水平，电抗器都应设计成能承受GB 1094系列标准中所规定的试验水平。当实际试验水平低于GB 1094给出的水平时，制造方应向用户证明：通过计算或参考类似的已被验证的设计，电抗器的绝缘、间隙距离及其他有关因素均应能完全满足GB 1094规定的试验水平。

在某些条件下，为了满足全试验水平的要求，可以使用一个带试验铁心的试验绕组进行试验。

试验时，电抗器的安装状态应与其运行时相同，凡对试验结果有影响的因素均应予以关注。试验按GB 1094.1—1996中10.1进行，但是，干式电抗器试验可以在任何环境温度下进行。

只要类似产品已进行了型式试验或特殊试验，用户可以要求用计算和(或)用与额定值相类似产品对比的方法来代替电抗器的这些试验。

用模拟式瓦特表测量损耗时，由于电抗器的功率因数通常很低，可能会带来相当大的误差。用磁通补偿式电流互感器、电容式电压互感器和数字式瓦特表测量损耗可以得到所需要的准确度。使用合适的电桥法也可得到所要求的准确度。更多内容见GB/T 13499—2002的第10章。如用户有要求时，应就所推荐方法的准确度提出满意的文件。

干式电抗器通常不是置于封闭的钢箱或钢外壳内，故电抗器总装配体各个部分均应看成是带电体。因此，当电抗器在运行时应考虑如何避免人身与电抗器发生偶然的接触。如用户特别要求，须将电抗器安置在高架位置时，应在投标时阐明。像设置栅栏等一类的安全防护装置是十分必要的，且应看成是变电站设计的一部分。当用户规定了磁场强度的限值时，制造方应提供一张电抗器周围区域的磁场强度分布图。

干式空心电抗器附近处的磁场强度，可能高到足以使位于该处的金属体发热和受到一定的作用力。如果需要，制造方应提供一个适当的磁间距的指导原则。

在最高环境温度下，干式电抗器绕组端子的温度不应超过表1规定的限值。

表1 干式电抗器绕组端子的温度限值

端子板材质种类	温　度
铜、铜合金、铝和铝合金制作的裸露端子	90 ℃
铜、铜合金、铝和铝合金制作的镀锡端子	105 ℃
铜、铜合金、铝和铝合金制作的镀银或镀镍端子	115 ℃

更多的信息详见 IEC/TR 60943。

各额定值和规定值的偏差见有关章条规定。对其他需要保证的参数,如果合适,应参考 GB 1094.1。

注:其他偏差可在询价或订货时规定。

7 并联电抗器

7.1 概述

本章阐述了对接到电力系统中的相与地之间、相与中性点之间或相间的用以补偿电容电流的电抗器的要求。在额定电压下吸收的无功功率可以是固定的,或者可以通过辅助的方法进行调整:

——以电力电子装置实施相位控制(例如:静止无功补偿);

——铁心直流励磁;

——有载或无励磁分接开关进行绕组分接调节。

注:特殊应用的内容参见附录 D。

7.2 设计

按设计和安装不同,电抗器分为:

——单相或三相;

——干式或液浸式;

——空心或间隙铁心式;

——带或不带磁屏蔽;

——户内或户外式;

——电抗固定或可调式;

——线性或饱和式。

用户有必要知道电抗器的磁化特性,如果要求,制造方应提供。磁化特性可以通过测量或通过计算得到。详情参见附录 C。

7.3 术语和定义

下列术语和定义适用于本章。

7.3.1

额定电压 rated voltage

U_r

额定频率下,在三相电抗器的一个绕组的线端之间或在单相电抗器的一个绕组的端子之间施加的电压。

注:用单相电抗器联结成三相星形电抗器组时,单相电抗器的额定电压用分数表示,其分子表示线对线电压,分母为$\sqrt{3}$。例如:

$$U_r = \frac{525}{\sqrt{3}} \quad \text{kV}$$

7.3.2

最高运行电压 maximum operating voltage

U_{max}

在额定频率下,电抗器能够长期工作的最高电压。

注:U_{max}不同于U_m(见 3.2.1),但在特殊情况下,可能会相同。

7.3.3

额定容量　rated power

在额定电压和额定频率下，并联电抗器的无功功率。见7.4.3中的注。

如果电抗器的电抗可调，除非另有规定，额定容量指最大无功功率。

注：如果电抗器有分接，额定容量指匝数最少的分接位置。

7.3.4

额定电流　rated current

I_r

由额定容量和额定电压推导出的电抗器线电流。

注：用单相电抗器联结成三相三角形电抗器组时，单相电抗器的额定电流用分数表示，其分子相应于线电流，分母为$\sqrt{3}$。例如：

$$I_r = \frac{500}{\sqrt{3}} \quad \mathrm{A}$$

对用于静止无功补偿、具有电流相位控制的电抗器，如无另行规定，额定电流指满负载电流，该电流是正弦波。

7.3.5

额定电抗(额定电感)　rated reactance (rated inductance)

$X_r(L_r)$

用欧姆/相表示的额定电压和频率下的电抗。它是由额定容量和额定电压导出的。对电流相位控制的电抗器，应标出额定电感($L_r = X_r/(2\pi f_r)$)。

7.3.6

三相星形联结电抗器的零序电抗　zero-sequence reactance of a three-phase star-connected reactor

X_0

为额定频率下的每相电抗值，等于三相星形联结绕组各线端并在一起时，线端与中性点之间测得的电抗乘以3所得的值。比率X_0/X_r取决于电抗器的设计，详情参见附录E。

7.3.7

三相电抗器的互电抗　mutual reactance of a three-phase reactor

X_m

用欧姆/相表示的额定频率下，开路相的感应电压与励磁相中的电流的比值。互电抗通常用额定电抗的标幺值表示。

7.3.8

涌流水平　inrush current level

电抗器励磁时最大峰值电流与$\sqrt{2}$倍额定电流的比值。

7.4　额定值

如无另行规定，并联电抗器的额定值按连续工作条件确定。

如无另行规定，对用于静态无功补偿、具有电流相位控制的电抗器，其规定值应是折算到正弦波形的满载电流下的值。

7.4.1 额定电压

额定频率下的额定电压 U_r 由用户提供。除非 7.8 中另有规定，额定电压是设计、制造保证值和试验的基础。额定电压一般就是系统的运行电压。

7.4.2 最高运行电压

最高运行电压 U_{max} 由用户提供。它不能低于电抗器运行时的最高持续运行电压。它可能等于额定电压 U_r。

7.4.3 额定容量

额定容量由用户提供。

注：当三个单相电抗器联结成三相电抗器组时，额定容量通常指单相电抗器的容量。如果指的是三相容量，则需明确说明。

7.4.4 三相星形联结电抗器的零序电抗

如对比值 X_0/X_r 有任何特殊要求，用户在询价时应说明，并且订货时应由供需双方同意。

注：零序电抗的详细设计依据参见附录 E。

7.4.5 三相电抗器的互电抗

如果对系统很重要，互电抗 X_m 的最大值可以由用户规定。

注 1：下列互电抗可以忽略：

——三台单独的单相液浸式电抗器组成的电抗器组；

——三台水平布置的单相空心(干式)电抗器组成的电抗器组；

——具有供零序磁通流通的磁屏蔽的三相电抗器。

注 2：互电抗的详细设计依据参见附录 E。

7.4.6 涌流水平

如无另行规定，最大峰值涌流计算以额定电压 U_r、额定频率以及最严酷的开关合闸角度为基础。用户要求时，制造方应提供合闸涌流水平。

注：关于涌流的进一步信息参见 C.6。

7.4.7 并联电抗器的线性度

如无另行规定，电抗器在 U_{max} 范围内应该是线性的，偏差应符合 7.9.3 的规定。此外，也可规定在 U_r 或 U_{max} 时的最大谐波电流与基波的百分比。

7.5 温升

在最高运行电压下的温升限值应符合 GB 1094.2 和 GB 1094.11 的要求。

7.6 绝缘水平

绝缘水平要求见 GB 1094.3。

7.7 铭牌

每台电抗器均应提供由不受气候影响的材料制成的铭牌，并安装在明显可见的位置。铭牌上应标出下述各项，所示项目应该用耐久的方法刻出(如用蚀刻、雕刻或打印法)。

——电抗器型号；
——户内或户外用；
——本部分代号；
——制造方名称；
——出厂序号；
——制造年月；
——绝缘水平；
——相数；
——额定容量(如果有分接，应标出每个分接的容量)；
——额定频率；
——额定电压；
——额定电流；
——最高运行电压；
——绕组联结(适用时)；
——额定电压及频率下的电抗或额定电压下的电感的实测值；
——冷却方式；
——绝缘耐热等级(仅适用于干式电抗器)；
——顶层油温升和绕组平均温升(仅适用于液浸式电抗器)；
——总质量；
——运输质量(液浸式电抗器)；
——器身质量 (液浸式电抗器)；
——绝缘液体质量(适用时)；
——非矿物油时绝缘液体的种类(适用时)；
——分接和互感器的接线图(适用时)；
——分接开关类型(如有载、无励磁，适用时)；
——零序电抗的实测值(要求时适用)；
——互电抗的实测值(要求时适用)。

7.8 试验

7.8.1 概述

例行试验、型式试验和特殊试验的一般要求见 GB 1094.1。

7.8.2 例行试验

应进行下列例行试验：
——绕组电阻测量(GB 1094.1)；
——电抗测量(7.8.5)；
——环境温度下的损耗测量(7.8.6)；
——绝缘试验(7.8.10)；
——间隙铁心或磁屏蔽空心电抗器绕组对地的绝缘电阻测量(作为参考值，用于与以后的现场测量值进行比较，此处不给出限值)；
——液浸式电抗器电容及介质损耗因数(tanδ)测量(作为参考值，用于与以后的现场测量值进行比较,此处不给出限值)。

7.8.3 型式试验

应进行下列型式试验:

——温升试验(7.8.14);

——间隙铁心或磁屏蔽空心电抗器振动测量(7.8.13);

——声级测定(7.8.12);

——绝缘试验(7.8.10);

——风扇和油泵所消耗功率的测量(如果有)。

7.8.4 特殊试验

当用户特殊要求时,应进行下列特殊试验:

——三相电抗器零序电抗测量(7.8.8);

——三相电抗器互电抗测量(7.8.9);

——谐波电流测量(7.8.7);

——间隙铁心或磁屏蔽空心电抗器接近参考温度下的损耗测量(7.8.6);

——间隙铁心或磁屏蔽空心电抗器的线性度测定(7.8.5.3);

——间隙铁心或磁屏蔽空心电抗器磁化特性测量(7.8.11);

——绝缘试验(7.8.10);

——接近运行温度下的声级测定(7.8.12)。

7.8.5 电抗测量及电抗线性度的测定

7.8.5.1 方法

a) 电抗测量在额定频率、施加近似正弦波电压下进行;

b) 电抗由施加的电压和实测电流(方均根值)得到,并假定阻抗中的电阻成分可以忽略;

c) 三相电抗器的电抗应在对称三相电压施加在电抗器线端上时测量。

电抗值为: $$\frac{\text{线间所施加电压}}{\text{实测线电流平均值}\times\sqrt{3}}$$

注1:应考虑到试验时流过并联电抗器的零序电流会影响试验结果。

注2:对有零序磁通磁屏蔽的三相电抗器,经供需双方协商,电抗测量可以采取单相励磁的方法。在这种情况下,需要对低压下单相和三相测量值进行比较,并给出双方协商的、适当的校正系数。

7.8.5.2 额定电压下电抗测量(例行试验)

除空心电抗器外,电抗测量应按照7.8.5.1规定在额定电压和额定频率下进行。对于空心电抗器,测量可在额定频率、电压不高于额定电压的任何电压下进行。

在某些情况下,如电抗器具有超大额定容量和超高电压时,在额定电压下测量可能是很困难的。对线性的间隙铁心或磁屏蔽空心电抗器来说,试验电压可以是试验室可得到的最高电压,但至少为$0.9U_r$。此时,电抗器应呈现7.8.5.3所规定的线性。如果制造方不能在U_r下测量,则需要在投标说明能够达到的试验水平。

7.8.5.3 间隙铁心或磁屏蔽空心电抗器的线性度测定(特殊试验)

电抗测量应按照7.8.5.1规定的方法,在不超过$0.7U_r$、$0.9U_r$、U_r和U_{max}或其他不高于最高运行电压,或在供需双方商定的略高于这些电压的电压下测量。

如果试验设备不能满足对试验电压的要求，或希望确定高于 $U_{\max}$ 时的线性度，这时试验就要在降低频率下进行（相应的电压也降低）。电抗器的线性度也可通过按 7.8.11 所进行的磁化特性的测量及电抗计算来表示。

注：进一步信息也可参见附录 C。

7.8.6 损耗测量（例行试验、特殊试验）

7.8.6.1 概述

损耗指的是在额定频率和参考温度下以额定电流运行时的损耗。损耗测量值应校正到额定电流和参考温度下。

需要时，应对所采用方法的测量准确度提供说明文件。

三相电抗器损耗测量应在三相励磁下进行。

注 1：对低损耗三相电抗器来说，单个相的损耗测量值可能不相等或某一相为负值。总损耗为三相损耗值的算术和。

注 2：对有零序磁通磁屏蔽的三相电抗器，如果供需双方有特殊协议，损耗测量可以在单相励磁下进行。在此情况下，必须对低压下单相和三相测量值进行比较，并就合适的校正系数达成共识。

7.8.6.2 空心电抗器

空心电抗器可在额定频率下且高于额定电压的任何电压下测量。测量的损耗乘以额定电流与实测电流（降低电压下的）之比的平方就是额定电流下的损耗。

电抗器周围的金属件对损耗测量有很大影响。所以，试验时，制造方提供的属于支撑结构的金属件应装好，尽量避免有其他金属件。

总损耗包括电阻损耗和附加损耗。电阻损耗部分等于 I_r^2R，R 是测得的直流电阻，I_r 是额定电流。附加损耗部分是总损耗与电阻损耗 I_r^2R 之差。

损耗测量可在任何方便的环境温度下进行，然后按照 GB 1094.1 校正到参考温度。

7.8.6.3 间隙铁心或磁屏蔽空心电抗器

对于间隙铁心或磁屏蔽空心电抗器，损耗应在额定电压和额定频率下测量。电压用平均值电压表测量（读数为方均根值）。如果在额定电压下，测得的电流不是额定电流，则测得的损耗应通过乘以额定电流与实测电流之比的平方来校正到额定电流下。

在某些情况下，如超大额定容量和超高电压，试验条件很难满足。这时，额定电流下的损耗就等于测量的损耗乘以额定电流与实测电流（降低电压下的）之比的平方。试验电压应不低于 $0.9U_r$。

总损耗包括电阻损耗、铁损和附加损耗。电阻损耗部分等于 I_r^2R，R 是测得的直流电阻，I_r 是额定电流。铁损和附加损耗从测量上无法分开，铁损和附加损耗之和是总损耗与电阻损耗 I_r^2R 之差。

损耗测量可以做为例行试验在工厂环境温度下进行，然后校正到参考温度。电阻损耗按照 GB 1094.1 校正到参考温度。通常不方便将铁损和附加损耗校正到参考温度。因此，通常假定铁损和附加损耗与温度无关。这样假定通常会使参考温度下的损耗略高于实际损耗。

当损耗测量作为特殊试验时，要求测量温度接近参考温度，损耗测量可以与温升试验同时进行。但还应在环境温度下做同一试品的损耗的例行试验，以便得到总损耗的温度系数（假定线性变化）。相同设计的电抗器的损耗值可以利用从这个试品上得到的温度系数校正到参考温度。

注：附录 F 给出了损耗的温度校正的例子。

7.8.7 间隙铁心或磁屏蔽空心电抗器的谐波电流测量（特殊试验）

所有三相中的谐波电流是在额定电压或按要求的最高运行电压下，用谐波分析仪测量。各次谐波的幅值用基波的百分数表示。如果试验电压达不到要求，额定电压或要求的最高运行电压下的谐波电流可以从测得的磁化特性或通过计算得到。磁化特性的详情，参见附录 C。

同时还应测量施加电压的谐波。

注 1：除非用户特殊要求，线性并联电抗器可以不作此试验。

注 2：只有当施加电压的畸变率(见 C.5)小于 2%时，测量才有效。

7.8.8 三相电抗器零序电抗测量(特殊试验)

见 GB 1094.1。

本测量应在使中性点电流不超过额定相电流的电压下进行。应限制中性点电流和施加的时间，以免金属结构件过热。

7.8.9 三相电抗器互电抗测量(特殊试验)

如无另行规定，间隙铁心或磁屏蔽空心电抗器的测量应按图 3 在额定电压下进行。其他电抗器测量可在任何方便的试验电压下进行。

应限制中性点的电流和施加电流的时间，以免金属结构件过热。

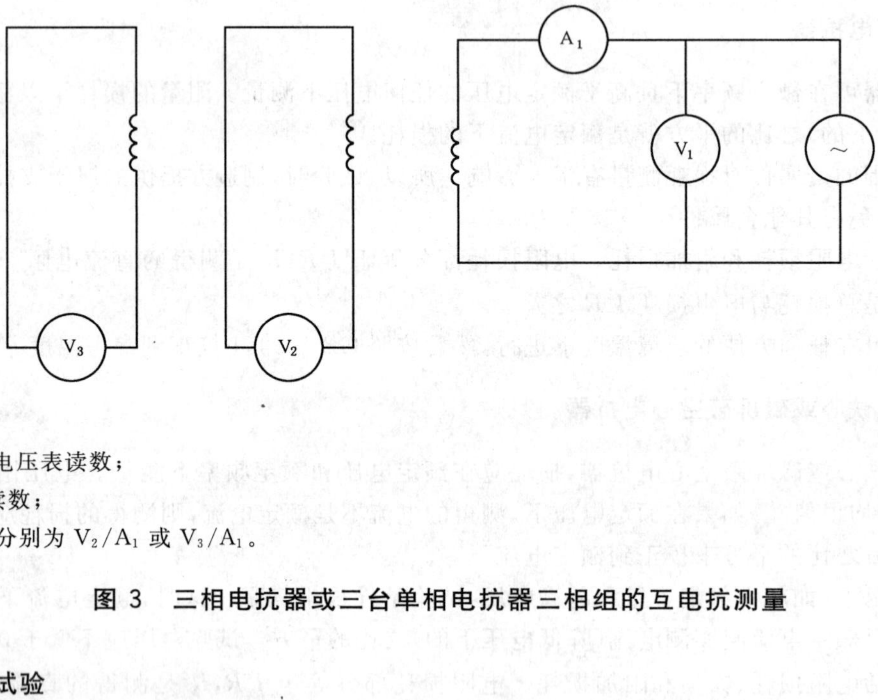

图中：

V_1、V_2、V_3：电压表读数；

A_1：电流表读数；

互电抗 X_m：分别为 V_2/A_1 或 V_3/A_1。

图 3 三相电抗器或三台单相电抗器三相组的互电抗测量

7.8.10 绝缘试验

7.8.10.1 概述

并联电抗器的绝缘试验一般按 GB 1094.3、GB/T 1094.4 和 GB 1094.11 中变压器的相关规定进行。

7.8.10.2 外施耐压试验(例行试验、特殊试验)

对于间隙铁心或磁屏蔽空心电抗器，作为例行试验。参见 GB 1094.3—2003 的第 11 章。

对于干式空心电抗器作为特殊试验。该类型电抗器通常采用标准支柱式绝缘子或母线支柱绝缘子做为电抗器的支撑和绕组间及对地绝缘以及两个或多个绕组叠装起来时的相间绝缘，所以，试验是对支柱绝缘子的试验，只有特殊要求时才进行。

注：如制造方在投标时未特别标明，则认为支柱绝缘子的设计按 IEC 60273 的规定，试验按 IEC 60168 的规定。

7.8.10.3 感应耐压试验(例行试验)

供需双方在订货时应就 GB 1094.3 规定的试验电压 U_1 和 U_2 及相关试验方法达成一致。

电抗器的感应耐压试验在高电压下需要大的无功功率,必须提供合适的高压且额定容量足够的电源。

此外,按照 GB 1094.3 所要求的试验水平,对大型电抗器做感应耐压试验也许是不可能的。制造方应在投标时说明可达到的极限试验水平。此时,如果供需双方同意,电抗器的感应耐压试验可以在较低的试验水平上进行,对 U_m<170 kV 的电抗器,用额外的雷电冲击试验考核绝缘耐受能力,对 U_m≥170 kV 的电抗器,用额外的雷电冲击及操作冲击试验考核绝缘耐受能力。

对三相无零序磁通磁屏蔽空心电抗器所做的单相试验,还应做进一步特别的考虑。

U_m≤72.5 kV 的全绝缘电抗器应按照 GB 1094.3—2003 中 12.2.1(短时感应耐压试验)进行试验。

72.5 kV<U_m≤170 kV 的全绝缘电抗器应按照 GB 1094.3—2003 中 12.2.2(短时感应耐压试验)进行试验。单相电抗器的试验电压 U_1 应等于两倍的绕组额定电压。

如果对容量和电压 U_1 的要求超过了试验站的能力,制造方应在投标时说明。这样试验电压 U_1 可以降低或忽略,所需延长的试验时间由供需双方商定。

72.5 kV<U_m≤170 kV 的分级绝缘电抗器应按照 GB 1094.3—2003 中 12.3a)和 12.3b)(短时感应耐压试验)进行试验。按照 12.3a)进行相对地试验时,用于各种类型电抗器的励磁回路见图 4。这时,中性点的电压是 $1/3U_{test}$。如果是特殊设计的有零序磁通磁屏蔽的电抗器,也可采用图 6 的试验回路。这时,中性点没有电压。

如果供需双方同意,按照 GB 1094.3—2003 中 12.3b)的三相试验可以用图 5 的三个单相试验代替。此时,试验电压 U_1 等于 $2U_r/\sqrt{3}$。

注 1:试验中的相间电压比三相试验中的电压低,该相间电压为三相试验时的 $1.5/\sqrt{3}$ 倍。

对单相电抗器,只进行 GB 1094.3—2003 中 12.3a)的试验。试验时中性点通常接地,可通过将中性点接到一台辅助增压变压器上来提高中性点电压,以使绕组上的试验电压不超过 2 倍的绕组额定电压。此时,中性点应进行相应的绝缘。

如果这些试验对容量和电压的要求超过了试验站的能力,制造方应在投标时说明。在此情况下,只有进行 GB 1094.3—2003 中 12.3b)的试验时,U_1 可降低或忽略,所需延长的试验时间由供需双方商定。

U_m>170 kV 的分级绝缘电抗器应按照 GB 1094.3—2003 中 12.4(长时感应电压试验)进行试验。三相电抗器可以进行三相试验或三个单相试验,试验回路见图 5。如果这些试验对容量和电压的要求超过了试验站的能力,经供需双方商定,短时感应耐压试验电压 U_1 可以降低或忽略,并延长试验时间。

如果这些试验对容量和电压的要求超过了试验站的能力,对有零序磁通磁屏蔽的电抗器,经供需双方商定,可按图 6 进行单相试验。

注 2:图 6 的回路与 GB 1094.3—2003 中 12.4 的图 3 并不一致。图 6 回路中,绕组两端的感应电压等于按 12.4 试验时的感应电压,但不同相的绕组间的电压只有按 12.4 试验中感应电压的 2/3,略低于 U_m。

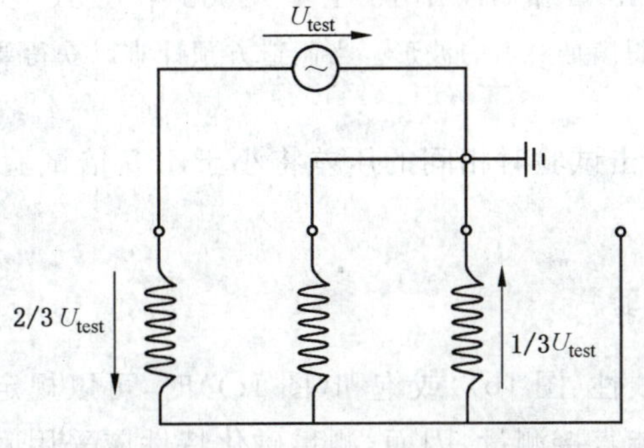

图 4 单相励磁相对地试验线路

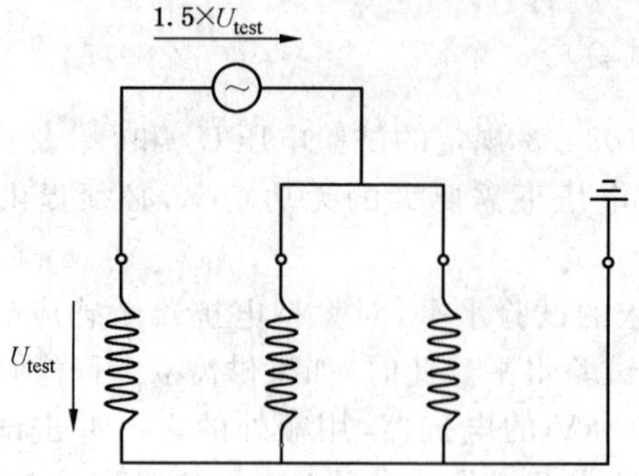

图 5　单相励磁相对相试验线路

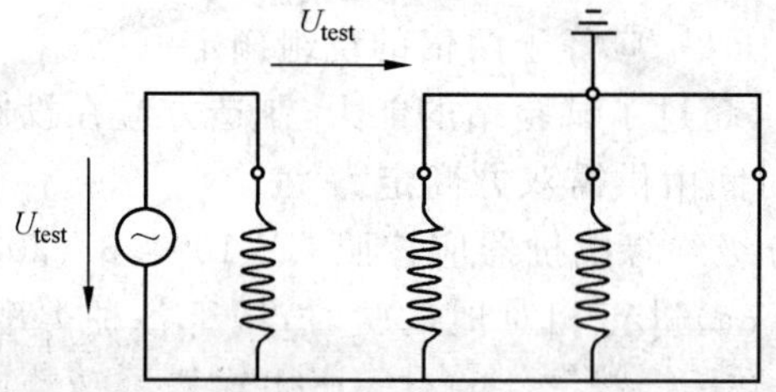

图 6　带零序磁通磁屏蔽的电抗器单相励磁线路

干式电抗器应做为单相产品进行试验。经供需双方同意，感应耐压试验可以用额外的雷电冲击试验代替。如无另行规定，U_m≤40.5 kV 的产品可用附录 G 中的匝间过电压试验代替。

7.8.10.4　雷电冲击试验（例行试验）

对于液浸式电抗器，雷电冲击（包括截波）试验作为例行试验。按 GB 1094.3—2003 的第 13 章、第 14 章和 GB/T 1094.4—2005 的第 7 章进行。

对于干式电抗器，雷电冲击试验按 GB 1094.3—2003 的第 13 章和 GB/T 1094.4—2005 的第 7 章进行。如无另行规定，U_m≤40.5 kV 的产品也可用附录 G 中的匝间过电压试验代替。

7.8.10.5　干式电抗器雷电冲击湿试验（特殊试验）

如有规定，雷电冲击湿试验应按 7.8.10.4 进行，喷水按 GB/T 16927.1—1997 的第 9 章进行。

7.8.10.6　操作冲击试验

见 GB 1094.3—2003 的第 15 章和 GB/T 1094.4—2005 中 8.3。

注：通常情况下，试验时难以获得满足要求的波形。当制造方预计难以获得要求的波形时，供需双方应尽早进行协商。

对三相电抗器来说，操作冲击试验时相间的压差将小于 1.5 倍试验电压。电抗器设计应满足能承受 1.5 倍相间试验电压。

7.8.11　磁化特性测量（特殊试验）

当电抗器的磁化特性为非线性（图 1b））或饱和（图 1c））时，可以规定对磁化特性进行测量。

由于电抗器绕组的磁链不能直接测量，因而，测量磁化特性应采用间接方法。测量方法包括额定频率下电压和电流的瞬时值测量、降低频率下电压和电流的瞬时值测量或直流放电试验方法（参见附录

C)，也可采用具有同等准确度的其他测量方法。

注：如果电抗器没有零序磁通的磁屏蔽(通常为三柱电抗器)，则应考虑单相测量的磁路可能不能代表三相运行条件。

7.8.12 声级测定(型式试验、特殊试验)

测量应在额定电压和额定频率下进行。

试验一般应按照 GB/T 1094.10 进行。在某些情况下，如果试验用升压变压器的放置靠近被试电抗器，则电抗器的噪声可能会受到升压变压器的影响。可采用声强测量法以去掉任何干扰声源。

测量可在油、绕组或铁心处在任何温度下进行，但环境温度不应低于 5 ℃。如果该试验被做为特殊试验进行，则试验应在油、绕组和铁心尽可能接近运行温度下进行，最好与温升试验同时进行。

注 1：电抗器的噪声水平可能受温度影响。如果电抗器的运行温度变化大，可规定在两个或多个温度条件下进行声级测定。

对干式电抗器进行测量时，应保证对绕组有足够的安全距离。GB/T 1094.10—2003 的第 8 章所述的规定轮廓线应距绕组表面 2 m，规定轮廓线应位于绕组高度一半的水平面上。

注 2：对于大容量电抗器，如果试验无法在工厂进行，则在订货时经供需双方同意，试验可在现场进行。

7.8.13 振动测量(型式试验)

7.8.13.1 概述

间隙铁心或磁屏蔽空心电抗器的设计和结构应避免振动产生的有害应力影响。为保证性能，在控制振动方面主要考虑的区域如下：

a) 液浸式电抗器

——器身的振动；

——油箱振动，应力会影响到板、撑条和焊缝；

——仪表、附件和冷却设备的振动。

b) 干式电抗器(空心电抗器除外)

——夹件的振动；

——仪表、附件和风机(如果有)的振动。

7.8.13.2 试验条件

被试电抗器应按照运行条件完全装配好，包括冷却设备、仪表、附件都应安装并连接好。

注：如果电抗器装有箱壁式隔音罩，经供需双方同意，试验可在没有隔音罩时进行。

电抗器应安装在为底座提供合适支撑的平台上，以消除油箱的非正常应力。

电抗器应在额定频率及最高运行电压下励磁。三相电抗器需三相励磁。当试验容量不能满足最高运行电压和(或)三相励磁要求时，制造方需向用户证明，在降低电压条件下做的试验，其结果的准确度与规定条件下等同。试验首选在运行温度下进行，但也可在环境温度下进行。

7.8.13.3 测量方法

电抗器的振动由传感器、光学探头或类似的测量装置测量。位移的峰-峰值由直接测量得到，或由测得的加速度或速度计算得到。两倍额定频率下的测量准确度应不超过 10 μm。

对液浸式电抗器，测量应在油箱四壁上进行，测量点数应足够，以保证测得振动的最大值。

对干式电抗器，测量应在上夹件进行，测量点数应足够，以保证测得振动的最大值。

装配在油箱、夹件上的设备的振动也要测量或观察。

7.8.13.4 最大振动水平

对于液浸式电抗器，箱壁的最大振幅不应大于 200 μm（峰-峰值）。

对于干式电抗器，夹件的最大振幅不应大于 100 μm（峰-峰值）。

制造方应证明试验时测量或观察到的振动，对安装在油箱、夹件上的设备的可靠性和性能没有长期的影响。

7.8.14 温升试验（型式试验）

试验一般按照 GB 1094.2 进行。对于干式电抗器，温度等级限值参照 GB 1094.11。

试验应在最高运行电压 $U_{\max}$ 和额定频率下进行。

在某些情况下，如超大容量和超高电压，试验条件难以达到。在这种情况下，试验可以在降低电压下进行，但不低于 0.9 倍额定电压 U_r。试验水平由制造方在标书中说明，并应在订货时由供需双方达成共识。

温升应校正到最高运行电压下。

对液浸式电抗器，油温升应乘以 $\left[\dfrac{U_{\max}}{U_{\text{test}}}\right]^{2x}$，绕组对油温升应乘以 $\left[\dfrac{U_{\max}}{U_{\text{test}}}\right]^{y}$，$x$ 和 y 值如下选取：

——对于 ON 冷却电抗器，$x=0.8$；$y=1.3$；

——对于 OF 冷却电抗器，$x=1.0$；$y=1.3$；

——对于 OD 冷却电抗器，$x=1.0$；$y=2.0$。

注 1：对带有零序磁通磁屏蔽的三相电抗器，如果供需双方同意，温升试验可通过在绕组上施加直流电流进行。油温升测量时，施加与按 7.8.6.1 确定的校正后的损耗相对应的直流电流。在最高电压 $U_{\max}$ 下的单相交流试验用于测绕组对油温升。

对干式电抗器来说，绕组对环境温度的温升应乘以 $\left[\dfrac{U_{\max}}{U_{\text{test}}}\right]^{y}$，$y$ 值如下选取：

——对于 AN 冷却电抗器，$y=1.6$；

——对于 AF 冷却电抗器，$y=1.8$。

在大多数情况下，因为试验时的环境温度通常低于设计值，所以稳定状态下的电抗器的总损耗在一定程度上小于参考温度下的值。此影响可以忽略。

温升试验时，应注意采用合适的连接件和导线将电抗器接到电源上。这对干式空心电抗器特别重要。

对于干式空心电抗器，如果要求，在温升试验时应测量电抗器端子的温升。为得到有效的端子温升测量值，用户应提供一个连接件和至少 1 m 的现场用的导线，供制造方温升试验时用。端子温升限值见第 6 章（也可见 IEC/TR 60943）。

7.9 偏差

7.9.1 概述

如无另行规定，带分接的并联电抗器的偏差指主分接的偏差。

7.9.2 额定电压和频率下的电抗偏差

偏差不应超过额定电抗值的 ±5%。

对于三相并联电抗器或由单相电抗器组成的三相组，若连接到具有对称电压的系统上，三个相的电抗偏差都应在 ±5% 容许范围内，每相电抗与三个相电抗平均值间的偏差不应超过 ±2%。

7.9.3 电抗器的线性偏差

对于线性电抗器，按照7.8.5.3测得的电抗值偏差不应超过在额定电压下测得的电抗值的±5%。

7.9.4 损耗偏差

按7.8.6测得并校正后的总损耗偏差不应超过损耗规定值的10%。

8 限流电抗器和中性点接地电抗器

8.1 概述

本章阐述了对串联连接于电力系统或接在中性点与地之间用以限制或控制电流的电抗器的要求，这些电抗器包括：

——用于限制短路电流或短时电流的限流电抗器。正常情况下，持续电流通过这种电抗器。

——用于三相电力系统的单相中性点接地电抗器，接于系统中性点和地之间，用以限制系统故障时的接地电流。通常中性点接地电抗器无持续电流通过，或仅有很小的持续电流通过。

本部分其他章中没有包括的其他限流或控制用电抗器，都包括在本章中。本章中包括的电抗器应用例子如下：

——单相中性点接地电抗器，接在并联电抗器中性点和地之间，用于输电线路单相开断时的消弧。详情参见附录D。

——母联电抗器，接在两条不同母线或不同系统间，以限制故障电流的转移。

——电机启动电抗器，与交流电机串联，限制启动电流。

——功率控制电抗器，串接在电力系统中，以控制功率潮流。

——电弧炉串联电抗器，与电弧炉串接，以提高金属熔化的效率并减小系统电压波动。

——插入电抗器，临时接入开关装置的触头间，以同步和(或)衰减开关暂态过程。

——试验电抗器，用于大容量试验室的电气回路中，调节试验电流。

——变流器用进线电抗器，串接在变流器上，以调整变流器端子和交流母线上的电压波动。

由于这些电抗器使用条件不同，因此第8章的要求和试验不可能完全适用。不同之处应由供需双方商定。

8.2 设计

按设计和安装不同，电抗器分为：

——单相或三相；

——干式或液浸式；

——空心或间隙铁心式；

——带或不带磁屏蔽；

——带或不带分接；

——户内或户外安装；

——干式水平安装或立式叠装。

注1：限流电抗器的磁屏蔽通常设计成在强短路电流下为饱和的。这样有在短路条件下减小电抗的效果。因而短路电流时的额定电抗比持续电流时的小。

注2：接到并联电抗器中性点的电抗器的磁屏蔽通常设计成在额定短时电流下为不饱和的。因而在运行电流范围内，认为电抗是常量。

8.3 术语和定义

下列术语和定义适用于本章。

8.3.1

额定持续电流 rated continuous current

I_r

规定的额定频率下稳态电流的方均根值。

8.3.2

额定热短路电流 rated thermal short-circuit current

I_{SCr}

在额定频率下，电抗器在规定时间内可通过的短路电流的稳态分量的方均根值。适用于限流电抗器和电力系统中性点接地电抗器。

8.3.3

额定热短路电流持续时间 rated thermal short-circuit current duration

T_{SCr}

规定的额定热短路电流持续时间。

8.3.4

额定机械短路电流 rated mechanical short-circuit current

I_{MSCr}

规定的不对称故障电流(峰值)。如果没有规定，不对称故障电流(峰值)可从额定热短路电流导出。

8.3.5

额定短时电流 rated short-time current

I_{STr}

对于电机启动电抗器或试验电抗器：为额定频率下施加规定负载周期时的规定的电流方均根值。

对于接到并联电抗器中性点的中性点接地电抗器：为额定频率下规定的故障线路灭弧电流方均根值。

8.3.6

额定短时电流持续时间或负载周期 rated short-time current duration or duty-cycle

T_{STr}

规定的额定短时电流持续时间。负载周期是每种使用情况规定的持续时间、各使用情况之间的时间间隔以及额定短时电流的次数。

8.3.7

额定电感 rated inductance

L_{SCr}

额定频率以及额定热短路电流 I_{SCr} 下的规定电感。适用时，额定电感包括互电感。

8.3.8

额定电抗 rated reactance

X_{SCr}

额定电感与额定频率的积乘以 2π。额定电抗用欧姆/相表示。

8.3.9

三相电抗器的互电抗 mutual reactance of a three-phase reactor

X_m

开路相的感应电压与励磁相的电流的比值，用额定持续电流 I_r 和额定频率下欧姆/相表示(也可见图 7)。

8.3.10

耦合系数　coupling factor

k

用额定电抗标幺值或百分数表示的互电抗。

8.3.11

额定短路阻抗　rated short-circuit impedance

Z_{SCr}

额定频率以及额定热短路电流 I_{SCr} 下的每相阻抗。

额定短路阻抗是额定电抗和电抗器有效电阻(由损耗导出)的向量和。通常电阻远小于电抗。

8.3.11.1

额定三相短路阻抗　rated three-phase short-circuit impedance

Z_{SCr3}

额定频率及额定三相热短路电流 I_{SCr} 下的每相阻抗,为三相的平均值。

8.3.11.2

额定单相短路阻抗　rated single-phase short-circuit impedance

Z_{SCr1}

在额定频率以及额定热短路电流 I_{SCr} 下,其他两相开路时的每相阻抗。

8.3.12

额定短时阻抗　rated short-time impedance

Z_{STr}

额定频率以及额定短时电流 I_{STr} 下的每相规定阻抗。

8.3.12.1

额定三相短时阻抗　rated three-phase short-time impedance

Z_{STr3}

额定频率以及额定三相短时电流 I_{STr} 下的每相阻抗,为三相的平均值。

8.3.12.2

额定单相短时阻抗　rated single-phase short-time impedance

Z_{STr1}

在额定频率以及额定短时电流 I_{STr} 下,其他两相开路时的每相阻抗。

8.3.13

额定连续阻抗　rated continuous impedance

Z_r

额定频率和额定持续电流下的每相阻抗。

8.3.13.1

额定三相连续阻抗　rated three-phase continuous impedance

Z_{r3}

额定频率以及额定三相持续电流 I_r 下的每相阻抗,为三相的平均值。

8.3.13.2

额定单相连续阻抗　rated single-phase continuous impedance

Z_{r1}

额定频率以及额定持续电流 I_r 下,其他两相开路时的每相阻抗。

8.4　额定值

8.4.1　额定持续电流

额定持续电流 I_r 由用户规定。对串联连接到每相的电抗器,额定持续电流可由用户规定的系统电压和通过容量得出。

如无另行规定，对串联连接到每相的电抗器，额定持续电流是对称三相电流。

对于中性点接地电抗器(既包括接到三相电力系统接地中性点，也包括接到并联电抗器中性点)，如果额定持续电流大于额定热短路电流或额定短时电流的5%，则需要由用户规定。

对电机启动电抗器，如果电机启动后电抗器不被旁路，则额定持续电流就需由用户规定。

8.4.2 额定热短路电流

对限流电抗器和接到三相电力系统中性点的接地电抗器，其额定热短路电流 I_{SCr} 由用户规定。要求不应低于电抗器运行中预计会发生的、认可的故障情况下的最大对称电流的方均根值。此外，额定热短路电流可以用给定的系统的短路容量、系统电压和电抗器阻抗得出。

8.4.3 额定热短路电流持续时间

额定热短路电流持续时间 T_{SCr}，可以由用户规定或采用下列的标准值：

——限流电抗器，2 s。

注 1：选用的持续时间应能够反映自动重合闸时的累积热效应和在故障被切除前允许存在的时间。

注 2：如果短路电流超过额定持续电流大约25倍，热短路电流持续时间能影响电抗器的成本。

——接到系统中性点的中性点接地电抗器，10 s。

如果有几个故障在短期内连续发生，其持续时间、发生的时间间隔以及发生的次数应由用户规定。额定热短路电流持续时间应做相应的选择。

8.4.4 额定机械短路电流

规定的额定机械短路电流 I_{MSCr} 取决于系统的 X/R 比值，应按 GB 1094.5—2008 中 4.2.3 计算。如果用户没有指定系统阻抗和 X/R 值，额定机械短路电流应取额定热短路电流值的 $1.8\sqrt{2}$ 倍($I_{MSCr}=2.55I_{SCr}$)。

8.4.5 额定短时电流

额定短时电流 I_{STr} 应该同额定短时电流持续时间 T_{STr} 或负载周期一起，由用户规定(如果适用)。

对接到并联电抗器中性点的中性点接地电抗器，这个电流应该是单极开关动作后故障线路的灭弧电流。

注：对于运行时电流重复施加的任何类型的电抗器，可以规定额定短时电流。

8.4.6 额定短时电流持续时间或负载周期

额定短时电流持续时间 T_{STr} 或负载周期应由用户规定(如果适用)。例如，它可能与电机启动操作和试验电路负载有关，这时，应规定短时电流周期和零电流状态。在启动或试验周期之后，电抗器可承载额定持续电流或解除运行。

电抗器技术参数应有短时电流负载周期的所有信息，包括短时电流的最大幅值和持续时间、持续短时电流运行之间的最小时间间隔、短时电流之间的电流水平以及规定持续时间的短时电流连续施加的最大次数(如果适用)。

注：可以针对不同的工况规定不同的负载周期，如电机冷启动或热启动。

对接到并联电抗器中性点的中性点接地电抗器，额定短时电流持续时间由用户规定。它与一段时间间隔有关，就是故障相发生故障至成功重合闸或三相完全切断的时间。

8.4.7 耦合系数

如果用户要求额定单相短路阻抗近似等于三相短路阻抗，那么最大允许耦合系数需要在订货时规定。

三相电抗器或指定安装方式的单相电抗器三相组，制造方应按要求提供相间耦合系数或互电抗的信息(详情参见附录E)。

8.4.8 额定短路阻抗

额定短路阻抗 Z_{SCr} 由用户规定。用户也可以规定系统的短路电流或短路容量以及预期的热短路电流。额定短路阻抗可以从这些数值导出。

如果电抗器没有热短路电流额定值，则应规定额定短时电流 I_{STr}(见8.4.9)和(或)额定持续电流 I_r(见8.4.10)下的额定阻抗(如果适用)。

8.4.8.1 耦合系数小于5%的电抗器

如果三相电抗器的耦合系数小于5%，则只有8.3.11.1规定的额定三相短路阻抗 Z_{SCr3} 需要规定。

8.4.8.2 耦合系数不小于5%的电抗器

如果耦合系数不小于5%(常见于三相立式叠装的电抗器)，应区分两个不同的阻抗：额定三相短路阻抗 Z_{SCr3} 和额定单相短路阻抗 Z_{SCr1}。

三相限流电抗器的作用取决于系统接地方式。如果系统经高阻抗接地，则串接到每相的电抗器的任务是限制对称的三相故障电流，这时，只有 Z_{SCr3} 需要规定。

如果系统是有效接地，则应对单相以及三相系统故障电流进行评估，并应考虑 Z_{SCr3} 和 Z_{SCr1}。应规定其中一个或两个阻抗值，如果用户要求，则还应提供测量值。如果只规定一个阻抗值，则意味着两个阻抗 Z_{SCr3} 和 Z_{SCr1} 都应满足规定的阻抗值要求，并在8.10的偏差范围内。需要注意的是，在某些情况下，例如电抗器立式叠装，相邻相的耦合系数是很大的，单相故障时电抗器的阻抗将与三相故障有很大不同。

立式叠装电抗器一般要保证三相短路故障情况下各相阻抗相等。这需要考虑相间互感的作用而分别调整各相自感。如果用户要保证各相单相接地故障电流相同，要求各相自感相同，就需要特殊说明。更多的信息参见附录E。

8.4.9 额定短时阻抗

短时阻抗 Z_{STr}、额定短时电流 I_{STr} 和额定短时电流持续时间 T_{STr} 或负载周期由用户规定(如果适用)。

电抗器在额定短时电流 I_{STr} 及以下应该是线性的。

如果三相电抗器耦合系数小于5%，则只需规定三相短时阻抗。

如果耦合系数不小于5%(常见于三相立式叠装电抗器)，则需要区分两个阻抗：额定三相短时阻抗 Z_{STr3} 和额定单相短时阻抗 Z_{STr1}。应视系统中性点接地情况规定一个或两个阻抗并且还应按要求提供测量值(见8.4.8.2)。只有在中性点有效接地的系统，规定额定单相短时阻抗 Z_{STr1} 才是必要的。

8.4.10 额定连续阻抗

对于空心电抗器，额定连续阻抗 Z_r、额定短时阻抗 Z_{STr} 以及额定短路阻抗 Z_{SCr} 是相同的。

耦合系数小于5%的三相电抗器，只需规定额定三相短时阻抗。

如果耦合系数不小于5%(常见于三相立式叠装电抗器)，则需要区分两个阻抗：额定三相连续阻抗 Z_{r3} 和额定单相连续阻抗 Z_{r1}。应视系统中性点接地情况规定一个或两个阻抗并且还应按要求提供测量值(见8.4.8.2)。只有在中性点有效接地的系统，规定额定单相连续阻抗 Z_{r1} 才是必要的。

对于间隙铁心或磁屏蔽空心电抗器，额定连续阻抗 Z_r 将大于额定短路阻抗 Z_{SCr} 和额定短时阻

抗 Z_{STr}。

这时，因为连续阻抗对电压控制很重要或其他原因，因此用户可规定额定连续阻抗的最大值。如果没有规定最大值，则制造方应按要求提供额定持续电流阻抗值，其测量值应标在铭牌上。

电抗器在额定持续电流 I_r 及以下时应该是线性的。

8.5 承受额定热短路电流和机械短路电流的能力

限流电抗器和接到系统中性点的中性点接地电抗器，应设计为能承受额定短路电流下的热和机械作用，包括在额定持续时间下的电场作用。如用户无另行规定，则故障的间隔时间最少为 6 h。如果预计短路故障发生的频率高于平均 10 次/年，则需要用户说明。

8.6 温升

8.6.1 额定持续电流下的温升

温升限值见 GB 1094.2 和 GB 1094.11 的相关部分。串接到电力系统中的电抗器应设计成能承担正常负载和过负载，负载导则见 GB/T 1094.7(对液浸式电抗器)和 GB/T 17211(对干式电抗器)。

8.6.2 额定热短路电流和额定短时电流负载下的温升

额定热短路电流 I_{SCr} 或额定短时电流 I_{STr} 负载下的绕组计算温度不应超过 GB 1094.5—2008 中 4.1.4 规定的变压器绕组在短路条件下的值。

8.7 绝缘水平

8.7.1 概述

对绝缘水平的要求见 GB 1094.3。

8.7.1.1 限流电抗器的绝缘要求

各相间和相对地的绝缘要求通常应与电抗器所连接的系统设备最高工作电压 U_m 相匹配。绕组上的绝缘要求可以稍低些，特别是当有避雷器与绕组并联时。推荐避雷器的额定电压不低于额定热短路电流在电抗器两端产生电压的 1.2 倍。

注：制造方应保证电抗器的设计能承受短路条件下绕组上承受的电压。

如果电抗器装有当电抗器励磁时接通的旁路装置，用户应予以说明，并应规定进行双端连接的雷电冲击试验。

8.7.1.2 中性点接地电抗器的绝缘要求

绝缘要求应与电抗器连接的系统中性点或并联电抗器中性点的绝缘要求一致。接地端子可以采用降低的绝缘水平(分级绝缘)。

8.8 铭牌

每台电抗器均应提供由不受气候影响的材料制成的铭牌，并安装在明显可见的位置，铭牌上应标出下述各项。所示项目应该用耐久的方法刻出(如用蚀刻、雕刻或打印法)。

——电抗器型号；

——户内或户外用；

——本部分代号；

——制造方名称；

——出厂序号；
——制造年月；
——绝缘水平；
——相数；
——额定频率；
——设备最高电压；
——额定持续电流(适用时)；
——额定热短路电流和持续时间(适用时)；
——额定机械短路电流(适用时)；
——额定短时电流和持续时间或负载周期(适用时)；
——单相和三相励磁额定持续电流下的阻抗实测值(适用时)；
——额定短路电流下的阻抗的计算值或实测值(用于间隙铁心或磁屏蔽空心电抗器)；
——额定短时电流下的阻抗的计算值或实测值(对规定了短时电流的电抗器)；
——冷却方式；
——绝缘耐热等级(仅适用于干式电抗器)；
——总质量；
——运输质量(液浸式电抗器)；
——器身质量(液浸式电抗器)；
——绝缘液体质量(适用时)；
——非矿物油时绝缘液体的种类(适用时)；
——分级绝缘中性点接地电抗器接地端子绝缘水平；
——分接和互感器的接线图(适用时)；
——分接开关类型(如有载、无励磁，适用时)。

8.9 试验

8.9.1 概述

例行试验、型式试验和特殊试验的一般要求见 GB 1094.1。

8.9.2 例行试验

应进行下列例行试验：
——绕组电阻测量(GB 1094.1)；
——额定持续电流时的阻抗测量(8.9.5)；
——连接到并联电抗器中性点的中性点接地电抗器、启动电抗器和试验电抗器在额定短时电流下的阻抗测量(8.9.6)；
——环境温度下的损耗测量(8.9.7)；
——间隙铁心或磁屏蔽空心电抗器外施耐压试验(8.9.8)；
——限流电抗器绕组过电压试验(8.9.9)；
——中性点接地电抗器绕组过电压试验(8.9.10)；
——间隙铁心或磁屏蔽空心电抗器绕组对地的绝缘电阻测量(作为参考值，用于与以后的现场测量值进行比较，此处不给出限值)；
——液浸式电抗器绕组对地电容及介质损耗因数($\tan\delta$)测量(作为参考值，用于与以后的现场测量值进行比较，此处不给出限值)。

8.9.3 型式试验

应进行下列型式试验：

——额定持续电流下的温升试验(8.9.11)；

——限流电抗器雷电冲击试验(8.9.12)；

——风扇和油泵所需功率测量(如果有)。

8.9.4 特殊试验

当用户特殊要求时，应进行下列特殊试验：

——限流电抗器、接到电力系统中性点的中性点接地电抗器和试验电抗器的短路试验(8.9.13)；

——间隙铁心或磁屏蔽空心电抗器的绕组电抗测量(8.9.21)；

——声级测定(8.9.14)；

——安装在支柱绝缘子上的干式电抗器外施耐压试验(8.9.8)；

——间隙铁心或磁屏蔽空心电抗器接近参考温度下的损耗测量(8.9.7)；

——间隙铁心或磁屏蔽空心电抗器在额定持续电流下的振动测量(8.9.15)；

——操作冲击试验(8.9.16)；

——双端连接的雷电冲击试验(8.9.17)；

——耦合系数测量(8.9.18)；

——绕组过电压湿试验(8.9.19)；

——装在支柱绝缘子上的干式电抗器的外施耐压湿试验(8.9.20)。

8.9.5 额定持续电流时的阻抗测量(例行试验)

对于空心电抗器，测量可在不超过额定持续电流的任何电流下进行。

对于间隙铁心或磁屏蔽空心电抗器，如果规定了额定持续电流，则应在额定持续电流下测量；如果没有规定，则施加的最高持续电流应由供需双方在投标时商定。

对于相间耦合系数大于5%的三相电抗器或空心电抗器立式叠装三相组，应在向星形联结的相绕组施加三相对称电压时测量相电流。

电抗值为：$\dfrac{\text{线间所施加电压}}{\text{实测线电流平均值}\times\sqrt{3}}$

对于耦合系数大于5%的三相电抗器或空心电抗器立式叠装三相组，用于中性点有效接地系统时，还应测量单相阻抗 Z_{STr1} 以及每两相之间的互电抗并检查极性。互电抗测量方法见图7。如果不可能做到对连接引线完全屏蔽以免产生感应电压，就应采用一个更严格的测量互电抗的方法，即测量每个单相绕组电抗和每两相绕组串接在一起的电抗。互电抗可通过对测量值的计算得出。

对于所有空心电抗器，每相电抗器的单相阻抗应用单相电源测量。

注：对空心电抗器，本试验还用以校验额定短路阻抗或额定短时阻抗。

8.9.6 额定短时电流下的阻抗测量(例行试验)

本测量适用于具有间隙铁心和(或)磁屏蔽的、连接到并联电抗器中性点的中性点接地电抗器、启动电抗器和试验电抗器。

阻抗测量应在额定频率及额定短时电流下进行。应限制测量的时间以避免电抗器的任何部分产生过热。

注：如果试验设备无法满足大容量试验要求时，也可以按协议。作为型式试验时，在额定短时电流下进行试验，作为例行试验时，在降低的电流下进行试验。

8.9.7 损耗测量(例行试验、特殊试验)

8.9.7.1 概述

本试验仅适用于规定了额定持续电流的电抗器。

损耗指的是电抗器在额定频率和参考温度下以额定持续电流运行时的损耗。损耗测量值应校正到额定持续电流和参考温度下。

需要时,应对所采用方法的测量准确度提供说明文件。

三相电抗器损耗测量应在三相励磁下进行。

注1:对低损耗三相电抗器来说,单个相的损耗测量值可能不相等或某一相为负值。总损耗为三相损耗值的算术和。

注2:对有零序磁通磁屏蔽的三相电抗器,如果供需双方有特殊协议,损耗测量可以在单相励磁下进行。在此情况下,必须对低压下单相和三相测量值进行比较,并就合适的校正系数达成共识。

8.9.7.2 空心电抗器

损耗测量可在额定频率的任何电流下进行,测量值需校正到额定持续电流下,即测量值乘以额定持续电流与试验电流之比的平方。

由制造方提供的属于支撑结构的金属件可能会影响损耗测量,应在试验前装好。

注:电抗器周围的金属件对损耗测量有很大影响。所以,在试验期间,属于电抗器支撑结构的金属件应装好,应尽量避免有其他金属件。

总损耗包括电阻损耗和附加损耗。电阻损耗部分等于 I_r^2R,R 是测得的直流电阻,I_r 是额定持续电流。附加损耗部分是总损耗与电阻损耗 I_r^2R 之差。

损耗测量可在任何方便的环境温度下进行,并应按照 GB 1094.1 给出的方法校正到参考温度。

8.9.7.3 间隙铁心或磁屏蔽空心电抗器

损耗测量应在额定频率和额定持续电流下进行。

在某些情况下,如对于超大额定容量的电抗器,试验条件是难以满足的。此时,额定持续电流下的损耗可由测量值乘以额定持续电流与试验电流之比的平方来得到。试验电流应不小于 $0.9I_r$。

总损耗包括电阻损耗、铁损和附加损耗。电阻损耗部分等于 I_r^2R,R 是测得的直流电阻,I_r 是额定持续电流。铁损和附加损耗在测量上无法分开,铁损和附加损耗之和是总损耗与电阻损耗 I_r^2R 之差。

损耗测量应做为例行试验,在工厂环境温度下进行,然后校正到参考温度。电阻损耗按照 GB 1094.1 校正到参考温度。通常不方便将铁损和附加损耗校正到参考温度。因而,通常假定铁损和附加损耗与温度无关,这样假定通常会使参考温度下的损耗略高于实际损耗。

当要求在温度接近参考温度时进行损耗测量的特殊试验时,损耗测量可以与温升试验同时进行。但还应在环境温度下做同一试品的损耗例行试验,以便得到总损耗的温度系数(假定线性变化)。同一设计的电抗器的损耗值可以利用从这个试品上得到的温度系数校正到参考温度。

注:附录 F 给出损耗温度校正的例子。

8.9.8 外施耐压试验(例行试验、特殊试验)

试验一般应按照 GB 1094.3 进行,对所有间隙铁心或磁屏蔽空心电抗器,本试验均属于例行试验。

试验电压应施加到:

——每个绕组与地之间;

——各个绕组间(适用时)。

干式空心电抗器通常采用标准支柱式绝缘子或母线支柱绝缘子做为电抗器的支撑、绕组对地绝缘以及两个或多个绕组叠起来时的相间绝缘。所以，试验是对支柱绝缘子的试验，只有特殊要求时才进行。

注：如制造方在投标时无特别说明，则认为支柱绝缘子的设计按 IEC 60273 的规定，试验按 IEC 60168 的规定。

8.9.9 限流电抗器绕组过电压试验(例行试验)

由于感应耐压试验不能按照 GB 1094.3—2003 的第 12 章进行，因此，本试验应采用雷电冲击试验方法进行，雷电冲击依次施加在每个绕组的各端子上，同时绕组的另一端直接接地，所有其他绕组的端子(如果有)也都接地。试验水平按照 GB 1094.3。如果绕组是降低绝缘的，则雷电冲击试验按照降低的绝缘水平进行。

由于电抗器阻抗低，因此，通常不能满足标准波形要求。更多的信息见 GB/T 1094.4—2005 中的 A.3。

注：可能达不到半峰的规定时间，通常应该接受较短的时间。

如无另行规定，对于 $U_m \leqslant 40.5$ kV 的干式空心电抗器，附录 G 的匝间过电压试验可以代替雷电冲击试验。

8.9.10 中性点接地电抗器绕组过电压试验(例行试验)

本试验应采用雷电冲击试验方法进行，将电压施加到与变压器或并联电抗器的中性点相连的端子上，同时另一端子接地。试验应符合 GB 1094.3—2003 中 13.3.2b)的要求。允许冲击电压波前时间稍长，直至 13 μs。

注：可能达不到半峰的规定时间，通常应该接受较短的时间。

如无另行规定，对于 $U_m \leqslant 40.5$ kV 的干式空心电抗器，附录 G 中的匝间过电压试验可以代替雷电冲击试验。

8.9.11 额定持续电流下的温升试验(型式试验)

本试验一般应按照 GB 1094.2 进行。对干式电抗器，绝缘耐热等级应按照 GB 1094.11 的规定。

试验应在额定持续电流 I_r 和额定频率下进行。

在某些情况下，如超大额定容量，试验条件是难以满足的。此时，试验可在降低电流下进行，但电流不应小于 $0.9I_r$。试验水平应由制造方在标书中说明，并由供需双方在订货时达成共识。

温升应校正到额定持续电流下。

对于液浸式电抗器，油温升应乘以 $\left(\frac{I_r}{I_{test}}\right)^{2x}$，绕组对油温升应乘以 $\left(\frac{I_r}{I_{test}}\right)^{y}$，$x$ 和 y 值如下选取：

——对于 ON 冷却电抗器 $x=0.8$；$y=1.3$；

——对于 OF 冷却电抗器 $x=1.0$；$y=1.3$；

——对于 OD 冷却电抗器 $x=1.0$；$y=2.0$。

注：对于带有零序磁通磁屏蔽的三相电抗器，如果供需双方同意，温升试验可通过在绕组上施加直流电流进行。油温升测量时，施加与按 8.9.7.1 确定的校正后的损耗相对应的直流电流。额定持续电流 I_r 下的单相试验用于测量绕组对油温升。

对干式电抗器，绕组对环境温度温升应乘以 $\left(\frac{I_r}{I_{test}}\right)^{y}$，$y$ 值如下选取：

——对于 AN 冷却电抗器 $y=1.6$；

——对于 AF 冷却电抗器 $y=1.8$。

在大多数情况下，稳态条件下电抗器的总损耗在一定程度上小于参考温度下的，这是因为试验时环境温度通常低于设计温度。这个影响可以忽略。

对干式空心电抗器，如果要求，在温升试验时应测量电抗器端子的温升。为得到有效的端子温升测量值，用户应提供一个连接件和至少 1 m 的现场用的导线，供制造方温升试验时用。端子温升限值见第 6 章（也可见 IEC/TR 60943）。

8.9.12 限流电抗器雷电冲击试验（型式试验）

一般要求参考 GB 1094.3—2003 的第 13 章，干式电抗器见 GB 1094.11—2007 的第 21 章，还可参考 GB/T 1094.4。

本试验的目的是考核被试端子与地间的绝缘。

将试验电压依次加到被试绕组的各个端子上，必要时，绕组的另一端子通过电阻接地以得到标准冲击波形。如可能的话，其他绕组的端子也应接地。

8.9.13 短路电流试验（特殊试验）

8.9.13.1 概述

一般要求参考 GB 1094.5。

当规定做短路电流试验时，试验应按照 GB 1094.5—2008 中的 4.2.2～4.2.7 进行。

短路试验的技术参数包括试验电流水平、每次冲击的持续时间、冲击次数以及要求的分接位置（如果电抗器有分接）。

如果没有规定，试验应包括每相两次 0.25 s 的冲击，冲击电流的第一个峰值为额定机械短路电流值。试验应在具有最大电感的分接位置进行（如果电抗器有分接）。

三相电抗器或有明确安装方式的单相电抗器组成的三相电抗器组，应进行六次三相短路试验，每相应有两次获得最大不对称峰值电流。

试验时的电流峰值的偏差不应超过相关规定值的 5%。

如果电抗器需进行热短路试验，试验应包括一次额定持续时间的、大小为额定热短路电流 I_{SCr} 的对称电流冲击。如果达不到额定热短路电流，应在降低电流值下试验，持续时间应最多延长到 6 s，至少达到规定的 I^2t 值。

如果所有的试验参数都能满足，为减少冲击次数，热短路试验也可以与机械短路试验同时进行。

更多的信息参见附录 H。

8.9.13.2 评价准则

电抗器耐受短路试验的能力按照 GB 1094.5—2008 中的 4.2 进行确认。

短路试验前、后都应进行例行试验，包括阻抗测量、损耗测量及按照 8.9.9 或 8.9.10 在 100% 规定电压下的绕组过电压试验。阻抗和损耗的测量值应在偏差限值内。绝缘试验的波形不应有变化，同时符合高压绝缘试验系统限值的相关规定。

有关液浸式电抗器故障查找的一般资料参考 GB 1094.5—2008 中的 4.2.7。

对干式电抗器，目测检查电抗器及其支撑结构，在机械结构上不应有能影响电抗器功能的任何变化。如果短路试验后，绕组的夹紧系统损坏或表面裂痕的数量或尺寸明显增加，则认为电抗器未通过短路试验。如果有疑问，应增加最多三次的全偏移电流下的短路试验，以确认监视的现象是否稳定。如果情况更加恶化，则应认为电抗器未通过试验。如果一次或二次增加的短路试验后，未出现恶化情况，并且短路试验后的例行试验合格，则认为电抗器通过了短路试验。更多的信息参见附录 H。

8.9.14 额定持续电流下的声级测定（特殊试验）

测量应在额定持续电流及额定频率下进行。测量方法参考 GB/T 1094.10。某些情况下，电抗器的噪声可能会受试验变压器的影响（如果变压器距电抗器很近）。为消除干扰噪声，可以采用声强测量法。

对干式电抗器进行测量时,应保证对绕组有足够的安全距离。GB/T 1094.10 所述的规定轮廓线应距绕组表面 2 m。规定的轮廓线应位于绕组高度一半的水平面上。

为了模拟运行时的稳定状态(即绕组温度升高),试验应尽可能在温升试验快结束时进行。

注:对于大容量电抗器,如果试验无法在工厂进行,则在订货时经供需双方同意,试验可在现场进行。

8.9.15 额定持续电流下的振动测量(特殊试验)

8.9.15.1 概述

间隙铁心或磁屏蔽空心电抗器的设计和结构应避免因振动产生的有害应力影响。为保证性能,在控制振动方面主要考虑的区域如下:

a) 液浸式电抗器
——器身的振动;
——油箱振动,应力会影响到板、撑条和焊缝;
——仪表、附件和冷却设备的振动。

b) 干式电抗器(空心电抗器除外)
——夹件的振动;
——仪表、附件和风机(如果有)的振动。

8.9.15.2 试验条件

被试电抗器应按运行条件完全装配好,包括冷却设备、仪表、附件都应安装并连接好。

注:如果电抗器装有箱壁式隔音罩,经供需双方同意,试验可在没有隔音罩下进行。

电抗器应安装在为底座提供合适支撑的平台上,以消除油箱的非正常应力。

电抗器应在额定频率及额定持续电流下励磁。三相电抗器需三相励磁。当试验容量不能满足额定持续电流和(或)三相励磁要求时,制造方需向用户证明,在降低电流条件下做的试验,其结果的准确度与额定条件下等同。试验首选在运行温度下进行,也可在环境温度下进行。

8.9.15.3 测量方法

电抗器的振动由传感器、光学探头或类似的测量装置测量。位移的峰-峰值由直接测量得到,或用测得的加速度或速度计算得出。两倍额定频率下的测量准确度应不超过 10 μm。

对液浸式电抗器,测量应在油箱四壁上进行,测量点数应足够,以保证测得振动的最大值。

对干式电抗器,测量应在上夹件进行,测量点数应足够,以保证测得振动的最大值。

装配在油箱、夹件上的设备的振动也要测量或观察。

8.9.15.4 最大振动水平

对于液浸式电抗器,箱壁的最大振幅不应大于 200 μm(峰-峰值)。

对于干式电抗器,夹件的最大振幅不应大于 100 μm(峰-峰值)。

制造方应证明试验时测量或观察到的振动,对安装在油箱、夹件上的设备的可靠性和性能没有长期的影响。

8.9.16 操作冲击试验(特殊试验)

操作冲击试验一般按照 GB 1094.3 的有关规定进行。然而,这一试验只适用于阻抗足够高的电抗器,否则不具有实际性。试验方法和波形应由供需双方协商确定。

8.9.17　双端连接雷电冲击试验(特殊试验)

本试验适用于有旁路的电抗器,电抗器运行时,旁路可能闭合。

试验应对每相依次进行,被试绕组的两个端子接在一起,其他端子接地。

一般要求参考 GB 1094.3—2003 的第 13 章。

8.9.18　耦合系数测量(特殊试验)

测量应按照图 7 进行,对间隙铁心或磁屏蔽空心电抗器优先采用额定持续电流进行试验。如果无法做到,那么采用的试验电流应尽可能接近额定持续电流。对于其他电抗器,测量可在任意电流下进行。

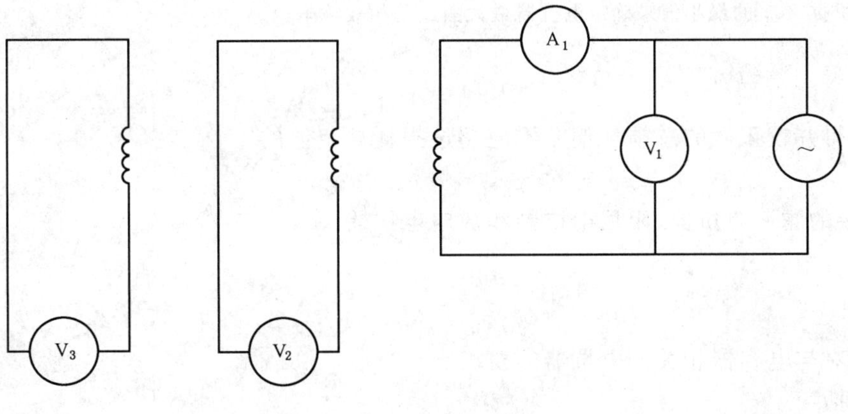

图中:

V_1、V_2、V_3:电压表读数;

A_1:电流表读数;

互电抗 X_m:分别为 V_2/A_1 或 V_3/A_1;

耦合系数 k:互电抗 X_m/额定电抗 X_{SCr}。

图 7　三相电抗器或单相电抗器三相组的互电抗测量

8.9.19　绕组过电压湿试验(特殊试验)

当要求时,绕组过电压湿试验应按照 8.9.9 或 8.9.10 进行,喷水按照 GB/T 16927.1—1997 的第 9 章进行,试验电压为要求值的 0.75 倍。

8.9.20　外施耐压湿试验(特殊试验)

当要求时,外施耐压湿试验按 8.9.8 进行,喷水按照 GB/T 16927.1—1997 的第 9 章进行,试验电压不降低。

8.9.21　间隙铁心或磁屏蔽空心电抗器绕组电抗测量(特殊试验)

当要求时,需要测试一相绕组的电抗值。测量应在没有间隙铁心、磁屏蔽或在附近没有任何其他铁磁材料的情况下进行。该值相当于 3.2.6 中定义的空心电抗值。

8.10　偏差

8.10.1　没有互耦合补偿的电抗器阻抗偏差

对于限流电抗器、接到电力系统中性点的中性点接地电抗器以及主要功能是限制短路电流的其他类型电抗器，由试验和（或）计算得到的额定热短路电流下的阻抗偏差应在额定短路阻抗的$^{+10}_{\ 0}$%以内。对额定持续电流下的阻抗偏差要求与此相同。

对于本章所涉及的所有其他类型电抗器，由试验和（或）计算得到的额定短时电流下的阻抗偏差应在额定短时阻抗的±5%以内。对额定持续电流下的阻抗偏差要求与此相同。

8.10.2 有互耦合补偿电抗器的阻抗偏差

当要求对三相电抗器（包括空心电抗器立式叠装三相组）互阻抗进行补偿时，按照8.9.5所规定的条件测量的每相绕组的电流与平均值的偏差应不超过5%。此时，每相电抗器的单相阻抗（Z_{SCr1}、Z_{r1}、Z_{STr1}）应不小于额定值的85%。包括互阻抗在内的每相电抗器的阻抗（Z_{SCr3}、Z_{r3}、Z_{STr3}）偏差应在额定值的$^{+10}_{\ 0}$%或±5%以内，见8.10.1。

注：应用单相阻抗 Z_{SCr1} 的最小值来确定电抗器最大额定单相故障电流。

8.10.3 损耗偏差

按8.9.7测得并校正后的总损耗偏差不应超过损耗规定值的10%。

9 与电容器连接的滤波电抗器、阻尼电抗器和放电电抗器

9.1 概述

本章阐述了对与电容器相关的电抗器的要求。

典型应用包括：

——最高频率达10 kHz、与电容器串联或并联以减少或阻断谐波或控制信号（脉动信号）的滤波电抗器；

注：本部分不包括线路阻波器（见IEC 60353），但包括阻断系统遥控开关所需控制信号的电抗器。

——与并联电容器串接的阻尼电抗器，用以限制电容器的合闸涌流，限制故障或邻近的电容器投切时产生的外界涌流或供电容器组去谐用，以免与电力系统发生谐振；

——用于高压电力系统串连电容器组的旁路或放电回路的放电电抗器，以限制故障时的电流。

加在这些电抗器上的稳态电压通常低于系统电压。然而开关操作会引起很高的暂态电压，暂态电压的频率是电容器和电抗器共同形成的谐振频率。

正常条件下运行的滤波电抗器和阻尼电抗器，流过的电流由工频电流和叠加的谐波电流两部分组成。阻尼电抗器的工频电流通常远大于谐波电流，滤波电抗器的使用条件决定了两个电流间的比例。

串联电容器组的放电电抗器在正常工作时没有持续电流通过，但是为了允许电容器长时间被放电电抗器旁路，通常也为放电电抗器规定一个持续电流值。

阻尼电抗器、放电电抗器和某些滤波电抗器在投切或故障时会通过很高的短时电流。阻尼电抗器可能投切频繁，经常是每天数次，因而每日承受多次暂态过电压是很正常的。某些情况下，还应考虑到电容器短路引起的故障电流。

由于放电电抗器通常同串联的电容器组一起安装在绝缘平台上，因而对电抗器的绝缘要求是由串联的电容器的绝缘配合决定的，而不取决于系统电压。

本章涉及的电抗器通常专指干式空心电抗器，本章的额定值和试验通常只适用于这些电抗器。

注：并联电容器导则见IEC 60871-1，串连电容器导则见IEC 60143。

9.2 设计

本章的电抗器是干式空心电抗器，按设计和安装不同，分为：

——单相或三相；

——户内或户外安装；
——相与相并列或立式叠装；
——带或不带分接。

注：也可以用其他方法改变电感，本部分对此不予考虑。

9.3 术语和定义

下列术语和定义适用于本章。

9.3.1

额定工频电流　rated power frequency current

I_r

工频下持续电流的方均根值。

9.3.2

额定电流频谱　rated current spectrum

除工频外规定频率下的持续电流的方均根值。

9.3.3

RSS 电流　RSS current

额定工频电流和额定电流频谱中规定频率下的电流的方和根值。

9.3.4

工频等效电流　equivalent current at power frequency

I_{equ}

计算的工频电流方均根值，其产生的绕组损耗相当于工频电流和额定电流频谱产生的损耗之和。

9.3.5

额定涌入电流　rated inrush current

I_{rIN}

当给相关的电容器或附近的电容器充电或系统故障时，可能通过滤波电抗器或阻尼电抗器的暂态电流的最高峰值。

注：系统故障或临近电容器充电产生的暂态电流有时叫做涌出电流，本定义也将其包括在内。

9.3.6

额定涌流频率　rated inrush frequency

f_{rIN}

对于阻尼电抗器，指与额定涌入电流相关的谐振频率。

9.3.7

额定调谐频率　rated tuning frequency

f_{rt}

对于滤波电抗器，指滤波电路的谐振频率，电抗器只是滤波电路中的一个元件。

9.3.8

额定放电电流　rated discharge current

f_{rd}

对放电电抗器，指电抗器通过的最大电流的峰值。

9.3.9

额定放电频率　rated discharge frequency

f_{rd}

对于放电电抗器，指电抗器和关联的串连电容器的谐振频率。

9.3.10

额定频率　rated frequency

对于滤波电抗器，指额定调谐频率；对阻尼电抗器，指额定涌流频率；对放电电抗器，指额定放电频率。

9.3.11

额定热短路电流　rated thermal short-circuit current

I_{SCr}

规定的工频下流过规定持续时间的短路电流的稳态对称分量的方均根值。

9.3.12

额定热短路电流持续时间　rated thermal short-circuit current duration

T_{SCr}

规定的额定热短路电流持续时间。

9.3.13

额定机械短路电流　rated mechanical short-circuit current

I_{MSCr}

规定的非对称(峰值)故障电流。如果未规定，非对称(峰值)故障电流由额定热短路电流导出。

9.3.14

额定电感　rated inductance

L_r

规定的额定频率下的电感。适用时，额定电感还包括相间的互感。

9.3.15

额定电抗　rated reactance

X_r

对阻尼电抗器和放电电抗器，指规定工频下的电抗，用每相欧姆表示。

9.3.16

耦合系数　coupling factor

k

用三相电抗器或立式叠装空心电抗器三相组的两相自感乘积的平方根的标幺值或百分数表示的两相间的互感。

注：对相 1 和相 2，耦合系数等于 $k=\dfrac{M_{12}}{\sqrt{L_1 \times L_2}}$。

9.3.17

有效电阻　effective resistance

用规定频率和参考温度下的损耗导出的电阻。

注：功率损耗包括电阻损耗和所有特定频率的附加杂散损耗。

9.3.18

品质因数　quality factor

Q_f

规定频率下的电抗与有效电阻的比。

9.4　额定值

9.4.1　额定工频电流

额定工频电流 I_r 由用户规定，但不应低于电抗器运行时的最大工频持续电流。对于阻尼电抗器，也可见 9.4.2。

对于放电电抗器，额定工频电流不应低于电抗器串接于输电线路时的工作电流。

9.4.2 额定电流频谱

对于滤波电抗器，额定电流频谱上各个频率的电流应由用户规定，但不应低于运行中的电抗器的最大持续电流。

注 1：电流频谱的资料应由用户提供，以恰当地进行电抗器的热设计。

对于阻尼电抗器，额定电流频谱在必要时可以规定。不规定时，较高频率的电流分量应该通过限定工频电流不低于相关电容器组的最大许可电流来考虑。

注 2：通过滤波电抗器或阻尼电抗器的较高频率的电流需要特殊考虑，因为较高频率的电流既会增加电抗器的损耗，也会增加电抗器绕组的压降。

注 3：按照 IEC 60871-1，最大许可电流的方均根值是额定正弦电压加到电容器上所得到的电流的 1.3 倍。

对于放电电抗器，额定电流频谱一般不适用。

9.4.3 额定涌入电流

滤波电抗器和阻尼电抗器的额定涌入电流 I_{rIN} 应由用户规定，但不应低于投、切相关电容器以及临近电容器或系统故障时的电流峰值。在询价时，需要指明开关每天预计的操作次数。

注：本章涉及的系统故障是指导致电容器通过电抗器放电，但没有导致工频故障电流通过电抗器的故障。

9.4.4 额定涌流频率

额定涌流频率 f_{rIN} 应由用户规定。

9.4.5 额定放电电流

对于放电电抗器，额定放电电流 I_{rd} 应由用户规定，但不应低于所有相关串联电容器放电电流的最大峰值。规定额定放电电流时应考虑到电容器高频放电电流和工频故障电流。

9.4.6 额定放电频率

额定放电频率 f_{rd} 应由用户规定。

9.4.7 额定热短路电流

如果电抗器设计为能耐受特殊短路条件时，对于滤波电抗器和阻尼电抗器，额定热短路电流 I_{SCr} 应由用户规定，但不应低于规定持续时间的工频短路电流的稳态对称分量。

注：如果电抗器接到电容器中性点侧或电容器与电抗器间的连接非常短，短路的可能性就很低。这时规定额定热短路电流就不十分恰当。但应注意带有维修接地的电容器组因为误操作导致通电的可能性。

对于放电电抗器，额定热短路电流应由用户指定，但不应低于电抗器运行时故障条件下可能产生的最高对称电流方均根值，也可从系统短路容量、系统电压和电抗器阻抗导出。

9.4.8 额定热短路电流持续时间

额定热短路电流持续时间 T_{SCr}，既可由用户规定，也可取标准值。对于滤波电抗器和阻尼电抗器，标准值为 1 s，对于放电电抗器，标准值为 2 s。

注 1：选取的持续时间应能够反映自动重合闸时的累积热效应和故障跳闸前允许的时间。

注 2：如果短路电流超过额定持续电流大约 25 倍，则热短路电流持续时间能影响电抗器的成本。

注 3：如果有几个故障在短期内连续发生，其持续时间、发生的时间间隔以及发生次数应由用户规定。额定热短路电流持续时间应做相应的选择。

9.4.9 额定机械短路电流

对已经规定了热短路电流 I_{SCr} 的电抗器，用户还应规定额定机械短路电流。该电流取决于系统的 X/R 比值，应按 GB 1094.5—2008 计算。如果用户没有规定系统阻抗和 X/R 比值，额定机械短路电流 I_{MSCr} 应取额定热短路电流值的 $1.8\sqrt{2}$ 倍（$I_{MSCr}=2.55I_{SCr}$）。

9.4.10 额定电感

电抗器的额定电感 L_r 应由用户规定。该值应保证电抗器的滤波、阻尼和放电性能。

对于立式叠装滤波电抗器三相组，如果用于无零序电流通路的滤波装置、并联电容器装置，则应明确规定正序电流下的电感。为保证电抗器对正序和负序电流呈现所规定的有效电感，则每相电抗器的电感应补偿相间互感的影响。

如果立式叠装滤波电抗器三相组用于具有零序电流通路的滤波电容器或并联电容器组，并且零序与正序、负序电流（或分量）都存在，则应规定是保证零序电流下的有效电感还是保证正序电流下的有效电感，同时应规定耦合系数或互感的上限。

采用立式叠装的阻尼电抗器，除非特殊规定，每个单相电抗器的电感不应进行互感影响的补偿。

注：相间具有较大磁耦合的电抗器，在零序电流下的有效电感明显小于正序（和负序）电流下的有效电感，更多的信息参见附录 E。

不采用叠装结构的放电电抗器和水平布置的滤波电抗器、阻尼电抗器，耦合系数一般很小。因而，这些装置在设计上不需做电感补偿。

9.4.11 品质因数

如果希望得到某个暂态过程的特定阻尼系数，询价中就应规定电抗器在额定频率下的最大品质因数 Q_f。如果没有规定品质因数，则制造方应按要求提供电抗器在额定频率下的预期的品质因数。

对于滤波电抗器，如果品质因数对滤波电路的性能或控制损耗很重要，用户就应规定某一个或多个特定频率下的品质因数 Q_f 及其偏差。

9.5 耐受额定热短路电流和额定机械短路电流的能力

当电抗器规定了某一短路电流时，它的设计就应能承受额定持续时间下的额定热短路电流和额定机械短路电流的热和机械作用以及相应的电场作用。如用户无另行规定，两次故障间的时间间隔则至少是 6 h。如果短路发生的预期频率大于平均 10 次/年，则应由用户特殊说明。

电抗器耐受额定机械短路电流的能力应由以下方法来验证：

——试验验证，或

——计算和设计验证。

验证方法应由供需双方在订货前商定。

电抗器承受额定热短路电流持续时间的额定热短路电流的热耐受能力应由计算验证，此外还可用试验作为计算的补充。计算绕组在施加额定时间的额定短路电流所能达到的平均温度的方法见 GB 1094.5—2008 中 4.1.5。计算的绕组平均温度不应超过 GB 1094.5—2008 中 4.1.4 要求的变压器绕组在短路条件下的温度。

9.6 承受涌入或放电电流的能力

当电抗器规定了一个额定涌入电流或额定放电电流时，电抗器的设计就应能承受这些电流的热和机械作用以及相应的电场作用。由于涌入或放电重复发生，电抗器在两倍额定涌入频率或两倍放电频率的 10% 偏差以内不应发生机械谐振。如果有要求，避免谐振能力以及承受涌入和放电电流热和机械作用的能力应由计算验证或按要求由试验验证，见9.10.13、9.10.14和9.10.6。

9.7 温升

9.7.1 工频等效电流下的温升

温升限值参考GB 1094.11。

串联在电力系统中的放电电抗器，负载和过负载能力应按GB/T 17211负载导则的规定。

9.7.2 额定热短路电流下的温度

绕组在额定热短路电流 I_{SCr} 负载下的计算温度不应超过GB 1094.5—2008中4.1.4给出的变压器绕组短路条件下的值。

9.8 绝缘水平

9.8.1 概述

对绝缘水平的要求见GB 1094.3。

9.8.2 绝缘要求

对于滤波电抗器和阻尼电抗器，各相间和相对地的绝缘水平通常应与电抗器所连接系统的设备最高工作电压 U_m 相一致。根据实际运用情况，用户也可以规定一个降低的绝缘水平。电压的选择应考虑到流过短路电流时作用到电抗器的电压或投切、放电或连续操作时作用到电抗器上的最高电压，取两者中较大值。

对于放电电抗器，绝缘水平取决于相关联的串连电容器的绝缘配合。用作用到电容器上的最高电压做为绝缘水平的依据。放电电抗器以及放电电抗器与平台间受到的雷电冲击和操作冲击水平应由用户规定。

因为放电电抗器通常安装在绝缘平台上，放电电抗器是否设置防电晕的屏蔽取决于放电电抗器在平台上的位置。所以放电电抗器安装电晕屏蔽的要求(如果需要)应由用户提出。

9.9 铭牌

每台电抗器均应提供由不受气候影响的材料制成的铭牌，并安装在明显可见的位置。铭牌上应标出下述各项，所示项目应该用耐久的方法刻出(如用蚀刻、雕刻或打印法)：

——电抗器型号；
——户内或户外用；
——本部分代号；
——制造方名称；
——出厂序号；
——制造年月；
——额定雷电冲击耐受电压；
——设备最高电压；
——额定工频；
——额定工频电流；
——额定热短路电流和持续时间(如果有要求)；
——额定机械短路电流(如果有要求)；
——RSS电流(对滤波电抗器)；

——额定涌入电流(对滤波和阻尼电抗器,如果有要求);
——额定放电电流(对放电电抗器);
——额定调谐频率(对滤波电抗器)
——额定涌流频率(对阻尼电抗器);
——额定放电频率(对放电电抗器);
——额定调谐频率下的测量电感(对滤波电抗器);
——额定涌流频率下的测量电感(对阻尼电抗器);
——额定放电频率下的测量电感(对放电电抗器);
——工频下的测量电感(适用时);
——测量的品质因数以及相关频率(适用时);
——绝缘耐热等级;
——总质量。

9.10 试验

9.10.1 概述

例行试验、型式试验和特殊试验的一般要求见 GB 1094.1。

9.10.2 例行试验

应进行下列例行试验:
——绕组电阻测量(GB 1094.1);
——电感测量(9.10.5);
——损耗和品质因数测量(9.10.6);
——绕组过电压试验(9.10.7)。

9.10.3 型式试验

应进行下列型式试验:
——电感测量(9.10.5);
——损耗和品质因数测量(9.10.6);
——温升试验(9.10.8);
——雷电冲击试验(9.10.9)。

9.10.4 特殊试验

当用户特殊要求时,应进行下列特殊试验:
——短路电流试验(9.10.10);
——声级测定(9.10.11);
——外施耐压试验(9.10.12);
——滤波和阻尼电抗器的涌流耐受试验(9.10.13);
——放电电抗器的放电电流试验(9.10.14);
——对放电电抗器做修改的短路或放电电流试验(9.10.15);
——机械谐振试验(9.10.16)。

9.10.5 电感测量(例行试验、型式试验)

电感测量应在工频以及额定频率下进行。

如果有分接，作为型式试验时，电感测量应在所有分接上进行。作为例行试验时，电感测量则应在额定、最小和最大电感分接上进行，其他分接位置是否正确应检查确认。

如果电抗器的电感连续可调，则在例行和型式试验时，电感测量最少应在五个位置进行，这五个值应在调节范围内均布。

对于立式叠装电抗器，作为型式试验时，电感测量应在电抗器按运行状态装配好后在三相励磁下进行。作为例行试验时，可利用型式试验得到的互感(耦合系数)，通过测量每个单相的自感来得到每相的电感(包括互感)。这种情况下，型式试验应包括每个单相的自感测量以及按运行条件布置的耦合系数测量。

对于水平布置的三相电抗器(耦合系数小于5%的电抗器)，可以在单相励磁下进行电感测量。

9.10.5.1 滤波电抗器

对于滤波电抗器，电感测量只在额定频率下进行。如果有多个调谐频率，电感测量则应在最低调谐频率下进行。

对于立式叠装滤波电抗器三相组，如果额定调谐频率为零序谐波频率，并且滤波装置具有零序电流通路，制造方应根据用户的明确要求施加零序电流进行三相励磁。如果滤波装置没有零序电流通路，则以三相正序电流励磁。

注：某些调谐在3次谐波频率的滤波装置，虽然额定调谐频率为零序谐波频率，但未必有零序谐波电流。

9.10.5.2 阻尼电抗器

对于立式叠装阻尼电抗器三相组，应根据系统中性点接地方式和用户要求施加正序或零序试验电流。

注：用于中性点非有效接地系统的阻尼电抗器，通常在三相正序励磁时测量有效电感，更多信息参见附录E。

9.10.6 损耗和品质因数测量(例行试验、型式试验)

损耗测量应在工频、额定频率以及额定电流频谱规定的每一频率下进行。

损耗测量可在任何电流及任何方便的环境温度下进行，并应校正到相应的额定电流下，校正方法是用实测损耗乘以相应的额定电流与试验电流比值的平方，还应校正到参考温度。

总损耗包括电阻损耗和附加损耗。电阻损耗部分等于 I_r^2R，R 是测量的直流电阻，I_r 是相应的额定电流。附加损耗部分等于总损耗与电阻损耗 I_r^2R 之差。

品质因数通常用测量的损耗和电感导出。应在额定频率和用户要求的任何其他频率下得出品质因数。对三相叠装电抗器，品质因数由三相测得的总损耗的三分之一得出。

如无另行规定，对于滤波电抗器，品质因数是指参考温度下的；对于阻尼电抗器和放电电抗器，是指20 ℃下的。

电阻的温度校正应按照GB 1094.1的方法进行。

对于立式叠装电抗器，作为型式试验时，电抗器应按照运行条件组装好，在三相励磁下测量总损耗和品质因数。作为例行试验时，应在单相励磁条件下，测量单相损耗和品质因数。

注：对于立式叠装电抗器来说，三相励磁条件下单个相的损耗测量值可能是不相等的或甚至一相是负值。三个测量值的算术和就是总损耗。

电抗器周围的金属件可能对损耗测量有很大影响。所以，试验时，属于电抗器支撑结构的金属件应装好，同时应尽量避免有其他金属件。

9.10.7 绕组过电压试验(例行试验)

本试验应采用雷电冲击试验的方法，将试验电压依次施加在每个绕组的一个端子上，同时绕组的另一端子直接接地。试验水平应按照 GB 1094.3。由于电抗器阻抗低，所以通常不能满足标准波形要求。更多的信息见 GB/T 1094.4—2005 中 A.3。

注 1：可能达不到半峰的规定时间，通常应该接受较短的时间。

注 2：由于要求试验容量很高，因此感应耐压试验通常不能按照 GB 1094.3—2003 的第 12 章进行。

对于 $U_m \leqslant 40.5$ kV 的设备，附录 G 中的匝间过电压试验可用来代替雷电冲击试验。

9.10.8 温升试验(型式试验)

本试验一般应按照 GB 1094.2 进行。绝缘耐热等级应按照 GB 1094.11 的规定。

试验应在工频等效电流 I_{equ} 下进行。

在某些情况下，如果不能达到温升试验要求的工频下的等效电流，则试验可在降低电流下进行，但不应低于 $0.9I_{equ}$。试验水平应由制造方在标书中说明，并由供需双方在订货时达成共识。

温升应校正到工频等效电流下。

绕组对环境温度的温升应乘以 $\left[\frac{I_{equ}}{I_{test}}\right]^y$，$y$ 值如下选取：

——对于 AN 冷却电抗器 $y=1.6$；

——对于 AF 冷却电抗器 $y=1.8$。

如果有要求，在温升试验时应测量电抗器端子的温升。为得到有效的端子温升测量值，用户应提供一个连接件和至少 1 m 的现场用的导线，供制造方温升试验时用。端子温升限值见第 6 章(也可见 IEC/TR 60943)。

9.10.9 雷电冲击试验(型式试验)

一般要求参考 GB 1094.3 和 GB 1094.11，也可参考 GB/T 1094.4。

试验电压依次施加到被试绕组的每一个端子上，另一个端子通过尽可能小的电阻接地，以得到标准冲击波形。如果要求绕组或绕组对地降低绝缘水平，则雷电冲击试验应按所要求的降低绝缘水平进行。

9.10.10 短路电流试验(特殊试验)

9.10.10.1 概述

一般要求参考 GB 1094.5。

当规定做短路电流试验时，试验应按照 GB 1094.5—2008 中 4.2.2～4.2.7 进行。

短路试验的技术参数包括试验电流水平、每次冲击的持续时间、冲击次数以及要求的分接位置(如果电抗器有分接)。

如果没有规定，试验应包括每相两次 0.25 s 的冲击，冲击电流的第一个峰值为额定机械短路电流值。试验应在具有最大电感的分接位置进行(如果电抗器有分接)。

三相电抗器或有明确安装方式的单相电抗器组成的三相电抗器组，应进行六次三相短路试验，每相应有两次获得最大不对称电流。

试验时的电流峰值的偏差不超过相关规定值的 5%。

如果电抗器需进行热短路试验，试验应包括一次额定持续时间的、大小为额定热短路电流 I_{SCr} 的对称电流冲击。如果达不到额定热短路电流，应在降低电流值下试验，持续时间应最多延长到 6 s，至少达到规定的 I^2t 值。

如果所有的试验参数都能满足，为减少冲击次数，热短路试验也可以与机械短路试验同时进行。

更多的信息参见附录 H。

9.10.10.2 评价准则

电抗器耐受短路试验的能力按照 GB 1094.5—2008 中 4.2 进行确认。

短路试验前、后都应进行例行试验，包括电感测量、损耗测量及按照 9.10.7 在 100%规定电压下的绕组过电压试验。电感和损耗的测量值应在偏差限值内。绝缘试验的波形不应有变化，同时符合高压绝缘试验系统限值的相关规定。

目视检查电抗器及其支撑结构，在机械结构上不应有影响电抗器功能的任何变化。如果短路试验后，绕组的夹紧系统损坏或表面裂痕的数量或尺寸明显增加，则认为电抗器未能通过短路试验。如果有疑问，应增加最多三次的最大不对称电流下的短路试验，以确认监视的现象是否稳定。如果情况更加恶化，则应认为电抗器未通过试验。如果一次或二次增加的短路试验后，未出现恶化情况，并且短路试验后的例行试验合格，则认为电抗器通过了短路试验。更多的信息参见附录 H。

9.10.11 声级测定(特殊试验)

测量方法按 GB/T 1094.10。

测量时，应保证对绕组有足够的安全距离。GB/T 1094.10 所述的规定轮廓线应距绕组表面 2 m。规定的轮廓线应位于绕组高度一半的水平面上。

为了模拟运行时的稳定状态(即绕组温度升高)，试验应尽可能在温升试验快结束时进行。

电抗器发出的声波取决于工频电流以及其他频率的电流(如适用)。除另行规定，否则只需考虑额定电流频谱中最有影响的电流。

因为试验时工频和其他频率的电流通常不能同时施加，所以电抗器可以在工频和其他频率的电流下连续试验。此时，电抗器还应在能反映不同频率的电流相互作用的电流和频率下进行试验。如果不能在所有有影响的频率和电流下进行试验，制造方应在标书中说明，供需双方需就试验方法和测量值达成共识。

对于电流频谱中含有电流 I_1、I_2、I_3……的电抗器，这些声级等效电流如下：

试验电流幅值	试验电流频率	声波频率
I_1	f_1	$2f_1$
I_2	f_2	$2f_2$
I_3	f_3	$2f_3$

对上述任何一对电抗器电流，例如 I_1 和 I_2，由于相互影响，应考虑到下述试验电流：

试验电流幅值	试验电流频率	声波频率
$(2I_1I_2)^{1/2}$	$(f_1+f_2)/2$	f_1+f_2
$(2I_1I_2)^{1/2}$	$(f_2-f_1)/2$	f_2-f_1

注：f_1、f_2、f_3……是相互影响的电抗器方均根值电流值 I_1、I_2、I_3……的频率，通常 f_1 是工频，f_2、f_3……是额定电流频谱中有影响的电流对应的频率。

总的声功率水平应用下面的公式计算，也可见 GB/T 1094.10—2003 的附录 D：

$$L_{tot}=10\cdot\log\left[\sum_i 10^{L_i/10}\right]$$

式中：

L_{tot}——总的声功率级水平；

L_i——每个单独分量下的声功率级水平。

在试验中未包括的有影响的电流分量的声级水平应用计算法估算并包含在总的声功率级水平中。

9.10.12 外施耐压试验(特殊试验)

试验一般参照 GB 1094.3—2003 的第 11 章进行。

试验电压应施加在绕组与地之间。

干式空心电抗器通常采用标准支柱式绝缘子或母线支柱绝缘子做为电抗器的支撑、绕组对地绝缘以及两个或多个绕组叠起来时的相间绝缘。所以，试验是对支柱绝缘子的试验。

注：如制造方在投标时无特别说明，则认为支柱绝缘子的设计按 IEC 60273 的规定，试验按 IEC 60168 的规定。

9.10.13 涌流耐受试验（特殊试验）

按照 9.10.10 在工频下施加额定涌流进行试验。

9.10.14 放电电流试验（特殊试验）

当规定进行放电电流试验时，应对放电电抗器施加不小于 1.1 倍额定放电电流的试验电流。试验电流应含有半个周期的工频电流。试验应重复 25 次。

试验方法和评价准则按照 9.10.10 的规定（如适用）。由于放电电抗器的每一相通常装在单独的平台上，因此，如无另行规定，则放电电流试验应做为单相试验在一个单元上进行。

9.10.15 修改的短路或放电电流试验（特殊试验）

对于放电电抗器，作为 9.10.10 和 9.10.14 试验的替代方法，可以考虑下述试验：

对放电电抗器做工频短路电流试验，包括 10 个周期的对称试验电流，其峰值为 1.1 倍的额定放电电流。

评价准则见 9.10.10.2。

9.10.16 机械谐振试验（特殊试验）

适用时，制造方应向用户提议，并与用户就适当的试验方法达成一致，以证明电抗器绕组机械谐振频率与两倍额定涌流频率或两倍额定放电频率至少偏离 10%。

9.11 偏差

9.11.1 额定电感偏差

对于阻尼电抗器和放电电抗器，额定频率下测量的电感对额定值的偏差应在 $^{+10}_{\ 0}$% 内。

对于滤波电抗器，如不可调，则应规定额定电感值的偏差，如带有分接，应规定每个分接的偏差或最小分接范围和最大分接步长。

9.11.2 测量损耗和品质因数的偏差

测量的损耗偏差不应超过规定值的 10%。

测量的品质因数偏差应在制造方标书中给出值的 ±20% 之内。

10 接地变压器（中性点耦合器）

10.1 概述

接地变压器用于为三相电网提供一个接地的中性点。

接地变压器的中性点，可通过下述方法接地：

——直接接地；

——通过限流电抗器接地（第 8 章）；

——通过电阻接地；

——通过消弧线圈接地（第 11 章）。

当接地变压器是电网的唯一接地方式时，接地变压器的零序阻抗加上中性点和地之间的阻抗决定了单相对地故障时流过的电流。

注：故障下流过中性点的电流的持续时间通常被限制为数秒，但如果中性点接到消弧线圈上就不同了。此时，中性点电流的幅值是有限的，但持续时间更长(通常为 2 h)。某些情况下，变压器有能力通过一个因系统电压不平衡引起的持续的小电流。

接地变压器经常带有一个二次(低压)绕组，以给本地辅助负载供电，如电站 400 V 的设备。本部分也适用于向二次负载供电的接地变压器。

10.2 设计

接地变压器设计成三相、户内或户外安装、自然冷却方式。

接地变压器有两种不同的结构：

——主绕组曲折形联结；

——主绕组星形联结，同时带有三角形联结稳定绕组。三角形联结绕组可以做成开口结构，以便允许接入一个内部或外部电阻器或电抗器来调整其零序阻抗。

接地变压器可以设计成带有消弧线圈并装在同一油箱内。本章包括了这种组合结构，但如果变压器的中性点端子不引出，则适用时可参考第 11 章。

如果规定有二次绕组，则通常是星形联结绕组以适用于连续负载。

还可以包括用于测量的辅助绕组。

10.3 术语和定义

下列术语和定义适用于本章。

10.3.1

主绕组 main winding

接地变压器线端间的绕组，线端连接到拟接地系统的各相上。

10.3.2

额定电压 rated voltage

U_r

规定的额定频率下的线电压，即施加到主绕组线端间的电压。

10.3.3

最高运行电压 maximum operating voltage

U_{max}

规定的额定频率下的最高线电压，接地变压器在此电压下应能够连续运行。

注：U_{max}不同于U_m(见 3.2.1)，但在特殊情况下可以有相同的值。

10.3.4

稳定绕组 stabilizing winding

星形联结变压器附加的三角形联结绕组以减小零序阻抗。

注：只有不是用来连接外部三相电路的绕组才称为稳定绕组。

10.3.5

额定零序阻抗 rated zero-sequence impedance

Z_0

规定的额定频率下的每相阻抗，用欧姆表示，它等于连接在一起的线端与中性点之间的阻抗的三倍，要求任意二次绕组开路，稳定绕组处于运行状态。

如果是接地变压器和消弧线圈组合的情况，用欧姆/相表示的额定零序阻抗等于连接在一起的线端与消弧线圈接地端之间的阻抗的三倍。

注：如果零序阻抗可调，则通常指最低阻抗，但也可以规定另外的额定值。

10.3.6

额定持续中性点电流　rated continuous neutral current

I_{Nr}

规定的额定频率下通过主绕组中性点端子的持续电流。

注：如果是接地变压器和消弧线圈组合的情况，则指的是流过变压器中性点和消弧线圈的电流。

10.3.7

额定短时中性点电流　rated short-time neutral current

I_{NSTr}

额定频率下通过主绕组中性点端子的，时间为额定短时中性点电流持续时间的电流。

注：如果是接地变压器和消弧线圈组合的情况，则指的是流过变压器中性点和消弧线圈的电流。

10.3.8

额定短时中性点电流持续时间　rated short-time neutral current duration

T_{NSTr}

规定的额定短时中性点电流持续时间。

10.3.9

二次绕组　secondary winding

接地变压器上用于连接辅助负载的绕组。

10.3.10

二次绕组额定电压　rated voltage of secondary winding

当主绕组施加额定电压时，在二次绕组线端上感应出的额定频率下的空载电压。

10.3.11

二次绕组额定容量　rated power of secondary winding

规定的二次绕组连续负载时的容量。该额定容量是主、二次绕组的负载损耗和温升试验的规定值和试验值的参考。

10.3.12

主绕组和二次绕组间短路阻抗　short-circuit impedance between main and secondary winding

在额定频率及参考温度下，二次绕组端子短接且辅助绕组（如果有）开路时，规定的主绕组端子上的等效串联阻抗，用欧姆/相表示。

注：该值也可用二次绕组额定值的百分数表示，见 GB 1094.1—1996 中 3.7.1。

10.3.13　更多定义

在接地变压器和消弧线圈组合的情况下，更多定义参见第 11 章。

10.4　额定值

10.4.1　额定电压

额定频率下的额定电压 U_r 由用户规定。如 10.9 中无另行规定，则额定电压是设计、制造保证值和试验的基础。

注：额定电压通常认为是系统标称电压。

在接地变压器和消弧线圈组合的情况下，消弧线圈的额定电压（定义见 11.3）应该由中性点短时电流和消弧线圈阻抗导出。

10.4.2　最高运行电压

最高运行电压 U_{max} 应由用户规定。它不能低于运行中的接地变压器最高持续运行线电压。如无另行规定,则应为 1.1 倍的额定电压。

注:当接地变压器拟用于运行电压明显高于额定电压的情况下,参数 U_{max} 就特别重要。这是接地变压器设计的一个方面。用户要求在 U_{max} 下测量空载损耗和空载电流可以认为是特殊试验。

10.4.3 额定零序阻抗

额定零序阻抗可由用户规定,例如:接地变压器与单独的中性点限流装置一起使用的情况。

如果接地变压器的中性点直接接地或是接地变压器与消弧线圈组合的情况,则额定零序阻抗可以由最高运行电压和额定短时中性点电流导出。如果没有规定额定零序阻抗,就应该规定额定短时中性点电流。

10.4.4 额定持续中性点电流

用户可以规定持续中性点电流。额定持续中性点电流应规定为不低于运行条件下最高持续中性点电流。该电流是由于系统电压不平衡引起的。

当持续中性点电流中预期含有高次谐波分量时,用户应说明。

对于接地变压器和消弧线圈组合的情况,该电流既流过接地变压器中性点也流过消弧线圈。消弧线圈的最高持续电压(见 11.3 定义)等于额定持续中性点电流与消弧线圈阻抗之积。

注:如果接地变压器拟与消弧线圈一起使用,则接地变压器的额定持续中性点电流宜与消弧线圈匹配(见 11.4)。

10.4.5 额定短时中性点电流

额定短时中性点电流既可以由用户规定,也可以不规定,但应规定额定零序阻抗。如果有规定,不应低于发生单相接地故障时的最大电流。

如无另行规定,则额定短时中性点电流应该用最高运行电压和零序阻抗算出。

注:额定短时中性点电流可用公式算出:

$$I_{NSTr} = 3 \times \frac{U_{max}}{\sqrt{3} \times Z_0}$$

这是短时中性点电流的最严酷情况。如果认为太高,那么额定短时中性点电流和额定零序阻抗应由用户规定,以替代公式计算。

10.4.6 额定短时中性点电流持续时间

用户应该既可以规定额定短时中性点电流持续时间,也可以在连续的故障可能在短时间内发生的情况下,指定两次故障之间的时间间隔、故障的持续时间和发生的次数。在后一种情况下,短时电流持续时间相应地应由制造方选定。

10.4.7 二次绕组额定电压

如果规定了二次绕组,则其额定电压应由用户规定。

注:考虑到带负载时变压器的短路阻抗引起的电压降,二次绕组的额定电压通常等于或略高于辅助系统的额定线电压。

10.4.8 接地变压器和消弧线圈组合的进一步的额定值

如果是接地变压器和消弧线圈组合的情况,本部分第 11 章中的额定值适用于消弧线圈。额定电压、最高持续电压以及额定电流(见 11.4.1～11.4.3)不需要由用户规定。这些额定值应由制造方计算出。

10.5 耐受额定短时中性点电流的能力

接地变压器应能耐受额定短时中性点电流的热和机械的作用而不受损坏。

当变压器有二次绕组，变压器还应能耐受辅助电网故障时故障电流的热和机械的作用而不受损坏。GB 1094.5 适用于对二次绕组端子的短路要求。

10.6 温升

10.6.1 在额定电压、额定持续中性点电流和额定二次绕组容量下的温升

液浸式变压器的温升限值见 GB 1094.2，干式变压器的温升限值见 GB 1094.11。

引起温升的损耗有额定电压下的铁损、额定持续中性点电流下的绕组损耗以及二次带负载时的负载损耗。

如果变压器有二次绕组，则变压器在二次绕组额定容量下不应超过温升限值。或当规定了持续中性点电流时，在二次绕组额定容量和持续中性点电流组合作用下不应超过温升限值。

在接地变压器和消弧线圈组合的情况下，11.5 给出的温升限值适用于额定持续中性点电流下的消弧线圈。

10.6.2 额定短时中性点电流负载下的温度

短时负载就是流过额定短时中性点电流持续时间的额定短时中性点电流。适用时，变压器和消弧线圈在短时负载前的温度应该达到额定持续中性点电流和二次绕组额定容量下应达到的温度。

如果额定短时中性点电流持续时间小于或等于 10 s，则短时负载后，绕组的温度不应超过 GB 1094.5—2008 中 4.1.4 要求的变压器绕组在短路条件下的温度。

如果额定短时中性点电流持续时间大于 10 s，则流过额定短时负载后绕组的平均温升和顶层油的温升不应超过 11.5 给出的值。

在接地变压器和消弧线圈组合的情况下，如果可以单独测量，则绕组平均温升指的是变压器和消弧线圈单独的温升，如果不能单独测量，则绕组平均温升指的是组合的温升。

10.7 绝缘水平

接地变压器主绕组线端的绝缘水平应按 GB 1094.3 选择。

对于中性点端子，可选择降低的绝缘水平(分级绝缘)。

10.8 铭牌

每台变压器应提供由不受气候影响的材料制成的铭牌，并安装在明显可见的位置。铭牌上应标出下述各项，所示项目应该用耐久的方法刻出(如用蚀刻、雕刻或打印法)。

——变压器型号；

——户内或户外用；

——本部分代号；

——制造方名称；

——出厂序号；

——制造年月；

——绝缘水平；

——额定频率；

——额定电压；

——额定中性点电流和持续时间；

——冷却方式；

——绝缘耐热等级(仅适用于干式);
——顶层油温升和绕组平均温升(对液浸式变压器);
——总质量;
——绝缘液体质量(适用时);
——非矿物油时绝缘液体的种类(适用时);
——绕组联结或接线图;
——零序阻抗测量值(如果不是接地变压器和消弧电抗器组合)。

如果有二次绕组,还应附加的信息:
——二次绕组空载电压;
——短路阻抗测量值;
——二次绕组额定容量。

如果还有消弧线圈,应附加的信息:
——消弧线圈型号;
——调节方式(连续或分级,适用时);
——分接开关类型(如有载、无励磁,适用时);
——用图或表说明零序阻抗调节范围,如果用户要求,还应说明额定电压下的电流(对电感可调消弧线圈)。

10.9 试验

10.9.1 概述

例行试验、型式试验和特殊试验的一般要求参考 GB 1094.1。

如果是接地变压器和消弧线圈组合的情况,这两部分通常不能单独试验。如果用户要求对每一部分单独试验,那么供需双方应在订货时就单独试验需采取的措施达成共识。

10.9.2 例行试验

应进行下列例行试验:
——绕组电阻测量(GB 1094.1);
——零序阻抗测量(10.9.5);
——空载损耗和空载电流测量(GB 1094.1);
——绝缘试验(10.9.7)。

如果接地变压器有二次绕组:
——电压比测量和联结组标号检定(GB 1094.1);
——短路阻抗和负载损耗测量(GB 1094.1);
——辅助绕组和控制、测量线路外施耐压试验(GB 1094.3—2003 的第 10 章);

如果是接地变压器和消弧线圈组合的情况:
——如果消弧线圈电感可调,全部可调范围内的零序阻抗测量(10.9.5);
——分接开关、铁心气隙调整机构或任何其他开关设备以及与控制和测量有关的设备的操作试验(按照 GB 1094.1—1996 中 10.8.1 的 a)、b)、c)或由用户规定)。

10.9.3 型式试验

应进行下列型式试验:

——绝缘试验(10.9.7);

——温升试验(10.9.6)。

如果是接地变压器和消弧线圈组合的情况:

——三相励磁单相故障情况下的中性点电流测量(10.9.10)。

10.9.4 特殊试验

当用户特殊要求时,应进行下列特殊试验:

——额定短时中性点电流耐受能力试验(10.9.8);

——最高运行电压 U_{max} 下的空载损耗和空载电流测量(GB 1094.1);

——声级测定(GB/T 1094.10);

如果接地变压器带二次绕组:

——当二次绕组短路时的变压器短路试验(GB 1094.5)。

如果是接地变压器和消弧线圈组合的情况:

——额定持续中性点电流下的损耗测量(10.9.9);

——电感调节机构机械寿命试验(11.8.12);

——线性度测量(11.8.10)。

10.9.5 零序阻抗测量(例行试验)

零序阻抗测量可以在0.1倍～1.0倍额定短时中性点电流范围内的任意电流下进行。

如果是接地变压器和消弧线圈组合的情况,且供需双方无其他协议,则零序阻抗测量应在额定短时中性点电流下进行。

测量方法见GB 1094.1。

如果是接地变压器和可调消弧线圈组合的情况,则零序阻抗测量应在全部可调范围内进行。对于分级可调消弧线圈,测量应在每级进行。

10.9.6 温升试验(型式试验)

10.9.6.1 额定持续中性点电流和二次绕组额定容量下的温升试验

试验应按照GB 1094.2进行,测量油温升时应计入空载损耗。

如果规定了额定持续中性点电流和二次绕组,则油平均温升和顶层油温升的测量应在能提供总损耗的电流下进行,这个总损耗包括额定持续中性点电流(如果规定)产生的损耗、二次绕组(如果有)额定容量下的损耗和空载损耗。主绕组温升测量应在持续电流与二次绕组额定容量相应的电流之和的电流下进行。二次绕组温升的测量应在相应于二次绕组额定容量的电流下进行,并考虑之前在总损耗下测得的油温升。

注1:对某些结构的绕组(如星-星-角),还应考虑额定持续中性点电流下的附加温升试验,以证明稳定绕组和中性点的额定运行能力。

如果是接地变压器和消弧线圈组合的情况,则应进行额定持续中性点电流下的温升试验。消弧线圈和接地变压器应同时试验。此时,测量的绕组温度是两部分的平均温度。如果消弧线圈是可调的,则温升试验应在最高损耗位置进行。

绕组温度应在试验后用电阻法确定,见GB 1094.2。

注2:如果是接地变压器和消弧线圈组合的情况,应进行两次电阻测量,以确定变压器主绕组温差和消弧线圈绕组的温差。一次测量是在一个线端和消弧线圈接地端子间进行,另一次测量是在接地变压器两个线端间进行。

10.9.6.2 额定短时中性点电流下的温升试验(不带二次绕组)

如果接地变压器的额定短时中性点电流持续时间不超过 10 s,则耐热能力按 GB 1094.5—2008 中 4.1.5 ,通过计算来验证。

如果接地变压器的额定短时中性点电流持续时间超过 10 s 但少于 10 min,则温升应由供需双方协商采用计算法或测量法确定。

如果额定短时中性点电流持续时间是 10 min 或更长,就应在施加额定短时中性点电流持续时间的额定短时中性点电流后,用电阻法来测量绕组的平均温升。

试验开始时,顶层油温度的初始值应该是接近于按 10.9.6.1 施加总损耗时测得的温度。如果试验开始时的顶层油温度不同于该温度,则应对测得的绕组平均温升做校正。

10.9.6.3 干式接地变压器的温升试验

10.9.6.3.1 不带二次绕组的干式接地变压器

温升试验采用模拟负载法,可采用下述两种方法之一:

——先进行额定持续中性点电流下的温升,维持额定的持续时间;然后进行空载试验,直到铁心和绕组温度达到稳定为止;

——先进行空载试验,直到铁心和绕组温度达到稳定为止;然后,进行额定持续中性点电流下的温升,直到维持额定的持续时间为止。

10.9.6.3.2 带二次绕组的干式接地变压器

温升试验推荐采用如下方法:

先进行空载试验,直到铁心和绕组温度达到稳定为止;然后进行二次绕组额定容量下的负载试验,将一次侧 A-B-C 端子短接,由二次侧施加相应的额定电流,直到铁心和绕组温度达到稳定,不断电,在一次绕组 A-B-C 短接端子与中性点间施加额定持续中性点电流,维持额定的持续时间,然后断电,测试一、二次侧绕组热电阻,确定绕组的平均温升。

10.9.7 绝缘试验(例行试验、型式试验)

额定耐受电压应通过下列绝缘试验来检验。

10.9.7.1 全绝缘

——外施耐压试验(GB 1094.3—2003 的第 11 章,例行试验);

——感应耐压试验(GB 1094.3—2003 中 12.2,例行试验);

——雷电冲击试验(GB 1094.3—2003 的第 13 章,型式试验)。

10.9.7.2 分级绝缘

——主绕组接地端子外施耐压试验(GB 1094.3—2003 的第 11 章,例行试验);

——感应耐压试验(GB 1094.3—2003 中 12.3,例行试验);

——接地变压器和消弧线圈组合情况下的感应耐压试验,试验应分别进行,一次是单相励磁,一次是三相励磁;

——雷电冲击试验(GB 1094.3—2003 的第 13 章,型式试验);

——接地变压器和可调电感消弧线圈组合情况下的雷电冲击试验,试验时电感连续可调的消弧线圈应设定为电流最小。如果消弧线圈有分接绕组,可参考 GB 1094.3—2003 第 8 章的原理。

10.9.8 额定短时中性点电流耐受能力试验(特殊试验)

耐受额定短时中性点电流机械作用的能力应通过试验或参考对类似产品的试验来验证。

可采用的两种试验接线:

——对接地变压器应施加三相对称电源,并应将一相线端和中性点端子短路。

——将接地变压器三相的线端连结在一起,对线端和中性点端子施加单相电源。

如用户无另行规定,则应进行两次试验,每次试验的时间为 0.5 s±0.05 s。

短路电流第一个峰值应为额定短时中性点电流乘以系数 k(k 值参考 GB 1094.5—2008 中 4.2.3)所得的值,系数 k 的最小值为 $1.8\sqrt{2}=2.55$。

两次试验的时间间隔应是足够的,以避免热量的过度累积,其他应按照 GB 1094.5—2008 中 4.2 的规定。

如果是接地变压器与消弧线圈组合的情况,则两部分应同时进行试验。如果消弧线圈是可调的,且是用分接调节的,则试验应在极限分接位置进行。如果是电感连续可调的,则试验应在最低零序阻抗位置进行。如果消弧线圈是有多个独立绕组的结构,则应首先对具有最低零序阻抗的绕组进行试验,然后依次对其他绕组进行试验。

10.9.9 额定持续中性点电流下的损耗测量(特殊试验)

应在额定持续中性点电流下进行损耗测量。试验按 11.8.9 进行。

如果是接地变压器和消弧线圈组合的情况,则两部分应同时进行试验。如果消弧线圈是可调的,则试验最少应在两个极限位置上进行。

10.9.10 三相励磁单相故障情况下的中性点电流测量(型式试验)

本试验是对接地变压器和消弧线圈组合的情况进行的,以测量三相电源供电时单相对地故障下的中性点电流。试验应按 11.8.5 进行。消弧线圈的接地端子应接到电源的一个线端上,通常在试验时还应接地(见图 8)。如果试验电源内部有接地中性点,则消弧线圈的接地端子就不能接地,而应该能承受相对地电压(见图 9)。

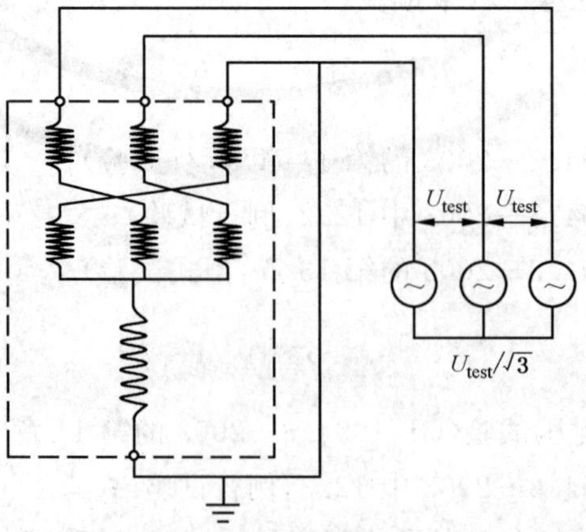

图 8 中性点接地情况下单相故障试验电路

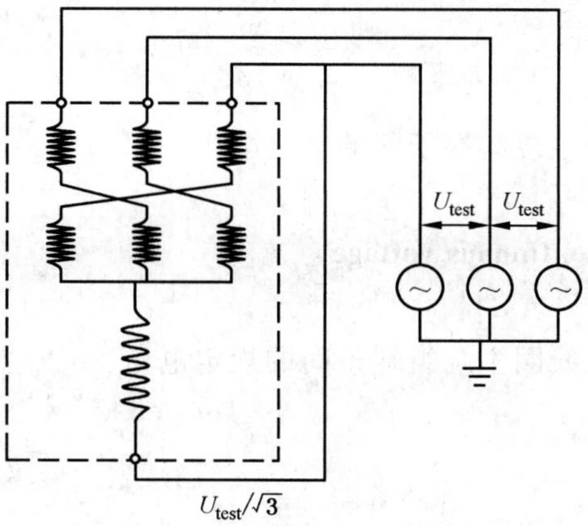

图 9 电源带接地点的单相故障试验电路

10.10 偏差

表 2 给出了额定参数的偏差。

表 2 偏差

参数	偏差
零序阻抗	额定值的$^{+20}_{0}$%
接地变压器和消弧线圈组合情况时的零序阻抗	最小位置时:额定值的±5% 其他位置时:额定值的±10%
辅助或二次绕组对主绕组的电压比	规定值的±0.5%

用户可以提出较低的偏差,但应在询价时提出。

11 消弧线圈

11.1 概述

消弧线圈是用来补偿电力系统发生对地故障时产生的容性电流的单相电抗器。消弧线圈在三相电力系统中接在电力变压器或接地变压器中性点与地之间。

11.2 设计

消弧线圈通常是自然冷却、户内或户外安装。

注:消弧线圈和配套的接地变压器可以合装在一个油箱中,这种结构方式参考第 10 章。

消弧线圈的电感通常是可调的,包括分级可调和连续可调,在规定的范围内可与电网的电容相配合。

消弧线圈应该是线性的,见 11.4.8。

消弧线圈可带有一个测量用辅助绕组和(或)供连接负载电阻用的二次绕组,有关负载电阻的更多信息参见附录 I。

11.3 术语和定义

下列术语和定义适用于本章。

11.3.1

额定电压　rated voltage

U_r

额定频率下施加到消弧线圈主绕组端子间的规定电压。

11.3.2

最高持续电压　maximum continuous voltage

U_{max}

额定频率下持续施加到消弧线圈主绕组端子间的规定电压。

11.3.3

额定电流　rated current

I_r

额定频率下施加额定电压时,流过主绕组的电流。如果电感在某一范围内可调,额定电流指最小电感时的电流。另外,用户也可以规定其他电感设定下的电流为额定电流。

11.3.4

额定电流持续时间　rated current duration

T_r

规定的额定电流持续时间。

11.3.5

调节范围　adjustment range

对电感可调消弧线圈,规定的额定电流与(额定电压下)最大电感位置时的电流的比值。

11.3.6

辅助绕组　auxiliary winding

用于测量和控制的绕组,承受低电压和低电流。

11.3.7

二次绕组　secondary winding

附加的用于连接短时工作电阻的绕组,短时工作电阻用以增加接地故障电流的电阻分量。

注：二次绕组还可用于连接测量、控制和接地故障保护为目的的设备。

11.4　额定值

11.4.1　额定电压

额定电压 U_r 应由用户规定,至少应该等于接地故障时,在变压器或接地变压器中性点与地之间产生的最高电压。

注：通常规定额定电压等于电力系统的相电压。

11.4.2　最高持续电压

最高持续电压 U_{max} 应由用户规定,这个电压不应低于在正常运行条件下由于电力系统电压不平衡而在中性点产生的电压,除非此值小于10％额定电压。

如果没有规定最高持续电压,就取10％额定电压。

11.4.3　额定电流

额定电流 I_r 由用户规定,不应低于线对地故障时产生的最大电流。

电抗器应设计为能持续通过这个电流或在额定电流持续时间下通过这个电流(如果规定)。

11.4.4 额定电流持续时间

额定电流持续时间 T_r 应由用户规定，不应低于预期的最长接地故障时间(一般不超过 2 h)，额定电流持续时间是连续的除外。

如果在很短时间内可能连续发生故障，其时间间隔和发生的次数应由用户规定。规定的额定电流持续时间应与之适应。

注：常用的持续时间是 10 s、30 min、2 h 和连续。对于消弧线圈，连续一般指持续时间大于 2 h，但通常不会超过 2 h。

11.4.5 调节范围

额定电压、额定频率下电流可用下列方法之一调节：

——用无励磁或有载分接开关，逐级接入主绕组的附加线段；

注：在此项中，建议调节范围不大于 2.5。

——用机械方法减小磁路气隙；

——切断一组并联线圈中的单个线圈。

11.4.6 辅助绕组

如果用户要求有一个辅助绕组，应规定其电流、电压和偏差。

注：辅助绕组的典型额定值是 100 V、1 A。

11.4.7 二次绕组

如果用户要求有二次绕组，应规定其电流和电压。

注：二次绕组的典型额定值是 500 V、100 A。

11.4.8 消弧线圈的线性特性

如无另行规定，消弧线圈在 1.1 倍额定电压 U_r 及以下应该是线性的，偏差应在 11.9 给出的范围内。

11.5 温升

应将最高持续电压下的温升作为计算额定电流下的温升的初始值。

11.5.1 液浸式消弧线圈

按 11.8.7 试验时，额定电流下的绕组平均温升和顶层油温升不应超过下述值：

——额定电流持续时间为连续时，绕组为 80 K，油为 75 K；

——额定电流持续时间为不超过 2 h 时，绕组为 100 K，油为 90 K。

注：温升值考虑到接地故障不是频繁发生，并且持续时间是有限的。

如果规定了二次绕组短时负载最长时间为 10 s，则二次绕组的温度不应超过 GB 1094.5—2008 中 4.1.4 规定的变压器绕组短路条件下的值，顶层油温升不应超过 90 K。

11.5.2 干式消弧线圈

按 11.8.7 试验时，额定电流下的绕组平均温升限值不应超过下述值：

——对于持续流过额定电流的绕组，按 GB 1094.11；

——对于额定电流的持续时间为不超过 2 h 的绕组，根据绝缘耐热等级，由供需双方协商确定。

11.6 绝缘水平

如无另行规定，则消弧线圈的绝缘水平应与系统中变压器中性点的绝缘水平相同，消弧线圈接地端可以取更低的绝缘水平(分级绝缘)。绝缘水平值见 GB 1094.3。

11.7 铭牌

每台消弧线圈均应提供由不受气候影响的材料制成的铭牌，并安装在明显可见的位置。铭牌上应标出下述各项，所示项目应该用耐久的方法刻出(如用蚀刻、雕刻或打印法)：

——消弧线圈型号；
——户内或户外用；
——本部分代号；
——制造方名称；
——出厂序号；
——制造年月；
——绝缘水平；
——额定频率；
——额定电压(辅助和二次绕组的空载电压，适用时)；
——最高持续电压(如果规定)；
——(所有绕组)额定电流以及规定持续时间；
——调节方式(连续或分级)；
——冷却方式；
——绝缘耐热等级(仅适用于干式消弧线圈)；
——额定电流和持续时间下的顶层油温升和绕组平均温升(顶层油温升只适用于液浸式消弧线圈)；
——总质量；
——运输质量(对液浸式消弧线圈)；
——器身质量(对液浸式消弧线圈)；
——绝缘液体质量(适用时)；
——非矿物油时绝缘液体的种类(适用时)；
——分接和互感器接线图(适用时)；
——分接开关类型(如有载、无励磁，适用时)；
——用图或表说明调节范围，以安培或比率表示(对电感可调的消弧线圈)。

11.8 试验

11.8.1 概述

例行试验、型式试验和特殊试验的一般要求按 GB 1094.1 的规定。

11.8.2 例行试验

应进行下列例行试验：
——绕组电阻测量(GB 1094.1)；
——电流测量(11.8.5)；
——辅助绕组和二次绕组空载电压测量(11.8.6)(适用时)；

——主绕组绝缘试验(11.8.8);

——辅助绕组、二次绕组以及控制、测量回路的外施耐压试验(GB 1094.3—2003 的第 10 章,适用时);

——分接开关、铁心气隙调整机构或任何其他开关设备以及与控制和测量有关的设备的操作试验(按照 GB 1094.1—1996 中 10.8.1 的 a)、b)、c)或由用户规定,适用时)。

11.8.3 型式试验

应进行下列型式试验:

——额定电压下的电流测量(11.8.5);

——温升试验(11.8.7);

——绝缘试验(11.8.8)。

11.8.4 特殊试验

当用户特殊要求时,应进行下列特殊试验:

——损耗测量(11.8.9);

——1.1 倍额定电压及以下的磁化特性测量(11.8.10);

——声级测定(11.8.11);

——电感调节机构机械寿命试验(11.8.12);

——耐受额定电流机械力试验(11.8.13)。

11.8.5 电流测量(例行试验)

消弧线圈的电流应在额定频率及额定电压下测量。如果试验条件不够,施加的试验电压应尽量接近额定电压,并应由供需双方在订货时达成共识。

测量应在全部调节范围内进行。对于分级调节的消弧线圈,测量应在每级进行。对于连续调节的消弧线圈,测量应在至少五个位置上进行,这五个位置在全部调节范围内均匀分布。

11.8.6 辅助绕组和二次绕组空载电压测量(例行试验)

任何辅助绕组和二次绕组的空载电压测量应在全部调节范围内,并保持在主绕组为额定电压下进行。如果不可行,试验电压应尽可能高。

11.8.7 温升试验(型式试验)

11.8.7.1 液浸式消弧线圈

试验应按照 GB 1094.2 进行。试验时,任何辅助绕组和二次绕组的端子应开路。

如果产品是短时工作制,并且最高持续电压高于额定电压的 30%,则温升试验应以最高持续电压开始,直到达到稳定状态。施加额定电流持续时间的额定电流后,绕组温度用电阻法测量,顶层油温度用温度计测量(见 GB 1094.2)。

如果最高持续电压不大于额定电压的 30%,则可以不施加最高持续电压,初始温度可以计算得出并应加到温升试验测得的温升值上。

11.8.7.2 干式消弧线圈

试验按 GB 1094.11 进行,试验时,任何辅助绕组和二次绕组的端子应开路。

对持续流过额定电流的消弧线圈,应施加额定电流,当绕组和铁心的温升变化值不超过 1 K/h,则温升视为稳定，用电阻法测量绕组温度。

对额定电流持续时间不超过 2 h 的消弧线圈，应按规定持续时间施加额定电流后，用电阻法测量绕组温度。

11.8.8 绝缘试验(例行试验、型式试验)

包括下列各项试验：

——外施耐压试验(GB 1094.3—2003 的第 11 章，例行试验)；

——感应耐压试验(GB 1094.3—2003 中 12.2，例行试验)；

——雷电冲击试验(GB 1094.3—2003 中 13.3.2，型式试验)。

外施耐压试验电压水平取决于接地端子的绝缘水平。

对可调电感的消弧线圈，在进行上述试验时，应该设定在最小电流位置。如果供需双方同意，也可以设定在某一特定位置。

雷电冲击试验时，将电压施加在与电力变压器中性点或接地变压器中性点连接的端子上。试验按照 GB 1094.3—2003 中 13.3.2 的方法 b)。

注：GB 1094.3—2003 中 13.3.2 方法 b)允许冲击电压波前时间最长为 13 μs。

如果消弧线圈有分接绕组，则雷电冲击试验应在消弧线圈位于最大分接和最小分接时进行。

如果无法实施感应耐压试验，经供需双方在订货时协商，可用雷电冲击试验代替。

11.8.9 损耗测量(特殊试验)

电感可调消弧线圈的损耗应至少在可调范围内的五个位置上进行测量，包括额定电流位置。损耗应在额定电压、额定频率下测量。如果在额定电压下的额定电流档时测得的电流不等于额定电流，则测得的损耗应通过乘以额定电流与实测电流之比的平方校正到额定电流下。

损耗测量应该在工厂的环境温度下进行，并按 GB 1094.1 给出的方法校正到参考温度。

总损耗包括电阻损耗、铁损和附加损耗。电阻损耗部分等于 I_r^2R，R 是测得的直流电阻，I_r 是额定电流。铁损和附加损耗从测量上无法分开，铁损和附加损耗之和是总损耗与电阻损耗 I_r^2R 之差。

电阻损耗按照 GB 1094.1 校正到参考温度。通常不方便将铁损和附加损耗校正到参考温度，因此，通常假定铁损和附加损耗与温度无关，这样的假定通常会使参考温度下的损耗略高于实际损耗。

参考温度下的总损耗等于校正到参考温度的电阻损耗与测量的铁损和附加损耗之和。

11.8.10 线性度测量(特殊试验)

对于电感可调的消弧线圈，测量应在最大和最小电流位置下进行。

试验应通过施加额定频率的电压进行，电压逐级增加，每级约为 10%，直至 1.1 倍的额定电压。通过绘制电流方均根值与电压方均根值的关系曲线来确定产品的线性度。在这个曲线上的任一点的电流，与通过零与额定电压时对应电流值作出的直线上相应的电流的偏差不应超过±5%。

11.8.11 声级测定(特殊试验)

测量一般按照 GB/T 1094.10 的规定，在额定电压下进行，消弧线圈设置为额定电流位置。电感可调的消弧线圈在其他电流下的测量应由供需双方协商确定。

11.8.12 电感调节机构机械寿命试验(特殊试验)

当消弧线圈带有调感的机构时，用户可以与制造方达成协议，通过进行相关的机械寿命试验或验证程序，以验证消弧线圈的调节机构的完整性和操作的持久性。

试验应包括一系列的消弧线圈调节操作，反映消弧线圈在寿命期内的预期操作数。典型的机械寿命试验包括 1 000 次全部调节范围的循环操作。试验时的环境温度应由供需双方达成协议，如 −20 ℃、20 ℃ 或 40 ℃。

注：机构可能包括如电机、开关等。

11.8.13 耐受额定电流机械力试验(特殊试验)

本试验适用于用机械方法调节磁路气隙的消弧线圈。

消弧线圈耐受额定电流机械作用力的能力应按 GB 1094.5—2008 中 4.2 要求，用试验或参考在类似产品上进行的试验来验证。

如用户无另行规定，应进行两次持续时间为 0.5 s±0.05 s 的试验。试验中，消弧线圈应置于额定电流位置，二次绕组和辅助绕组应开路。

注 1：供需双方可以协商在其他电流位置进行试验。

电流第一个峰值应为额定电流乘以系数 k(k 值见 GB 1094.5—2008 中 4.2.3)所得的值，系数 k 的最小值为 $1.8\sqrt{2}=2.55$。

注 2：由于铁心饱和的效应，因此系数 k 可能大于 2.55。用户可以要求一个模拟系统条件的特殊试验以考虑这种情况。

11.9 偏差

表 3 给出了额定参数的偏差：

表 3 偏差

参　数	偏　差
额定电压下及最小电感时主绕组的电流	额定值的±5%
其他位置时的电流	规定值的±10%
在全部调节范围内，主绕组施加额定电压时的辅助绕组和二次绕组的空载电压	规定值的±10%
线性度(见 11.8.10)	±5%

12 平波电抗器

12.1 概述

平波电抗器串联连接于直流系统中，对流过的谐波电流提供一个高值阻抗，并降低直流系统故障电流的上升速度。平波电抗器主要用于下述两种场合：

a) 工业用：直流中通常叠加有大量的谐波分量，这类平波电抗器一般为户内用且直流系统电压通常不高于 10 kV；

b) 高压直流输电系统用：直流中通常叠加有少量的谐波分量，直流系统电压通常高于 50 kV。

高压直流输电用平波电抗器也可按 GB/T 20836、GB/T 20837 和 GB/T 25092 的有关规定。

12.2 设计

按电抗器设计和安装不同，可分为：

——干式或液浸式；

——空心或间隙铁心式；

——带磁屏蔽或不带磁屏蔽；

——户内或户外安装；
——空气自冷、强迫风冷或绕组直接液冷式(用于干式电抗器)；
——具有恒值的电感(线性电抗器)或对于某些工业用的电抗器，其电感是随电流而变化的。

12.3 术语和定义

下列术语和定义适用于本章：

12.3.1

额定电压 rated voltage

U_d

规定的施加于电抗器绕组线端与地之间的直流电压。

12.3.2

最高运行电压 maximum operating voltage

U_{dmax}

规定的电抗器绕组线端与地之间的最高持续直流电压。

12.3.3

额定持续直流电流 rated continuous direct current

I_d

规定的电抗器的持续直流电流。

注：额定直流电流不计入任何交流电流分量。

12.3.4

额定持续电流频谱 rated continuous current spectrum

除直流电流外，规定的各标称频率下的持续稳态电流方均根值。

12.3.5

短时过载直流电流 short-time overload direct current

在短时过载电流持续时间或负载周期内电抗器通过的短时直流电流规定值。

12.3.6

短时过载电流频谱 short-time overload current spectrum

在短时过载电流持续时间或负载周期内，除了直流电流外，规定的各标称频率下的短时过载电流方均根值。

12.3.7

短时过载电流的持续时间或负载周期 short-time overload current duration or duty-cycle

规定的短时过载电流的持续时间。负载周期指短时过载电流每次的持续时间、两次之间的时间间隔和发生次数等规定值。

12.3.8

额定暂态故障电流 rated transient fault current

规定的系统故障电流峰值和波形。

12.3.9

额定增量电感 rated incremental inductance

L_{inc}

在标称频率和额定直流电流 I_d 下的增量电感规定值。

注1：增量电感是指电抗器中通过一个叠加于直流电流上的具有某一特定幅值和频率的交流电流而得出的值。

注2：对于空心电抗器，增量电感与直流电流无关。对于气隙铁心式或带磁屏蔽的空心式电抗器，增量电感是直流电流的函数。

注3：有关增量电感更多的信息见C.4。

12.4 额定值

12.4.1 额定电压

额定电压由用户规定。

12.4.2 最高运行电压

最高运行电压应由用户规定，它应不低于电抗器在运行时所受到的最高持续运行直流电压。

12.4.3 额定持续直流电流

额定持续直流电流应由用户规定。

12.4.4 额定持续电流频谱

各个频率及相应频率下的电流值均应由用户规定。

注：不同的运行条件可能导致有不同的电流频谱。所有这些电流频谱均应包括在技术规范内，其中有一个被指定为额定持续电流频谱。

12.4.5 短时过载电流、电流频谱及电流持续时间或负载周期

短时过载电流连同短时过载电流频谱（如果有），还有相关的短时过载电流持续时间或负载周期以及周围环境温度均应由用户规定，还可以规定几个电流值及相关的持续时间或负载周期。

负载周期应给出如下信息，即短时过载电流最大幅值及最大持续时间、相邻两次短时过载电流的最小时间间隔、各次施加短时过载电流之间的电流水平和规定持续时间的短时过载电流的最大连续施加次数。所有关于短时过载电流负载周期的信息（如果有）应在电抗器规范中给出。

12.4.6 额定暂态故障电流

电抗器应考虑能承受用户规定的最严酷的暂态故障电流峰值和波形。此外，用户还应提出 I^2t 值或足够的相关信息，以便制造方计算出 I^2t 值。如果不进行暂态故障电流试验，制造方应阐明该电抗器具有能承受住额定暂态故障电流的能力。

12.4.7 额定增量电感

在特定频率及额定直流电流下的增量电感应由用户规定其最小值。除另有规定外，该值的偏差见12.9。如未规定频率，则制造方应选择某个合适的频率。

如果交流电流幅值与直流电流比较相对明显时，则在设计中应考虑这一点，以便得到额定增量电感。

12.4.8 平波电抗器的线性度

若用户无另行规定，则电抗器在其直流电流为额定值及以下时应是线性的，其偏差应符合12.9规定。

如使用时有要求，则用户可规定在某一个或多个高于额定直流电流时降低的增量电感的最小值。此时，在所有规定的直流电流值下的增量电感最大值等于额定值加上正偏差值。

12.4.9 绕组直接液冷式电抗器的补充要求

对于绕组直接液冷式（通常用水的混合液）的干式电抗器，其进、出口处的液体最高温度值及其相关的压力值、最大的流速和有关冷却液的细节应由用户或由用户与制造方双方协商予以规定。

12.5 温升

GB 1094.2 关于液浸式变压器的温升限值和 GB 1094.11 关于干式变压器的温升限值适用于额定持续直流电流和叠加的额定持续电流频谱，此外，如果有规定，也适用于短时过载直流电流、电流频谱以及电流持续时间或负载周期等情况。

注：温升验证是利用 12.8.13 中的公式求出的当量直流电流来进行的。

12.6 绝缘水平

绝缘水平应由用户规定，它与电抗器所在直流系统中的位置的绝缘水平相配合。

下列绝缘水平可能不适用于 12.1 中 a)项所包括的工业用电抗器，但 12.6.5(外施交流耐压水平)除外。但是，如果要求进行匝间过电压试验时，其试验水平值也可以由用户规定。

12.6.1 雷电冲击水平

应规定电抗器绕组每个端子对地和两个端子之间的雷电冲击水平。

12.6.2 操作冲击水平

应规定电抗器绕组每个端子对地和两个端子之间的操作冲击水平。

12.6.3 外施直流耐压水平

直流耐压水平应为 $U_{dc}=1.5U_{dmax}$。

此电压应施加于连接在一起的绕组各端子与地之间。

注：外绝缘爬电距离的特殊要求应由供需双方协商确定。

12.6.4 极性反转耐压水平

极性反转耐压水平应为 $U_{pr}=1.25U_{dmax}$。

此电压应施加于连接在一起的绕组各端子与地之间。

12.6.5 外施交流耐压水平

外施交流耐压水平应为：

对于 12.1 中 a)项所包括的电抗器： $U_{ac}=\dfrac{2.5\cdot U_{dmax}}{\sqrt{2}}$

对于 12.1 中 b)项所包括的电抗器： $U_{ac}=\dfrac{1.5\cdot U_{dmax}}{\sqrt{2}}$

此电压应施加于连接在一起的绕组各端子与地之间。

注：当运行中可能出现叠加有较高的交流电压值的特殊使用情况时，用户可以规定更高的外施交流耐压水平。

12.7 铭牌

每台电抗器应提供由不受气候影响的材料制成的铭牌，并安装在明显可见的位置。铭牌上应标出下述各项，所示项目应该用耐久的方法刻出(如用蚀刻、雕刻或打印法)：

——电抗器型号；

——户内或户外用；

——本部分代号；

——制造方名称；

——出厂序号；
——制造年月；
——绝缘水平；
——最高运行电压；
——额定持续直流电流；
——有关短时过载电流及其持续时间的信息；
——额定持续直流电流下的增量电感；
——冷却方式；
——绝缘耐热等级(仅适用于干式电抗器)；
——关于液体冷却(对绕组直接液冷式电抗器)的细节；
——顶层油温升限值和绕组平均温升限值(对液浸式电抗器)；
——总质量；
——运输质量(对液浸式电抗器)；
——器身质量(对液浸式电抗器)；
——绝缘液体质量(适用时)；
——绝缘液体的种类，如果不是矿物油(适用时)；
——包括互感器在内的接线图(适用时)。

12.8 试验

12.8.1 概述

例行试验、型式试验和特殊试验的一般要求按 GB 1094.1 的规定。

12.8.2 例行试验

应进行下列例行试验：

12.8.2.1 12.1 中 a)项所包括的电抗器

——绕组电阻测量(GB 1094.1)；
——增量电感测量(12.8.5)；
——外施交流耐压试验(12.8.7)；
——绕组直接液冷式电抗器液体冷却管路的密封试验(12.8.16)。

12.8.2.2 12.1 中 b)项所包括的电抗器

——绕组电阻测量(GB 1094.1)；
——谐波电流损耗测量(12.8.6)；
——增量电感测量(12.8.5)；
——液浸式电抗器的外施交流耐压试验(12.8.7)；
——液浸式电抗器的外施直流耐压试验(12.8.8)；
——液浸式电抗器的极性反转耐压试验(12.8.9)；
——雷电冲击试验(12.8.10)；
——液浸式电抗器的操作冲击试验(12.8.11)；
——液浸式电抗器绕组对地的绝缘电阻和(或)电容及介质损耗因数($\tan\delta$)测量(作为参考值，用于与以后的现场测量值进行比较，此处不给出限值)。

12.8.3 型式试验

应进行下列型式试验：

——温升试验(12.8.13)；

——12.1 中 b)项所包括的干式电抗器的操作冲击试验(12.8.11)；

——绕组直接液冷式电抗器的压力差测量(12.8.17)；

——干式电抗器的外施直流耐压湿试验(12.8.12)；

——风扇和油泵(如果有)消耗功率的测量。

12.8.4 特殊试验

当用户特殊要求时，应进行下列特殊试验：

——声级测定(12.8.14)；

——高频阻抗测量(12.8.15)；

——暂态故障电流试验(12.8.18)；

——液浸式电抗器截波冲击试验(12.8.19)。

12.8.5 增量电感测量(例行试验)

增量电感测量应在叠加有规定的谐波电流的额定直流电流 I_d(额定增量电感)和在零直流电流时进行(空载增量电感)，并且还应在直流电流值介于上述两个极限值之间的若干个中间值下进行，以确认电抗器是线性电抗器。

注 1：如果交流电流与直流电流相比较低(小于 10%)时，交流试验电流是否准确对测量而言无关紧要。

本测量应采用如图 10 所示的两台规格相同的平波电抗器组成的桥式接线图，以便同时施加直流电流和交流电流。但是，如经供需双方同意也可采用其他方法测量，尤其是在只有一台电抗器适合于试验的情况下。

注 2：经供需双方协商，还可以采用由测出的磁化特性(见 C.7)确定的微分电感来代替增量电感。

对于空心电抗器，由于其电感值与电流大小无关，故只需进行空载增量电感的测量。

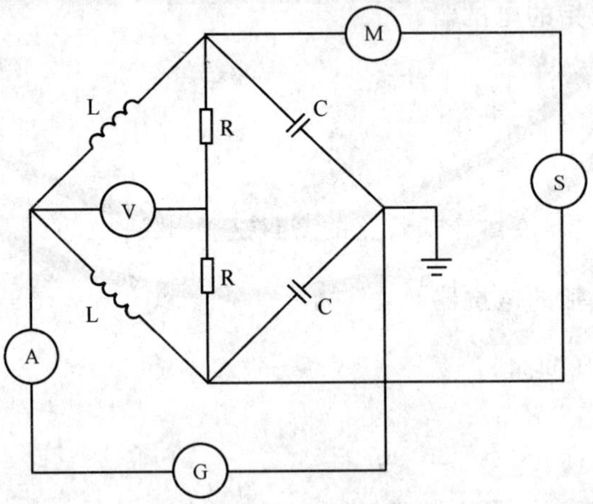

图中：

A——交流电流测量装置；

C——隔离直流泄漏电流的隔离电容器；

G——交流电源；

L——被试平波电抗器；

M——直流电流测量装置；

R——交流电压测量用的辅助电阻器；

S——直流电源；

V——交流电压表。

图 10 两台规格相同的平波电抗器增量电感的测量线路

12.8.6 谐波电流损耗测量和总损耗计算(例行试验)

本试验应在工厂环境温度下,当直流电流为零时,在规定的谐波电流频谱中每个频率及电流下进行。测得的损耗值应校正到参考温度。

总谐波损耗包括电阻损耗、附加损耗和在间隙式铁心及磁屏蔽空心电抗器中的铁损。电阻损耗部分等于 I_h^2R,R 为直流电阻测量值,I_h 为谐波电流值。铁损和附加损耗不能用测量方法予以分开,因此,铁损和附加损耗的总和等于总谐波损耗与总电阻损耗之差。

电阻损耗按 GB 1094.1 给出的方法校正到参考温度,通常不方便将铁损和附加损耗校正到参考温度。因此,应认为铁损和附加损耗值与温度无关。这种假定一般会使给出的参考温度下的损耗值略高于实际损耗值。

空心电抗器的损耗测量见 7.8.6.2。

如果测量时的电流值不等于规定值时,则损耗值应通过乘以规定电流值与测量电流值之比的平方校正到规定的谐波电流频谱中相应的电流值。

电抗器的总损耗由额定直流电流下的绕组直流损耗(按 GB 1094.1 给出的方法校正到参考温度)与总谐波电流损耗之和算出。

12.8.7 外施交流耐压试验(例行试验)

本试验应在 50 Hz 或 60 Hz 下进行。电压应施加于连接在一起的绕组各端子与地之间,试验时间为 1 min。

对于 12.1 中 b)项所包括的液浸式电抗器,应按 GB 1094.3—2003 附录 A 的相关部分进行局部放电测量。所用测量设备应符合 GB/T 7354 的规定,本试验持续时间为 1 h。

注:推荐采用能对局部放电进行检测和定位的测量设备,特别是采用能对电抗器内部产生的局部放电和试验线路上可能产生的局部放电加以区分的测量设备。

局部放电量不应大于 500 pC。

当试验结果不符合要求时,建议按 GB 1094.3—2003 附录 A 采取的措施进行处理。

12.8.8 液浸式电抗器的外施直流耐压试验(例行试验)

12.8.8.1 试验程序

电抗器的油温应是(20±10)℃。电压应施加于连接在一起的绕组各端子与地之间,电压为正极性。

本试验开始前,套管应至少接地 2 h,且不允许对电抗器绝缘结构施加较低的预加电压。试验电压应在 1 min 之内上升到规定耐压值并维持 120 min,此后,试验电压应在 1 min 或更短的时间内下降到零。

在整个外施直流耐压试验期间,应进行局部放电测量。

注 1:在直流耐压试验结束后,绝缘结构还可能有相当多的残余电荷。若不进行充分的放电,可能会对以后的局部放电测量有影响。

注 2:推荐使用能对局部放电进行定位的测量设备,特别是采用能对电抗器内部产生的局部放电和试验线路上可能产生的局部放电加以区分的测量设备。

12.8.8.2 评价准则

局部放电测量应按 GB 1094.3—2003 附录 A 的相关部分进行,测量设备应符合 GB/T 7354 的规定。

若在本试验中最后 30 min 期间出现的不小于 2 000 pC 的放电脉冲数不超过 30 个,且在最后的 10 min 内出现的不小于 2 000 pC 的放电脉冲数不超过 10 个时,则应认为试验结果是可以接受的。如果上述条件未得到满足时，则可将本试验延长 30 min。如在此延长期间中仍不能满足评价准则时，则应认为该产品未能通过试验。

同时应将试验最后 30 min 以前所出现的局部放电予以记录，以作参考用。

如果虽未满足评价准则，但又未发生击穿现象时，则不应断然拒绝该电抗器，而应由供需双方协商，提出进一步的调查工作和具体行动。用户亦可要求成功通过局部放电试验后再接受该电抗器。

12.8.9 液浸式电抗器的极性反转耐压试验(例行试验)

12.8.9.1 试验程序

电抗器的油温应是(20±10)℃。电压应施加于连接在一起的绕组各端子与地之间。双反转试验应按图 11 所示。

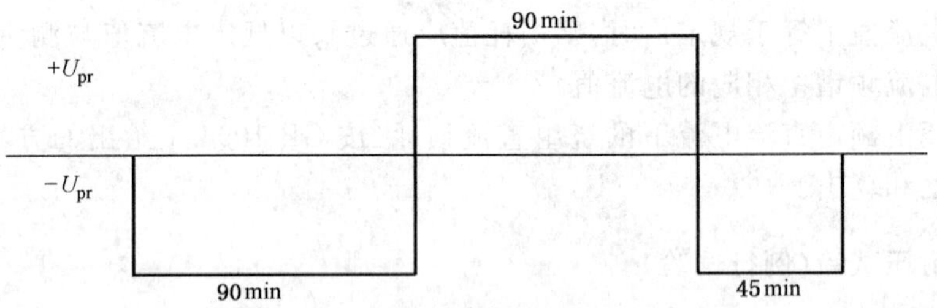

图 11 极性反转试验电压变化图

试验开始时，套管应至少接地 2 h，且不允许对电抗器绝缘结构施加较低的预加电压。本试验应进行两次反转，其试验顺序为：先在负极性下加压 90 min，然后紧接着在正极性下加压 90 min，最后再在负极性下加压 45 min。电压从一个极性反转到另一个极性时应在 2 min 内完成。当电压达到 100%试验电压时，极性反转完成。

在反转耐压试验的全过程中都应进行局部放电测量。

注 1：极性反转试验结束后，绝缘结构还可能有相当多的残余电荷。若不进行充分的放电，可能会对以后的局部放电测量有影响。

注 2：推荐使用能对局部放电进行定位的测量设备，特别是采用能对电抗器内部产生的局部放电与试验线路上可能产生的局部放电加以区分的测量设备。

12.8.9.2 评价准则

局部放电测量应按 GB 1094.3—2003 附录 A 的相关部分进行，测量设备应符合 GB/T 7354 的规定。

用局部放电测量结果进行判断，若任何一个 10 min 期间出现的不大于 2 000 pC 的放电脉冲数不超过 10 个时，则应认为试验试验结果是可以接受的，且不需进行进一步的极性反转试验。由于在直流电压变化时出现一些局部放电现象是正常的，故在试验开始后的第一个 5 min 期间、极性反转期间及此后的第一个 5 min 期间所记录的局部放电量不予考虑。但是，上述期间内出现的 500 pC 及以上的局部放电脉冲仍应予以测量和记录，以作参考用。

如果虽未满足评价准则，但又未发生击穿现象时，则不应断然拒绝该电抗器，而应由供需双方协商，提出进一步的调查工作和具体行动。用户也可要求成功通过局放试验后再接受该电抗器。

12.8.10 雷电冲击试验(例行试验)

试验一般应按 GB 1094.3—2003 的第 13 章和第 14 章、GB/T 1094.4—2005 的第 7 章以及 GB 1094.11—2007 的第 21 章(对于干式电抗器)进行。本试验应依次对每个端子进行冲击，试验时另一个端子应接地。

对于干式电抗器，本试验应分别在正极性和负极性冲击电压下进行。

注：如果绕组两个端子之间的绝缘要求与各端子对地的绝缘要求不同时，其冲击试验程序应由供需双方协商确定。

12.8.11 操作冲击试验(例行试验、型式试验)

试验一般应按 GB 1094.3—2003 的第 15 章和 GB/T 1094.4—2005 的第 8 章进行。

操作冲击试验应在连接在一起的两个端子与地之间进行。冲击电压应是负极性，其波形应符合 GB/T 16927.1 的规定。

由于试验用冲击电压发生器容量不够，因此在端子之间进行的操作冲击试验可能无法进行，此时，电抗器承受操作冲击试验水平的能力应由制造方说明。

对于干式电抗器，本试验应分别在正极性和负极性冲击电压下进行，试验程序应符合 GB/T 16927.1 的规定。如果这种电抗器是供户外使用，则是否进行湿状态下的冲击试验应由供需双方协商确定。

12.8.12 干式电抗器的外施直流耐压湿试验(型式试验)

本试验是对干式平波电抗器的绝缘子进行的试验。应在潮湿状态下施加直流试验电压 U_{dc}(试验水平见 12.6.3)并持续 1 h。

试验应在绝缘子的布置与运行情况相同的条件下进行。

注 1：可以不要求使用真实的电抗器来达到符合运行的情况，可采用一种与电抗器结构相当的合适结构件来代替。

按 GB/T 16927.1 的规定，试验前对一个支撑绝缘子进行淋雨，至少应淋雨 30 min，且在试验电压施加期间一直淋雨。湿试验期间不应发生闪络。

注 2：根据投标时供需双方之间的协议，本试验可在一个独立的绝缘子上进行。

12.8.13 温升试验(型式试验)

试验一般应按 GB 1094.2 进行，试验中施加的直流电流为按 12.8.6 确定的总损耗值下的等效直流试验电流 I_T。对于干式电抗器，其绝缘耐热等级应采用 GB 1094.11 中的规定值。

电抗器的等效直流试验电流 I_T 应使用下式计算：

$$I_T=\sqrt{\frac{R_{ref}\cdot I_d^2+P_h}{R}}$$

式中：

I_T ——等效直流试验电流；

R_{ref}——校正到参考温度下的绕组直流电阻测量值；

R ——在试验温度下测出的绕组直流电阻值；

I_d ——额定直流电流；

P_h——按 12.8.6 得到的总谐波损耗值。

在某些情况下，例如，在需要一个高的试验电压、大的电流或功率时，可能难以满足这些试验条件。此时，本试验可以在不低于 $0.9I_T$ 的降低的试验电流 I_{test} 下进行。试验水平应由制造方在投标书中说明，并在订货时由供需双方协商确定。测得的温升值应校正到等效的直流试验电流 I_T。

对于液浸式电抗器，油的温升应乘以 $\left(\frac{I_T}{I_{test}}\right)^{2x}$，绕组对油的温升应乘以 $\left(\frac{I_T}{I_{test}}\right)^{y}$，$x$ 及 y 值如下选取：

——对于 ON 冷却式电抗器 $x=0.8$；$y=1.3$；

——对于 OF 冷却式电抗器 $x=1.0$；$y=1.3$；

——对于 OD 冷却式电抗器 $x=1.0$；$y=2.0$。

对于干式电抗器，绕组对环境温度的温升应乘以 $\left(\frac{I_T}{I_{test}}\right)^{y}$，$y$ 值如下选取：

——对于 AN 冷却式电抗器 $y=1.6$；

——对于 AF 冷却式电抗器 $y=1.8$。

在大多数情况下，稳态条件下的电抗器总损耗略低于参考温度下的相应值，这是由于试验时的环境温度通常低于设计规定值。不过，这种影响应予以忽略。

温升试验中，应注意采用合适的连接和电气引线将电抗器与试验电源相连。这一点，对干式空心电抗器尤为重要。

对于干式空心电抗器，如有要求时，应在电抗器温升试验期间测量电抗器端子的温升。为了得到有效的端子温升测量值，用户应提供一个连接件和至少 1 m 的现场用导线，供制造方温升试验时用。端子温升限值见第 6 章(也可见 IEC/TR 60943)。

12.8.14 声级测定(特殊试验)

试验一般应按 GB/T 1094.10 进行。本试验在施加额定直流电流的同时，还应依次叠加规定谐波电流频谱中每一个重要的交流电流。

试验线路如图 10 所示。此接线图需要两台同一规格的电抗器，但试验时它们应进行隔声处理。交流电源可用一台容量足够、频率可调的正弦波发生器。为了加大注入电抗器的谐波电流，可以利用电容器将试验回路的谐振频率调谐到指定状态下。

总声功率值应使用下述公式计算，也可见 GB/T 1094.10 中附录 A：

$$L_{\text{tot}}=10\lg\left(\sum_i 10^{L_i/10}\right)$$

式中：

L_{tot}——总声功率级；

L_i ——每个电流分量下的声功率级。

如果试验中达不到规定的电流值时，经供需双方之间协商，可按下述公式用计算的方法将测量值校正到额定电流下的声功率级：

$$L_{\text{W-rated}}=L_{\text{W-meas}}+20\lg\left(\frac{I_{\text{DC-rated}}\times I_{\text{h-rated}}}{I_{\text{DC-meas}}\times I_{\text{h-meas}}}\right)\text{dB(A)}$$

式中：

$L_{\text{W-rated}}$——在额定直流电流和额定谐波电流下的声功率；

$L_{\text{W-meas}}$——在测量的直流电流和谐波电流下的声功率；

$I_{\text{DC-rated}}$——额定直流电流；

$I_{\text{h-rated}}$ ——额定谐波电流；

$I_{\text{DC-meas}}$——噪声测量时的直流电流；

$I_{\text{h-meas}}$ ——噪声测量时的谐波电流。

12.8.15 高频阻抗测量(特殊试验)

超出频率范围的电抗器阻抗测量应由供需双方协商确定。

注：测量时用的典型频率范围为工频与几千赫兹之间以及 30 kHz 和 500 kHz 之间。试验方法取决于使用情况，用户应对使用情况提供信息。

12.8.16 绕组直接液冷式电抗器液体冷却管路的密封试验(例行试验)

应通过试验来表明液体冷却管路无泄漏。试验应在工厂环境温度下进行，试验时，冷却管路中所安装的全部元器件(管路、附件及仪表等)按实际运行时完全装配好，尽可能对影响试验结果的各种因素予以关注。冷却管路中应充入冷却液，不应有气泡。如无另行规定，试验时应施加的静压力至少等于与电抗器相连通的冷却系统最大工作压力的 1.5 倍并加上 200 kPa，试验持续时间至少为 6 h。

施加压力时，应仔细检查电抗器中可能出现的泄漏，尤其是象接合处和连接件等关键部位。如果未出现泄漏，则应认为试验合格。

12.8.17 绕组直接液冷式电抗器的压力差测量（型式试验）

应测量电抗器液冷管路中进、出口之间的压力差。测量应在工厂环境温度下进行，测量时，冷却管路中所安装的全部元器件（管路、附件及仪表等）按实际运行时完全装配好，尽可能对影响试验结果的各种因素予以关注。将用户所规定的冷却液（例如，纯水或水与乙二醇的混合液）用泵按规定的流速注入电抗器冷却管路内。应测量进水口、出水口处的压力和冷却液的流速（L/min）。冷却液在额定流速下的压力差不应大于规定值。

如用户另有规定，还应在多个不同的流速下测量压力差，以便绘出压力差与冷却液流速之间的关系曲线图。

12.8.18 暂态故障电流试验（特殊试验）

12.8.18.1 概述

如果用户要求进行暂态故障电流试验，应在订货时规定，试验方法应由供需双方协商确定。暂态故障电流试验规范应包括试验电流峰值、I^2t 值和试验电流冲击次数。

应采用一种能得到规定的试验电流峰值和 I^2t 值的方法进行暂态故障电流试验。如无另行规定，在全值试验电流下的冲击应进行两次。

注1：可能有各种不同的方法，其中一种方法见 IEEE 1277-2000 中附录 E。

注2：如果暂态故障电流峰值与额定电流之比较低（通常小于10），通常可以不进行本试验。

注3：对于高压直流输电用的平波电抗器进行全暂态故障电流试验的要求，一般会超过工业用大电流试验站的设备能力。

12.8.18.2 评价准则

暂态故障电流试验前后，应在直流电流为零时对电抗器进行电感测量，并且应按 12.8.10 的规定在 100%规定试验电压下进行雷电冲击试验。前后测得的电感值应在测量偏差限值范围内。绝缘试验的波形不能有变化，同时符合高压绝缘试验系统的相关规定。

对于液浸式电抗器，有关故障检测的一般要求参考 GB 1094.5—2008 中 4.2.7。

对于干式电抗器，目视检查电抗器及其支撑结构，在机械结构上应没有能影响电抗器功能的任何变化。如果在暂态故障电流试验后，绕组夹紧系统损坏或其表面裂痕的数量或尺寸明显增加，则应认为电抗器未通过本试验。当有疑问时，最多应再施加全峰值电流三次，以确定上述监测结果是否稳定。如果情况继续恶化，则应认为电抗器未通过试验。如果在增加的一次或两次暂态故障电流试验后，未出现恶化情况，且随后的各项例行试验项目又合格，则应认为电抗器通过了本试验。如果适用，更多的信息参见附录 H。

12.8.19 液浸式电抗器截波冲击试验（特殊试验）

试验应按 GB 1094.3—2003 的第 14 章进行。试验时，依次对每个端子进行冲击，另一端子接地。

12.9 偏差

额定增量电感的偏差应为 ${}^{+20}_{\ 0}$%。

按 12.8.5 测得的在直流电流为零时的增量电感偏差应不超过额定直流电流下的增量电感测量值的 ${}^{+10}_{\ 0}$%。

按 12.8.6 测得并校正后的总损耗值偏差不应超过规定值的 10%。

附　录　A
（资料性附录）
本部分章条编号与 IEC 60076-6:2007 章条编号对照

表 A.1 给出了本部分章条编号与 IEC 60076-6:2007 章条编号对照一览表。

表 A.1　本部分章条编号与 IEC 60076-6:2007 章条编号对照

本部分章条编号	对应 IEC 60076-6:2007 章条编号
9.10.5.1	—
9.10.5.2	—
10.9.6.3	—
10.9.6.3.1	—
10.9.6.3.2	—
11.5.1	—
11.5.2	—
11.8.7.1	—
11.8.7.2	—
附录 A	—
附录 B	—
附录 C	附录 B
附录 D	附录 A
附录 E	附录 C
附录 F	附录 D
附录 G	附录 E
附录 H	附录 F
附录 I	附录 G

表 A.2 给出了本部分图表编号与 IEC 60076-6:2007 图表编号对照一览表。

表 A.2　本部分图表编号与 IEC 60076-6:2007 图表编号对照

本部分图表编号	对应 IEC 60076-6:2007 图表编号
图 C.1	图 B.1
图 C.2	图 B.2
图 C.3	图 B.3
图 C.4a)	图 B.4a
图 C.4b)	图 B.4b
图 C.5	图 B.5

表 A.2（续）

本部分图表编号	对应 IEC 60076-6:2007 图表编号
图 C.6	图 B.6
图 E.1	—
图 E.2	图 C.1
图 G.1	图 E.1
表 E.1	表 C.1
表 E.2	—
表 E.3	表 C.2
表 E.4	—

附 录 B
（资料性附录）
本部分与 IEC 60076-6:2007 的技术性差异及其原因

表 B.1 给出了本部分与 IEC 60076-6:2007 的技术性差异及其原因一览表。

表 B.1 本部分与 IEC 60076-6:2007 的技术性差异及其原因

本部分章条编号	技术性差异	原　　因
2	引用了采用国际标准的我国标准，而非直接引用国际标准；增加了"高压直流输电用油浸式平波电抗器"、"高压直流输电用油浸式平波电抗器技术参数和要求"和"高压直流输电用干式空心平波电抗器"引用标准。	符合我国国情；另外，我国前期已制定了"高压直流输电用平波电抗器"的系列标准，应与本标准配合使用。
7.8.2 8.9.2	将"液浸式电抗器绕组对地的绝缘电阻和/或电容及介质损耗因数（tanδ）测量（作为参考值，用于与以后的现场测量值进行比较，此处不给出限值）"试验改为"间隙铁心或磁屏蔽空心电抗器绕组对地的绝缘电阻测量（作为参考值，用于与以后的现场测量值进行比较，此处不给出限值）"和"液浸式电抗器电容及介质损耗因数（tanδ）测量（作为参考值，用于与以后的现场测量值进行比较，此处不给出限值）"，分开叙述。	国内存在干式铁心电抗器，为符合我国电抗器的实际情况而修改。
7.8.3 7.8.4 7.8.10.2 7.8.13.1 8.9.2 8.9.15.1	将"液浸式电抗器"改为"间隙铁心或磁屏蔽空心电抗器"。	国内存在干式铁心电抗器，符合我国国情。
7.8.5.3	将"电抗的线性度测量"改为"间隙铁心或磁屏蔽空心电抗器的线性度测定"。	空心电抗器不需测试线性度，符合电抗器的实际情况。
7.8.7	将"谐波电流测量"改为"间隙铁心或磁屏蔽空心电抗器的谐波电流测量"。	空心电抗器不存在磁饱和引起的谐波，无需测试谐波电流，这样将更好地适应电抗器的实际情况。
7.8.10.3 7.8.10.4 8.9.9 8.9.10 9.10.7	将"$U_m \leqslant 36$ kV"改为"$U_m \leqslant 40.5$ kV"。	按 GB 311.1 中我国电力系统电压等级的规定，进行适应性修改。
7.8.10.6	删除条标题后的"（型式试验、例行试验）"字样。	GB 1094.3 中已规定按电压等级确定该项试验的类型，此处不必重复描述。
7.8.12	将"环境温度不应低于 10 ℃"改为"环境温度不应低于 5 ℃"。	按我国实际情况调整。

表 B.1（续）

本部分章条编号	技术性差异	原　因
7.8.13.1 8.9.15.1	将电抗器分为液浸式和干式两种进行阐述，增加对“干式电抗器（空心电抗器除外）”的要求。	国内存在干式铁心电抗器，适应我国国情，完善标准。
7.8.13.3 8.9.15.3	增加了“干式电抗器振动的测量方法”。	按我国实际完善标准。
7.8.13.4 8.9.15.4	增加“对于干式电抗器，夹件的最大振幅不应大于 100 μm（峰-峰值）”	按我国实际完善标准。
7.8.14	删除“注 1”，将原“注 2”改为“注 1”。	根据我国国情，注 1 不适用。
8.9.5	补充对“空心电抗器立式叠装三相组”的要求，并提出当“用于中性点有效接地系统时，还应测量单相阻抗 Z_{STr1}”的要求。	完善标准。
9.4.10	用新编写的两段内容替换原标准的两段内容，并增加一个注。	完善标准。
9.10.5.1	增加此条，条标题为“滤波电抗器”，将原标准内容归入此条，补充了“立式叠装滤波电抗器三相组”的有关要求，并补充一个注。	完善标准。
9.10.5.2	增加此条，条标题为“阻尼电抗器”，并补充相关内容。	完善标准。
9.10.6	将正文中和注中的“三相叠装电抗器”改为“立式叠装电抗器”。 将“对单个相进行的损耗和品质因数测量的值可用于得到三相电抗器的总损耗，这时应考虑立式叠装产生的附加损耗”改为“应在单相励磁条件下，测试单相损耗和品质因数”。 在注中“单个相的测量损耗值……”前增加“三相励磁条件下”字样。	我国空心电抗器叠装方式有“三相立式叠装”，也有“两叠一平式叠装”，为了进行区分，特明确正文的表述，易于理解和实施。
10.9.6.3	增加此条，标题为“干式接地变压器的温升试验”。	国内存在干式接地变压器，增加该条是为了适应我国国情，完善标准。
11.5.1	增加此条，标题为“液浸式消弧线圈”，将液浸式消弧线圈的温升要求归入此条。	国内存在干式消弧线圈，由于增加干式消弧线圈温升，故此处需明确类别。
11.5.2	增加此条，标题为“干式消弧线圈”，并补充对干式消弧线圈的温升要求。	增加干式消弧线圈温升要求。
11.8.5	删除“作为例行试验，本试验可在低电压下进行，并校正到额定电压下”一段。	提高对试验的要求。
11.8.7.1	增加此条，条标题为“液浸式消弧线圈”，并将原 11.8.7 中的内容放入此条。	由于增加干式消弧线圈温升，故此处需明确类别。
11.8.7.2	增加此条，内容为干式消弧线圈的温升试验。	明确干式消弧线圈温升试验要求。
11.8.13	增加“本试验适用于用机械方法调节磁路气隙的消弧线圈。”	按实际使用情况，明确适用的产品范围。

表 B.1（续）

本部分章条编号	技术性差异	原　因
12.1	增加“高压直流输电用平波电抗器也可按 GB/T 20836《高压直流输电用油浸式平波电抗器》、GB/T 20837《高压直流输电用油浸式平波电抗器技术参数和要求》和 GB/T 25092《高压直流输电用干式空心平波电抗器》的有关规定”一段。	我国前期已制定了“高压直流输电用平波电抗器”的系列标准，应与本标准配合使用。
12.8.6	增加“空心电抗器的损耗测量见 7.8.6.2”。	符合产品实际需要。
附录 E	增加 E.1 条，条标题为“相间互感影响有效阻抗和有功功率的基本原理”，并补充相关内容；原标准条款、图、表序号依次顺变；增加表 E.2 和 E.4 及相关内容；修改了表 E.3 中的符号；图 E.2 中绕组标识由“U”、“V”、“W”改为“A”、“B”、“C”。	详细说明原理，并按我国习惯标识绕组。
附录 F	标题中删除“液浸式”字样；F.1 和 F.2 中将“附加损耗”改为“铁损和附加损耗”。	需考虑干式电抗器产品，以符合产品实际情况。
附录 G	将“试验应包含不低于 7 200 个要求幅值的过电压”改为“试验应包含不低于 3 000 个要求幅值的过电压”； 将“典型值为 100 kHz”改为“一般在 100 kHz 及以下”； 将注 2 中“试验电压的值用过电压和在第一个波峰上高频波得出的曲线的平均值来决定”改为“试验电压幅值应当用穿过第一个振荡波波顶上的所有过冲波或高频脉冲的平均值曲线来确定”。	IEC 使用的频率为 60 Hz，我国使用的频率为 50 Hz，因此按我国国情修改。 由于匝间过电压的谐振频率由设备电容和试品电感决定，因而频率不可能固定不变； 考虑试验实际情况，方便确定匝间过电压的值。

附 录 C
（资料性附录）
电抗器磁化特性

C.1 概述

尽管从电力系统的观点来看，电抗器电压与电流的关系是电力系统最感兴趣的主要性能，但磁链与电流的关系更适合于描述电抗器的磁化性能。磁链是电压对时间的积分。当磁链与电流的关系已知后，就能够计算稳态下和暂态下交流电压与电流的关系。

在电抗器中，如果至少部分磁通通过铁磁材料（铁心、磁屏蔽等），由于铁磁材料的磁饱和特性，电抗器将是非线性的。电抗器整体的特性是这样的，即在低磁通水平时，磁通与磁化电流是线性关系；在高磁通时，当铁磁材料完全饱和时，磁通的变化与磁化电流的变化也呈线性关系。在这两部分线性关系之间，存在一个渐变的过程。两条直线的交点叫拐点。见图2说明。

图1中，说明了三种不同的磁化特性。图1a）说明励磁电流与磁链间的线性关系，这可以在磁路中没有铁磁材料的电抗器中看到。图1b）中，当部分磁路中的磁密在高于正常运行水平时开始饱和时，磁通与电流间存在一定的非线性关系。图1c）说明了在额定运行条件下，铁磁材料完全饱和时的情况。

C.2 磁化特性定义

基本上，铁磁材料中的磁密 B 与磁场强度 H 之间是非线性关系。对电抗器来说，正常情况下，磁路不同部分的磁密是不同的。这意味着磁路的不同部分在不同的磁通下饱和。因而，磁通 Φ 与电流的关系比磁密与磁场强度的关系更有意义。

绕组的磁链是指与计入绕组匝数的所有绕组相交链的总磁通。电抗器磁化特性是指瞬时磁链 ψ 与瞬时电流 i 的关系。

因为磁化特性主要受空气间隙影响，因此，电抗器中可以忽略磁滞现象。

C.3 磁化特性和电抗

正如C.2所述，电抗器磁化特性是指瞬时磁链 ψ 与瞬时电流 i 的关系，而电抗是施加的电压与电流的比值，两者都是方均根值（假定阻抗的电阻分量可以忽略）。给定了电压幅值和波形，就可以用磁化特性导出电抗。

如果磁链与电流间为线性关系，那么电压（方均根值）与电流（方均根值）之间也是线性关系，则电抗就是恒定的。如果磁链与电流是非线性关系，那么电压（方均根值）与电流（方均根值）间也是非线性关系，则磁链与电流间的关系就具有不同的特性。此时，电抗随电压变化。

在电压较低时，磁链与电流间的关系是线性的（磁链远低于拐点），但在较高电压时变为非线性的，这时磁通开始饱和。当施加引起磁化特性非线性的幅值的正弦电压时，电流就不是正弦的。说明见图C.1。

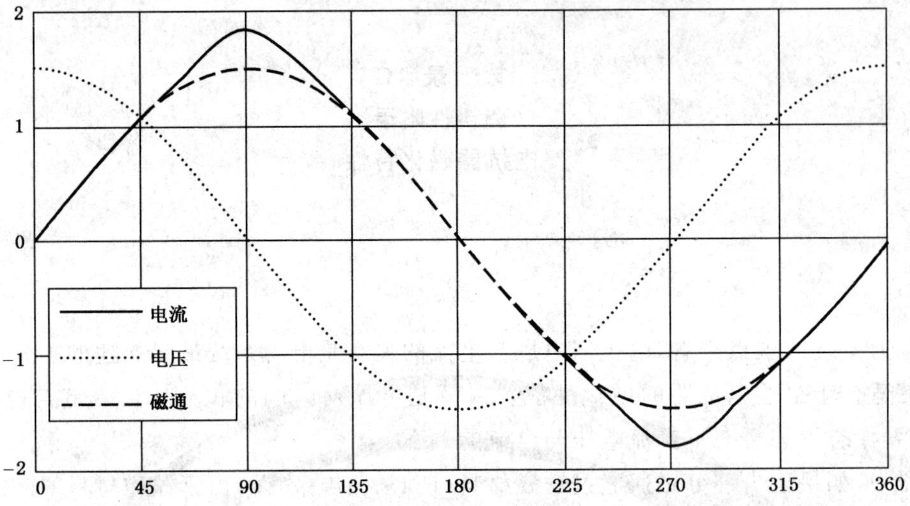

图 C.1　正弦电压加到具有图 C.6 所示非线性磁化特性电抗器上时的磁链和电流波形的关系

C.4　电感

电抗器的电感可用不同的方法来规定。在本部分中，微分电感、增量电感以及用电抗导出的电感都有应用。每种类型电抗器所定义的电感，表明了该电感的特殊应用。

微分电感定义为以电流为变量的磁链的导数（等于磁化特性的斜率）：

$$L_{\mathrm{d}}=\frac{\mathrm{d}\psi}{\mathrm{d}i} \qquad \text{(C.1)}$$

如果有一个交流电流叠加到直流上，增量电感定义如下：

$$L_{\mathrm{inc}}=\frac{X_{\mathrm{a.c.}}}{2\pi f_{\mathrm{a.c.}}}\Big|_{I_{\mathrm{d.c.}}} \qquad \text{(C.2)}$$

式中 $X_{\mathrm{a.c.}}$ 是在直流电流 $I_{\mathrm{d.c.}}$ 下用测得的交流电压和交流电流导出的电抗。在较低的频率 $f_{\mathrm{a.c.}}$ 下，电阻部分可以忽略。

从电抗导出的电感定义为

$$L_{\mathrm{reac}}=\frac{X}{2\pi f} \qquad \text{(C.3)}$$

式中 X 是用电压和电流方均根值导出的电抗值。

注：在国际电工委员会词典（IEV）中，电感是以磁链与电流的关系来定义的：

$$L=\frac{\psi}{i}$$

对具有非线性或饱和磁化特性的电抗器，该电感的定义有局限性，本部分中不采用。

C.5　谐波

施加电压中的谐波和电抗器的非线性特性，都会引起电流中的谐波。当磁链与电流不是线性关系时，纯正弦电压下的电流中就产生谐波。如果铁心的磁化特性已知，就能计算出电流中产生的谐波分量。

通常对线性电抗器，没有必要测量或计算谐波含量。

有时，准确地测量谐波电流是很困难的，因为谐波电流本身可引起施加电压的畸变。如果实际测量很难保证准确时，可采用磁化特性来计算谐波含量做为测量的替代方法。

总的谐波畸变率 THD 定义为谐波的方均根值与基波方均根值的关系。某个电流的 THD_i 就可以按照下式计算出来：

$$THD_i=\frac{I_{\text{rms,harmonics}}}{I_{\text{rms,fundamental}}}\approx\sqrt{\frac{I_{\text{rms}}^2-I_{\text{rms,fundamental}}^2}{I_{\text{rms,fundamental}}^2}}=\sqrt{\frac{I_{\text{rms}}^2}{I_{\text{rms,fundamental}}^2}-1} \qquad \text{(C.4)}$$

或更实用的：

$$THD_i=\sqrt{\sum_{h=2}^{n}i_h^2} \qquad \text{(C.5)}$$

$i_h=I_h/I_1$；

I_h——第 h 次谐波电流方均根值；

I_1——基波电流方均根值；

n——最高谐波次数。

注：本部分中，n 在实际中可以取为 7。

C.6 涌入电流

稳定状态下，电抗器上的电压与流过电抗器的电流有近 90°的相移。电压为峰值时电流过零。电抗器接到系统后，有一个暂态条件，会产生一个涌入电流，其峰值高于额定电流的峰值，涌入电流的峰值取决于频率及电抗器接入系统时电压的相位。

最坏的情况发生于电抗器接入时，电压正好过零。这样产生的磁链是稳态的两倍。对具有线性磁化特性的电抗器来说，涌入电流的峰值约为两倍的稳态电流峰值。

对具有非线性磁化特性的电抗器来说，涌入电流的峰值可能大于稳态电流峰值的两倍。涌入电流水平可以从磁化特性导出。

涌入电流现象与变压器的相同，但峰值电流与额定电流的比值较低。剩磁效应对电抗器涌入电流没有影响。

假定电力系统只有很小的电阻分量，电抗器绕组的损耗决定了涌入电流的阻尼。

C.7 磁化特性测量

由于磁链不能直接测量，因此必须使用间接法来测量磁化特性。当施加幅值足以使电抗器饱和的交流电压至少一个周期后，就可以用测得的电压和电流的瞬时值计算出磁化特性。如果要求特性测量的电流高于最大运行电流，就应使用不使电抗器过载的方法，例如采用 C.7.1 的直流法，高于标称电流的磁化特性就可以估算出来了。

C.7.1 直流充电-放电法(理论)

用直流给电抗器充电(高于标称峰值电流)，磁链随着磁化曲线增加(图 C.2 中开关 1 和 3 闭合)，然后将电抗器短路，记录衰减电流和时间(图 C.2 中开关 2 闭合，开关 1 和 3 打开)。利用衰减电流，磁化特性(磁链与电流的关系)可用下面公式计算出来：

电抗器短路时(如图 C.3 所示 $U_R=U_L$)，使用下列公式：

$$R\times i(t)=-\frac{\mathrm{d}\psi(t)}{\mathrm{d}t}=-\frac{\mathrm{d}\psi(i)}{\mathrm{d}i}\times\frac{\mathrm{d}i(t)}{\mathrm{d}t}=\left[-L_\mathrm{d}\times\frac{\mathrm{d}i(t)}{\mathrm{d}t}\right] \qquad \text{(C.6)}$$

式中：R 为已知的整个回路的电阻(绕组＋连接导线＋分流器)。用测得的 $i(t)$，可算出电流变化率 $\mathrm{d}i(t)/\mathrm{d}t$。

这意味着 $\psi(i)$ 可计算如下：

$$\int_{i_0}^{i'} \frac{R \times i(t)}{\frac{di(t)}{dt}} di = -\int_{\psi_0}^{\psi'} d\psi = \psi_0 - \psi' = \psi(i) \quad \cdots\cdots (C.7)$$

在 $t=0$ 时(开关 2 闭合),起始电流和磁通是 i_0 和 ψ_0。磁链从初始值 ψ_0(起始、未知)到 ψ(在公式 C7 中)记为磁链 ψ'。在无穷的时间,电抗器的磁链和电流双双为零,这意味着 $\psi'(t=\infty)=\psi_0$。

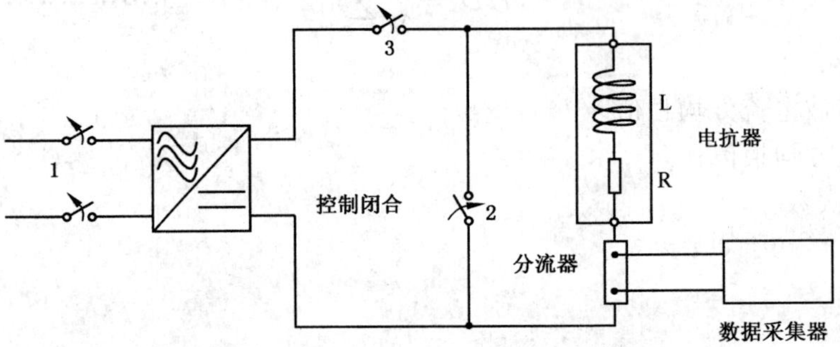

图 C.2 按 C.7.1 测量磁化特性的电路

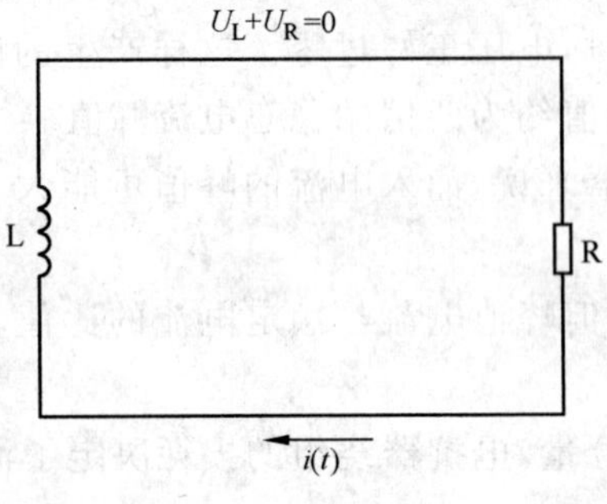

图 C.3 电抗器短路等效电路

当磁链与电流的关系位于线性部分时(低电流时),测量可以停止,因为在这时电流指数衰减,因而

$$\frac{i(t)}{\frac{di}{dt}} = 常数 = \tau \quad \cdots\cdots (C.8)$$

当测量停止后,剩余的磁链 ψ_1 就可用最后测量的电流 i_1 和计算的 $d\psi/di$ 下降到 $i=0$ 的数值通过外推法计算出,或更简单地用下面公式得出:

$$\psi_1 = \tau \times R \times i_1 \quad \cdots\cdots (C.9)$$

然后就可以建立 ψ_0 并计算 $\psi(i)$。

C.7.2 直流充电-放电法(应用)

用下面方法通过用直流对电抗器充放电来测量及计算电抗器的磁化特性:

1) 电抗器充电应越快越好,以免由于温升影响使电阻产生变化。给电抗器充电时就可以开始测量电流。当电流开始指数衰减时,电流测量可以停止(公式 C.8)。这样做的好处是避免低电流时的大比例的误差。图 C.4a)和图 C.4b)表示了一个测量结果。

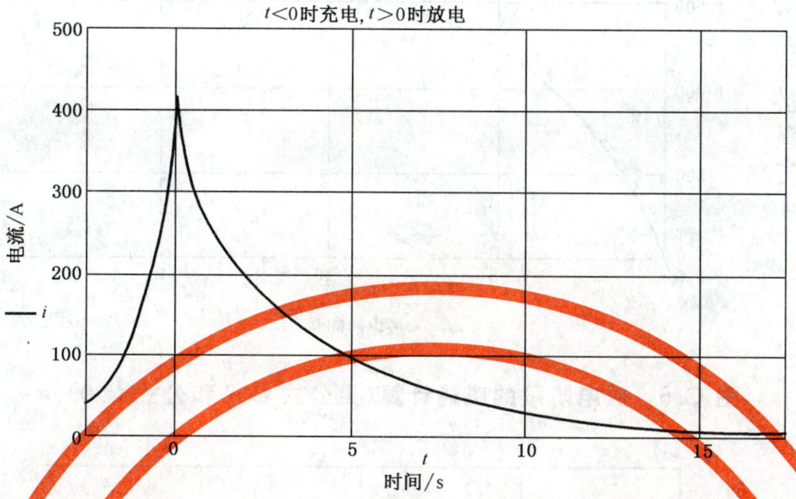

a） 充电、放电电流图

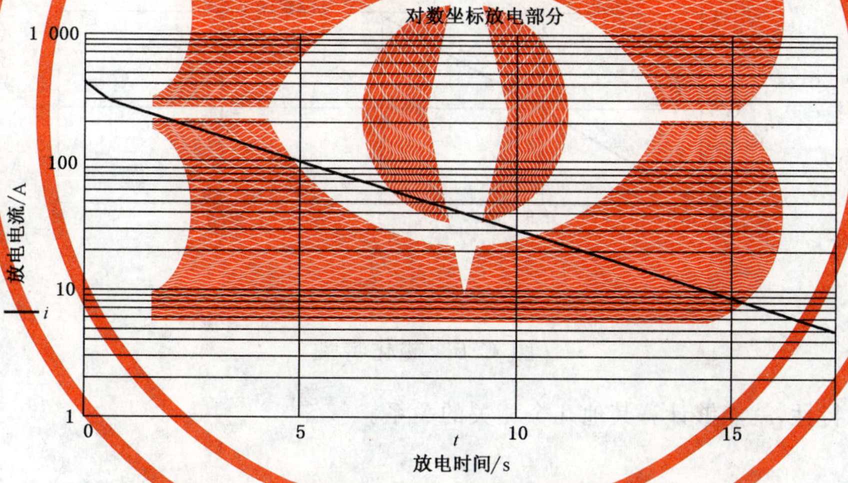

b） 对数坐标放电电流图

图 C.4 电抗器直流充电、放电电流测量曲线

2） 应对测量的信号进行数字滤波，因为记录电流的随机变化会导致在计算电流的导数 $\mathrm{d}i(t)/\mathrm{d}t$ 时出现错误。

3） 用记录下并经数字滤波的电流，可以计算出时间常数 τ（公式 C.8）。

4） 用时间常数是定值的任何电流，能够计算出这个电流下的磁链（公式 C.9）。

5） 因为 $i(t)/(\mathrm{d}i/\mathrm{d}t)$ 和电阻 R 是已知的，磁链可以从放电开始到达到一个低电流进行积分（公式 C.7）。总的磁通变化是积分值加低电流 i_1 下的剩余磁通，见图 C.5 说明。测量得到的磁化特性见图 C.6。

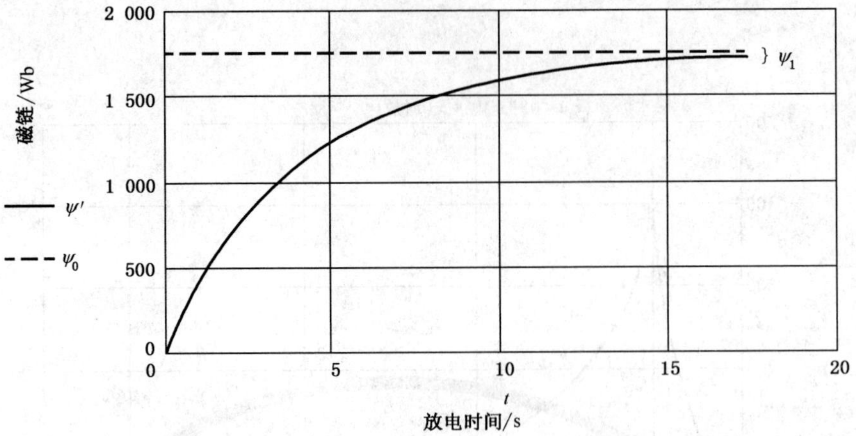

图 C.5 放电阶段的磁通计算(见公式 C.7 和公式 C.9)

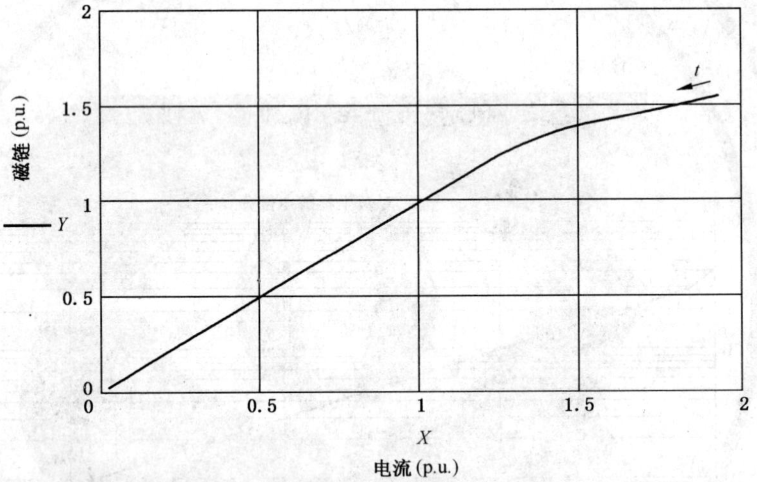

图 C.6 磁化特性

6) 从磁化特性,就能够计算其他几个相关的关系。

附　录　D
（资料性附录）
并联电抗器操作及特殊应用的资料

D.1　并联电抗器操作

D.1.1　名词术语

SIWL：电抗器操作冲击耐受水平

LIWL：电抗器全波雷电冲击耐受水平

LICWL＝1.1×LIWL：电抗器截波雷电冲击耐受水平

SIPL：接到电抗器端子上的避雷器操作冲击保护水平

LIPL：接到电抗器端子上的避雷器雷电冲击保护水平

D.1.2　操作现象

并联电抗器经常是每天进行操作（如：在轻负载时合上，在线路或电网满负载时切断）。这些开合操作对断路器和并联电抗器绝缘的作用是复杂的（见 IEC 62271-110 和 IEEE C57.21）。切断时，断路器由于电流截断以及重燃会产生暂态电压。这对并联电抗器绝缘产生很大的威胁。

断路器截断电流使电抗器受到操作过电压的作用，操作过电压频率可达几千赫。电抗器的 SIWL 和过电压应互相协调。幅值可以用断路器截断电流水平、电抗器电感以及电抗器绕组的并联电容（通常在 100 pF 到 5 nF 之间）计算出。计算方法见 IEC 62271-110。如果避雷器的 SIPL 比电抗器 SIWL 低 30％以上，电抗器的绝缘就应由避雷器保护不受截断电流过电压作用。

电流消失后，当断路器触头上的暂态恢复电压（TRV）超过触头的开路耐压能力时，断路器重燃。如果没有特殊的方法避免，那么在开、合并联电抗器的断路器中，重燃是很常见的。在这种情况下，并联电抗器受到高频电压振荡的作用，高频振荡的频率是兆赫级，峰-峰幅值由避雷器限制到两倍的 LIPL。重燃引起的电压变化率与截波试验时的电压变化率是相当的。

断路器的性能（电流截断值以及避免重燃的燃弧时间范围）可以用 IEC 62271-110 给出的试验来检验。可以用这些性能来检验电抗器在开、合操作时的过电压耐受水平。

在大多数情况下，可通过控制断路器的操作来避免重燃（见 ELECTRA No. 185：1999 年 8 月）。断路器触头的打开可按这样的方法控制，即燃弧时间总是在不发生重燃的时间期限内。

注：如果电抗器不是中性点直接接地，并联电抗器开、合时的电压会更高。

$U_m \leqslant 52$ kV 的电抗器（通常中性点不接地），电抗器承受重燃时的电压变化率的能力可用截波试验来验证。避雷器可能足以保护电抗器绝缘。

对 52 kV＜$U_m \leqslant 170$ kV 的电抗器，在重燃时的电压变化对电抗器的作用与截波试验时的作用在同一等级。对这些电抗器，应按 GB 1094.3 选用与 U_m 相对应的较高的 LIWL，断路器应按照 IEC 62271-110 满足电抗器操作要求。

对 U_m＞170 kV 的电抗器（通常电抗器中性点直接接地），重燃时电压变化对电抗器的作用超过了截波试验时的作用。对这些电抗器，应按照 GB 1094.3 选用与 U_m 对应的较高的 LIWL 值，断路器应该按照 IEC 62271-110 满足电抗器操作要求。此外，还应通过控制断路器的开、合来避免重燃。在避雷器的 SIPL 低于电抗器 SIWL30％的情况下，用断路器参数计算得出的电抗器截波过电压不应该高于电抗器 SIWL 的 70％。

对 U_m＞170 kV、用于线路补偿的电抗器，可以用隔离开关。在这种情况下，通常在从线路上断开时，电抗器上没有严格的过电压产生，用避雷器保护是充分的。然而对双回路线路，当电抗器和线间电容形成自然谐振时，用隔离开关将电抗器切断，就可能有问题。

D.2 带有载分接开关（OLTC）的电抗器

带 OLTC 的电抗器可以按照线路或电网负载的条件来调节无功补偿。在轻负载时（如：夜里），使用最大无功补偿即分接匝数最少；在满负载时（如：白天），电抗器分接匝数最大。典型的分接范围，允许无功功率从 100%减少到 50%。应针对零功率因数操作，选择特殊的 OLTC。还应考虑 OLTC 的最大操作次数。

D.3 接到变压器第三绕组的并联电抗器

并联电抗器经常接到电力变压器的第三绕组上，为更高电压的系统提供无功补偿。通常，这些电抗器的星形联结中性点不接地。

并联电抗器接到变压器上，有两种可能的方法：

a） 通过断路器将并联电抗器的端子接到变压器的第三绕组上。电抗器的端子可用避雷器保护以限制断开时的过电压（可参见附录 D.1）。

b） 通过隔离开关将电抗器端子接到变压器的第三绕组上，在电抗器的三相绕组的中性点端用断路器。用断路器接成星形联结的中性点时，电抗器就接到了变压器上。通常不需要限制过电压的避雷器。隔离开关在断路器开路后，隔离开电抗器。

为了避免断开变压器时变压器高压侧过电压，先断开电抗器，然后从电网断开变压器是很有用的，但这个操作顺序在清除故障时是不可能的。设计变压器过电压保护时应该考虑到这些情况（见 ELECTRA No. 138：1991 年）。

D.4 并联电抗器用于带有单相自动重合闸系统的电力线路

接到具有有效中性点接地的线路或电网的并联电抗器，其电抗器中性点通常接地。在某些情况下，输电系统线路上装有单相自动重合闸装置，它可能是控制单相接地故障的二次电弧电流以及暂态恢复电压优选办法。这可以通过在并联电抗器中性点与地之间增加一个中性点接地电抗器来实现或在断开接地的中性点与地之间安装具有适当额定值的避雷器保护来实现。两种方法都需要较高的并联电抗器中性点绝缘水平以满足不平衡条件下的暂态过电压要求。

更多资料见：

E. W. Kimbark　用并联电抗器抑制单极开关操作超高压线路的接地故障电弧消弧，IEEE 传输和分配，1964 年 3 月。

附 录 E
（资料性附录）
三相电抗器的互电抗、耦合系数和有效阻抗

E.1 相间互感影响有效阻抗和有功功率的基本原理

对于三相铁心电抗器或相间距离比较近的空心电抗器三相组，由于相间磁耦合的存在，各相等效阻抗不仅决定于各相自感 L_a、L_b、L_c 和交流电阻 R_a、R_b、R_c，还受其他相的电流幅值及相位影响。根据图 E.1 所示等效电路，可以推导出以下结果。

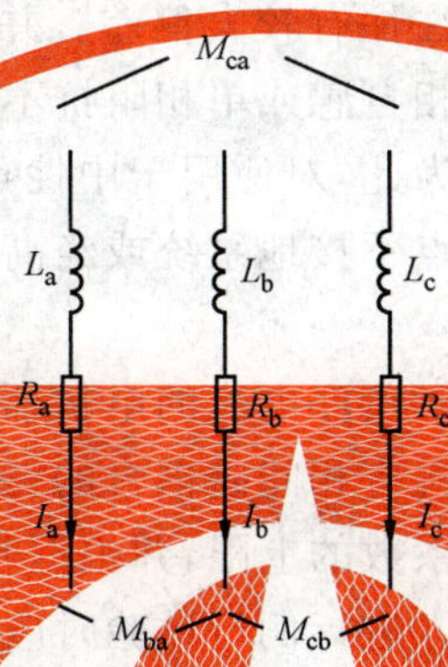

图 E.1 具有相间磁耦合的三相电抗器通用电路模型

A 相有效阻抗 Z_{ae} 为：

$$Z_{ae}=R_{ae}+jX_{ae}$$

$$R_{ae}=R_a-\omega M_{ba}I_b/I_a\sin\Psi_{ba}-M_{ca}I_c/I_a\sin\Psi_{ca}$$

$$X_{ae}=\omega(L_a+M_{ba}I_b/I_a\cos\Psi_{ba}+M_{ca}I_c/I_a\cos\Psi_{ca})$$

B 相有效阻抗 Z_{be} 为：

$$Z_{be}=R_{be}+jX_{be}$$

$$R_{be}=R_b-\omega M_{ba}I_a/I_b\sin\Psi_{ab}-\omega M_{cb}I_c/I_b\sin\Psi_{cb}$$

$$X_{be}=\omega(L_b+M_{ba}I_a/I_b\cos\Psi_{ab}+M_{cb}I_c/I_b\cos\Psi_{cb})$$

C 相有效阻抗 Z_{ce} 为：

$$Z_{ce}=R_{ce}+jX_{ce}$$

$$R_{ce}=R_c-\omega M_{bc}I_b/I_c\sin\Psi_{bc}-\omega M_{ca}I_a/I_c\sin\Psi_{ac}$$

$$X_{ce}=\omega(L_c+M_{bc}I_b/I_c\cos\Psi_{bc}+M_{ca}I_a/I_c\cos\Psi_{ac})$$

式中：

Ψ_{ba}是 B 相电流超前于 A 相电流的相位角，Ψ_{ab}则是 A 相电流超前于 B 相电流的相位角，Ψ_{ca}、Ψ_{ac}、Ψ_{bc}、Ψ_{cb}类同。

I_a、I_b、I_c 是各相电流相量的幅值。

M_{ba}等表示 A、B 两相之间的互感，M_{cb}、M_{ca}类同，根据各相线圈的绕向和相对位置，可能是正值也可能是负值。

由以上公式可以看出，相间互感对各相电抗器等效阻抗的影响是比较复杂的，在各相电流幅值相等时，如果两相之间的相位相同或相反，则互感以其全部增大或减小有效电感。如果相位相差 120°（正序或负序电流），互感则以其 50％增大或减小有效电感。

可见，涉及到有效电感、有效电抗的定义、额定值以及测试时，应首先明确系统条件，确定有效电感、有效电抗试验电流的相序，尤其是要明确有无零序电流的存在。否则，电感、电抗测试结果未必等于运行中所呈现的有效参数。

如果系统中性点不接地，那么通过限流电抗器、并联电容器组用阻尼电抗器的非对称短路故障电流、合闸涌流以及谐波电流中不含零序分量。有效电抗和有效电感的测试电流显然可以是三相正序电流。

用于中性点有效接地的系统时，滤波电抗器、并联电容器组用阻尼电抗器中的3次、6次、9次等谐波电流以零序分量为主，合闸涌流中也能够分解出很大的零序分量，对这些零序电流所呈现的电感明显小于对其他正序和负序电流的电感（见下文），除非将相间互感设计为零。

立式叠装空心限流电抗器三相组以及三相间隙铁心电抗器在零序电流的有效电抗小于正序电抗和负序电抗，这使中性点接地系统限流电抗器电抗保证值和测试条件有两种选择，即单相阻抗和三相阻抗。单相阻抗是单相励磁条件下的阻抗，不受互感影响，因而其阻抗值大于零序阻抗但小于三相阻抗。如果要保证三相阻抗符合要求，单相阻抗往往有较大偏差。并且，对于立式叠装空心电抗器，各相阻抗因考虑互感影响而调整自感，结果造成各相自感或单相阻抗不够均匀。其最终结果是，不同相的线路出现单相接地故障时，短路电流水平不同。为此，对使用于中性点接地系统的三相限流电抗器，应规定单相阻抗和三相阻抗两个指标，当用于中性点不接地系统或经高阻抗接地系统时，单相阻抗的规定和测试不是必要的。

对于既要考虑零序电流又需要考虑正、负序电流的电抗器，考虑到零序有效电感与正序、负序等效电感之间可能出现较大差异，最好不采用具有相间磁耦合的三相电抗器（组），受场地限制不得不采取立式叠装布置时，用户可规定互感或磁耦合系数的上限，并根据互感和电流相序分别计算各种相序有效电抗或有效电感。对于这样的电抗器，制造方进行例行试验时应测试相间磁耦合系数，并标出正负极性。

当各相电流的相位既不相同也非相反时，相间互感电势还在很大程度上对阻抗中的电阻分量产生干扰。最典型的情况是，相邻两相之间的相位差为120°，这时，如果各相电流幅值相等，则某一相将以互感电抗的86.6%增大或减小相邻相有效阻抗中的电阻分量。这种干扰使得各相电抗器从电源吸取的有功功率并不等于该相电抗器的实际损耗，见表E.2、表E.4。

对于既要考虑零序电流又需要考虑正、负序电流的滤波电抗器，因三相励磁条件下各相电抗器损耗和Q值与电流相序有关，建议用户根据自感、互感和各相单相励磁时的交流等效电阻以及实际应用中各频率电流的相序分别计算电抗器对于不同电流所呈现的交流有效电阻。

E.2 相间的均匀磁耦合

本章主要适用于星形联结的并联电抗器。

具有均匀相间磁耦合的三相电抗器的磁性能，可用图E.2的等效图来表示：

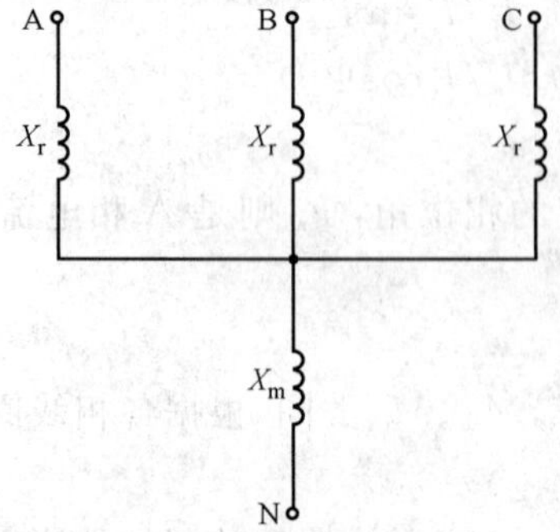

图E.2 包含相间磁耦合的三相电抗器等效图

零序电抗 X_0、互电抗 X_m 以及下面用到的单相励磁时的电抗 $X_{single\text{-}phase}$ 用与额定电抗 X_r（X_r 是电抗器的正序阻抗）的相对值表示。类似的，在一个端子与中性点之间进行单相励磁时，在上、下轭间通过空气及油箱的磁通 Φ_{yoke} 以及通过非励磁相绕组的磁通 Φ_{return} 也用以 X_r 代表的绕组中磁链的相对值表示。电抗和磁通的大小取决于磁路的设计。表 E.1 给出耦合值的百分比，这些数据是从不同类型的并联电抗器的测量值中取出的。标幺值公式重新计算如下：

$$x_0 = x_r + 3x_m$$

$$x_{single\text{-}phase} = x_r + x_m$$

$$\varphi_{yoke} = 1 + 2x_m$$

$$\varphi_{return} = (-x_m)/(x_r + x_m)$$

注：互电抗 x_m 总是负值。

表 E.1　均匀磁耦合电抗器的电抗和磁通比率

参　数	三个单相液浸式电抗器组成的三相组或三相五柱液浸式间隙铁心电抗器	间隙铁心以及箱壁上带磁屏蔽的三相三柱液浸式电抗器	无磁屏蔽的三个单相空心、水平安装的电抗器组
额定电抗 x_r	100%	100%	100%
互电抗 x_m	0%	−10%～−8%*	−3%～0(不含 0)
零序电抗 x_0	100%	70%～76%*	91%～100%(不含 100%)
单相励磁时的电抗 $x_{single\text{-}phase}$	100%	90%～92%*	97%～100%(不含 100%)
一个端子与中性点间单相励磁时的 φ_{yoke}	0%	80%～84%*	不适用
一个端子与中性点间单相励磁时的 φ_{return}	0%	9%～11%*	0(不含 0)～3%

* 数值取决于单相试验时施加的电压。由于箱壁上的磁屏蔽饱和导致电流增加，磁耦合值(电抗)随着电流增加而减小。给出值是在电流接近额定值时测得的。

所谓均匀磁耦合，是指各相间互感相等或基本相等，例如表 E.1 所列三种结构。在这种情况下，在各相自感相等的条件下有效电抗可以保证基本平衡而不需要分别调整各相自感数值。但实际上，由于制造偏差的存在，互感与互感之间绝对相等是不可能的，这种偏差虽然不至于破坏有效电抗的平衡性，但仍然会严重影响有效阻抗中的电阻分量，使得电抗器三相励磁条件下的各相损耗测量值(即由该相电抗器所连接的电源向三相电抗器输入的有功功率)偏离该相电抗器的实际损耗。作为示例，表 E.2 给出了三相三柱式间隙铁心电抗器在以三相正序电流励磁时各相的有功功率构成情况。

表 E.2　三相三柱式间隙铁心电抗器在正序电流励磁时从电源吸取的有功功率

相　序	有功功率
A 相	$P_a + 0.866 I^2 \omega(\lvert M_{ca}\rvert - \lvert M_{ba}\rvert)$
B 相	$P_b + 0.866 I^2 \omega(\lvert M_{ba}\rvert - \lvert M_{cb}\rvert)$
C 相	$P_c + 0.866 I^2 \omega(\lvert M_{cb}\rvert - \lvert M_{ca}\rvert)$
三相总功率	$P_a + P_b + P_c$

注：P_a、P_b、P_c 分别为各相电抗器的实际损耗，包括铁损和杂散损耗，I 为正序对称电流的幅值。另外，在三相三柱式铁心电抗器中，各相之间的互感 M 为负数，为直观起见，表中均对他们取绝对值。

当$|M_{ca}|$小于$|M_{ba}|$时，互感之间的相对偏差使A相电源输出的有功功率小于A相电抗器的损耗，当两个互感之间的差值达到一定程度时，电抗器从A相电源输入的有功功率(即损耗测量值)可能小到零甚至出现负数。零损耗或负损耗难以修正到指定的参考温度下。此外，当视在功率中的有功功率接近零时，瓦特表和互感器可能带来更大的测试误差，使测试结果失去应有的准确性。鉴于这种情况，对于间隙铁心或带铁磁物的其他三相电抗器，可在三相励磁条件下用两瓦特表法测量三相电抗器总损耗而不区分各相损耗。

E.3 相间非均匀磁耦合

本章涉及立式叠装电抗器。对此类电抗器，一般使中间相的线圈绕向与其他两相相反，导致在承载三相对称电流时相邻绕组间产生正的磁耦合。在这种情况下，三相短路条件下作用到轴向支撑(绝缘子)上的主要应力低于线圈绕向都相同的情况。

注1：对所有线圈绕向相同的三相立式叠装电抗器，可用将中间绕组的端子接成与其他两个绕组相反的办法来得到正的磁耦合。

每个绕组的自感的选择和在电抗器短路条件下有效电感上的非均匀耦合取决于中性点的接地方式，取决于电抗器连接的电力系统是有效接地或非有效接地。

注2：非均匀磁耦合会产生干扰保护系统的零序电压或电流(取决于系统中性点接地方式)。

立式叠装电抗器每个绕组的自感可选为补偿或无补偿的设计方案：

——无补偿方案

在此情况下，每相电抗器设计成具有相同的自感。由于相间非均匀磁耦合，这个布置会导致三相故障条件下各相具有不同的电流幅值。然而，对中性点有效接地的电力系统，单相故障电流幅值在所有三相都相同。因而，无补偿布置是接入中性点有效接地系统的电抗器的首选。

——补偿方案

在这种情况下，每相的自感经过单独调节以便在非接地三相故障情况下得到三个相同的电流幅值。然而，对中性点有效接地的电力系统，三相的单相故障电流幅值各不相同。需要着重注意，自感可能会低于额定值，因而有效接地系统的单相故障电流可能会超过额定值。

无补偿与补偿的比较见表E.3，表中：

$L_a=L_c$：下部(C相)和上部(A相)绕组的自感；

L_b：中部(B相)绕组的自感；

m_{ca}：下部(C相)和上部(A相)绕组的互感M_{ca}，用L_a的百分数表示；

$m_{ba}=m_{cb}$：中部绕组与上部或下部绕组的互电感M_{ba}或M_{cb}，用$\sqrt{(L_a \times L_b)}$的百分数表示；

z_{SCr1}：以额定三相短路阻抗z_{SCr3}的相对值表示的单相阻抗z_{SCr1}。

表 E.3 非均匀磁耦合电抗器耦合值

	无补偿 $L_a=L_b=L_c$	补偿 $L_a=L_c \neq L_b$
$m_{ba}=m_{cb}$	−15%～−5%	−15%～−5%
m_{ca}	1%～2%	1%～2%
z_{SCr1}(外侧相)	100%	101%～102%
z_{SCr1}(中间相)	100%	72%～89%
非接地三相故障不平衡短路电流	−11%～−4%	0%

注1：表中给出的互感是典型值。

注2：因为中间绕组具有相反的绕向，所以m_{ab}和m_{bc}有负号。

注3：三相短路电流不平衡度是三相短路电流对其平均值的最大偏差，用百分数表示。

立式叠装空心电抗器在三相正序电流励磁时从电源吸取的有功功率见表 E.4。

表 E.4　立式叠装空心电抗器三相正序电流励磁时从电源吸取的有功功率

相　序	有功功率
A 相	$P_a-0.866I^2\omega(\lvert M_{ab}\rvert+M_{ac})$
B 相	$P_b+0.866I^2\omega(\lvert M_{ab}\rvert-\lvert M_{bc}\rvert)$
C 相	$P_c+0.866I^2\omega(\lvert M_{bc}\rvert+M_{ac})$
三相总功率	$P_a+P_b+P_c$
注：P_a、P_b、P_c 分别为各相电抗器的实际损耗，包括杂散损耗，I 为正序对称电流的幅值。	

由表 E.4 可以看出，对于三相立式叠装空心电抗器，以三相正序电流励磁时，C 相电抗器从 C 相电源吸取的有功功率总是大于该相电抗器的实际损耗，而 A 相电抗器从 A 相电源吸取的有功功率总是小于自身损耗，当磁耦合系数足够大或电抗器损耗足够小时，A 相电源输出的功率可出现负值。若以此测量值确定电抗器的品质因数 Q，将出现负 Q 值的情况，不能满足 Q 值大于某一下限的技术要求。

空心电抗器的损耗测量是检查和评估电抗器品质的重要手段。为准确反映绕组质量，电阻性损耗和主要是由涡流损耗构成的附加损耗通常都要修正到指定的参考温度下。在单相损耗测量值为负数或零时，温度修正难以进行，从而无法判断该相电抗器品质。为此，由三台单相空心电抗器组成的立式叠装三相组的损耗测量，最好是在单相励磁下进行。

附 录 F
（资料性附录）
间隙铁心和磁屏蔽空心电抗器损耗的温度校正

F.1 例行试验和型式试验方法

损耗在环境温度下测量。I^2R 损耗按照 GB 1094.1 给出的方法重新计算。附加损耗认为不受温度影响。

例如：

温度 θ	I^2R	铁损和附加损耗	总损耗 P_{tot}
19.5 ℃ （测量的平均油温）	57.95 kW	24.16 kW	82.11 kW （测量并按额定电流重新计算）
参考温度 75 ℃	70.59 kW	24.16 kW	94.75 kW

F.2 特殊试验方法

损耗在环境温度下以及在温升试验稳定状态时测量。基于这两个测量，可以得出温度系数。

例如：

温升试验时对与 F.1 相同电抗器做的测量：

温度 θ	I^2R	铁损和附加损耗	总损耗 P_{tot}
60.5 ℃ （绕组平均温度）	67.29 kW	22.20 kW	89.49 kW （测量并按额定电流重新计算）

建立总损耗的温度系数：

$\Delta P_{tot}/\Delta\theta=(89.49-82.11)\text{kW}/(60.5-19.5)℃=0.18\ \text{kW}/℃$

用温度系数重新计算到参考温度 75 ℃：

$P_{tot}(75\ ℃)=P_{tot}(60.5\ ℃)+\Delta P_{tot}/\Delta\theta\times(75-60.5)℃$

$P_{tot}(75\ ℃)=89.49\ \text{kW}+0.18\ \text{kW}/℃\times(75-60.5)℃=92.1\ \text{kW}$

这个值低于按照 F.1 方法的估算值，用做测量损耗值的规定值。

环境温度下对第二个相同装置的测量（例行试验）：

温度 θ	I^2R	铁损和附加损耗	总损耗 P_{tot}
24.0 ℃ （测量的平均油温）	59.10 kW	25.20 kW	84.30 kW （测量并按额定电流重新计算）

用温度系数重新计算到参考温度下 75 ℃：

$P_{tot}(75\ ℃)=P_{tot}(24.0\ ℃)+\Delta P_{tot}/\Delta\theta\times(75-24.0)℃$

$P_{tot}(75\ ℃)=84.30\ \text{kW}+0.18\ \text{kW}/℃\times(75-24.0)℃=93.48\ \text{kW}$

这个值是第二个相同装置的测量损耗值的规定值。

附 录 G
（规范性附录）
干式电抗器匝间过电压试验

匝间过电压试验通过向电容重复充放电，并通过球隙将电压施加到电抗器绕组上。电抗器受到的过电压类型与指数衰减的正弦波的操作冲击相似。图 G.1 说明试验原理及过电压波形。试验持续时间 1 min，每次放电的初始峰值应为 $1.33\sqrt{2}$ 倍（户外设备）或 $\sqrt{2}$ 倍（户内设备）GB 1094.3—2003 中表 2 和表 3 中给出的额定短时感应或外施耐压试验电压（方均根值）。响应频率是绕组电感和充电电容的函数，一般在 100 kHz 及以下。试验应包含不低于 3 000 个要求幅值的过电压。

注 1：匝间过电压试验的电压波的典型的波前时间，大大短于标准雷电冲击试验的波前时间。

注 2：试验电压幅值应当用穿过第一个振荡波波顶上的所有过冲波或高频脉冲的平均值曲线来确定。这个方法与 GB/T 16927.1—1997 中 19.2 和图 10 中对相似冲击波形的描述相似。

首先用图形法确认绕组绝缘的完好性。冲击示波器、相机或数字记录仪等设备用于记录叠加到降低电压放电上的最后一个放电。降低电压的波形与全波之间周期的改变或包络线衰减速度的改变能表明绕组阻抗的变化，从而表示匝间故障。

其次，用观察法确认绝缘的完好性。故障可通过电抗器绕组上的噪声、烟雾或火花放电发现。

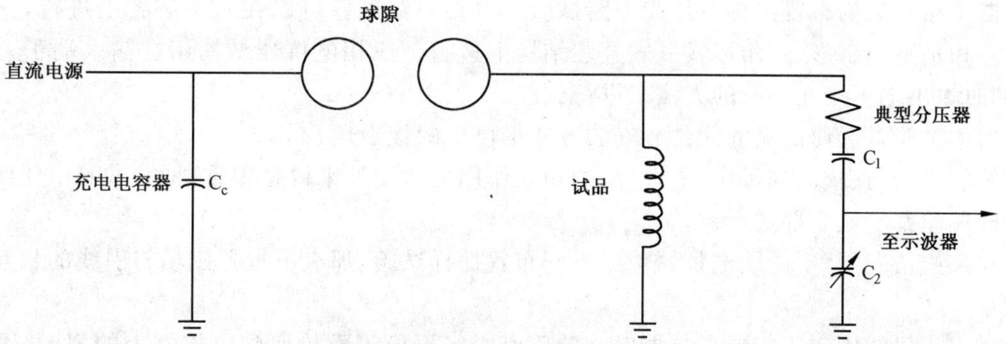

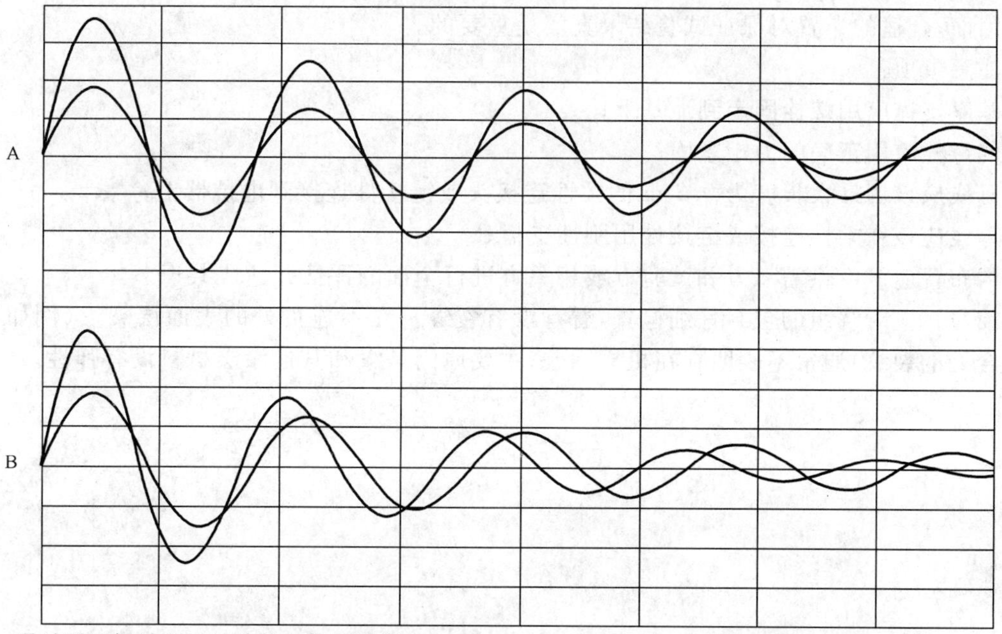

A. 通过了匝间过电压试验的电抗器波形。

B. 与波形 A 中的电抗器额定值相同，但没有通过匝间过电压试验的电抗器波形。注意频率的变化和增加的阻尼。

图 G.1 匝间过电压试验电路和波形实例

附 录 H
（资料性附录）
短 路 试 验

H.1 概述资料

短路试验时，非对称电流通常在10个周期内衰减为零。在故障的初始阶段，非对称电流峰值会在电抗器上产生最大的机械力，而长时间的对称故障电流使电抗器承受高温，同时受机械力作用。

当规定短路试验冲击的次数以及每次冲击的持续时间时，应考虑某些电力系统的操作因素：

——当规定机械短路试验时的峰值冲击的次数时，就应考虑允许的自动重合闸次数，如1、2或3；

——机械短路试验每次冲击的持续时间应能反映出装置的实际情况。

H.2 干式电抗器短路试验时的布置、母线连接和验收导则

电抗器可在不同的布置结构下接受短路试验。单相短路试验可以在一个装置上进行，三相短路试验可以在三相水平一字形、三角形或立式叠装结构上进行。三相电抗器结构用在输入端子上加三相短路电流，同时输出端子接在一起的方法来进行试验。

电抗器的试验首选使试品的元件和安装方式尽可能的接近运行条件。

电抗器的磁场与引线（如母线、电缆等）的相互作用力对设计来说是很重要的，试验中任何安装方式或元件上的偏差都应该全部进行评估。

如果在某些情况下，不能使电抗器像运行中布置那样试验，那么电抗器磁场与引线的相互作用力应该减至最小。

试验时由于母线固定不牢或电抗器对试验底座固定不稳等而传递到电抗器上的力，并不能代表现场安装情况。因而，合适的布置对保证试验结果真实是重要的。

试验布置注意事项：

——所有基座支撑应用螺栓固定到地基上；

——所有的螺栓应用正确的力矩紧固；

——进出母线应该用最大长度为0.2 m的柔性连接头或链接件连接到电抗器上；

——进出母线应该在柔性连接或链接处用刚性支撑；

——最终的布置应该由供需双方和试验方或相关方进行全面的评估并达成共识。

短路试验前、后，应对绕组的包封仔细检查，看有没有裂缝。在不连贯处的表面层裂纹（例如：在线圈夹紧系统结合处的裂纹）通常不表明存在机械问题，主要原因是漆和其他涂层材料没有弹性。

附　录　I
（资料性附录）
电阻器——性能、参数和试验

I.1　概述

本附录拟作为连接到第11章所述消弧线圈二次侧的单相电阻器的导则。

注1：本附录也可以做为用于配电网单独使用的电阻器的导则。

通常，电阻器设计用于在系统接地故障时短时运行，目的是增加接地故障电流中的电阻分量，以改善接地故障保护装置运行的可靠性。

一般要求电阻器通过电流的时间明显小于消弧线圈通过电流的时间。电流持续时间或负载周期由接地故障保护系统控制。

电阻器的设计由电流持续时间或负载周期以及阻值和电流幅值决定。因而，正确的规定电流持续时间和负载周期是很重要的。

注2：电阻器可用于减小系统单相线对地故障时的时间常数。

I.2　性能参数

电阻器的主要性能参数是：

——环境温度下的额定电阻 R_r；

——额定电流 I_r 或额定电压 U_r；

——额定电流或额定电压持续时间 T_r 或相应的负载周期；

——额定绝缘水平。

电阻器可以是空气绝缘或液浸式的，两种方式都是自然冷却，户内或户外安装。空气绝缘电阻器有保护外壳，液浸式电阻器可装在消弧线圈油箱内或独立的油箱中。

空气绝缘电阻器带电部分的最大允许温升取决于它自身的结构材料。最高温升的典型值是几百度。由于这个原因，需要注意绝缘、保护外壳、套管、端子及附件的材料。由于高温，还应注意安装的安全性。

注1：对此元件主要使用的不锈钢来说，最大允许温升大约为600 K。

还应考虑由于温升引起的电阻值变化。

注2：例如，不锈钢的温度系数是0.001 K^{-1}，考虑到600 K的温升，电阻值可能达到1.6R_r。

对液浸式电阻器，可参考11.5给出的消弧线圈的温升限值。

I.3　电阻器要求

下列参数由用户规定：

——额定电阻；

——额定电流或额定电压持续时间下电阻值的最大增量（如果有要求）；

——额定电流或电压，由于电阻随温度变化，所以额定电流或电压取决于应用情况以及电压或电流是否是常数；

——额定电流或电压持续时间及负载周期（电流或电压的最大持续时间，连续作用的次数，连续两次间的最小时间间隔)；

——电阻上施加的最大持续电压或电流(如果有要求)；

——电阻端子与地间的绝缘水平，通常规定外施耐压试验水平；

——安装方式(户内或户外)；

——空气绝缘电阻器的 IP 代码(IP 代码—如 IEC 60529 规定的外壳防护等级)；

——绝缘方式(空气绝缘、液浸式)；

——电阻带电元件允许的最高温升。如果用户没有规定，制造方应公布这个值。

I.4 试验

建议进行下列试验：

a) 例行试验：

——环境温度下的电阻测量；

——外施耐压试验(确认电阻器和外壳或油箱间的绝缘水平)。

b) 型式试验：

——温升试验(确认温升和阻值增量(如果需要))。用额定电流或额定电压持续时间下的额定电流或额定电压确认电阻器的温升。试验时电压或电流(规定的)应保持近似常量。除非另有规定，否则应测量最热元件的温度。试验后，应确认绝缘及其他元件没有被损坏。试验期间应监测电阻值。

c) 特殊试验：

——雷电冲击试验(对于 U_m>1 kV 的直接接到系统的电阻器)；

——确认外壳的 IP 代码。

I.5 铭牌

铭牌上应有下列内容：

——户内或户外应用；

——制造方名称；

——出厂序号；

——制造年月；

——环境温度下额定电阻；

——额定电流或额定电压；

——额定电流或额定电压持续时间及相关负载周期(如果适用)；

——最大持续电压或电流(如果适用)；

——IP 代码(对空气绝缘电阻器)；

——电阻器元件最大允许温升(对空气绝缘电阻器)；

——总质量。

I.6 偏差

额定电阻在 20℃时的偏差为±10%。要求偏差更低时，可由供需双方协商确定。

参 考 文 献

[1] IEC 60143 Series capacitors for power systems

[2] IEC 60168:2001 Tests on indoor and outdoor post insulators of ceramic material or glass for systems with nominal voltages greater than 1 000 V

[3] IEC 60273:1990 Characteristic of indoor and outdoor post insulators for systems with nominal voltages greater than 1 000 V

[4] IEC 60353 Line traps for a. c. power systems

[5] IEC 60529 Degrees of protection provided by enclosures (IP Code)

[6] IEC 60871-1:2005 Shunt capacitors for a. c. power systems having a rated voltage above 1 000 V—Part 1:General

[7] IEC 61378-1:1997 Converter transformers—Part 1: Transformers for industrial applications

[8] IEC 61378-2:2001 Converter transformers—Part 2:Transformers for HVDC applications

[9] IEC 62271-110 High-voltage switchgear and controlgear—Part 110:Inductive load switching

[10] IEEE C57.21-1990 IEEE standard requirements, terminology, and test code for shunt reactors rated over 500 kVA

[11] IEEE 1277-2000 IEEE trial-use standard general requirements and test code for dry-type and oil-immersed smoothing reactors for DC power transmission

[12] E W Kimbark. Suppression of Ground Fault Arcs on Single—Pole-switched EHV Lines by Shunt Reactors, IEEE Transmission and Distribution, March 1964.

[13] Controlled switching of HVAC circuit-breakers. Guide for application lines-reactors-capacitors-transformers. 2nd Part. ELEKTRA No. 185, 1999

[14] Interruption of small inductive currents. Chapter 6: Switching of reactor-loaded transformers. ELEKTRA No. 138, 1991

ICS 29.180
K 41

中华人民共和国国家标准化指导性技术文件

GB/Z 1094.14—2011/IEC/TS 60076-14:2009

电力变压器　第14部分:采用高温绝缘材料的液浸式变压器的设计和应用

Power transformers—Part 14:Design and application of liquid-immersed transformers using high-temperature insulation material

(IEC/TS 60076-14:2009,IDT)

2011-12-30 发布　　　　2012-05-01 实施

中华人民共和国国家质量监督检验检疫总局
中国国家标准化管理委员会　发布

前　言

GB 1094《电力变压器》分为以下部分：

——第1部分：总则；

——第2部分：温升；

——第3部分：绝缘水平、绝缘试验和外绝缘空气间隙；

——第4部分：电力变压器和电抗器的雷电冲击和操作冲击试验导则；

——第5部分：承受短路的能力；

——第6部分：电抗器；

——第7部分：油浸式电力变压器负载导则；

——第10部分：声级测定；

——第10.1部分：声级测定　应用导则；

——第11部分：干式变压器；

——第14部分：采用高温绝缘材料的液浸式变压器的设计和应用。

本指导性技术文件是GB 1094的第14部分。

本指导性技术文件按照GB/T 1.1—2009给出的规则起草。

本指导性技术文件使用翻译法等同采用IEC/TS 60076-14:2009《电力变压器　第14部分：采用高温绝缘材料的液浸式变压器的设计和应用》(英文版)。

本指导性技术文件中规范性引用的国际文件有一致性对应关系的我国文件见附录A。

本指导性技术文件对IEC/TS 60076-14:2009还做了下列编辑性修改：

a)　"本国际标准"一词改为"本指导性技术文件"；

b)　用小数点"."代替作为小数点的逗号","；

c)　删除IEC/TS 60076-14:2009的前言；

请注意本文件的某些内容可能涉及专利。本文件的发布机构不承担识别这些专利的责任。

本指导性技术文件由中国电器工业协会提出。

本指导性技术文件由全国变压器标准化技术委员会(SAC/TC 44)归口。

本指导性技术文件起草单位：沈阳变压器研究院、中电电气集团有限公司、保定天威保变电气股份有限公司、华东电网有限公司、西安西电变压器有限责任公司、顺特电气设备有限公司、特变电工衡阳变压器有限公司、明珠电气有限公司。

本指导性技术文件主要起草人：张显忠、徐子宏、胡振忠、姜益民、宓传龙、刘燕、蔡定国。

引　言

几十年来，如同IEC 60076-2的规定，液浸式变压器绕组的平均温升一直限定为65 K/70 K，顶层油温升限定为60 K。

从历史上看，液浸式变压器中的绕组导体向来是采用纤维素纸或瓷漆进行绝缘的，其他固体绝缘材料也是纤维素制品。至于绝缘液体，矿物油仍是最主要的。上述这些绝缘材料至今仍占主导地位。

变压器多年来所累积的运行经验，绝大多数是基于上述这些绝缘材料和温升限值取得的。有时，由于空间和重量限制，要求设计人员采用更高的温升值，以便减少变压器的尺寸并降低变压器重量。此时，需要采用更好的绝缘材料（固体和液体），其温度限值比传统规定值高且在此高温下的老化特性仍然良好，并具有可接受的预期寿命。高温绝缘材料有时也可用于绕组的某些被认为处于高温的部位中。

最近采用的光纤测量技术表明，热点温度有时比预计值高。甚至在某些情况下要高得多。这样，老化率将比预计值要高。通过这种测量，可提供有关热点的位置和在该处可能要采用高温绝缘材料等相关知识。

从导线瓷漆和缠带到垫块、撑条和结构支撑件等高温绝缘件已用于大型电力变压器、小型配电变压器、移动变压器、电机车（牵引）变压器和整流变压器中。闪点远高于300 ℃，适用于比矿物油温度高的K级液体已经使用了几十年了。它们的使用量和范围正在迅速增加。多年来，变压器制造方为了满足各种特殊使用的需要，已通过设计、使变压器采用高温材料，从而达到了变压器重量轻、容量密度大、防火能力强、寿命长的目的。

本技术规范的目的是开始开发采用高温绝缘的液浸式变压器的标准化过程。从系统来说，固体绝缘可能包括很多种材料，它们具有不同的耐热等级。绝缘和冷却液体也可以是从矿物油到多种新的K级液体，也有多种耐热能力。

在当前标准的液浸式变压器中应用的液体和固体绝缘材料组成的绝缘系统已经发生及发展超过100年了。因而，其应用规律及导则也很可靠且研究得良好。对应的是高温绝缘材料及采用高温绝缘材料的变压器，在应用和研究方面相对来说都是新的。

因而就不应对很多资料因研究得不充分及理解得不清楚而感到吃惊了。所以，建立并维持一个文件，以给制造方和用户之间讨论提供一个起点就很重要了。预计本技术规范将随着研究的发展经常更新。

本文件不是一个单独的文件，它必须与IEC 60076系列其他文件提供的大量资料及导则一起使用。因而本文件遵循两个原则。

第一，液浸式变压器非常普及，本系列的其他标准已经作了很好的规范，因而除有参考价值的或考虑到需要强调或比较目的外，本技术规范不重复这些变压器的细节。

第二，通常的液浸式变压器，用硫酸纸、层压板、木材、矿物油及许多其他通用材料绝缘，在已有温度限值下工作，是普通的，认为是正常的或常规的。所有其他具有超过用于普通绝缘系统的热能力的其他固体或液体绝缘材料，认为是高温材料。

因此，这个“标准”或“普通”绝缘系统被规定为“常规”绝缘系统以便比较，将它们的正常温度限值标出以便说明与其他高温系统的不同。将正常应用的固体和液体绝缘用通用列表方法，以方便对典型性能进行比较，并说明增加的相对不熟悉材料的使用范围和性能。

本技术规范以相同的方式强调负载、过载、试验和附件。经过选择的“常规”变压器的资料，仅用于比较或强调的目的。其他直接参考适合的IEC文件。

电力变压器　第14部分:采用高温绝缘材料的液浸式变压器的设计和应用

1　范围

本指导性技术文件规定了采用高温绝缘材料或采用高温绝缘材料与常规绝缘材料组合的液浸式变压器的技术规范、设计、试验和负载等方面的信息,以供制造方和用户使用。

本指导性技术文件适用于:

——按IEC 60076-1设计的电力变压器;

——按IEC 61378系列标准设计的变流变压器;

——电弧炉变压器。

同时还包括了各种液体绝缘和固体绝缘组合的使用。

对于采用高温绝缘材料的牵引变压器,本指导性技术文件也有指导作用。

2　规范性引用文件

下列文件对于本文件的应用是必不可少的。凡是注日期的引用文件,仅注日期的版本适用于本文件。凡是不注日期的引用文件,其最新版本(包括所有的修改单)适用于本文件。

IEC 60076-1:1993　电力变压器　第1部分:总则(Power transformers—Part 1:General)

IEC 60076-2　电力变压器　第2部分:温升(Power transformers—Part 2:Temperature rise)

IEC 60076-3　电力变压器　第3部分:绝缘水平、绝缘试验和外绝缘空气间隙(Power transformers—Part 3:Insulation levels,dielectric tests and external clearances in air)

IEC 60076-5　电力变压器　第5部分:承受短路的能力(Power transformers—Part 5:Ability to withstand short-circuit)

IEC 60076-7:2005　电力变压器　第7部分:油浸式电力变压器负载导则(Power transformers—Part 7:Loading guide for oil-immersed power transformers)

IEC 60085　电气绝缘　耐热性分级(Electrical insulation-Thermal classification)

IEC 60216-1　电气绝缘材料　耐热性　第1部分:老化程序和试验结果的评定(Electrical insulating materials—Properties of thermal endurance—Part 1:Ageing procedures and evaluation of test results)

IEC 60296　电工流体　变压器和开关用的未使用过的矿物绝缘油(Fluids for electrotechnical applications-Unused mineral insulating oils for transformers and switchgear)

IEC 60317(所有部分)　特种绕组导线规范(Specifications for particular types of winding wires)

IEC 60554-3(所有部分)　电工用纤维素纸规范　第3部分:单项材料规范(Specification for cellulosic papers for electrical purposes—Part 3:Specifications for individual materials)

IEC 60641-3(所有部分)　电工用纸板和压纸板规范　第3部分:单项材料规范(Pressboard and presspaper for electrical purposes—Part 3:Specifications for individual materials)

IEC 60674-3(所有部分)　电气用塑料薄膜规范　第3部分:单项材料规范(Plastic films for electrical purposes—Part 3:Specifications for individual materials)

IEC 60819-3(所有部分) 电工用非纤维素纸规范 第3部分:单项材料规范(Non-cellulosic papers for electrical purposes—Part 3:Specifications for individual materials)

IEC 60836 电气用未使用过的硅绝缘液体(Specifications for unused silicone insulating liquids for electrotechnical purposes)

IEC 60851-4 绕组线试验方法 第4部分:化学性能(Winding wires-Test methods—Part 4:Chemical properties)

IEC 60867 绝缘液体 以合成芳烃为基的未使用过的绝缘液体(Insulating liquids-Specifications for unused liquids based on synthetic aromatic hydrocarbons)

IEC 60893-3(所有部分) 绝缘材料 电工用热固性树脂工业硬质层压板(Insulating materials-Industrial rigid laminated sheets based on thermosetting resins for electrical purposes—Part 3:Specifications for individual material)

IEC 61099 电气用未使用过的合成有机树脂(Specifications for unused synthetic organic esters for electrical purposes)

IEC 61100 按着火点和净热量值对绝缘液体的分类(Classification of insulating liquids according to fire-point and net calorific value)

IEC 61212-3(所有部分) 电气用热固性树脂工业硬质圆形层压管和棒 第3部分:单项材料规范(Insulating materials-Industrial rigid round laminated tubes and rods based on thermosetting resins for electrical purposes—Part 3:Specifications for individual materials)

IEC 61378-1 变流变压器 第1部分:工业用变流变压器(Convertor transformers—Part 1:Transformers for industrial applications)

IEC 61629-1 电气用聚芳酰胺纸板 第1部分:定义、名称和一般要求(Aramid pressboard for electrical purposes—Part 1:Definitions,designations and general requirements)

ISO 2592 石油产品闪点和燃点的测定 克利夫兰开口杯法(Determination of flash and fire points—Cleveland open cup method)

ISO 2719 闪点的测定 宾斯基-马丁闭口杯法(Determination of flash-point—Pensky-Martens closed cup method)

3 术语和定义

IEC 60076-1 和 IEC 60076-2 中界定的以及下列术语和定义适用于本文件。

3.1

绝缘系统 insulation system

由固体绝缘和液体绝缘材料组成的系统。

3.2

温度指数 TI temperature index TI

从耐热性关系推出的时间为 20 000 h(或其他规定时间)时的摄氏温度数值。

注:改写 IEV 212-02-08。

3.3

半差 HIC halving interval HIC

表示在温度等于 TI 时取得的终点时间的一半到终点时间的开氏温度间隔的数值。

注:改写 IEV 212-02-10。

3.4

耐热等级　thermal class

电气绝缘材料(EIM)或电气绝缘系统(EIS)耐热特性的一种标称,其数值等于该 EIM/EIS 可用的最高温度的摄氏温度(℃)数值。

注:改写 IEC 60085 的 3.11。

3.5

常规　conventional

形容词,指由矿物油和非改性纸构成的系统的温升限值和所用绝缘材料。

3.6

热改性纸(TUP)　thermally upgraded paper (TUP)

经过化学处理的纤维素纸,其分解率得以降低。通过局部消除水分形成的媒质(如在氰乙化物中)或通过使用稳定剂(如在胺化物、双氰胺中)来抑制水分形成以减少老化的影响。如果纸的寿命满足了 ANSI/IEEE C57.100 的要求:在 110 ℃的密闭管中放置 65 000 h 或在按式(1)给出的其他时间/温度组合下仍保持 50%的张力,则可认为纸已得到改性:

$$\text{Time(h)} = e^{\left[\frac{15\,000}{(\theta_h+273)}-28.082\right]} \approx 65\,000 \times e^{\left[\frac{15\,000}{(\theta_h+273)}-\frac{15\,000}{(110+273)}\right]} \qquad \cdots\cdots(1)$$

由于现在使用的热改性化学药品含氮,而在硫酸盐纸浆中没有氮,因此化学改性的程度是通过对处理过的纸中的氮含量进行测定来确定的。当按 ASTM D-982 进行测量时,热改性纸的含氮量典型值介于 1%和 4%之间。

注:本定义于 2003 年 10 月 7 日由 IEEE 变压器委员会热改性纸定义工作组批准。

[IEC 60076-7 的 3.12]

3.7

高温　high temperature

指包括固体或液体材料的且运行温度比常规高的绝缘系统的温升限值和材料。

3.8

混合绝缘系统　hybrid insulation system

所有紧贴绕组导线(裸的或有绝缘)的绝缘(包括导线绝缘和直接与绕组接触的垫块、撑条和纸筒)均采用高温固体材料。仅在温度低的区域中用耐热等级为 105 限值的绝缘材料能满足要求时,在这些范围内便使用纤维素材料(见图 2)。

3.9

半混合绝缘系统　semi-hybrid insulation system

仅在导线绝缘中采用高温绝缘材料(见图 3)。

3.10

局部混合绝缘系统　mixed insulation system

位于绕组热点区域内的紧贴绕组导线的绝缘(包括绕组导线绝缘和如有必要时,与该区域中导线接触的垫块、撑条和纸筒)采用高温固体绝缘材料,而在绕组其余部分和其他温度低的区域中用耐热等级为 105 限值的绝缘材料能满足要求时,在这些范围内便使用纤维素材料(见图 4)。

3.11

均匀绝缘系统　homogeneous insulation system

所有高于常规绝缘系统温度的区域都使用高温固体绝缘,同时还使用高温液体绝缘的系统。

3.12

参考温度　reference temperature

绕组额定平均温升加 20 ℃。

4 绝缘材料

4.1 概述

本章所列举的各种高温绝缘材料仅供参考用。所述的这些材料，并不意味着它们之间任何一种特定的组合均作为电气绝缘系统(EIS)适用于高温液浸式变压器。

表1列出了目前常用的固体绝缘材料名称及其一些典型参数和特性。这些参数和特性，在对该材料进行评估时是必需的。值得注意的是，宜从材料生产商处取得所选用材料的供设计用的参数规定值。绝缘材料通常可分为固体、导线用漆涂层和液体类。

任何一种材料均应考虑它与系统中其他材料的相容性问题，而不只是考虑其热能力。应注意各单项材料的热能力即便满足要求，但将它们用于一个系统中时，由于彼此之间的相互影响，有可能使系统反而变成不适用的情况。

4.2 绝缘材料的老化和寿命[1)]

材料老化是绝缘材料分子分裂过程的结果，它改变了材料的某些性能。这是个吸热过程，需要供给原子充足的能量以使分子分裂。供给的能量越多，分子分裂的速度越快。能量的表现形式是热，它使温度升高。结果温度就成了老化率和寿命的对应的指标。除温度外的其他因素，如酸、氧或水也可能影响寿命。假设这些其他因素是不变的，绝缘材料的寿命通常符合式(2)：

$$L = a \times e^{\frac{b}{T}} \quad \cdots\cdots (2)$$

式中：

L ——寿命(小时)；

a ——以小时为单位的常数；

e ——自然对数的底(2.718…)；

b ——以K为单位的常数；

T ——以K为单位的温度。

式(2)是从阿伦尼乌斯(Arrhenius)公式导出的。当对等号两侧同时取自然对数时，结果为：

$$\ln(L) = \ln(a) + \left(\frac{b}{T}\right) \quad \cdots\cdots (3)$$

式(3)为一条直线(在半对数坐标 L 对 $1/T$ 坐标系中)，是按 IEC 60216-1 根据耐热试验得到的。

寿命终点的判定标准必需在耐热试验开始前规定好。它可以是一个绝对值或材料的某个关键性能指标的原始值的百分数，应该首选劣化速度比其他的快的重要性能。对用纤维素绝缘的矿物油浸渍式变压器来说，包导线的纸的抗拉强度通常用作确定变压器整体老化率的参数之一。聚合度(DP)也用作老化的指标，对纤维素基绝缘来说，数值200通常认为是寿命的终点。

耐热试验时，材料试样被加热到几个不同的温度，并记下到寿命终点的时间。持续时间相对于绝对温度的倒数值标记到坐标系统上，坐标系的时间轴为对数刻度(见图1)。

图1上的点是耐热试验的结果。直线就是回归线。正如看到的，这些点的位置很靠近回归线，这证明被试材料的寿命对时间关系符合阿伦尼乌斯公式。

---

1) 本条阐述简单材料的经典老化理论。典型变压器中有关材料复杂的老化机理更详细的分析可在参考文献中得到。

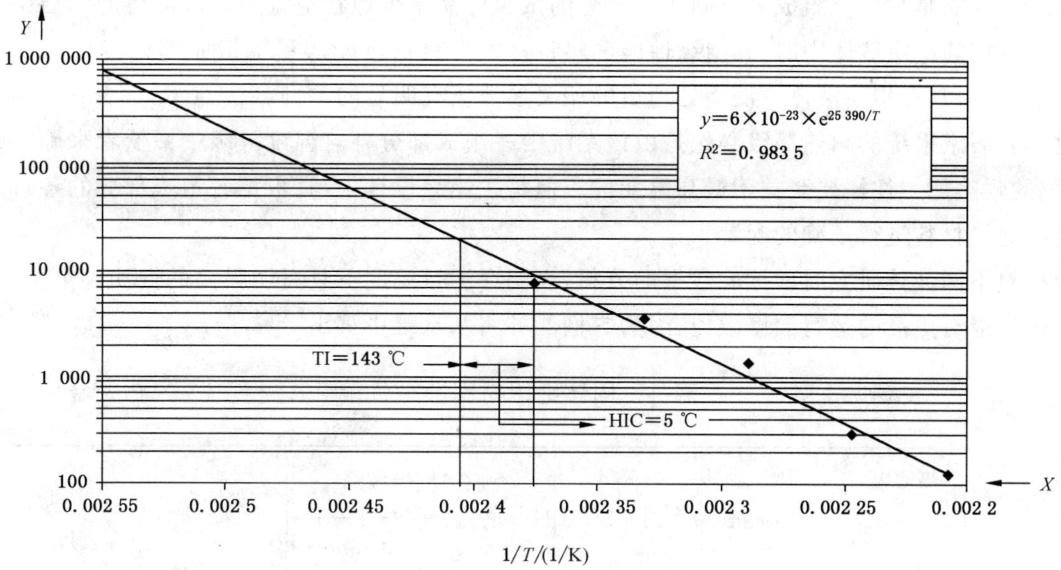

说明：

X 轴——绝对温度的倒数值，K^{-1}；

Y 轴——寿命，小时(h)；

注：X 轴(1/T)通常从右向左，所以高温在图的右手侧。

图 1 耐热试验图例

过回归线与纵坐标上 20 000 h 寿命的交点画一条垂直线，这条垂直线交横坐标于相当于 143 ℃点。这即说明，这个材料的温度指数 TI 为 143 ℃。

过回归线与 10 000 h 寿命的交点画另一条垂直线，这条垂直线交横坐标于相当于温度 148 ℃点。半差 HIC 就是 148 与 143 之差，等于 5 ℃。

在温度指数 TI 时的寿命 20 000 h(稍大于 2 年)，通常认为作为可接受的寿命是太短了。要得到可接受的寿命，选定的耐热等级必须低于 TI。低多少取决于材料的寿命要求多长。寿命和温度的关系可以从图上的回归线得到，或用图中右上角的回归公式计算。

例如，如果要求寿命为 20 年(175 200 h)，则耐热等级建议为 128 ℃。如果要求为 30 年(262 800 h)，则耐热等级建议为 126 ℃。

耐热等级等于材料的最高运行温度，使用者还要适当的考虑到使用材料的变压器的寿命要求。变压器的负载类型和变压器运行现场的实际环境温度也建议考虑。在许多情况下，变压器可能长时间在低于额定负载下工作，这将降低老化率并延长寿命。

在某些已进行的试验中，寿命终点规定为失去初始抗拉强度的 50%。然而，不建议对这个限值或其他寿命终点所规定的限值进行机械地理解。当规定的寿命达到后，变压器还可以正常的运行许多年。材料的降解缓慢进行，没有明显的拐点。规定的寿命终点，更多地起到一个警示作用，即提示变压器承受应力的能力(如大短路电流的能力)与新变压器相比是很低了。此外将变压器从一个场地运到另一个场地可能会产生更大的风险。

4.3 固体绝缘

固体绝缘是以纸、膜、片(薄板纸)和纸板的形式使用的，并做成各种各样的外形用于绝缘结构中。

表1列出了常见材料名称及其典型性能参数值。表中也有纤维素基产品的参数以便比较。注意,这些材料的典型性能是将系统组成部分制作成独立的试验样品单个地在空气中试验取得的。当一个绝缘系统浸入所选用的绝缘液体中时,其绝缘性能和热特性的参数值可能与系统组成部分自身的参数值有明显的差别,且与其在指定液体中浸渍处理后的相关参数值有明显的差别。

也不宜假定系统的耐热等级必然是由该系统中各组成部分各自温度等级中最低者来确立的。相反地,系统的耐热能力往往要受益于最高温元件。但是在绝缘设计中,宜根据各组成部分的各自温度等级对不同的绝缘材料进行正确的配置。

根据对不同液体研究时的试验数据的分析,表明在运行温度下具有明显高的饱和含水量的液体,可允许固体绝缘有更高的运行温度限值,因为它们能够将水从纸中移出。

表1 固体绝缘材料典型性能

材料	耐热等级(IEC 60085)℃	引用标准	25 ℃下的相对介电常数	介质损耗因数/%		吸潮性 %	密度 g/cm³	形态
				在 25 ℃	在 100 ℃			
纤维素基	105	IEC 60554-3	3.3～4.1	0.4	1.0	7.0	0.97～1.2	纸
纤维素基热改性纸	120	—	3.3～4.1	0.4	1.0	7.0	0.97～1.2	纸
纤维素基	105	IEC 60641-3	2.9～4.6	0.4	1.0	7.0	0.8～1.35	板
酚醛纸板	130	—	5.8	2.5	—	2.3	1.36	板
聚苯撑硫(PPS)	155	—	3.0	0.06	0.12	0.05	1.35	膜
聚酯玻璃[a]	130～200	IEC 60893-3	4.8	1.3～7.0	不适用	0.2～1.1	1.8～2.0	片
聚酯玻璃[a]	130～220	IEC 61212-3	不适用	不适用	不适用	0.16～0.28	1.8～2.0	成型件
聚酰亚胺	220	IEC 60674-3	3.4	0.2	0.2	1.0～1.8	1.33～1.42	膜
芳族聚酰胺	220	IEC 60819-3	1.6～3.2	0.5	0.5	5.0	0.72～1.0	纸
芳族聚酰胺	220	IEC 61629-1	2.6～3.5	0.5	0.5	5.0	0.70～1.15	板

注1:所有数据均在空气中测量。

注2:相对介电常数和介质损耗因数数据均为 50 Hz/60 Hz 下的值。

注3:吸潮性数据为空气相对湿度为50%的值。

[a] 由于制造过程中可能吸气,故典型的应用只在低压产品上。

4.4 导线绝缘涂层

表2列出了多种适用于铜和铝制的圆形和扁形绕组导线的绝缘漆。有关补充资料可参见IEC 60317系列标准中的特定部分。注意本表中所列出的绝缘漆材料,不意味着它与任何一种可用绝缘液体相容。IEC 60851-4 规定了它们与不同绝缘液体是否相容的(试验)程序。

表 2　导线绝缘常用的各种涂层材料

化学名称	耐热等级 ℃	IEC 60317 的适用部分	通用简称	通用名称
聚乙烯醇缩醛	105 120	1、14、17 12、18	PVF 或 PVA	聚乙烯醇缩醛
聚氨酯	130 155 180	2、4 20、35 51	UEW	聚氨酯
覆有聚酰胺的聚氨酯	130 155	19 21	UEWN	尼龙涂层聚氨酯
聚酯	130 155	34、41、45 3、16、54	PEW	聚酯
覆聚酰胺涂层的聚酯	180	22、24	PWWN HPEWN	尼龙涂层聚酯
聚酰亚胺酯	180	8、15、23、28 36、37	EIW	聚酰亚胺酯
聚酯・聚酰胺酰亚胺	200	13、25、29、38	HPEAIW	聚酯・聚酰胺酰亚胺
覆有聚酰胺酰亚胺涂层的聚酰亚胺酯	200	13、25、29、38	EAIW	酰胺酰亚胺涂层聚酰亚胺酯
覆有聚酰胺涂层的聚酰亚胺酯	180	22、24		聚酰胺涂层聚酰亚胺酯
芳香族聚酰胺酰亚胺	200	26	AIW	芳香族聚酰胺酰亚胺
芳香族聚酰亚胺	200	7、30	PIW	芳香族聚酰亚胺
以下为标准未规定的绕组线绝缘				
环氧树脂	155	不适用	Epoxy	环氧树脂
聚苯醚砜	155	不适用	PPSU PAES	聚苯酚砜
聚芳基砜	180	不适用	PAS	聚芳基砜
聚苯醚-醚酮	220	不适用	PEEK	聚苯醚-醚酮
注：在空气中的耐热等级按 IEC 60317。				

4.5　绝缘液体

表 3 列出了适用于液浸式变压器的绝缘液体典型性能参数。表中也列出了变压器最常用的符合 IEC 60296 要求的矿物油，目的是为其他液体与其进行性能对比提供参考基准，该液体也作为高温性能对比的基准。

IEC 61100 提供了按燃点和发热(卡路里)值对绝缘液体进行分类的规则,按 ISO 2592 的规定,如果测得的燃点高于 300 ℃,则该液体便定为 K 级。然而,不论是闪点还是燃点,都不能决定液体的耐高温能力,沉积物的出现、受潮及氧化程度均会对液体的耐热能力有影响。如果某种成品液体适用于工作温度比常规矿物油高时,则宜向该液体生产商进行咨询,这是由于液体的高温性能与其内部是否有添加剂有关,而在同样的一般产品目录中,不是所有的产品都存在添加剂。

表 3 列出了最高工作温度,其出发点仅是提供进一步研究用的数值。因为至今尚无一个确立绝缘液体耐热等级的可接受的通用方法。所列出的这些数值是估计值或者为工业部门的一般接受值,但不宜作为本指导性技术文件的推荐值。

表 3　绝缘液体的典型性能

通用名称	引用标准	耐热等级[a] ℃	闪点[c] ℃	燃点[c] ℃	含水量 mg/kg	密度 g/cm³	25 ℃下的相对介电常数[d]	25 ℃下的介质损耗因数[d] %	粘度 (mm²/s)		25 ℃下的热传导率 W/mK	25 ℃下的比热 J/kg℃
									40 ℃时	100 ℃时		
矿物油	IEC 60296	105	145	160	25	0.88	2.2	0.05	9.2	2.3	0.12	2 100
合成碳氢液体	IEC 60867	~130	230	250	15	0.83	2.1	0.01	—	4.1	0.14	2 100
合成酯液体	IEC 61099	~130[b]	275	310	50	0.97	3.2	0.02	34	5.8	0.16	2 100
二甲基硅液体	IEC 60836	~155[b]	310	360	50	0.96	2.7	0.01	40	14.3	0.15	1 500
下列液体虽已用于某些变压器中,但尚无标准对其进行规范												
合成PAO碳氢液体	不适用	~130	264	304	15	0.83	2.1	0.01	—	8.6	0.13	2 300
自然酯	不适用	~130[b]	330	360	50	0.91	3.2	0.20	33	9	0.17	2 000
高分子碳氢液体	不适用	~155	280	312	10	0.87	2.2	0.01	—	11.8	0.14	2 100

注:本表中所列各值仅作为不同液体对比用的一般指导。至于某些特定的物理参数的可接受值,见各种液体的标准。没有标准的,建议与生产商确认。

[a] 耐热等级等于推荐的最高运行温度,在此温度下可得到液体的可接受的寿命。

[b] 由于这些液体的抗氧性能,因此,估计的温度限值只适用于可基本消除空气浸入的密封型变压器或有充氮保护系统的变压器。

[c] 克利夫兰开口杯试验时按 ISO 2592。在 IEC/TC 10(电工设备用液体技术委员会)中,闪点测定是按 ISO 2719 规定的宾斯基-马丁闭口杯法,其测得的数据一般低于本表列出值。

[d] 相对介电常数和介质损耗因数的数值均为 50 Hz/60 Hz 下的值。

5 绝缘系统

5.1 概述

用于电工设备的绝缘系统,包括了用一种或几种固体绝缘材料对导电部分进行电气绝缘,同时用一种液体对导电部分进行绝缘并进行热交换和冷却。这些绝缘材料必须耐受住电工设备在其预计寿命期间中出现的电气、机械、化学和热应力。有关对由固体和液体材料组成的绝缘系统的评估方法,可见IEC/TS 62332-1。

绝缘材料承受的热应力主要与温度有关。然而,即使在常规变压器中温度分布也是不均匀的。例如,在变压器处于满负载时,液体的温度能在从底部处的70 ℃到顶部处的100 ℃之间变化。相应地,导线连同其绝缘材料达到的热点温度,一般比其周围液体温度要高10 ℃～20 ℃。其余绝缘材料,按其所在位置的高度,大致接近于其所接触处液体的温度。

由于绝缘系统的老化和寿命时间与温度有很大的关系,因此对各种绝缘材料采用不同的组合,有可能得到最佳的变压器热性能和经济的设计。由于使用耐热等级不同的绝缘材料,故绝缘系统也不是常规绝缘系统。为了让这些高温绝缘材料在使用中得到最佳值,使绝缘材料的能力与其实际使用温度相配合是有意义的。

依据不同固体绝缘材料与某一种液体的组合,可以标志出多种不同的绝缘系统。但为了交流,一般将绝缘系统分为四种不同的类型。然而,选择和定义这四种系统并不意味着限制其他可能的组合。随着高温绝缘系统的发展,可能增加附加的通用组合。这些分类也不包括虽然使用了高温绝缘材料,但却仍在常规温度下工作的组合情况。IEC 60076-2 和 IEC 60076-7 充分地包括了这一类型的变压器。

5.2 绝缘系统类型

5.2.1 均匀高温绝缘系统

均匀高温绝缘系统是指所有主要固体绝缘材料采用高温绝缘材料,同时液体采用高温绝缘液体。然而,在选定的温度较低的区域可以采用温度较低的绝缘。例如,在热的液体流之外的机械支撑。

固体:用于绕组的高温部位及相关的部位。

液体:高温。

温度限值:液体顶层温度及绕组平均温度和热点温度均比常规温度高。

5.2.2 混合绝缘系统

混合绝缘系统是指变压器的整个绕组,但不必是每一个绕组,采用了矿物油和高温固体材料。例如,当某个特定绕组设计成是在常规温度下运行,可能用常规绝缘材料。

典型的是导线绝缘和幅向及轴向垫块用高温绝缘材料。常规的纤维素基绝缘用于所有其他区域,如纸筒和角环等在常规温度下工作的,用常规绝缘。

固体:所有与发热导线接触的绝缘均用高温材料。

液体:矿物油或任何具有等同或更高绝缘耐热等级的绝缘液体。

温度限值:液体顶层温度用常规温度,某些绕组平均温度和绕组热点温度高于常规温度。

注:假定引线按常规温度设计,那么它们可以用常规绝缘。

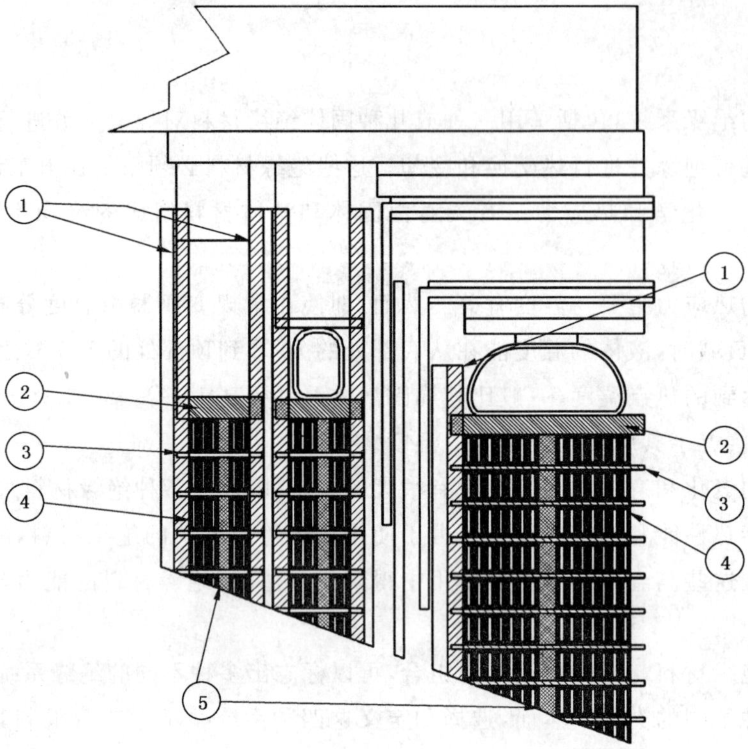

说明：

①——高温轴向撑条；

②——绕组顶部和底部高温幅向垫块；

③——绕组内部高温幅向垫块；

④——高温导线绝缘；

⑤——绕组内部高温轴向撑条。

图 2　混合绝缘系统中的固体绝缘示意图

5.2.3　半混合绝缘系统

半混合绝缘系统是指采用常规液体以及只在运行温度高于常规温度的绕组中的导线绝缘采用高温固体绝缘材料，而所有其余绝缘材料均是常规绝缘材料。在层式绕组中，导线绝缘还包括层间绝缘。

固体：仅在某些绕组或所有绕组中的导线绝缘采用高温材料。

液体：矿物油或任何具有等同或更高绝缘耐热等级的绝缘液体。

温度限值：液体顶层温度用常规温度，某些绕组平均温度和绕组热点温度高于常规温度。

说明：

④——高温导线绝缘。

图 3 半混合绝缘系统中的固体绝缘示意图

5.2.4 局部混合绝缘系统

局部混合绝缘系统是指在绕组的某些元件或部分，例如，绕组导线所在区域中的温度高于常规温度的情况下，采用高温绝缘材料。

有可能会有额外损耗和发热区，例如：

——由于幅向漏磁分量绕组端部；

——变流变压器绕组中谐波电流大的区域。

由于在绕组上部的温度较高，例如上部 1/4 处，这部分也可能采用高温绝缘。然而，主要的固体绝缘材料以及变压器中的绝缘液体是常规的。

固体：某些绕组的特定区域为防止老化过快而采用高温绝缘。

液体：矿物油或任何具有等同或更高绝缘耐热等级的绝缘液体。

温度限值：液体顶层温度和绕组平均温度用常规温度，某些绕组或所有绕组的热点温度高于常规温度。

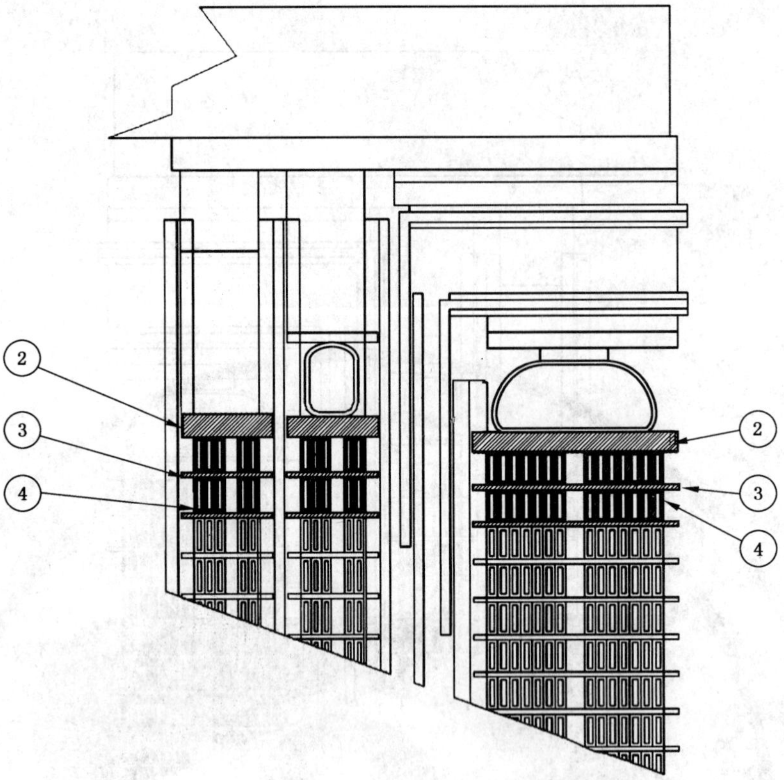

说明：

②——绕组顶部高温幅向垫块；

③——绕组内部高温幅向垫块；

④——热点区域高温导线绝缘。

图 4　局部混合绝缘系统中的固体绝缘示意图

6　温度限值

在大多数采用纤维素材料和矿物油的常规变压器中，变压器的最高运行温度是由固体绝缘决定的。当高温固体绝缘材料与常规液体一起使用时，绝缘液体通常成为一种限制性的因素，且由它决定变压器的最高温度限值。此时避免绝缘液体过热便成为设计的焦点。这是因为，当液体温度超过某一规定值后，老化现象便出现了，从而改变了绝缘液体的众多性能。其中，作为重要性能之一的液体绝缘强度，如果液体温度不保持低于某规定值时，有可能在较短时间内明显地下降。

表 4 和表 5 列出了由不同固体和液体绝缘材料组合的绝缘系统的最高温度限值。有关补充信息参见附录 B。然而，表中所列的这些值均是上限值，且它与变压器的设计和使用有密切的关系。因而本指导性技术文件并没有为每个绝缘系统选定一个单一温升限值。相反，建议选定的额定温升限值比表中的最大值要低，且其增量宜为 5℃。经过足够的试验数据证明了的热分布模型，可用来决定任何一台特定变压器设计的实际最高温度限值。在决定这些最高温度限值时需要考虑如下一些因素：

——自由呼吸单元会将水分和氧带入变压器油箱内，从而对绝缘老化有很大影响。这种老化随温度升高而加快；

——绝缘材料的老化，比如纤维素材料，会在变压器油箱内产生水和氧；

——冷却通道中液体的流速，这是由于液体长时间暴露于高温中，使劣化加快；

——由于存在因裸铜和银表面的接触反应而产生的副产品、溶解于绝缘液体中的衍生物以及微粒等引起的催化作用，从而使液体和绝缘材料加速老化；

——在绕组的导线与绝缘层之间被截留的液体因过热而产生气泡。关于气泡生成的一般性信息和所列的计算气泡产生时的温度计算近似公式，见附录C。当这个资料是基于纤维素绝缘和矿物油时，其概念与高温材料是基本相同的。然而，研究显示，高温材料的含水量比纤维素绝缘更少，结果是产生气泡的温度就更高(附加信息参见 IEEE 1276-1997 的 P.5)。

表 4　矿物油或替代液体变压器在顶层液体温升为 60 K 时的温升限值

a)　最高温升限值

项　　目	常规绝缘系统[a]	局部混合绝缘系统	半混合绝缘系统	混合绝缘系统[b]
最低的高温固体绝缘耐热等级[c]/℃	不适用	130	120	155
顶层液体温升/K	60	60	60	60
绕组平均温升/K	65[d]	65	75	95
常规固体绝缘热点温升/K	78	78	78	78
高温固体绝缘热点温升/K	不适用	110	90	130

注：所示的温升为基于 IEC 60076-1 规定的常规环境温度下的温升，但包括在非标准环境温度下的陈述。

[a] 用于对比的参考系统。

[b] 液体保护系统有效防止空气进入油箱的基本无氧应用情况。

[c] 材料要求。

[d] OD 装置的温升可以是 70 K。

b) 最高过载温度限值

项　　目	常规绝缘系统[a]	局部混合绝缘系统	半混合绝缘系统	混合绝缘系统[b]
最低的高温固体绝缘耐热等级[c]/℃	不适用	130	120	155
正常负载周期下的最高顶层液体温度/℃	105	105	105	105
长期急救负载下的最高顶层液体温度/℃	115	115	115	115
正常负载周期下的最高常规热点温度/℃	120	120	120	120
长期急救负载下的最高常规热点温度/℃	140	140	140	140
正常负载周期下的最高高温绝缘热点温度/℃	不适用	150	130	170
长期急救负载下的最高高温绝缘热点温度[d]/℃	不适用	180	150	200

注：参见 IEC 60076-7 的表 4。

[a] 用于对比的参考系统。

[b] 液体保护系统有效防止空气进入油箱的基本无氧应用情况。

[c] 材料要求。

[d] 表中所示的急救负载温度宜谨慎使用，因为它们是类似于 IEC 60076-7 推出的，但还没有被现场经验或实验室试验证明。这些值仅作为一个起点，应谨慎评估。

表 5 均匀高温绝缘系统变压器的温升限值

a) 最高温升限值

项　目	酯油或相当的油			硅油或相当的油		
最低的高温固体绝缘耐热等级[a]/℃	130	155	180	155	180	200
顶层液体温升/K	80	80	80	100	100	100
绕组平均温升/K	85	100	115	100	115	125
热点温升/K	110	135	160	135	160	180

注 1：液体保护系统有效防止空气进入油箱的基本无氧应用情况。

注 2：所示的温升为基于 IEC 60076-1 规定的正常环境温度下的温升，但包括在非标准环境温度下的陈述。

[a] 材料要求。

b) 最高过载温度限值

项　目	酯油或相当的油			硅油或相当的油		
最低的高温固体绝缘耐热等级[a]/℃	130	155	180	155	180	200
正常负载周期下的最高顶层液体温度/℃	130	130	130	155	155	155
长期急救负载下的最高顶层液体温度/℃	140	140	140	170	170	170
正常负载周期下的最高热点温度/℃	150	175	200	175	200	220
长期急救负载下的最高热点温度[b]/℃	170	200	230	200	230	255

注：基本无氧应用情况，液体保护系统有效防止空气进入油箱。

[a] 材料要求。

[b] 表中所示的急救负载温度宜谨慎使用，因为它们是类似于 IEC 60076-7 推出的，但还没有被现场经验或实验室试验证明。这些值仅作为一个起点，应谨慎评估。

7 变压器附件和相容性

7.1 概述

在高温运行中，要重视对各种附件进行检查，以确认它们与配套的部件或所接触的材料在电、热、化学和机械方面的特性均具有相容性。相容的材料在正常使用时的性能应不会降低或关键参数应无异常劣化。

本部分主要涉及热相容性。但是，也须考虑这些附件的绝缘和化学性能以及它们的密封特性是否合适的问题。

7.2 套管

只要顶层液体温度不超过常规限值，绕组中的运行温度即使比较高，也不会对套管有较大的影响。如果顶层液体温度高于常规设计值时，则可能对套管性能有影响。此时，可能需要特别的高温套管或尺寸加大的套管。作为一种替代的办法，也可以将套管移放至液体温度较低部位处。

对常规电容式套管宜特别注意，因为当套管周围环境温度过高时，电容可能会热击穿。见IEC 60137，其中描述了套管周围变压器绝缘液体的温度限值：

——正常负载：100 ℃；

——急救负载：115 ℃；

——最高日平均：90 ℃。

由于有热击穿的危险，电缆供应商及进入变压器的端部密封件的供应商可能也会限制变压器套管周围的液体温度。

7.3 分接开关

无励磁分接开关通常不会安置在顶层液体最热处。但是，当分接开关置放处的液体温度超过常规产品采用的100 ℃时，宜在选择分接开关各元件时，对其热、机械和绝缘性能进行专门考虑。

如果热量是从绕组传递到分接开关触头上，则绕组运行温度更高时也可能会对分接开关有影响。由于热源是来自绕组而不是来自于更大的电流，故选用电流额定值更高的分接开关不是解决问题的办法。在高温运行的使用情况中，宜考虑触头材料的相容性问题。

当有载分接开关处于高于常规的温度时，如果需要特殊调整，有必要在寻价、订货阶段向有载分接开关供货商咨询。同样，如果变压器的绝缘液体与常规的矿物油不同，也建议向有载分接开关供货商咨询。

7.4 密封材料

如果顶层液体温度不超过常规值，则绕组内部运行温度不会影响密封件的性能。当绝缘液体在较高的温度下运行时，就要求采用更高等级的密封材料，所用的材料在使用温度下要求与绝缘液体化学相容。

7.5 油箱喷漆

如果顶层液体温度不超过常规值，则绕组内部较高的运行温度不会影响漆的性能。当绝缘液体在较高的温度下运行时，采用热相容的内部和外部漆的规范就重要了。

7.6 冷却器

如果顶层液体温度不超过常规值，则绕组内部较高的运行温度不会影响冷却器的性能。当绝缘液体在较高的温度下运行时，冷却器的所有材料宜适用于高温。粘度和传热率等热性能应仔细考虑，因为它们可能与矿物油有明显的不同。它们的热性能在更大的温度范围内可能会发生变化。就像油箱一样，漆宜适用于高温下使用。

7.7 油泵

油泵的规范中宜考虑绝缘液体在整个运行温度范围内的粘度问题。

7.8 油箱和储油柜

储油柜的容积大小宜考虑到变压器运行的温度范围。高温液体的膨胀/收缩可能会明显地与矿物油不同。对于密封式变压器，油箱或储油柜的大小宜足够，以免产生不正常的压力。对于采用隔膜式的呼吸系统，可能要求采用具有更高温度等级的隔膜材料。而且隔膜的材料应与绝缘液体相容。

7.9 粘合剂

制造过程中使用的粘合剂，如果希望在整个寿命过程中一直牢固，则宜适用于运行温度且与绝缘液体化学相容。

7.10 电流互感器

电流互感器的绝缘系统宜在热和化学性能方面与变压器所用的高温绝缘液体相容。

7.11 温控器

必要时，温控器及温度指示器宜适合于更高温度下工作且具有更大的温度测量范围，更大的范围是由特殊应用决定的。特别是要对其报警值和动作值仔细调整好。

7.12 保护继电器

采用高温绝缘系统的变压器，其内部所产生的气体可能与常规绝缘系统不同，因此，保护继电器宜与绝缘液体、运行温度和可能产生的气体相容。

7.13 辅助电缆

预计绝缘液体运行温度高于常规矿物油的变压器，连接外部附件的电缆应与箱盖、箱壁隔热或采用能长期耐受相应温度的型号。

8 设计时的特殊考虑

8.1 短路考虑

欲使设计的绕组平均温升比常规设计值高，可通过降低其冷却能力或选取更高的电流密度或二者同时来达到。在后一情况下，则可能还需要加强其机械结构，以便能承受住外部短路所产生的动稳定效应。

绕组自身的机械结构和其支撑结构的设计，宜考虑绕组在更大温度范围下可能出现的膨胀或收缩问题。

此外，绕组的工艺处理宜使其在运行中保持结构坚固性。

变压器宜设计成能承受住 IEC 60076-5 规定的短路。每个绕组的平均温度最高许可值宜按该标准进行计算。对于表 5 所列的具有高温绝缘的Ⅰ类变压器，铜绕组在短路下的最高许可温度值为 350 ℃。

对于绕组设计成采用环氧树脂粘合的绕组导线的，宜考虑到环氧树脂在更高温度下的机械强度会变得更弱的特点。

8.2 绝缘要求

尽管 IEC 60076-3 的基本要求适用，但由固体和绝缘液体组成的高温绝缘系统的绝缘性能可能会与常规系统不同。因此在设计阶段，要对这些变化的影响进行全面的分析。设计宜保证变压器在整个运行温度范围内，绝缘性能不产生不可接受的劣化。

8.3 温度要求

绕组热点温度值及其位置，对变压器能否正常地运行至关重要。对任何一台变压器这些都是设计特性，宜有一个准确的并已通过模型试验得到确认的绕组热模型。在局部混合绝缘系统中，将存在着几个热点(每一种绝缘类型有一个热点)，因而都要仔细考虑。见图 5b)及图 6。

重要的是要注意到，在很多情况下绕组内部冷却通道中的液体温度比油箱中的顶层液体温度高，因为绕组热点是由紧邻绕组的液体温度决定的，所以宜考虑到这点。绝缘绕组中的绕组导体对液体的温差通常是等于跨固体绝缘的温差及跨液体边界层的温差之和。在高温绝缘系统中，跨液体边界层的温差通常比常规绝缘系统要大。这意味着在大多数情况下，绕组表面的温度是受绝缘液体的热能力限制的。

在 D 点(见图 5)处的绕组表面的最高温度是由冷却通道中的液体温度与跨液体边界层温升之和给出的。它与绕组表面处的传导系数和穿过绕组表面的热流密度有关。要求绝缘液体能承受此最高的绕组表面温度而其老化不加快,且不出现不可接受的气体或气泡。

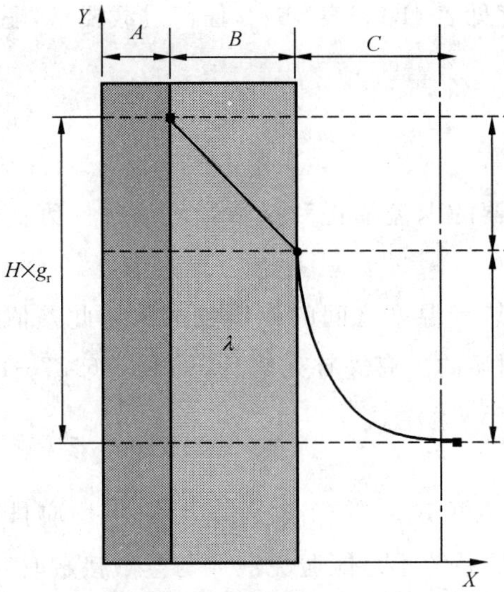

a) 一种固体绝缘材料

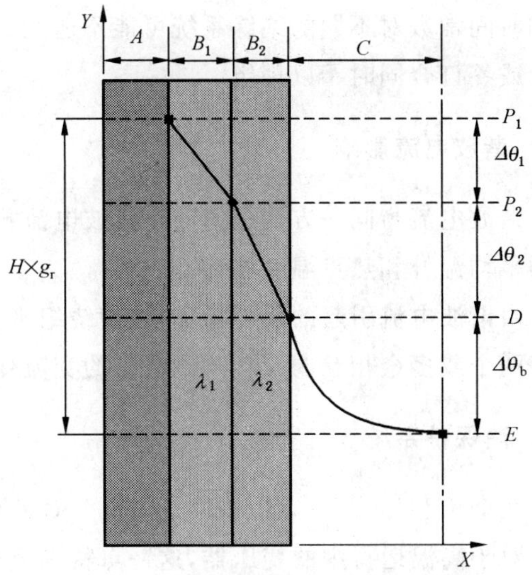

b) 两种固体绝缘材料

说明:

X 轴——距导线表面的距离;

Y 轴——温度;

A ——导体厚度;

B ——固体绝缘材料的厚度;

B_1 ——高温绝缘材料的厚度;

B_2 ——常规绝缘材料的厚度;

C ——液体边界层厚度;

D ——绕组表面温度;

E ——冷却通道中的液体温度;

g_r ——额定电流下绕组平均温度与液体平均温度之间的温差;

H ——热点系数;

P ——与固体绝缘材料接触处的热点温度;

P_1 ——与高温绝缘材料接触处的热点温度;

P_2 ——与常规绝缘材料接触处的热点温度;

$\Delta\theta$ ——固体绝缘内部的温差;

$\Delta\theta_1$ ——高温绝缘内部的温差;

$\Delta\theta_2$ ——常规绝缘内部的温差;

$\Delta\theta_b$ ——液体边界层内部的温差;

λ ——固体绝缘材料的热传导率;

λ_1 ——高温绝缘材料的热传导率;

λ_2 ——常规绝缘材料的热传导率。

图 5 导体对液体的温差

8.4 过载

高温变压器的过载能力可能与常规变压器不一样，这与变压器的设计和绝缘系统的热能力有关。

IEC 60076-7 关于油浸式变压器负载导则的一般原理和公式仍适用，但过载水平除外，这是由于温度和时间常数对不同的绝缘系统可能不适用。最高过载温度见表 4b)和表 5b)。任何过载要求，还宜在询价或签订合同时予以规定。

8.5 谐波电流影响

谐波电流与同一方均根值的正弦波电流相比，将使变压器的涡流损耗和杂散损耗增加。因而使绕组的平均温升和热点温度增加。

由谐波电流引起的损耗增加，将使绕组平均温升与绕组热点温度之间的差值也加大。此差值对于具有两个或多个相互弱耦合阀侧绕组的变流变压器是十分明显的。有关补充信息，见 IEC 61378-1。

8.6 油保护系统

在询价和订货时，宜按 IEC 60076-1 对液体保护系统予以规定。所有液浸式变压器，均应排除氧气。对于高温运行中的变压器，这一点特别重要。当液体保护系统不总能避免液体与空气接触时，宜限制其在可以更经常地进行液体处理的场合使用。尽管这样，宜采取一些积极的手段对空气进行干燥，例如采用去潮式呼吸器。

9 需要的信息

9.1 用户应提供的信息

9.1.1 环境温度和负载周期

环境温度宜符合 IEC 60076-1 和 IEC 60076-2 要求。如果环境温度与常规运行条件不同，表 4 和表 5 注明的温升限值宜作相应的修正。用户应提供任何特殊的负载周期的信息。

9.1.2 谐波电流

关于谐波电流对变压器的损耗以及温度的影响，按 8.5 的规定。谐波电流主要来自于与变压器相连接的变流器。这些谐波的特性与下述情况有关：

——变流器线路布置；

——变流器控制技术；

——变流器与其所适用系统之间的相互影响；

——电力电子元器件的特性。

变压器制造方一般没有有关变流器产生谐波电流的必要信息或知识。因此，IEC 61378-1 系列标准要将谐波频谱纳入规范内。用户有责任对变压器将受到的谐波作出规定，而变压器制造方在其变压器设计中有责任考虑这些谐波规定值。

9.1.3 其他特殊使用条件

所有其他特殊使用条件，按 IEC 60076-1 的规定。

9.2 制造方应提供的信息

9.2.1 热特性

在询价及签订协议时宜给出额定的顶层液体温升和绕组平均温升。

除了 IEC 60076-2 规定的温升值外，宜提供绕组导线的热点温升值。

询价及订货时宜给出绝缘系统的类型。

如果适用，宜给出所用绝缘液体的技术规范，同时宜按 IEC 61100 给出液体的等级标号。

9.2.2 参考温度

当变压器绕组具有不同的绝缘系统温度时，具有较高绝缘系统温度的绕组的参考温度应为变压器的参考温度。

9.2.3 保证值

应保证参考温度下的负载损耗及短路阻抗值。参考温度下的负载损耗亦用于温升试验中。IEC 60076-1 规定的保证值偏差适用。

顶层液体温升及绕组平均温升限值应不超过表 4 和表 5 所列出的值。

10 铭牌及补充信息

10.1 铭牌和警告牌

10.1.1 铭牌

除了 IEC 60076-1 所规定的要求外，额定铭牌还应包括下列信息：

——标准编号；

——绝缘系统类型(均匀、混合、半混合、局部混合等)；

——按表 4 或表 5 的绝缘系统(EIS)耐热等级；

——额定顶层液体及绕组的平均温升；

——液体的类型、牌号及标准编号。

10.1.2 警告牌

如果油箱表面温度高于 60 ℃，应提供警告牌以引起注意，避免触及这类表面。当表面可触及时，宜参照有关标准以及特殊设计温度，在变压器上放置适当的警告标志。

10.2 变压器说明书

由于所用绝缘材料与纤维素材料和矿物油不同，故变压器说明书应重点突出介绍有关其气体生成和受潮过程的不同特点。对现场脱气和干燥处理宜作出说明。

11 试验

11.1 概述

电力变压器和电抗器的试验要求，按 IEC 60076 系列标准的规定；变流变压器的试验要求，按 IEC 61378-1 系列标准的规定。

11.2 例行试验、型式试验和特殊试验的要求

11.2.1 概述

要求将测量结果值校正到参考温度下。对于 IEC 60076-5 定义的Ⅱ类和Ⅲ类变压器，可能还需要采集溶解气体分析(DGA)数据，以作为一种诊断方法供参考用，这是由于其特性很可能与常规变压器不同。

11.2.2 例行试验

试验应按照 IEC 60076-1 的要求。

11.2.3 型式试验

试验应按照 IEC 60076-1 的要求。

11.2.4 特殊试验

试验应按照 IEC 60076-1 的要求。

11.3 温升试验

11.3.1 概述

绕组对液体温差大的紧凑型强迫油导向循环冷却方式变压器的热时间常数比常规变压器要小。因此，应尽可能缩短从试验电源切除到绕组电阻测量之间的时间间隔。

从试验电源切除到第一个读数测出时的时间间隔，理想地说宜小于 1 min。如果做不到这一点，则允许在切断试验电源的同时，还切除冷却风扇和油泵的电源，以降低冷却曲线的测量不确定性。

11.3.2 局部混合绝缘系统的温升试验结果估算

两个不同的热点温度需要用计算或试验来确定。图 6 中 P_1 为 B、C 之间绝缘系统的热点温度，P_2 为 E、C 之间绝缘系统的热点温度。绕组各部分的温度估算宜按照 IEC 60076-7 的规定。热点系数 H_1 和 H_2 需由制造方计算。

油箱内顶层与底部之间的液体温差为：

$$\Delta\theta_{\mathrm{LW}}=\theta_{\mathrm{o}}-\theta_{\mathrm{b}} \qquad \cdots\cdots(4)$$

式中：

θ_{o}——油箱内顶层液体温度；

θ_{b}——油箱内底部液体温度。

为了得到绕组两个不同部分分界处的冷却通道液体温度(图 6 中的点 C)，将液体温差分为两个部分：

$$\Delta\theta_{\mathrm{LW1}}=\frac{l_1}{l_1+l_2}\times\Delta\theta_{\mathrm{LW}} \qquad \cdots\cdots(5)$$

$$\Delta\theta_{\mathrm{LW2}}=\Delta\theta_{\mathrm{LW}}-\Delta\theta_{\mathrm{LW1}} \qquad \cdots\cdots(6)$$

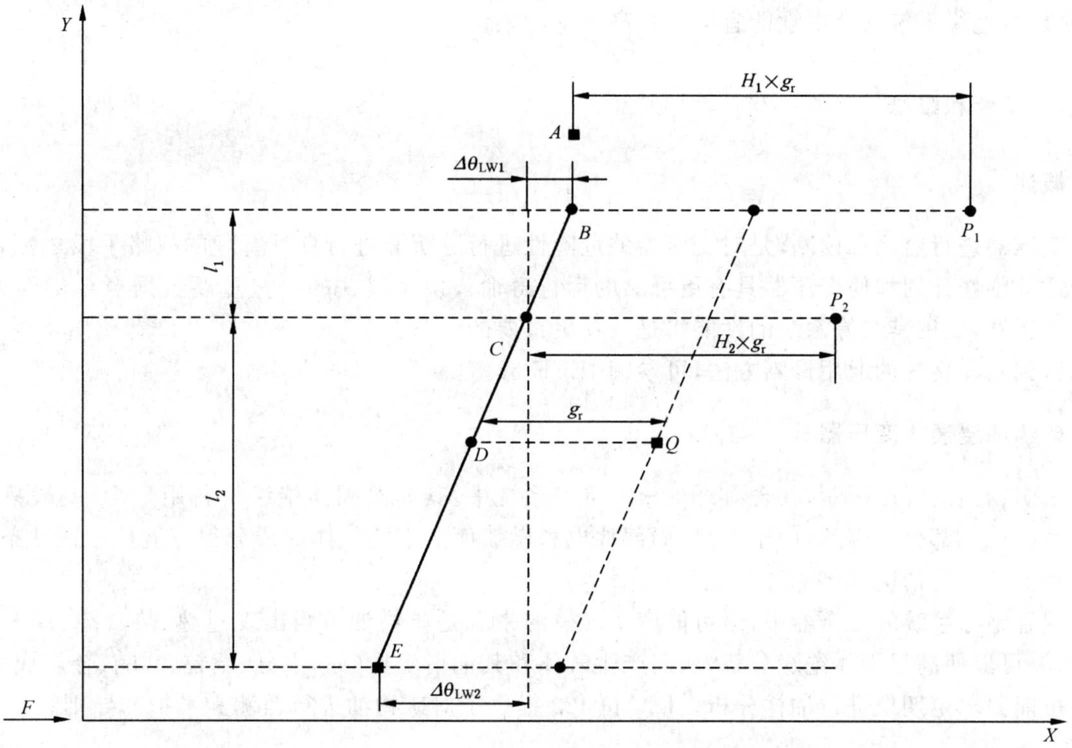

说明：

X 轴 ——温度；

Y 轴 ——沿变压器高度方向的轴向位置；

A ——油箱中液体出口处和油箱温度计座的液体温度的平均值；

B ——绕组顶部处的液体温度(假设与 A 相同)；

C ——在两种不同绝缘材料分界处的绕组内部的液体温度；

D ——油箱内平均液体温度；

g_r ——额定电流下绕组平均温度与平均液体温度的温差；

E ——流入绕组底部的液体温度；

F ——表示油箱的底部；

H_1 ——采用高温绝缘材料的绕组部分的热点系数；

H_2 ——采用常规绝缘材料的绕组部分的热点系数；

l_1 ——采用高温绝缘材料的绕组上部分的轴向长度；

l_2 ——采用常规绝缘材料的绕组下部分的轴向长度；

P_1 ——与高温绝缘材料接触处的热点温度；

P_2 ——与常规绝缘材料接触处的热点温度；

Q ——用电阻法测得的绕组平均温度；

$\Delta\theta_{LW1}$——绕组上部的液体轴向温升；

$\Delta\theta_{LW2}$——绕组下部的液体轴向温升；

■——测量点； ●——计算点。

图 6 局部混合绝缘系统中的绕组温度分布图

11.4 绝缘的型式试验

需要时,绝缘系统的介电性能宜适合在高温下考核。

12 监测、诊断和维修

12.1 概述

对变压器进行监测和诊断,是对变压器的危险性进行分析和进行良好管理的战略手段之一,由此宜提出合适的维修计划和使变压器具有更可靠的运行寿命。由于以往的一些重要数据至今仍不大适用,对高温变压器,监视其绝缘系统的性能将是一项更重要的任务。

欲得到一个良好的通用诊断方法,可参阅 IEEE 62。

12.2 矿物油浸渍式变压器

由于矿物油的温度限制,在含有纤维素的绝缘系统中,其高温固体绝缘材料用量少,一般只占绝缘材料总量的很小部分。因此,由于发热、局部放电和燃弧而产生的气体的成分很可能接近正常条件下运行的常规变压器的情况。

在混合绝缘系统的变压器中,最可能产生气体的来源是矿物油。当出现过热、热故障、局部放电或燃弧时,有可能使高温固体绝缘分解,从而产生气体和其他衍生物(如,水分、微粒、呋喃、金属成分等)。

也可能要求定期地进行油样分析。IEC 60422 提供了对矿物油进行监测和维护的导则。

12.3 高温绝缘液体浸渍式变压器

当具有高温均匀绝缘系统的变压器内部出现了过热、局部放电或电弧时,液体或固体绝缘可能发生分解,出现气体和其他衍生物(例如,水、微粒、呋喃、金属成分等)。

对 IEC 60076-5 定义的Ⅱ或Ⅲ类变压器,可能还要求采集 DGA(溶解气体分析)数据,以作为一种诊断工具供参考用。这是由于其特性很可能与常规变压器不同。IEC 60944 和 IEC 61203 分别提供了硅油变压器和酯油设备的检测、诊断和维修指导。

附 录 A
（资料性附录）
与本部分中规范性引用的国际文件有一致性对应关系的我国文件

与本部分中规范性引用的国际文件有一致性对应关系的我国文件如下：

GB/T 261—2008 闪点的测定 宾斯基-马丁闭口杯法(ISO 2719:2002,MOD)

GB 1094.1—1996 电力变压器 第1部分:总则(eqv IEC 60076-1:1993)

GB 1094.2—1996 电力变压器 第2部分:温升(eqv IEC 60076-2:1993)

GB 1094.3—2003 电力变压器 第3部分:绝缘水平、绝缘试验和外绝缘空气间隙(IEC 60076-3:2000,MOD)

GB 1094.5—2008 电力变压器 第5部分:承受短路的能力(IEC 60076-5:2006,MOD)

GB/T 1094.7—2008 电力变压器 第7部分:油浸式电力变压器负载导则(IEC 60076-7:2005,MOD)

GB 2536—1990 变压器油(neq IEC 60296:1982)

GB/T 3536—2008 石油产品闪点和燃点的测定 克利夫兰开口杯法(ISO 2592:2000,MOD)

GB/T 4074.4—2008 绕组线试验方法 第4部分:化学性能(IEC 60851-4:2005,IDT)

GB/T 11021—2007 电气绝缘 耐热性分级(IEC 60085:2004,IDT)

GB/T 11026.1—2003 电气绝缘材料 耐热性 第1部分:老化程序和试验结果的评定(IEC 60216-1:2001,IDT)

GB 18494.1—2001 变流变压器 第1部分:工业用变流变压器(idt IEC 61378-1:1997)

GB/T 21218—2007 电气用未使用过的硅绝缘液体(IEC 60836:2005,IDT)

GB/T 21221—2007 绝缘液体 以合成芳烃为基的未使用过的绝缘液体(IEC 60867:1993,MOD)

附 录 B
（资料性附录）
从表 4 和表 5 看变压器温度

表 4 和表 5 中所列的温度限值是根据固体和液体绝缘材料在给定的绝缘系统中的热性能给出的。本指导性技术文件规定了几个行业上不熟悉的新的绝缘系统。表 B.1 的目的是通过与采用常规绝缘系统的理论上平均水平的变压器进行比较，给出新绝缘系统的温升限值。表 B.1 从理论上说明了与每个绝缘系统相应的液体温升对应的可能的绕组梯度和热点温度系数。从结果上看，某些温升可能是不现实的。此外，为了简化，平均液体温升取顶层液体温升的 80%。

表 B.1 中将相对不熟悉的高温系统的关键温度与熟悉的常规系统进行了比较。此外，表 B.1 并不希望包含所有可能的常规设计，只是集中在几种容易区分的设计上。

表 B.1 理论上可能的变压器温升比较

液体类型	常规				酯	硅
绝缘系统类型	常规	局部混合	半混合	混合	均匀	均匀
绕组平均温升/K	65	65	75	95	100	115
绕组热点温升/K	78	110	90	130	135	160
顶层液体温升/K	60	60	60	60	80	100
估计的典型液体平均温升/K	50	50	50	50	65	80
估计的绕组温度梯度/K	15	15	25	45	35	35
估计的绕组热点温度梯度[a]/K	18	50	30	70	55	60

[a] 这些估计的温升值并不推荐为实用值，但却是用顶层液体温升推导出的绕组热点逻辑结果，说明了热点温升典型的大的裕度。

附　录　C
（资料性附录）
气泡生成温度的计算

C.1　概述

用户与设计人员宜考虑高温变压器内部会产生气泡的可能性。以往大量的关于过载条件的研究报告都是关于纤维素绝缘变压器的，但对于预定在高温下运行的变压器来说，生成气泡的原则大致相同。近10年来的研究表明，最大的一个决定性因素不是温度，而是固体绝缘内的含水量。本附录是以Oommen的研究为基础编制的，并被选作唯一的经验公式以描述这个现象。

曾经认为气泡生成条件是：要求总气体或蒸汽压力值必须超过施加于气泡上的外施压力。总气体或蒸汽压力值可由气泡的气体组分含量（由占多数的溶解氮气和某些生成气体）和由与发热导线接触的纸绝缘材料因受热而释放出的水蒸气来计算。

现在，专家们认同气泡是由空穴表面扩张而成形的。空穴含有初始的气体或蒸汽组分。当将此论点用于纸包导线时，就可假定细小的空穴存在于纸的表面处，且其内最初含有少量的水蒸气和溶解气体（主要是氮气）。在高温条件下，导线和纸过热且空穴膨胀，水蒸气开始注入空穴内。随着空穴变大，水蒸气越来越多。而在此有限的期间内，氮气含量很难出现变化。因此，气泡成形即表示水蒸气释放出，而不是油中氮气释放出。生成气体的作用甚至变得不太重要。

C.2　基本假定

决定气泡成形的基本公式按式(C.1)：

$$P_{\text{int}} = P_{\text{ext}} + \frac{2\times\sigma}{R} \qquad \text{(C.1)}$$

式中：

P_{int}——内压力；

P_{ext}——外压力；

σ　——表面张力；

R　——气泡半径。

图C.1是此结果的曲线图表示。上面一条曲线指脱气的油，下面的曲线指含气量饱和的油。注意在含水量低时，不论是脱气油还是气体饱和油，二者的气泡生成温度实际上几乎相同。当纸的含水量为2%（此值大致与一台老化的纤维素绝缘变压器相对应）时，气泡生成温度略高于140 ℃。而当含水量为0.5%时，气泡生成温度便高于200 ℃。

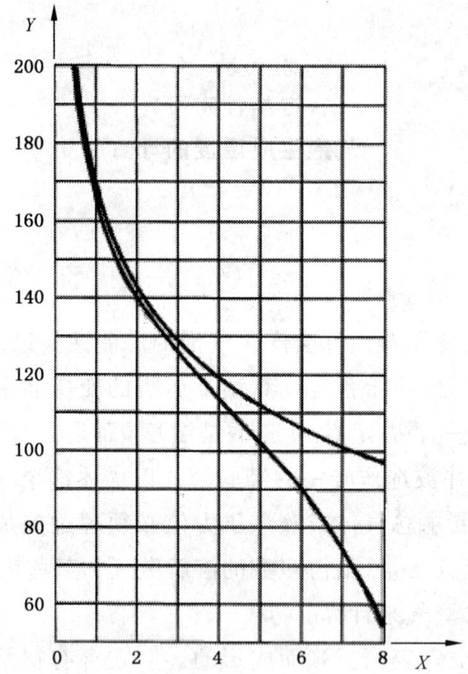

说明：

X 轴 ——纸的含水量百分数；

Y 轴 ——气泡生成的热点温度(℃)；

上曲线——不含气体的系统；

下曲线——含气量饱和的系统。

图 C.1 气泡生成的温度曲线图

C.3 气泡生成的数学公式

可以将热点温度看成是含水量、含气量和总外施压力(等于大气压力与油位差之和)三者的函数。气泡生成温度可用式(C.2)估算：

$$\theta=\left[\frac{6\ 996.7}{22.454+1.449\ 5\times\ln(W_{\mathrm{WP}})-(2.015+\ln(P_{\mathrm{pres}}))}\right]-\mathrm{e}^{(0.473\times W_{\mathrm{WP}})\times\left(\frac{V_{\mathrm{g}}^{1.585}}{30}\right)}-273 \qquad \text{(C.2)}$$

式中：

θ ——气泡生成温度(℃)；

W_{WP}——纸中含水量，按无油的干纸质量百分数(%)；

P_{pres}——总压力(kP_a)；

V_{g} ——液体中气体含量的体积分数(V/V)。

C.3.1 概述

C.3.1.1 纸中含水量确定

现在已有几种方法来确定变压器内纸绝缘的含水量。其中两种间接法是：时域或频域中的介电响应分析法和水分平衡曲线分析法。

C.3.1.2 介电响应分析法

本法要求变压器在无励磁时施加一个直流电压，将其结果与含水量已知的系统进行比较，便可估算出变压器中的含水量。也可测其他参量，例如介质损耗因数和电容的频率函数曲线。

C.3.1.3 水分平衡曲线

在达到恒定负载的稳态条件下，便可得到纸和油中水分平衡的条件。在每个温度下，会确立新的一组值。利用这样一组平衡曲线，可根据容易测定的油中含水量来估算纸的含水量。

图 C.2 示出了由 Oommen 给出的油—纸绝缘系统的平衡曲线图，它是从纸和油在不同湿度和温度以及其组合下的饱和含水量的试验数据得到的。

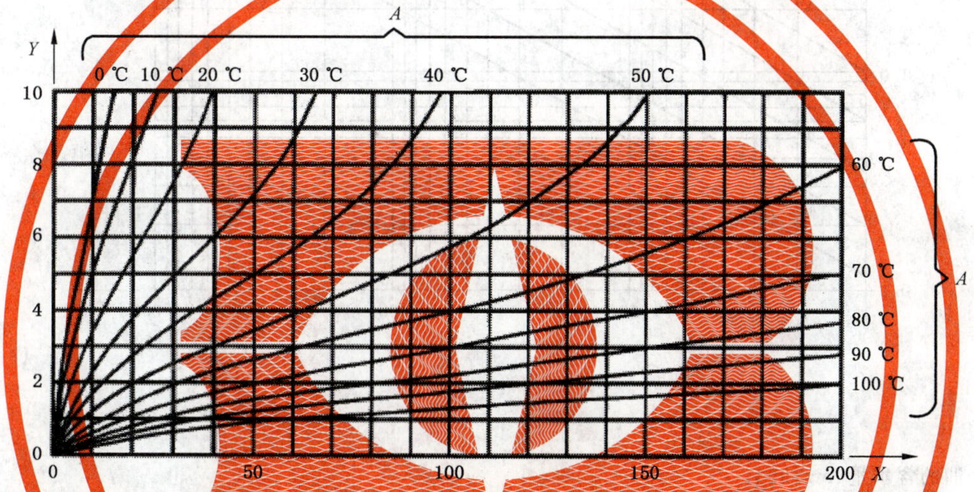

说明：

X 轴——油的含水量(mg/kg)；

Y 轴——纸的含水量(%)；

A ——平均油温。

图 C.2 纤维素和矿物油中的水平衡曲线图

在变压器生产制造中对其器身进行干燥时，其目的是使固体纤维素绝缘中的水分含量一般小于 0.5%。但是，固体绝缘的含水量会随运行时间增加而增加，这是由于纤维素基绝缘在老化过程中会产生水。水分会使油的绝缘强度降低，且当含水量大于 30 mg/kg 时，油会很快地受到损害。

在使用水分平衡曲线图时，对变压器来说，实际上最关心的区域，显然是左下角处一块相当小的矩形区域。有时，也采用对数坐标以改善此关心范围内的可读性。图 C.3 是这些曲线的示例。

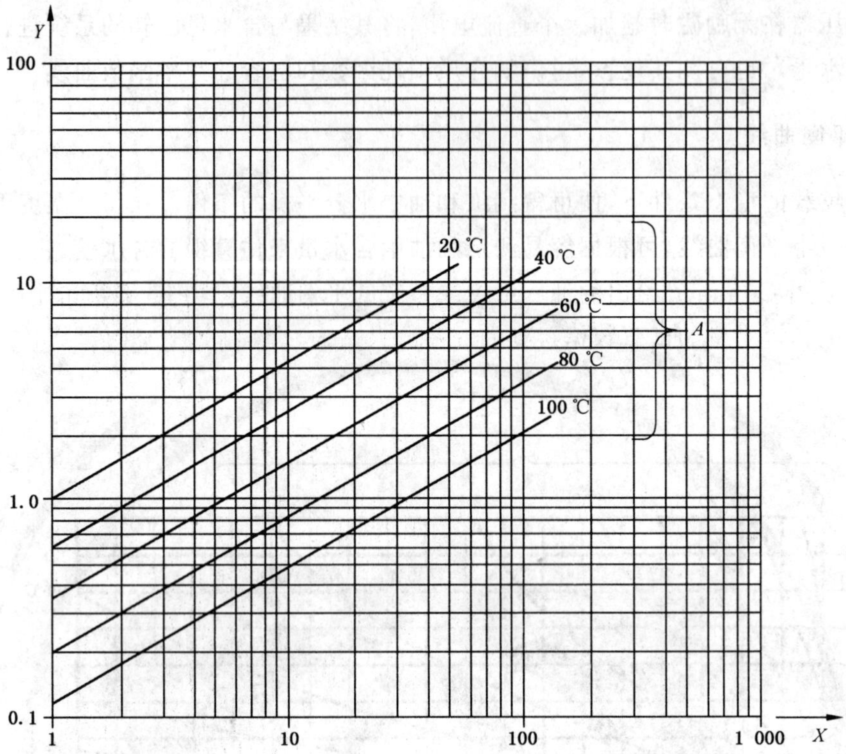

说明：

X 轴——油的含水量(mg/kg)；

Y 轴——纸的含水量(%)；

A ——平均油温。

图 C.3 纤维素和矿物油中的水分平衡对数坐标曲线图

C.3.2 纤维素基绝缘变压器的计算举例

设纸绝缘中的含水量为 1.2%。为了计算大型电力变压器从线圈产生出的气泡生成温度，设气泡出现位置距顶层液面 2.5 m 深度处，故必须将液体高度引起的压力与液面上气体空间压力相加以得到计算用的总压力。假定采用如下的各参数值：

纸的含水量 W_{WP}：1.2 %；

外界压力：100 kPa；

液体压力(2.5 m)：21.6 kPa；

总压力 P_{pres}：121.6 kPa；

含气量 V_g：4.0 %。

按式(C.2)计算，气泡生成温度为 166 ℃。当含气量为 8%时，气泡生成温度只下降 1 ℃。但是，若含水量达 4%时，则气泡生成温度降至 121 ℃。当含水量为 0.5 %且含气量仍为 8%时，则气泡生成温度大约是 204℃。图 C.4 表示含气量为 4%时的同一例子的曲线图。由此看出，含水量是确定气泡生成温度的一个最关键的参数。

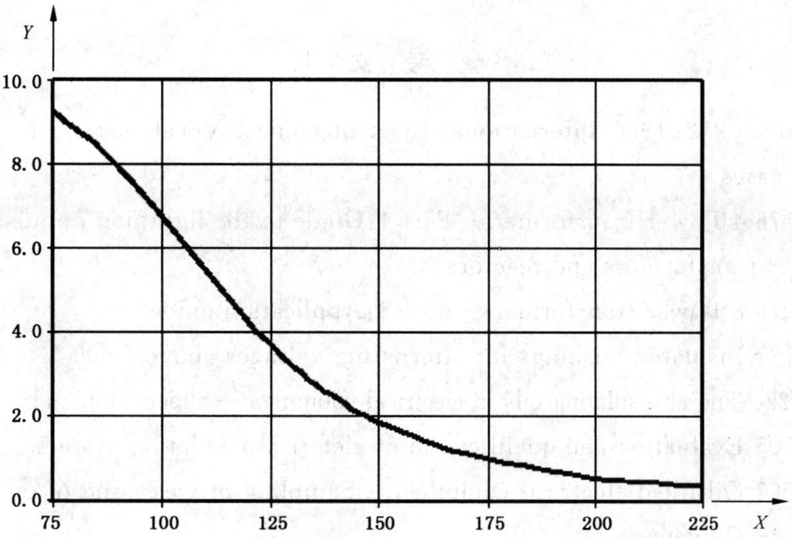

说明：

X 轴——温度(℃)；

Y 轴——纸的含水量(%)。

图 C.4　由计算例子所列各参数值得出的纸的含水量与气泡生成温度之间的关系曲线

参 考 文 献

[1] IEC 60050-212:1990 International Electrotechnical Vocabulary—Chapter 212:Insulating solids,liquids and gases

[2] IEC 60076-4 Power transformers—Part 4:Guide to the lightning impulse and switching impulse testing-Power transformers and reactors

[3] IEC 60076-8 Power transformers—Part 8:Application guide

[4] IEC 60137 Insulated bushings for alternating voltages above 1 000 V

[5] IEC 60422 Mineral insulating oils in electrical equipment—Supervision and maintenance guidance

[6] IEC 60505 Evaluation and qualification of electrical insulation systems

[7] IEC 60567 Oil-filled electrical equipment—Sampling of gases and of oil for analysis of free and dissolved gases—Guidance

[8] IEC 60599 Mineral oil-impregnated electrical equipment in service—Guide for the interpretation of dissolved and free gases analysis

[9] IEC 60944 Guide for the maintenance of silicone transformer liquids

[10] IEC 60970 Insulating liquids—Methods for counting and sizing particles

[11] IEC 61039 Classification of insulating liquids

[12] IEC 61203 Synthetic organic esters for electrical purposes—Guide for maintenance of transformer esters in equipment

[13] IEC 61378-2 Convertor transformers—Part 2:Transformers for HVDC applications

[14] IEC 61378-3 Convertor transformers—Part 3:Application guide

[15] IEC/TS 62332-1 Electrical insulation systems (EIS)—Thermal evaluation of combined liquid and solid components—Part 1:General requirements

[16] IEEE 62 IEEE Guide for diagnostic field testing of electric power apparatus—Part 1:Oil filled power transformers,regulators and reactors

[17] IEEE 1276-1997 Guide for the application of high-temperature insulation materials in iquidimmersed power transformers

[18] IEEE C57.147 Guide for the acceptance and maintenance of natural ester fluids in transformers

[19] ASTM D6871 Standard specification for natural (vegetable oil) ester fluids used in electrical apparatus

[20] CIGRE TF D1.01.10:October 2007 Ageing of cellulose in mineral oil insulated transformers,Brochure CIGRE N°323

[21] EPRI Report EL-6761:March 1990 Bubble generation during transformer overload

[22] Norwegian standard NEK 240-1:2001 Insulating oils,requirements,supervision and maintenance—Part 1:transformers,switchgear and associated oil-filled equipment

[23] L. E. Lundgaard,W. Hansen,S. Ingebrigtsen,D. Linhjell,M. Dahlund,Ageing of Kraft paper by acid catalized hydrolysis,IEEE Dielectric liquids,ICDL 2005,26 June-1 July,pp 381-384

[24] J. Jalbert,R. Gilbert,P. Tetreault,B. Morin,D. Lessard-Deziel,Identification of a chemical indicator of the rupture of 1,4-®-glycosidic bonds of cellulose in an oil-impregnated insulating paper

system, Cellulose DOI 10.2007/s 10570-007-9124-1, June 2007

[25] L. Lundgaard, O. Lillevik, K. B. Liland (SINTEF), Verification of paper condition in aged transformers, CIGRE colloquium A2/D1.01-Bruges, October 2007

[26] T. V. Oommen, Moisture equilibrium in paper-oil insulation systems, Proc. Electrical Insulation Conference, Chicago, October 3-6, 1983

[27] ANSI/IEEE C57.100 Standard Test Procedure for Thermal Evaluation of Liquid-Immersed Distribution and Power Transformers

[28] ASTM D-982 Standard Test Method for Organic Nitrogen in Paper and Paperboard

ICS 25.080.01
J 21

中华人民共和国国家标准

GB/T 1156—2011
代替 GB/T 1156—1979

旋套式注油油杯

Sleeve type drip-feed lubricating cups

2011-05-12 发布　　2011-10-01 实施

中华人民共和国国家质量监督检验检疫总局
中国国家标准化管理委员会　发布

前　言

本标准按照 GB/T 1.1—2009《标准化工作导则　第 1 部分:标准的结构和编写》给出的规则起草。

本标准代替 GB/T 1156—1979《旋套式注油油杯基本型式与尺寸》,与 GB/T 1156—1979 相比主要技术变化如下:

——将标准名称改为"旋套式注油油杯";

——对标准结构内容进行了调整;

——增加了旋套式注油油杯的标记方法;

——修改了材料要求和表面处理要求。

本标准由中国机械工业联合会提出并归口。

本标准由中机生产力促进中心负责起草。

本标准主要起草人:李维荣、冯峰、丁嘉怡。

本标准所代替标准的历次版本发布情况为:

——GB/T 1156—1979。

旋套式注油油杯

1 范围

本标准规定了旋套式注油油杯的型式与尺寸、标记、技术要求、标志与包装。

本标准适用于与螺纹规格为 M8×1、M10×1、M12×1.5、M16×1.5 油口连接使用的旋套式注油油杯。

2 规范性引用文件

下列文件对于本文件的应用是必不可少的。凡是注日期的引用文件，仅注日期的版本适用于本文件。凡是不注日期的引用文件，其最新版本（包括所有的修改单）适用于本文件。

GB/T 197 普通螺纹 公差

GB/T 6403.3 滚花

3 型式与尺寸

旋套式注油油杯的型式与尺寸应符合图 1 和表 1 的规定。

说明：

1——杯体；

2——旋套。

[a] 按 GB/T 6403.3。

图 1 旋套式注油油杯的型式

表 1　旋套式注油油杯的尺寸

单位为毫米

d	H	D	l	d_1	d_2	d_3[a]
M8×1	20	12	6	5	3	10
M10×1	25	14	8	6	4	12
M12×1.5	30	16	10	8	6	14
M16×1.5	40	20	15	12	10	18
[a] 配合为 H9/h9。						

4　标记

4.1　标记方法

旋套式注油油杯的标记内容如下：

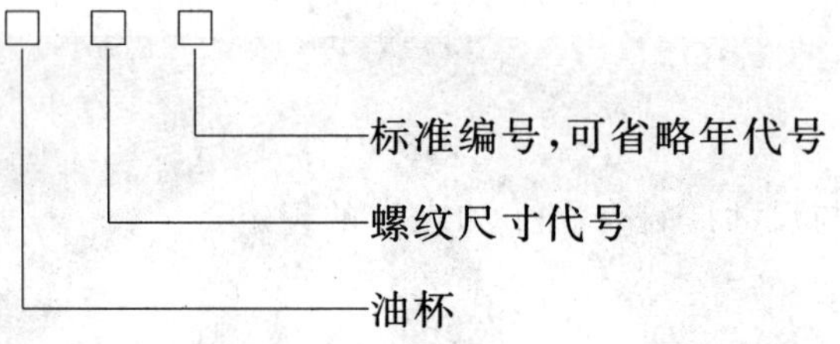

4.2　标记示例

螺纹规格为 M8×1 的旋套式注油油杯：

油杯　M8×1　GB/T 1156

5　技术要求

5.1　旋套式注油油杯零件材料应按油杯的用途和工作条件选择，可选择碳素结构钢、有色金属或塑料。

5.2　旋套式注油油杯零件不允许有裂纹、气孔、砂眼，表面不应有影响使用性能的毛刺、凹痕等缺陷。

5.3　螺纹公差按 GB/T 197 中 6g 级的规定，螺纹表面应光洁，不应有毛刺、裂纹、碰伤等影响使用的缺陷。

5.4　钢制旋套式注油油杯零件表面一般应进行氧化处理或电镀。油杯零件表面有涂镀层时，应保证杯体与旋套之间的配合，螺纹应能通过 6h 级通端螺纹量规的检验。

5.5　应保证注油可靠，并不得有漏油的现象。

6　标志与包装

6.1　旋套式注油油杯在包装前应清洗干净，无金属镀层的零件表面应涂上防锈剂，正常运输和保管条件下，自出厂之日起，应保证 6 个月不锈蚀。

6.2　旋套式注油油杯应放置在内衬浸油纸的包装箱(盒、袋)中，包装箱(盒、袋)应能防止油杯发生锈蚀和运输时受到的损伤。

6.3　包装箱中应附有产品质量合格证。

6.4 包装箱(盒、袋)外表面应清晰标明：

a) 产品名称或标记；

b) 制造厂名称、商标；

c) 产品数量；

d) 出厂日期；

e) 每箱质量。

ICS 71.040.30
G 62

中华人民共和国国家标准

GB/T 1267—2011
代替 GB/T 1267—1999

化学试剂 二水合磷酸二氢钠(磷酸二氢钠)

Chemical reagent—
Sodium dihydrogen phosphate dihydrate

2011-12-30 发布   2012-06-01 实施

中华人民共和国国家质量监督检验检疫总局
中国国家标准化管理委员会 发布

前言

本标准按照GB/T 1.1—2009给出的规则起草。

本标准代替GB/T 1267—1999《化学试剂　磷酸二氢钠》，与GB/T 1267—1999相比主要变化如下：

——标准名称“磷酸二氢钠”改为“二水合磷酸二氢钠(磷酸二氢钠)”；

——澄清度试验的规格由“合格”调整为“3号”、“5号”(见第4章，1999年版的第4章)；

——修改了重金属的测定方法(见5.14，1999年版的5.12)。

本标准由中国石油和化学工业联合会提出。

本标准由全国化学标准化技术委员会化学试剂分会(SAC/TC 63/SC 3)归口。

本标准负责起草单位：北京益利精细化学品有限公司。

本标准主要起草人：赵玉峰。

本标准所代替标准的历次版本发布情况为：

——GB/T 1267—1977、GB/T 1267—1986、GB/T 1267—1999。

化学试剂
二水合磷酸二氢钠(磷酸二氢钠)

分子式:$NaH_2PO_4 \cdot 2H_2O$

相对分子质量:156.01(根据2007年国际相对原子质量)

1 范围

本标准规定了化学试剂中二水合磷酸二氢钠的性状、规格、试验、检验规则和包装及标志。

本标准适用于化学试剂中二水合磷酸二氢钠的检验。

2 规范性引用文件

下列文件对于本文件的应用是必不可少的。凡是注日期的引用文件,仅注日期的版本适用于本文件。凡是不注日期的引用文件,其最新版本(包括所有的修改单)适用于本文件。

GB/T 601 化学试剂 标准滴定溶液的制备

GB/T 602 化学试剂 杂质测定用标准溶液的制备

GB/T 603 化学试剂 试验方法中所用制剂及制品的制备

GB/T 610—2008 化学试剂 砷测定通用方法

GB/T 6682 分析实验室用水规格和试验方法

GB/T 9723—2007 化学试剂 火焰原子吸收光谱法通则

GB/T 9724 化学试剂 pH值测定通则

GB/T 9728 化学试剂 硫酸盐测定通用方法

GB/T 9729 化学试剂 氯化物测定通用方法

GB/T 9732 化学试剂 铵测定通用方法

GB/T 9735—2008 化学试剂 重金属测定通用方法

GB/T 9738 化学试剂 水不溶物测定通用方法

GB/T 9739 化学试剂 铁测定通用方法

GB 15346 化学试剂 包装及标志

HG/T 3484 化学试剂 标准玻璃乳浊液和澄清度标准

HG/T 3921 化学试剂 采样及验收规则

3 性状

本试剂为无色结晶,溶于水。

4 规格

二水合磷酸二氢钠的规格见表1。

表1 二水合磷酸二氢钠的规格

名称	分析纯	化学纯
含量($NaH_2PO_4 \cdot 2H_2O$),w/%	≥99.0	≥98.0
pH值(50 g/L,25 ℃)	4.2～4.6	4.2～4.6
澄清度试验,号	≤3	≤5
水不溶物,w/%	≤0.01	≤0.02
氯化物(Cl),w/%	≤0.005	≤0.01
硫酸盐(SO_4),w/%	≤0.005	≤0.01
硝酸盐(NO_3),w/%	≤0.001	≤0.002
铵(NH_4),w/%	≤0.002	—
砷(As),w/%	≤0.000 2	≤0.000 5
钾(K),w/%	≤0.02	≤0.1
铁(Fe),w/%	≤0.001	≤0.005
重金属(以Pb计),w/%	≤0.001	≤0.005
氨沉淀物,w/%	≤0.01	≤0.02

5 试验

5.1 安全提示

本试验方法中使用的部分试剂具有毒性和腐蚀性,一些试验过程可能导致危险情况,操作者应采取适当的安全和健康措施。

5.2 一般规定

本章中除另有规定外,所用标准滴定溶液、标准溶液、制剂及制品,均按GB/T 601、GB/T 602、GB/T 603的规定制备,实验用水应符合GB/T 6682中三级水规格,样品均按精确至0.01 g称量,所用溶液以"%"表示的均为质量分数。

5.3 含量

称取5 g样品,精确至0.000 1 g,溶于100 mL无二氧化碳的水中,用校准过的酸度计(精度pH为0.02),以玻璃电极为指示电极,饱和甘汞电极为参比电极,用氢氧化钠标准滴定溶液[$c(NaOH)=1$ mol/L]滴定至pH值9.1为终点。

二水合磷酸二氢钠的质量分数w,按式(1)计算:

$$w=\frac{V \times c \times M}{m \times 1\,000} \times 100\% \qquad (1)$$

式中:

V——氢氧化钠标准滴定溶液体积的数值,单位为毫升(mL);

c——氢氧化钠标准滴定溶液浓度的准确数值,单位为摩尔每升(mol/L);

M——二水合磷酸二氢钠摩尔质量的数值,单位为克每摩尔(g/mol)[$M(NaH_2PO_4 \cdot 2H_2O)=156.0$];

m——样品质量的数值，单位为克(g)。

5.4 pH 值

按 GB/T 9724 的规定测定。

5.5 澄清度试验

称取 20 g 样品，溶于 100 mL 水中，其浊度不得大于 HG/T 3484 中规定的下列澄清度标准(保留此试验溶液 A 用于水不溶物的测定)。

分析纯：3 号；化学纯：5 号。

5.6 水不溶物

将试验溶液 A(5.5)，在水浴上保温 1 h 后，按 GB/T 9738 的规定测定。

5.7 氯化物

称取 0.5 g 样品，溶于 20 mL 水中，加 2 mL 硝酸溶液(25%)酸化后，按 GB/T 9729 的规定测定。溶液所呈浊度不得大于标准比浊溶液。

标准比浊溶液的制备是取含下列数量的氯化物(Cl)标准溶液，与样品同时同样处理。

分析纯：0.025 mg；化学纯：0.050 mg。

5.8 硫酸盐

称取 1 g 样品，溶于水，稀释至 100 mL。取 20 mL，加 0.5 mL 盐酸溶液(20%)酸化后，按 GB/T 9728 的规定测定。溶液所呈浊度不得大于标准比浊溶液。

标准比浊溶液的制备是取含下列数量的硫酸盐(SO_4)标准溶液，稀释至 20 mL，与同体积样品溶液同时同样处理。

分析纯：0.01 mg；化学纯：0.02 mg。

5.9 硝酸盐

称取 1 g 样品，溶于 10 mL 水中，加 1 mL 氯化钠溶液(100 g/L)及 1 mL 靛蓝二磺酸钠溶液[$c(C_{16}H_8N_2Na_2O_8S_2)=0.001$ mol/L]，在摇动下于 10 s～15 s 内加 10 mL 硫酸，放置 10 min。溶液所呈蓝色不得浅于标准比色溶液。

标准比色溶液的制备是取含下列数量的硝酸盐(NO_3)标准溶液，与样品同时同样处理。

分析纯：0.01 mg；化学纯：0.02 mg。

5.10 铵

称取 1 g 样品，溶于水，稀释至 75 mL 后，按 GB/T 9732 的规定测定。溶液所呈黄色不得深于标准比色溶液。

标准比色溶液的制备是取含 0.02 mg 的铵(NH_4)标准溶液，与样品同时同样处理。

5.11 砷

称取 1 g 样品，溶于 30 mL 水中后，按 GB/T 610—2008 中 4.2 的规定测定。吸收液所呈紫红色不得深于标准比色溶液。

标准比色溶液的制备是取含下列数量的砷(As)标准溶液，与样品同时同样处理。

分析纯：0.002 mg；化学纯：0.005 mg。

5.12 钾

按 GB/T 9723—2007 的规定测定。

5.12.1 仪器条件

光源:钾空心阴极灯。

波长:766.5 nm。

火焰:乙炔-空气。

5.12.2 测定方法

称取 1 g 样品,溶于水,加 5 mL 盐酸溶液(20%),稀释至 100 mL。取 10 mL(化学纯取 2 mL),共四份。按 GB/T 9723—2007 中 7.2.2 的规定测定,结果按 7.2.3 的规定计算。

5.13 铁

称取 0.5 g 样品,溶于 15 mL 水中,用盐酸溶液(15%)调节溶液 pH 值至 2 后,按 GB/T 9739 的规定测定。溶液所呈红色不得深于标准比色溶液。

标准比色溶液的制备是取含下列数量的铁(Fe)标准溶液,与样品同时同样处理。

分析纯:0.005 mg;化学纯:0.025 mg。

5.14 重金属

称取 2 g 样品,溶于水,稀释至 20 mL,取 15 mL 后,按 GB/T 9735—2008 中 5.2 的规定测定。溶液所呈暗色不得深于标准比色溶液。

标准比色溶液的制备是取剩余的 5 mL 样品溶液及含下列数量的铅(Pb)标准溶液,稀释至 15 mL,与同体积样品溶液同时同样处理。

分析纯:0.01 mg;化学纯:0.05 mg。

5.15 氨沉淀物

称取 10 g 样品,溶于 100 mL 水中(必要时过滤)。加 20 mL 氨水,摇匀,静置 12 h~18 h,过滤,用热硝酸铵溶液(20 g/L)洗涤滤渣至洗液无钠离子反应,烘干,炭化,于 800 ℃±50 ℃灼烧至恒量。

氨沉淀物的质量分数 w,按式(2)计算:

$$w=\frac{m_2-m_1}{m}\times 100\% \qquad \cdots\cdots(2)$$

式中:

m_2——残渣和空坩埚质量的数值,单位为克(g);

m_1——空坩埚质量的数值,单位为克(g);

m ——样品质量的数值,单位为克(g)。

6 检验规则

按 HG/T 3921 的规定进行采样及验收。

7 包装及标志

按 GB 15346 的规定进行包装、贮存及运输,并给出标志,其中:

包装单位:第 4 类。

内包装形式:NB-4、NBY-4、NB-5、NBY-5、NB-7、NB-8、NB-10、NB-11、NB-13、NB-15。

隔离材料:GC-2、GC-3、GC-4。

外包装形式:WB-1、WB-2、WB-3。

ICS 71.040.30
G 62

中华人民共和国国家标准

GB/T 1271—2011
代替 GB/T 1271—1994

化学试剂 二水合氟化钾(氟化钾)

Chemical reagent—Potassium fluoride dihydrate

2011-05-12 发布　　　　2011-12-01 实施

中华人民共和国国家质量监督检验检疫总局
中国国家标准化管理委员会　发布

前　言

本标准代替GB/T 1271—1994《化学试剂　二水合氟化钾(氟化钾)》,与GB/T 1271—1994相比主要变化如下:

——澄清度试验的规格由“合格”调整为“3号”、“5号”(1994年版的3.2,本版的第4章);

——增加了游离酸、游离碱的计算公式(1994年版的4.2.2、4.2.3,本版的5.4、5.5);

——重金属的测定增加了硫化钠-丙三醇比色法并调整了化学纯的取样量(1994年版的4.2.8,本版的5.10);

——修改了包装及标志(1992年版的第6章,本版的第7章)。

本标准的附录A为规范性附录。

本标准由中国石油和化学工业联合会提出。

本标准由全国化学标准化技术委员会化学试剂分会(SAC/TC 63/SC 3)归口。

本标准起草单位:上海三爱思试剂有限公司。

本标准主要起草人:谢吉、柯德宏。

本标准所代替标准的历次版本发布情况为:

——GB/T 1271—1959、GB/T 1271—1977、GB/T 1271—1994。

化学试剂
二水合氟化钾(氟化钾)

警告:本标准中规定的一些试验过程可能导致危险情况,使用者有责任采取适当的安全和健康措施。

分子式:$KF \cdot 2H_2O$

相对分子质量:94.13(根据2007年国际相对原子质量)

1 范围

本标准规定了化学试剂中二水合氟化钾的性状、规格、试验、检验规则和包装及标志。

本标准适用于化学试剂中二水合氟化钾的检验。

2 规范性引用文件

下列文件中的条款通过本标准的引用而成为本标准的条款。凡是注日期的引用文件,其随后所有的修改单(不包括勘误的内容)或修订版均不适用于本标准,然而,鼓励根据本标准达成协议的各方研究是否可使用这些文件的最新版本。凡是不注日期的引用文件,其最新版本适用于本标准。

GB/T 601 化学试剂 标准滴定溶液的制备

GB/T 602 化学试剂 杂质测定用标准溶液的制备(GB/T 602—2002,ISO 6353-1:1982,NEQ)

GB/T 603 化学试剂 试验方法中所用制剂及制品的制备(GB/T 603—2002,ISO 6353-1:1982,NEQ)

GB/T 6682 分析实验室用水规格和试验方法(GB/T 6682—2008,ISO 3696:1987,MOD)

GB/T 9728 化学试剂 硫酸盐测定通用方法(GB/T 9728—2007,ISO 6353-1:1982,NEQ)

GB/T 9735 化学试剂 重金属测定通用方法(GB/T 9735—2008,ISO 6353-1:1982,NEQ)

GB/T 9739 化学试剂 铁测定通用方法(GB/T 9739—2006,ISO 6353-1:1982, NEQ)

GB/T 9742 化学试剂 硅酸盐测定通用方法(GB/T 9742—2008,ISO 6353-1:1982,NEQ)

GB 15258 化学品安全标签编写规定

GB 15346 化学试剂 包装及标志

HG/T 3484 化学试剂 标准玻璃乳浊液和澄清度标准

HG/T 3921 化学试剂 采样及验收规则

3 性状

本试剂为无色结晶,有毒,具有潮解性,极易溶于水而不溶于醇,其水溶液腐蚀玻璃。

4 规格

二水合氟化钾的规格见表1。

表1

名称	分析纯	化学纯
含量($KF \cdot 2H_2O$),w/%	≥99.0	≥98.0
澄清度试验/号	≤3	≤5
游离酸(以HF计),w/%	≤0.05	≤0.1

表 1（续）

名　　称	分 析 纯	化 学 纯
游离碱（以 KOH 计），w/%	≤0.05	≤0.1
氯化物（Cl），w/%	≤0.002	≤0.005
硫酸盐（SO_4），w/%	≤0.01	≤0.02
氟硅酸盐（以 SiF_6 计），w/%	≤0.05	≤0.1
铁（Fe），w/%	≤0.000 5	≤0.001
重金属（以 Pb 计），w/%	≤0.001	≤0.005

5 试验

5.1 一般规定

本章中除另有规定外，所用标准滴定溶液、标准溶液、制剂及制品，均按 GB/T 601、GB/T 602、GB/T 603 的规定制备，实验用水应符合 GB/T 6682 中三级水规格，样品均按精确至 0.01 g 称量，所用溶液以“%”表示的均为质量分数。

5.2 含量

称取 1 g 样品，精确至 0.000 1 g，置于塑料杯中，溶于 50 mL 水中，注入强酸性阳离子交换树脂柱（处理及再生方法见附录 A），以 5 mL/min 的流量进行交换，交换液收集于塑料杯中，用水洗涤交换树脂柱，洗至滴下溶液呈中性。收集交换液及洗涤液，加 2 滴酚酞指示液（10 g/L），用氢氧化钠标准滴定溶液[c(NaOH)＝0.5 mol/L]滴定至溶液呈粉红色。同时作空白试验。

二水合氟化钾的质量分数 w_1，数值以“%”表示，按式(1)计算：

$$w_1=\frac{(V_1-V_2)\times c\times M}{m\times 1\,000}\times 100 \qquad\cdots\cdots(1)$$

式中：

V_1——氢氧化钠标准滴定溶液体积的数值，单位为毫升（mL）；

V_2——空白试验消耗氢氧化钠标准滴定溶液体积的数值，单位为毫升（mL）；

c——氢氧化钠标准滴定溶液浓度的准确数值，单位为摩尔每升（mol/L）；

M——二水合氟化钾摩尔质量的数值，单位为克每摩尔（g/mol）[$M(KF\cdot 2H_2O)=94.13$]；

m——样品质量的数值，单位为克（g）。

5.3 澄清度试验

称取 10 g 样品，置于塑料杯中，溶于 100 mL 水中，其浊度不得大于 HG/T 3484 规定的下列澄清度标准：

分析纯……………………………………3 号；

化学纯……………………………………5 号。

5.4 游离酸

称取 2 g 样品，置于塑料杯中，加 20 mL 无二氧化碳的水溶解，加 10 mL 饱和硝酸钾溶液，冷却至 0 ℃，加 3 滴酚酞指示液（10 g/L），用氢氧化钠标准滴定溶液[c(NaOH)＝0.1 mol/L]滴定至溶液呈粉红色，并保持 15 s（溶液温度不应超过 4 ℃）。

游离酸的质量分数 w_2，数值以“%”表示，按式(2)计算：

$$w_2=\frac{V\times c\times M}{m\times 1\,000}\times 100 \qquad\cdots\cdots(2)$$

式中：

V——氢氧化钠标准滴定溶液体积的数值，单位为毫升(mL)；

c——氢氧化钠标准滴定溶液浓度的准确数值，单位为摩尔每升(mol/L)；

M——氢氟酸摩尔质量的数值，单位为克每摩尔(g/mol)[M(HF)=20.01]；

m——样品质量的数值，单位为克(g)。

5.5 游离碱

在测定游离酸时，加入酚酞指示液(10 g/L)后，如溶液呈粉红色，则用盐酸标准滴定溶液[c(HCl)=0.1 mol/L]滴定至粉红色消失。

游离碱的质量分数 w_3，数值以"%"表示，按式(3)计算：

$$w_3 = \frac{V \times c \times M}{m \times 1\ 000} \times 100 \qquad \cdots\cdots (3)$$

式中：

V——盐酸标准滴定溶液体积的数值，单位为毫升(mL)；

c——盐酸标准滴定溶液浓度的准确数值，单位为摩尔每升(mol/L)；

M——氢氧化钾摩尔质量的数值，单位为克每摩尔(g/mol)[M(KOH)=56.11]；

m——样品质量的数值，单位为克(g)。

5.6 氯化物

称取 1 g 样品，置于塑料杯中，加 10 mL 硼酸溶液(40 g/L)溶解，稀释至 25 mL。加 4 mL 硝酸溶液(25%)及 1 mL 硝酸银溶液(17 g/L)，摇匀，放置 10 min。溶液所呈浊度不得大于标准比浊溶液。

标准比浊溶液的制备是取含下列数量的氯化物标准溶液：

分析纯……………………………………………0.02 mg Cl；

化学纯……………………………………………0.05 mg Cl。

与样品同时同样处理。

5.7 硫酸盐

称取 0.5 g 样品，置于铂皿中，加 5 mL 水及 10 mL 盐酸，于水浴上蒸干，再重复操作两次。残渣溶于适量水中（必要时过滤），稀释至 50 mL。取 20 mL，加 0.5 mL 盐酸溶液（20%）酸化后，按 GB/T 9728 的规定测定。溶液所呈浊度不得大于标准比浊溶液。

标准比浊溶液的制备是取 12 mL 盐酸蒸干后，加含下列数量的硫酸盐标准溶液：

分析纯……………………………………………0.02 mg SO_4；

化学纯……………………………………………0.04 mg SO_4。

稀释至 20 mL，与同体积试液同时同样处理。

5.8 氟硅酸盐

称取 0.5 g 样品，置于塑料杯中，加 20 mL 硼酸溶液(40 g/L)溶解，稀释至 25 mL。取 5 mL，加 2 滴饱和 2,4-二硝基酚指示液，滴加硫酸溶液(5%)至溶液黄色刚刚消失。稀释至 10 mL 后，按 GB/T 9742 的规定测定。溶液所呈蓝色不得深于标准比色溶液。

标准比色溶液的制备是取 1 mL 试液及含下列数量的硅酸盐标准溶液：

分析纯……………………………………………0.02 mg SiO_3；

化学纯……………………………………………0.04 mg SiO_3。

稀释至 5 mL，与同体积试液同时同样处理。

5.9 铁

称取 0.5 g 样品，置于塑料杯中，加 5 mL 硼酸溶液(40 g/L)溶解，稀释至 15 mL。用盐酸溶液(15%)调节溶液的 pH 值至 2 后，按 GB/T 9739 的规定测定。溶液所呈红色不得深于标准比色溶液。

标准比色溶液的制备是取含下列数量的铁标准溶液：

分析纯……………………………………………………0.002 5 mg Fe；

化学纯……………………………………………………0.005 0 mg Fe。

稀释至 15 mL，与同体积试液同时同样处理。

5.10 重金属

称取 2 g 样品，置于铂皿中，加 6 mL 盐酸溶液(20%)，于水浴上蒸干，再重复操作两次。残渣溶于少量水，用氨水溶液(10%)将溶液 pH 值调至 4，稀释至 20 mL。取 15 mL(化学纯取 10 mL)，按 GB/T 9735 的规定测定。溶液所呈暗色不得深于标准比色溶液。

标准比色溶液的制备是取剩余 5 mL 试液及含下列数量的铅标准溶液：

分析纯……………………………………………………0.010 mg Pb；

化学纯……………………………………………………0.025 mg Pb。

稀释至 15 mL，与同体积试液同时同样处理。

6 检验规则

按 HG/T 3921 的规定进行采样及验收。

7 包装及标志

按 GB 15346 的规定进行包装、贮存与运输，并给出标志，其中：

包装单位：第 4 类；

内包装形式：NB-7、NB-8、NB-10、NB-11、NB-13、NB-15；

隔离材料：GC-2、GC-3、GC-4；

外包装形式：WB-1、WB-2、WB-3；

标签：符合 GB 15258 的规定，注明“有毒品”。

附 录 A
（规范性附录）
强酸性阳离子交换树脂的处理及再生方法

A.1 仪器

A.1.1 交换柱材料：聚乙烯管。

A.1.2 交换柱内径：10 mm～20 mm。

A.1.3 树脂床高度：约 400 mm(膨胀后树脂体积占交换柱高度的 2/3)。

A.1.4 树脂颗粒度：0.2 mm～0.8 mm。

A.2 处理方法

取适量的强酸性阳离子交换树脂于烧杯中(干树脂，应先用饱和的氯化钠溶液浸泡，再逐步稀释氯化钠溶液，以免树脂膨胀而破碎)，用水漂洗至澄清后，加水浸泡 12 h～24 h，使其充分膨胀。排去水后，加入"乙醇(95%)"浸泡 24 h。用水洗至无醇味后，加入盐酸溶液(1+3)浸泡 2 h～3 h，用水洗至中性，加入氢氧化钠溶液(100 g/L)，浸泡 2 h～3 h，用水洗至中性，再用盐酸溶液(1+3)漂洗，并浸泡 24 h，经常搅拌。用盐酸溶液(1+3)漂洗 3 次。

将经上述处理的树脂装入交换柱中，用 400 mL 盐酸溶液(1+3)以 10 mL/min 的流量洗涤树脂，再用水洗至洗液呈中性。用水浸泡，备用。

A.3 再生方法

将失效的强酸性阳离子交换树脂移入烧杯中，用盐酸溶液(1+3)漂洗 3 次，并浸泡 24 h，经常搅拌，将盐酸溶液排尽，再用盐酸溶液(1+3)漂洗 3 次。

将经上述处理的树脂装入交换柱，用 400 mL 盐酸溶液(1+3)以 10 mL/min 的流量洗涤树脂，再用水洗至洗液呈中性。用水浸泡，备用。

ICS 71.040.30
G 62

中华人民共和国国家标准

GB/T 1274—2011
代替 GB/T 1274—1993

化学试剂　磷酸二氢钾

**Chemical reagent—
Potassium dihydrogen phosphate**

(ISO 6353-3:1987, Reagents for chemical analysis—
Part 3: Specifications—Second series, NEQ)

2011-05-12 发布　　　　2011-12-01 实施

中华人民共和国国家质量监督检验检疫总局
中国国家标准化管理委员会　发布

前　言

本标准与 ISO 6353-3:1987《化学分析试剂　第3部分:规格　第2系列》中 R79“磷酸二氢钾”的一致性程度为非等效。

本标准代替 GB/T 1274—1993《化学试剂　磷酸二氢钾》,与 GB/T 1274—1993 相比主要变化如下:

——澄清度试验的规格由“合格”调整为“2号”、“4号”(1993年版的3.3,本版的第4章);

——项目名称“干燥失重”改为“干燥失量”(1993年版的3.3、4.3.3,本版的4、5.7);

——硫酸盐、铁两项改用化学试剂通用方法测定(1993年版的4.3.5、4.3.9,本版的5.9、5.13);

——重金属的测定增加了硫化钠-丙三醇比色法(1993年版的4.3.10,本版的5.14);

——修改了包装及标志(1993年版的第6章,本版的第7章)。

本标准由中国石油和化学工业联合会提出。

本标准由全国化学标准化技术委员会化学试剂分会(SAC/TC 63/SC 3)归口。

本标准起草单位:北京益利精细化学品有限公司。

本标准主要起草人:赵玉峰、毕永苹。

本标准所代替标准的历次版本发布情况为:

——GB/T 1274—1959、GB/T 1274—1977、GB/T 1274—1993。

化学试剂　磷酸二氢钾

分子式：KH_2PO_4

相对分子质量：136.09（根据 2007 年国际相对原子质量）

1　范围

本标准规定了化学试剂中磷酸二氢钾的性状、规格、试验、检验规则和包装及标志。

本标准适用于化学试剂中磷酸二氢钾的检验。

2　规范性引用文件

下列文件中的条款通过本标准的引用而成为本标准的条款，凡是注日期的引用文件，其随后所有的修改单（不包括勘误的内容）或修订版均不适用于本标准，然而，鼓励根据本标准达成协议的各方研究是否可使用这些文件的最新版本。凡是不注日期的引用文件，其最新版本适用于本标准。

GB/T 601　化学试剂　标准滴定溶液的制备

GB/T 602　化学试剂　杂质测定用标准溶液的制备（GB/T 602—2002，ISO 6353-1：1982，NEQ）

GB/T 603　化学试剂　试验方法中所用制剂及制品的制备（GB/T 603—2002，ISO 6353-1：1982，NEQ）

GB/T 609　化学试剂　总氮量测定通用方法（GB/T 609—2006，ISO 6353-1：1982，NEQ）

GB/T 610—2008　化学试剂　砷测定通用方法（ISO 6353-1：1982，NEQ）

GB/T 6682　分析实验室用水规格和试验方法（GB/T 6682—2008，ISO 3696：1987，MOD）

GB/T 9723—2007　化学试剂　火焰原子吸收光谱法通则

GB/T 9724　化学试剂　pH 值测定通则（GB/T 9724—2007，ISO 6353-1：1982，NEQ）

GB/T 9728　化学试剂　硫酸盐测定通用方法（GB/T 9728—2007，ISO 6353-1：1982，NEQ）

GB/T 9729　化学试剂　氯化物测定通用方法（GB/T 9729—2007，ISO 6353-1：1982，NEQ）

GB/T 9735　化学试剂　重金属测定通用方法（GB/T 9735—2008，ISO 6353-1：1982，NEQ）

GB/T 9738　化学试剂　水不溶物测定通用方法（GB/T 9738—2008，ISO 6353-1：1982，NEQ）

GB/T 9739　化学试剂　铁测定通用方法（GB/T 9739—2006，ISO 6353-1：1982，NEQ）

GB 15346　化学试剂　包装及标志

HG/T 3484　化学试剂　标准玻璃乳浊液和澄清度标准

HG/T 3921　化学试剂　采样及验收规则

3　性状

本试剂为无色结晶，溶于水，不溶于醇。

4　规格

磷酸二氢钾的规格见表 1。

表 1

名　称	分　析　纯	化　学　纯
含量（KH_2PO_4），w/%	≥99.5	≥99.0
pH 值（50 g/L，25 ℃）	4.2～4.5	4.2～4.5

表 1（续）

名　称	分析纯	化学纯
澄清度试验/号	≤2	≤4
水不溶物，w/%	≤0.002	≤0.005
干燥失量，w/%	≤0.2	≤0.3
氯化物(Cl)，w/%	≤0.001	≤0.005
硫酸盐(SO_4)，w/%	≤0.003	≤0.005
总氮量(N)，w/%	≤0.001	≤0.002
砷(As)，w/%	≤0.000 5	≤0.002
钠(Na)，w/%	≤0.02	≤0.05
铁(Fe)，w/%	≤0.001	≤0.005
重金属(以 Pb 计)，w/%	≤0.001	≤0.005

5　试验

5.1　警告

本试验方法中使用的部分试剂具有毒性和腐蚀性，一些试验过程可能导致危险情况，操作者应采取适当的安全和健康措施。

5.2　一般规定

本章中除另有规定外，所用标准滴定溶液、标准溶液、制剂及制品，均按 GB/T 601、GB/T 602、GB/T 603 的规定制备，实验用水应符合 GB/T 6682 中三级水规格，样品均按精确至 0.01 g 称量，所用溶液以“%”表示的均为质量分数。

5.3　含量

称取 5 g 于 105 ℃±2 ℃干燥至恒量的样品，精确至 0.000 1 g，溶于 100 mL 无二氧化碳的水中，用校正过的酸度计(精度为 0.02 pH 单位)，以玻璃电极为指示电极，饱和甘汞电极为参比电极，用氢氧化钠标准滴定溶液[c(NaOH)=1 mol/L]滴定至 pH 值 9.1 为终点。

磷酸二氢钾的质量分数 w，数值以“%”表示，按式(1)计算：

$$w=\frac{V\times c\times M}{m\times 1\ 000}\times 100 \qquad (1)$$

式中：

V——氢氧化钠标准滴定溶液体积的数值，单位为毫升(mL)；

c——氢氧化钠标准滴定溶液浓度的准确数值，单位为摩尔每升(mol/L)；

M——磷酸二氢钾摩尔质量的数值，单位为克每摩尔(g/mol)[$M(KH_2PO_4)$=136.1]；

m——样品质量的数值，单位为克(g)。

5.4　pH 值

按 GB/T 9724 的规定测定。

5.5　澄清度试验

称取 10 g 样品，溶于 100 mL 水中，其浊度不得大于 HG/T 3484 规定的下列澄清度标准：

分析纯……………………………………………2 号；

化学纯……………………………………………4 号。

5.6　水不溶物

称取 40 g 样品，溶于 200 mL 沸水中，冷却至室温后，按 GB/T 9738 的规定测定。

5.7 干燥失量

称取 5 g 样品，精确至 0.000 1 g，置于已在 105 ℃±2 ℃恒量的称量瓶中，于 105 ℃±2 ℃的电烘箱中干燥至恒量。保留恒量后的样品，用于含量的测定。

干燥失量的质量分数 w_1，数值以"%"表示，按式(2)计算：

$$w_1=\frac{m_1-m_2}{m_1}\times 100 \quad \cdots\cdots\cdots\cdots(2)$$

式中：

m_1——干燥前样品质量的数值，单位为克(g)；

m_2——干燥恒量后样品质量的数值，单位为克(g)。

5.8 氯化物

称取 1 g 样品，溶于水，稀释至 20 mL 后，按 GB/T 9729 的规定测定。溶液所呈浊度不得大于标准比浊溶液。

标准比浊溶液的制备是取含下列数量的氯化物标准溶液：

分析纯…………………………0.01 mg Cl；

化学纯…………………………0.05 mg Cl。

与样品同时同样处理。

5.9 硫酸盐

称取 1 g 样品，溶于 20 mL 水中，加 0.5 mL 盐酸溶液(20%)酸化后，按 GB/T 9728 的规定测定。溶液所呈浊度不得大于标准比浊溶液。

标准比浊溶液的制备是取含下列数量的硫酸盐标准溶液：

分析纯…………………………0.03 mg SO_4；

化学纯…………………………0.05 mg SO_4。

与样品同时同样处理。

5.10 总氮量

称取 2 g 样品，溶于水，稀释至 140 mL 后，按 GB/T 609 的规定测定。溶液所呈黄色不得深于标准比色溶液。

标准比色溶液的制备是取含下列数量的氮标准溶液：

分析纯…………………………0.02 mg N；

化学纯…………………………0.04 mg N。

与样品同时同样处理。

5.11 砷

称取 0.5 g 样品，溶于 40 mL 水后，按 GB/T 610—2008 中 4.2 的规定测定。吸收液所呈紫红色不得深于标准比色溶液。

标准比色溶液的制备是取含下列数量的砷标准溶液：

分析纯…………………………0.002 5 mg As；

化学纯…………………………0.010 0 mg As。

与样品同时同样处理。

5.12 钠

按 GB/T 9723—2007 的规定测定。

5.12.1 仪器条件

光源：钠空心阴极灯；

波长：589.0 nm；

火焰：乙炔-空气。

5.12.2 **测定方法**

称取 1 g 样品，溶于水，稀释至 100 mL。取 5 mL，共 4 份。按 GB/T 9723—2007 中 7.2.2 的规定测定，结果按 7.2.3 的规定计算。

5.13 **铁**

称取 1 g 样品，溶于 15 mL 水中，用盐酸溶液(15%)调节溶液的 pH 值至 2 后，按 GB/T 9739 的规定测定。溶液所呈红色不得深于标准比色溶液。

标准比色溶液的制备是取含下列数量的铁标准溶液：

分析纯……………………………0.01 mg Fe；

化学纯……………………………0.05 mg Fe。

与样品同时同样处理。

5.14 **重金属**

称取 2 g 样品，溶于水，稀释至 20 mL。取 15 mL，按 GB/T 9735 的规定测定。溶液所呈暗色不得深于标准比色溶液。

标准比色溶液的制备是取剩余的 5 mL 样品溶液及含下列数量的铅标准溶液：

分析纯…………………………………………0.01 mg Pb；

化学纯…………………………………………0.05 mg Pb。

稀释至 15 mL 水后，与同体积样品溶液同时同样处理。

6 检验规则

按 HG/T 3921 的规定进行采样及验收。

7 包装及标志

按 GB 15346 的规定进行包装、贮存及运输，并给出标志，其中：

包装单位：第 4 类；

内包装形式：NB-4、NBY-4、NB-5、NBY-5、NB-7、NB-8、NB-10、NB-11、NB-13、NB-15；

隔离材料：GC-2、GC-3、GC-4；

外包装形式：WB-1、WB-2、WB-3。

ICS 71.040.30
G 62

中华人民共和国国家标准

GB/T 1281—2011
代替 GB/T 1281—1993

化学试剂 溴

Chemical reagent—Bromine

(ISO 6353-3:1987, Reagents for chemical analysis—
Part 3: Specifications—Second series, NEQ)

2011-05-12 发布 2011-12-01 实施

中华人民共和国国家质量监督检验检疫总局
中国国家标准化管理委员会 发布

前　言

本标准与 ISO 6353-3:1987《化学分析试剂　第 3 部分:规格　第 2 系列》中 R51“溴”的一致性程度为非等效。

本标准代替 GB/T 1281—1993《化学试剂　溴》,与 GB/T 1281—1993 相比主要变化如下:

——调整了硫酸盐测定的取样量(1993 年版的 4.2.5,本版的 5.7);

——重金属的测定增加了硫化钠-丙三醇比色法(1993 年版的 4.2.7,本版的 5.9);

——修改了包装及标志(1993 年版的第 6 章,本版的第 7 章)。

本标准由中国石油和化学工业联合会提出。

本标准由全国化学标准化技术委员会化学试剂分会(SAC/TC 63/SC 3)归口。

本标准起草单位:沈阳化学试剂厂。

本标准主要起草人:杨玉华、鞠天宝、黄玉娟。

本标准所代替标准的历次版本发布情况为:

——GB/T 1281—1965、GB/T 1281—1977、GB/T 1281—1993。

化学试剂 溴

警告:本标准规定的一些试验过程可能导致危险情况,使用者有责任采取适当的安全和健康措施。

分子式:Br_2

相对分子质量:159.81(根据2007年国际相对原子质量)

1 范围

本标准规定了化学试剂中溴的性状、规格、试验、检验规则和包装及标志。

本标准适用于化学试剂中溴的检验。

2 规范性引用文件

下列文件中的条款通过本标准的引用而成为本标准的条款。凡是注日期的引用文件,其随后所有的修改单(不包括勘误的内容)或修订版均不适用于本标准,然而,鼓励根据本标准达成协议的各方研究是否可使用这些文件的最新版本。凡是不注日期的引用文件,其最新版本适用于本标准。

GB/T 601 化学试剂 标准滴定溶液的制备

GB/T 602 化学试剂 杂质测定用标准溶液的制备(GB/T 602—2002,ISO 6353-1:1982,NEQ)

GB/T 603 化学试剂 试验方法中所用制剂及制品的制备(GB/T 603—2002,ISO 6353-1:1982,NEQ)

GB/T 6682 分析实验室用水规格和试验方法(GB/T 6682—2008,ISO 3696:1987,MOD)

GB/T 9728 化学试剂 硫酸盐测定通用方法(GB/T 9728—2007,ISO 6353-1:1982,NEQ)

GB/T 9735 化学试剂 重金属测定通用方法(GB/T 9735—2008,ISO 6353-1:1982,NEQ)

GB/T 9739 化学试剂 铁测定通用方法(GB/T 9739—2006,ISO 6353-1:1982,NEQ)

GB/T 9740 化学试剂 蒸发残渣测定通用方法(GB/T 9740—2008,ISO 6353-1:1982,NEQ)

GB 15258 化学品安全标签编写规定

GB 15346 化学试剂 包装及标志

HG/T 3921 化学试剂 采样及验收规则

3 性状

本试剂为深红色挥发性有毒重质液体,具强烈的刺激性气味。密度(20 ℃)约为3.1 g/mL。

4 规格

溴的规格见表1。

表1

名称	优级纯	分析纯	化学纯
含量(Br_2),w/%	≥99.5	≥99.5	≥99.0
蒸发残渣,w/%	≤0.005	≤0.005	≤0.01
氯(Cl),w/%	≤0.01	≤0.02	≤0.05
碘(I),w/%	≤0.001	≤0.001	≤0.005

表 1（续）

名　　称	优级纯	分析纯	化学纯
有机溴化合物	合格	合格	合格
硫酸盐(SO_4)，w/%	≤0.001	≤0.005	≤0.01
铁(Fe)，w/%	≤0.000 05	≤0.000 2	—
重金属(以 Pb 计)，w/%	≤0.000 05	≤0.000 2	—

5 试验

5.1 一般规定

本章中除另有规定外，所用标准滴定溶液、标准溶液、制剂及制品，均按 GB/T 601、GB/T 602、GB/T 603的规定制备，实验用水应符合 GB/T 6682 中三级水规格，样品均按精确至 0.1 mL 量取，所用溶液以“%”表示的均为质量分数。

5.2 含量

于 100 mL 具塞轻体锥形瓶中，加 10 mL 水及 3 g 碘化钾，称量，加 0.1 mL(0.3 g)样品，立即塞紧瓶塞，放置 30 min，再称量，两次称量均须精确至 0.000 1 g。加 15 mL 水，用硫代硫酸钠标准滴定溶液[$c(Na_2S_2O_3)=0.1$ mol/L]滴定，近终点时，加 3 mL 淀粉指示液(10 g/L)，继续滴定至溶液蓝色消失。

溴的质量分数 w，数值以“%”表示，按式(1)计算：

$$w=\frac{V\times c\times M}{m\times 1\ 000}\times 100 \qquad \cdots\cdots(1)$$

式中：

V——硫代硫酸钠标准滴定溶液体积的数值，单位为毫升(mL)；

c——硫代硫酸钠标准滴定溶液浓度的准确数值，单位为摩尔每升(mol/L)；

M——溴摩尔质量的数值，单位为克每摩尔(g/mol)[$M(\frac{1}{2}Br_2)=79.90$]；

m——样品质量的数值，单位为克(g)。

5.3 蒸发残渣

量取 6.4 mL(20 g)样品，按 GB/T 9740 的规定测定。

5.4 氯

量取 1 mL(3.1 g)样品，注入锥形瓶中，加 25 mL 水、0.2 mL 溴化钾溶液(100 g/L)，振摇 1 min，加 10 mL 硝酸，在水浴上加热至溶液无色，用少量水冲洗瓶壁，继续加热 10 min，冷却，稀释至 100 mL。取 5 mL，稀释至 25 mL，加 1 mL 硝酸银溶液(17 g/L)，摇匀，放置 10 min。溶液所呈浊度不得大于标准比浊溶液。

标准比浊溶液的制备是取含下列数量的氯化物标准溶液：

优级纯 ………………………………………… 0.015 mg Cl；
分析纯 ………………………………………… 0.031 mg Cl；
化学纯 ………………………………………… 0.077 mg Cl。

加 1 mL 硝酸溶液(25%)，稀释至 25 mL，与同体积试液同时同样处理。

5.5 碘

量取 3.4 mL(10.5 g)样品，加 50 mL 水、1 mL 氯化钾溶液(100 g/L)，加热煮沸至溶液无色，随时补充水保持原体积，继续煮沸 2 min，冷却，加 5 mL 碘化钾溶液(100 g/L)、5 mL 硫酸溶液(20%)，摇匀。溶液所呈黄色不得深于标准比色溶液。

标准比色溶液的制备是取 0.16 mL(0.5 g)样品及含下列数量的碘标准溶液：

优级纯、分析纯……………………………………… 0.1 mg I；

化学纯 ………………………………………………… 0.5 mg I。

与样品同时同样处理。

5.6 有机溴化合物

量取 1 mL(3.1 g)样品,注入具塞锥形瓶中,加 30 mL 氢氧化钠溶液(80 g/L),摇匀,放置 1 h,溶液不得出现油滴。

5.7 硫酸盐

5.7.1 试验溶液的制备

量取 12.8 mL(40 g)样品,置于含有 80 mL 水、2 mL 无水碳酸钠溶液(10 g/L)的蒸发皿中,在水浴上蒸干,加 2 mL 盐酸溶液(20%),再蒸干。残渣用 0.2 mL 盐酸溶液(20%)及 2 mL 水微热溶解,稀释至 40 mL。

5.7.2 测定方法

量取 1 mL(化学纯取 0.5 mL)试验溶液,稀释至 20 mL,加 0.5 mL 盐酸溶液(20%)酸化后,按 GB/T 9728的规定测定。溶液所呈浊度不得大于标准比浊溶液。

标准比浊溶液的制备是取含下列数量的硫酸盐标准溶液:

优级纯 ………………………………………………… 0.01 mg SO_4;

分析纯、化学纯 ………………………………………… 0.05 mg SO_4。

稀释至 20 mL,与同体积试液同时同样处理。

5.8 铁

量取 10 mL 试验溶液(5.7.1),稀释至 15 mL,用盐酸溶液(15%)调节溶液的 pH 值至 2 后,按 GB/T 9739的规定测定。溶液所呈红色不得深于标准比色溶液。

标准比色溶液的制备是取含下列数量的铁标准溶液:

优级纯 ………………………………………………… 0.005 mg Fe;

分析纯 ………………………………………………… 0.020 mg Fe。

稀释至 15 mL,与同体积试液同时同样处理。

5.9 重金属

量取 20 mL 试验溶液(5.7.1),用氨水溶液(10%)调节溶液的 pH 值至 4 后,按 GB/T 9735 的规定测定。溶液所呈暗色不得深于标准比色溶液。

标准比色溶液的制备是取含下列数量的铅标准溶液:

优级纯 ………………………………………………… 0.01 mg Pb;

分析纯 ………………………………………………… 0.04 mg Pb。

稀释至 20 mL,与 pH 值调至 4 后的试液同时同样处理。

6 检验规则

按 HG/T 3921 的规定进行采样及验收。

7 包装及标志

按 GB 15346 的规定进行包装、贮存与运输,并给出标志,其中:

包装单位:第 4、5 类;

内包装形式:NBY-19 烫石膏蜡封口;

隔离材料:GC-3、GC-4、GC-5;

外包装形式:WB-1;

标签:符合 GB 15258 的规定,注明"腐蚀品"及"毒害品"。

ICS 71.040.30
G 63

中华人民共和国国家标准

GB/T 1288—2011
代替 GB/T 1288—1992

化学试剂 四水合酒石酸钾钠(酒石酸钾钠)

Chemical reagent—Potassium sodium tartrate tetrahydrate

(ISO 6353-2:1983,Reagents for chemical analysis—Part 2:Specifications—First series,NEQ)

2011-05-12 发布　　2011-12-01 实施

中华人民共和国国家质量监督检验检疫总局
中国国家标准化管理委员会　发布

前　言

本标准与 ISO 6353-2:1983《化学分析试剂　第 2 部分:规格　第 1 系列》中 R27“四水合酒石酸钾钠”的一致性程度为非等效。

本标准代替 GB/T 1288—1992《化学试剂　四水合酒石酸钾钠(酒石酸钾钠)》,与 GB/T 1288—1992 相比主要变化如下:

——澄清度试验的规格由“合格”调整为“2 号”、“3 号”、“5 号”(1992 年版的 3.3,本版的第 4 章);

——调整了总氮量测定中化学纯的取样量(1992 年版的 4.3.5,本版的 5.9);

——铜、铅两项增加了火焰原子吸收光谱测定方法(1992 年版的 4.3.10、4.3.11,本版的 5.14.2、5.15.2);

——修改了包装及标志(1992 年版的第 6 章,本版的第 7 章);

——修改了附录 A 的内容(1992 年版的附录 A,本版的附录 A)。

本标准的附录 A 为规范性附录。

本标准由中国石油和化学工业联合会提出。

本标准由全国化学标准化技术委员会化学试剂分会(SAC/TC 63/SC 3)归口。

本标准起草单位:国药集团化学试剂有限公司。

本标准主要起草人:陈浩云、黄艺刚。

本标准所代替标准的历次版本发布情况为:

——GB/T 1288—1965、GB/T 1288—1985、GB/T 1288—1992。

化学试剂
四水合酒石酸钾钠(酒石酸钾钠)

分子式:$C_4H_4O_6KNa \cdot 4H_2O$

结构式:

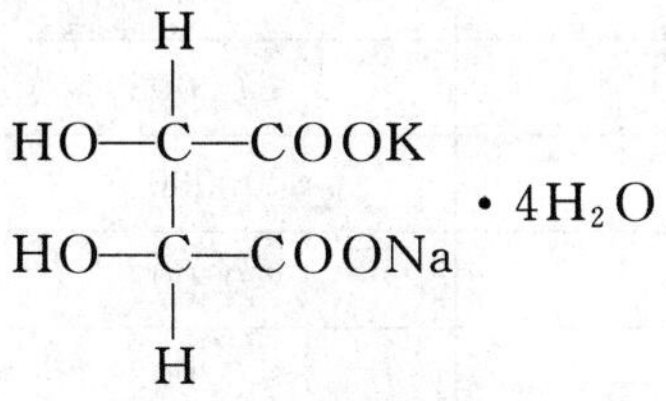

相对分子质量:282.22(根据2007年国际相对原子质量)

1 范围

本标准规定了化学试剂中四水合酒石酸钾钠的性状、规格、试验、检验规则和包装及标志。

本标准适用于化学试剂中四水合酒石酸钾钠的检验。

2 规范性引用文件

下列文件中的条款通过本标准的引用而成为本标准的条款。凡是注日期的引用文件,其随后所有的修改单(不包括勘误的内容)或修订版均不适用于本标准,然而,鼓励根据本标准达成协议的各方研究是否可使用这些文件的最新版本。凡是不注日期的引用文件,其最新版本适用于本标准。

GB/T 601 化学试剂 标准滴定溶液的制备

GB/T 602 化学试剂 杂质测定用标准溶液的制备(GB/T 602—2002,ISO 6353-1:1982,NEQ)

GB/T 603 化学试剂 试验方法中所用制剂及制品的制备(GB/T 603—2002,ISO 6353-1:1982,NEQ)

GB/T 609 化学试剂 总氮量测定通用方法(GB/T 609—2006,ISO 6353-1:1982,NEQ)

GB/T 3914—2008 化学试剂 阳极溶出伏安法通则

GB/T 6682 分析实验室用水规格和试验方法(GB/T 6682—2008,ISO 3696:1987,MOD)

GB/T 9723—2007 化学试剂 火焰原子吸收光谱法通则

GB/T 9724 化学试剂 pH值测定通则(GB/T 9724—2007,ISO 6353-1:1982,NEQ)

GB/T 9727 化学试剂 磷酸盐测定通用方法(GB/T 9727—2007,ISO 6353-1:1982,NEQ)

GB/T 9728 化学试剂 硫酸盐测定通用方法(GB/T 9728—2007,ISO 6353-1:1982,NEQ)

GB/T 9738 化学试剂 水不溶物测定通用方法(GB/T 9738—2008,ISO 6353-1:1982,NEQ)

GB/T 9742 化学试剂 硅酸盐测定通用方法(GB/T 9742—2007,ISO 6353-1:1982,NEQ)

GB 15346 化学试剂 包装及标志

HG/T 3484 化学试剂 标准玻璃乳浊液和澄清度标准

HG/T 3921 化学试剂 采样及验收规则

3 性状

本试剂为无色结晶或白色粉末,易溶于水,不溶于醇。

4 规格

四水合酒石酸钾钠的规格见表1。

表1

名 称	优级纯	分析纯	化学纯
含量($C_4H_4O_6KNa \cdot 4H_2O$),w/%	≥99.5	≥99.0	≥98.5
pH值(50 g/L,25 ℃)	6.5～8.5	6.5～8.5	6.5～8.5
澄清度试验/号	≤2	≤3	≤5
水不溶物,w/%	≤0.003	≤0.005	≤0.01
氯化物(Cl),w/%	≤0.000 5	≤0.001	≤0.005
硫酸盐(SO_4),w/%	≤0.003	≤0.005	≤0.03
总氮量(N),w/%	≤0.002	≤0.005	≤0.01
磷酸盐(以PO_4计),w/%	≤0.001	≤0.001	—
硅酸盐(以SiO_3计),w/%	≤0.002	≤0.005	—
钙(Ca),w/%	≤0.001	≤0.002	≤0.005
铁(Fe),w/%	≤0.000 5	≤0.000 5	≤0.002
铜(Cu),w/%	≤0.000 5	≤0.000 5	≤0.001
铅(Pb),w/%	≤0.000 5	≤0.000 5	≤0.001
还原性物质	合格	—	—

5 试验

5.1 警告

本试验方法中使用的部分试剂具有毒性或腐蚀性,一些试验过程可能导致危险情况,操作者应采取适当的安全和健康措施。

5.2 一般规定

本章中除另有规定外,所用标准滴定溶液、标准溶液、制剂及制品,均按GB/T 601、GB/T 602、GB/T 603的规定制备,实验用水应符合GB/T 6682中三级水规格,样品均按精确至0.01 g称量,所用溶液以"%"表示的均为质量分数。

5.3 含量

称取0.5 g样品,精确至0.000 1 g,溶于25 mL水中,注入强酸性阳离子交换树脂柱(处理及再生方法见附录A),以3 mL/min～4 mL/min的流量进行交换,交换液收集于锥形瓶中,用水洗涤交换树脂柱,洗至滴下溶液呈中性,收集交换液及洗涤液,加2滴酚酞指示液(10 g/L),用氢氧化钠标准滴定溶液[c(NaOH)=0.1 mol/L]滴定至溶液呈粉红色。同时做空白试验。

四水合酒石酸钾钠的质量分数w,数值以"%"表示,按式(1)计算:

$$w=\frac{(V_1-V_2)\times c\times M}{m\times 1\,000}\times 100 \qquad \cdots\cdots(1)$$

式中:

V_1——氢氧化钠标准滴定溶液体积的数值,单位为毫升(mL);

V_2——空白试验消耗氢氧化钠标准滴定溶液体积的数值,单位为毫升(mL);

c——氢氧化钠标准滴定溶液浓度的准确数值,单位为摩尔每升(mol/L);

M——四水合酒石酸钾钠摩尔质量的数值，单位为克每摩尔(g/mol)[$M(\frac{1}{2}C_4H_4O_6KNa \cdot 4H_2O)$ =141.1]；

m——样品质量的数值，单位为克(g)。

5.4 pH 值

按 GB/T 9724 的规定测定。

5.5 澄清度试验

称取 15 g 样品，溶于 100 mL 水中，其浊度不得大于 HG/T 3484 规定的下列澄清度标准：

优级纯……………………………………2 号；
分析纯……………………………………3 号；
化学纯……………………………………5 号。

5.6 水不溶物

称取 30 g 样品，溶于 200 mL 沸水中，冷却至室温后，按 GB/T 9738 的规定测定。

5.7 氯化物

称取 1 g 样品，溶于 20 mL 水后，加 2 mL 硝酸溶液(25%)及 1 mL 硝酸银溶液(17 g/L)，稀释至 25 mL，摇匀，于暗处放置 10 min。溶液所呈浊度不得大于标准比浊溶液。

标准比浊溶液的制备是取含下列数量的氯化物标准溶液：

优级纯 ………………………………… 0.005 mg Cl；
分析纯 ………………………………… 0.010 mg Cl；
化学纯 ………………………………… 0.050 mg Cl。

与样品同时同样处理。

5.8 硫酸盐

5.8.1 试验溶液 A 的制备

称取 1.5 g 样品，溶于 10 mL 水中，在不断振摇下，滴加盐酸溶液(20%)至生成的沉淀刚刚溶解(约 2.2 mL)，稀释至 15 mL。

5.8.2 测定方法

量取 10 mL(化学纯取 2 mL)试验溶液 A，稀释至 20 mL，加 0.5 mL 盐酸溶液(20%)酸化后，按 GB/T 9728 的规定测定(其中：放置时间为 1 h)。溶液所呈浊度不得大于标准比浊溶液。

标准比浊溶液的制备是取含下列数量的硫酸盐标准溶液：

优级纯 ………………………………… 0.03 mg SO_4；
分析纯 ………………………………… 0.05 mg SO_4；
化学纯 ………………………………… 0.06 mg SO_4。

稀释至 20 mL，与同体积试液同时同样处理。

5.9 总氮量

称取 1 g(化学纯取 0.5 g)样品，溶于 140 mL 水中后，按 GB/T 609 的规定测定。溶液所呈黄色不得深于标准比色溶液。

标准比色溶液的制备是取含下列数量的氮标准溶液：

优级纯……………………………………………0.02 mg N；
分析纯、化学纯 ………………………………… 0.05 mg N。

与样品同时同样处理。

5.10 磷酸盐

5.10.1 试验溶液 B 的制备

称取 2 g 样品，置于铂坩埚中，缓缓加热炭化，于 700 ℃灼烧至白，冷却。加 10 mL 水溶解(必要时过滤)，稀释至 15 mL。

5.10.2 测定方法

量取7.5 mL试验溶液B,加5 mL硝酸,蒸干,残渣溶于5 mL水,加2滴饱和2,4-二硝基酚指示液,用氨水溶液(10%)调至黄色刚刚出现,再滴加硝酸溶液(13%)至黄色刚刚消失,稀释至10 mL后,按GB/T 9727的规定测定。有机相所呈蓝色不得深于标准比色溶液。

标准比色溶液的制备是取含0.01 mg的磷酸盐(PO_4)标准溶液,加5 mL水,加2滴饱和2,4-二硝基酚指示液,滴加硝酸溶液(13%)至黄色刚刚消失,稀释至10 mL,与同体积试液同时同样处理。

5.11 硅酸盐

量取7.5 mL试验溶液B(5.10.1),加5 mL盐酸,蒸干,残渣溶于5 mL水,加2滴饱和2,4-二硝基酚指示液,用氨水溶液(10%)调至黄色刚刚出现,再滴加硫酸溶液(5%)至黄色刚刚消失,稀释至10 mL后,按GB/T 9742的规定测定。溶液所呈蓝色不得深于标准比色溶液。

标准比色溶液的制备是取含下列数量的硅酸盐标准溶液:

优级纯……………………………………0.02 mg SiO_3;

分析纯……………………………………0.05 mg SiO_3。

加5 mL水、2滴饱和2,4-二硝基酚指示液,滴加硫酸溶液(5%)至黄色刚刚消失,稀释至10 mL,与同体积试液同时同样处理。

5.12 钙

按GB/T 9723—2007的规定测定。

5.12.1 仪器条件

光源:钙空心阴极灯;

波长:422.7 nm;

火焰:乙炔-空气。

5.12.2 测定方法

称取20 g(化学纯取10 g)样品,溶于水,稀释至100 mL。取20 mL,共4份。按GB/T 9723—2007中7.2.2的规定测定,结果按7.2.3的规定计算。

5.13 铁

称取1 g样品,溶于20 mL水,加2 mL氯化羟胺溶液(100 g/L),摇匀,放置5 min。加3 mL乙酸-乙酸铵缓冲溶液(pH≈6.5)及2 mL 1,10-菲啰啉溶液(2 g/L),摇匀。溶液所呈红色不得深于标准比色溶液。

标准比色溶液的制备是取含下列数量的铁标准溶液:

优级纯、分析纯 ………………………………… 0.005 mg Fe;

化学纯 ……………………………………………… 0.02 mg Fe。

与样品同时同样处理。

5.14 铜

5.14.1 阳极溶出伏安法(仲裁法)

按GB/T 3914—2008的规定测定。

5.14.1.1 仪器条件

预电解电位:−1.0 V;

扫描电位范围:−1.0 V～−0.05 V;

溶出峰电位:−0.35 V。

5.14.1.2 测定方法

按GB/T 3914—2008中7.2的规定测定。其中:电解质溶液为30 mL盐酸溶液[c(HCl)=0.1 mol/L]。样品溶液的制备是称取0.1 g样品。结果按7.3的规定计算。同时做空白试验。

5.14.2 火焰原子吸收光谱法

按 GB/T 9723—2007 的规定测定。

5.14.2.1 仪器条件

光源：铜空心阴极灯；

波长：324.7 nm；

火焰：乙炔-空气。

5.14.2.2 测定方法

称取 5 g 样品，溶于 50 mL 水中，加 1 mL 乙酸溶液(5%)，稀释至 200 mL。取 40 mL，共 4 份，置于 125 mL 分液漏斗中，一份不加标准，其余三份分别加入质量浓度成比例的铜标准溶液，同时配制空白试验溶液。分别加入 1 mL 吡咯烷二硫代甲酸铵溶液(10 g/L)，混匀，静置 5 min，加 10 mL 4-甲基-2-戊酮，振摇 1 min，静置分层，弃去水相，有机相加入 10 mL 硝酸溶液(5%)，振摇 3 min，静置分层，弃去有机相，转移水相至 10 mL 容量瓶，稀释至刻度，摇匀，按 GB/T 9723—2007 中 7.2.2 的规定测定，结果按 7.2.3 的规定计算。

5.15 铅

5.15.1 阳极溶出伏安法(仲裁法)

按 GB/T 3914—2008 的规定测定。

5.15.1.1 仪器条件

预电解电位：−1.0 V；

扫描电位范围：−1.0 V～−0.05 V；

溶出峰电位：−0.53 V。

5.15.1.2 测定方法

同 5.14.1.2。

5.15.2 火焰原子吸收光谱法

按 GB/T 9723—2007 的规定测定。

5.15.2.1 仪器条件

光源：铅空心阴极灯；

波长：283.3 nm；

火焰：乙炔-空气。

5.15.2.2 测定方法

称取 20 g 样品，溶于 50 mL 水中，加 1 mL 乙酸溶液(5%)，稀释至 200 mL。取 40 mL，共 4 份，置于 125 mL 分液漏斗中，一份不加标准，其余三份分别加入质量浓度成比例的铅标准溶液，同时配制空白试验溶液，分别加入 1 mL 吡咯烷二硫代甲酸铵溶液(10 g/L)，混匀，静置 5 min，加 10 mL 4-甲基-2-戊酮，振摇 1 min，静置分层，弃去水相，有机相加入 10 mL 硝酸溶液(5%)，振摇 3 min，静置分层，弃去有机相，转移水相至 10 mL 容量瓶，稀释至刻度，摇匀，按 GB/T 9723—2007 中 7.2.2 的规定测定，结果按 7.2.3 的规定计算。

5.16 还原性物质

称取 10 g 样品，加 2.5 g 氢氧化钠，溶于 200 mL 热水中，加 25 mL 五水合硫酸铜溶液(70 g/L)，在 95 ℃水浴里加热 30 min，不得出现沉淀或浑浊。

6 检验规则

按 HG/T 3921 的规定进行采样及验收。

7 包装及标志

按 GB 15346 的规定进行包装、贮存与运输，并给出标志，其中：

包装单位:第 4 类;

内包装形式:NB-4、NBY-4、NB-5、NBY-5、NB-7、NB-8、NB-10、NB-11、NB-13、NB-15;

隔离材料:GC-2、GC-3;

外包装形式:WB-1、WB-2、WB-3。

附　录　A
（规范性附录）
强酸性阳离子交换树脂的处理和再生方法

A.1　仪器

A.1.1　交换柱材料：玻璃管或聚乙烯管。

A.1.2　交换柱内径：10 mm～20 mm。

A.1.3　树脂床高度：约 400 mm（膨胀后树脂体积占交换柱高度的 2/3）。

A.1.4　树脂颗粒度：0.2 mm～0.8 mm。

A.2　处理方法

取适量的强酸性阳离子交换树脂于烧杯中（干树脂，应先用饱和的氯化钠溶液浸泡，再逐步稀释氯化钠溶液，以免树脂膨胀而破碎），用水漂洗至澄清后，加水浸泡 12 h～24 h，使其充分膨胀。排去水后，加“乙醇 95%”浸泡 24 h。用水洗至无醇味后，加入盐酸溶液（1+3）浸泡 2 h～3 h，用水洗至中性，加入氢氧化钠溶液（100 g/L），浸泡 2 h～3 h，用水洗至中性，再用盐酸溶液（1+3）漂洗，并浸泡 24 h，经常搅拌。用盐酸溶液（1+3）漂洗 3 次。

将经上述处理的树脂装入交换柱中，用 400 mL 盐酸溶液（1+3）以 10 mL/min 的流量洗涤树脂，再用水洗至洗液呈中性。用水浸泡，备用。

A.3　再生方法

将失效的强酸性阳离子交换树脂移入烧杯中，用盐酸溶液（1+3）漂洗 3 次，并浸泡 24 h，经常搅拌。将盐酸溶液排尽，再用盐酸溶液（1+3）漂洗 3 次。

将经上述处理的树脂装入交换柱中，用 400 mL 盐酸溶液（1+3）以 10 mL/min 的流量洗涤树脂，再用水洗至滴下溶液呈中性。用水浸泡，备用。

ICS 91.100.10
Q 11

中华人民共和国国家标准

GB/T 1346—2011
代替 GB/T 1346—2001

水泥标准稠度用水量、凝结时间、安定性检验方法

Test methods for water requirement of normal consistency, setting time and soundness of the portland cement

(ISO 9597:2008, Cement—Test methods—Determination of setting time and soundness, NEQ)

2011-07-20 发布　　2012-03-01 实施

中华人民共和国国家质量监督检验检疫总局
中国国家标准化管理委员会　发布

前　言

本标准按照 GB/T 1.1—2009 给出的规则起草。

本标准代替 GB/T 1346—2001《水泥标准稠度用水量、凝结时间、安定性检验方法》。

本标准与 GB/T 1346—2001 相比主要变化如下：

——将“每只试模应配备一个大于试模、厚度≥2.5 mm 的平板玻璃底板或金属底板”改为“每个试模应配备一个边长或直径约 100 mm、厚度 4 mm～5 mm 的平板玻璃底板或金属底板”(见 4.2，2001 年版的 4.2)；

——将量筒或滴定管的精度由“最小刻度 0.1 mL，精度 1%”改为“精度±0.5 mL”(见 4.7，2001 年版的 4.7)；

——将“拌和结束后，立即将拌制好的水泥净浆装入已置于玻璃底板上的试模中，用小刀插捣，轻轻振动数次，刮去多余的净浆”改为“拌和结束后，立即取适量水泥净浆一次性将其装入已置于玻璃底板上的试模中，浆体超过试模上端，用宽约 25 mm 的直边刀轻轻拍打超出试模部分的浆体 5 次以排除浆体中的孔隙，然后在试模上表面约 1/3 处，略倾斜于试模分别向外轻轻锯掉多余净浆，再从试模边沿轻抹顶部一次，使净浆表面光滑。在锯掉多余净浆和抹平的操作过程中，注意不要压实净浆”(见 7.3，2001 年版的 7.3)；

——将“到达初凝或终凝时应立即重复测一次，当两次结论相同时才能定为到达初凝或终凝状态。”改为“到达初凝时应立即重复测一次，当两次结论相同时才能确定到达初凝状态，到达终凝时，需要在试体另外两个不同点测试，结论相同时才能确定到达终凝状态。”(见 8.5，2001 年版的 8.5)；

——将“每个雷氏夹需配备质量约 75 g～85 g 的玻璃板两块”改为“每个雷氏夹需配两个边长或直径约 80 mm、厚度 4 mm～5 mm 的玻璃板”(见 9.1，2001 年版的 9.1)；

——将“另一只手用宽约 10 mm 的小刀插捣数次，然后抹平”改为“另一只手用宽约 25 mm 的直边刀在浆体表面轻轻插捣 3 次”(见 9.2，2001 年版的 9.2)；

——将“拌和结束后，立即将拌制好的水泥净浆装入锥模中，用小刀插捣数次，轻轻振动数次”改为“拌和结束后，立即将拌制好的水泥净浆装入锥模中，用宽约 25 mm 的直边刀在浆体表面轻轻插捣 5 次，再轻振 5 次”(见 10.3.2，2001 版的 10.3.2)；

——将“用调整水量方法测定时，以试锥下沉深度 28 mm±2 mm 时的净浆为标准稠度净浆”改为“用调整水量方法测定时，以试锥下沉深度 30 mm±1 mm 时的净浆为标准稠度净浆。”(见 10.3.3，2001 年版的 10.3.3)。

本标准对应于 ISO 9597:2008《水泥试验方法　凝结时间和安定性的测定》，与 ISO 9597:2008 的一致性程度为非等效。

本标准由中国建筑材料联合会提出。

本标准由全国水泥标准化技术委员会(SAC/TC 184)归口。

本标准主要起草单位：中国建筑材料科学研究总院、厦门艾思欧标准砂有限公司、浙江中富建筑集团股份有限公司。

本标准参加起草单位：新疆天山水泥股份有限公司、四川峨胜水泥股份有限公司、云南红塔滇西水泥股份有限公司、云南昆钢水泥建材集团有限公司、鹿泉市曲寨水泥有限公司、中材汉江水泥股份有限公司、冀中能源股份有限公司水泥厂、陕西声威建材集团有限公司、广灵精华化工集团有限公司、河南同力水泥股份有限公司、云南兴建水泥有限公司、宁夏赛马实业股份有限公司、合肥水泥研究设计院、山东省水泥质量监督检验站、广东省建筑材料研究院、徐州市产品质量监督检验所。

本标准主要起草人：江丽珍、刘晨、颜碧兰、崔向阳、肖忠明、朱文尚、李胜泰、刘龙、于利刚、徐觉慧、王永清、夏志勇、王建新。

本标准所代替标准的历次版本发布情况为：

——GB/T 1346—1989；

——GB/T 1346—2001。

水泥标准稠度用水量、凝结时间、安定性检验方法

1 范围

本标准规定了水泥标准稠度用水量、凝结时间和由游离氧化钙造成的体积安定性检验方法的原理、仪器设备、材料、试验条件和测定方法。

本标准适用于硅酸盐水泥、普通硅酸盐水泥、矿渣硅酸盐水泥、粉煤灰硅酸盐水泥、火山灰质硅酸盐水泥、复合硅酸盐水泥以及指定采用本方法的其他品种水泥。

2 规范性引用文件

下列文件对于本文件的应用是必不可少的。凡是注日期的引用文件，仅注日期的版本适用于本文件。凡是不注日期的引用文件，其最新版本（包括所有的修改单）适用于本文件。

JC/T 727 水泥净浆标准稠度与凝结时间测定仪

JC/T 729 水泥净浆搅拌机

JC/T 955 水泥安定性试验用沸煮箱

3 原理

3.1 水泥标准稠度

水泥标准稠度净浆对标准试杆（或试锥）的沉入具有一定阻力。通过试验不同含水量水泥净浆的穿透性，以确定水泥标准稠度净浆中所需加入的水量。

3.2 凝结时间

试针沉入水泥标准稠度净浆至一定深度所需的时间。

3.3 安定性

3.3.1 雷氏法是通过测定水泥标准稠度净浆在雷氏夹中沸煮后试针的相对位移表征其体积膨胀的程度。

3.3.2 试饼法是通过观测水泥标准稠度净浆试饼煮沸后的外形变化情况表征其体积安定性。

4 仪器设备

4.1 水泥净浆搅拌机

符合 JC/T 729 的要求。

注：通过减小搅拌翅和搅拌锅之间间隙，可以制备更加均匀的净浆。

4.2 标准法维卡仪

图 1 测定水泥标准稠度和凝结时间用维卡仪及配件示意图中包括：

a）　为测定初凝时间时维卡仪和试模示意图；

b）　为测定终凝时间反转试模示意图；

c）　为标准稠度试杆；

d）　为初凝用试针；

e）　为终凝用试针等。

单位为毫米

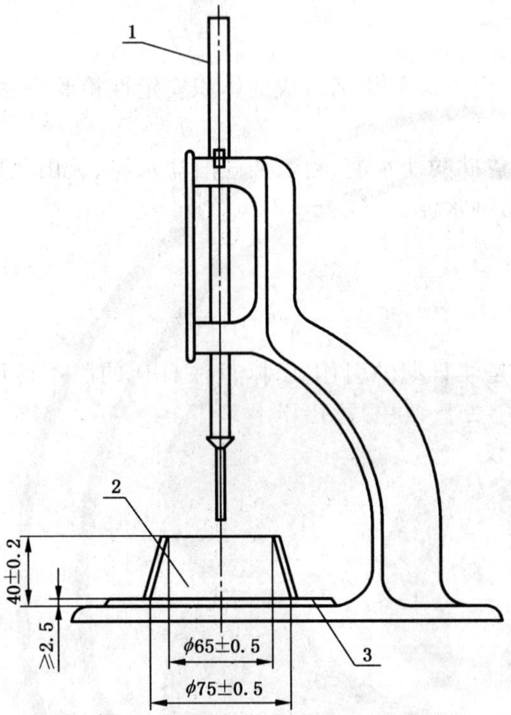

a）　初凝时间测定用立式试模的侧视图

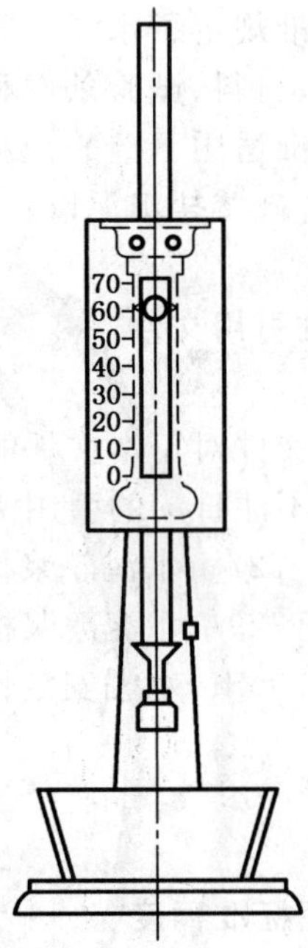

b）　终凝时间测定用反转试模的前视图

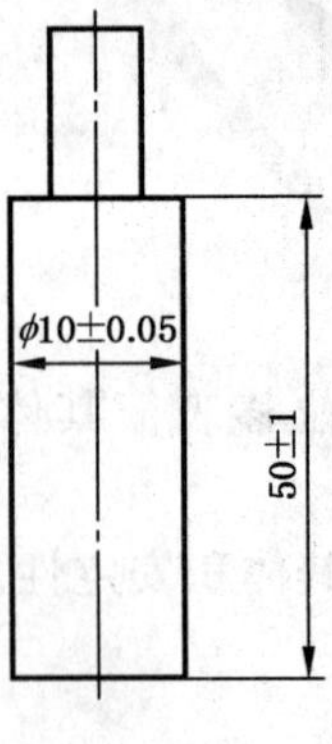

c）　标准稠度试杆

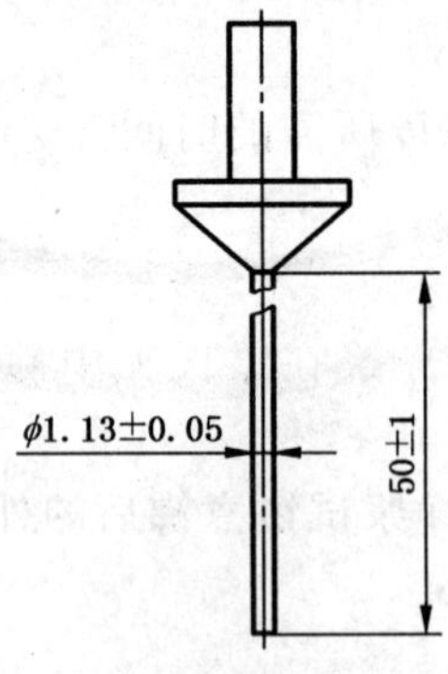

d）　初凝用试针

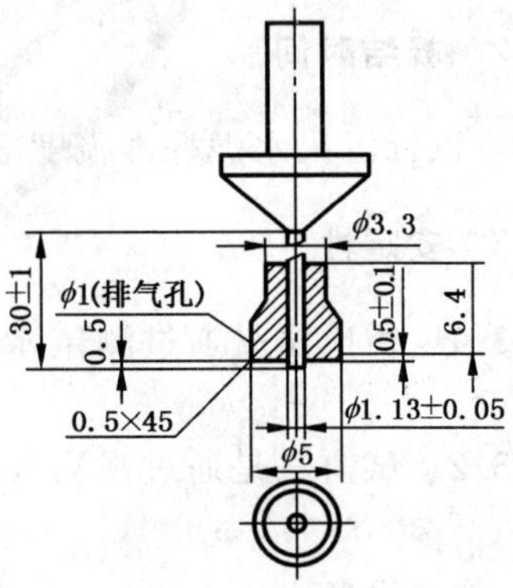

e）　终凝用试针

说明：

1——滑动杆；

2——试模；

3——玻璃板。

图 1　测定水泥标准稠度和凝结时间用维卡仪及配件示意图

标准稠度试杆由有效长度为 50 mm±1 mm，直径为 ϕ10 mm±0.05 mm 的圆柱形耐腐蚀金属制成。初凝用试针由钢制成，其有效长度初凝针为 50 mm±1 mm、终凝针为 30 mm±1 mm，直径为 ϕ1.13 mm±0.05 mm。滑动部分的总质量为 300 g±1 g。与试杆、试针联结的滑动杆表面应光滑，能靠重力自由下落，不得有紧涩和旷动现象。

盛装水泥净浆的试模由耐腐蚀的、有足够硬度的金属制成。试模为深 40 mm±0.2 mm、顶内径 ϕ65 mm±0.5 mm、底内径 ϕ75 mm±0.5 mm 的截顶圆锥体。每个试模应配备一个边长或直径约 100 mm、厚度 4 mm～5 mm 的平板玻璃底板或金属底板。

4.3 代用法维卡仪

符合 JC/T 727 要求。

4.4 雷氏夹

由铜质材料制成，其结构如图 2。当一根指针的根部先悬挂在一根金属丝或尼龙丝上，另一根指针的根部再挂上 300 g 质量的砝码时，两根指针针尖的距离增加应在 17.5 mm±2.5 mm 范围内，即 $2x$=17.5 mm±2.5 mm(见图 3)，当去掉砝码后针尖的距离能恢复至挂砝码前的状态。

单位为毫米

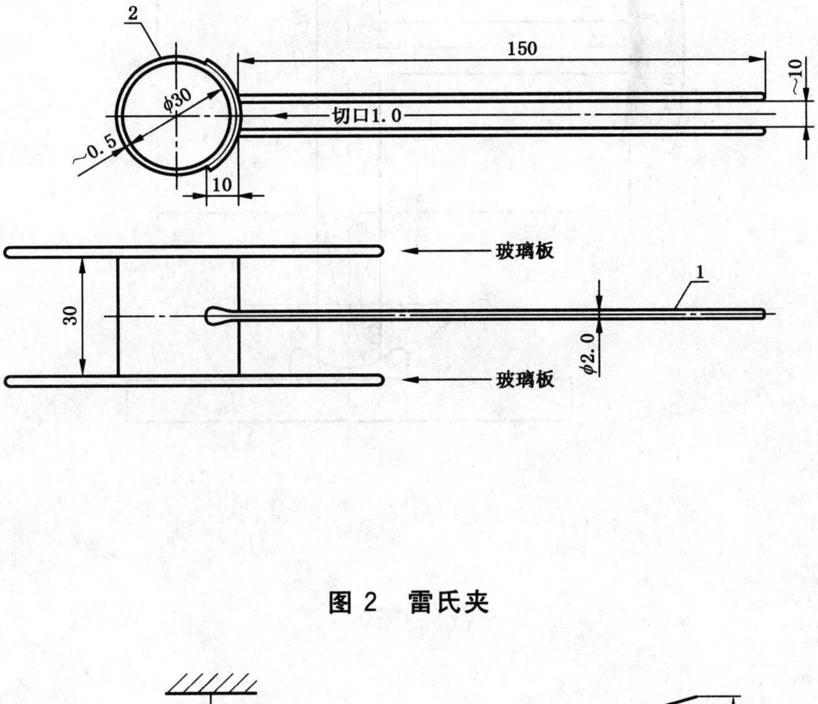

说明：
1——指针；
2——环模。

图 2 雷氏夹

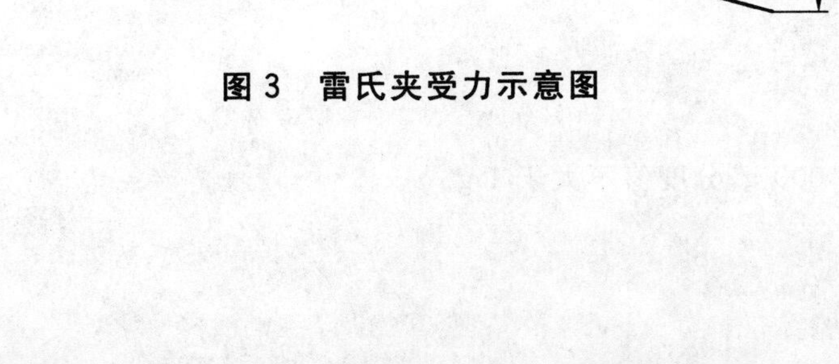

图 3 雷氏夹受力示意图

4.5 沸煮箱

符合 JC/T 955 的要求。

4.6 雷氏夹膨胀测定仪

如图 4 所示，标尺最小刻度为 0.5 mm。

单位为毫米

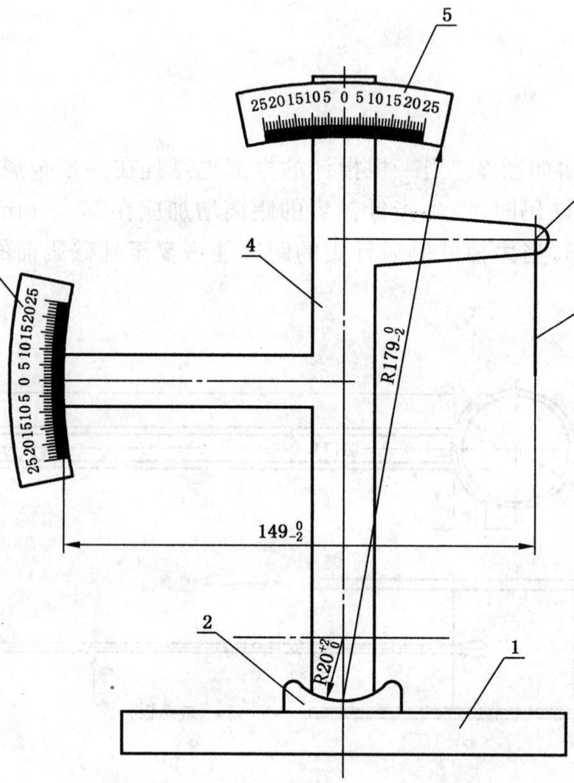

说明：

1——底座；

2——模子座；

3——测弹性标尺；

4——立柱；

5——测膨胀值标尺；

6——悬臂；

7——悬丝。

图 4 雷氏夹膨胀测定仪

4.7 量筒或滴定管

精度±0.5 mL。

4.8 天平

最大称量不小于 1 000 g，分度值不大于 1 g。

5 材料

试验用水应是洁净的饮用水，如有争议时应以蒸馏水为准。

6 试验条件

6.1 试验室温度为 20 ℃±2 ℃，相对湿度应不低于 50%；水泥试样、拌和水、仪器和用具的温度应与试验室一致；

6.2 湿气养护箱的温度为 20 ℃±1 ℃，相对湿度不低于 90%。

7 标准稠度用水量测定方法(标准法)

7.1 试验前准备工作

7.1.1 维卡仪的滑动杆能自由滑动。试模和玻璃底板用湿布擦拭，将试模放在底板上。

7.1.2 调整至试杆接触玻璃板时指针对准零点。

7.1.3 搅拌机运行正常。

7.2 水泥净浆的拌制

用水泥净浆搅拌机搅拌，搅拌锅和搅拌叶片先用湿布擦过，将拌和水倒入搅拌锅内，然后在 5 s～10 s内小心将称好的 500 g 水泥加入水中，防止水和水泥溅出；拌和时，先将锅放在搅拌机的锅座上，升至搅拌位置，启动搅拌机，低速搅拌 120 s，停 15 s，同时将叶片和锅壁上的水泥浆刮入锅中间，接着高速搅拌 120 s 停机。

7.3 标准稠度用水量的测定步骤

拌和结束后，立即取适量水泥净浆一次性将其装入已置于玻璃底板上的试模中，浆体超过试模上端，用宽约 25 mm 的直边刀轻轻拍打超出试模部分的浆体 5 次以排除浆体中的孔隙，然后在试模上表面约 1/3 处，略倾斜于试模分别向外轻轻锯掉多余净浆，再从试模边沿轻抹顶部一次，使净浆表面光滑。在锯掉多余净浆和抹平的操作过程中，注意不要压实净浆；抹平后迅速将试模和底板移到维卡仪上，并将其中心定在试杆下，降低试杆直至与水泥净浆表面接触，拧紧螺丝 1 s～2 s 后，突然放松，使试杆垂直自由地沉入水泥净浆中。在试杆停止沉入或释放试杆 30 s 时记录试杆距底板之间的距离，升起试杆后，立即擦净；整个操作应在搅拌后 1.5 min 内完成。以试杆沉入净浆并距底板 6 mm±1 mm 的水泥净浆为标准稠度净浆。其拌和水量为该水泥的标准稠度用水量(P)，按水泥质量的百分比计。

8 凝结时间测定方法

8.1 试验前准备工作

调整凝结时间测定仪的试针接触玻璃板时指针对准零点。

8.2 试件的制备

以标准稠度用水量按 7.2 制成标准稠度净浆，按 7.3 装模和刮平后，立即放入湿气养护箱中。记录水泥全部加入水中的时间作为凝结时间的起始时间。

8.3 初凝时间的测定

试件在湿气养护箱中养护至加水后30 min时进行第一次测定。测定时,从湿气养护箱中取出试模放到试针下,降低试针与水泥净浆表面接触。拧紧螺丝1 s~2 s后,突然放松,试针垂直自由地沉入水泥净浆。观察试针停止下沉或释放试针30 s时指针的读数。临近初凝时间时每隔5 min(或更短时间)测定一次,当试针沉至距底板4 mm±1 mm时,为水泥达到初凝状态;由水泥全部加入水中至初凝状态的时间为水泥的初凝时间,用min来表示。

8.4 终凝时间的测定

为了准确观测试针沉入的状况,在终凝针上安装了一个环形附件[见图1e)]。在完成初凝时间测定后,立即将试模连同浆体以平移的方式从玻璃板取下,翻转180°,直径大端向上,小端向下放在玻璃板上,再放入湿气养护箱中继续养护。临近终凝时间时每隔15 min(或更短时间)测定一次,当试针沉入试体0.5 mm时,即环形附件开始不能在试体上留下痕迹时,为水泥达到终凝状态。由水泥全部加入水中至终凝状态的时间为水泥的终凝时间,用min来表示。

8.5 测定注意事项

测定时应注意,在最初测定的操作时应轻轻扶持金属柱,使其徐徐下降,以防试针撞弯,但结果以自由下落为准;在整个测试过程中试针沉入的位置至少要距试模内壁10 mm。临近初凝时,每隔5 min(或更短时间)测定一次,临近终凝时每隔15 min(或更短时间)测定一次,到达初凝时应立即重复测一次,当两次结论相同时才能确定到达初凝状态,到达终凝时,需要在试体另外两个不同点测试,确认结论相同才能确定到达终凝状态。每次测定不能让试针落入原针孔,每次测试完毕须将试针擦净并将试模放回湿气养护箱内,整个测试过程要防止试模受振。

注:可以使用能得出与标准中规定方法相同结果的凝结时间自动测定仪,有矛盾时以标准规定方法为准。

9 安定性测定方法(标准法)

9.1 试验前准备工作

每个试样需成型两个试件,每个雷氏夹需配备两个边长或直径约80 mm、厚度4 mm~5 mm的玻璃板,凡与水泥净浆接触的玻璃板和雷氏夹内表面都要稍稍涂上一层油。

注:有些油会影响凝结时间,矿物油比较合适。

9.2 雷氏夹试件的成型

将预先准备好的雷氏夹放在已稍擦油的玻璃板上,并立即将已制好的标准稠度净浆一次装满雷氏夹,装浆时一只手轻轻扶持雷氏夹,另一只手用宽约25 mm的直边刀在浆体表面轻轻插捣3次,然后抹平,盖上稍涂油的玻璃板,接着立即将试件移至湿气养护箱内养护24 h±2 h。

9.3 沸煮

9.3.1 调整好沸煮箱内的水位,使能保证在整个沸煮过程中都超过试件,不需中途添补试验用水,同时又能保证在30 min±5 min内升至沸腾。

9.3.2 脱去玻璃板取下试件,先测量雷氏夹指针尖端间的距离(A),精确到0.5 mm,接着将试件放入沸煮箱水中的试件架上,指针朝上,然后在30 min±5 min内加热至沸并恒沸180 min±5 min。

9.3.3 结果判别

沸煮结束后,立即放掉沸煮箱中的热水,打开箱盖,待箱体冷却至室温,取出试件进行判别。测量雷氏夹指针尖端的距离(C),准确至0.5 mm,当两个试件煮后增加距离(C-A)的平均值不大于5.0 mm时,即认为该水泥安定性合格,当两个试件煮后增加距离(C-A)的平均值大于5.0 mm时,应用同一样品立即重做一次试验。以复检结果为准。

10 标准稠度用水量测定方法(代用法)

10.1 试验前准备工作

10.1.1 维卡仪的金属棒能自由滑动。

10.1.2 调整至试锥接触锥模顶面时指针对准零点。

10.1.3 搅拌机运行正常。

10.2 水泥净浆的拌制同7.2。

10.3 标准稠度的测定

10.3.1 采用代用法测定水泥标准稠度用水量可用调整水量和不变水量两种方法的任一种测定。采用调整水量方法时拌和水量按经验找水,采用不变水量方法时拌和水量用142.5 mL。

10.3.2 拌和结束后,立即将拌制好的水泥净浆装入锥模中,用宽约25 mm的直边刀在浆体表面轻轻插捣5次,再轻振5次,刮去多余的净浆;抹平后迅速放到试锥下面固定的位置上,将试锥降至净浆表面,拧紧螺丝1 s~2 s后,突然放松,让试锥垂直自由地沉入水泥净浆中。到试锥停止下沉或释放试锥30 s时记录试锥下沉深度。整个操作应在搅拌后1.5 min内完成。

10.3.3 用调整水量方法测定时,以试锥下沉深度30 mm±1 mm时的净浆为标准稠度净浆。其拌和水量为该水泥的标准稠度用水量(P),按水泥质量的百分比计。如下沉深度超出范围需另称试样,调整水量,重新试验,直至达到30 mm±1 mm为止。

10.3.4 用不变水量方法测定时,根据式(1)(或仪器上对应标尺)计算得到标准稠度用水量P。当试锥下沉深度小于13 mm时,应改用调整水量法测定。

$$P = 33.4 - 0.185S \qquad \cdots\cdots(1)$$

式中:

P——标准稠度用水量,%;

S——试锥下沉深度,单位为毫米(mm)。

11 安定性测定方法(代用法)

11.1 试验前准备工作

每个样品需准备两块边长约100 mm的玻璃板,凡与水泥净浆接触的玻璃板都要稍稍涂上一层油。

11.2 试饼的成型方法

将制好的标准稠度净浆取出一部分分成两等份,使之成球形,放在预先准备好的玻璃板上,轻轻振动玻璃板并用湿布擦过的小刀由边缘向中央抹,做成直径70 mm~80 mm、中心厚约10 mm、边缘渐薄、表面光滑的试饼,接着将试饼放入湿气养护箱内养护24 h±2 h。

11.3 沸煮

11.3.1 步骤同9.3.1。

11.3.2 脱去玻璃板取下试饼,在试饼无缺陷的情况下将试饼放在沸煮箱水中的篦板上,在30 min±5 min内加热至沸并恒沸180 min±5 min。

11.3.3 结果判别

沸煮结束后，立即放掉沸煮箱中的热水，打开箱盖，待箱体冷却至室温，取出试件进行判别。目测试饼未发现裂缝，用钢直尺检查也没有弯曲（使钢直尺和试饼底部紧靠，以两者间不透光为不弯曲）的试饼为安定性合格，反之为不合格。当两个试饼判别结果有矛盾时，该水泥的安定性为不合格。

12 试验报告

试验报告应包括标准稠度用水量、初凝时间、终凝时间、雷氏夹膨胀值或试饼的裂缝、弯曲形态等所有的试验结果。

ICS 85.060
Y 32

GB

中华人民共和国国家标准

GB/T 1468—2011
代替 GB/T 1468—1999

描图纸

Tracing paper

(ISO 9961:1992,NEQ)

2011-12-30 发布　　2012-09-01 实施

中华人民共和国国家质量监督检验检疫总局
中国国家标准化管理委员会　发布

前　言

本标准按照 GB/T 1.1—2009 给出的规则起草。

本标准代替 GB/T 1468—1999《描图纸》。

本标准与原 GB/T 1468—1999《描图纸》相比，主要变化如下：

——根据实际生产和市场的状况，不再分质量等级；

——增加了 65.0 g/m^2 及 65.0 g/m^2 以上定量的产品规格，并规定了高定量描图纸的相应物理指标；

——取消了耐刮度和抗老化撕裂度降低值两项指标及相应检测方法；

——调整了透明度指标；

——修改了描图纸的规格尺寸；

——修改了描图纸的接头数及接头数要求；

——修改了伸缩率指标；

——修改了交收检验抽样方案。

本标准使用重新起草法参考 ISO 9961:1992《描图纸》编制，与 ISO 9961:1992 的一致性程度为非等效。

本标准由中国轻工业联合会提出。

本标准由全国造纸工业标准化技术委员会(SAC/TC 141)归口。

本标准起草单位：民丰特种纸股份有限公司、中国制浆造纸研究院、中国造纸协会标准化专业委员会。

本标准主要起草人：刘海宁、黄晓钢、夏剑雄、刘江。

本标准所代替标准的历次版本发布情况为：

——GB/T 1468—1987、GB/T 1468—1999。

描 图 纸

1 范围

本标准规定了描图纸的分类、要求、试验方法、检验规则、标志、包装、运输、贮存。

本标准适用于各类CAD计算机绘图、手工绘图、静电复印、印刷、轻印刷制版转印、包装、制作广告插页等所用的描图纸。

2 规范性引用文件

下列文件对于本文件的应用是必不可少的。凡是注日期的引用文件，仅注日期的版本适用于本文件。凡是不注日期的引用文件，其最新版本(包括所有的修改单)适用于本文件。

GB/T 450 纸和纸板 试样的采取及试样纵横向、正反面的测定

GB/T 451.1 纸和纸板尺寸及偏斜度的测定

GB/T 451.2 纸和纸板定量的测定

GB/T 455 纸和纸板撕裂度的测定

GB/T 456 纸和纸板平滑度的测定(别克法)

GB/T 459 纸和纸板伸缩性的测定

GB/T 460—2008 纸 施胶度的测定

GB/T 462 纸、纸板和纸浆 分析试样水分的测定

GB/T 1541—1989 纸和纸板 尘埃度的测定

GB/T 2679.1 纸透明度的测定法

GB/T 2828.1 计数抽样检验程序 第1部分：按接收质量限(AQL)检索的逐批检验抽样计划

GB/T 10342 纸张的包装和标志

GB/T 10739 纸、纸板和纸浆试样处理和试验的标准大气条件

3 分类

3.1 描图纸按定量分为普通描图纸和高定量描图纸。一般将定量80 g/m^2 以上的描图纸称为高定量描图纸。

3.2 描图纸按包装形式及用途不同可分为卷筒纸(描图用纸)和平板纸(制版印刷转印纸)两种。卷筒纸根据其主要使用对象不同分为机用描图纸和工程描图纸。加工管芯为2 in(51.2 mm)的称为机用描图纸，加工管芯为3 in(76.5 mm)的称为工程描图纸。

4 要求

4.1 普通描图纸的技术指标应符合表1或订货合同要求。

表 1

指标名称		单位	规定				
定量		$\mathrm{g/m^2}$	50.0	60.0	65.0	70.0	75.0
定量偏差		%	±5				
横幅定量差 ≤		$\mathrm{g/m^2}$	3.0	3.0	3.0	3.5	3.5
透明度 ≥		%	70.0	70.0	69.0	68.0	68.0
撕裂度(纵横向平均) ≥		mN	160	180	200	210	220
平滑度(正反面平均) ≥		s	32	28	25	23	18
伸缩率 ≤	纵向	%	3.0			3.5	
	横向		12.0				
施胶度	≥	mm	1.5				
	细线		0.3±0.04				
尘埃度	$0.05\ \mathrm{mm^2}\sim1.0\ \mathrm{mm^2}$ ≤	个/$\mathrm{m^2}$	50				
	其中:$0.5\ \mathrm{mm^2}\sim1.0\ \mathrm{mm^2}$ ≤		20				
	$>1.0\ \mathrm{mm^2}$		不应有				
交货水分 ≤		%	7.0				

4.2 高定量描图纸的技术指标应符合表 2 或订货合同要求。

表 2

指标名称		单位	规定							
定量		$\mathrm{g/m^2}$	80.0	90.0	100	110	120	150	180	200
定量偏差		%	±5							
横幅定量差 ≤		$\mathrm{g/m^2}$	4.0	4.5	5.0	5.0	5.0	5.5	5.5	6.0
透明度 ≥		%	67.0	66.0	64.0	62.0	60.0	56.0	53.0	53.0
撕裂度(纵横向平均) ≥		mN	220	240	290	320	350	460	530	600
平滑度(正反面平均) ≥		s	15	13	11	10	9	6	4	—
伸缩率 ≤	纵向	%	4.0		4.5					
	横向		13.0		15.0					
施胶度	≥	mm	1.5							
	细线		0.3±0.04							
尘埃度	$0.05\ \mathrm{mm^2}\sim1.0\ \mathrm{mm^2}$ ≤	个/$\mathrm{m^2}$	50							
	其中:$0.5\ \mathrm{mm^2}\sim1.0\ \mathrm{mm^2}$ ≤		20							
	$>1.0\ \mathrm{mm^2}$		不应有							
交货水分 ≤		%	7.0							

4.3 描图纸卷筒宽度为 914 mm、900 mm、880 mm、620 mm、450 mm,长度为 150 m、130 m、120 m、110 m、80 m、70 m、60 m、50 m 或按订货合同要求。

4.4 卷筒纸芯内径为(51.0±0.4)mm、(76.2±0.5)mm或根据合同要求。

4.5 平板纸规格为880 mm×1 230 mm、850 mm×1 168 mm、787 mm×1 092 mm或根据合同要求，其尺寸偏差不应超过±3 mm，偏斜度不应超过3 mm。

4.6 描图纸长度偏差不应超过标称长度的±1%。

4.7 描图纸的纤维组织应均匀，纸面平整，纸质细腻，有着描图纸特有的磨砂感和透明感；不应有死褶、裂口、孔眼、油筋、机械损伤、无关的夹杂物、明显的花纹、折子和其他有碍使用的缺陷。

4.8 纸的切边应整齐、洁净。卷筒端面应平整、洁净，无明显的波浪形、损伤、裂口、粘质物污染，两端松紧一致。

4.9 描图纸接头：100 m以下小卷筒不应有接头；大卷筒纸每筒应不多于2个接头，接头与接头间隔不应少于500 m，接头应牢固，粘接处应有明显标志，不应有上下层粘连现象。

5 试验方法

5.1 试样的采取和温湿处理按GB/T 450和GB/T 10739的规定进行。

5.2 定量和横幅定量差按GB/T 451.2进行测定。

5.3 透明度按GB/T 2679.1进行测定。

5.4 撕裂度按GB/T 455进行测定。

5.5 平滑度按GB/T 456进行测定。

5.6 交货水分按GB/T 462进行测定。

5.7 伸缩率按GB/T 459进行测定。

5.8 施胶度按GB/T 460—2008中墨水划线法测定。

5.9 尘埃度按GB/T 1541—1989进行测定，尘埃按一面计算。

5.10 外观质量采用目测方法。

5.11 尺寸及偏斜度按GB/T 451.1测定。

6 检验规则

6.1 以一次交货数量为一批，但每批应不多于30 t。

6.2 供方应保证所生产的纸张质量符合标准或合同规定，每件(筒、卷、箱)纸内应附有一张合格证。

6.3 产品交收检验的抽样检查按GB/T 2828.1规定进行，样本单位为件(筒、卷、箱)。接收质量限(AQL)：透明度、伸缩率、施胶度、尘埃度AQL=4.0；定量、定量偏差、横幅定量差、撕裂度、平滑度、交货水分、各项外观指标AQL=10。抽样方案采用正常检验二次抽样方案。检验水平为特殊检查水平S-3，见表3。

表 3

批量/件(筒、箱)	正常检验二次抽样方案　检查水平 S-3				
	样本量	AQL=4.0		AQL=6.5	
		Ac	Re	Ac	Re
16～50	3	0	1	—	—
	2	—	—	0	1
51～150	3	0	1	—	—
	5	—	—	0	2
	5(10)	—	—	1	2

表 3（续）

批量/件(筒、箱)	正常检验二次抽样方案　检查水平 S-3				
	样本量	AQL＝4.0		AQL＝6.5	
		Ac	Re	Ac	Re
151～500	8	0	2	—	—
	8(16)	1	2	—	—
	5	—	—	0	2
	5(10)	—	—	1	2
501～3 200	8	0	2	0	3
	8(16)	1	2	3	4

6.4　可接收性的确定：第一次检验的样品数量应等于该方案给出的第一样本量。如果第一样本中发现的不合格数小于或等于第一接收数，应认为该批是可接收的；如果第一样本中发现的不合格品数大于或等于第一拒收数，则该批是不可接收的。如果第一样本中发现的不合格品数介于第一接收数与第一拒收数之间，应检验由方案给出样本量的第二样本并累计在第一样本和第二样本中发现的不合格品数。如果不合格品累计数小于或等于第二接收数，则判定该批是可接收的；如果不合格品累计数大于或等于第二拒收数，则判定该批是不可接收的。

6.5　需方有权按本标准或合同检验产品，检验时应先检查外部包装，然后从中取样进行检验。若对产品质量有异议，应在到货后一个月内(或订货合同规定)通知供方共同取样复验，或委托共同商定的检验部门进行仲裁；复验结果或仲裁结果如仍不合格，则判为批不合格，由供方负责处理；如合格，则判为批合格，由需方负责处理。

7　标志、包装、运输、贮存

7.1　描图纸的包装和标志按 GB/T 10342 的规定执行或符合订货合同的规定。

7.2　卷筒描图纸应紧密地卷在包有防潮措施的干燥纸芯上或涂塑纸芯管上。卷筒套入塑料袋，另一端再用塑料闷盖塞紧，同时每卷应贴上小标签，再装入纸箱。

7.3　每件(筒、箱)外面注明注册商标、公司名称、产品名称、标准编号、规格、数量及“禁止受潮”、“小心轻放”等字样或图案标识。每小卷纸描图纸的小标签上应注明注册商标、公司名称、产品名称、定量、规格、生产日期等内容。

7.4　运输时应使用有篷而洁净的运输工具，严禁与潮湿、易燃的物品混放。

7.5　装卸时要轻放，不应使纸件受冲撞，不应将纸件从高处扔下。

7.6　描图纸纸件应妥善保管，以防止雨、雪和地面湿气的影响。开封后一次性未使用完的产品应及时采取防潮措施，以防止环境湿度对纸张的影响。

ICS 77.160
H 16

中华人民共和国国家标准

GB/T 1479.1—2011/ISO 3923-1:2008
代替 GB/T 1479—1984

金属粉末 松装密度的测定
第1部分:漏斗法

Metallic powders—Determination of apparent density—
Part 1:Funnal method

(ISO 3923-1:2008,IDT)

2011-05-12 发布 2012-02-01 实施

中华人民共和国国家质量监督检验检疫总局
中国国家标准化管理委员会 发布

前　言

GB/T 1479《金属粉末　松装密度的测定》分为两个部分：

——第1部分：漏斗法；

——第2部分：斯柯特容量计法。

本部分为GB/T 1479的第1部分。

本部分等同采用ISO 3923-1:2008《金属粉末　松装密度的测定　第1部分：漏斗法》。

为便于使用，本部分做了下列编辑性修改：

a）“本国际标准”一词改为“本部分”；

b）用小数点“.”代替作为小数点的逗号“,”；

c）删除国际标准的前言。

本部分代替GB/T 1479—1984《金属粉末松装密度的测定　第1部分　漏斗法》。

本部分与GB/T 1479—1984相比，主要变化如下：

——范围中增加了“但是如果粉末难以通过直径为2.5 mm的孔，但能自由流过5.0 mm的孔，该方法也可以使用。”；

——增加了“符号和定义”；

——对图1、图2和图3的内容做了改动。

本部分由中国有色金属工业协会提出。

本部分由全国有色金属标准化技术委员会归口。

本部分由钢铁研究总院、山东揽月科技有限公司、中国有色金属工业标准计量质量研究所起草。

本部分主要起草人：朱黎冉、赵鹏、王世宏、李忠全。

本部分所代替标准的历次版本发布情况为：

——GB/T 1479—1984。

金属粉末 松装密度的测定 第1部分:漏斗法

1 范围

GB/T 1479 的本部分规定了在标准条件下用漏斗测量金属粉末松装密度的方法。

本部分适用于自由流过孔径为 2.5 mm 漏斗的金属粉末。如果粉末难以通过直径为 2.5 mm 的孔,但能自由流过 5.0 mm 的孔,该方法也可以使用。

在本标准中的第 2 部分(见 GB/T 1479.2)中规定了不能通过 5.0 mm 孔径的粉末的松装密度测量方法。

2 规范性引用文件

下列文件对于本文件的应用是必不可少的。凡是注日期的引用文件,仅注日期的版本适用于本文件。凡是不注日期的引用文件,其最新版本(包括所有的修改单)适用于本文件。

GB/T 1479.2 金属粉末 松装密度的测定 第 2 部分:斯柯特容量计法(ISO 3923-2:1981,IDT)

3 原理

在松装状态下完全充满已知量杯的粉末质量,将漏斗置于量杯上部确定距离处,使粉末从漏斗自由落入量杯,以获得松装状态。

4 符号及定义

本标准中涉及的符号和定义见表 1。

表 1 符号及定义

符 号	定 义	单 位
ρ_a	金属粉末松装密度(一般术语)	g/cm^3
ρ_{ac}	漏斗法测定的松装密度	g/cm^3
m	粉末质量	g
V	量杯体积	cm^3

5 仪器

5.1 漏斗

漏斗分两种孔径,一种孔径为 2.5 mm,另一种孔径为 5.0 mm,分别见图 1 和图 2。

5.2 量杯

量杯容积为 25 cm^3±0.03 cm^3，内径为 28 mm±0.5 mm。容积相同但内径为 30 mm±1 mm 的量杯也可以使用。但生产新量杯时，其内径为 28 mm±0.5 mm 的为首选量杯。

量杯和漏斗应由无磁性、耐腐蚀的金属材料制成，应具有足够的壁厚和硬度，以避免变形和过度磨损，量杯和漏斗的内表面应抛光。

5.3 天平

天平要有足够的量程，称量试样的精确度为±0.01 g。

5.4 支架和水平无振动的底座

支架和水平无振动的底座用以支撑漏斗和量杯，漏斗小孔底部和量杯上表面之间的距离为25 mm，两者要同心，见图 3。

6 试样

6.1 至少要取 100 cm^3 的试样，允许分成三份，进行测量。

6.2 通常，粉末按接收状态测定。在某些情况下，粉末应进行烘干。但如果粉末容易氧化，应在真空或惰性气氛保护下进行烘干。若粉末含有易挥发性物质，则不允许烘干。

7 步骤

7.1 将粉末倒入孔径为 2.5 mm 的漏斗让粉末直接从小孔流入量杯，直到量杯完全被充满且溢出。用一个非磁性的直板尺刮平粉末，但不要挤压粉末并且注意不要摇动和震动量杯。

7.2 如果粉末不能流过漏斗，应选择 5 mm 孔径的漏斗。如果粉末仍不能流过，允许用直径为 1 mm 的金属丝从漏斗上面捅一次粉末，但是要注意该金属丝不能插入量杯中。

7.3 刮平粉末后轻敲量杯，使其振实一些，以免在挪动过程中粉末溢出并确保杯子外部不粘有粉末。

7.4 测量粉末的质量精确到 0.01 g。

7.5 取三次测量的平均值。

8 结果表示

松装密度由下式给出：

$$\rho_{ac}=m/V=m/25$$

取三次测量结果的算术平均值报出最终结果，精确到 0.01 g/cm^3。当三次测量结果之间的差值超过平均值的 1%时，其最大值和最小值也要随结果报出。

9 精密度

9.1 重复性

同一台仪器，同一个操作者，同一批粉末，其两次测量结果，如果在 95%的置信度下，其差值超过 0.03 g/cm^3，结果是不可信的。

9.2 再现性

同一批粉末在两个不同的实验室被测量，在95%的置信度下，其测量结果差值超过0.05 g/cm³，结果是不可信的。

10 检验报告

检验报告应包括以下内容：

a) 本标准号；

b) 鉴定试样所需的详细说明；

c) 如果粉末被烘干，要注明烘干的过程；

d) 注明孔径的标称尺寸，如果使用金属丝，要注明；

e) 所得结果；

f) 在本部分中未规定的或任选的所有其他操作；

g) 任何可能影响到结果的因素。

单位为毫米

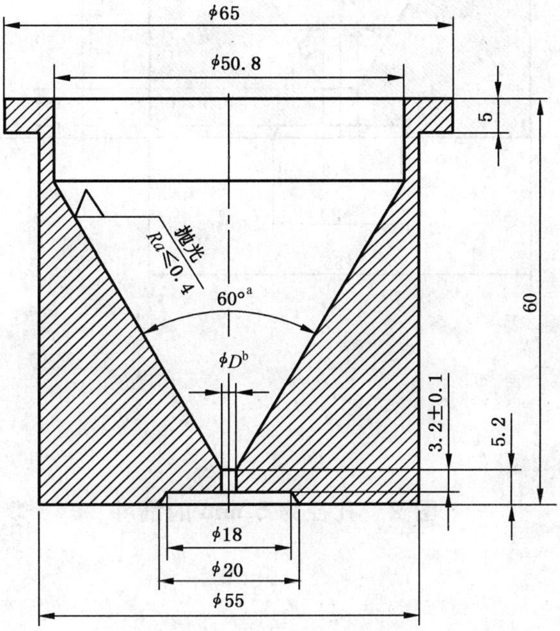

a 该尺寸为强制性尺寸。

b $D=2.5^{+0.2}_{0}$

图1 孔径为2.5 mm的漏斗

单位为毫米

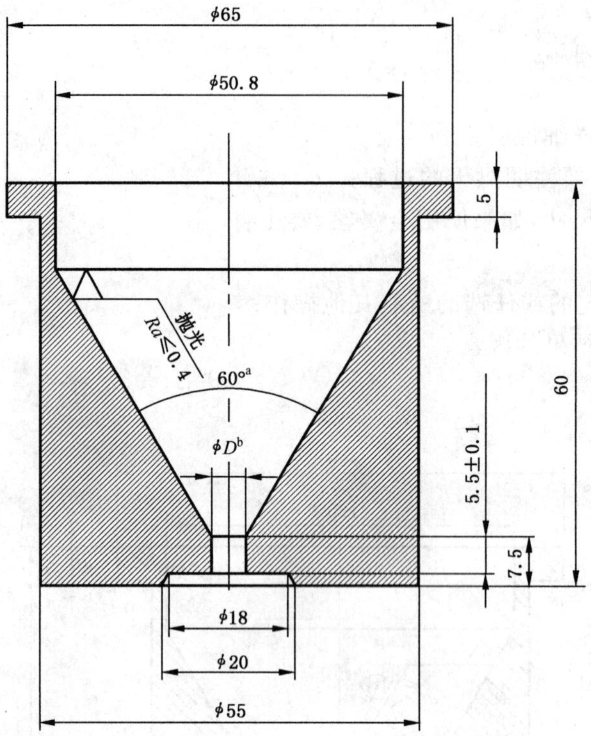

a 该尺寸为强制性尺寸。

b $D=5^{+0.2}_{0}$

图 2 孔径为 5 mm 的漏斗

单位为毫米

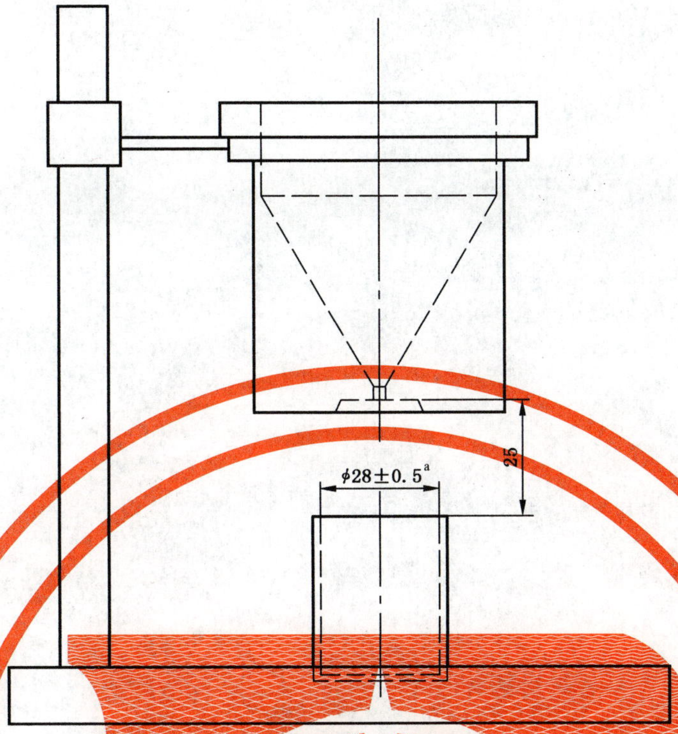

[a] 具有相同尺寸但内径为 30 mm±1 mm 的圆柱杯是允许的(见 5.2)。

图 3 具有漏斗和量杯的支架装置

ICS 77.160
H 16

中华人民共和国国家标准

GB/T 1479.2—2011/ISO 3923-2:1981
代替 GB/T 5060—1985

金属粉末　松装密度的测定
第2部分:斯柯特容量计法

Metallic powders—Determination of apparent density—
Part 2:Scott volumeter method

(ISO 3923-2:1981,IDT)

2011-05-12 发布　　2012-02-01 实施

中华人民共和国国家质量监督检验检疫总局
中国国家标准化管理委员会　发布

前　言

GB/T 1479《金属粉末　松装密度的测定》分为两个部分：

——第 1 部分：漏斗法；

——第 2 部分：斯柯特容量计法。

本部分为 GB/T 1479 的第 2 部分。

本部分等同采用 ISO 3923-2:1981《金属粉末　松装密度的测定　第 2 部分：斯柯特容量计法》。

为便于使用，本部分做了下列编辑性修改：

a) “本国际标准”一词改为“本部分”；

b) 用小数点“.”代替作为小数点的逗号“,”；

c) 删除国际标准的前言。

本部分代替 GB/T 5060—1985《金属粉末松装密度的测定　第 2 部分：斯柯特容量计法》。

本部分与 GB/T 5060—1985 相比，主要变化如下：

——增加了“规范性引用文件”；

——增加了“符号和定义”；

——增加了图 2。

本部分由中国有色金属工业协会提出。

本部分由全国有色金属标准化技术委员会归口。

本部分由钢铁研究总院、山东揽月科技有限公司、中国有色金属工业标准计量质量研究所起草。

本部分主要起草人：朱黎冉、赵鹏、王世宏、李忠全。

本部分所代替标准的历次版本发布情况为：

——GB/T 5060—1985。

金属粉末　松装密度的测定
第2部分:斯柯特容量计法

1　范围

GB/T 1479的本部分规定了用斯科特容量计法测量粉末的松装密度。本部分适用于不能自由流过漏斗孔径为5.0 mm的粉末(见GB/T 1479.1)。

2　规范性引用文件

下列文件对于本文件的应用是必不可少的。凡是注日期的引用文件,仅注日期的版本适用于本文件。凡是不注日期的引用文件,其最新版本(包括所有的修改单)适用于本文件。

GB/T 1479.1　金属粉末　松装密度的测定　第1部分:漏斗法(ISO 3923-1:2008,IDT)

3　原理

本部分是测量粉末在松装状态下完全充满已知量杯的粉末质量。让粉末通过斯科特容量计中一系列倾斜挡板充满杯子,从而使粉末呈松装状态(见图1和图2)。用质量与体积之比来表示松装密度。

4　符号及定义

符号及定义见表1。

表1　符号及定义

符　号	定　义	单　位
ρ_a	金属粉末松装密度(一般术语)	g/cm^3
ρ_{as}	斯科特容量计测定的松装密度	g/cm^3
m	粉末质量	g
V	量杯体积	cm^3

5　仪器

5.1　斯科特容量计

5.1.1　漏斗

由大小两个锥形漏斗装配而成,其间放入一个孔径为1.18 mm的黄铜筛网。

5.1.2　挡板箱

挡板箱为方形断面,内有四块玻璃挡板,借助沟槽被固定在箱子的侧面上,可容易地移出清洗。安装挡板的目的在于使粉末依次落在每块挡板上，并因此破坏了落差，从而减缓了粉末的流动速度。重要的是，玻璃挡板的上边缘和箱子之间不能有粉末通过，这些玻璃挡板下边缘从垂直面上看应在一条直线上或稍有重叠。

典型的斯柯特容量计见图1和图2。带有公差的尺寸应必须遵守，其他的尺寸是多数情况下所采用的尺寸，可以稍加改变，但要保留前面描述的条件。

5.1.3 支架和水平无振动底座

用于支撑量杯、挡板箱和漏斗，按图1和图2中给出的尺寸固定并保持同心。

5.2 量杯

容积为 25 $cm^3 \pm 0.05$ cm^3，内径为 30 mm±1 mm。

注意：杯子和漏斗应由无磁性、耐腐蚀的金属材料制成，应具有足够的壁厚和硬度以避免变形和过度磨损，杯子和漏斗的内表面应抛光。

5.3 天平

天平要有足够的量程，称量精确到±0.05 g。

6 取样

6.1 测定每一种金属粉末松装密度时，应至少取 100 cm^3 体积的试样，允许分三份进行测量。

6.2 通常，金属粉末按接收状态测定，在某些情况下，金属粉末应进行烘干。但如果粉末容易氧化，应在真空或惰性气氛保护下进行烘干。若金属粉末含有易挥发性物质，则不允许烘干。

7 步骤

7.1 用勺将粉末放在漏斗的筛网上，经过挡板箱，流入量杯中，直到充满，并有粉末溢出为止。

7.2 如果粉末不能自由通过筛网，可以用软刷子刷一刷，使金属粉末通过筛网。

注：如果无效，则该种金属粉末就不适用于斯科特容量计法测定松装密度。

7.3 量杯有粉末溢出后，用不锈钢板尺刮平。但不要使杯内的粉末压缩或带出，更不要使杯子摇晃或振动。

7.4 刮平后，轻轻敲打杯子，使粉末下沉，避免在挪动过程中粉末散失，在杯子的外表面上也不能沾有粉末。

7.5 称量杯内的金属粉末，精确到 0.05 g。测量在三份试样上进行。

8 结果表示

松装密度由下式给出：

$$\rho_{as} = m/V = m/25$$

取三次测量结果的算术平均值报出最终结果，精确到 0.01 g/cm^3。当三次测量结果之间的差值超过平均值的 1%时，其最大值和最小值也要随结果报出。

9 试验报告

试验报告应包括以下内容：

a） 本标准号；

b） 鉴别试样的必要说明；

c） 如果烘干粉末，要注明烘干过程；

d） 试验所得结果；

e） 在本部分中未规定的或任选的其他操作；

f） 任何可能影响到结果的因素。

单位为毫米

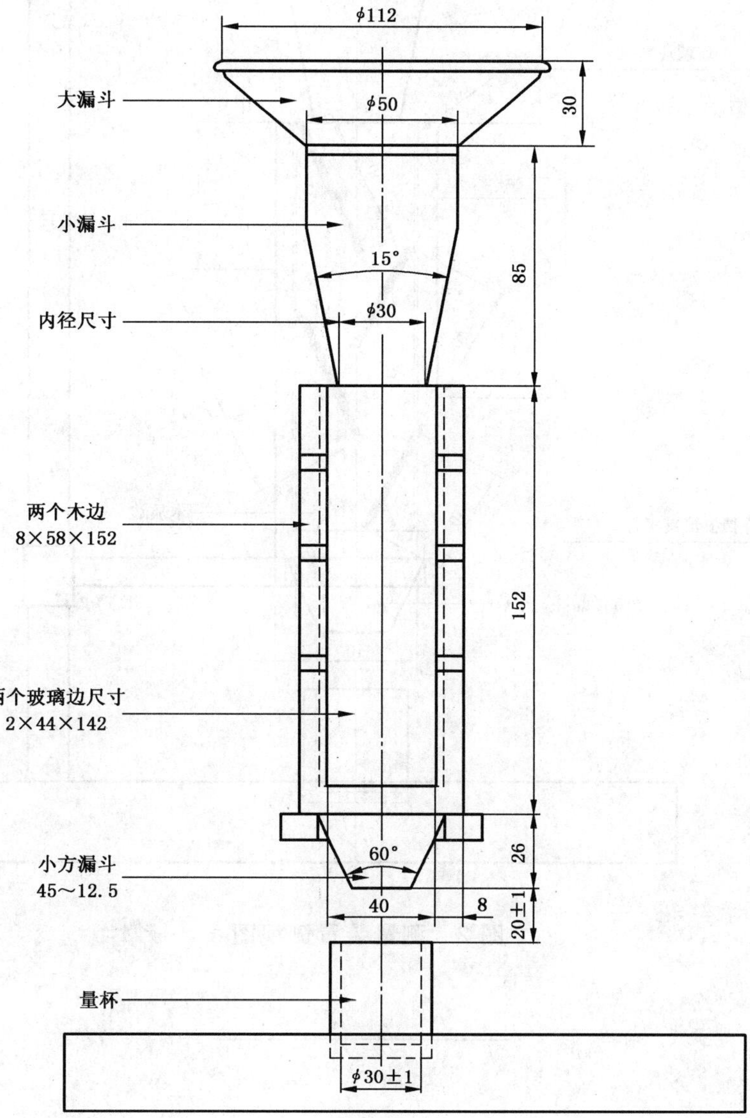

图 1 测量装置正视图

单位为毫米

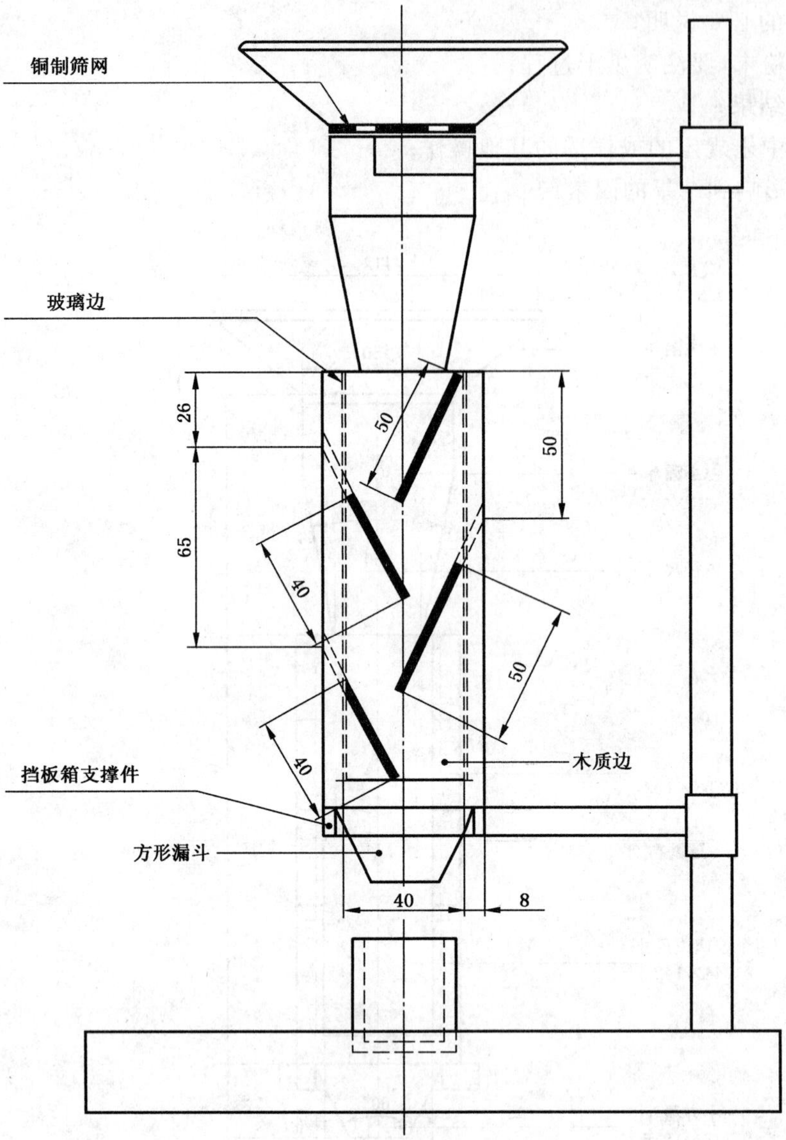

图2　测量装置侧视图

ICS 71.060.50
G 12

中华人民共和国国家标准

GB 1614—2011
代替 GB/T 1614—1999

工业碳酸钡

Barium carbonate for industrial use

2011-07-20 发布

2012-05-01 实施

中华人民共和国国家质量监督检验检疫总局
中国国家标准化管理委员会
发布

前　言

本标准的第7章和第9章为强制性的，其余为推荐性的。

本标准按照 GB/T 1.1—2009 给出的规则起草。

本标准代替 GB/T 1614—1999《工业碳酸钡》，与 GB/T 1614—1999《工业碳酸钡》相比，除编辑性修改外主要技术变化如下。

——本标准增加了碳酸锶指标参数(见 4.2，1999 年版的 3.2)；

——指标参数相应调整(见 4.2，1999 年版的 3.2)；

——删除了前版的附录A锶的测定(提示的附录)，增加了附录A本标准与日本标准的技术性差异及其原因(资料性附录)和附录B本标准与日本标准的结构性差异(资料性附录)(见附录A和附录B，1999 年版的附录A)。

本标准与日本标准 JIS K 1415：1992《碳酸钡》(日文版)的技术性差异和结构性差异参见附录A和附录B。

本标准由中国石油和化学工业联合会提出。

本标准由全国化学标准化技术委员会无机化工分会(SAC/TC 63/SC 1)归口。

本标准起草单位：中海油天津化工研究设计院、河北辛集化工集团有限责任公司、重庆新申世纪化工有限公司。

本标准主要起草人：李光明、郭兰瞳、邢士军、申静。

本标准所代替标准的历次版本发布情况为：

——GB 1614—1979、GB 1614—1989、GB/T 1614—1999。

工 业 碳 酸 钡

1 范围

本标准规定了工业碳酸钡的要求、试验方法、检验规则、标志、标签、包装、运输、贮存和安全。

本标准适用于钡盐、颜料、光学玻璃制造、电子玻璃、玻壳及无线电元件等工业碳酸钡。

2 规范性引用文件

下列文件对于本文件的应用是必不可少的。凡是注日期的引用文件，仅注日期的版本适用于本文件。凡是不注日期的引用文件，其最新版本(包括所有的修改单)适用于本文件。

GB 190—2009 危险货物包装标志

GB/T 191—2008 包装储运图示标志

GB/T 3049—2006 工业用化工产品 铁含量测定的通用方法 1,10-菲啰啉分光光度法

GB/T 6003.1 金属丝编制网试验筛

GB/T 6678 化工产品采样总则

GB/T 6682—2008 分析实验室用水规格和试验方法

GB/T 8170 数值修约规则与极限数值的表示和判定

HG/T 3696.1 无机化工产品 化学分析用标准滴定溶液的制备

HG/T 3696.2 无机化工产品 化学分析用杂质标准溶液的制备

HG/T 3696.3 无机化工产品 化学分析用制剂及制品的制备

3 分子式和相对分子质量

分子式：$BaCO_3$

相对分子质量：197.34(按 2007 年国际相对原子质量)。

4 要求

4.1 外观：白色粉末或颗粒。

4.2 工业碳酸钡应符合表 1 要求。

表 1 要求

%

项目		指标,w		
		优等品	一等品	合格品
主含量(以 $BaCO_3$ 计)	≥	99.2	99.0	98.5
水分	≤	0.30	0.30	0.30
盐酸不溶物灼烧残渣	≤	0.1	0.3	0.5
氯化物(Cl)	≤	0.01	—	—

表 1（续） %

项目			指标，w		
			优等品	一等品	合格品
总硫（SO_4）		≤	0.25	0.35	0.45
铁（Fe）		≤	0.001	0.004	0.008
细度	粉状 125 μm 筛余物	≤	0.20	0.30	0.50
	粒状 850μm 筛余物	≤	1	1	1
	粒状 150μm 筛余物	≥	85	85	85
碳酸锶（以 $SrCO_3$ 计）		≤	2.0	3.0	4.0

注 1：对陶瓷电容器用的粉状产品其 45 μm 筛余物的细度≤1%。

注 2：对湿法造粒产品盐酸不溶物灼烧残渣含量指标参数供需双方协商。

5 试验方法

5.1 安全提示

本试验方法中使用的部分试剂具有毒性或腐蚀性，操作时须小心谨慎！如溅到皮肤上应立即用水冲洗，严重者应立即就医。

5.2 一般规定

本标准所用试剂和水，在没有注明其他要求时，均指分析纯试剂和 GB/T 6682—2008 中规定的三级水。试验中所用标准滴定溶液、杂质标准溶液、制剂及制品，在没有注明其他要求时，均按 HG/T 3696.1、HG/T 3696.2、HG/T 3696.3 的规定制备。

5.3 外观检验

在自然光下，用目视法判定外观。

5.4 主含量的测定

5.4.1 方法提要

碳酸钡与盐酸反应生成氯化钡，然后加入硫酸溶液生成硫酸钡沉淀，根据硫酸钡的质量计算出碳酸钡含量。

5.4.2 试剂

5.4.2.1 盐酸溶液：1＋3。

5.4.2.2 硫酸溶液：1＋15。

5.4.2.3 硝酸银溶液：17 g/L。

5.4.3 仪器和设备

5.4.3.1 恒温水浴；

5.4.3.2 高温炉：温度能控制在 800 ℃±20 ℃。

5.4.4 分析步骤

称量约 1 g 试样，精确至 0.000 2 g，置于 250 mL 烧杯中，加 25 mL 水，盖上表面皿。再加 5 mL 盐酸溶液，待试样溶解后，加热至沸移置恒温水浴上，待溶液澄清后，用慢速滤纸过滤，用热水洗涤残渣至无氯离子(用硝酸银溶液检验)。收集滤液及洗液于 500 mL 烧杯中，加水使溶液体积约 300 mL。加热至沸后，取下立即在不断搅拌下一次加入 10 mL 热的硫酸溶液，移置约 80 ℃水浴上保温 1 h。然后用慢速定量滤纸过滤，用热水洗涤沉淀至无氯离子(用硝酸银溶液检验)。将沉淀连同滤纸移入已恒重的瓷坩埚中，低温灰化后，放在 800 ℃±20 ℃ 的高温炉内灼烧至质量恒定。

5.4.5 结果计算

主含量以碳酸钡(以 $BaCO_3$ 计)的质量分数 w_1 计，按式(1)计算：

$$w_1=\frac{0.845\,5\times(m_1-m_0)}{m}\times100\% \quad \cdots\cdots(1)$$

式中：

m_1 ——沉淀硫酸钡和瓷坩埚的质量的数值，单位为克(g)；

m_0 ——瓷坩埚的质量的数值，单位为克(g)；

m ——试料的质量的数值，单位为克(g)；

0.845 5——将硫酸钡换算成碳酸钡的系数。

取平行测定结果的算术平均值为测定结果，两次平行测定结果的绝对差值不大于 0.2%。

5.5 水分的测定

5.5.1 方法提要

试料在 105 ℃±2 ℃的电热恒温干燥箱中干燥至质量恒定。

5.5.2 仪器、设备

5.5.2.1 称量瓶：ϕ50 mm×30 mm。

5.5.2.2 电热恒温干燥箱：温度能控制在 105 ℃±2 ℃。

5.5.3 分析步骤

用已于 105 ℃±2 ℃条件下干燥至质量恒定的称量瓶，称取约 5 g 试样，精确至 0.000 2 g，置于电热恒温干燥箱中，在 105 ℃±2 ℃条件下干燥至质量恒定。

5.5.4 结果计算

水分以质量分数 w_2 计，按式(2)计算：

$$w_2=\frac{m_1-m_2}{m}\times100\% \quad \cdots\cdots(2)$$

式中：

m_1——干燥前试料和称量瓶的质量的数值，单位为克(g)；

m_2——干燥后试料和称量瓶的质量的数值，单位为克(g)；

m ——试料的质量的数值，单位为克(g)。

取平行测定结果的算术平均值为测定结果，两次平行测定结果的绝对差值不大于 0.01%。

5.6 盐酸不溶物灼烧残渣含量的测定

5.6.1 方法提要

用盐酸溶液溶解试样，用慢速滤纸过滤不溶物灼烧残渣，置于高温炉中烘至质量恒定，计算其盐酸不溶物灼烧残渣含量。

5.6.2 试剂

5.6.2.1 盐酸溶液：1+1。

5.6.2.2 硝酸银溶液：17 g/L。

5.6.3 仪器和设备

5.6.3.1 高温炉：温度能控制在 800 ℃±20 ℃。

5.6.3.2 恒温水浴。

5.6.4 分析步骤

称取约 10 g 试样，精确至 0.01 g，置于 250 mL 烧杯中，加入 50 mL 水和 50 mL 盐酸溶液，盖上表面皿，待试样溶解后，加热至沸。移至沸水浴上保温至澄清后。用慢速定量滤纸过滤，用热水洗涤滤渣至无氯离子(用硝酸银溶液检验)，将滤纸和水不溶物置于质量恒定的瓷坩埚中，低温灰化后，放在 800 ℃±20 ℃高温炉中烘至质量恒定。

5.6.5 结果计算

盐酸不溶物灼烧残渣含量以质量分数 w_3 计，按式(3)计算：

$$w_3 = \frac{m_1 - m_2}{m} \times 100\% \quad \cdots\cdots\cdots\cdots (3)$$

式中：

m_1——瓷坩埚和盐酸不溶物灼烧残渣的质量的数值，单位为克(g)；

m_2——瓷坩埚的质量的数值，单位为克(g)；

m ——试料的质量的数值，单位为克(g)。

取平行测定结果的算术平均值为测定结果，两次平行测定结果的绝对差值不大于 0.02%。

5.7 总硫含量测定

5.7.1 硫酸钡重量法(仲裁法)

5.7.1.1 方法提要

试样中的各价态的硫被王水氧化成硫酸盐，与试样溶液中的钡离子生成硫酸钡沉淀，根据硫酸钡的质量计算出总硫含量。

5.7.1.2 试剂和材料

5.7.1.2.1 无水碳酸钠。

5.7.1.2.2 盐酸。

5.7.1.2.3 硫酸。

5.7.1.2.4 碳酸钠溶液：20 g/L。

5.7.1.2.5 王水：硝酸+盐酸：1+3。

5.7.1.2.6 氯化钡溶液:100 g/L。

5.7.1.2.7 硝酸银溶液:17 g/L。

5.7.1.3 仪器、设备

5.7.1.3.1 铂坩埚。

5.7.1.3.2 高温炉:温度能控制在 700 ℃±20 ℃。

5.7.1.4 分析步骤

称量约 10 g 试样,精确至 0.000 2 g,置于 200 mL 烧杯中,用水湿润,加 20 mL 王水溶解,在水浴上蒸发至干,加 5 mL 盐酸再蒸干。再加 1 mL 盐酸和 100 mL 水,加热使可溶性盐溶解,放置 24 h。过滤,用水洗涤沉淀。将沉淀与滤纸一并放入铂坩埚中,低温灰化后,加 2 g~3 g 无水碳酸钠加热熔融。冷却后,加约 50 mL 温水溶解并过滤,用碳酸钠溶液洗涤将滤液与洗液合并,用盐酸中和并过量1 mL,用水稀释到 100 mL,将溶液煮沸,在 100 ℃水浴上加热约 30 min,放置 4 h 过滤,用水洗涤至滤液中不含氯离子为止(用硝酸银溶液检验)。将沉淀与滤纸一并转入已质量恒定的瓷坩埚中,将坩埚低温灰化后,放在 700 ℃±20 ℃高温炉内灼烧 30 min。冷却后,加 1 滴硫酸再加热,最后在 700 ℃±20 ℃高温炉内灼烧 30 min。置于干燥器中冷却,称量。

5.7.1.5 结果计算

总硫以硫酸盐(SO_4)质量分数 w_4 计,按式(4)计算:

$$w_4 = \frac{0.411\,6 \times m_1}{m} \times 100\% \qquad \cdots\cdots(4)$$

式中:

m_1 ——沉淀硫酸钡的质量的数值,单位为克(g);

m ——试料的质量的数值,单位为克(g);

0.411 6——将硫酸钡换算成硫酸盐的系数。

取平行测定结果的算术平均值为测定结果,两次平行测定结果的绝对差值不大于 0.02%。

5.7.2 燃烧容量法(日常检验法)

5.7.2.1 方法提要

试样中各种价态的硫,在铁屑和锡粒催化下,经氧气流高温转化为二氧化硫,经吸收液吸收变为亚硫酸用碘标准滴定溶液滴定,根据其消耗量计算出总硫含量。

5.7.2.2 试剂和材料

5.7.2.2.1 铁屑:硫(以 SO_4 计)质量分数≤ 0.003%,粒度 0.25 mm~1.25 mm。

5.7.2.2.2 锡粒:硫(以 SO_4 计)质量分数≤ 0.001%,粒度 0.25 mm~0.36 mm。

5.7.2.2.3 碘标准溶液:$c\left(\frac{1}{2}I_2\right)\approx 0.1$ mol/L。

5.7.2.2.4 碘-淀粉标准滴定溶液:$c\left(\frac{1}{2}I_2\right)\approx 0.002$ mol/L;

用移液管移取 20 mL 碘标准溶液,置于 1 000 mL 容量瓶中。称取 35.0 g 碘化钾,置于 250 mL 烧杯中,加 200 mL 水使碘化钾溶解,移入上述容量瓶中。称取 1.0 g 可溶性淀粉,置于 100 mL 烧杯中,加 20 mL 水调成糊状。另取 250 mL 烧杯,加 200 mL 水,煮沸。在搅拌下加入上述糊状淀粉,煮沸 3 min。冷却后,移入上述容量瓶中。加水至刻度,摇匀。贮存在棕色瓶中备用,有效期 7 d。

5.7.2.3 **仪器、设备**

5.7.2.3.1 管式燃烧炉：温度能控制在 1 400 ℃±50 ℃。

5.7.2.3.2 自动滴定仪。

5.7.2.3.3 燃烧瓷管：规格 ϕ22 mm×600 mm。

5.7.2.3.4 瓷舟：规格 90 mm×12 mm，在 900 ℃±20 ℃高温炉灼烧 30 min，置于干燥器中，备用。

5.7.2.4 **分析步骤**

将仪器按图 1 安装好。

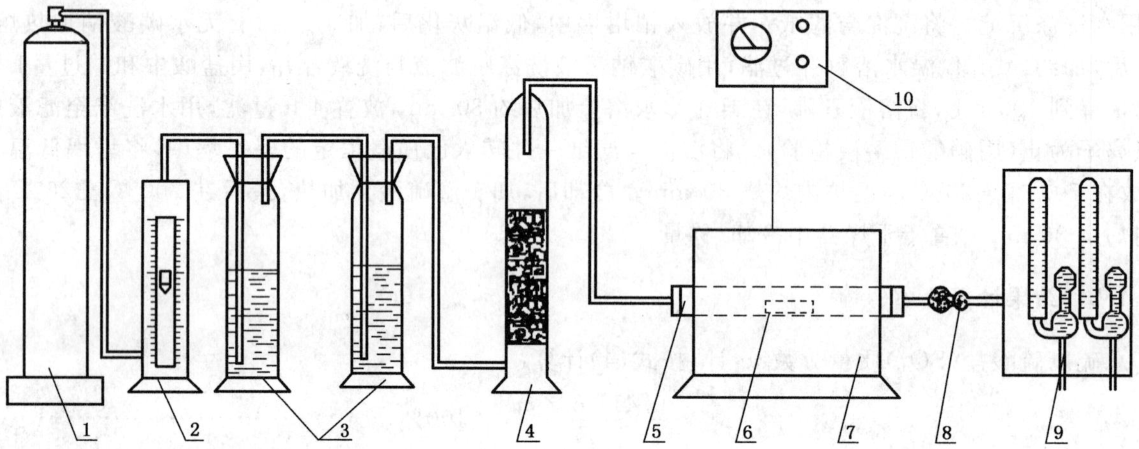

1——氧气瓶；
2——流量计；
3——10%氢氧化钠溶液；
4——干燥器；
5——燃烧管；
6——瓷舟；
7——管式燃烧炉；
8——玻璃棉；
9——自动滴定仪；
10——温度控制器。

图 1 总硫含量测定示意图

称量 0.15 g 试样，精确至 0.000 2 g，均匀置于已处理好的瓷舟中，加 0.5 g 铁屑和 1.0 g 锡粒均匀覆盖在试样上待炉温达到 1 450 ℃±50 ℃时，将瓷舟送到瓷管中间，通入氧气，保持气体流量在 1.5 L/min 燃烧生成的气体在氧气流的推动下，经净化装置进入自动滴定仪。用碘-淀粉标准滴定溶液滴定。直至处始的蓝色保持恒定 1 min，即为终点。同时做空白试验。

注：每次测定试样前需用标准碳酸钡样品校准管式燃烧炉系统，检验系统是否正常。

5.7.2.5 **结果计算**

总硫以硫酸盐(SO_4)的质量分数 w_4 计，按式(5)计算：

$$w_4=\frac{[(V-V_1)/1\,000]cM}{m}\times 100\% \qquad \cdots\cdots(5)$$

式中：

V——滴定试验溶液所消耗的碘-淀粉标准滴定溶液的体积的数值，单位为毫升（mL）；

V_1——滴定空白试验溶液所消耗的碘-淀粉标准滴定溶液的体积的数值，单位为毫升（mL）；

c——碘-淀粉标准滴定溶液浓度的准确数值，单位为摩尔每升（mol/L）；

m——试料的质量的数值，单位为克（g）；

M——硫酸盐$\left(\frac{1}{2}SO_4\right)$的摩尔质量的数值，单位为克每摩尔（g/mol）（$M$=48.03）。

取平行测定结果的算术平均值为测定结果，两次平行测定结果的绝对差值不大于0.02%。

5.8 氯化物含量的测定

5.8.1 方法提要

在酸性介质中加入硝酸银溶液，银离子与氯离子生成白色的氯化银悬浊液，与同样处理的标准比浊溶液进行对比。

5.8.2 试剂

5.8.2.1 95%乙醇。

5.8.2.2 硝酸溶液：1+2。

5.8.2.3 硝酸银溶液：17 g/L。

5.8.2.4 氯化物标准溶液：1 mL溶液含氯（Cl）0.010 mg。

用移液管移取1.00 mL按HG/T 3696.2配制的氯化物标准溶液，置于100 mL容量瓶中，用水稀释至刻度，摇匀。

5.8.3 分析步骤

称取2.00 g±0.01 g试样，置于100 mL烧杯中，加入50 mL水，加热使之溶解。冷却后，全部转移至100 mL容量瓶中，用水稀释至刻度，摇匀。干过滤，用移液管移取10 mL滤液，置于50 mL比色管中，加入1 mL 95%乙醇，5 mL硝酸溶液和1 mL硝酸银溶液，用水稀释至刻度，轻轻摇匀。静置10 min后，于黑背景下与标准比浊溶液比对，所产生的浊度不得大于标准比浊溶液。

标准比浊溶液是移取2.00 mL氯化物标准溶液，与试样同时同样处理。

5.9 铁含量的测定

5.9.1 方法提要

同GB/T 3049—2006第3章。

5.9.2 试剂

5.9.2.1 盐酸溶液：1+3。

5.9.2.2 其他试剂同GB/T 3049—2006第4章。

5.9.3 仪器、设备

5.9.3.1 分光光度计：配有4 cm或5 cm的比色皿。

5.9.3.2 其他仪器同GB/T 3049—2006第5章。

5.9.4 分析步骤

5.9.4.1 试验溶液的制备

称取约 5 g 试样(优等品称取约 10 g 试样),精确至 0.01 g,置于 150 mL 烧杯中,加 50 mL 水和 5 mL 盐酸溶液,加热煮沸 4 min,取下冷却至室温。全部转移至 100 mL 容量瓶中,用水稀释至刻度,摇匀。干过滤,弃去初始滤液,保留滤液。

5.9.4.2 空白试验溶液的制备

在制备试验溶液的同时,除不加试料外,其他操作和加入的试剂量与制备试验溶液同样处理。

5.9.4.3 工作曲线的绘制

按 GB/T 3049—2006 中 6.3 的规定,使用 4 cm 或 5 cm 比色皿,绘制铁含量为 10 μg～100 μg 工作曲线。

5.9.4.4 测定

用移液管移取 20 mL 试验溶液和空白试验溶液,置于 100 mL 容量瓶中,以下按 GB/T 3049—2006 中 6.4 从"必要时,加水至 60 mL……"开始进行操作。

根据试验溶液和空白试验溶液的吸光度,从工作曲线上查出相应的铁的质量。

5.9.5 结果计算

铁含量以铁(Fe)的质量分数 w_5 计,按式(6)计算:

$$w_5=\frac{(m_1-m_2)/1\,000}{m\times(20/100)}\times 100\% \qquad \cdots\cdots(6)$$

式中:

m_1——从工作曲线上查出的试验溶液中铁的质量的数值,单位为毫克(mg);

m_2——从工作曲线上查出的空白试验溶液中铁的质量的数值,单位为毫克(mg);

m ——试料的质量的数值,单位为克(g)。

取平行测定结果的算术平均值为测定结果,两次平行测定结果的绝对差值不大于 0.000 2%。

5.10 细度的测定

5.10.1 仪器、设备

5.10.1.1 试验筛(GB/T 6003.1)R40/3 系列,ϕ200 mm×50 mm/125、ϕ200 mm×50 mm/850、ϕ200 mm×50 mm/150。

5.10.1.2 振筛机:可以控制时间。

5.10.1.3 羊毛刷。

5.10.1.4 电热恒温干燥箱:温度可控制在 105 ℃±2 ℃。

5.10.2 分析步骤

5.10.2.1 粉状产品的测定

称量约 100 g 试样,精确至 0.1 g,置于 125 μm 试验筛中,用水冲洗并用羊毛刷反复刷至粉末不再通过为止。放在 105 ℃±2 ℃的电热恒温干燥箱中烘干,将筛余物移置已质量恒定的表面皿上称量。精确至 0.001 g。

5.10.2.2 **粒状产品的测定**

称量约100 g试样，精确至0.1 g，置于850 μm试验筛上，其下面放着150 μm试验筛和底盘。盖好筛盖，放在振筛机上振动4 min。将各个筛子上的筛余物移置已质量恒定的表面皿上称量，精确至0.01 g。

5.10.3 **结果计算**

细度以质量分数w_6计，按式(7)计算：

$$w_6=\frac{m_1}{m}\times 100\% \qquad \cdots\cdots(7)$$

式中：

m_1——筛余物的质量的数值，单位为克(g)；

m——试料的质量的数值，单位为克(g)。

取平行测定结果的算术平均值为测定结果，两次平行测定结果的绝对差值粉状产品不大于0.05%，粒状产品850 μm不大于0.5%，粒状产品150 μm不大于5%。

5.11 **碳酸锶含量的测定**

5.11.1 **方法提要**

从光源辐射出待测元素的特征波长的光，通过火焰中样品蒸汽时，被蒸汽中待测元素的基态原子吸收。吸收的大小与火焰中原子浓度的关系符合郎伯-比尔定律。利用此定律在波长460.7 nm测定碳酸锶含量。

5.11.2 **试剂**

5.11.2.1 盐酸溶液：1+1。

5.11.2.2 锶标准溶液：1 mL溶液含锶(Sr)0.050 mg。

用移液管移取5.0 mL按HG/T 3696.2配制的锶标准溶液，置于100 mL容量瓶中，用水稀释至刻度，混匀。

5.11.3 **仪器、设备**

5.11.3.1 原子吸收分光度计。

5.11.3.2 仪器测定条件：

a) 光源：锶空心阴极灯；

b) 波长：460.7 nm；

c) 火焰：空气-乙炔。

5.11.4 **分析步骤**

5.11.4.1 **试验溶液的制备**

称取0.5 g试样，准确至0.001 g，置于100 mL烧杯中，加少量水湿润，加少许纸浆，盖上表面皿，加3 mL盐酸溶液，加热煮沸，使试样溶解。冷却后，全部转移至50 mL容量瓶中，用水稀释至刻度，混匀。使用时进行干过滤。

5.11.4.2 **标准试验溶液的制备**

在4个50 mL容量瓶中，用移液管各加入2 mL试验溶液的滤液，再分别加入0.00 mL、1.00 mL、

2.00 mL、3.00 mL 锶标准溶液用水稀释至刻度，混匀。

5.11.4.3 测定

在规定的仪器条件下，将仪器调整至最佳工作条件，调出元素分析方法，选择样品数，单击开始，按提示完成全部操作。以水为空白，测得标准试验溶液的锶的质量。

5.11.5 结果计算

碳酸锶以碳酸锶($SrCO_3$)的质量分数 w_7 计，按下式(8)计算：

$$w_7 = \frac{m_1 \times 1.6849 \times 10^{-3}}{m \times (2/50)} \times 100\% \quad \cdots\cdots(8)$$

式中：

m_1 ——试验溶液中的锶的质量的数值，单位为毫克(mg)；

m ——试料的质量的数值，单位为克(g)；

1.684 9——将锶换算成碳酸锶的系数。

取平行样测定结果的算术平均值作为测定结果，平行测定结果的绝对差值不大于 0.02%。

6 检验规则

6.1 本标准所有指标均为出厂检验项目，应逐批检验。

6.2 用相同材料，基本相同的生产条件，连续生产或同一班组生产的同一级别的工业碳酸钡为一批。每批产品不超过 120 t。

6.3 按 GB/T 6678 的规定确定采样单元数。采样时，将采样器自包装袋的上方斜插入至料层深度的 3/4 处采样。将采得的样品混匀后，按四分法缩分至不少于 400 g，分装于两个清洁干燥的具塞广口瓶或塑料袋中，密封。瓶或塑料袋上粘贴标签，注明：生产厂名、产品名称、等级、批号、采样日期和采样者姓名。一份作为实验室样品，另一份保存备查，保留时间由生产厂根据实际需要确定。

6.4 检验结果如有指标不符合本标准要求时，应重新自两倍量的包装中采样进行复验，复验结果即使只有一项指标不符合本标准的要求时，则整批产品为不合格。

6.5 采用 GB/T 8170 规定的修约值比较法判定检验结果是否符合标准。

7 标志、标签

7.1 工业碳酸钡包装上应有牢固清晰的标志，内容包括：生产厂名、厂址、产品名称、等级、净含量、批号或生产日期、本标准编号及 GB 190—2009 规定的“毒性物质”标志和 GB/T 191—2008 中规定的“怕雨”标志。

7.2 每批出厂的工业碳酸钡都应附有质量证明书。内容包括：生产厂名、厂址、产品名称、等级、净含量、批号或生产日期和本标准编号。

8 包装、运输、贮存

8.1 工业碳酸钡采用 2～3 层牛皮纸袋或内衬塑料袋薄膜的塑料编制袋包装。牛皮纸袋用缝包机缝合；内袋用维尼龙绳或其他质量相当的绳人工扎口，或用与其相当的方式封口。外袋用塑料编制袋，外袋应牢固缝合。每袋净含量为 25 kg、500 kg 或 1 000 kg。

8.2　工业碳酸钡运输过程中应有遮盖物，防止雨淋、避免阳光直接照射。

8.3　工业碳酸钡应贮存于通风、干燥的仓库内，防止雨淋。

9　安全

9.1　工业碳酸钡属于有害品，在工作地点不许进食和吸烟。

9.2　厂内操作区空气中碳酸钡粉尘的最大允许质量浓度为 0.5 mg/m^3。

附 录 A
（资料性附录）
本标准与日本标准的技术性差异及其原因

表A.1给出了本标准与日本标准JIS K 1415:1992《碳酸钡》(日文版)技术性差异及其原因。

表A.1 本标准与日本标准JIS K 1415:1992技术性差异及其原因一览表

本标准的章条编号	技术性差异	原　因
4.2	日本标准规定了1类和2类。国家标准规定优等品、一等品和合格品。没有规定碳酸钠指标参数。	按照我国制修订标准的原则进行分等分级。考虑到我国的生产工艺以及产品生产的原料，没增加碳酸钠指标，因为没有数据支持。
5.4	日本标准测定碳酸钡含量采用两种方法，一种是重量法，另一种是EDTA滴定法。	国家标准只采用了重量法，因为该方法是经典方法，生产企业和用户一直认可该方法。
5.7	日本标准规定硫酸盐和硫化物两项，而国家标准规定总硫含量，将合二为一。	日本标准测定时间较长，采用测定总硫方法减少分析时间。
5.9	日本标准采用分光光度法和原子吸收法。国家标准只规定了分光光度法。	采用国际标准通用方法。

附 录 B
（资料性附录）
本标准与日本标准的结构性差异

表B.1给出了本标准与日本标准JIS K 1415:1992《碳酸钡》（日文版）结构性差异。

表B.1 本标准与日本标准JIS K 1415:1992结构性差异一览表

本标准		日本标准	
章节	内容	章节	内容
前言	前言		—
1	范围	1	范围
2	规范性引用文件	2	种类
3	分子式和相对分子质量	3	品质
4	要求	4	采样方法
5	试验方法	5	试验方法
6	检验规则	6	检验
7	标志、标签	7	标签
8	包装、运输、贮存		—
9	安全		—

ICS 85.060
Y 32

GB

中华人民共和国国家标准

GB/T 1911—2011
代替 GB/T 1911—1991

拷贝纸

Copying paper

2011-12-30 发布　　2012-07-01 实施

中华人民共和国国家质量监督检验检疫总局
中国国家标准化管理委员会　发布

前　言

本标准按照 GB/T 1.1—2009 给出的规则起草。

请注意本文件的某些内容可能涉及专利。本文件的发布机构不承担识别这些专利的责任。

本标准代替 GB/T 1911—1991《拷贝纸》。

本标准与 GB/T 1911—1991 相比，主要变化如下：

——将引用标准改为规范性引用文件；

——将原标准中产品分为 A 等、B 等、C 等改为优等品、合格品两个等级；

——将撕裂度调整为撕裂指数；

——本标准优等品要求透气度指标，合格品不要求透气度指标。

本标准由中国轻工业联合会提出。

本标准由全国造纸工业标准化技术委员会(SAC/TC 141)归口。

本标准起草单位：福建铙山纸业集团有限公司、福建优兰发集团（实业）有限公司、中国制浆造纸研究院、国家纸张质量监督检验中心。

本标准主要起草人：卢宝荣、张青。

本标准所代替标准的历次版本发布情况为：

——GB 1911—1980、GB/T 1911—1991。

拷 贝 纸

1 范围

本标准规定了拷贝纸的术语和定义、产品分类、要求、试验方法、检验规则和标志、包装、运输、贮存。

本标准适用于供复写、印刷及高级装潢包装等用的拷贝纸。

2 规范性引用文件

下列文件对于本文件的应用是必不可少的。凡是注日期的引用文件，仅注日期的版本适用于本文件。凡是不注日期的引用文件，其最新版本(包括所有的修改单)适用于本文件。

GB/T 450 纸和纸板 试样的采取及试样纵横向、正反面的测定

GB/T 451.1 纸和纸板尺寸及偏斜度的测定

GB/T 451.2 纸和纸板定量的测定

GB/T 451.3 纸和纸板厚度的测定

GB/T 455 纸和纸板撕裂度的测定

GB/T 458—2008 纸和纸板 透气度的测定

GB/T 462 纸、纸板和纸浆 分析试样水分的测定

GB/T 1541—1989 纸和纸板尘埃度的测定法

GB/T 2828.1 计数抽样检验程序 第1部分:按接收质量限(AQL)检索的逐批检查抽样计划

GB/T 7974 纸、纸板和纸浆亮度(白度)的测定(漫反射法)

GB/T 7975 纸、纸板颜色的测定(漫射/垂直法)

GB/T 10342 纸张的包装和标志

GB/T 10739 纸、纸板和纸浆试样处理和试验的标准大气条件

GB/T 12914 纸和纸板 抗张强度的测定

3 术语和定义

下列术语和定义适用于本文件。

3.1

拷贝纸 copying paper

薄而柔韧，有较高的透明度，适用于复写、印刷及高级装潢包装等用的双面光薄型纸。

4 产品分类

4.1 拷贝纸按其质量分为优等品、合格品两个等级。

4.2 拷贝纸分为平板纸和卷筒纸。

5 要求

5.1 拷贝纸的技术指标应符合表1或订货合同的规定。

表 1

指标名称				单位	要求	
					优等品	合格品
定量				g/m^2	15.0±1.0　17.0±1.0　19.0±1.0	
紧度			≥	g/cm^3	0.60	0.50
亮度(白度)[a]				%	80.0～90.0	
裂断长 ≥	平板纸(纵横平均)			km	4.00	3.00
	卷筒纸(纵向)				5.00	4.50
撕裂指数			≥	mN·m^2/g	4.00	3.00
透气度			≤	μm/(Pa·s)	3.2	—
交货水分			≤	%	10.0	
尘埃度	总数		≤	个/m^2	50	80
	其中	0.3 mm^2～0.5 mm^2	≤		50	80
		>0.5 mm^2,≤1.5 mm^2	≤		4	12
		>1.5 mm^2			不应有	

[a] 彩色纸不考核亮度(白度)指标。

5.2　拷贝纸的纸面应平整,不应有褶子、皱纹、孔洞、泡泡纱、明显条痕、裂口、斑点等外观纸病。

5.3　拷贝纸的切边应整齐、洁净,纤维组织应均匀,纸页应柔软细腻,可按照订货合同生产各种颜色的拷贝纸,但每批纸的色差(ΔE^*_{ab})应不大于2.5。

5.4　平板拷贝纸尺寸为:787 mm×1 092 mm、508 mm×762 mm,或按订货合同规定,尺寸偏差应不超过±3 mm,偏斜度应不超过3 mm。

5.5　卷筒拷贝纸应复卷整齐,端面应平整,每卷接头数应不超过5个,接头宽度应不超过15 mm,接头处应用胶带纸粘牢,且接头处应作出明显标记。

6　试验方法

6.1　试样的采取按GB/T 450进行,试样处理的标准大气条件按GB/T 10739进行。

6.2　定量按GB/T 451.2测定。

6.3　紧度按GB/T 451.3测定。首先按GB/T 451.3测定厚度,沿纸幅横向制备多叠试样,应不少于5叠。每10片为一叠,且每片均正面朝上层叠起来,每一叠试样测定三个点,计算单层厚度并最终计算出紧度。

6.4　亮度(白度)按GB/T 7974测定。

6.5　裂断长按GB/T 12914测定,仲裁时采用恒速拉伸法进行测定。

6.6　撕裂指数按GB/T 455测定。

6.7　透气度按GB/T 458—2008中肖伯尔法测定。

6.8　尘埃度按GB/T 1541—1989测定。

6.9　交货水分按GB/T 462测定。

6.10　尺寸偏差和偏斜度按GB/T 451.1测定。

6.11　色差按GB/T 7975测定。

6.12　外观质量采用目测检验。

7　检验规则

7.1　以一次交货数量为一批，但每批应不多于 40 t。

7.2　供方应保证拷贝纸的质量符合本标准或订货合同的规定。每件(卷)纸应附有一份产品合格证。

7.3　计数抽样检验程序应按 GB/T 2828.1 规定进行。平板纸样本单位为件，卷筒纸样本单位为卷。接收质量限(AQL)：裂断长、撕裂指数 AQL=4.0，定量、紧度、亮度(白度)、透气度、尘埃度、交货水分、尺寸偏差、偏斜度、外观质量、接头数、色差 AQL=6.5。抽样方案采用正常检验二次抽样方案，检验水平为特殊检验水平 S-2，见表 2。

表 2

批量/件(卷)	正常检验二次抽样方案　特殊检验水平 S-2				
	样本量	AQL=4.0		AQL=6.5	
		Ac	Re	Ac	Re
2～150	3	0	1	—	—
	2	—	—	0	1
151～280	3	0	1	—	—
	5	—	—	0	2
	5(10)	—	—	1	2

7.4　可接收性的确定：第一次检验的样品数量应等于该方案给出的第一样本量。如果第一样本中发现的不合格品数小于或等于第一接收数，应认为该批是可接收的；如果第一样本中发现的不合格品数大于或等于第一拒收数，应认为该批是不可接收的。如果第一样本中发现的不合格品数介于第一接收数与第一拒收数之间，应检验由方案给出样本量的第二样本并累计在第一样本和第二样本中发现的不合格品数。如果不合格品累计数小于或等于第二接收数，则判定该批是可接收的；如果不合格品累计数大于或等于第二拒收数，则判定该批是不可接收的。

8　标志、包装、运输、贮存

8.1　拷贝纸的标志、包装应按 GB/T 10342 进行或按合同规定进行。

8.2　贮存时应防止雨、雪和地面潮湿的影响，不应与有污染的物质及易燃物放在一起。严禁大型物品挤压。

8.3　运输时应使用防雨、防潮、有篷而洁净的运输工具。

8.4　搬运时不应将纸件(卷)从高处扔下或就地翻滚移动。

ICS 71.060.50
G 12

GB

中华人民共和国国家标准

GB 1918—2011
代替 GB/T 1918—1998

工业硝酸钾

Potassium nitrate for industrial use

2011-12-05 发布 2012-08-01 实施

中华人民共和国国家质量监督检验检疫总局
中国国家标准化管理委员会 发布

前　言

本标准的第7章和第8章内容为强制性的，其余为推荐性的。

本标准按照GB/T 1.1—2009给出的规则起草。

本标准修订参考了俄罗斯标准ГОСТ 19790:1974(1995)《工业钾硝石(硝酸钾)》(俄文版)中的B类。

本标准代替GB/T 1918—1998《工业硝酸钾》。

本标准与GB/T 1918—1998主要技术差异：

——增设碳酸盐含量指标及试验方法(1998年版的3.2,本版的4.2)；

——硝酸钾含量的计算公式中减掉与碳酸盐含量相当的硝酸钾的数值(1998年版的4.1.4,本版的5.4.5)；

——氯化物含量的测定改用汞量法和限量比浊法(1998年版的4.3,本版的5.8)。

本标准由中国石油和化学工业联合会提出。

本标准由全国化学标准化技术委员会无机化工分会(SAC/TC 63/SC 1)归口。

本标准起草单位：中海油天津化工研究设计院、浙江联大化工有限公司、江西宜春市腾达化工有限责任公司、四川省危险化学品质量监督检验所、湖南浏阳市美奥化工有限公司、陕西省兴平市溢盛化工有限责任公司。

本标准主要起草人：李肖锋、余荣华、赵家春、张静娟、赵晨、蔡波、蔡炳华。

本标准所代替标准的历次版本发布情况为：

——GB 1918—1980,GB 1918—1986,GB/T 1918—1998。

工 业 硝 酸 钾

警告：硝酸钾是一种强氧化剂，与有机物接触，在一定的条件下能引起燃烧爆炸，并放出有刺激性的有毒气体，与碳粉或硫磺共热时，能发出强光和燃烧。在生产、贮运和使用过程中应注意安全。

1 范围

本标准规定了工业硝酸钾的要求、试验方法、检验规则以及标志、包装、运输、贮存和安全。

本标准适用于主要作为黑火药、导火索、光学玻璃、氨触媒、金属热处理、瓷釉及医药中间体等原料的工业硝酸钾。

2 规范性引用文件

下列文件对于本文件的应用是必不可少的。凡是注日期的引用文件，仅注日期的版本适用于本文件。凡是不注日期的引用文件，其最新版本（包括所有的修改单）适用于本文件。

GB 190—2009 危险货物包装标志

GB/T 191—2008 包装储运图示标志

GB/T 685—1993 化学试剂甲醛溶液

GB/T 3049—2006 工业用化工产品铁含量测定的通用方法 1,10-菲啰啉分光光度法

GB/T 3051—2000 无机化工产品中氯化物含量测定的通用方法 汞量法

GB/T 6678 化工产品采样总则

GB/T 6682—2008 分析实验室用水规格和试验方法

GB/T 8170 数值修约规则与极限数值的表示和判定

GB/T 8946—1998 塑料编织袋

GB/T 23945—2009 无机化工产品中氯化物含量测定的通用方法 目视比浊法

HG/T 3696.1 无机化工产品 化学分析用标准滴定溶液的制备

HG/T 3696.2 无机化工产品 化学分析用杂质标准溶液的制备

HG/T 3696.3 无机化工产品 化学分析用制剂及制品的制备

3 分子式、相对分子量

分子式：KNO_3

相对分子质量：101.10（按 2007 年国际相对原子质量）

4 要求

4.1 外观：白色结晶或球形颗粒。

4.2 工业硝酸钾应符合表 1 要求。

表 1 要求

项目		指标		
		优等品	一等品	合格品
硝酸钾(KNO_3),w/%	≥	99.7	99.4	99.0
水分,w/%	≤	0.10	0.20	0.30
碳酸盐(以 K_2CO_3 计),w/%	≤	0.01	0.01	—
硫酸盐(以 SO_4 计),w/%	≤	0.005	0.01	—
氯化物(以 Cl 计),w/%	≤	0.01	0.02	0.10
水不溶物,w/%	≤	0.01	0.02	0.05
吸湿率,w/%	≤	0.25	0.30	—
铁(Fe),w/%	≤	0.003	—	—
铵盐含量根据用户要求,按本标准规定的方法进行测定。				

5 试验方法

5.1 安全提示

本试验方法中使用的部分试剂和样品具有毒性或腐蚀性,操作时须小心谨慎!如溅到皮肤上应立即用水冲洗,严重者应立即治疗。具挥发性的有机试剂的大部分对人体健康有影响且易燃,操作时在通风橱中进行,避免与明火接触。

5.2 一般规定

本标准所用的试剂和水,在没有注明其他要求时,均指分析纯试剂和 GB/T 6682—2008 中规定的三级水。试验中所用的标准滴定溶液、杂质标准溶液、制剂和制品,在没有注明其他规定时,均按 HG/T 3696.1、HG/T 3696.2 和 HG/T 3696.3 的规定制备。

5.3 外观的判别

在自然光条件下,用目视方法判别。

5.4 硝酸钾含量的测定

安全提示:此项操作加热时禁止使用明火。

5.4.1 方法提要

在中性介质中,钾离子与四苯硼钠进行反应,生成四苯硼钾沉淀。如有铵离子存在,可加入甲醛溶液消除铵离子的干扰。根据生成的四苯硼钾的质量,确定硝酸钾含量。

5.4.2 试剂

5.4.2.1 无水乙醇。

5.4.2.2 甲醛(按附录 A 规定制备,使用前过滤)。

5.4.2.3 乙酸溶液:1+100。

5.4.2.4 氢氧化钠溶液:4 g/L。

5.4.2.5 四苯硼钠乙醇溶液:34 g/L;

称取 3.4 g 四苯硼钠溶于 100 mL 无水乙醇中,用时现配,用前过滤。

5.4.2.6 四苯硼钾乙醇饱和溶液:

称取 1 g～2 g 本试验后的四苯硼钾沉淀,加 50 mL 无水乙醇,950 mL 水,摇匀,使用前过滤。

5.4.2.7 甲基橙指示液:0.4 g/L。

5.4.2.8 酚酞指示液:10 g/L。

5.4.3 仪器

5.4.3.1 电热恒温干燥箱:温度能控制在 120 ℃±2 ℃。

5.4.3.2 玻璃砂坩埚:滤板孔径为 5 μm～15 μm。

5.4.4 分析步骤

称取约 1 g～1.2 g 试样,精确至 0.000 2 g。置于 100 mL 烧杯中,加水溶解,溶液转移至 500 mL 容量瓶中,用水稀释至刻度,摇匀。干过滤,弃去前 25 mL 滤液,用移液管移取 25 mL 溶液,置于 150 mL 烧杯中,加 20 mL 水,2 滴甲基橙指示液,用乙酸溶液调节溶液恰呈红色;对以铵盐为原料生产的硝酸钾,加 1 滴～2 滴酚酞指示液,2 mL 甲醛,用氢氧化钠溶液调节至溶液呈微红色。用恒温水浴加热溶液至45 ℃(继续保持溶液呈微红色)(如果有沉淀需要过滤和洗涤),在搅拌下滴加 8 mL 四苯硼钠乙醇溶液(滴加时间约为 5 min),继续搅拌 1 min。放置 30 min 后,用预先在 120 ℃±2 ℃电热恒温干燥箱中干燥至质量恒定的玻璃砂坩埚抽滤。用 20 mL 四苯硼钾乙醇饱和溶液转移沉淀,并用 15 mL 四苯硼钾乙醇饱和溶液分 3～4 次洗涤沉淀(每次应抽干),用 2 mL 无水乙醇沿坩埚壁洗涤一次,抽干。于 120 ℃±2 ℃电热恒温干燥箱中烘至质量恒定。

5.4.5 结果计算

硝酸钾含量以硝酸钾(KNO_3)的质量分数 w_1 计,按式(1)计算:

$$w_1 = \frac{m_1 \times 0.282\,2}{m \times \frac{25}{500}} \times 100\% - 1.463 w_3 \qquad \cdots\cdots(1)$$

式中:

m_1 ——四苯硼钾沉淀物质量的数值,单位为克(g);

m ——试料质量的数值,单位为克(g);

w_3 ——按 5.6 测出碳酸钾(K_2CO_3)的质量分数,以%表示;

0.282 2——四苯硼钾换算为硝酸钾的系数;

1.463 ——碳酸钾(K_2CO_3)转换为硝酸钾的系数。

取平行测定结果的算术平均值为测定结果,两次平行测定结果的绝对差值不大于 0.3%。

5.5 水分的测定

5.5.1 方法提要

在规定温度下,将一定量的试样干燥至质量恒定,测定试样减少的质量,确定水分。

5.5.2 仪器、设备

5.5.2.1 电热恒温干燥箱:温度能控制在 105 ℃～110 ℃;

5.5.2.2 称量瓶:ϕ50 mm×30 mm。

5.5.3 分析步骤

称取约 10 g 试样，精确至 0.000 2 g。放入预先在 105 ℃～110 ℃的电热恒温干燥箱中干燥至质量恒定的称量瓶中，置于 105 ℃～110 ℃的电热恒温干燥箱中干燥至质量恒定。

5.5.4 结果计算

水分的质量分数以 w_2 计，按式(2)计算：

$$w_2=\frac{m-m_1}{m}\times 100\% \qquad \cdots\cdots(2)$$

式中：

m_1——干燥后试样质量的数值，单位为克(g)；

m——试料质量的数值，单位为克(g)。

取平行测定结果的算术平均值为测定结果，两次平行测定结果的绝对差值不大于 0.01%。

5.6 碳酸盐含量的测定

5.6.1 方法提要

将试样溶解于水，加入甲基橙指示液，用盐酸溶液滴定至试样溶液变为橙色。

5.6.2 试剂

5.6.2.1 盐酸标准滴定溶液：$c(HCl)\approx 0.1$ mol/L。

5.6.2.2 甲基橙指示液：0.4 g/L。

5.6.3 分析步骤

称取约 5 g 试样，精确至 0.01 g。置于 250 mL 锥形瓶中，加 50 mL 不含二氧化碳的水溶解，加 3 滴甲基橙指示液，用盐酸标准滴定溶液滴定至溶液变为橙色。

5.6.4 结果计算

碳酸盐含量以碳酸钾(K_2CO_3)的质量分数 w_3 计，按式(3)计算：

$$w_3=\frac{10^{-3}VcM}{m}\times 100\% \qquad \cdots\cdots(3)$$

式中：

V——滴定试验溶液消耗的盐酸标准滴定溶液体积的数值，单位为毫升(mL)；

c——盐酸标准滴定溶液浓度的准确数值，单位为摩尔每升(mol/L)；

m——试料质量的数值，单位为克(g)；

M——碳酸钾($\frac{1}{2}K_2CO_3$)摩尔质量的数值，单位为克每摩尔(g/mol)($M=69.10$)。

取平行测定结果的算术平均值为测定结果，两次平行测定结果的绝对差值不大于 0.002%。

5.7 硫酸盐含量的测定

5.7.1 方法提要

在酸性介质中，硫酸根离子与钡离子生成难溶的硫酸钡，当硫酸根离子含量较低时，在一定时间内硫酸钡悬浮在溶液中，使溶液混浊，用于硫酸盐的目视比浊法测定。

5.7.2 试剂

5.7.2.1 盐酸溶液：1＋4。

5.7.2.2 氯化钡溶液：100 g/L。

5.7.2.3 硫酸盐标准溶液：1 mL 溶液含硫酸盐（SO_4）0.1 mg。用移液管移取 10 mL 按 HG/T 3696.2 配制的硫酸盐标准溶液，置于 100 mL 容量瓶中，用水稀释至刻度，摇匀。

5.7.3 分析步骤

5.7.3.1 试验溶液 A 的制备

称取约 5 g 试样，精确至 0.01 g。置于 100 mL 烧杯中，加 50 mL 水溶解，用定量滤纸过滤于 100 mL 容量瓶中，充分洗涤滤纸，用水稀释至刻度，摇匀。此溶液为试验溶液 A，用于硫酸盐和目视法氯化物含量的测定。

5.7.3.2 测定

用移液管移取适量的试验溶液 A（优等品：20 mL；一等品：10 mL），置于 50 mL 比色管中，加水至约 40 mL，加 1 mL 盐酸溶液，1 mL 氯化钡溶液，用水稀释至刻度，摇匀。放置 5 min，所呈浊度不深于标准比浊溶液。

标准比浊溶液的配制：用移液管移取 0.5 mL 硫酸盐标准溶液，与试验溶液同时同样处理。

5.8 氯化物含量的测定

5.8.1 汞量法（仲裁法）

5.8.1.1 方法提要

同 GB/T 3051—2000 第 2 章。

5.8.1.2 试剂

5.8.1.2.1 尿素。

5.8.1.2.2 同 GB/T 3051—2000 第 4 章。

5.8.1.3 仪器、设备

同 GB/T 3051—2000 第 5 章。

5.8.1.4 分析步骤

称取约 25 g 试样，精确至 0.01 g。置于 250 mL 锥形瓶中，加 80 mL 水，3 g 尿素，加热溶解。在微沸下滴加硝酸溶液至无细小气泡产生，冷却至室温。加 3 滴溴酚蓝指示液，用氢氧化钠溶液调至溶液呈蓝色，再滴加硝酸溶液至恰呈黄色，再过量 5 滴。加入 1 mL 二苯偶氮碳酰肼指示液，使用微量滴定管，用 0.05 mol/L 硝酸汞标准滴定溶液滴定至溶液由黄色变为紫红色。

空白试验：取 80 mL 水置于 250 mL 锥形瓶中，从加 3 g 尿素开始与试样同时同样处理。

5.8.1.5 结果计算

氯化物含量以氯（Cl）的质量分数 w_4 计，按式（4）计算：

$$w_4 = \frac{10^{-3}(V - V_0)cM}{m} \times 100\% \qquad \cdots\cdots(4)$$

式中：

V ——滴定试验溶液消耗的硝酸汞标准滴定溶液体积的数值，单位为毫升(mL)；

V_0——滴定空白溶液消耗的硝酸汞标准滴定溶液体积的数值，单位为毫升(mL)；

c ——硝酸汞标准滴定溶液浓度的准确数值，单位为摩尔每升(mol/L)；

m ——试料质量的数值，单位为克(g)；

M ——氯(Cl)的摩尔质量的数值，单位为克每摩尔(g/mol)(M=35.45)。

取平行测定结果的算术平均值为测定结果，两次平行测定结果的绝对差值优等品和一等品不大于0.001%，合格品不大于0.01%。

5.8.2 目视比浊法

5.8.2.1 方法提要

同GB/T 23945—2009第3章。

5.8.2.2 试剂

同GB/T 23945—2009第6章。

5.8.2.3 分析步骤

用移液管移取适量试验溶液A(5.7.3.1)(优等品：10.0 mL；一等品：5.00 mL；合格品：1.00 mL)，置于50 mL比色管中，加水约至40 mL，加1 mL硝酸溶液和1 mL硝酸银溶液，用水稀释至刻度，摇匀，静置10 min。所产生的白色混浊不深于标准比浊溶液。

标准比浊溶液是移取5.00 mL氯化物标准溶液[1 mL含氯(Cl)0.010 mg]，与试验溶液同时同样处理。

5.9 水不溶物含量的测定

5.9.1 方法提要

称取一定量的试样溶于水，过滤后，残渣在一定温度条件下烘干，称量后，确定水不溶物含量。

5.9.2 试剂

二苯胺-硫酸指示液：10 g/L。

5.9.3 仪器、设备

5.9.3.1 电热恒温干燥箱：温度能控制在105 ℃～110 ℃。

5.9.3.2 玻璃砂坩埚：滤板孔径为5 μm～15 μm。

5.9.4 分析步骤

称取约25 g试样，精确至0.01 g。置于250 mL烧杯中，加100 mL水，加热溶解并煮沸，用已预先在105 ℃～110 ℃条件下干燥至质量恒定的玻璃砂坩埚过滤。用水洗涤至滤液无硝酸根离子(用二苯胺-硫酸指示液检验不显蓝色)，将玻璃砂坩埚连同不溶物置于电热恒温干燥箱中，在105 ℃～110 ℃条件下烘至质量恒定。

5.9.5 结果计算

水不溶物的质量分数以w_5计，按式(5)计算：

$$w_5 = \frac{m_1}{m} \times 100\% \quad \cdots\cdots(5)$$

式中：

m_1——水不溶物质量的数值，单位为克(g)；

m ——试料质量的数值，单位为克(g)。

取平行测定结果的算术平均值为测定结果，两次平行测定结果的绝对差值不大于0.003%。

5.10 吸湿率的测定

5.10.1 方法提要

将测定水分后的试样置于盛有饱和硝酸钾溶液的干燥器中，在一定温度下放置6 h后，称量。

5.10.2 仪器

干燥器：直径ϕ140 mm，底层盛有100 mL饱和硝酸钾溶液。

5.10.3 分析步骤

将5.5中干燥至质量恒定后的试样连同称量瓶置于干燥器中，取下称量瓶盖，将干燥器盖好。在20 ℃±2 ℃的温度下放置6 h，取出称量瓶及瓶盖，用滤纸擦去表面水分，称量。

5.10.4 结果计算

吸湿率的质量分数以w_6计，按式(6)计算：

$$w_6 = \frac{m_1 - m}{m} \times 100\% \quad \cdots\cdots(6)$$

式中：

m_1——试料吸收水分后的质量，单位为克(g)；

m ——按5.5中干燥至质量恒定的试料质量的数值，单位为克(g)。

取平行测定结果的算术平均值为测定结果，两次平行测定结果的绝对差值不大于0.05%。

5.11 铁含量的测定

5.11.1 方法提要

按GB/T 3049—2006的第3章。

5.11.2 试剂

按GB/T 3049—2006的第4章。

5.11.3 仪器

按GB/T 3049—2006的第5章。

5.11.4 分析步骤

5.11.4.1 工作曲线的绘制

按GB/T 3049—2006的6.3的规定，使用4 cm的吸收池绘制工作曲线。

5.11.4.2 测定

称取约2 g试样，精确至0.01 g。置于100 mL烧杯中，加入20 mL水溶解，用盐酸(1+3)调节pH

约为2(用精密 pH 试纸检验)。将溶液全部转移至100 mL 容量瓶中,加水至约60 mL。以下按 GB/T 3049—2006的6.4的规定,从“将试液定量转移至100 mL的容量瓶内……”开始进行操作。同时做空白试验。

空白试验是在制备试验溶液的同时,除不加试样外,其他操作及加入试剂的种类和数量与试验溶液相同。

5.11.5 结果计算

铁含量以铁(Fe)的质量分数 w_7 计,按式(7)计算:

$$w_7=\frac{(m_1-m_0)\times 10^{-3}}{m}\times 100\% \qquad \cdots\cdots(7)$$

式中:

m_1——从工作曲线上查得试验溶液中铁的质量的数值,单位为毫克(mg);

m_0——从工作曲线上查得空白试验溶液中铁的质量的数值,单位为毫克(mg);

m——试料质量的数值,单位为克(g)。

取平行测定结果的算术平均值为测定结果,两次平行测定结果的绝对差值不大于0.000 5%。

5.12 铵盐含量的测定

5.12.1 方法提要

在中性介质中铵盐与甲醛反应生成六次甲基四胺和相当于铵盐含量的酸,以酚酞为指示剂,用氢氧化钠标准滴定溶液滴定。

5.12.2 试剂

5.12.2.1 盐酸溶液:1+20。

5.12.2.2 甲醛溶液:1+2;

使用前应以酚酞为指示液,用0.1 mol/L氢氧化钠标准滴定溶液滴定至浅粉色。

5.12.2.3 氢氧化钠标准滴定溶液:$c(NaOH)\approx 0.1$ mol/L。

5.12.2.4 酚酞指示液:10 g/L。

5.12.3 分析步骤

称取约10 g试样,精确至0.01 g。置于250 mL锥形瓶中,用80 mL水溶解,加1~2滴酚酞指示液,用氢氧化钠标准滴定溶液或盐酸标准滴定溶液调至中性。加10 mL甲醛溶液,摇匀,放置5 min。用氢氧化钠标准滴定溶液滴定至溶液呈浅粉色,保持30 s不褪色,即为终点。同时做空白试验。

空白试验是在制备试验溶液的同时,除不加试样外,其他操作及加入试剂的种类和数量与试验溶液相同。

5.12.4 结果计算

铵盐含量以铵(NH_4)的质量分数 w_8 计,按式(8)计算:

$$w_8=\frac{10^{-3}(V-V_0)cM}{m}\times 100\% \qquad \cdots\cdots(8)$$

式中:

c——氢氧化钠标准滴定溶液浓度的准确数值,单位为摩尔每升(mol/L);

V——滴定试液所消耗的氢氧化钠标准滴定溶液体积的数值,单位为毫升(mL);

V_0——滴定空白溶液所消耗的氢氧化钠标准滴定溶液体积的数值,单位为毫升(mL);

m——试料质量的数值,单位为克(g);

M——铵盐(NH_4)摩尔质量的数值,单位为克每摩尔(g/mol)(M=18.04)。

取平行测定结果的算术平均值为测定结果,两次平行测定结果的绝对差值不大于0.005%。

6 检验规则

6.1 本标准规定的所有项目均为出厂检验项目,应逐批进行检验。

6.2 用相同材料,基本相同的生产条件,连续生产或同一班组生产的工业硝酸钾为一批,每批产品不大于60 t。

6.3 按GB/T 6678中的规定确定采样单元数。将采样器自袋的中心垂直插入至料层深度的3/4处采样。将采出的样品混匀,取出不少于500 g。将所采样品分装于两个清洁、干燥的容器中,密封,并粘贴标签,注明生产厂名、产品名称、等级、批号、采样日期和采样者姓名。一份供作实验室样品,另一份保存备查,保存时间由生产企业根据需要确定。

6.4 检验结果如有指标不符合本标准要求时,应自两倍量的包装中采样重新进行复验,复验结果即使有一项指标不符合本标准的要求时,则整批产品降等级或不合格。

6.5 采用GB/T 8170规定的数值修约值比较法判定检验结果是否符合标准。

7 标志、包装、运输、贮存

7.1 工业硝酸钾包装袋上应有牢固清晰的标志,内容包括:生产厂名、厂址、产品名称、等级、净含量、批号或生产日期、本标准编号及GB 190—2009所规定的"氧化性物质"标志和GB 191—2008所规定的"怕雨"标志。

7.2 每批出厂的工业硝酸钾都应附有质量证明书。内容包括:生产厂名、厂址、产品名称、等级、净含量、批号或生产日期、产品质量符合本标准的证明和本标准编号。

7.3 工业硝酸钾用内衬聚乙烯薄膜袋的塑料编织袋包装,聚乙烯薄膜袋的厚度不小于0.04 mm,外包装材料的性能和检验方法应符合GB/T 8946的规定。包装时,将内袋空气排净后,用维尼龙绳或质量相当的绳人工扎口;外袋应牢固缝合。每袋净含量50 kg或与用户商定。

7.4 工业硝酸钾在运输过程中应轻装轻卸,防止撞击,防止日晒、雨淋,不得与有机物、还原剂及易燃品等物质混运。

7.5. 工业硝酸钾应贮存在阴凉、通风、干燥的库房内,防止雨淋,受潮,不得与有机物、还原剂及其他易燃品等物质混贮。

7.6 工业硝酸钾在符合本标准规定的包装、运输、贮存条件下,自出厂之日起保质期不少于2年。

8 安全

硝酸钾是一种强氧化剂,与有机物接触,在一定的条件下能引起燃烧爆炸,并放出有刺激性的有毒气体,与碳粉或硫磺共热时,能发出强光和燃烧。在生产、贮运和使用过程中应注意安全。

附 录 A
（规范性附录）
甲醛溶液的制备

A.1 用甲醛试剂制备

将甲醛试剂置于蒸馏瓶中，缓慢加热至96 ℃左右，蒸馏至溶液中甲醇含量约1%（蒸馏至原体积的二分之一），停止加热。按GB/T 685—1993规定的方法分别测定母液中甲醛含量及甲醇含量，然后用水将母液配制成甲醇含量小于1%的规定浓度的甲醛溶液。

A.2 用多聚甲醛制备

称取280 g多聚甲醛，置于1 000 mL烧杯中，加700 mL水、35 mL氨水，加热溶解，趁热过滤，或静置2 d后，取上层清液，按GB/T 685—1993规定的方法测定甲醛含量，配制成规定浓度的甲醛溶液。

ICS 33.160.30
M 71

中华人民共和国国家标准

GB/T 2018—2011
代替 GB/T 2018—1987

磁带录音机测量方法

Methods of measuring the characteristics of recording and reproducing equipment for sound on magnetic tape

2011-12-30 发布　　　　2012-05-01 实施

中华人民共和国国家质量监督检验检疫总局
中国国家标准化管理委员会 发布

前　言

本标准按照 GB/T 1.1—2009 给出的规则起草。

本标准代替 GB/T 2018—1987《磁带录音机测量方法》。

本标准与 GB/T 2018—1987 相比较，主要变化如下：

——增加了前言；

——减少了定义，见第 3 章；

——精简了对测试设备的要求，见第 4 章；

——增加了放音失真的定义，3.12；

——增加了放音失真的测量方法，5.12。

本标准由中华人民共和国工业和信息化部提出。

本标准由全国音频、视频及多媒体系统与设备标准化委员会(SAC/TC 242)归口。

本标准起草单位：中国电子科技集团公司第三研究所、工业和信息化部电子第五研究所、广东省电子电器产品监督检验所、索尼(中国)有限公司。

本标准起草人：阮卫泓、刘宪坤、王湘、郑晨、吴丽莎。

本标准所代替标准的历次版本发布情况为：

——GB/T 2018—1980。

——GB/T 2018—1987。

磁带录音机测量方法

1 范围

本标准规定了带宽 6.30 mm 的盘式磁带和 3.81 mm 的盒式磁带磁录音机及放音机的测量方法。

本标准适用于带宽为 6.30 mm 的盘式磁带和 3.81 mm 的盒式磁带磁录音机。本标准不适用于特殊录音机，例如调制式录音机和高速复制机等。

2 规范性引用文件

下列文件对于本文件的应用是必不可少的。凡是注日期的引用文件，仅注日期的版本适用于本文件。凡是不注日期的引用文件，其最新版本(包括所有的修改单)适用于本文件。

GB/T 2900.75—2008 电工术语 数字录音和录像

GB/T 2900.76—2008 电工术语 音频和视频的记录与重放

GB/T 3240 声学测量中的常用频率

GB/T 3785.1—2010 电声学 声级计 第1部分:规范

GB/T 9029 录放音设备抖晃测量方法

3 术语和定义

GB/T 2900.75 和 GB/T 2900.76 界定的以及下列术语和定义适用于本文件。

3.1

倒带时间 rewinded time

倒完规定长度磁带所经时间。

3.2

磁迹 magnetic track

磁带上记录信号的带状部分。

注：在磁带长度方向平行地记录有两个磁迹的称为双磁迹，录有四个磁迹的称为四迹，其余类推。

3.3

磁平 flux level

磁通密度 flux density

单位磁迹宽度的带磁通。

3.4

参考磁平 reference flux density

录音机进行电声性能测试时选择作为参考点的磁平，测试时作为 0 dB。

3.5

通道隔离 channel separated

通道 A 中有用信号在其输出端的电压 U_A 与通道 B 在通道 A 输出端产生的无用电压 U'_B 之比，以分贝(dB)表示。

3.6

消音效果　erasibility

录到规定磁平的某磁迹消音前后输出电平之差，以分贝(dB)表示。

3.7

方位角　azimuth

磁头工作缝隙中心线与磁带行进方向的夹角，理想方位角为 90°。

3.8

额定输入电平　rated input level

本标准规定的线路输入电平及生产厂按所用传声器规定的传声器输入端电平。

3.9

最大输入电平　maximum input level

对应规定谐波失真，录音放大器所能承受的最大输入信号电平。

3.10

最小输入电平　minimum input level

录至参考磁平所需的最小输入信号电平。

3.11

最大输出电平　maximum output level

接额定负载情况下，不超过规定谐波失真，放音放大器的最大输出信号电平。

3.12

放音失真　reproducing distortion

重放参考磁平测试带，录音机放音输出端的总谐波失真。

4　试验条件

4.1　测量条件

温度：15 ℃～35 ℃；

相对湿度：25%～75%；

大气压：86 kPa～106 kPa。

4.2　电源

交流：(220±3%)V，(50±2%)Hz；

直流：偏差±2%，纹波电压不大于 10 mV(峰-峰)。

交流电源电压变化±10%；直流电源电压变化$^{+5}_{-20}$%时，允许录音机的抖晃率、谐波失真对原指标放宽 50%，信噪比放宽大 10 dB，频响允差放宽±5 dB。

4.3　音调控制器位置

有音调控制器的录音机，音调控制器应放在重放频响测试带时，频响平直的位置。

4.4　磁头清洁及金属件消磁

清洁磁头工作面并对磁头及其他与磁带接触的金属部件消磁。

4.5　测量环境

测量环境应无腐蚀性气体、强振动源及强磁场。

4.6 负载

测量电性能量应以纯电阻假负载代替扬声器。

4.7 测试带

见附录A。

4.8 滤波器

测量时应使用以下滤波器或已装入仪器内的等效的滤波器。

a) 听觉计权滤波器

听觉计权滤波器应具有GB/T 3785中规定的A特性计权曲线和O型容差。

b) 抖晃计权

抖晃计权响应曲线应符合GB/T 9029的规定。

c) 1/3 oct带通滤波器

中心频率315 Hz、1 000 Hz，信噪比大于70 dB。

d) 高通滤波器

截止频率200 Hz，阻带衰减24 dB/oct以上。

5 测量方法

5.1 带速误差

5.1.1 第一种方法

将一段给定长度的磁带(不应短于5 m)放在两段没有磁粉的带子中间，在被测录音机上对这段磁带精确地录上200 Hz信号，重放这段磁带，并用数字频率计记下磁带上的信号周数，按式(1)计算带速。

$$V=\frac{Lf}{n} \qquad \cdots\cdots(1)$$

再按式(2)计算带速误差：

$$\text{带速误差}=\frac{V-V_0}{V_0}\times 100\% \qquad \cdots\cdots(2)$$

式中：

L ——磁带长度，单位为厘米(cm)，误差小于或等于0.02%；

f ——频率，200 Hz；

n ——磁带上信号周数；

V ——实测带速，单位为厘米/秒(cm/s)；

V_0——额定带速，单位为厘米/秒(cm/s)。

盘式A、B级及盒式A级机建议采用这种方法。测试应在带头、带尾两处进行，取较差值。

5.1.2 第二种方法

在补测录音机上放带速测试带，用数字频率计测试放音信号频率，按式(3)计算带速误差。

$$\text{带速误差}=\frac{f_2-f_1}{f_1}\times 100\% \qquad \cdots\cdots(3)$$

式中：

f_1——测试带录音频率，单位为赫兹(Hz)；

f_2——测试带放音频率，单位为赫兹(Hz)。

测试时，数字频率计闸门时间应取 10 s。测试在带头、带尾两处进行，取较差值。

5.1.3 第三种方法

在被测录音机上放带速测试带，用抖晃仪上漂移表读出带速误差。测试应在带头、带尾两处进行，取较差值。

5.2 抖晃率

5.2.1 录放法

将抖晃仪上 3 150 Hz 振荡器接至被测录音机输入端，进行录音数分钟。然后将这段磁带放音，其输出接至抖晃仪上，取三次读数的平均值。盘式 A、B 级及盒式 A 级机建议采用这种方法。测试应在带头、带尾两处进行，取较差值。

5.2.2 放音法

在被测录音机上放抖晃测试带，其输出接至抖晃仪上，读出抖晃率。测试应在带头、带尾两处进行，取较差值。

5.3 起动时间

将抖晃仪内附 3 150 Hz 或 3 000 Hz 振荡器输出接至录音机输入端，进行边录边放，或用抖晃测试带放音，输出接至抖晃仪上，记下自操作起动装置至抖晃达到稳态值的 2 倍所经时间。

5.4 倒带时间

用秒表测量自按下倒带键到收带盘上的满盘磁带全部倒到供带盘上所需时间。

5.5 倒带(或放音)停止时间

在倒带(或放音)至半盘时，操作停止装置至磁带停止时所需时间用秒表测量。

进行第 5.1、5.2、5.3、5.4、5.5 测试时，应用录音机可容纳的最大带盘。盘式机采用 180 m、360 m、1 000 m 带长；盒式机采用 C-60 盒带。

5.6 机械噪声

在背景噪声不大于 25 dB 的消声室内，选取被测录音机周围噪声最大方位，在距机器外表 10 cm 处测量走带状态下 A 计权噪声有效值，以分贝表示。

被测机器放在不小于 5 cm 厚的海绵垫上，放音及监听音量控制器应关至最小。

5.7 放音通道频响

测试方框如图 1。

a) 将被测录音机调整到额定放音状态；

b) 放频响测试带，测得各频率的输出电平。

5.8 全通道频响

测试方框如图 2。

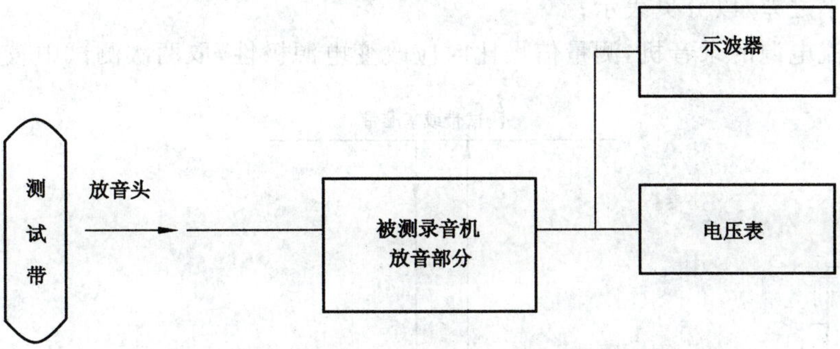

图 1 放音通道频响、放音通道信噪比测试方框图

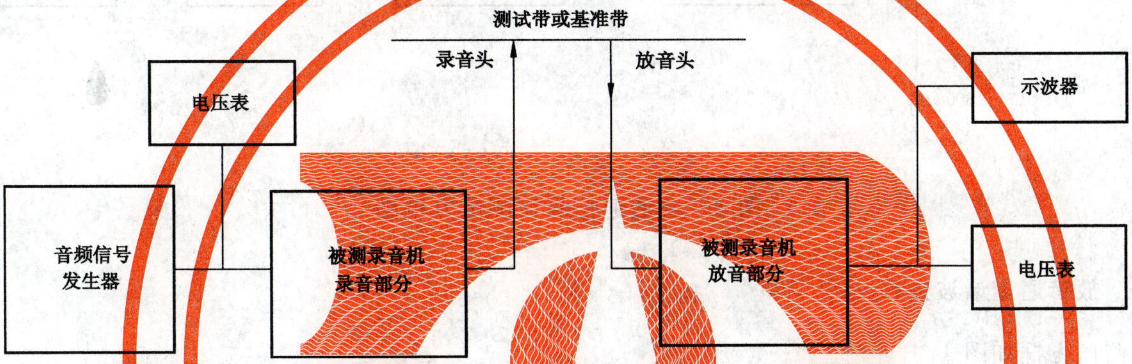

图 2 全通道频响测试方框图

a) 将被测录音机调到额定放音状态；

b) 以参考频率及−20 dB(盒式机频带上限不高于 10 kHz 时用−10 dB)的磁平对基准带录音，然后保持输入电平恒定，录制各规定频率的信号；

c) 重放上述已录磁带，并测量各频率输出电平。

5.9 放音通道信噪比

测试方框如图 1。

a) 将被测录音机调到额定放音状；

b) 放无磁粉带，经 A 计权网络测量放音输出噪声电平；

c) 测量额定放音输出电平与上述噪声电平之差，以分贝表示。

5.10 全通道信噪比

测试方框如图 3。

a) 将录、放音放大器分开的录音机调到额定录、放音状态，将录、放音放大器合一的录音机调到额定放音状态，但测试时输入电平不得大于额定输入电平；

b) 以参考频率、参考磁平对基准进行录音；

c) 输入端改接屏蔽良好的 600 Ω 电阻器，对已录部分进行消音，然后放音。测量放音输出噪声电平；

d) 额定放音输出电平(具有自动音量控制的盒式机，应不低于 160 nWb/m 相对应的电平)与上述噪声电平之差，以分贝表示；

e) 使用交流电源的录音机，测量信噪比时应改变电源极性，取两次测试中较差值。

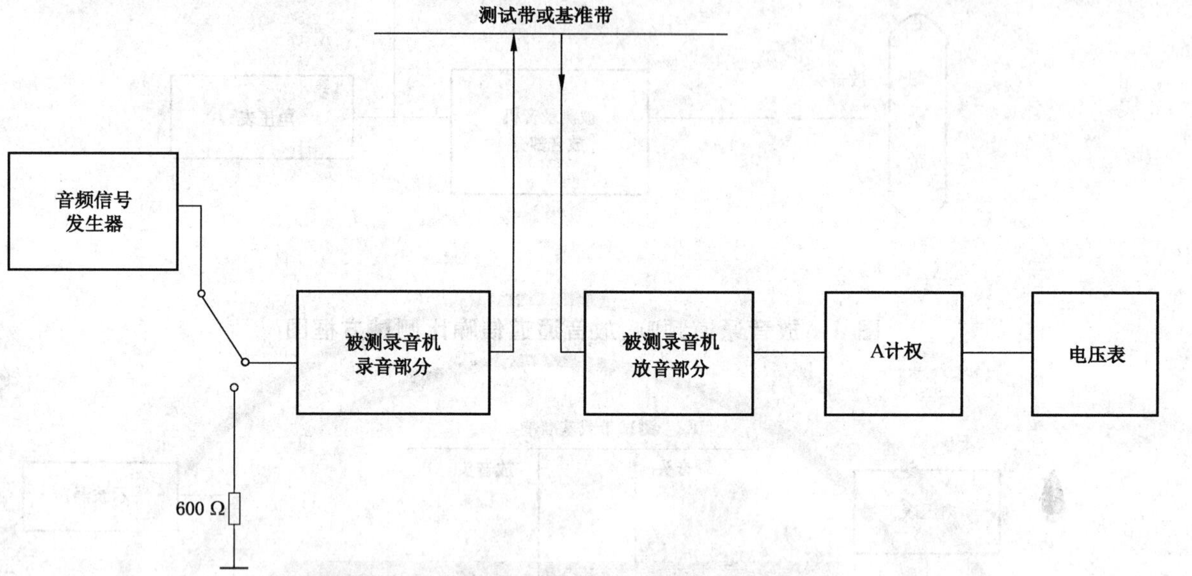

图 3 全通道信噪比测试方框图

5.11 放音通道谐波失真

测试方框如图 4。

图 4 放音通道谐波失真测试方框图

a) 如低频干扰严重，允许加截止频率为 200 Hz 的高通滤波器；

b) 将被测录音机调到额定放音状态；

c) 用线圈感应法对放音头加参考频率信号，使输出达到额定值，测其谐波失真。

所用无铁芯线圈参考数据及固定方法如下：

电感量：1 mH±0.2 mH；

骨架尺寸：窗口 2.2 mm×2.4 mm；

匝数：700；

线径：0.04 mm；

固定方式：盒式机可先将线圈粘接在空盒中间的大窗口中，引出引线，然后把带盒装入被测录音机即可进行测试。

5.12 放音失真

测试方框如图 5。

在被测录音机上放参考磁平测试带，将录音机调到额定放音状态，其输出接至失真仪上，读出总谐波失真。

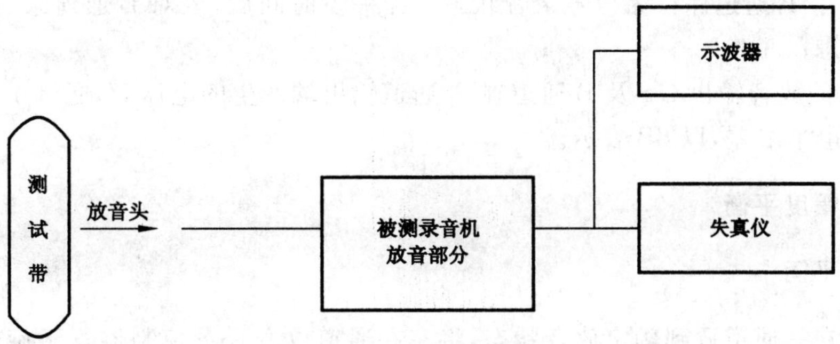

图 5　放音失真测试方框图

5.13　全通道谐波失真

测试方框如图 6。

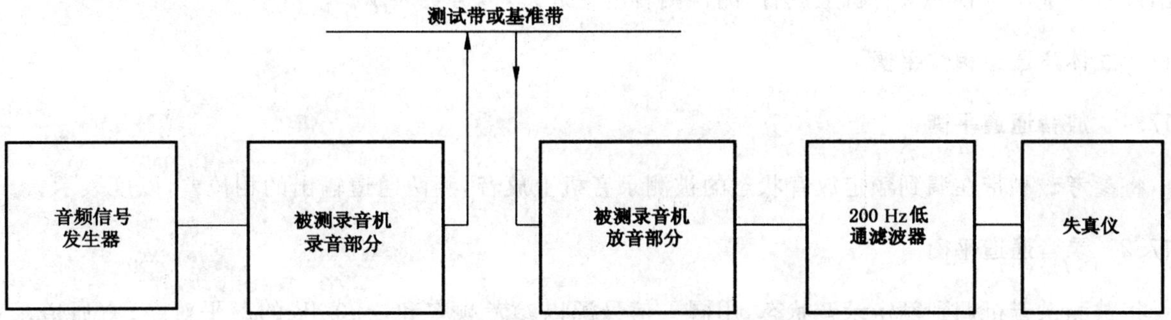

图 6　全通道谐波失真测试方框图

a) 当谐波失真测试受低频干扰严重时，允许加 200 Hz 高通滤波器；

b) 将录、放音放大器分开的录音机调到额定录、放音状态，将录、放音放大器合一的录音机调到额定放音状态；

c) 以参考频率、参考磁平（具有自动音量控制的盒式机可取不低于 160 nWb/m 的磁平）对基准带进行录、放音，测量输出谐波失真。

5.14　串音

a) 将录、放音放大器分开的录音机调到额定录、放音状态，将录、放音放大器合一的录音机调到额定放音状态；

b) 以参考频率、参考磁平在经整体消磁后的基准带上对 A 通道（或磁迹）录音，B 通道（或磁迹）保持不录状态；

c) 将 A 通道（或磁迹）的放音输出 U_A 及 B 通道（或磁迹）的串音输出 U'_A 通过 1/3 倍频程带通滤波器测得两者电平之差，以分贝表示。

两通道以上录音机对不录磁迹应加偏磁。

5.15　通道隔离

a) 将录、放音放大器分开的录音机调到额定录、放音状态，将录、放音放大器合一的录音机调到额定放音状态；

b) 以参考频率、参考磁平（盒式机用 1 000 Hz 信号，－10 dB 磁平）在经整体消磁的基准带上先对

A通道录音，B通道保持无信号录音状态。经一段时间后，改对B通道录音，A通道保持无信号录音状态；

c) 将A通道的放音输出 U_A 及B通道在A通道输出端产生的电压 U'_B 通过1/3倍频程带通滤波器测得两电平之差，以dB表示。

5.16 立体声通道幅度平衡

5.16.1 放音通道平衡

将磁平测试带在一通道调到额定放音状态，将左右通道放音音量控制器置于旋转角度或推拉位置相同，测得两通道输出电平之差，以分贝表示。

5.16.2 录音通道平衡

将被测录音机一通道调到额定录音状态，且左右通道录音增益控制器旋转角度或推拉位置保持一致，以参考频率和约相当于−20 dB磁平的同一输入电平对左、右通道录音，然后将已录磁带在放音通道已设置于平衡位置的录音机上放音，测得两者电平之差，以分贝表示。

5.17 立体声通道相位平衡

5.17.1 放音通道平衡

将参考磁平带在调到额定放音状态的被测录音机上放音，测两通道输出的相位差，以度表示。

5.17.2 录音通道平衡

将被测录音机调到额定录音状态，用同一信号源以参考频率和−20 dB的磁平对左、右通道录音。然后将已录磁带在已知相位差的放音通道上放音，用相位差计测两通道输出的相位差，再减去已知放音通道相位差，以“度”表示。

5.18 消音效果

a) 将被测录音机调到额定录、放音状态；

b) 以参考频率、参考磁平(具有自动音量控制的盒式机在录不到参考磁平时，可取160 nWb/m的磁平)或+6 dB磁平(测盘式机时)信号对基准带录音；

c) 在被测录音机上对以上录音信号的一部分进行消音；

d) 通过1/3倍频程带通滤波器测量未消部分及已消部分输出电平之差，以分贝表示。

5.19 最大输入电平

a) 将被测录音机调到额定放音状态，录音增益控制器调到最大位置，以参考频率及−6 dB的磁平对基准带录音，然后放音，并测量输出端电平及谐波失真；

b) 逐渐关小录音增益控制器，并增大输入电平，使输出电平保持不变，直到输出端谐波失真增大一倍时，测量输入电平。

5.20 最小输入电平

将录音增益控制器调到最大位置，使基准带录到参考磁平，测量输入电平。

5.21 最大输出电平

将放音放大器音量控制器调到最大位置，用线圈感应法将参考频率信号加于放音放大器，使输出失真达额定值,测量输出电平。

5.22 输入阻抗

a) 将被测录音机调到额定录音状态;

b) 加参考频率的额定输入电压 U_i;

c) 在信号源与录音机输入端之间串入已知电阻 R;

d) 测 R 两端的电压 U_R;

e) 输入阻抗按式(4)计算:

$$Z_i = \frac{U_i}{U_R} R \quad \cdots\cdots (4)$$

5.23 输出阻抗

a) 将被测录音机调到额定放音状态;

b) 在额定负载下测得输出电压 U_o;

c) 将负载电阻改变 20%,重测输出电压 U'_o;

d) 输出阻抗按式(5)计算:

$$Z_o = \frac{RR'(U'_o - U_o)}{U_o R' - U'_o R} \quad \cdots\cdots (5)$$

式中:

R ——额定负载电阻;

R'——改变后的负载电阻。

5.24 连续工作时间

将被测录音机调到额定录音状态,在规定时间内用最大带盘、满盘磁带进行录音,然后测试,主要指标应合格。

5.25 最大功耗

用功率表测量录音机在最大电源电压和最大负载状态下的功耗。

附　录　A
（规范性附录）
测试带技术要求

本附录规定了6.30 mm带宽及3.81 mm带宽测试带的各项性能。

测试带是录有特定信号，用于测试（或校准）磁带录音机放音通道或放音头的磁带。有时也将无信号部分叫做空白测试带或录放通道测试带，空白测试带应使用基准带。

A.1　对基准带的要求

A.1.1　6.30 mm宽的磁带

A.1.1.1　外形尺寸

带宽：$6.30^{+0.00}_{-0.06}$ mm；

带厚：45 μm～51 μm；

带长：>190 m。

A.1.1.2　物理性能

a)　异向变形：磁带不应有纵向拱起或扭转变形；
b)　纵向变形：应小于2 mm/m；
c)　横向变形：垂度应小于0.2 mm；
d)　背面层：磁带背面应涂背面层和印有连续标记的厂名和磁带型号等；
e)　剩余伸长：不应超过0.1%；
f)　耐磨性：磁带经反复放音1 000次后，输出磁平降低不超过1 dB；
g)　层间粘着性：磁带经长期放置并经不同温度、湿度变化后，层与层之间不应粘着；
h)　耐潮性：将磁带置于相对湿度为80%～90%的环境中，经48 h后，主要电磁指标应符合规定；
i)　柔软性：磁带环下垂长度应不大于230 mm。

A.1.1.3　电磁性能

a)　最高录音磁平：≥640 nWb/m（1 kHz时）；
b)　最佳偏磁电流允差：±5%；
c)　相对灵敏度：±0.5 dB（1 kHz时）；
d)　信噪比：≥62 dB；
e)　不匀均性：±0.3 dB（1 kHz时），±0.5 dB（10 kHz时）；
f)　频响：19.05 cm/s，±0.5 dB（1 Hz～10 kHz）；
g)　谐波失真：≤1%（1 kHz时），≤1.5%（5 kHz时）；
h)　消音效果：≥75 dB；
i)　复印效应：≥56 dB。

A.1.2　3.81 mm宽的磁带

A.1.2.1　外形尺寸

带宽：$3.81^{+0.00}_{-0.05}$ mm；

带厚：16 μm～18 μm；

带长：＞86 m。

A.1.2.2 物理性能

a） 极限张力：≥1.2 kg；

b） 断裂延伸度：≤30％；

c） 3％静延伸负载：≥0.8 kg；

d） 层间粘着性：磁带经长期放置并经不同温度、湿度变化后，层与层之间不应粘着；

e） 耐潮性：将磁带置于相对湿度为80％～90％的环境中，经48 h后，主要电磁指标应符合规定。

A.1.2.3 电磁性能

a） 最高录音磁平：≥400 nWb/m(315 Hz时)；

b） 最佳偏磁电流允差：±10％；

c） 相对灵敏度：±1 dB(315 Hz时)；

d） 信噪比：≥55 dB；

e） 不匀均性：±0.5 dB(315 Hz时)，±1 dB(3 150 Hz时)；

f） 频响：4.76 cm/s，±1 dB(315 Hz～10 kHz)；

g） 谐波失真：≤1.5％(315 Hz时)；

h） 消音效果：≥70 dB；

i） 复印效应：≥50 dB。

A.2 对盒式带的机械性能要求

a） 磁头与磁带间的接触压强：50 g/cm^2～150 g/cm^2；

b） 磁带倒完后对盘芯的最大拉力：1 kg；

c） 磁带最大连续负载：约200 g；

d） 满盘最大摩擦力矩：20 g·cm。

A.3 测试带基本参数

A.3.1 内容

测试带可按需要包括下列部分或全部内容。

a） 带速、抖晃测试部分；

b） 参考磁平部分；

c） 方位角校正部分；

d） 频响校正部分；

e） 磁迹位置校正部分；

f） 空白部分。

A.3.2 测试带的录音方位角

对带宽为6.30 mm的磁带应为90°±2′；

对带宽为3.81 mm的磁带应为90°±4′。

A.3.3 解说

测试带开始部分及每部分内容前面应加解说。

A.3.4 对测试带各测试部分的要求

A.3.4.1 带速、抖晃测试部分

带速、抖晃测试部分的要求见表 A.1。

表 A.1 带速抖晃测试部分的要求

项目	带速/(cm/s)			
	38.1	19.05	9.53	4.76
抖晃率优于/%	±0.07	±0.07	±0.1	±0.1
录音频率/Hz	3 150±1			
磁平/dB	−10			
持续时间/s	≥30			

A.3.4.2 参考磁平部分

参考磁平部分的要求见表 A.2。

表 A.2 参考磁平部分的要求

项目	带速/(cm/s)			
	38.1	19.05	9.53	4.76
录音频率/Hz	1 000±30	1 000±30	315±10	315±10
参考磁平/(nWb/m)	320	320	250	250
磁平误差/dB	±0.5	±0.5	±0.5	±0.5
谐波失真/%	≤1.5			
持续时间/s	≥30			

A.3.4.3 方位角校正部分

方位角校正部分的要求见表 A.3。

表 A.3 方位角校正部分的要求

项目	带速/(cm/s)			
	38.1	19.05	9.53	4.76
录音频率/Hz	16 000	16 000、8 000	8 000、4 000	1 000、8 000、6 300
磁平/dB	−10			
持续时间/s	60			

A.3.4.4 频响校正部分

频响校正部分的要求见表 A.4。

表 A.4 频响校正部分的要求

项目	带速/(cm/s)			
	38.1	19.05	9.53	4.76
时间常数/μs	35	70	90、3 180	70、3 180 120、3 180
记录频率/kHz	1、16、0.315、0.040、0.063、0.125、0.250、0.500、1、2、4、6.3、8、10、12.5、14、16、18、1	1、14、0.040、0.063、0.125、0.250、0.500、1、2、4、6.3、8、10、12.5、14、16、1	0.315、10、0.063、0.125、0.250、0.500、1、2、4、6.3、8、10、12.5、0.315	0.315、0.040、0.063、0.125、0.250、0.500、1、2、4、6.3、8、10、12.5、14、16、0.315
参考频率磁平/dB	−20	−20	−20	−10(f_4>10 kHz 时，−20 dB)
频率误差/%	<±3	<±3	<±3	<±3
磁平误差/dB	f≤10 kHz <±0.5； f>10 kHz <±1	f≤10 kHz <±0.5； f>10 kHz <±1	f≤8 kHz <±0.5； f>8 kHz <±1	f≤6.3 kHz <±0.5； f>6.32 kHz <±1
电平波动/dB	2	2	2	2
每段持续时间/s	10	10	10	10

ICS 71.080.40
G 17

中华人民共和国国家标准

GB/T 2093—2011
代替 GB/T 2093—1993

工业用甲酸

Formic acid for industrial use

2011-06-16 发布 2011-11-01 实施

中华人民共和国国家质量监督检验检疫总局
中国国家标准化管理委员会 发布

前言

本标准按照 GB/T 1.1—2009 给出的规则起草。

本标准代替 GB/T 2093—1993《工业甲酸》，与 GB/T 2093—1993 相比，主要技术变化如下：

——将产品按照不同含量分为 94%、90%、85%三种规格（见第 3 章），每种规格分别划分为三个等级（见 4.2，1993 年版的 3.2）；

——调整了色度、稀释试验、氯化物、硫酸盐、铁和蒸发残渣指标（见 4.2，1993 年版的 3.2）；

——增加了外观的测定试验方法（见 5.3）；

——增加了氯化物和硫酸盐含量测定的分光光度法（见 5.7 和 5.8）；

——修改了氯化物、硫酸盐、铁和蒸发残渣含量的取样方法，由量取体积修改为称取质量（见 5.7、5.8、5.9 和 5.10，1993 年版的 4.4、4.5、4.6 和 4.7）；

——增加了安全一章（见第 8 章）；

——删除了甲酸密度的测定和甲酸密度表（见 1993 年版的附录 A 和附录 B）。

本标准由中国石油和化学工业联合会提出。

本标准由全国化学标准化技术委员会有机化工分技术委员会（SAC/TC 63/SC 2）归口。

本标准起草单位：肥城阿斯德化工有限公司。

本标准参加起草单位：重庆川东化工（集团）有限公司。

本标准主要起草人：孙宝远、张炳胜、陈衍军、武峰、刘海涛、王禄。

本标准于 1980 年首次发布，1993 年 4 月第一次修订。

工 业 用 甲 酸

1 范围

本标准规定了工业用甲酸的产品分类、要求、试验方法、检验规则及标志、包装、运输、贮存和安全。

本标准适用于甲酸甲酯法和甲酸钠法生产的工业用甲酸。

分子式：CH_2O_2

结构式：H—C(=O)—OH

相对分子质量：46.03(按 2007 年国际相对原子质量)

2 规范性引用文件

下列文件对于本文件的应用是必不可少的。凡是注日期的引用文件，仅所注日期的版本适用于本文件。凡是不注日期的引用文件，其最新版本(包括所有的修改单)适用于本文件。

GB 190 危险货物包装标志

GB/T 601 化学试剂 标准滴定溶液的制备

GB/T 602 化学试剂 杂质测定用标准溶液的制备

GB/T 603 化学试剂 试验方法中所用制剂及制品的制备

GB/T 3049 工业用化工产品 铁含量测定的通用方法 1,10-菲啰啉分光光度法

GB/T 3143 液体化学产品颜色测定法(Hazen 单位——铂-钴色号)

GB/T 3723 工业用化学产品采样安全通则

GB/T 6324.2 有机化工产品试验方法 第 2 部分：挥发性有机液体水浴上蒸发后干残渣的测定

GB/T 6678 化工产品采样总则

GB/T 6680 液体化工产品采样通则

GB/T 6682 分析实验室用水规格和试验方法

GB/T 8170 数值修约规则与极限数值的表示和判定

3 产品分类

工业用甲酸按照甲酸含量分为三种规格：94%、90%和 85%。

4 要求

4.1 外观：无色透明液体，无悬浮物。

4.2 工业用甲酸指标应符合表 1 的规定。

表 1 技术指标

项目	指标								
	94%			90%			85%		
	优等品	一等品	合格品	优等品	一等品	合格品	优等品	一等品	合格品
甲酸，w/%	≥94.0			≥90.0			≥85.0		
色度/Hazen 单位(Pt-Co 色号)	≤10		≤20	≤10		≤20	≤10	≤20	≤30
稀释试验(样品＋水＝1＋3)	不浑浊		通过试验	不浑浊		通过试验	不浑浊	通过试验	
氯化物(以 Cl 计)，w/%	≤0.000 5	≤0.001	≤0.002	≤0.000 5	≤0.002		≤0.002	≤0.004	≤0.006
硫酸盐(以 SO_4 计)，w/%	≤0.000 5	≤0.001	≤0.005	≤0.000 5	≤0.001	≤0.005	≤0.001	≤0.002	≤0.020
铁(以 Fe 计)，w/%	≤0.000 1	≤0.000 4	≤0.000 6	≤0.000 1	≤0.000 4	≤0.000 6	≤0.000 1	≤0.000 4	≤0.000 6
蒸发残渣，w/%	≤0.006	≤0.015	≤0.020	≤0.006	≤0.015	≤0.020	≤0.006	≤0.020	≤0.060

5 试验方法

5.1 警示

试验方法规定的一些试验过程可能导致危险情况，操作者应采取适当的安全和防护措施。

5.2 一般规定

本标准所用的试剂和水，在没有注明其他要求时均指分析纯试剂和 GB/T 6682 中规定的三级水。

分析中所用标准滴定溶液、杂质测定用标准溶液、制剂及制品，在没有注明其他要求时，均按 GB/T 601、GB/T 602 和 GB/T 603 的规定制备。

5.3 外观的测定

于比色管中，加入实验室样品，在日光灯或日光下目测。

5.4 甲酸含量的测定

5.4.1 方法提要

以酚酞为指示剂，用氢氧化钠标准滴定溶液滴定。根据试料消耗氢氧化钠标准滴定溶液的体积，计算出甲酸的质量分数。

5.4.2 试剂

5.4.2.1 氢氧化钠标准滴定溶液：c(NaOH)＝0.5 mol/L。

5.4.2.2 酚酞指示液：10 g/L。

5.4.3 分析步骤

用减量法称取(0.8～1.0)g 实验室样品，精确至 0.000 2 g，置于预先盛有约 70 mL 无二氧化碳水的

250 mL 三角瓶中，加 2～3 滴酚酞指示液，作为试料，用氢氧化钠标准滴定溶液滴定至呈浅粉色，30 s 不褪色即为终点。

5.4.4 结果计算

甲酸的质量分数 w_1，数值以%表示，按式(1)计算：

$$w_1 = \frac{(V/1\,000)cM}{m} \times 100 \quad \cdots\cdots\cdots\cdots(1)$$

式中：

V——试料消耗氢氧化钠标准滴定溶液(5.4.2.1)体积的数值，单位为毫升(mL)；

c——氢氧化钠标准滴定溶液浓度的准确数值，单位为摩尔每升(mol/L)；

M——甲酸的摩尔质量的数值，单位为克每摩尔(g/mol)(M=46.03)；

m——试样的质量的数值，单位为克(g)。

取两次平行测定结果的算术平均值为报告结果，两次平行测定结果的绝对差值不大于 0.2%。

5.5 色度的测定

按 GB/T 3143 的规定进行。

5.6 稀释试验

5.6.1 方法提要

实验室样品用水稀释放置后与水或硫标准溶液比浊。

5.6.2 试剂

5.6.2.1 甲酸：质量分数在 88%以上(与水任意比例混合不浑浊，方可使用)。

5.6.2.2 硫(S)标准溶液：称取(0.01±0.001)g 硫，于 1 000 mL 三角瓶中，加入约 900 mL 甲酸，加热至溶解，冷却至室温，移入 1 000 mL 容量瓶中，加甲酸至刻度，摇匀备用。

5.6.3 分析步骤

5.6.3.1 标准比浊溶液的制备

量取(7.0±0.05)mL 硫(S)标准溶液于 50 mL 比色管中，加水至 40 mL，摇匀，放置 1 h(与实验室样品同时操作)。

5.6.3.2 测定

量取(10.0±0.05)mL 实验室样品，置于 50 mL 比色管中，加 30 mL 水，摇匀，放置 1 h，与同体积水轴向比浊。如呈现浑浊，则与标准比浊溶液轴向比浊。

5.6.4 结果的表示

试样与水比较不浑浊为不浑浊，试样浑浊度不大于标准比浊溶液的浑浊度为通过试验。

5.7 氯化物含量的测定

5.7.1 方法提要

在硝酸酸性溶液中，试样中的氯离子与硝酸银生成氯化银，与标准比浊溶液进行比浊。

5.7.2 试剂

5.7.2.1 硝酸溶液：1+2。

5.7.2.2 硝酸银溶液：50 g/L。

5.7.2.3 氯化物(Cl)标准溶液：0.01 mg/mL，使用前配制。

5.7.3 仪器

可见分光光度计，带有5 cm的比色皿。

5.7.4 分析步骤

5.7.4.1 试验溶液的制备

称取1 g实验室样品，精确至0.1 g，加入50 mL比色管中，加2 mL硝酸溶液，再加水至25 mL，作为试验溶液。

5.7.4.2 氯化物标准比浊溶液的制备

按产品规格分别取不同体积(见表2)的氯化物(Cl)标准溶液于三个50 mL比色管中，各加2 mL硝酸溶液，再加水至25 mL，作为氯化物标准比浊溶液。

表2 不同规格产品标准比浊溶液中氯化物(Cl)标准溶液的体积

产品规格/%	氯化物标准溶液体积/mL		
	优等品	一等品	合格品
85	2	4	6
90	0.5	2	2
94	0.5	1	2

5.7.4.3 目视法

在装有试验溶液和氯化物标准比浊溶液的各比色管中分别加入1 mL硝酸银溶液，摇匀，于暗处放置25 min，与相应规格对应的氯化物标准比浊溶液进行轴向比浊，判定该项指标的等级。

5.7.4.4 分光光度法(仲裁法)

在装有试验溶液和氯化物标准比浊溶液的各比色管中分别加入1 mL硝酸银溶液，摇匀，于暗处放置25 min，以水为空白，在420 nm波长下测吸光值。试验溶液的吸光值与相应规格对应的氯化物标准比浊溶液吸光值比较，判定该项指标的等级。

5.8 硫酸盐含量的测定

5.8.1 方法提要

实验室样品中加入碳酸钠使其中硫酸根生成硫酸盐，在盐酸存在下加入氯化钡溶液生成硫酸钡，与标准比浊溶液进行比浊。

5.8.2 试剂

5.8.2.1 硫酸盐(SO_4)标准溶液：0.1 mg/mL。

5.8.2.2 盐酸溶液:1+2。

5.8.2.3 碳酸钠溶液:100 g/L,称取无水碳酸钠 10 g,溶于水中制成 100 mL 溶液。

5.8.2.4 硫酸钾乙醇溶液:0.2 g/L。

5.8.2.5 氯化钡溶液:250 g/L。

5.8.3 仪器

可见分光光度计,带有 5 cm 的比色皿。

5.8.4 分析步骤

5.8.4.1 试验溶液的制备

称取实验室样品 10 g,精确至 0.1 g,置于蒸发皿中,加 0.2 mL 碳酸钠溶液在水浴上蒸发至干,加 1 mL 盐酸溶液使残渣溶解,用适量的水定量转移至 50 mL 比色管中,作为试验溶液。

注:可根据样品中硫酸盐含量,适当调整取样量,并同比例调整表 3 标准溶液的量取体积。

5.8.4.2 硫酸盐标准比浊溶液的制备

按产品规格分别取不同体积(见表 3)的硫酸盐(SO_4)标准溶液于三个 50 mL 比色管中,加 1 mL 盐酸溶液,作为硫酸盐标准比浊溶液。

表 3 不同规格产品标准比浊溶液中硫酸盐(SO_4)标准溶液的体积

规格/%	硫酸盐(SO_4)标准溶液体积/mL		
	优等品	一等品	合格品
85	1	2	20
90	0.5	1	5
94	0.5	1	5

5.8.4.3 目视法

在上述试验溶液和硫酸盐标准比浊溶液中,分别加入晶种液[1),并加水至 25 mL,摇匀,放置 25 min,试验溶液与硫酸盐标准比浊溶液进行轴向比浊。判定该项指标的等级。

5.8.4.4 分光光度法(仲裁法)

在上述试验溶液和硫酸盐标准比浊溶液中,分别加入晶种液,并加水至 25 mL,摇匀,放置 25 min,以水为空白,在 420 nm 波长下测吸光值。试验溶液的吸光值与相应规格对应的硫酸盐标准比浊溶液吸光值比较,判定该项指标的等级。

5.9 铁含量的测定

5.9.1 分析步骤

称取约 20 g 实验室样品,精确至 0.1 g ,置于 100 mL 蒸发皿中,在水浴上蒸干,加 1 mL 盐酸溶液(1+1),移入 100 mL 容量瓶中,按 GB/T 3049 规定进行。

1) 晶种液的制备是取 0.25 mL 硫酸钾乙醇溶液和 1 mL 氯化钡溶液,摇匀,放置 1 min。

5.9.2 结果计算

铁的质量分数 w_2，数值以%表示，按式(2)计算：

$$w_2 = \frac{m_1/1\,000}{m} \times 100 \quad \cdots\cdots(2)$$

式中：

m_1——查标准曲线得出铁的质量的数值，单位为毫克(mg)；

m ——试料的质量的数值，单位为克(g)。

取两次平行测定结果的算术平均值为报告结果，两次平行测定结果的绝对差值不大于这两个测定值的算术平均值的20%。

5.10 蒸发残渣含量的测定

5.10.1 分析步骤

称取约40 g实验室样品，精确至0.1 g，置于已恒重的50 mL石英蒸发皿中，按GB/T 6324.2的规定进行。

5.10.2 结果计算

蒸发残渣的质量分数 w_3，数值以%表示，按式(3)计算：

$$w_3 = \frac{m_3 - m_2}{m} \times 100 \quad \cdots\cdots(3)$$

式中：

m_2——石英蒸发皿的质量的数值，单位为克(g)；

m_3——石英蒸发皿和蒸发残渣的质量的数值，单位为克(g)；

m ——试料的质量的数值，单位为克(g)。

取两次平行测定结果的算术平均值为报告结果，两次平行测定结果的绝对差值不大于这两个测定值的算术平均值的20%。

6 检验规则

6.1 本标准第4章规定的所有项目均为出厂检验项目。

6.2 工业用甲酸由生产厂的质量检验部门进行检验。生产厂应保证每批出厂产品都符合本标准的要求，并附有一定格式的质量证明书，内容包括：

a) 生产厂名称；

b) 产品名称；

c) 产品等级；

d) 生产日期或批号；

e) 净含量；

f) 本标准编号等。

6.3 在原材料、工艺不变的条件下，产品连续生产的实际批为一批，若干个生产批构成一个检验批的时间通常不超过24 h。

6.4 工业用甲酸的采样按GB/T 3723、GB/T 6678和GB/T 6680的规定进行。用玻璃采样器采样，所采试样总量不得少于800 mL。将样品混合均匀后分别装于两个清洁、干燥带磨口塞的细口瓶中，贴上标签并注明：产品名称、批号、采样日期、采样人姓名。一瓶供分析检验用，另一瓶保存备查。

6.5 检验结果的判定按 GB/T 8170 中修约值比较法进行。检验结果中如有一项指标不符合本标准要求时，桶装产品应重新自两倍量的包装单元中采样进行检验，罐装产品应重新多点采样进行检验。重新检验的结果即使只有一项指标不符合本标准要求，则整批产品为不合格。

7 标志、包装、运输和贮存

7.1 标志

工业用甲酸产品包装容器上应有清晰的标志，其内容包括：

a) 产品名称；
b) 生产厂名称；
c) 厂址；
d) 商标；
e) 批号或生产日期；
f) 质量等级；
g) 净含量；
h) 本标准编号；
i) 符合 GB 190 中规定的“腐蚀性物质”标志。

7.2 包装

工业用甲酸装于适宜甲酸特性的塑料桶或不锈钢槽罐包装中，包装容器应清洁、干燥。

7.3 运输

工业用甲酸在运输及装卸时按照危险货物运输规定进行。

7.4 贮存

工业用甲酸应贮存在阴凉、通风、干燥的场所，避免日晒，远离火源和热源，不能与碱类一起贮存。

8 安全

8.1 危险警告

8.1.1 工业用甲酸可燃，具强腐蚀性和刺激性。凝固点 8.2 ℃，沸点 100.8 ℃，闪点 68.9 ℃，其蒸气与空气形成爆炸性混合物，爆炸极限为 18%～57%(体积分数)。

8.1.2 吸入本品蒸气对鼻、喉和呼吸道有刺激性，对眼有强烈刺激作用；皮肤接触，轻者出现红斑，重者引起化学灼伤。

8.2 安全措施

a) 甲酸泄漏时应迅速撤离泄漏污染区人员至安全区，并进行隔离，严格限制出入，切断火源；
b) 应急处理人员应戴自给正压式呼吸器，穿防酸碱工作服；
c) 应避免甲酸与皮肤、眼睛接触，如果溅到皮肤上，立即脱去污染的衣着，用大量流动清水冲洗至少 15 min；如果溅到眼睛里，立即提起眼睑，用大量流动清水或生理盐水彻底冲洗至少 15 min，然后急速就医。

ICS 75.140
E 38

中华人民共和国国家标准

GB 2536—2011
代替 GB 2536—1990

电工流体　变压器和开关用的未使用过的矿物绝缘油

Fluids for electrotechnical applications—Unused mineral insulating oils for transformers and switchgear

(IEC 60296:2003,MOD)

2011-12-05 发布　　　　2012-06-01 实施

中华人民共和国国家质量监督检验检疫总局
中国国家标准化管理委员会　发布

前　言

本标准的4.2、第5章(表1的注2、表2的注和表3的注2所指的项目除外)、第6章为强制性的,其余为推荐性的。

本标准按照GB/T 1.1—2009给出的规则起草。

本标准代替GB 2536—1990《变压器油》。

本标准与GB 2536—1990相比,主要变化如下:

——标准名称修改为"电工流体　变压器和开关用的未使用过的矿物绝缘油";

——扩大标准的适用范围(1990版的第1章,本版的第1章);

——增加"术语和定义"一章(见第3章);

——增加"分类和标记"(见第4章);

——增加"表2　变压器油(特殊)技术要求和试验方法"和"表3　低温开关油技术要求和试验方法"(见5.1.2和5.1.3);

——增加本标准与GB 2536—1990相比技术指标的变化一览表(参见附录A);

——增加最低冷态投运温度(LCSET)下变压器油的最大黏度和最高倾点与GB 2356—1990标准中牌号的对应关系(参见附录B);

——增加"总硫含量"、"抗氧化添加剂含量"、"2-糠醛含量"、"析气性"、"带电倾向"、"稠环芳烃(PCA)含量"和"多氯联苯(PCB)含量"等作为检验项目(见表1、表2和表3);

——变更"氧化安定性"、"腐蚀性硫"、"酸值"和"水含量"测定方法(1990版的表,本版的表1、表2和表3);

——增加"腐蚀性硫"、"运动黏度"、"介质损耗因数"和"密度"测定方法(见表1、表2和表3);

——增加"检验规则"一章(见第6章);

——取消产品牌号(1990版的第1章)。

本标准修改采用IEC 60296:2003《电工流体　变压器和开关用的未使用过的矿物绝缘油》(英文版)。

本标准根据IEC 60296:2003重新起草。为了方便比较,在附录C中给出了本标准章条编号与IEC 60296:2003章条编号的结构性差异对照一览表。在附录D中给出了本标准与IEC 60296:2003技术性差异及其原因一览表。

本标准由全国石油产品和润滑剂标准化技术委员会石油燃料和润滑剂分技术委员会(SAC/TC 280/SC 1)归口。

本标准起草单位:中国石油化工股份有限公司石油化工科学研究院、西安热工研究院有限公司、中国石油天然气股份有限公司润滑油分公司、中国石油化工股份有限公司润滑油分公司。

本标准主要起草人:陈延、孟玉婵、马书杰、何晓瑛、张玲俊。

电工流体　变压器和开关用的未使用过的矿物绝缘油

警告：如果不遵守适当的防范措施，本标准所属产品在生产、贮运和使用等过程中可能存在危险。本标准无意对与本产品有关的所有安全问题提出建议。用户在使用本标准之前，有责任建立适当的安全和防范措施，并确定相关规章限制的适用性。

1　范围

本标准规定了未使用过的矿物绝缘油的术语和定义、分类和标记、要求和试验方法、检验规则及标志、包装、运输和贮存。

本标准适用于变压器、开关及需要用油作绝缘和传热介质的类似电气设备所使用的、由石油馏分为原料，经精制后得到的未使用过的含和不含添加剂的矿物绝缘油。发电机用油可参考本标准。

本标准不包括由再生油制得的矿物绝缘油。

本标准不适用于在电缆或电容器中作为浸渍剂使用的矿物绝缘油。

注：符合本标准要求的、类别相同的和不含任何添加剂（见3.3）的油被认为是相容的，并且可以以任何比例混合。这一点不一定适用于含添加剂的油。当用户希望混合含添加剂的油时，建议先做检验以确保混合物满足本标准的要求。

2　规范性引用文件

下列文件对于本文件的应用是必不可少的。凡是注日期的引用文件，仅注日期的版本适用于本文件。凡是不注日期的引用文件，其最新版本（包括所有的修改单）适用于本文件。

GB/T 259　石油产品水溶性酸及碱测定法

GB/T 261　闪点的测定　宾斯基-马丁闭口杯法(GB/T 261—2008,ISO 2719:2002,MOD)

GB/T 262　石油产品苯胺点测定法(GB/T 262—1988,neq ISO 2977:1974)

GB/T 265　石油产品运动粘度测定法和动力粘度计算法

GB/T 507　绝缘油击穿电压测定法(GB/T 507—2002,eqv IEC 60156:1995)

GB/T 511　石油产品和添加剂机械杂质测定法(重量法)

GB 1094.1　电力变压器　第1部分：总则(GB 1094.1—1996,eqv IEC 60076.1:1993)

GB/T 1884　原油和液体石油产品密度实验室测定法(密度计法)(GB/T 1884—2000,eqv ISO 3675:1998)

GB/T 1885　石油计量表(GB/T 1885—1998,eqv ISO 91-2:1991)

GB/T 3535　石油产品倾点测定法(GB/T 3535—2006,ISO 3016:1994,MOD)

GB/T 4756　石油液体手工取样法(GB/T 4756—1998,eqv ISO 3170:1988)

GB/T 5654　液体绝缘材料　相对电容率、介质损耗因数和直流电阻率的测量(GB/T 5654—2007,IEC 60247:2004,IDT)

GB/T 6541　石油产品油对水界面张力测定法(圆环法)(GB/T 6541—1986,eqv ISO 6295:1983)

GB/T 7597　电力用油(变压器油、汽轮机油)取样方法

GB/T 7600　运行中变压器油和汽轮机油水分含量测定法(库仑法)

GB/T 11140　石油产品硫含量的测定　波长色散X射线荧光光谱法

GB/T 14542　运行变压器油维护管理导则

GB/T 17040　石油和石油产品硫含量的测定　能量色散 X 射线荧光光谱法

GB/T 21216　绝缘液体　测量电导和电容确定介质损耗因数的试验方法(GB/T 21216—2007, IEC 61620:1998,IDT)

GB/T 25961　电气绝缘油中腐蚀性硫的试验法

DL/T 385　变压器油带电倾向性检测方法

DL/T 419　电力用油名词术语

NB/SH/T 0810　绝缘液在电场和电离作用下析气性测定法(NB/SH/T 0810—2009,IEC 60628(A 法):1985,MOD)

NB/SH/T 0811　未使用过的烃类绝缘油氧化安定性评价法(NB/SH/T 0811—2009,IEC 61125(C 法):1992,MOD)

NB/SH/T 0812　矿物绝缘油中 2-糠醛及相关组分测定法(NB/SH/T 0812—2009,IEC 61198:1993,MOD)

NB/SH/T 0837　矿物绝缘油低温运动粘度测定法(NB/SH/T 0837—2009,IEC 61868:1998,MOD)

NB/SH/T 0836　绝缘油酸值的测定　自动电位滴定法(NB/SH/T 0836—2009,IEC 62021-1:2003,MOD)

NB/SH/T 0838　未使用过的润滑油基础油及无沥青质石油馏分中稠环芳烃(PCA)含量的测定　二甲基亚砜萃取折光指数法

SH 0164　石油产品包装、贮运及交货验收规则

SH/T 0253　轻质石油产品中总硫含量测定法(电量法)

SH/T 0604　原油和石油产品密度测定法(U 型振动管法)(SH/T 0604—2000,eqv ISO 12185:1996)

SH/T 0689　轻质烃及发动机燃料和其他油品的总硫含量测定法(紫外荧光法)

SH/T 0792　电器绝缘油中 2,6-二叔丁基对甲酚和 2,6-二叔丁基苯酚含量测定法(红外吸收光谱法)

SH/T 0802　绝缘油中 2,6-二叔丁基对甲酚测定法(SH/T 0802—2007,IEC 60666:1979,MOD)

SH/T 0803　绝缘油中多氯联苯污染物的测定　毛细管气相色谱法(SH/T 0803—2007,IEC 61619:1997,MOD)

SH/T 0804　电气绝缘油腐蚀性硫试验　银片试验法

ISO 14596　石油产品硫含量的测定　波长色散 X 射线荧光光谱测定法(Petroleum products—Determination of sulfur content—Wavelength-dispersive X-ray fluorescence spectrometry)

3　术语和定义

下列术语和定义适用于本文件。

3.1

变压器油　transformer oil

适用于变压器、电抗器、互感器、套管等充油电气设备中,起绝缘和冷却作用的一种绝缘油品。

3.2

低温开关油　low temperature switchgear oil

在户外寒冷气候条件下,用于油浸开关起绝缘和灭弧作用的一种绝缘油品。

3.3

添加剂　additive

能赋予油品某种特殊性能或为加强其本来具有的某种性能而加入的物质。

注：如：抗氧化添加剂（见3.4）和带电倾向抑制剂［如：苯并三氮唑（BTA）］。

3.4

抗氧化添加剂　antioxidant additive

加入油品中可以抑制氧化的添加剂。

注：有多种抗氧化添加剂可以使用。就本标准而言，仅限于2,6-二叔丁基对甲酚抗氧化添加剂。

3.5

不含抗氧化添加剂油　uninhibited oil

不含抗氧化添加剂，但允许含有3.3规定的其他添加剂的绝缘油品。

3.6

含微量抗氧化添加剂油　trace inhibited oil

抗氧化添加剂含量（质量分数）最高为0.08%，且允许含有3.3规定的其他添加剂的绝缘油品。

3.7

含抗氧化添加剂油　inhibited oil

抗氧化添加剂含量（质量分数）在0.08%～0.40%之间，且允许含有3.3规定的其他添加剂的绝缘油品。

3.8

未使用过的矿物绝缘油　unused mineral insulating oil

未使用过的充入设备前的绝缘油品。

注：这种油品既未被使用过，也未与电气设备或生产、贮存或运输过程中不需要的其他设备有过任何接触。未使用过的油的生产商和供应商应采取各种预防措施以确保油品不被多氯联苯（PCB）或多氯三联苯（PCT）、使用过的油、再生油和脱氯油或其他污染物污染。

3.9

再生油　reclaimed oil

对用过的旧油采用物理、化学方法处理提纯后的油品。

注：未使用过的油与再生油以任何比例混合均被视为是再生油。

3.10

带电倾向　electrostatic charging tendency

ECT

表征变压器油在一定外界条件下流过固体绝缘表面时产生电荷的程度，以单位体积的变压器油所产生电荷的总数表示，单位为$\mu C/m^3$。

4　分类和标记

4.1　产品分类

4.1.1　产品类别

本标准所属矿物绝缘油分为两类：

——变压器油；

——低温开关油。

4.1.2　抗氧化添加剂含量

矿物绝缘油根据抗氧化添加剂含量的不同，分为三个品种：

——不含抗氧化添加剂油:用 U 表示;

——含微量抗氧化添加剂油:用 T 表示;

——含抗氧化添加剂油:用 I 表示。

4.1.3 最低冷态投运温度(LCSET)

矿物绝缘油除标明抗氧化添加剂外,还应标明最低冷态投运温度(LCSET)。

最低冷态投运温度(LCSET)是区分绝缘油类别的重要标志之一。应根据电气设备使用环境温度的不同,选择不同的最低冷态投运温度(LCSET),以免影响油泵、有载调压开关(如果有)的启动。

变压器油的标准最低冷态投运温度(LCSET)为－30 ℃,比 GB 1094.1 中规定的户外式变压器最低使用温度低 5 ℃。其他最低冷态投运温度(LCSET)可依据每个地区气候条件的不同,由供需双方协商确定。

4.2 产品标记

变压器油标记为:

品种代号 | 最低冷态投运温度 | 产品名称 | 标准号

标记示例:

U　0 ℃　变压器油(通用)　GB 2536

- GB 2536——标准号
- 变压器油(通用)——满足表 1 技术要求的变压器油
- 0 ℃——最低冷态投运温度为 0 ℃
- U——不含抗氧化添加剂油

T　－30 ℃　变压器油(通用)　GB 2536

- GB 2536——标准号
- 变压器油(通用)——满足表 1 技术要求的变压器油
- －30 ℃——最低冷态投运温度为－30 ℃
- T——含微量抗氧化添加剂油

I　－40 ℃　变压器油(特殊)　GB 2536

- GB 2536——标准号
- 变压器油(特殊)——满足表 2 技术要求的变压器油
- －40 ℃——最低冷态投运温度为－40 ℃
- I——含抗氧化添加剂油

5 要求和试验方法

5.1 技术要求

5.1.1 变压器油(通用)技术要求和试验方法见表 1。

5.1.2 变压器油(特殊)技术要求和试验方法见表 2。

注:对于在较高温度下运行的变压器或为延长使用寿命而设计的变压器的用油,应满足变压器油(特殊)技术要求。

5.1.3 低温开关油技术要求和试验方法见表 3。

5.2 油的相容性

同类型、同品种、同最低冷态投运温度(LCSET)的未使用过的矿物绝缘油被认为彼此可以互混互溶,其相容性应符合 GB/T 14542 的有关规定。

6 检验规则

6.1 检验分类与检验项目

6.1.1 出厂检验

出厂批次检验项目包括：倾点、运动黏度、水含量、击穿电压、密度、介质损耗因数、外观、酸值、水溶性酸或碱、界面张力、总硫含量、腐蚀性硫、抗氧化添加剂含量、2-糠醛含量、析气性、闪点(闭口)和苯胺点。

在原材料、生产工艺没有发生可能影响产品质量的变化时，出厂周期检验项目包括：氧化安定性，每一年至少测定一次。

注：水含量出厂检验结果的有效期为三周。

6.1.2 型式检验

型式检验项目为5.1技术要求规定的所有检验项目。

在下列情况下进行型式检验：

a) 新产品投产或产品定型鉴定时；

b) 原材料、生产工艺等发生较大变化，可能影响产品质量时；

c) 原材料、生产工艺等技术内容未知或不明确时；

d) 出厂检验结果与上次型式检验结果有较大差异时。

6.2 组批

在原材料、生产工艺不变的条件下，产品每生产一罐或釜为一批。

6.3 取样

出厂检验和型式检验取样按GB/T 4756进行，每批产品取样5 L作为检验和留样用。到货验收取样按GB/T 7597进行。

6.4 判定规则

出厂检验和型式检验结果符合5.1技术要求的规定时，则判定该批产品合格。

6.5 复验规则

如出厂检验和型式检验结果中有不符合5.1技术要求的规定时，按GB/T 4756的规定自同批产品中重新抽取双倍量样品，对不符合项目进行复验，复验结果如仍不符合技术要求时，则判定该批产品为不合格。

7 标志、包装、运输、贮存

标志、包装、运输、贮存及交货验收按SH 0164进行。运输和贮存容器应清洁并适于防止任何污染。

每一批交付的油品应附有一份生产商提供的文件，文件至少包括：生产商名称、油品类别、合格证。如有要求，生产商应说明所添加的任何添加剂的类型和含量。

表 1　变压器油(通用)技术要求和试验方法

项　目			质量指标					试验方法
最低冷态投运温度(LCSET)			0 ℃	−10 ℃	−20 ℃	−30 ℃	−40 ℃	
功能特性[a]	倾点/℃	不高于	−10	−20	−30	−40	−50	GB/T 3535
	运动黏度/(mm^2/s)	不大于						GB/T 265
	40 ℃		12	12	12	12	12	
	0 ℃		1 800	—	—	—	—	
	−10 ℃		—	1 800	—	—	—	
	−20 ℃		—	—	1 800	—	—	
	−30 ℃		—	—	—	1 800	—	
	−40 ℃		—	—	—	—	2 500[b]	NB/SH/T 0837
	水含量[c]/(mg/kg)	不大于	30/40					GB/T 7600
	击穿电压(满足下列要求之一)/kV	不小于						GB/T 507
	未处理油		30					
	经处理油[d]		70					
	密度[e](20 ℃)/(kg/m^3)	不大于	895					GB/T 1884 和 GB/T 1885
	介质损耗因数[f](90 ℃)	不大于	0.005					GB/T 5654
精制/稳定特性[g]	外观		清澈透明、无沉淀物和悬浮物					目测[h]
	酸值(以 KOH 计)/(mg/g)	不大于	0.01					NB/SH/T 0836
	水溶性酸或碱		无					GB/T 259
	界面张力/(mN/m)	不小于	40					GB/T 6541
	总硫含量[i](质量分数)/%		无通用要求					SH/T 0689
	腐蚀性硫[j]		非腐蚀性					SH/T 0804
	抗氧化添加剂含量[k](质量分数)/%							SH/T 0802
	不含抗氧化添加剂油(U)		检测不出					
	含微抗氧化添加剂油(T)	不大于	0.08					
	含抗氧化添加剂油(I)		0.08～0.40					
	2-糠醛含量/(mg/kg)	不大于	0.1					NB/SH/T 0812

表 1(续)

<table>
<tr><td colspan="3">项　　目</td><td colspan="5">质量指标</td><td rowspan="2">试验方法</td></tr>
<tr><td colspan="3">最低冷态投运温度(LCSET)</td><td>0 ℃</td><td>−10 ℃</td><td>−20 ℃</td><td>−30 ℃</td><td>−40 ℃</td></tr>
<tr><td rowspan="5">运行特性[l]</td><td colspan="2">氧化安定性(120 ℃)</td><td colspan="5"></td><td rowspan="3">NB/SH/T 0811</td></tr>
<tr><td rowspan="3">试验时间:
(U)不含抗氧化添加剂油:164 h
(T)含微量抗氧化添加剂油:332 h
(I)含抗氧化添加剂油:500 h</td><td>总酸值(以 KOH 计)/(mg/g)　不大于</td><td colspan="5">1.2</td></tr>
<tr><td>油泥(质量分数)/%　不大于</td><td colspan="5">0.8</td></tr>
<tr><td>介质损耗因数[f](90 ℃)　不大于</td><td colspan="5">0.500</td><td>GB/T 5654</td></tr>
<tr><td colspan="2">析气性/(mm^3/min)</td><td colspan="5">无通用要求</td><td>NB/SH/T 0810</td></tr>
<tr><td rowspan="3">健康、安全和环保特性(HSE)[m]</td><td colspan="2">闪点(闭口)/℃　不低于</td><td colspan="5">135</td><td>GB/T 261</td></tr>
<tr><td colspan="2">稠环芳烃(PCA)含量(质量分数)/%　不大于</td><td colspan="5">3</td><td>NB/SH/T 0838</td></tr>
<tr><td colspan="2">多氯联苯(PCB)含量(质量分数)/(mg/kg)</td><td colspan="5">检测不出[n]</td><td>SH/T 0803</td></tr>
</table>

注 1:“无通用要求”指由供需双方协商确定该项目是否检测,且测定限值由供需双方协商确定。

注 2:凡技术要求中的“无通用要求”和“由供需双方协商确定是否采用该方法进行检测”的项目为非强制性的。

[a] 对绝缘和冷却有影响的性能。

[b] 运动黏度(−40 ℃)以第一个黏度值为测定结果。

[c] 当环境湿度不大于 50%时,水含量不大于 30 mg/kg 适用于散装交货;水含量不大于 40 mg/kg 适用于桶装或复合中型集装容器(IBC)交货。当环境湿度大于 50%时,水含量不大于 35 mg/kg 适用于散装交货;水含量不大于 45 mg/kg 适用于桶装或复合中型集装容器(IBC)交货。

[d] 经处理油指试验样品在 60 ℃下通过真空(压力低于 2.5 kPa)过滤流过一个孔隙度为 4 的烧结玻璃过滤器的油。

[e] 测定方法也包括用 SH/T 0604。结果有争议时,以 GB/T 1884 和 GB/T 1885 为仲裁方法。

[f] 测定方法也包括用 GB/T 21216。结果有争议时,以 GB/T 5654 为仲裁方法。

[g] 受精制深度和类型及添加剂影响的性能。

[h] 将样品注入 100 mL 量筒中,在 20 ℃±5 ℃下目测。结果有争议时,按 GB/T 511 测定机械杂质含量为无。

[i] 测定方法也包括用 GB/T 11140、GB/T 17040、SH/T 0253、ISO 14596。

[j] SH/T 0804 为必做试验。是否还需要采用 GB/T 25961 方法进行检测由供需双方协商确定。

[k] 测定方法也包括用 SH/T 0792。结果有争议时,以 SH/T 0802 为仲裁方法。

[l] 在使用中和/或在高电场强度和温度影响下与油品长期运行有关的性能。

[m] 与安全和环保有关的性能。

[n] 检测不出指 PCB 含量小于 2 mg/kg,且其单峰检出限为 0.1 mg/kg。

表 2　变压器油(特殊)技术要求和试验方法

项　目			质量指标					试验方法
最低冷态投运温度(LCSET)			0 ℃	−10 ℃	−20 ℃	−30 ℃	−40 ℃	
功能特性[a]	倾点/℃	不高于	−10	−20	−30	−40	−50	GB/T 3535
	运动黏度/(mm^2/s)	不大于						GB/T 265
	40 ℃		12	12	12	12	12	
	0 ℃		1 800	—	—	—	—	
	−10 ℃		—	1 800	—	—	—	
	−20 ℃		—	—	1 800	—	—	
	−30 ℃		—	—	—	1 800	—	
	−40 ℃		—	—	—	—	2 500[b]	NB/SH/T 0837
	水含量[c]/(mg/kg)	不大于	30/40					GB/T 7600
	击穿电压(满足下列要求之一)/kV	不小于						GB/T 507
	未处理油		30					
	经处理油[d]		70					
	密度[e](20 ℃)/(kg/m^3)	不大于	895					GB/T 1884 和 GB/T 1885
	苯胺点/℃		报告					GB/T 262
	介质损耗因数[f](90 ℃)	不大于	0.005					GB/T 5654
精制/稳定特性[g]	外观		清澈透明、无沉淀物和悬浮物					目测[h]
	酸值(以 KOH 计)/(mg/g)	不大于	0.01					NB/SH/T 0836
	水溶性酸或碱		无					GB/T 259
	界面张力/(mN/m)	不小于	40					GB/T 6541
	总硫含量[i](质量分数)/%	不大于	0.15					SH/T 0689
	腐蚀性硫[j]		非腐蚀性					SH/T 0804
	抗氧化添加剂含量[k](质量分数)/%							SH/T 0802
	含抗氧化添加剂油(I)		0.08～0.40					
	2-糠醛含量/(mg/kg)	不大于	0.05					NB/SH/T 0812

表 2（续）

<table>
<tr><td colspan="3">项　　目</td><td colspan="5">质量指标</td><td rowspan="2">试验方法</td></tr>
<tr><td colspan="3">最低冷态投运温度(LCSET)</td><td>0 ℃</td><td>−10 ℃</td><td>−20 ℃</td><td>−30 ℃</td><td>−40 ℃</td></tr>
<tr><td rowspan="6">运行特性[l]</td><td colspan="2">氧化安定性(120 ℃)</td><td colspan="5"></td><td rowspan="3">NB/SH/T 0811</td></tr>
<tr><td rowspan="3">试验时间：(Ⅰ)含抗氧化添加剂油：500 h</td><td>总酸值(以 KOH 计)/(mg/g)　不大于</td><td colspan="5">0.3</td></tr>
<tr><td>油泥(质量分数)/%　不大于</td><td colspan="5">0.05</td></tr>
<tr><td>介质损耗因数[f](90 ℃)　不大于</td><td colspan="5">0.050</td><td>GB/T 5654</td></tr>
<tr><td colspan="2">析气性/(mm³/min)</td><td colspan="5">报告</td><td>NB/SH/T 0810</td></tr>
<tr><td colspan="2">带电倾向(ECT)/(μC/m³)</td><td colspan="5">报告</td><td>DL/T 385</td></tr>
<tr><td rowspan="3">健康、安全和环保特性(HSE)[m]</td><td colspan="2">闪点(闭口)/℃　不低于</td><td colspan="5">135</td><td>GB/T 261</td></tr>
<tr><td colspan="2">稠环芳烃(PCA)含量(质量分数)/%　不大于</td><td colspan="5">3</td><td>NB/SH/T 0838</td></tr>
<tr><td colspan="2">多氯联苯(PCB)含量(质量分数)/(mg/kg)</td><td colspan="5">检测不出[n]</td><td>SH/T 0803</td></tr>
<tr><td colspan="9">**注**：凡技术要求中“由供需双方协商确定是否采用该方法进行检测”和测定结果为“报告”的项目为非强制性的。</td></tr>
</table>

[a] 对绝缘和冷却有影响的性能。

[b] 运动黏度(−40 ℃)以第一个黏度值为测定结果。

[c] 当环境湿度不大于 50%时，水含量不大于 30 mg/kg 适用于散装交货；水含量不大于 40 mg/kg 适用于桶装或复合中型集装容器(IBC)交货。当环境湿度大于 50%时，水含量不大于 35 mg/kg 适用于散装交货；水含量不大于 45 mg/kg 适用于桶装或复合中型集装容器(IBC)交货。

[d] 经处理油指试验样品在 60 ℃下通过真空(压力低于 2.5 kPa)过滤流过一个孔隙度为 4 的烧结玻璃过滤器的油。

[e] 测定方法也包括用 SH/T 0604。结果有争议时，以 GB/T 1884 和 GB/T 1885 为仲裁方法。

[f] 测定方法也包括用 GB/T 21216。结果有争议时，以 GB/T 5654 为仲裁方法。

[g] 受精制深度和类型及添加剂影响的性能。

[h] 将样品注入 100 mL 量筒中，在 20 ℃±5 ℃下目测。结果有争议时，按 GB/T 511 测定机械杂质含量为无。

[i] 测定方法也包括用 GB/T 11140、GB/T 17040、SH/T 0253、ISO 14596。结果有争议时，以 SH/T 0689 为仲裁方法。

[j] SH/T 0804 为必做试验。是否还需要采用 GB/T 25961 方法进行检测由供需双方协商确定。

[k] 测定方法也包括用 SH/T 0792。结果有争议时，以 SH/T 0802 为仲裁方法。

[l] 在使用中和/或在高电场强度和温度影响下与油品长期运行有关的性能。

[m] 与安全和环保有关的性能。

[n] 检测不出指 PCB 含量小于 2 mg/kg，且其单峰检出限为 0.1 mg/kg。

表 3　低温开关油技术要求和试验方法

项　　目			质量指标	试验方法
最低冷态投运温度(LCSET)			−40 ℃	
功能特性[a]	倾点/℃　不高于		−60	GB/T 3535
	运动黏度/(mm^2/s)　不大于			GB/T 265
	40 ℃		3.5	
	−40 ℃		400[b]	NB/SH/T 0837
	水含量[c]/(mg/kg)　不大于		30/40	GB/T 7600
	击穿电压(需满足下列要求之一)/kV　不小于			GB/T 507
	未处理油		30	
	经处理油[d]		70	
	密度[e](20 ℃)/(kg/m^3)　不大于		895	GB/T 1884 和 GB/T 1885
	介质损耗因数[f](90 ℃)　不大于		0.005	GB/T 5654
精制/稳定特性[g]	外观		清澈透明、无沉淀物和悬浮物	目测[h]
	酸值(以 KOH 计)/(mg/g)　不大于		0.01	NB/SH/T 0836
	水溶性酸或碱		无	GB/T 259
	界面张力/(mN/m)　不小于		40	GB/T 6541
	总硫含量[i](质量分数)/%		无通用要求	SH/T 0689
	腐蚀性硫[j]		非腐蚀性	SH/T 0804
	抗氧化添加剂含量[k](质量分数)/%			SH/T 0802
	含抗氧化添加剂油(I)		0.08～0.40	
	2-糠醛含量/(mg/kg)　不大于		0.1	NB/SH/T 0812
运行特性[l]	氧化安定性(120 ℃)			NB/SH/T 0811
	试验时间：(I)含抗氧化添加剂油：500 h	总酸值(以 KOH 计)/(mg/g)　不大于	1.2	
		油泥(质量分数)/%　不大于	0.8	
		介质损耗因数[f](90 ℃)　不大于	0.500	GB/T 5654
	析气性/(mm^3/min)		无通用要求	NB/SH/T 0810

表 3（续）

项目		质量指标	试验方法
最低冷态投运温度(LCSET)		—40 ℃	
健康、安全和环保特性(HSE)[m]	闪点(闭口)/℃ 不低于	100	GB/T 261
	稠环芳烃(PCA)含量(质量分数)/% 不大于	3	NB/SH/T 0838
	多氯联苯(PCB)含量(质量分数)/(mg/kg)	检测不出[n]	SH/T 0803

注 1：“无通用要求”指由供需双方协商确定该项目是否检测，且测定限值由供需双方协商确定。

注 2：凡技术要求中的“无通用要求”和“由供需双方协商确定是否采用该方法进行检测”的项目为非强制性的。

[a] 对绝缘和冷却有影响的性能。

[b] 运动黏度(—40 ℃)以第一个黏度值为测定结果。

[c] 当环境湿度不大于50%时，水含量不大于30 mg/kg适用于散装交货；水含量不大于40 mg/kg适用于桶装或复合中型集装容器(IBC)交货。当环境湿度大于50%时，水含量不大于35 mg/kg适用于散装交货；水含量不大于45 mg/kg适用于桶装或复合中型集装容器(IBC)交货。

[d] 经处理油指试验样品在60 ℃下通过真空(压力低于2.5 kPa)过滤流过一个孔隙度为4的烧结玻璃过滤器的油。

[e] 测定方法也包括用SH/T 0604。结果有争议时，以GB/T 1884和GB/T 1885为仲裁方法。

[f] 测定方法也包括用GB/T 21216。结果有争议时，以GB/T 5654为仲裁方法。

[g] 受精制深度和类型及添加剂影响的性能。

[h] 将样品注入100 mL量筒中，在20 ℃±5 ℃下目测。结果有争议时，按GB/T 511测定机械杂质含量为无。

[i] 测定方法也包括用GB/T 11140、GB/T 17040、SH/T 0253、ISO 14596。

[j] SH/T 0804为必做试验。是否还需要采用GB/T 25961方法进行检测由供需双方协商确定。

[k] 测定方法也包括用SH/T 0792。结果有争议时，以SH/T 0802为仲裁方法。

[l] 在使用中和/或在高电场强度和温度影响下与油品长期运行有关的性能。

[m] 与安全和环保有关的性能。

[n] 检测不出指PCB含量小于2 mg/kg，且其单峰检出限为0.1 mg/kg。

附 录 A
（资料性附录）
本标准与 GB 2536—1990 相比技术指标的变化

表 A.1 给出了本标准与 GB 2536—1990 相比技术指标的变化一览表。

表 A.1 本标准与 GB 2536—1990 相比技术指标的变化

项 目	本标准			GB 2536—1990		
	变压器油		低温开关油	10＃	25＃	45＃
	通用	特殊				
倾点/℃ 不高于	—10、—20、—30、—40、—50		—60	—7	—22	报告
凝点/℃ 不高于	—			—	—	—45
运动黏度/(mm²/s) 不大于	12 (40 ℃)	12 (40 ℃)	3.5 (40 ℃)	13 (40 ℃)	13 (40 ℃)	11 (40 ℃)
	1 800 (0 ℃、—10 ℃、—20 ℃、—30 ℃)	1 800 (0 ℃、—10 ℃、—20 ℃、—30 ℃)	—	—	200 (—10 ℃)	—
	2 500 (—40 ℃)	2 500 (—40 ℃)	400 (—40 ℃)	—	—	1 800 (—30 ℃)
界面张力/(mN/m) 不小于	40			40	40	38
闪点(闭口)/℃ 不低于	135	135	100	140	140	135
水含量/(mg/kg) 不大于 环境湿度不大于 50% 环境湿度大于 50%	 30(散装)/40(桶装或 IBC) 35(散装)/45(桶装或 IBC)			报告		
击穿电压/kV 不小于	30(未处理油) 70(经处理油)			35		
酸值(以 KOH 计)/(mg/g) 不大于	0.01			0.03		
氧化安定性(120 ℃) 试验时间：(U)不含抗氧化剂油：164 h (T)含微量抗氧化剂油：332 h (I)含抗氧化剂油：500 h — 总酸值(以 KOH 计)/(mg/g) 不大于	1.2	0.3	1.2	0.2		
油泥(质量分数)/% 不大于	0.8	0.05	0.8	0.05		
介质损耗因数(90 ℃) 不大于	0.500	0.050	0.500	—		

表 A.1（续）

项　目	本标准			GB 2536—1990		
	变压器油		低温开关油	10#	25#	45#
	通用	特殊				
总硫含量(质量分数)/%　不大于	无通用要求	0.15	无通用要求	—		
抗氧化剂含量(质量分数)/%　不大于	(U)检测不出 (T)0.08 (Ⅰ)0.08～0.40	(Ⅰ) 0.08～0.40	(Ⅰ) 0.08～0.40	—		
2-糠醛含量/(mg/kg)　不大于	0.1	0.05	0.1	—		
析气性/(mm^3/min)	无通用要求	报告	无通用要求	—		
带电倾向(ECT)/($\mu C/m^3$)	—	报告	—	—		
稠环芳烃(PCA)含量(质量分数)/%　不大于	3			—		
多氯联苯(PCB)含量(质量分数)/%　不大于	检测不出			—		

附 录 B
（资料性附录）
最低冷态投运温度(LCSET)下变压器油的最大黏度和最高倾点与GB 2536—1990标准中牌号的对应关系

表B.1给出了最低冷态投运温度(LCSET)下变压器油的最大黏度和最高倾点与GB 2536—1990标准中牌号的对应关系。

表B.1 最低冷态投运温度(LCSET)下变压器油的最大黏度和最高倾点与GB 2536—1990标准中牌号的对应关系

最低冷态投运温度(LCSET)/℃	最大黏度/(mm^2/s)	最高倾点/℃	GB 2536—1990标准中的牌号
0	1 800	−10	10#
−10	1 800	−20	25#
−20	1 800	−30	—
−30	1 800	−40	45#
−40	2 500	−50	—

附 录 C
（资料性附录）
本标准章条编号与 IEC 60296:2003 章条编号结构性差异对照

表 C.1 给出了本标准章条编号与 IEC 60296:2003 章条编号结构性差异对照一览表。

表 C.1 本标准章条编号与 IEC 60296:2003 章条编号结构性差异对照

本标准章条编号	对应的 IEC 标准章条编号
1	1
2	2、参考标准
3.1～3.9	3.1～3.9
3.10	—
4.1.1～4.1.3	5.1.1～5.1.3
4.2	5.1 的实例
5.1	4、5.1.3 的表 1、5.2 的表 2、6、7
5.2	5.3
6.1～6.2	—
6.3	5.5
6.4～6.5	—
7	5.4
附录 A	—
附录 B	—
附录 C	—
附录 D	—

附 录 D
（资料性附录）
本标准与 IEC 60296:2003 技术性差异及其原因

表 D.1 给出了本标准与 IEC 60296:2003 技术性差异及其原因一览表。

表 D.1 本标准与 IEC 60296:2003 技术性差异及其原因

本标准章条编号	技术性差异	原　因
1	适用范围中增加了发电机用油可参考使用。	针对国外引进的、用油来冷却和绝缘的发电机组提出。
2	关于规范性引用文件，本标准做了具有技术性差异的调整，调整的情况集中反映在第 2 章“规范性引用文件”中，具体调整如下： ——用适用的我国文件代替国际标准中部分引用文件(见第 2 章)； ——增加 GB 1094.1，删除 IEC 60076.2(见 4.1.3)； ——增加 GB/T 259、GB/T 511(见表 1、2、3)； ——增加 GB/T 262(见表 2)； ——增加 GB/T 1885(见表 1、2、3)； ——增加 GB/T 4765、GB/T 11140、GB/T 17040、SH 0164、SH/T 0689、SH/T 0792(见表 1、2、3)。 ——增加 GB/T 25961(见表 1、2、3)。	适应我国技术条件。 因为 IEC 60076.2 中提到的相关内容体现在 GB 1094.1 中。 GB 2536—1990 中有要求。 表 2 中增加了苯胺点的测定。 为配合 GB/T 1884 的查表计算。 为方便使用。 满足对腐蚀性硫的测定要求。
3	按照 DL/T 419 编写相关术语和定义。 修改 3.3“添加剂”的条文注，例举的添加剂仅包括抗氧化添加剂和带电倾向抑制剂。 增加 3.10“带电倾向”。	与国内同类标准接轨，便于使用。 应电力行业的要求。 对标准中新增的术语进行解释和定义。
4.2	增加产品标记。	为方便使用。
5.1	变压器油最低冷态投运温度(LCSET)增加 −10 ℃一档，其运动黏度(−10 ℃)为“不大于 1 800 mm^2/s”，倾点为“不高于 −20 ℃”。 运动黏度(−40 ℃)加脚注说明以第一个黏度值为测定结果。 水含量指标加脚注说明“当环境湿度大于 50%时，水含量不大于 35 mg/kg 适用于散装交货；水含量不大于 45 mg/kg 适用于桶装或复合中型集装容器(IBC)交货”。	主要针对国内广泛使用的 25＃变压器油而设置。 结合方法标准的“结果表示”予以说明。 考虑到我国地域辽阔，影响油品水含量的气候条件(湿度)差别较大，且用户在使用前还需进一步处理，所以指标适当放宽。

表 D.1（续）

本标准章条编号	技术性差异	原　　因
5.1	腐蚀性硫测定增加 GB/T 25961,并加脚注说明"由供需双方协商确定是否采用该方法进行检测"。 表 2 中 2-糠醛含量指标修改为不大于 0.05 mg/kg。 表 2 增加苯胺点为报告项目。 表 2 中析气性项目为报告项目。 低温开关油仅保留含抗氧化添加剂油一个品种。	因银片腐蚀测定为"通过"的油品仍出现过对设备产生腐蚀的情况，目前很多变压器生产企业要求用该方法测定新油。 为提高对在较高温度下运行的变压器或为延长使用寿命而设计的变压器绝缘老化的判断。 反映油品大致的结构组分。 明确油品的析气特性。 结合国内外该类油品的实际情况。
6.1、6.2、6.4、6.5	增加:6.1 检验分类与检验项目、6.2 组批、6.4 判定规则、6.5 复验规则。	根据我国石油产品标准编写习惯,便于标准的执行。
附录 A、B、C、D	增加:附录 A 附录 B 附录 C、D。	按照 GB/T 1.1—2009 的规定编写。 提供"最低冷态投运温度与 GB 2536—1990 标准中牌号的对应关系"的信息。 按照 GB/T 20000.2—2009 的规定编写。

ICS 85-010
Y 30

中华人民共和国国家标准

GB/T 2677.2—2011
代替 GB/T 2677.2—1993

造纸原料水分的测定

Determination of moisture content in fibrous raw material

2011-12-30 发布

2012-09-01 实施

中华人民共和国国家质量监督检验检疫总局
中国国家标准化管理委员会 发布

前　言

本标准按照 GB/T 1.1—2009 给出的规则起草。

本标准代替 GB/T 2677.2—1993《造纸原料水分的测定》。

本标准与 GB/T 2677.2—1993 相比，主要技术变化如下：

——增加了试验原理和恒重的定义；

——扩大了取样量的范围；

——增加了大取样量的样品的烘干时间；

——调查了两次测量间的误差范围。

请注意本文件的某些内容可能涉及专利。本文件的发布机构不承担识别这些专利的责任。

本标准由中国轻工业联合会提出。

本标准由全国造纸工业标准化技术委员会(SAC/TC 141)归口。

本标准起草单位：中国制浆造纸研究院、四川省造纸产品质量监督检验中心、国家纸张质量监督检验中心。

本标准主要起草人：高凤娟、王华军。

本标准所代替标准的历次版本发布情况为：

——GB/T 2677.2—1981、GB/T 2677.2—1993。

造纸原料水分的测定

1 范围

本标准规定了造纸原料水分的测定方法。

本标准适用于各种造纸原料分析用试样水分的测定。

2 规范性引用文件

下列文件对于本文件的应用是必不可少的。凡是注日期的引用文件，仅注日期的版本适用于本文件。凡是不注日期的引用文件，其最新版本(包括所有的修改单)适用于本文件。

GB/T 2677.1 造纸原料分析用试样的采取

3 术语和定义

下列术语和定义适用于本文件。

3.1

水分 moisture content

试样按规定方法烘干至恒重后所减少的质量与烘干前称取的质量之比，一般以百分数表示。

3.2

恒重 constant weight

试样在规定温度下烘干，直至在连续两次称量中，试样质量之差不超过烘干前试样质量的0.1%时，即达到恒重。

4 原理

称取试样烘干前质量，然后将试样烘干至恒重，再次称取质量。试样烘干前后的质量之差与烘干前的质量之比，即为试样的水分。

5 仪器

5.1 天平：感量0.000 1 g。

5.2 容器：用于试样的转移和称量。该容器应由能防水蒸气、且在试验条件下不易发生变化的材料制成。

5.3 烘箱：能使温度保持在105 ℃±2 ℃。

5.4 干燥器。

6 取样

按照GB/T 2677.1规定取样，对于不具备GB/T 2677.1规定的取样条件时，应随机从堆放原料的各个部分抽取样品，然后将样品磨碎成试样，取样量一般为 2 g～10 g，也可根据样品情况确定取样量，但最少应不低于 1 g，最多应不超过 30 g。

注：如果取样的地方温度过高且潮湿，为避免样品受到污染或造成水分损失，操作时最好带上橡皮手套。为了避免因样品暴露在大气中，使其水分发生变化，取样后应立刻将样品全部装入容器中。

7 试验步骤

7.1 用天平(5.1)在预先烘干、称量并做好标记的容器(5.2)内称取试样，盖好容器盖子放入能使温度保持在 105 ℃±2 ℃的烘箱(5.3)中烘干。烘干时，应将容器(5.2)的盖子打开。

注：当烘干试样时，保证烘箱中不放入其他试样。

7.2 第一次烘干时间应不少于 4 h。当试样已完全烘干时，应迅速将容器的盖子盖好，然后将容器放入干燥器(5.4)中冷却，冷却时间可根据不同的容器估算。然后称量装有试样的容器，并计算出干燥试样的质量。重复上述操作，再次烘干的时间应不少于 1 h，取样量大时，其烘干时间应至少为第一次烘干时间的一半。当连续两次在规定的时间间隔下，称量的差值不大于烘干前试样质量的 0.1%时，即可认为试样已达恒重。

8 结果的表示

水分 X，以%计，应按式(1)进行计算。

$$X=\frac{m_1-m_2}{m_1}\times 100\% \qquad \cdots\cdots(1)$$

式中：

m_1——烘干前的试样质量，单位为克(g)；

m_2——烘干后的试样质量，单位为克(g)。

同时进行两次测定，取其算术平均值作为测定结果。测定结果应修约至小数点后第一位，且两次测定值间的绝对误差应不超过 0.4%。

9 试验报告

试验报告应包括以下内容：

a) 本标准编号；

b) 完整鉴定样品所必需的全部资料；

c) 如果多于两次测定，应说明测定次数；

d) 如果标准方法有所更改，应报告标准步骤的任何变更情况；

e) 测定结果；

f) 试验过程中观察到的任何异常情况；

g) 本标准或规范性引用文件中未规定的，并可能影响结果的任何操作。

中华人民共和国国家标准

GB 2760—2011

食品安全国家标准
食品添加剂使用标准

2011-04-20 发布　　　　2011-06-20 实施

中华人民共和国卫生部　发布

前　言

本标准代替 GB 2760—2007《食品添加剂使用卫生标准》。

本标准与 GB 2760—2007 相比，主要变化如下：

——修改了标准名称；

——增加了 2007 年至 2010 年第 4 号卫生部公告的食品添加剂规定；

——调整了部分食品添加剂的使用规定；

——删除了表 A.2 食品中允许使用的添加剂及使用量；

——调整了部分食品分类系统，并按照调整后的食品类别对食品添加剂使用规定进行了调整；

——增加了食品用香料、香精的使用原则，调整了食品用香料的分类；

——增加了食品工业用加工助剂的使用原则，调整了食品工业用加工助剂名单。

食品安全国家标准
食品添加剂使用标准

1 范围

本标准规定了食品添加剂的使用原则、允许使用的食品添加剂品种、使用范围及最大使用量或残留量。

2 术语和定义

2.1 食品添加剂

为改善食品品质和色、香、味，以及为防腐、保鲜和加工工艺的需要而加入食品中的人工合成或者天然物质。营养强化剂、食品用香料、胶基糖果中基础剂物质、食品工业用加工助剂也包括在内。

2.2 最大使用量

食品添加剂使用时所允许的最大添加量。

2.3 最大残留量

食品添加剂或其分解产物在最终食品中的允许残留水平。

2.4 食品工业用加工助剂

保证食品加工能顺利进行的各种物质，与食品本身无关。如助滤、澄清、吸附、脱模、脱色、脱皮、提取溶剂、发酵用营养物质等。

2.5 国际编码系统(INS)

食品添加剂的国际编码，用于代替复杂的化学结构名称表述。

2.6 中国编码系统(CNS)

食品添加剂的中国编码，由食品添加剂的主要功能类别(见附录E)代码和在本功能类别中的顺序号组成。

3 食品添加剂的使用原则

3.1 食品添加剂使用时应符合以下基本要求：

a) 不应对人体产生任何健康危害；
b) 不应掩盖食品腐败变质；
c) 不应掩盖食品本身或加工过程中的质量缺陷或以掺杂、掺假、伪造为目的而使用食品添加剂；
d) 不应降低食品本身的营养价值；

e) 在达到预期目的前提下尽可能降低在食品中的使用量。

3.2 在下列情况下可使用食品添加剂：

a) 保持或提高食品本身的营养价值；
b) 作为某些特殊膳食用食品的必要配料或成分；
c) 提高食品的质量和稳定性，改进其感官特性；
d) 便于食品的生产、加工、包装、运输或者贮藏。

3.3 食品添加剂质量标准

按照本标准使用的食品添加剂应当符合相应的质量规格要求。

3.4 带入原则

在下列情况下食品添加剂可以通过食品配料（含食品添加剂）带入食品中：
a) 根据本标准，食品配料中允许使用该食品添加剂；
b) 食品配料中该添加剂的用量不应超过允许的最大使用量；
c) 应在正常生产工艺条件下使用这些配料，并且食品中该添加剂的含量不应超过由配料带入的水平；
d) 由配料带入食品中的该添加剂的含量应明显低于直接将其添加到该食品中通常所需要的水平。

4 食品分类系统

食品分类系统用于界定食品添加剂的使用范围，只适用于本标准，见附录 F。如允许某一食品添加剂应用于某一食品类别时，则允许其应用于该类别下的所有类别食品，另有规定的除外。

5 食品添加剂的使用规定

食品添加剂的使用应符合附录 A 的规定。

6 营养强化剂

营养强化剂的使用应符合 GB 14880 和相关规定。

7 食品用香料

用于生产食品用香精的食品用香料的使用应符合附录 B 的规定。

8 食品工业用加工助剂

食品工业用加工助剂的使用应符合附录 C 的规定。

9 胶基糖果中基础剂物质及其配料

胶基糖果中基础剂物质及其配料的使用应符合附录 D 的规定。

附 录 A
食品添加剂的使用规定

A.1 表 A.1 规定了食品添加剂的允许使用品种、使用范围以及最大使用量或残留量。

A.2 表 A.1 列出的同一功能的食品添加剂(相同色泽着色剂、防腐剂、抗氧化剂)在混合使用时,各自用量占其最大使用量的比例之和不应超过 1。

A.3 表 A.2 规定了可在各类食品中按生产需要适量使用的食品添加剂。

A.4 表 A.3 规定了表 A.2 所例外的食品类别,这些食品类别使用添加剂时应符合表 A.1 的规定。同时,这些食品类别不得使用表 A.1 规定的其上级食品类别中允许使用的食品添加剂。

A.5 表 A.1、表 A.2 未包括对食品用香料、胶基糖果中基础剂物质和用作食品工业用加工助剂的食品添加剂的有关规定。

A.6 上述各表中的"功能"栏为该添加剂的主要功能,供使用时参考。

表 A.1 食品添加剂的允许使用品种、使用范围[a] 以及最大使用量或残留量

氨基乙酸(又名甘氨酸) **glycine**

CNS 号 12.007 INS 号 640

功能 增味剂

食品分类号	食品名称	最大使用量/(g/kg)	备 注
08.02	预制肉制品	3.0	
08.03	熟肉制品	3.0	
12.0	调味品	1.0	
14.02.03	果蔬汁(肉)饮料(包括发酵型产品等)	1.0	
14.03.02	植物蛋白饮料	1.0	

铵磷脂 **ammonium phosphatide**

CNS 号 10.033 INS 号 442

功能 乳化剂

食品分类号	食品名称	最大使用量/(g/kg)	备 注
05.01.02	巧克力和巧克力制品、除05.01.01以外的可可制品	10.0	

巴西棕榈蜡 **carnauba wax**

CNS 号 14.008 INS 号 903

功能 被膜剂、抗结剂

食品分类号	食品名称	最大使用量/(g/kg)	备 注
04.01.01	新鲜水果	0.000 4	以残留量计
05.0	可可制品、巧克力和巧克力制品(包括代可可脂巧克力及制品)以及糖果	0.6	

白油(又名液体石蜡) **mineral oil,white (liquid paraffin)**

CNS 号 14.003 INS 号 905a

功能 被膜剂

食品分类号	食品名称	最大使用量/(g/kg)	备 注
05.02.02	除胶基糖果以外的其他糖果	5.0	
10.01	鲜蛋	5.0	

***L*-半胱氨酸盐酸盐** ***L*-cysteine and its hydrochlorides sodium and potassium salts**

CNS 号 13.003 INS 号 920

功能 面粉处理剂

食品分类号	食品名称	最大使用量/(g/kg)	备 注
06.03.02.03	发酵面制品	0.06	
06.08	冷冻米面制品	0.6	以 *L*-半胱氨酸盐酸盐计

[a] 在表 A.1 中使用范围以食品分类号和食品名称表示。

表 A.1(续)

苯甲酸及其钠盐 **benzoic acid,sodium benzoate**

CNS号 17.001,17.002 INS号 210,211

功能 防腐剂

食品分类号	食品名称	最大使用量/(g/kg)	备注
03.03	风味冰、冰棍类	1.0	以苯甲酸计
04.01.02.05	果酱(罐头除外)	1.0	以苯甲酸计
04.01.02.08	蜜饯凉果	0.5	以苯甲酸计
04.02.02.03	腌渍的蔬菜	1.0	以苯甲酸计
05.02.01	胶基糖果	1.5	以苯甲酸计
05.02.02	除胶基糖果以外的其他糖果	0.8	以苯甲酸计
11.05	调味糖浆	1.0	以苯甲酸计
12.03	醋	1.0	以苯甲酸计
12.04	酱油	1.0	以苯甲酸计
12.05	酱及酱制品	1.0	以苯甲酸计
12.10	复合调味料	0.6	以苯甲酸计
12.10.02	半固体复合调味料	1.0	以苯甲酸计
12.10.03	液体复合调味料(不包括12.03,12.04)	1.0	以苯甲酸计
14.02.02	浓缩果蔬汁(浆)(仅限食品工业用)	2.0	以苯甲酸计
14.02.03	果蔬汁(肉)饮料(包括发酵型产品等)	1.0	以苯甲酸计
14.03	蛋白饮料类	1.0	以苯甲酸计
14.04.01	碳酸饮料	0.2	以苯甲酸计
14.04.02.02	风味饮料(包括果味饮料、乳味、茶味、咖啡味及其他味饮料等)	1.0	以苯甲酸计
14.05	茶、咖啡、植物饮料类	1.0	以苯甲酸计
15.02	配制酒(仅限预调酒)	0.4	以苯甲酸计
15.03.03	果酒	0.8	以苯甲酸计

4-苯基苯酚 **4-phenylphenol**

CNS号 17.024 INS号 —

功能 防腐剂

食品分类号	食品名称	最大使用量/(g/kg)	备注
04.01.01.02	经表面处理的鲜水果(仅限柑橘类)	1.0	残留量≤12 mg/kg

表 A.1（续）

2-苯基苯酚钠盐 **sodium 2-phenylphenol**

CNS 号 17.023 INS 号 —

功能 防腐剂

食品分类号	食品名称	最大使用量/(g/kg)	备 注
04.01.01.02	经表面处理的鲜水果(仅限柑橘类)	0.95	残留量≤12 mg/kg

冰结构蛋白 **ice structuring protein**

CNS 号 00.020 INS 号 —

功能 其他

食品分类号	食品名称	最大使用量	备 注
03.0	冷冻饮品(03.04 食用冰除外)	按生产需要适量使用	

***L*-丙氨酸** ***L*-alanine**

CNS 号 12.006 INS 号 —

功能 增味剂

食品分类号	食品名称	最大使用量	备 注
12.0	调味品	按生产需要适量使用	

丙二醇 **propylene glycol**

CNS 号 18.004 INS 号 1520

功能 稳定剂和凝固剂、抗结剂、消泡剂、乳化剂、水分保持剂、增稠剂

食品分类号	食品名称	最大使用量/(g/kg)	备 注
06.03.02.01	生湿面制品(如面条、饺子皮、馄饨皮、烧麦皮)	1.5	
07.02	糕点	3.0	

丙二醇脂肪酸酯 **propylene glycol esters of fatty acid**

CNS 号 10.020 INS 号 477

功能 乳化剂、稳定剂

食品分类号	食品名称	最大使用量/(g/kg)	备 注
01.0	乳及乳制品(01.01.01、01.01.02、13.0 涉及品种除外)	5.0	
02.0	脂肪，油和乳化脂肪制品	10.0	
03.0	冷冻饮品(03.04 食用冰除外)	5.0	
04.05.02.01	熟制坚果与籽类(仅限油炸坚果与籽类)	2.0	
06.03.02.05	油炸面制品	2.0	
07.02	糕点	3.0	
12.10	复合调味料	20.0	
16.06	膨化食品	2.0	

表 A.1（续）

丙酸及其钠盐、钙盐 **propionic acid，sodium propionate，calcium propionate**

CNS 号 17.029，17.006，17.005 INS 号 280，281，282

功能 防腐剂

食品分类号	食品名称	最大使用量/(g/kg)	备 注
04.04	豆类制品	2.5	以丙酸计
06.01	原粮	1.8	以丙酸计
06.03.02.01	生湿面制品（如面条、饺子皮、馄饨皮、烧麦皮）	0.25	以丙酸计
07.01	面包	2.5	以丙酸计
07.02	糕点	2.5	以丙酸计
12.03	醋	2.5	以丙酸计
12.04	酱油	2.5	以丙酸计
16.07	其他（杨梅罐头加工工艺用）	50.0	以丙酸计

不饱和脂肪酸单甘酯 **unsaturated fatty acid of monoglycerides**

CNS 号 10.036 INS 号 —

功能 乳化剂

食品分类号	食品名称	最大使用量/(g/kg)	备 注
02.02	水油状脂肪乳化制品	10.0	

茶多酚（又名维多酚） **tea polyphenol（TP）**

CNS 号 04.005 INS 号 —

功能 抗氧化剂

食品分类号	食品名称	最大使用量/(g/kg)	备 注
02.01	基本不含水的脂肪和油	0.4	以油脂中儿茶素计
04.05.02.01	熟制坚果与籽类（仅限油炸坚果与籽类）	0.2	以油脂中儿茶素计
06.03.02.05	油炸面制品	0.2	以油脂中儿茶素计
06.06	即食谷物，包括碾轧燕麦（片）	0.2	以油脂中儿茶素计
06.07	方便米面制品	0.2	以油脂中儿茶素计
07.02	糕点	0.4	以油脂中儿茶素计
07.04	焙烤食品馅料及表面用挂浆（仅限含油脂馅料）	0.4	以油脂中儿茶素计
08.02.02	腌腊肉制品类（如咸肉、腊肉、板鸭、中式火腿、腊肠）	0.4	以油脂中儿茶素计
08.03.01	酱卤肉制品类	0.3	以油脂中儿茶素计
08.03.02	熏、烧、烤肉类	0.3	以油脂中儿茶素计
08.03.03	油炸肉类	0.3	以油脂中儿茶素计

表 A.1（续）

食品分类号	食品名称	最大使用量/(g/kg)	备　注
08.03.04	西式火腿（熏烤、烟熏、蒸煮火腿）类	0.3	以油脂中儿茶素计
08.03.05	肉灌肠类	0.3	以油脂中儿茶素计
08.03.06	发酵肉制品类	0.3	以油脂中儿茶素计
09.03	预制水产品（半成品）	0.3	以油脂中儿茶素计
09.04	熟制水产品（可直接食用）	0.3	以油脂中儿茶素计
09.05	水产品罐头	0.3	以油脂中儿茶素计
12.10	复合调味料	0.1	以油脂中儿茶素计
14.03.02	植物蛋白饮料	0.1	以油脂中儿茶素计
14.06.02	蛋白型固体饮料	0.8	以油脂中儿茶素计
16.06	膨化食品	0.2	以油脂中儿茶素计

茶黄色素，茶绿色素　　**tea yellow pigment，tea green pigment**

CNS 号　08.141,08.142　　INS 号　—

功能　着色剂

食品分类号	食品名称	最大使用量	备　注
04.01.02.09	装饰性果蔬	按生产需要适量使用	
05.02	糖果	按生产需要适量使用	
07.02.04	糕点上彩装	按生产需要适量使用	
14.02.03	果蔬汁（肉）饮料（包括含发酵型产品等）	按生产需要适量使用	固体饮料按稀释倍数增加使用量
14.04.02.02	风味饮料（包括果味饮料、乳味、茶味、咖啡味及其他味饮料等）（仅限果味饮料）	按生产需要适量使用	固体饮料按稀释倍数增加使用量
14.05.01	茶饮料类	按生产需要适量使用	固体饮料按稀释倍数增加使用量
15.02	配制酒	按生产需要适量使用	

赤藓红及其铝色淀　　**erythrosine，erythrosine aluminum lake**

CNS 号　08.003　　INS 号　127

功能　着色剂

食品分类号	食品名称	最大使用量/(g/kg)	备　注
04.01.02.08.02	凉果类	0.05	以赤藓红计
04.01.02.09	装饰性果蔬	0.1	以赤藓红计
04.05.02.01	熟制坚果与籽类（仅限油炸坚果与籽类）	0.025	以赤藓红计

表 A.1(续)

食品分类号	食品名称	最大使用量/(g/kg)	备　注
05.0	可可制品、巧克力和巧克力制品(包括代可可脂巧克力及制品)以及糖果(05.01.01 可可制品除外)	0.05	以赤藓红计
07.02.04	糕点上彩装	0.05	以赤藓红计
08.03.05	肉灌肠类	0.015	以赤藓红计
08.03.08	肉罐头类	0.015	以赤藓红计
12.05	酱及酱制品	0.05	以赤藓红计
12.10	复合调味料	0.05	以赤藓红计
14.02.03	果蔬汁(肉)饮料(包括发酵型产品等)	0.05	以赤藓红计,固体饮料按稀释倍数增加使用量
14.04.01	碳酸饮料	0.05	以赤藓红计
14.04.02.02	风味饮料(包括果味饮料、乳味、茶味、咖啡味及其他味饮料等)(仅限果味饮料)	0.05	以赤藓红计,固体饮料按稀释倍数增加使用量
15.02	配制酒	0.05	以赤藓红计
16.06	膨化食品	0.025	以赤藓红计

刺梧桐胶 **karaya gum**

CNS 号　18.010　　INS 号　416

功能　稳定剂

食品分类号	食品名称	最大使用量	备　注
01.01.03	调制乳	按生产需要适量使用	
02.02	水油状脂肪乳化制品	按生产需要适量使用	

刺云实胶 **tara gum**

CNS 号　20.041　　INS 号　417

功能　增稠剂

食品分类号	食品名称	最大使用量/(g/kg)	备　注
01.06	干酪	8.0	
03.0	冷冻饮品(03.04 食用冰除外)	5.0	
04.01.02.05	果酱	5.0	
07.0	焙烤食品	1.5	
08.02	预制肉制品	10.0	
08.03	熟肉制品	10.0	
14.0	饮料类(14.01 包装饮用水类除外)	2.5	
16.01	果冻	5.0	如用于果冻粉,按冲调倍数增加使用量

表 A.1（续）

醋酸酯淀粉 **starch acetate**

CNS 号 20.03 INS 号 1420

功能 增稠剂

食品分类号	食品名称	最大使用量	备注
06.03.02.01	生湿面制品（如面条、饺子皮、馄饨皮、烧麦皮）（仅限生湿面条）	按生产需要适量使用	

单，双甘油脂肪酸酯（油酸、亚油酸、亚麻酸、棕榈酸、山嵛酸、硬脂酸、月桂酸） **mono-and diglycerides of fatty acids**

CNS 号 10.006 INS 号 471

功能 乳化剂

食品分类号	食品名称	最大使用量/(g/kg)	备注
01.02.01	发酵乳	5.0	
01.05.01	稀奶油	按生产需要适量使用	
02.02.01.01	黄油和浓缩黄油	20.0	
06.03.02.01	生湿面制品（如面条、饺子皮、馄饨皮、烧麦皮）	按生产需要适量使用	
06.03.02.02	生干面制品	30.0	
11.01.02	其他糖和糖浆（如红糖、赤砂糖、槭树糖浆）	6.0	
12.09	香辛料类	5.0	
13.01	婴幼儿配方食品	按生产需要适量使用	
13.02	婴幼儿辅助食品	按生产需要适量使用	
14.05.02	咖啡饮料类	按生产需要适量使用	

单辛酸甘油酯 **capryl monoglyceride**

CNS 号 17.031 INS 号 —

功能 防腐剂

食品分类号	食品名称	最大使用量/(g/kg)	备注
06.03.02.01	生湿面制品（如面条、饺子皮、馄饨皮、烧麦皮）	1.0	
07.02	糕点	1.0	
07.04	焙烤食品馅料及表面用挂浆（仅限豆馅）	1.0	
08.03.05	肉灌肠类	0.5	

表 A.1（续）

淀粉磷酸酯钠 **sodium starch phosphate**

CNS 号 20.013 INS 号 —

功能 增稠剂

食品分类号	食品名称	最大使用量	备 注
02.02.01	脂肪含量 80% 以上的乳化制品	按生产需要适量使用	
03.0	冷冻饮品(03.04 食用冰除外)	按生产需要适量使用	
04.01.02.05	果酱	按生产需要适量使用	
06.0	粮食和粮食制品，包括大米、面粉、杂粮、块根植物、豆类和玉米提取的淀粉等(不包括 06.01 原粮及 07.0 类焙烤制品)	按生产需要适量使用	
12.0	调味品	按生产需要适量使用	
14.0	饮料类(14.01 包装饮用水类除外)	按生产需要适量使用	

靛蓝及其铝色淀 **indigotine, indigotine aluminum lake**

CNS 号 08.008 INS 号 132

功能 着色剂

食品分类号	食品名称	最大使用量/(g/kg)	备 注
04.01.02.08.01	蜜饯类	0.1	以靛蓝计
04.01.02.08.02	凉果类	0.1	以靛蓝计
04.01.02.09	装饰性果蔬	0.2	以靛蓝计
04.02.02.03	腌渍的蔬菜	0.01	以靛蓝计
04.05.02.01	熟制坚果与籽类(仅限油炸坚果与籽类)	0.05	以靛蓝计
05.0	可可制品、巧克力和巧克力制品(包括代可可脂巧克力及制品)以及糖果(05.01.01 可可制品除外)	0.1	以靛蓝计
05.02.02	除胶基糖果以外的其他糖果	0.3	以靛蓝计
07.02.04	糕点上彩装	0.1	以靛蓝计
07.04	焙烤食品馅料及表面用挂浆(仅限饼干夹心)	0.1	以靛蓝计
14.02.03	果蔬汁(肉)饮料(包括发酵型产品等)	0.1	以靛蓝计，固体饮料按稀释倍数增加使用量
14.04.01	碳酸饮料	0.1	以靛蓝计

表 A.1(续)

食品分类号	食品名称	最大使用量/(g/kg)	备　注
14.04.02.02	风味饮料(包括果味饮料、乳味、茶味、咖啡味及其他味饮料等)(仅限果味饮料)	0.1	以靛蓝计,固体饮料按稀释倍数增加使用量
15.02	配制酒	0.1	以靛蓝计
16.06	膨化食品	0.05	以靛蓝计

丁基羟基茴香醚(BHA)　　**butylated hydroxyanisole**

CNS号　04.001　　INS号　320

功能　抗氧化剂

食品分类号	食品名称	最大使用量/(g/kg)	备　注
02.0	脂肪,油和乳化脂肪制品	0.2	以油脂中的含量计
02.01	基本不含水的脂肪和油	0.2	以油脂中的含量计
04.05.02.01	熟制坚果与籽类(仅限油炸坚果与籽类)	0.2	以油脂中的含量计
04.05.02.03	坚果与籽类罐头	0.2	以油脂中的含量计
05.02.01	胶基糖果	0.4	以油脂中的含量计
06.03.02.05	油炸面制品	0.2	以油脂中的含量计
06.04.01	杂粮粉	0.2	以油脂中的含量计
06.06	即食谷物,包括碾轧燕麦(片)	0.2	以油脂中的含量计
06.07	方便米面制品	0.2	以油脂中的含量计
07.03	饼干	0.2	以油脂中的含量计
08.02.02	腌腊肉制品类(如咸肉、腊肉、板鸭、中式火腿、腊肠)	0.2	以油脂中的含量计
09.03.04	风干、烘干、压干等水产品	0.2	以油脂中的含量计
16.06	膨化食品	0.2	以油脂中的含量计

对羟基苯甲酸酯类及其钠盐(对羟基苯甲酸甲酯钠,对羟基苯甲酸乙酯及其钠盐)　　**methyl *p*-hydroxy benzoate and its salts (sodium methyl *p*-hydroxy benzoate, ethyl *p*-hydroxy benzoate, sodium ethyl *p*-hydroxy benzoate)**

CNS号　17.032,17.007　　INS号　219,214,215

功能　防腐剂

食品分类号	食品名称	最大使用量/(g/kg)	备　注
04.01.01.02	经表面处理的鲜水果	0.012	以对羟基苯甲酸计
04.01.02.05	果酱(罐头除外)	0.25	以对羟基苯甲酸计
04.02.01.02	经表面处理的新鲜蔬菜	0.012	以对羟基苯甲酸计
07.04	焙烤食品馅料及表面用挂浆(仅限糕点馅)	0.5	以对羟基苯甲酸计

表 A.1（续）

食品分类号	食品名称	最大使用量/(g/kg)	备　注
10.03.02	热凝固蛋制品(如蛋黄酪、松花蛋肠)	0.2	以对羟基苯甲酸计
12.03	醋	0.25	以对羟基苯甲酸计
12.04	酱油	0.25	以对羟基苯甲酸计
12.05	酱及酱制品	0.25	以对羟基苯甲酸计
12.10.03.04	蚝油、虾油、鱼露等	0.25	以对羟基苯甲酸计
14.02.03	果蔬汁(肉)饮料(含发酵型产品)	0.25	以对羟基苯甲酸计
14.04.01	碳酸饮料	0.2	以对羟基苯甲酸计
14.04.02.02	风味饮料(包括果味饮料、乳味、茶味、咖啡味及其他味饮料等)(仅限果味饮料)	0.25	以对羟基苯甲酸计

多穗柯棕　　**tanoak brown**

CNS 号　08.128　　INS 号　—

功能　着色剂

食品分类号	食品名称	最大使用量/(g/kg)	备　注
03.0	冷冻饮品(03.04 食用冰除外)	0.4	
05.02	糖果	0.4	
14.04.01.01	可乐型碳酸饮料	1.0	
15.02	配制酒	0.4	

二丁基羟基甲苯(BHT)　　**butylated hydroxytoluene**

CNS 号　04.002　　INS 号　321

功能　抗氧化剂

食品分类号	食品名称	最大使用量/(g/kg)	备　注
02.0	脂肪,油和乳化脂肪制品	0.2	以油脂中的含量计
02.01	基本不含水的脂肪和油	0.2	以油脂中的含量计
04.02.02.02	干制蔬菜(仅限脱水马铃薯粉)	0.2	以油脂中的含量计
04.05.02.01	熟制坚果与籽类(仅限油炸坚果与籽类)	0.2	以油脂中的含量计
04.05.02.03	坚果与籽类罐头	0.2	以油脂中的含量计
05.02.01	胶基糖果	0.4	以油脂中的含量计
06.03.02.05	油炸面制品	0.2	以油脂中的含量计
06.06	即食谷物,包括碾轧燕麦(片)	0.2	以油脂中的含量计
06.07	方便米面制品	0.2	以油脂中的含量计

表 A.1（续）

食品分类号	食品名称	最大使用量/(g/kg)	备　注
07.03	饼干	0.2	以油脂中的含量计
08.02.02	腌腊肉制品类（如咸肉、腊肉、板鸭、中式火腿、腊肠）	0.2	以油脂中的含量计
09.03.04	风干、烘干、压干等水产品	0.2	以油脂中的含量计
16.06	膨化食品	0.2	以油脂中的含量计

二甲基二碳酸盐（又名维果灵）　　**dimethyl dicarbonate**

CNS 17.033　　INS 号　242

功能　防腐剂

食品分类号	食品名称	最大使用量/(g/kg)	备　注
14.02.03	果蔬汁（肉）饮料（包括发酵型产品等）	0.25	
14.04.01	碳酸饮料	0.25	
14.04.02.02	风味饮料（包括果味饮料、乳味、茶味、咖啡味及其他味饮料等）（仅限果味饮料）	0.25	
14.05.01	茶饮料类	0.25	

2,4-二氯苯氧乙酸　　**2,4-dichlorophenoxy acetic acid**

CNS 号　17.027　　INS 号　—

功能　防腐剂

食品分类号	食品名称	最大使用量/(g/kg)	备　注
04.01.01.02	经表面处理的鲜水果	0.01	残留量≤2.0 mg/kg
04.02.01.02	经表面处理的新鲜蔬菜	0.01	残留量≤2.0 mg/kg

二氧化硅　　**silicon dioxide**

CNS 号　02.004　　INS 号　551

功能　抗结剂

食品分类号	食品名称	最大使用量/(g/kg)	备　注
01.03	乳粉（包括加糖乳粉）和奶油粉及其调制产品	15.0	
02.05	其他油脂或油脂制品（仅限植脂末）	15.0	
03.0	冷冻饮品（03.04 食用冰除外）	0.5	
05.01.01	可可制品（包括以可可为主要原料的脂、粉、浆、酱、馅等）	15.0	
06.01	原粮	1.2	

表 A.1（续）

食品分类号	食品名称	最大使用量/(g/kg)	备　注
10.03.01	脱水蛋制品（如蛋白粉、蛋黄粉、蛋白片）	15.0	
11.06	其他甜味料（仅限糖粉）	15.0	
12.01	盐及代盐制品	20.0	
12.09	香辛料类	20.0	
12.10.01	固体复合调味料	20.0	
14.06	固体饮料类	15.0	
16.07	其他（豆制品工艺用）	0.025	复配消泡剂用，以每千克黄豆的使用量计

二氧化硫，焦亚硫酸钾，焦亚硫酸钠，亚硫酸钠，亚硫酸氢钠，低亚硫酸钠

sulfur dioxide，potassium metabisulphite，sodium metabisulphite，sodium sulfite，sodium hydrogen sulfite，sodium hyposulfite

CNS 号　05.001，05.002，05.003，05.004，05.005，05.006

INS 号　220，224，223，221，222

功能　漂白剂、防腐剂、抗氧化剂

食品分类号	食品名称	最大使用量/(g/kg)	备　注
04.01.01.02	经表面处理的鲜水果	0.05	最大使用量以二氧化硫残留量计
04.01.02.02	水果干类	0.1	最大使用量以二氧化硫残留量计
04.01.02.08	蜜饯凉果	0.35	最大使用量以二氧化硫残留量计
04.02.02.02	干制蔬菜	0.2	最大使用量以二氧化硫残留量计
04.02.02.02	干制蔬菜（仅限脱水马铃薯）	0.4	最大使用量以二氧化硫残留量计
04.02.02.03	腌渍的蔬菜	0.1	最大使用量以二氧化硫残留量计
04.02.02.04	蔬菜罐头（仅限竹笋、酸菜）	0.05	最大使用量以二氧化硫残留量计
04.03.02.02	干制的食用菌和藻类	0.05	最大使用量以二氧化硫残留量计
04.03.02.04	食用菌和藻类罐头（仅限蘑菇罐头）	0.05	最大使用量以二氧化硫残留量计
04.04.01.04	腐竹类（包括腐竹、油皮等）	0.2	最大使用量以二氧化硫残留量计
04.05.02.03	坚果与籽类罐头	0.05	最大使用量以二氧化硫残留量计

表 A.1（续）

食品分类号	食品名称	最大使用量/(g/kg)	备　注
05.0	可可制品、巧克力和巧克力制品（包括代可可脂巧克力及制品）以及糖果	0.1	最大使用量以二氧化硫残留量计
06.02.04	米粉制品（仅限水磨年糕）	0.05	以二氧化硫残留量计
06.05.01	食用淀粉	0.03	最大使用量以二氧化硫残留量计
06.05.02.01	粉丝、粉条	0.1	最大使用量以二氧化硫残留量计
06.08	冷冻米面制品（仅限风味派）	0.05	最大使用量以二氧化硫残留量计
07.03	饼干	0.1	最大使用量以二氧化硫残留量计
11.01	食糖	0.1	最大使用量以二氧化硫残留量计
11.02	淀粉糖（果糖、葡萄糖、饴糖、部分转化糖等）	0.04	最大使用量以二氧化硫残留量计
11.05	调味糖浆	0.05	最大使用量以二氧化硫残留量计
12.10.02	半固体复合调味料	0.05	最大使用量以二氧化硫残留量计
14.02.01	果蔬汁（浆）	0.05	最大使用量以二氧化硫残留量计，浓缩果蔬汁（浆）按浓缩倍数折算
14.02.03	果蔬汁（肉）饮料（包括发酵型产品等）	0.05	最大使用量以二氧化硫残留量计，浓缩果蔬汁（浆）按浓缩倍数折算
15.03.01	葡萄酒	0.25 g/L	甜型葡萄酒及果酒系列产品最大使用量为 0.4 g/L，最大使用量以二氧化硫残留量计
15.03.03	果酒	0.25 g/L	甜型葡萄酒及果酒系列产品最大使用量为 0.4 g/L，最大使用量以二氧化硫残留量计
15.03.05	啤酒和麦芽饮料	0.01	最大使用量以二氧化硫残留量计

表 A.1（续）

二氧化钛 **titanium dioxide**

CNS 号 08.011 INS 号 171

功能 着色剂

食品分类号	食品名称	最大使用量/(g/kg)	备 注
04.01.02.05	果酱	5.0	
04.01.02.08.02	凉果类	10.0	
04.01.02.08.04	话化类(甘草制品)	10.0	
04.02.02.02	干制蔬菜(仅限脱水马铃薯)	0.5	
04.05.02.01	熟制坚果与籽类(仅限油炸坚果与籽类)	10.0	
05.0	可可制品、巧克力和巧克力制品(包括代可可脂巧克力及制品)以及糖果	2.0	
05.02.01	胶基糖果	5.0	
05.02.02	除胶基糖果以外的其他糖果	10.0	
05.03	糖果和巧克力制品包衣	按生产需要适量使用	
05.04	装饰糖果(如工艺造型,或用于蛋糕装饰)、顶饰(非水果材料)和甜汁	5.0	
11.05	调味糖浆	5.0	
12.10.02.01	蛋黄酱、沙拉酱	0.5	
14.06	固体饮料类	按生产需要适量使用	
16.01	果冻	10.0	如用于果冻粉,按冲调倍数增加使用量
16.06	膨化食品	10.0	
16.07	其他(饮料浑浊剂)	10.0 g/L	
16.07	其他(仅限魔芋凝胶制品)	2.5	

二氧化碳 **carbon dioxide**

CNS 号 17.014 INS 号 290

功能 防腐剂

食品分类号	食品名称	最大使用量	备 注
05.02.02	除胶基糖果以外的其他糖果	按生产需要适量使用	
14.0	饮料类	按生产需要适量使用	
15.03.06	其他发酵酒类(充气型)	按生产需要适量使用	

表 A.1（续）

番茄红 **tomato red**

CNS号 08.150 INS号 —

功能 着色剂

食品分类号	食品名称	最大使用量/(g/kg)	备 注
01.02.02	风味发酵乳	0.006	
14.0	饮料类(14.01 包装饮用水除外)	0.006	固体饮料按稀释倍数增加使用量

番茄红素(合成) **lycopene(synthetic)**

CNS号 08.017 INS号 160d(i)

功能 着色剂

食品分类号	食品名称	最大使用量/(g/kg)	备 注
05.02	糖果	0.06	以纯番茄红素计
12.10.01.01	固体汤料	0.39	以纯番茄红素计
12.10.02	半固体复合调味料	0.04	以纯番茄红素计
14.0	饮料类(14.01 包装饮用水除外)	0.015	以纯番茄红素计，固体饮料按稀释倍数增加使用量

蜂蜡 **beeswax**

CNS号 14.013 INS号 901

功能 被膜剂

食品分类号	食品名称	最大使用量	备 注
05.02	糖果	按生产需要适量使用	
05.03	糖果和巧克力制品包衣	按生产需要适量使用	

富马酸 **fumaric acid**

CNS号 01.110 INS号 297

功能 酸度调节剂

食品分类号	食品名称	最大使用量/(g/kg)	备 注
05.02.01	胶基糖果	8.0	
06.03.02.01	生湿面制品(如面条、饺子皮、馄饨皮、烧麦皮)	0.6	
07.01	面包	3.0	
07.02	糕点	3.0	
07.03	饼干	3.0	
07.04	焙烤食品馅料及表面用挂浆	2.0	
07.05	其他焙烤食品	2.0	
14.02.03	果蔬汁(肉)饮料(包括发酵型产品等)	0.6	
14.04.01	碳酸饮料	0.3	

表 A.1(续)

富马酸一钠 **monosodium fumarate**

CNS 号 01.311 INS 号 365

功能 酸度调节剂

食品分类号	食品名称	最大使用量	备 注
05.02.01	胶基糖果	按生产需要适量使用	
06.03.02.01	生湿面制品(如面条、饺子皮、馄饨皮、烧麦皮)	按生产需要适量使用	
07.0	焙烤食品	按生产需要适量使用	
08.0	肉及肉制品(08.01 生、鲜肉类除外)	按生产需要适量使用	
09.0	水产及其制品(包括鱼类、甲壳类、贝类、软体类、棘皮类等水产及其加工制品等)(09.01 鲜水产品除外)	按生产需要适量使用	
14.0	饮料类(14.01 包装饮用水类除外)	按生产需要适量使用	

甘草,甘草酸铵,甘草酸一钾及三钾 **glycyrrhiza, ammonium glycyrrhizinate, monopotassium and tripotassium glycyrrhizinate**

CNS 号 19.009,19.012,19.010 INS 号 958

功能 甜味剂

食品分类号	食品名称	最大使用量	备 注
04.01.02.08	蜜饯凉果	按生产需要适量使用	
05.02	糖果	按生产需要适量使用	
07.03	饼干	按生产需要适量使用	
08.03.08	肉罐头类	按生产需要适量使用	
12.0	调味品	按生产需要适量使用	
14.0	饮料类(14.01 包装饮用水类除外)	按生产需要适量使用	

甘草抗氧物 **antioxidant of glycyrrhiza**

CNS 号 04.008 INS 号 —

功能 抗氧化剂

食品分类号	食品名称	最大使用量/(g/kg)	备 注
02.01	基本不含水的脂肪和油	0.2	以甘草酸计
04.05.02.01	熟制坚果与籽类(仅限油炸坚果与籽类)	0.2	以甘草酸计
06.03.02.05	油炸面制品	0.2	以甘草酸计

表 A.1（续）

食品分类号	食品名称	最大使用量/(g/kg)	备　注
06.07	方便米面制品	0.2	以甘草酸计
07.03	饼干	0.2	以甘草酸计
08.02.02	腌腊肉制品类（如咸肉、腊肉、板鸭、中式火腿、腊肠）	0.2	以甘草酸计
08.03.01	酱卤肉制品类	0.2	以甘草酸计
08.03.02	熏、烧、烤肉类	0.2	以甘草酸计
08.03.03	油炸肉类	0.2	以甘草酸计
08.03.04	西式火腿（熏烤、烟熏、蒸煮火腿）类	0.2	以甘草酸计
08.03.05	肉灌肠类	0.2	以甘草酸计
08.03.06	发酵肉制品类	0.2	以甘草酸计
09.03.02	腌制水产品	0.2	以甘草酸计
16.06	膨化食品	0.2	以甘草酸计

***D*-甘露糖醇**　　***D*-mannitol**

CNS 号　19.017　　INS 号　421

功能　甜味剂、乳化剂、膨松剂、稳定剂、增稠剂

食品分类号	食品名称	最大使用量	备　注
05.02	糖果	按生产需要适量使用	

柑橘黄　　**orange yellow**

CNS 号　08.143　　INS 号　—

功能　着色剂

食品分类号	食品名称	最大使用量	备　注
06.03.02.02	生干面制品	按生产需要适量使用	

高锰酸钾　　**potassium permanganate**

CNS 号　00.001　　INS 号　—

功能　其他

食品分类号	食品名称	最大使用量/(g/kg)	备　注
06.05.01	食用淀粉	0.5	
15.0	酒类	0.5	酒中残留量以锰计：≤2 mg/kg

谷氨酰胺转氨酶　　**glutamine transaminase**

功能　稳定剂和凝固剂　　INS 号　—

食品分类号	食品名称	最大使用量/(g/kg)	备　注
04.04	豆制品	0.25	

表 A.1（续）

瓜尔胶 **guar gum**

CNS 号 20.025 INS 号 412

功能 增稠剂

食品分类号	食品名称	最大使用量/(g/kg)	备 注
01.05.01	稀奶油	1.0	
13.01.02	较大婴儿和幼儿配方食品	1.0 g/L	

硅铝酸钠 **sodium aluminosilicate**

CNS 号 02.002 INS 号 554

功能 抗结剂

食品分类号	食品名称	最大使用量/(g/kg)	备 注
01.03	乳粉(包括加糖乳粉)和奶油粉及其调制产品	按生产需要适量使用	
01.06	干酪	按生产需要适量使用	
02.05	其他油脂或油脂制品(仅限植脂末)	5.0	
05.01.01	可可制品(包括以可可为主要原料的脂、粉、浆、酱、馅等)	按生产需要适量使用	
06.05	淀粉及淀粉类制品	按生产需要适量使用	
11.01	食糖	按生产需要适量使用	
11.04	餐桌甜味料	按生产需要适量使用	
12.01	盐及代盐制品	按生产需要适量使用	
12.09.01	香辛料及粉	按生产需要适量使用	
12.10	复合调味料	按生产需要适量使用	
14.06	固体饮料类	按生产需要适量使用	
16.04	酵母及酵母类制品	按生产需要适量使用	

硅酸钙 **calcium silicate**

CNS 号 02.009 INS 号 552

功能 抗结剂

食品分类号	食品名称	最大使用量	备 注
01.03	乳粉(包括加糖乳粉)和奶油粉及其调制产品	按生产需要适量使用	
01.06	干酪	按生产需要适量使用	
05.01.01	可可制品(包括以可可为主要原料的脂、粉、浆、酱、馅等)	按生产需要适量使用	
06.05	淀粉及淀粉类制品	按生产需要适量使用	

表 A.1（续）

食品分类号	食品名称	最大使用量	备　注
11.01	食糖	按生产需要适量使用	
11.04	餐桌甜味料	按生产需要适量使用	
12.01	盐及代盐制品	按生产需要适量使用	
12.09.01	香辛料及粉	按生产需要适量使用	
12.10	复合调味料	按生产需要适量使用	
14.06	固体饮料类	按生产需要适量使用	
16.04	酵母及酵母类制品	按生产需要适量使用	

桂醛 **cinnamaldehyde**

CNS 号　17.012　INS 号　—

功能　防腐剂

食品分类号	食品名称	最大使用量	备　注
04.01.01.02	经表面处理的鲜水果	按生产需要适量使用	残留量≤0.3 mg/kg

果胶 **pectins**

CNS 号　20.006　INS 号　440

功能　乳化剂、稳定剂、增稠剂

食品分类号	食品名称	最大使用量/(g/kg)	备　注
01.02.01	发酵乳	按生产需要适量使用	
01.05.01	稀奶油	按生产需要适量使用	
02.02.01.01	黄油和浓缩黄油	按生产需要适量使用	
06.03.02.01	生湿面制品（如面条、饺子皮、馄饨皮、烧麦皮）	按生产需要适量使用	
06.03.02.02	生干面制品	按生产需要适量使用	
11.01.02	其他糖和糖浆（如红糖、赤砂糖、槭树糖浆）	按生产需要适量使用	
12.09	香辛料类	按生产需要适量使用	
14.02.01	果蔬汁（浆）	3.0	

海萝胶 **funoran (gloiopeltis furcata)**

CNS 号　20.040　INS 号　—

功能　增稠剂

食品分类号	食品名称	最大使用量/(g/kg)	备　注
05.02.01	胶基糖果	10.0	

表 A.1（续）

海藻酸丙二醇酯 **propylene glycol alginate**

CNS 号 20.010 INS 号 405

功能 增稠剂、乳化剂、稳定剂

食品分类号	食品名称	最大使用量/(g/kg)	备 注
01.0	乳及乳制品（01.01.01、01.01.02、01.04.01、13.0 涉及品种除外）	3.0	
01.01.02.01	调味乳	4.0	
01.02.02	风味发酵乳	4.0	
01.04.01	淡炼乳(原味)	5.0	
02.01.01.02	氢化植物油	5.0	
02.02	水油状脂肪乳化制品	5.0	
02.03	02.02 类以外的脂肪乳化制品,包括混合的和(或)调味的脂肪乳化制品	5.0	
03.01	冰淇淋、雪糕类	1.0	
04.01.02.05	果酱	5.0	
05.01	可可制品、巧克力和巧克力制品,包括代可可脂巧克力及制品	5.0	
05.02.01	胶基糖果	5.0	
05.04	装饰糖果(如工艺造型,或用于蛋糕装饰)、顶饰(非水果材料)和甜汁	5.0	
06.03.02.01	生湿面制品(如面条、饺子皮、馄饨皮、烧麦皮)	5.0	
06.03.02.02	生干面制品	5.0	
06.07	方便米面制品	5.0	
11.05	调味糖浆	5.0	
12.10.02	半固体复合调味料	8.0	
14.0	饮料类[14.01 包装饮用水类、14.03.02 植物蛋白饮料、14.02.03 果蔬汁(肉)饮料(包括发酵型产品等)除外]	0.3	固体饮料按冲调倍数增加使用量
14.02.03	果蔬汁(肉)饮料(包括发酵型产品等)	3.0	
14.03.01	含乳饮料	4.0	
14.03.02	植物蛋白饮料	5.0	
14.05.02	咖啡饮料类	3.0	
15.03.05	啤酒和麦芽饮料	0.3	

表 A.1(续)

海藻酸钠 **sodium alginate**

CNS 号 20.004 INS 号 401

功能 增稠剂

食品分类号	食品名称	最大使用量/(g/kg)	备 注
01.02.01	发酵乳	按生产需要适量使用	
01.05.01	稀奶油	按生产需要适量使用	
02.02.01.01	黄油和浓缩黄油	按生产需要适量使用	
06.03.02.01	生湿面制品(如面条、饺子皮、馄饨皮、烧麦皮)	按生产需要适量使用	
06.03.02.02	生干面制品	按生产需要适量使用	
11.01.02	其他糖和糖浆(如红糖、赤砂糖、槭树糖浆)	10.0	
12.09	香辛料类	按生产需要适量使用	
14.02.01	果蔬汁(浆)	按生产需要适量使用	

核黄素 **riboflavin**

CNS 号 08.148 INS 号 101(i)

功能 着色剂

食品分类号	食品名称	最大使用量/(g/kg)	备 注
04.02.02.02	干制蔬菜(仅限脱水马铃薯)	0.3	
06.07	方便米面制品	0.05	
12.10.01	固体复合调味料	0.05	

黑豆红 **black bean red**

CNS 号 08.114 INS 号 —

功能 着色剂

食品分类号	食品名称	最大使用量/(g/kg)	备 注
05.02	糖果	0.8	
07.02.04	糕点上彩装	0.8	
14.02.03	果蔬汁(肉)饮料(包括发酵型产品等)	0.8	固体饮料按稀释倍数增加使用量
14.04.02.02	风味饮料(包括果味饮料、乳味、茶味、咖啡味及其他味饮料等)(仅限果味饮料)	0.8	固体饮料按稀释倍数增加使用量
15.02	配制酒	0.8	

表 A.1(续)

黑加仑红 **black currant red**

CNS 号　08.122　INS 号　—

功能　着色剂

食品分类号	食品名称	最大使用量	备　注
07.02.04	糕点上彩装	按生产需要适量使用	
14.04.01	碳酸饮料	按生产需要适量使用	
15.03.03	果酒	按生产需要适量使用	

红花黄 **carthamins yellow**

CNS 号　08.103　INS 号　—

功能　着色剂

食品分类号	食品名称	最大使用量/(g/kg)	备　注
03.0	冷冻饮品(03.04 食用冰除外)	0.5	
04.01.02.04	水果罐头	0.2	
04.01.02.08	蜜饯凉果	0.2	
04.01.02.09	装饰性果蔬	0.2	
04.02.02.03	腌渍的蔬菜	0.5	
04.02.02.04	蔬菜罐头	0.2	
04.05.02.01	熟制坚果与籽类(仅限油炸坚果与籽类)	0.5	
05.02	糖果	0.2	
06.04.02.01	八宝粥罐头	0.2	
06.07	方便米面制品	0.5	
06.10	粮食制品馅料	0.5	
07.02.04	糕点上彩装	0.2	
08.02.02	腌腊肉制品类(如:咸肉、腊肉、板鸭、中式火腿、腊肠)	0.5	
12.0	调味品(12.01 盐及代盐制品除外)	0.5	
14.02.03	果蔬汁(肉)饮料(包括发酵型产品等)	0.2	固体饮料按稀释倍数增加使用量
14.04.01	碳酸饮料	0.2	
14.04.02.02	风味饮料(包括果味饮料、乳味、茶味、咖啡味及其他味饮料等)(仅限果味饮料)	0.2	固体饮料按稀释倍数增加使用量
15.02	配制酒	0.2	
16.01	果冻	0.2	如用于果冻粉,按冲调倍数增加使用量
16.06	膨化食品	0.5	

表 A.1（续）

红米红 **red rice red**

CNS 号 08.111 INS 号 —

功能 着色剂

食品分类号	食品名称	最大使用量	备 注
01.01.03	调制乳	按生产需要适量使用	
03.0	冷冻饮品(03.04 食用冰除外)	按生产需要适量使用	
05.02	糖果	按生产需要适量使用	
14.03.01	含乳饮料	按生产需要适量使用	固体饮料按稀释倍数增加使用量
15.02	配制酒	按生产需要适量使用	

红曲米，红曲红 **red kojic rice，monascus red**

CNS 号 08.119，08.120 INS 号 —

功能 着色剂

食品分类号	食品名称	最大使用量/(g/kg)	备 注
01.01.03	调制乳	按生产需要适量使用	
01.02.02	风味发酵乳	0.8	
01.04.02	调制炼乳(包括甜炼乳、调味甜炼乳及其他使用了非乳原料的调制炼乳)	按生产需要适量使用	
03.0	冷冻饮品(03.04 食用冰除外)	按生产需要适量使用	
04.01.02.05	果酱	按生产需要适量使用	
04.02.02.03	腌渍的蔬菜	按生产需要适量使用	
04.02.02.05	蔬菜泥(酱)，番茄沙司除外	按生产需要适量使用	
04.04.02.01	腐乳类	按生产需要适量使用	
04.05.02.01	熟制坚果与籽类(仅限油炸坚果与籽类)	按生产需要适量使用	
05.02	糖果	按生产需要适量使用	
05.04	装饰糖果(如工艺造型，或用于蛋糕装饰)、顶饰(非水果材料)和甜汁	按生产需要适量使用	
06.07	方便米面制品	按生产需要适量使用	
06.10	粮食制品馅料	按生产需要适量使用	
07.02	糕点	0.9	
07.03	饼干	按生产需要适量使用	
07.04	焙烤食品馅料及表面用挂浆	1.0	
08.02.02	腌腊肉制品类(如：咸肉、腊肉、板鸭、中式火腿、腊肠)	按生产需要适量使用	

表 A.1（续）

食品分类号	食品名称	最大使用量/(g/kg)	备　注
08.03	熟肉制品	按生产需要适量使用	
11.05	调味糖浆	按生产需要适量使用	
12.0	调味品(12.01 盐及代盐制品除外)	按生产需要适量使用	
14.02.03	果蔬汁(肉)饮料(包括发酵型产品等)	按生产需要适量使用	
14.03	蛋白饮料类	按生产需要适量使用	
14.04.01	碳酸饮料	按生产需要适量使用	
14.04.02.02	风味饮料(包括果味饮料、乳味、茶味、咖啡味及其他味饮料等)(仅限果味饮料)	按生产需要适量使用	
14.06	固体饮料类	按生产需要适量使用	
15.02	配制酒	按生产需要适量使用	
16.01	果冻	按生产需要适量使用	如用于果冻粉，按冲调倍数增加使用量
16.06	膨化食品	按生产需要适量使用	

葫芦巴胶　　**fenugreek gum**

CNS 号　20.035　　INS 号　—

功能　增稠剂

食品分类号	食品名称	最大使用量/(g/kg)	备　注
03.0	冷冻饮品(03.04 食用冰除外)	0.1	
05.0	可可制品、巧克力和巧克力制品(包括代可可脂巧克力及制品)以及糖果	0.2	
06.03.01	小麦粉	0.3	
07.0	焙烤食品	0.15	

琥珀酸单甘油酯　　**succinylated monoglycerides**

CNS 号　10.038　　INS 号　472g

功能　乳化剂

食品分类号	食品名称	最大使用量/(g/kg)	备　注
01.01.03	调制乳	5.0	
01.06.05	干酪类似品	10.0	
01.07	以乳为主要配料的即食风味甜点或其预制产品(不包括冰淇淋和调味酸奶)	5.0	

表 A.1(续)

食品分类号	食品名称	最大使用量/(g/kg)	备注
02.0	脂肪,油和乳化脂肪制品(02.01 基本不含水的脂肪和油除外)	10.0	
07.0	焙烤食品	5.0	
14.02.03	果蔬汁(肉)饮料(包括发酵型产品等)	2.0	
14.03	蛋白饮料类	2.0	
14.03.01	含乳饮料	5.0	
14.05	茶、咖啡、植物饮料类	2.0	
14.06	固体饮料类	20.0	按稀释 10 倍计算

琥珀酸二钠 **disodium succinate**

CNS 号 12.005 INS 号 —

功能 增味剂

食品分类号	食品名称	最大使用量/(g/kg)	备注
12.0	调味品	20.0	

花生衣红 **peanut skin red**

CNS 号 08.134 INS 号 —

功能 着色剂

食品分类号	食品名称	最大使用量/(g/kg)	备注
05.02	糖果	0.4	
07.03	饼干	0.4	
08.03.05	肉灌肠类	0.4	
14.04.01	碳酸饮料	0.1	

滑石粉 **talc**

CNS 号 02.007 INS 号 553iii

功能 抗结剂

食品分类号	食品名称	最大使用量/(g/kg)	备注
04.01.02.08.02	凉果类	20.0	
04.01.02.08.04	话化类(甘草制品)	20.0	

槐豆胶(又名刺槐豆胶) **carob bean gum**

CNS 号 20.023 INS 号 410

功能 增稠剂

食品分类号	食品名称	最大使用量/(g/kg)	备注
13.01	婴幼儿配方食品	7.0	

表 A.1（续）

环己基氨基磺酸钠（又名甜蜜素），环己基氨基磺酸钙 **sodium cyclamate, calcium cyclamate**

CNS号 19.002 INS号 952

功能 甜味剂

食品分类号	食品名称	最大使用量/(g/kg)	备 注
03.0	冷冻饮品（03.04 食用冰除外）	0.65	以环己基氨基磺酸计
04.01.02.04	水果罐头	0.65	以环己基氨基磺酸计
04.01.02.05	果酱	1.0	以环己基氨基磺酸计
04.01.02.08	蜜饯凉果	1.0	以环己基氨基磺酸计
04.01.02.08.02	凉果类	8.0	以环己基氨基磺酸计
04.01.02.08.04	话化类（甘草制品）	8.0	以环己基氨基磺酸计
04.01.02.08.05	果丹（饼）类	8.0	以环己基氨基磺酸计
04.02.02.03	腌渍的蔬菜	0.65	以环己基氨基磺酸计
04.04.02.01	腐乳类	0.65	以环己基氨基磺酸计
04.05.02.01.01	带壳熟制坚果与籽类	6.0	以环己基氨基磺酸计
04.05.02.01.02	脱壳熟制坚果与籽类	1.2	以环己基氨基磺酸计
07.01	面包	0.65	以环己基氨基磺酸计
07.02	糕点	0.65	以环己基氨基磺酸计
07.03	饼干	0.65	以环己基氨基磺酸计
12.10	复合调味料	0.65	以环己基氨基磺酸计
14.0	饮料类（14.01 包装饮用水类除外）	0.65	以环己基氨基磺酸计，固体饮料按冲调倍数增加使用量
15.02	配制酒	0.65	以环己基氨基磺酸计
16.01	果冻	0.65	以环己基氨基磺酸计，果冻粉按冲调倍数增加使用量

黄蜀葵胶 **ablmoschus manihot gum**

CNS号 20.019 INS号 —

功能 增稠剂

食品分类号	食品名称	最大使用量/(g/kg)	备 注
03.0	冷冻饮品（03.04 食用冰除外）	5.0	
04.01.02.05	果酱	10.0	
07.01	面包	10.0	
07.02	糕点	10.0	
07.03	饼干	10.0	

表 A.1（续）

黄原胶（又名汉生胶） **xanthan gum**

CNS 号 20.009 INS 号 415

功能 稳定剂、增稠剂

食品分类号	食品名称	最大使用量/(g/kg)	备 注
01.05.01	稀奶油	按生产需要适量使用	
02.02.01.01	黄油和浓缩黄油	5.0	
06.03.02.01	生湿面制品（如面条、饺子皮、馄饨皮、烧麦皮）	10.0	
06.03.02.02	生干面制品	4.0	
11.01.02	其他糖和糖浆（如红糖、赤砂糖、槭树糖浆）	5.0	
12.09	香辛料类	按生产需要适量使用	
14.02.01	果蔬汁（浆）	按生产需要适量使用	

己二酸 **adipic acid**

CNS 号 01.109 INS 号 355

功能 酸度调节剂

食品分类号	食品名称	最大使用量/(g/kg)	备 注
05.02.01	胶基糖果	4.0	
14.06	固体饮料类	0.01	
16.01	果冻	0.1	如用于果冻粉，按冲调倍数增加使用量

4-己基间苯二酚 **4-hexylresorcinol**

CNS 号 04.013 INS 号 586

功能 抗氧化剂

食品分类号	食品名称	最大使用量	备 注
09.01	鲜水产（仅限虾类）	按生产需要适量使用	残留量≤1 mg/kg

甲壳素（又名几丁质） **chitin**

CNS 号 20.018 INS 号 —

功能 增稠剂、稳定剂

食品分类号	食品名称	最大使用量/(g/kg)	备 注
02.01.01.02	氢化植物油	2.0	
02.05	其他油脂或油脂制品（仅限植脂末）	2.0	
03.0	冷冻饮品（03.04 食用冰除外）	2.0	
04.01.02.05	果酱	5.0	

表 A.1(续)

食品分类号	食品名称	最大使用量/(g/kg)	备　注
04.05.02.04	坚果与籽类的泥(酱),包括花生酱等	2.0	
12.03	醋	1.0	
12.10.02.01	蛋黄酱、沙拉酱	2.0	
14.03.01.03	乳酸菌饮料	2.5	
15.03.05	啤酒和麦芽饮料	0.4	

姜黄 **turmeric**

CNS 号　08.102　INS 号　100ii

功能　着色剂

食品分类号	食品名称	最大使用量/(g/kg)	备　注
01.03.02	调制乳粉和调制奶油粉(包括调味乳粉和调味奶油粉)	0.4	以姜黄素计
03.0	冷冻饮品(03.04 食用冰除外)	按生产需要适量使用	
04.01.02.05	果酱	按生产需要适量使用	
04.01.02.08.02	凉果类	按生产需要适量使用	
04.01.02.09	装饰性果蔬	按生产需要适量使用	
04.02.02.03	腌渍的蔬菜	0.01	以姜黄素计
04.05.02.01	熟制坚果与籽类(仅限油炸坚果与籽类)	按生产需要适量使用	
05.0	可可制品、巧克力和巧克力制品(包括代可可脂巧克力及制品)以及糖果	按生产需要适量使用	
06.06	即食谷物,包括碾轧燕麦(片)	0.03	以姜黄素计
06.07	方便米面制品	按生产需要适量使用	
07.0	焙烤食品	按生产需要适量使用	
12.0	调味品	按生产需要适量使用	
14.0	饮料类(14.01 包装饮用水类除外)	按生产需要适量使用	固体饮料按稀释倍数增加使用量
15.02	配制酒	按生产需要适量使用	
16.01	果冻	按生产需要适量使用	如用于果冻粉,按冲调倍数增加使用量
16.06	膨化食品	0.2	以姜黄素计

表 A.1(续)

姜黄素 **curcumin**

CNS号 08.132 INS号 100i

功能 着色剂

食品分类号	食品名称	最大使用量/(g/kg)	备 注
02.02.01.02	人造黄油及其类似制品(如黄油和人造黄油混合品)	按生产需要适量使用	
03.0	冷冻饮品(03.04食用冰除外)	0.15	
04.05.02.01	熟制坚果与籽类(仅限油炸坚果与籽类)	按生产需要适量使用	
05.0	可可制品、巧克力和巧克力制品(包括代可可脂巧克力及制品)以及糖果	0.01	
05.02.01	胶基糖果	0.7	
05.04	装饰糖果(如工艺造型,或用于蛋糕装饰)、顶饰(非水果材料)和甜汁	0.5	
06.03.02.04	面糊(如用于鱼和禽肉的拖面糊)、裹粉、煎炸粉	0.3	
06.07	方便米面制品	0.5	
06.10	粮食制品馅料	按生产需要适量使用	
11.05	调味糖浆	0.5	
12.10	复合调味料	0.1	
14.04.01	碳酸饮料	0.01	
16.01	果冻	0.01	如用于果冻粉,按冲调倍数增加使用量
16.06	膨化食品	按生产需要适量使用	

焦糖色(加氨生产) **caramel colour class Ⅲ-ammonia process**

CNS号 08.110 INS号 150c

功能 着色剂

食品分类号	食品名称	最大使用量	备 注
01.04.02	调制炼乳(包括甜炼乳、调味甜炼乳及其他使用了非乳原料的调制炼乳)	按生产需要适量使用	
03.0	冷冻饮品(03.04食用冰除外)	按生产需要适量使用	
04.01.02.05	果酱	1.5 g/kg	
05.0	可可制品、巧克力和巧克力制品(包括代可可脂巧克力及制品)以及糖果	按生产需要适量使用	

表 A.1（续）

食品分类号	食品名称	最大使用量	备 注
06.03.02.04	面糊（如用于鱼和禽肉的拖面糊）、裹粉、煎炸粉	按生产需要适量使用	
06.05.02.04	粉圆	按生产需要适量使用	
06.06	即食谷物，包括碾轧燕麦（片）	按生产需要适量使用	
07.03	饼干	按生产需要适量使用	
11.05	调味糖浆	按生产需要适量使用	
12.03	醋	按生产需要适量使用	
12.04	酱油	按生产需要适量使用	
12.05	酱及酱制品	按生产需要适量使用	
12.10	复合调味料	按生产需要适量使用	
14.02.03	果蔬汁（肉）饮料（包括发酵型产品等）	按生产需要适量使用	固体饮料按稀释倍数增加使用量
14.03.01	含乳饮料	按生产需要适量使用	固体饮料按稀释倍数增加使用量
14.04.02.02	风味饮料（包括果味饮料、乳味、茶味、咖啡味及其他味饮料等）（仅限果味饮料）	按生产需要适量使用	固体饮料按稀释倍数增加使用量
14.08	其他饮料类（仅限鸡精饮料）	按生产需要适量使用	固体饮料按稀释倍数增加使用量
15.01.03	白兰地	按生产需要适量使用	
15.01.04	威士忌	6.0 g/L	
15.01.06	朗姆酒	6.0 g/L	
15.02	配制酒	按生产需要适量使用	
15.03.01.03	调香葡萄酒	按生产需要适量使用	
15.03.02	黄酒	按生产需要适量使用	
15.03.05	啤酒和麦芽饮料	按生产需要适量使用	
16.01	果冻	按生产需要适量使用	如用于果冻粉，按冲调倍数增加使用量

焦糖色（普通法） **caramel colour class Ⅰ-plain**

CNS 号 08.108 INS 号 150a

功能 着色剂

食品分类号	食品名称	最大使用量	备 注
01.04.02	调制炼乳（包括甜炼乳、调味甜炼乳及其他使用了非乳原料的调制炼乳）	按生产需要适量使用	

表 A.1(续)

食品分类号	食品名称	最大使用量	备　注
03.0	冷冻饮品(03.04 食用冰除外)	按生产需要适量使用	
04.01.02.05	果酱	1.5 g/kg	
05.0	可可制品、巧克力和巧克力制品(包括代可可脂巧克力及制品)以及糖果	按生产需要适量使用	
06.03.02.04	面糊(如用于鱼和禽肉的拖面糊)、裹粉、煎炸粉	按生产需要适量使用	
06.06	即食谷物,包括碾轧燕麦(片)	按生产需要适量使用	
07.03	饼干	按生产需要适量使用	
07.04	焙烤食品馅料及表面用挂浆(仅限风味派馅料)	按生产需要适量使用	
08.02.01	调理肉制品(生肉添加调理料)	按生产需要适量使用	
11.05	调味糖浆	按生产需要适量使用	
12.03	醋	按生产需要适量使用	
12.04	酱油	按生产需要适量使用	
12.05	酱及酱制品	按生产需要适量使用	
12.10	复合调味料	按生产需要适量使用	
14.02.03	果蔬汁(肉)饮料(包括发酵型产品等)	按生产需要适量使用	固体饮料按稀释倍数增加使用量
14.03.01	含乳饮料	按生产需要适量使用	固体饮料按稀释倍数增加使用量
14.04.02.02	风味饮料(包括果味饮料、乳味、茶味、咖啡味及其他味饮料等)(仅限果味饮料)	按生产需要适量使用	固体饮料按稀释倍数增加使用量
14.08	其他饮料类(仅限鸡精饮料)	按生产需要适量使用	
15.01.03	白兰地	按生产需要适量使用	
15.01.04	威士忌	6.0 g/L	
15.01.06	朗姆酒	6.0 g/L	
15.02	配制酒	按生产需要适量使用	
15.03.01.03	调香葡萄酒	按生产需要适量使用	
15.03.02	黄酒	按生产需要适量使用	
15.03.05	啤酒和麦芽饮料	按生产需要适量使用	
16.01	果冻	按生产需要适量使用	如用于果冻粉,按冲调倍数增加使用量
16.06	膨化食品	2.5 g/kg	

表 A.1(续)

焦糖色(亚硫酸铵法) **caramel colour class Ⅳ-ammonia sulphite process**

CNS 号 08.109 INS 号 150d

功能 着色剂

食品分类号	食品名称	最大使用量	备 注
01.04.02	调制炼乳(包括甜炼乳、调味甜炼乳及其他使用了非乳原料的调制炼乳)	按生产需要适量使用	
03.0	冷冻饮品(03.04 食用冰除外)	2.0 g/kg	
05.0	可可制品、巧克力和巧克力制品(包括代可可脂巧克力及制品)以及糖果	按生产需要适量使用	
06.03.02.04	面糊(如用于鱼和禽肉的拖面糊)、裹粉、煎炸粉	按生产需要适量使用	
06.06	即食谷物,包括碾轧燕麦(片)	按生产需要适量使用	
06.10	粮食制品馅料(仅限风味派)	7.5 g/kg	
07.03	饼干	按生产需要适量使用	
12.04	酱油	按生产需要适量使用	
12.05	酱及酱制品	按生产需要适量使用	
12.07	料酒及制品	按生产需要适量使用	
12.10	复合调味料	按生产需要适量使用	
14.02.03	果蔬汁(肉)饮料(包括发酵型产品等)	按生产需要适量使用	
14.03.01	含乳饮料	按生产需要适量使用	
14.04.01	碳酸饮料	按生产需要适量使用	
14.04.02.02	风味饮料(包括果味饮料、乳味、茶味、咖啡味及其他味饮料等)(仅限果味饮料)	按生产需要适量使用	
14.05.01	茶饮料类	按生产需要适量使用	
14.06	固体饮料类	按生产需要适量使用	
14.08	其他饮料类(仅限鸡精饮料)	按生产需要适量使用	
15.01.03	白兰地	按生产需要适量使用	
15.01.04	威士忌	6.0 g/L	
15.01.06	朗姆酒	6.0 g/L	
15.02	配制酒	按生产需要适量使用	
15.03.01.03	调香葡萄酒	按生产需要适量使用	
15.03.02	黄酒	按生产需要适量使用	
15.03.05	啤酒和麦芽饮料	按生产需要适量使用	

表 A.1(续)

金樱子棕 **rose laevigata michx brown**

CNS 号 08.131 INS 号 —

功能 着色剂

食品分类号	食品名称	最大使用量/(g/kg)	备 注
07.02	糕点	0.9	
07.04	焙烤食品馅料及表面用挂浆	1.0	
14.04.01	碳酸饮料	1.0	
15.02	配制酒	0.2	

酒石酸氢钾 **potassium bitartarate**

CNS 号 06.007 INS 号 336

功能 膨松剂

食品分类号	食品名称	最大使用量	备 注
06.03	小麦粉及其制品	按生产需要适量使用	
07.0	焙烤食品	按生产需要适量使用	

菊花黄浸膏 **coreopsis yellow**

CNS 号 08.113 INS 号 —

功能 着色剂

食品分类号	食品名称	最大使用量/(g/kg)	备 注
05.0	可可制品、巧克力和巧克力制品(包括代可可脂巧克力及制品)以及糖果	0.3	
07.02.04	糕点上彩装	0.3	
14.02.03	果蔬汁(肉)饮料(包括发酵型产品等)	0.3	固体饮料按稀释倍数增加使用量
14.04.02.02	风味饮料(包括果味饮料、乳味、茶味、咖啡味及其他味饮料等)(仅限果味饮料)	0.3	固体饮料按稀释倍数增加使用量

聚丙烯酸钠 **sodium polyacrylate**

CNS 号 20.036 INS 号 —

功能 增稠剂

食品分类号	食品名称	最大使用量/(g/kg)	备 注
06.03.02.01	生湿面制品(如面条、饺子皮、馄饨皮、烧麦皮)	2.0	

表 A.1（续）

聚二甲基硅氧烷 **polydimethyl siloxane**

CNS 号 03.007 INS 号 900a

功能 被膜剂

食品分类号	食品名称	最大使用量/(g/kg)	备 注
04.01.01.02	经表面处理的鲜水果	0.000 9	
04.02.01.02	经表面处理的新鲜蔬菜	0.000 9	

聚甘油蓖麻醇酯(PGPR) **polyglycerol polyricinoleate (polyglycerol esters of interesterified ricinoleic acid)**

CNS 号 10.029 INS 号 476

功能 乳化剂、稳定剂

食品分类号	食品名称	最大使用量/(g/kg)	备 注
02.02	水油状脂肪乳化制品	10.0	
05.01	可可制品、巧克力和巧克力制品，包括代可可脂巧克力及制品	5.0	
05.03	糖果和巧克力制品包衣	5.0	

聚甘油脂肪酸酯 **polyglycerol esters of fatty acid**

CNS 号 10.022 INS 号 475

功能 乳化剂、稳定剂、增稠剂、抗结剂

食品分类号	食品名称	最大使用量/(g/kg)	备 注
01.01.03	调制乳	10.0	
01.03.02	调制乳粉和调制奶油粉(包括调味乳粉和调味奶油粉)	10.0	
01.05	稀奶油(淡奶油)及其类似品	10.0	
02.0	脂肪，油和乳化脂肪制品(02.01.01.01 植物油除外)	20.0	
02.01.01.01	植物油(仅限煎炸用油)	10.0	
03.0	冷冻饮品(03.04 食用冰除外)	10.0	
04.05.02.01	熟制坚果与籽类(仅限油炸坚果与籽类)	10.0	
05.01	可可制品、巧克力和巧克力制品，包括代可可脂巧克力及制品	10.0	
05.02	糖果	5.0	
06.03.02.04	面糊(如用于鱼和禽肉的拖面糊)、裹粉、煎炸粉	10.0	

表 A.1(续)

食品分类号	食品名称	最大使用量/(g/kg)	备　注
06.06	即食谷物,包括碾轧燕麦(片)	10.0	
06.07	方便米面制品	10.0	
07.0	焙烤食品	10.0	
12.0	调味品(仅限用于膨化食品的调味料)	10.0	
12.10.01	固体复合调味料	10.0	
12.10.02	半固体复合调味料	10.0	
14.0	饮料类(14.01 包装饮用水类除外)	10.0	
16.01	果冻	10.0	如用于果冻粉,按冲调倍数增加使用量
16.06	膨化食品	10.0	

聚葡萄糖 **polydextrose**

CNS 号　20.022　INS 号　1200

功能　增稠剂、膨松剂、水分保持剂、稳定剂

食品分类号	食品名称	最大使用量	备　注
01.01.03	调制乳	按生产需要适量使用	
01.02.02	风味发酵乳	按生产需要适量使用	
03.0	冷冻饮品(03.04 食用冰除外)	按生产需要适量使用	
05.0	可可制品、巧克力和巧克力制品(包括代可可脂巧克力及制品)以及糖果	按生产需要适量使用	
07.0	焙烤食品	按生产需要适量使用	
08.03.05	肉灌肠类	按生产需要适量使用	
12.10.02.01	蛋黄酱、沙拉酱	按生产需要适量使用	
14.0	饮料类(14.01 包装饮用水类除外)	按生产需要适量使用	
16.01	果冻	按生产需要适量使用	如用于果冻粉,按冲调倍数增加使用量

聚氧乙烯木糖醇酐单硬脂酸酯 **polyoxyethylene xylitan monostearate**

CNS 号　10.017　INS 号　—

功能　乳化剂

食品分类号	食品名称	最大使用量/(g/kg)	备　注
02.01.01.02	氢化植物油	5.0	
16.07	其他(发酵工艺用)	5.0	

表 A.1（续）

聚氧乙烯山梨醇酐单月桂酸酯(又名吐温 20)，polyoxyethylene (20) sorbitan monolaurate,
聚氧乙烯山梨醇酐单棕榈酸酯(又名吐温 40)，polyoxyethylene (20)sorbitan monopalmitate,
聚氧乙烯山梨醇酐单硬脂酸酯(又名吐温 60)，polyoxyethylene (20) sorbitan monostearate,
聚氧乙烯山梨醇酐单油酸酯(又名吐温 80)　polyoxyethylene (20) sorbitan monooleat

CNS 号　10.025,10.026,10.015,10.016　　INS 号　432,434,435,433

功能　乳化剂、消泡剂、稳定剂

食品分类号	食品名称	最大使用量/(g/kg)	备　注
01.01.03	调制乳	1.5	
01.05.01	稀奶油	1.0	
02.02	水油状脂肪乳化制品	5.0	
02.03	02.02 类以外的脂肪乳化制品，包括混合的和(或)调味的脂肪乳化制品	5.0	
03.0	冷冻饮品(03.04 食用冰除外)	1.5	
04.04	豆类制品	0.05	以每千克黄豆的使用量计
07.01	面包	2.5	
07.02	糕点	2.0	
12.10.01	固体复合调味料	4.5	
12.10.02	半固体复合调味料	5.0	
12.10.03	液体复合调味料(不包括 12.03,12.04)	1.0	
14.0	饮料类(14.01 包装饮用水类及 14.06 固体饮料类除外)	0.5	
14.02.03	果蔬汁(肉)饮料(包括发酵型产品等)	0.75	
14.03.01	含乳饮料	2.0	
14.03.02	植物蛋白饮料	2.0	
16.07	其他(乳化天然色素)	10.0	

聚乙二醇　　polyethylene glycol

CNS 号　14.012　　INS 号　1521

功能　被膜剂

食品分类号	食品名称	最大使用量	备　注
05.03	糖果和巧克力制品包衣	按生产需要适量使用	

聚乙烯醇　　polyvinyl alcohol

CNS 号　14.010　　INS 号　—

功能　被膜剂

食品分类号	食品名称	最大使用量/(g/kg)	备　注
05.03	糖果和巧克力制品包衣	18.0	

表 A.1（续）

决明胶 **cassia gum**

CNS 号 20.045 INS 号 427

功能 增稠剂

食品分类号	食品名称	最大使用量/(g/kg)	备 注
01.02.02	风味发酵乳	2.5	
01.05.01	稀奶油	2.5	
01.07	以乳为主要配料的即食风味甜点或其预制产品(不包括冰淇淋和调味酸奶)	2.5	
03.01	冰淇淋、雪糕类	2.5	
06.03.02	小麦粉制品	3.0	
06.07	方便米面制品	2.5	
07.0	焙烤食品	2.5	
08.03.05	肉灌肠类	1.5	
12.10.02	半固体复合调味料	2.5	
12.10.03	液体复合调味料	2.5	
14.03.01.03	乳酸菌饮料	2.5	

咖啡因 **caffeine**

CNS 号 00.007 INS 号 —

功能 其他

食品分类号	食品名称	最大使用量/(g/kg)	备 注
14.04.01.01	可乐型碳酸饮料	0.15	

卡拉胶 **carrageenan**

CNS 号 20.007 INS 号 407

功能 乳化剂、稳定剂、增稠剂

食品分类号	食品名称	最大使用量/(g/kg)	备 注
01.05.01	稀奶油	按生产需要适量使用	
02.02.01.01	黄油和浓缩黄油	按生产需要适量使用	
06.03.02.01	生湿面制品(如面条、饺子皮、馄饨皮、烧麦皮)	按生产需要适量使用	
06.03.02.02	生干面制品	8.0	
11.01.02	其他糖和糖浆(如红糖、赤砂糖、槭树糖浆)	5.0	
12.09	香辛料类	按生产需要适量使用	
13.01	婴幼儿配方食品	0.3 g/L	以即食状态食品中的使用量计
14.02.01	果蔬汁(浆)	按生产需要适量使用	

表 A.1（续）

抗坏血酸（又名维生素 C）　　**ascorbic acid（vitamin C）**

CNS 号　04.014　　INS 号　300

功能　面粉处理剂、抗氧化剂

食品分类号	食品名称	最大使用量/(g/kg)	备　注
06.03.01	小麦粉	0.2	
14.02.02	浓缩果蔬汁(浆)	按生产需要适量使用	

抗坏血酸钠　　**sodium ascorbate**

CNS 号　—　　INS 号　301

功能　抗氧化剂

食品分类号	食品名称	最大使用量/(g/kg)	备　注
14.02.02	浓缩果蔬汁(浆)	按生产需要适量使用	

抗坏血酸钙　　**calcium ascorbate**

CNS 号　04.009　　INS 号　302

功能　抗氧化剂

食品分类号	食品名称	最大使用量/(g/kg)	备　注
04.01.01.03	去皮或预切的鲜水果	1.0	以水果中抗坏血酸钙残留量计
04.02.01.03	去皮、切块或切丝的蔬菜	1.0	以蔬菜中抗坏血酸钙残留量计
14.02.02	浓缩果蔬汁(浆)	按生产需要适量使用	

抗坏血酸棕榈酸酯　　**ascorbyl palmitate**

CNS 号　04.011　　INS 号　304

功能　抗氧化剂

食品分类号	食品名称	最大使用量/(g/kg)	备　注
01.03	乳粉(包括加糖乳粉)和奶油粉及其调制产品	0.2	以脂肪中抗坏血酸计
02.0	脂肪，油和乳化脂肪制品	0.2	
02.01	基本不含水的脂肪和油	0.2	
06.06	即食谷物，包括碾轧燕麦(片)	0.2	
06.07	方便米面制品	0.2	
07.01	面包	0.2	
13.01	婴幼儿配方食品	0.05	以脂肪中抗坏血酸计
13.02	婴幼儿辅助食品	0.05	以脂肪中抗坏血酸计

表 A.1（续）

可得然胶 **curdlan**

CNS 号 20.042 INS 号 424

功能 稳定剂和凝固剂、增稠剂

食品分类号	食品名称	最大使用量	备 注
04.04.01.01	豆腐类	按生产需要适量使用	
06.03.02.01	生湿面制品(如面条、饺子皮、馄饨皮、烧麦皮)	按生产需要适量使用	
06.03.02.02	生干面制品	按生产需要适量使用	
06.07	方便米面制品	按生产需要适量使用	
08.03	熟肉制品	按生产需要适量使用	
09.02.03	冷冻鱼糜制品(包括鱼丸等)	按生产需要适量使用	
16.01	果冻	按生产需要适量使用	如用于果冻粉，按冲调倍数增加使用量
16.07	其他(人造海鲜产品，如人造鲍鱼、人造海参、人造海鲜贝类等)	按生产需要适量使用	

可可壳色 **cocoa husk pigment**

CNS 号 08.118 INS 号 —

功能 着色剂

食品分类号	食品名称	最大使用量/(g/kg)	备 注
03.0	冷冻饮品(03.04 食用冰除外)	0.04	
05.0	可可制品、巧克力和巧克力制品(包括代可可脂巧克力及制品)以及糖果	3.0	
07.02	糕点	0.9	
07.02.04	糕点上彩装	3.0	
07.03	饼干	0.04	
07.04	焙烤食品馅料及表面用挂浆	1.0	
14.03.02	植物蛋白饮料	0.25	固体饮料按稀释倍数增加使用量
14.04.01	碳酸饮料	2.0	
15.02	配制酒	1.0	

表 A.1（续）

可溶性大豆多糖 **soluble soybean polysaccharide**

CNS 号 20.044 INS 号 —

功能 增稠剂、乳化剂、被膜剂、抗结剂

食品分类号	食品名称	最大使用量/(g/kg)	备 注
02.04	脂肪类甜品	10.0	
03.0	冷冻饮品(03.04 食用冰除外)	10.0	
06.02.02	大米制品	10.0	
06.03.02	小麦粉制品	10.0	
06.05.02	淀粉制品	10.0	
06.07	方便米面制品	10.0	
06.08	冷冻米面制品	10.0	
07.0	焙烤食品	10.0	
12.0	调味品	10.0	
14.0	饮料类(14.01 包装饮用水类除外)	10.0	

喹啉黄 **quinoline yellow**

CNS 号 08.016 INS 号 104

功能 着色剂

食品分类号	食品名称	最大使用量/(g/L)	备 注
15.02	配制酒(仅限预调酒)	0.1	

辣椒橙 **paprika orange**

CNS 号 08.107 INS 号 —

功能 着色剂

食品分类号	食品名称	最大使用量	备 注
03.0	冷冻饮品(03.04 食用冰除外)	按生产需要适量使用	
05.02	糖果	按生产需要适量使用	
07.02	糕点	0.9 g/kg	
07.02.04	糕点上彩装	按生产需要适量使用	
07.03	饼干	按生产需要适量使用	
07.04	焙烤食品馅料及表面用挂浆	1.0 g/kg	
08.03	熟肉制品	按生产需要适量使用	
09.02.03	冷冻鱼糜制品(包括鱼丸等)	按生产需要适量使用	
12.05	酱及酱制品	按生产需要适量使用	
12.10.02	半固体复合调味料	按生产需要适量使用	

表 A.1(续)

辣椒红 **paprika red**

CNS 号 08.106 INS 号 —

功能 着色剂

食品分类号	食品名称	最大使用量	备 注
02.02.01.02	人造黄油及其类似制品(如黄油和人造黄油混合品)	按生产需要适量使用	
03.0	冷冻饮品(03.04 食用冰除外)	按生产需要适量使用	
04.02.02.03	腌渍的蔬菜	按生产需要适量使用	
04.05.02.01	熟制坚果与籽类(仅限油炸坚果与籽类)	按生产需要适量使用	
05.01	可可制品、巧克力和巧克力制品,包括代可可脂巧克力及制品	按生产需要适量使用	
05.02	糖果	按生产需要适量使用	
06.03.02.04	面糊(如用于鱼和禽肉的拖面糊)、裹粉、煎炸粉	按生产需要适量使用	
06.07	方便米面制品	按生产需要适量使用	
06.08	冷冻米面制品	2.0 g/kg	
06.10	粮食制品馅料	按生产需要适量使用	
07.02	糕点	0.9 g/kg	
07.02.04	糕点上彩装	按生产需要适量使用	
07.03	饼干	按生产需要适量使用	
07.04	焙烤食品馅料及表面用挂浆	1.0 g/kg	
08.02.01	调理肉制品(生肉添加调理料)	0.1 g/kg	
08.02.02	腌腊肉制品类(如:咸肉、腊肉、板鸭、中式火腿、腊肠)	按生产需要适量使用	
08.03	熟肉制品	按生产需要适量使用	
09.02.03	冷冻鱼糜制品(包括鱼丸等)	按生产需要适量使用	
12.0	调味品(12.01 盐及代盐制品除外)	按生产需要适量使用	
14.02.03	果蔬汁(肉)饮料(包括发酵型产品等)	按生产需要适量使用	固体饮料按稀释倍数增加使用量
14.03	蛋白饮料类	按生产需要适量使用	固体饮料按稀释倍数增加使用量
16.01	果冻	按生产需要适量使用	如用于果冻粉,按冲调倍数增加使用量
16.06	膨化食品	按生产需要适量使用	

表 A.1(续)

辣椒油树脂 **paprika oleoresin**

CNS 号 00.012 INS 号 160c

功能 增味剂、着色剂

食品分类号	食品名称	最大使用量/(g/kg)	备 注
12.10	复合调味料	10.0	
16.06	膨化食品	1.0	

蓝锭果红 **uguisukagura red**

CNS 号 08.136 INS 号 —

功能 着色剂

食品分类号	食品名称	最大使用量/(g/kg)	备 注
03.0	冷冻饮品(03.04 食用冰除外)	1.0	
05.02	糖果	2.0	
07.02	糕点(07.02.04 糕点上彩装除外)	2.0	
07.02.04	糕点上彩装	3.0	
14.02.03	果蔬汁(肉)饮料(包括发酵型产品等)	1.0	固体饮料按稀释倍数增加使用量
14.04.02.02	风味饮料(包括果味饮料、乳味、茶味、咖啡味及其他味饮料等)(仅限果味饮料)	1.0	固体饮料按稀释倍数增加使用量

联苯醚(又名二苯醚) **diphenyl ether (diphenyl oxide)**

CNS 号 17.022 INS 号 —

功能 防腐剂

食品分类号	食品名称	最大使用量/(g/kg)	备 注
04.01.01.02	经表面处理的鲜水果(仅限柑橘类)	3.0	残留量≤12 mg/kg

亮蓝及其铝色淀 **brilliant blue, brilliant blue aluminum lake**

CNS 号 08.007 INS 号 133

功能 着色剂

食品分类号	食品名称	最大使用量/(g/kg)	备 注
01.02.02	风味发酵乳	0.025	以亮蓝计
01.04.02	调制炼乳(包括甜炼乳、调味甜炼乳及其他使用了非乳原料的调制炼乳)	0.025	以亮蓝计
03.0	冷冻饮品(03.04 食用冰除外)	0.025	以亮蓝计
04.01.02.05	果酱	0.5	以亮蓝计

表 A.1（续）

食品分类号	食品名称	最大使用量/(g/kg)	备　注
04.01.02.08.02	凉果类	0.025	以亮蓝计
04.01.02.09	装饰性果蔬	0.1	以亮蓝计
04.02.02.03	腌渍的蔬菜	0.025	以亮蓝计
04.04.01.06	熟制豆类	0.025	以亮蓝计
04.05.02	加工坚果与籽类	0.025	以亮蓝计
04.05.02.01	熟制坚果与籽类(仅限油炸坚果与籽类)	0.05	以亮蓝计
05.0	可可制品、巧克力和巧克力制品(包括代可可脂巧克力及制品)以及糖果	0.3	以亮蓝计
06.05.02.02	虾味片	0.025	以亮蓝计
06.05.02.04	粉圆	0.1	以亮蓝计
06.06	即食谷物,包括碾轧燕麦(片)(仅限可可玉米片)	0.015	以亮蓝计
07.02	糕点	0.025	以亮蓝计
07.04	焙烤食品馅料及表面用挂浆(仅限饼干夹心)	0.025	
07.04	焙烤食品馅料及表面用挂浆(仅限风味派馅料)	0.05	仅限使用亮蓝
11.05	调味糖浆	0.025	以亮蓝计
11.05.01	水果调味糖浆	0.5	以亮蓝计
12.09.01	香辛料及粉	0.01	以亮蓝计
12.09.03	香辛料酱(如芥末酱、青芥酱)	0.01	以亮蓝计
12.10.02	半固体复合调味料	0.5	以亮蓝计
14.0	饮料类(14.01 包装饮用水类除外)	0.02	以亮蓝计
14.02.03	果蔬汁(肉)饮料(包括发酵型产品等)	0.025	以亮蓝计
14.03.01	含乳饮料	0.025	以亮蓝计
14.04.01	碳酸饮料	0.025	以亮蓝计
14.04.02.02	风味饮料(包括果味饮料、乳味、茶味、咖啡味及其他味饮料等)(仅限果味饮料)	0.025	以亮蓝计
14.06	固体饮料类	0.2	以亮蓝计
15.02	配制酒	0.025	以亮蓝计
16.01	果冻	0.025	以亮蓝计,如用于果冻粉,按冲调倍数增加使用量
16.06	膨化食品	0.05	以亮蓝计

表 A.1（续）

磷酸，焦磷酸二氢二钠，焦磷酸钠，磷酸二氢钙，磷酸二氢钾，磷酸氢二铵，磷酸氢二钾，磷酸氢钙，磷酸三钙，磷酸三钾，磷酸三钠，六偏磷酸钠，三聚磷酸钠，磷酸二氢钠，磷酸氢二钠

phosphoric acid, disodium dihydrogen pyrophosphate, tetrasodium pyrophosphate, calcium dihydrogen phosphate, potassium dihydrogen phosphate, diammonium hydrogen phosphate, dipotassium hydrogen phosphate, calcium hydrogen phosphate (dicalcium orthophosphate), tricalcium orthophosphate, tripotassium orthophosphate, trisodium orthophosphate, sodium polyphosphate, sodium tripolyphosphate, sodium dihydrogen phosphate, sodium phosphatedibasic

CNS 号　01.106，15.008，15.004，15.007，15.010，06.008，15.009，06.006，02.003，01.308，15.001，15.002，15.003，15.005，15.006

INS 号　338，450i，450iii，341i，340i，342ii，340ii，341ii，341iii，340iii，339iii，452i，451i，339i，339ii

功能　水分保持剂、膨松剂、酸度调节剂、稳定剂、凝固剂、抗结剂

食品分类号	食品名称	最大使用量/(g/kg)	备　注
01.0	乳及乳制品（01.01.01、01.01.02、13.0 涉及品种除外）	5.0	可单独或混合使用，最大使用量以磷酸根(PO_4^{3-})计
01.03.01	乳粉和奶油粉	10.0	可单独或混合使用，最大使用量以磷酸根(PO_4^{3-})计
02.02	水油状脂肪乳化制品	5.0	可单独或混合使用，最大使用量以磷酸根(PO_4^{3-})计
02.03	02.02 类以外的脂肪乳化制品，包括混合的和(或)调味的脂肪乳化制品	5.0	可单独或混合使用，最大使用量以磷酸根(PO_4^{3-})计
02.05	其他油脂或油脂制品(仅限植脂末)	20.0	可单独或混合使用，最大使用量以磷酸根(PO_4^{3-})计
03.0	冷冻饮品(03.01 冰淇淋、雪糕类、03.04 食用冰除外)	5.0	可单独或混合使用，最大使用量以磷酸根(PO_4^{3-})计
04.02.02.04	蔬菜罐头	5.0	可单独或混合使用，最大使用量以磷酸根(PO_4^{3-})计
04.05.02.01	熟制坚果与籽类(仅限油炸坚果与籽类)	2.0	可单独或混合使用，最大使用量以磷酸根(PO_4^{3-})计
05.0	可可制品、巧克力和巧克力制品(包括代可可脂巧克力及制品)以及糖果	5.0	可单独或混合使用，最大使用量以磷酸根(PO_4^{3-})计
06.02.03	米粉(包括汤圆粉)	1.0	可单独或混合使用，最大使用量以磷酸根(PO_4^{3-})计
06.03	小麦粉及其制品	5.0	可单独或混合使用，最大使用量以磷酸根(PO_4^{3-})计
06.03.01	小麦粉	5.0	可单独或混合使用，最大使用量以磷酸根(PO_4^{3-})计

表 A.1（续）

食品分类号	食品名称	最大使用量/(g/kg)	备　注
06.03.02.01	生湿面制品（如面条、饺子皮、馄饨皮、烧麦皮）	5.0	可单独或混合使用，最大使用量以磷酸根(PO_4^{3-})计
06.04.01	杂粮粉	5.0	可单独或混合使用，最大使用量以磷酸根(PO_4^{3-})计
06.04.02.01	八宝粥罐头	1.0	可单独或混合使用，最大使用量以磷酸根(PO_4^{3-})计
06.04.02.02	其他杂粮制品（仅限冷冻薯条、冷冻薯饼、杂粮甜品罐头）	1.5	可单独或混合使用，最大使用量以磷酸根(PO_4^{3-})计
06.05.01	食用淀粉	5.0	可单独或混合使用，最大使用量以磷酸根(PO_4^{3-})计
06.06	即食谷物，包括碾轧燕麦（片）	5.0	可单独或混合使用，最大使用量以磷酸根(PO_4^{3-})计
06.07	方便米面制品	5.0	可单独或混合使用，最大使用量以磷酸根(PO_4^{3-})计
06.08	冷冻米面制品	5.0	可单独或混合使用，最大使用量以磷酸根(PO_4^{3-})计
06.09	谷类和淀粉类甜品（如米布丁、木薯布丁）（仅限谷类甜品罐头）	1.0	可单独或混合使用，最大使用量以磷酸根(PO_4^{3-})计
07.0	焙烤食品	15.0	可单独或混合使用，最大使用量以磷酸根(PO_4^{3-})计
08.02	预制肉制品	5.0	可单独或混合使用，最大使用量以磷酸根(PO_4^{3-})计
08.03	熟肉制品	5.0	可单独或混合使用，最大使用量以磷酸根(PO_4^{3-})计
09.02.03	冷冻鱼糜制品（包括鱼丸等）	5.0	可单独或混合使用，最大使用量以磷酸根(PO_4^{3-})计
09.03	预制水产品（半成品）	1.0	可单独或混合使用，最大使用量以磷酸根(PO_4^{3-})计
09.05	水产品罐头	1.0	可单独或混合使用，最大使用量以磷酸根(PO_4^{3-})计
11.05	调味糖浆	10.0	可单独或混合使用，最大使用量以磷酸根(PO_4^{3-})计
12.10	复合调味料	20.0	可单独或混合使用，最大使用量以磷酸根(PO_4^{3-})计
12.10.01.03	其他固体复合调味料（仅限方便湿面调味料包）	80.0	可单独或混合使用，最大使用量以磷酸根(PO_4^{3-})计

表 A.1（续）

食品分类号	食品名称	最大使用量/(g/kg)	备注
13.01	婴幼儿配方食品	1.0	仅限使用磷酸氢钙和磷酸二氢钠，可单独或混合使用，最大使用量以磷酸根(PO_4^{3-})计
13.02	婴幼儿辅助食品	1.0	仅限使用磷酸氢钙和磷酸二氢钠，可单独或混合使用，最大使用量以磷酸根(PO_4^{3-})计
14.0	饮料类(14.01 包装饮用水类除外)	5.0	可单独或混合使用，最大使用量以磷酸根(PO_4^{3-})计固体饮料按稀释倍数增加使用量
16.01	果冻	5.0	可单独或混合使用，最大使用量以磷酸根(PO_4^{3-})计；如用于果冻粉，按冲调倍数增加使用量
16.06	膨化食品	2.0	可单独或混合使用，最大使用量以磷酸根(PO_4^{3-})计

磷酸化二淀粉磷酸酯 **phosphated distarch phosphate**

CNS 号 20.017 INS 号 1413

功能 增稠剂

食品分类号	食品名称	最大使用量/(g/kg)	备注
04.01.02.05	果酱	1.0	
06.03.02.01	生湿面制品(如面条、饺子皮、馄饨皮、烧麦皮)	0.2	
06.07	方便米面制品	0.2	
14.06	固体饮料类	0.5	

磷脂 **phospholipid**

CNS 号 04.010 INS 号 322

功能 抗氧化剂、乳化剂

食品分类号	食品名称	最大使用量	备注
01.05.01	稀奶油	按生产需要适量使用	
02.01.01.02	氢化植物油	按生产需要适量使用	
13.01	婴幼儿配方食品	按生产需要适量使用	
13.02	婴幼儿辅助食品	按生产需要适量使用	

表 A.1(续)

硫代二丙酸二月桂酯 **dilauryl thiodipropionate**

CNS号 04.012 INS号 389

功能 抗氧化剂

食品分类号	食品名称	最大使用量/(g/kg)	备 注
02.0	脂肪,油和乳化脂肪制品	0.2	
02.01	基本不含水的脂肪和油	0.2	
04.01.01.02	经表面处理的鲜水果	0.2	
04.02.01.02	经表面处理的新鲜蔬菜	0.2	
04.05.02.01	熟制坚果与籽类(仅限油炸坚果与籽类)	0.2	
06.03.02.05	油炸面制品	0.2	
16.06	膨化食品	0.2	

硫磺 **sulfur (sulphur)**

CNS号 05.007 INS号 —

功能 漂白剂、防腐剂

食品分类号	食品名称	最大使用量/(g/kg)	备 注
04.01.02.02	水果干类	0.1	只限用于熏蒸,最大使用量以二氧化硫残留量计
04.01.02.08	蜜饯凉果	0.35	只限用于熏蒸,最大使用量以二氧化硫残留量计
04.02.02.02	干制蔬菜	0.2	只限用于熏蒸,最大使用量以二氧化硫残留量计
04.03.01.02	经表面处理的鲜食用菌和藻类	0.4	只限用于熏蒸,最大使用量以二氧化硫残留量计
06.05.02.01	粉丝、粉条	0.1	只限用于熏蒸,最大使用量以二氧化硫残留量计
11.01	食糖	0.1	只限用于熏蒸,最大使用量以二氧化硫残留量计

硫酸钙(又名石膏) **calcium sulfate**

CNS号 18.001 INS号 516

功能 稳定剂和凝固剂、增稠剂、酸度调节剂

食品分类号	食品名称	最大使用量/(g/kg)	备 注
04.04	豆类制品	按生产需要适量使用	
07.01	面包	10.0	
07.02	糕点	10.0	
07.03	饼干	10.0	

表 A.1（续）

食品分类号	食品名称	最大使用量/(g/kg)	备　注
08.02.02	腌腊肉制品（如咸肉、腊肉、板鸭、中式火腿、腊肠等）（仅限腊肠）	5.0	
08.03.05	肉灌肠类	3.0	

硫酸铝钾（又名钾明矾），硫酸铝铵（又名铵明矾）　aluminium potassium sulfate，aluminium ammonium sulfate

CNS 号　06.004，06.005　　INS 号　522，523

功能　膨松剂、稳定剂

食品分类号	食品名称	最大使用量	备　注
04.04	豆类制品	按生产需要适量使用	铝的残留量≤100 mg/kg，（干样品，以 Al 计）
06.03	小麦粉及其制品	按生产需要适量使用	铝的残留量≤100 mg/kg，（干样品，以 Al 计）
06.05.02.02	虾味片	按生产需要适量使用	铝的残留量≤100 mg/kg，（干样品，以 Al 计）
07.0	焙烤食品	按生产需要适量使用	铝的残留量≤100 mg/kg，（干样品，以 Al 计）
09.0	水产品及其制品（包括鱼类、甲壳类、贝类、软体类、棘皮类等水产品及其加工制品）	按生产需要适量使用	铝的残留量≤100 mg/kg，（干样品，以 Al 计）
16.06	膨化食品	按生产需要适量使用	铝的残留量≤100 mg/kg，（干样品，以 Al 计）

硫酸镁　magnesium sulfate

CNS 号　00.021　　INS 号　518

功能　其他

食品分类号	食品名称	最大使用量/(g/kg)	备　注
14.01.03	其他饮用水（自然来源饮用水除外）	0.05	

硫酸锌　zinc sulfate

CNS 号　00.018　　INS 号　—

功能　其他

食品分类号	食品名称	最大使用量/(g/L)	备　注
14.01.03	其他饮用水（自然来源饮用水除外）	0.006	以 Zn 计 2.4 mg/L

表 A.1（续）

氯化钙 **calcium chloride**

CNS 号 18.002 INS 号 509

功能 稳定剂和凝固剂、增稠剂

食品分类号	食品名称	最大使用量/(g/kg)	备 注
01.05.01	稀奶油	按生产需要适量使用	
04.01.02.04	水果罐头	1.0	
04.01.02.05	果酱	1.0	
04.02.02.04	蔬菜罐头	1.0	
04.04	豆类制品	按生产需要适量使用	
05.04	装饰糖果(如工艺造型,或用于蛋糕装饰)、顶饰(非水果材料)和甜汁	0.4	
11.05	调味糖浆	0.4	
14.01.03	其他饮用水(自然来源饮用水除外)	0.1 g/L	以 Ca 计 36 mg/L

氯化钾 **potassium chloride**

CNS 号 00.008 INS 号 508

功能 其他

食品分类号	食品名称	最大使用量/(g/kg)	备 注
12.01	盐及代盐制品	350	
14.01.03	其他饮用水(自然来源饮用水除外)	按生产需要适量使用	

氯化镁 **magnesium chloride**

CNS 号 18.003 INS 号 511

功能 稳定剂和凝固剂

食品分类号	食品名称	最大使用量	备 注
04.04	豆类制品	按生产需要适量使用	

罗望子多糖胶 **tamarind polysaccharide gum**

CNS 号 20.011 INS 号 —

功能 增稠剂

食品分类号	食品名称	最大使用量/(g/kg)	备 注
03.0	冷冻饮品(03.04 食用冰除外)	2.0	
05.0	可可制品、巧克力和巧克力制品(包括代可可脂巧克力及制品)以及糖果	2.0	
16.01	果冻	2.0	如用于果冻粉,按冲调倍数增加使用量

表 A.1（续）

萝卜红 **radish red**

CNS 号 08.117 INS 号 —

功能 着色剂

食品分类号	食品名称	最大使用量	备 注
03.0	冷冻饮品(03.04 食用冰除外)	按生产需要适量使用	
04.01.02.05	果酱	按生产需要适量使用	
04.01.02.08.01	蜜饯类	按生产需要适量使用	
05.02	糖果	按生产需要适量使用	
07.02	糕点	按生产需要适量使用	
12.03	醋	按生产需要适量使用	
12.05	酱及酱制品	按生产需要适量使用	
12.10	复合调味料	按生产需要适量使用	
14.02.03	果蔬汁(肉)饮料(包括发酵型产品等)	按生产需要适量使用	固体饮料按稀释倍数增加使用量
14.04.02.02	风味饮料(包括果味饮料、乳味、茶味、咖啡味及其他味饮料等)(仅限果味饮料)	按生产需要适量使用	固体饮料按稀释倍数增加使用量
15.02	配制酒	按生产需要适量使用	
16.01	果冻	按生产需要适量使用	如用于果冻粉,按冲调倍数增加使用量

落葵红 **basella rubra red**

CNS 号 08.121 INS 号 —

功能 着色剂

食品分类号	食品名称	最大使用量/(g/kg)	备 注
05.02	糖果	0.1	
07.02.04	糕点上彩装	0.2	
14.04.01	碳酸饮料	0.13	
16.01	果冻	0.25	如用于果冻粉,按冲调倍数增加使用量

吗啉脂肪酸盐果蜡 **morpholine fatty acid salt fruit wax**

CNS 号 14.004 INS 号 —

功能 被膜剂

食品分类号	食品名称	最大使用量	备 注
04.01.01.02	经表面处理的鲜水果	按生产需要适量使用	

表 A.1(续)

麦芽糖醇和麦芽糖醇液 **maltitol and maltitol syrup**

CNS号 19.005 INS号 965(i),965(ii)

功能 甜味剂、稳定剂、水分保持剂、乳化剂、膨松剂、增稠剂

食品分类号	食品名称	最大使用量/(g/kg)	备 注
01.01.02.01	调味乳	按生产需要适量使用	
01.04	炼乳及其调制产品	按生产需要适量使用	
01.05.04	稀奶油类似品	按生产需要适量使用	
03.0	冷冻饮品(03.04 食用冰除外)	按生产需要适量使用	
04.02.02.03	腌渍的蔬菜	按生产需要适量使用	
04.04.01.06	熟制豆类	按生产需要适量使用	
04.05.02	加工坚果与籽类	按生产需要适量使用	
05.02	糖果	按生产需要适量使用	
07.01	面包	按生产需要适量使用	
07.02	糕点	按生产需要适量使用	
07.03	饼干	按生产需要适量使用	
07.04	焙烤食品馅料及表面用挂浆	按生产需要适量使用	
09.02.03	冷冻鱼糜制品(包括鱼丸等)	0.5	
12.10.03	液体复合调味料(不包括12.03,12.04)	按生产需要适量使用	
14.0	饮料类(14.01 包装饮用水类除外)	按生产需要适量使用	
16.01	果冻	按生产需要适量使用	如用于果冻粉,按冲调倍数增加使用量
16.07	其他(豆制品工艺用)	按生产需要适量使用	
16.07	其他(制糖工艺用)	按生产需要适量使用	
16.07	其他(酿造工艺用)	按生产需要适量使用	

没食子酸丙酯(PG) **propyl gallate**

CNS号 04.003 INS号 310

功能 抗氧化剂

食品分类号	食品名称	最大使用量/(g/kg)	备 注
02.0	脂肪,油和乳化脂肪制品	0.1	以油脂中的含量计
02.01	基本不含水的脂肪和油	0.1	以油脂中的含量计
04.05.02.01	熟制坚果与籽类(仅限油炸坚果与籽类)	0.1	以油脂中的含量计
04.05.02.03	坚果与籽类罐头	0.1	以油脂中的含量计
05.02.01	胶基糖果	0.4	以油脂中的含量计

表 A.1（续）

食品分类号	食品名称	最大使用量/(g/kg)	备　注
06.03.02.05	油炸面制品	0.1	以油脂中的含量计
06.07	方便米面制品	0.1	以油脂中的含量计
07.03	饼干	0.1	以油脂中的含量计
08.02.02	腌腊肉制品类(如咸肉、腊肉、板鸭、中式火腿、腊肠)	0.1	以油脂中的含量计
09.03.04	风干、烘干、压干等水产品	0.1	以油脂中的含量计
16.06	膨化食品	0.1	以油脂中的含量计

玫瑰茄红　　**roselle red**

CNS 号　08.125　　INS 号　—

功能　着色剂

食品分类号	食品名称	最大使用量	备　注
05.02	糖果	按生产需要适量使用	
14.02.03	果蔬汁(肉)饮料(包括发酵型产品等)	按生产需要适量使用	固体饮料按稀释倍数增加使用量
14.04.02.02	风味饮料(包括果味饮料、乳味、茶味、咖啡味及其他味饮料等)(仅限果味饮料)	按生产需要适量使用	固体饮料按稀释倍数增加使用量
15.02	配制酒	按生产需要适量使用	

迷迭香提取物　　**rosemary extract**

CNS 号　04.017　　INS 号　—

功能　抗氧化剂

食品分类号	食品名称	最大使用量/(g/kg)	备　注
02.01.01	植物油脂	0.7	
02.01.02	动物油脂(包括猪油、牛油、鱼油和其他动物脂肪等)	0.3	
04.05.02.01	熟制坚果与籽类(仅限油炸坚果与籽类)	0.3	
06.03.02.05	油炸面制品	0.3	
08.02	预制肉制品	0.3	
08.03.01	酱卤肉制品类	0.3	
08.03.02	熏、烧、烤肉类	0.3	
08.03.03	油炸肉类	0.3	
08.03.04	西式火腿(熏烤、烟熏、蒸煮火腿)类	0.3	
08.03.05	肉灌肠类	0.3	
08.03.06	发酵肉制品类	0.3	
16.06	膨化食品	0.3	

表 A.1（续）

密蒙黄 **buddleia yellow**

CNS 号 08.139 INS 号 —

功能 着色剂

食品分类号	食品名称	最大使用量	备 注
05.02	糖果	按生产需要适量使用	
07.01	面包	按生产需要适量使用	
07.02	糕点	按生产需要适量使用	
14.02.03	果蔬汁(肉)饮料(包括发酵型产品等)	按生产需要适量使用	固体饮料按稀释倍数增加使用量
14.04.02.02	风味饮料(包括果味饮料、乳味、茶味、咖啡味及其他味饮料等)(仅限果味饮料)	按生产需要适量使用	固体饮料按稀释倍数增加使用量
15.02	配制酒	按生产需要适量使用	

木糖醇酐单硬脂酸酯 **xylitan monostearate**

CNS 号 10.007 INS 号 —

功能 乳化剂

食品分类号	食品名称	最大使用量/(g/kg)	备 注
02.01.01.02	氢化植物油	5.0	
05.02	糖果	5.0	
07.01	面包	3.0	
07.02	糕点	3.0	

纳他霉素 **natamycin**

CNS 号 17.030 INS 号 235

功能 防腐剂

食品分类号	食品名称	最大使用量/(g/kg)	备 注
01.06	干酪	0.3	表面使用,混悬液喷雾或浸泡,残留量小于 10 mg/kg
07.02	糕点	0.3	表面使用,混悬液喷雾或浸泡,残留量小于 10 mg/kg
08.03.01	酱卤肉制品类	0.3	表面使用,混悬液喷雾或浸泡,残留量小于 10 mg/kg
08.03.02	熏、烧、烤肉类	0.3	表面使用,混悬液喷雾或浸泡,残留量小于 10 mg/kg
08.03.03	油炸肉类	0.3	表面使用,混悬液喷雾或浸泡,残留量小于 10 mg/kg
08.03.04	西式火腿(熏烤、烟熏、蒸煮火腿)类	0.3	表面使用,混悬液喷雾或浸泡,残留量小于 10 mg/kg

表 A.1（续）

食品分类号	食品名称	最大使用量/(g/kg)	备 注
08.03.05	肉灌肠类	0.3	表面使用，混悬液喷雾或浸泡，残留量小于10 mg/kg
08.03.06	发酵肉制品类	0.3	表面使用，混悬液喷雾或浸泡，残留量小于10 mg/kg
12.10.02.01	蛋黄酱、沙拉酱	0.02	残留量≤10 mg/kg
14.02.01	果蔬汁(浆)	0.3	混悬液喷雾或浸泡，残留量小于10 mg/kg
15.03	发酵酒	0.01 g/L	

柠檬黄及其铝色淀 **tartrazine, tartrazine aluminum lake**

CNS 号 08.005 INS 号 102

功能 着色剂

食品分类号	食品名称	最大使用量/(g/kg)	备 注
01.02.02	风味发酵乳	0.05	以柠檬黄计
01.04.02	调制炼乳(包括甜炼乳、调味甜炼乳及其他使用了非乳原料的调制炼乳)	0.05	以柠檬黄计
03.0	冷冻饮品(03.04 食用冰除外)	0.05	以柠檬黄计
04.01.02.05	果酱	0.5	以柠檬黄计
04.01.02.08	蜜饯凉果	0.1	以柠檬黄计
04.01.02.09	装饰性果蔬	0.1	以柠檬黄计
04.02.02.03	腌渍的蔬菜	0.1	以柠檬黄计
04.04.01.06	熟制豆类	0.1	以柠檬黄计
04.05.02	加工坚果与籽类	0.1	以柠檬黄计
05.0	可可制品、巧克力和巧克力制品(包括代可可脂巧克力及制品)以及糖果(05.01.01 可可制品除外)	0.1	以柠檬黄计
05.02.02	除胶基糖果以外的其他糖果	0.3	以柠檬黄计
06.03.02.04	面糊(如用于鱼和禽肉的拖面糊)、裹粉、煎炸粉	0.3	以柠檬黄计
06.05.02.02	虾味片	0.1	以柠檬黄计
06.05.02.04	粉圆	0.2	以柠檬黄计
06.06	即食谷物，包括碾轧燕麦(片)	0.08	以柠檬黄计
06.09	谷类和淀粉类甜品(如米布丁、木薯布丁)	0.06	以柠檬黄计，如用于布丁粉，按冲调倍数增加使用量

表 A.1(续)

食品分类号	食品名称	最大使用量/(g/kg)	备注
07.02.04	糕点上彩装	0.1	以柠檬黄计
07.03.03	蛋卷	0.04	以柠檬黄计
07.04	焙烤食品馅料及表面用挂浆(仅限风味派馅料)	0.05	仅限使用柠檬黄
07.04	焙烤食品馅料及表面用挂浆(仅限饼干夹心和蛋糕夹心)	0.05	以柠檬黄计
07.04	焙烤食品馅料及表面用挂浆(仅限布丁、糕点)	0.3	以柠檬黄计
11.05.01	水果调味糖浆	0.5	以柠檬黄计
11.05.02	其他调味糖浆	0.3	以柠檬黄计
12.09.03	香辛料酱(如芥末酱、青芥酱)	0.1	以柠檬黄计
12.10.01	固体复合调味料	0.2	以柠檬黄计
12.10.02	半固体复合调味料	0.5	以柠檬黄计
12.10.03	液体复合调味料(不包括12.03,12.04)	0.15	以柠檬黄计
14.0	饮料类(14.01包装饮用水类除外)	0.1	以柠檬黄计,固体饮料按冲调倍数增加使用量
15.02	配制酒	0.1	以柠檬黄计
16.01	果冻	0.05	以柠檬黄计,如用于果冻粉,按冲调倍数增加使用量
16.06	膨化食品	0.1	以柠檬黄计

柠檬酸及其钠盐、钾盐 **citric acid,trisodium citrate,tripotassium citrate**

CNS号 01.101,01.303,01.304 INS号 330,331iii,332ii

功能 酸度调节剂

食品分类号	食品名称	最大使用量	备注
13.01	婴幼儿配方食品	按生产需要适量使用	
13.02	婴幼儿辅助食品	按生产需要适量使用	

柠檬酸脂肪酸甘油酯 **citric and fatty acid esters of glycerol**

CNS号 10.032 INS号 472c

功能 乳化剂

食品分类号	食品名称	最大使用量/(g/kg)	备注
13.01	婴幼儿配方食品	24.0	

表 A.1（续）

柠檬酸亚锡二钠 **disodium stannous citrate**

CNS 号 18.006 INS 号 —

功能 稳定剂和凝固剂

食品分类号	食品名称	最大使用量/(g/kg)	备 注
04.01.02.04	水果罐头	0.3	
04.02.02.04	蔬菜罐头	0.3	
04.03.02.04	食用菌和藻类罐头	0.3	

偶氮甲酰胺 **azodicarbonamide**

CNS 号 13.004 INS 号 927a

功能 面粉处理剂

食品分类号	食品名称	最大使用量/(g/kg)	备 注
06.03.01	小麦粉	0.045	

偏酒石酸 **metatartaric acid**

CNS 号 01.105 INS 号 353

功能 酸度调节剂

食品分类号	食品名称	最大使用量	备 注
04.01.02.04	水果罐头	按生产需要适量使用	

葡萄皮红 **grape skin extract**

CNS 号 08.135 INS 号 163ii

功能 着色剂

食品分类号	食品名称	最大使用量/(g/kg)	备 注
03.0	冷冻饮品(03.04 食用冰除外)	1.0	
04.01.02.05	果酱	1.5	
05.02	糖果	2.0	
07.02	糕点	2.0	
14.0	饮料类(14.01 包装饮用水除外)	2.5	固体饮料按照稀释倍数增加使用量
15.02	配制酒	1.0	

葡萄糖酸亚铁 **ferrous gluconate**

CNS 号 09.005 INS 号 579

功能 护色剂

食品分类号	食品名称	最大使用量/(g/kg)	备 注
04.02.02.03	腌渍的蔬菜(仅限橄榄)	0.15	以铁计

表 A.1(续)

普鲁兰多糖 **pullulan**

CNS号 14.011 INS号 1204

功能 被膜剂、增稠剂

食品分类号	食品名称	最大使用量/(g/kg)	备 注
05.02.01	胶基糖果	50.0	
05.02.02	除胶基糖果以外的其他糖果	50.0	
05.03	糖果和巧克力制品包衣	50.0	
09.03	预制水产品	30.0	
12.10	复合调味料	50.0	
14.02.03	果蔬汁(肉)饮料(包括发酵型产品等)	3.0	
14.06.02	蛋白型固体饮料	50.0	
16.07	其他(仅限膜片)	按生产需要适量使用	

羟基硬脂精(氧化硬脂精) **oxystearin**

CNS号 00.017 INS号 387

功能 抗氧化剂

食品分类号	食品名称	最大使用量/(g/kg)	备 注
02.01	基本不含水的脂肪和油	0.5	

氢化松香甘油酯 **glycerol ester of hydrogenated rosin**

CNS号 10.013 INS号 —

功能 乳化剂

食品分类号	食品名称	最大使用量/(g/kg)	备 注
04.01.01.02	经表面处理的鲜水果	0.5	
14.02.03	果蔬汁(肉)饮料(包括发酵型产品等)	0.1	
14.04.02.02	风味饮料(包括果味饮料、乳味、茶味、咖啡味及其他味饮料等)(仅限果味饮料)	0.1	

氢氧化钙 **calcium hydroxide**

CNS号 01.202 INS号 526

功能 酸度调节剂

食品分类号	食品名称	最大使用量	备 注
01.03	乳粉(包括加糖乳粉)和奶油粉及其调制产品	按生产需要适量使用	
13.01	婴幼儿配方食品	按生产需要适量使用	

表 A.1（续）

氢氧化钾 **potassium hydroxide**

CNS 号　01.203　INS 号　525

功能　酸度调节剂

食品分类号	食品名称	最大使用量	备　注
01.03.02	调制乳粉和调制奶油粉(包括调味乳粉和调味奶油粉)	按生产需要适量使用	
07.03	饼干	按生产需要适量使用	
13.01	婴幼儿配方食品	按生产需要适量使用	

日落黄及其铝色淀 **sunset yellow, sunset yellow aluminum lake**

CNS 号　08.006　INS 号　110

功能　着色剂

食品分类号	食品名称	最大使用量/(g/kg)	备　注
01.01.03	调制乳	0.05	以日落黄计
01.02.02	风味发酵乳	0.05	以日落黄计
01.04.02	调制炼乳(包括甜炼乳、调味甜炼乳及其他使用了非乳原料的调制炼乳)	0.05	以日落黄计
03.0	冷冻饮品(03.04 食用冰除外)	0.09	以日落黄计
04.01.02.04	水果罐头(仅限西瓜酱罐头)	0.1	以日落黄计
04.01.02.05	果酱	0.5	以日落黄计
04.01.02.08	蜜饯凉果	0.1	以日落黄计
04.01.02.09	装饰性果蔬	0.2	以日落黄计
04.04.01.06	熟制豆类	0.1	以日落黄计
04.05.02	加工坚果与籽类	0.1	以日落黄计
05.0	可可制品、巧克力和巧克力制品(包括代可可脂巧克力及制品)以及糖果(05.01.01 可可制品、05.04 装饰糖果、顶饰和甜汁除外)	0.1	以日落黄计
05.01.02	巧克力和巧克力制品、除05.01.01 以外的可可制品	0.3	以日落黄计
05.02.02	除胶基糖果以外的其他糖果	0.3	以日落黄计
05.03	糖果和巧克力制品包衣	0.2	以日落黄计
06.03.02.04	面糊(如用于鱼和禽肉的拖面糊)、裹粉、煎炸粉	0.3	以日落黄计
06.05.02.02	虾味片	0.1	以日落黄计
06.05.02.04	粉圆	0.2	以日落黄计

表 A.1(续)

食品分类号	食品名称	最大使用量/(g/kg)	备　注
06.09	谷类和淀粉类甜品(如米布丁、木薯布丁)	0.02	以日落黄计,如用于布丁粉,按冲调倍数增加使用量
07.02.04	糕点上彩装	0.1	以日落黄计
07.04	焙烤食品馅料及表面用挂浆(仅限饼干夹心)	0.1	以日落黄计
07.04	焙烤食品馅料及表面用挂浆(仅限布丁、糕点)	0.3	以日落黄计
11.05.01	水果调味糖浆	0.5	以日落黄计
11.05.02	其他调味糖浆	0.3	以日落黄计
12.10	复合调味料	0.2	以日落黄计
12.10.02	半固体复合调味料	0.5	以日落黄计
14.02.03	果蔬汁(肉)饮料(包括发酵型产品等)	0.1	以日落黄计
14.03.01	含乳饮料	0.05	以日落黄计
14.03.01.03	乳酸菌饮料	0.1	以日落黄计
14.03.02	植物蛋白饮料	0.1	以日落黄计
14.04.01	碳酸饮料	0.1	以日落黄计
14.04.02.02	风味饮料(包括果味饮料、乳味、茶味、咖啡味及其他味饮料等)(仅限果味饮料)	0.1	以日落黄计
14.06	固体饮料类	0.6	以日落黄计
15.02	配制酒	0.1	以日落黄计
16.01	果冻	0.025	以日落黄计,如用于果冻粉,按冲调倍数增加使用量
16.06	膨化食品	0.1	以日落黄计

乳酸　　**lactic acid**

CNS 号　01.102　　INS 号　270

功能　酸度调节剂

食品分类号	食品名称	最大使用量	备　注
13.01	婴幼儿配方食品	按生产需要适量使用	

表 A.1（续）

乳酸钙 calcium lactate

CNS 号 01.310 INS 号 327

功能 酸度调节剂、抗氧化剂、乳化剂、稳定剂和凝固剂、增稠剂

食品分类号	食品名称	最大使用量/(g/kg)	备 注
04.01.02	加工水果	按生产需要适量使用	
04.02.02.04	蔬菜罐头(仅限酸黄瓜产品)	1.5	
05.02	糖果	按生产需要适量使用	
12.10	复合调味料(仅限油炸薯片调味料)	10.0	
14.06	固体饮料类	21.6	
16.06	膨化食品	1.0	

乳酸链球菌素 nisin

CNS 号 17.019 INS 号 234

功能 防腐剂

食品分类号	食品名称	最大使用量/(g/kg)	备 注
01.0	乳及乳制品(01.01.01、01.01.02、13.0 涉及品种除外)	0.5	
04.03.02.04	食用菌和藻类罐头	0.2	
06.04.02.01	八宝粥罐头	0.2	
06.04.02.02	其他杂粮制品(仅限杂粮灌肠制品)	0.25	
06.07	方便米面制品(仅限方便湿面制品)	0.25	
06.07	方便米面制品(仅限米面灌肠制品)	0.25	
08.02	预制肉制品	0.5	
08.03	熟肉制品	0.5	
09.04	熟制水产品(可直接食用)	0.5	
10.03	蛋制品(改变其物理性状)	0.25	
12.03	醋	0.15	
12.04	酱油	0.2	
12.05	酱及酱制品	0.2	
12.10	复合调味料	0.2	
14.0	饮料类(14.01 包装饮用水类除外)	0.2	固体饮料按冲调倍数增加使用量

表 A.1（续）

乳酸钠 **sodium lactate**

CNS号 15.012 INS号 325

功能 水分保持剂、酸度调节剂、抗氧化剂、膨松剂、增稠剂、稳定剂

食品分类号	食品名称	最大使用量/(g/kg)	备 注
06.03.02.01	生湿面制品（如面条、饺子皮、馄饨皮、烧麦皮）	2.4	

乳酸脂肪酸甘油酯 **lactic and fatty acid esters of glycerol**

CNS号 10.031 INS号 472b

功能 乳化剂

食品分类号	食品名称	最大使用量/(g/kg)	备 注
01.05.01	稀奶油	5.0	

乳糖醇 **lactitol**

CNS号 19.014 INS号 966

功能 乳化剂、稳定剂、甜味剂、增稠剂

食品分类号	食品名称	最大使用量/(g/kg)	备 注
01.02.01	发酵乳	30.0	
01.05.01	稀奶油	按生产需要适量使用	
12.09	香辛料类	按生产需要适量使用	

三聚甘油单硬脂酸酯 **tripolyglyceryl monostearate**

CNS号 10.021 INS号 —

功能 乳化剂、消泡剂

食品分类号	食品名称	最大使用量/(g/kg)	备 注
03.01	冰淇淋、雪糕类	3.0	
07.01	面包	0.1	
07.02	糕点	0.1	

三氯蔗糖（又名蔗糖素） **sucralose**

CNS号 19.016 INS号 955

功能 甜味剂

食品分类号	食品名称	最大使用量	备 注
01.01.02.01	调味乳	0.3 g/kg	
01.02.02	风味发酵乳	0.3 g/kg	
01.03.02	调制乳粉和调制奶油粉（包括调味乳粉和调味奶油粉）	1.0 g/kg	
03.0	冷冻饮品（03.04 食用冰除外）	0.25 g/kg	

表 A.1（续）

食品分类号	食品名称	最大使用量	备　注
04.01.02.02	水果干类	0.15 g/kg	
04.01.02.04	水果罐头	0.25 g/kg	
04.01.02.05	果酱	0.45 g/kg	
04.01.02.08	蜜饯凉果	1.5 g/kg	
04.01.02.12	煮熟的或油炸的水果	0.15 g/kg	
04.02.02.03	腌渍的蔬菜	0.25 g/kg	
04.04.02.01	腐乳类	1.0 g/kg	
05.02	糖果	1.5 g/kg	
06.04.02.01	八宝粥罐头类	0.25 g/kg	
06.04.02.02	其他杂粮制品（仅限微波爆米花）	0.9 g/kg	
06.06	即食谷物，包括碾轧燕麦（片）	1.0 g/kg	
07.0	焙烤食品	0.25 g/kg	
11.04	餐桌甜味料	0.05 g/份	
12.03	醋	0.25 g/kg	
12.04	酱油	0.25 g/kg	
12.05	酱及酱制品	0.25 g/kg	
12.09.03	香辛料酱（如芥末酱、青芥酱）	0.4 g/kg	
12.10	复合调味料	0.25 g/kg	
12.10.02.01	蛋黄酱、沙拉酱	1.25 g/kg	
14.0	饮料类（14.01 包装饮用水类除外）	0.25 g/kg	固体饮料按冲调倍数增加使用量
14.02.02	浓缩果蔬汁（浆）	1.25 g/kg	
15.02	配制酒	0.25 g/kg	
15.03	发酵酒	0.65 g/kg	
16.01	果冻	0.45 g/kg	如用于果冻粉，按冲调倍数增加使用量

桑椹红 **mulberry red**

CNS 号　08.129　　INS 号　—

功能　着色剂

食品分类号	食品名称	最大使用量/(g/kg)	备　注
04.01.02.08.06	果糕类	5.0	
05.02	糖果	2.0	
14.02.03	果蔬汁（肉）饮料（包括发酵型产品等）	1.5	固体饮料按稀释倍数增加使用量

表 A.1(续)

食品分类号	食品名称	最大使用量/(g/kg)	备 注
14.04.02.02	风味饮料(包括果味饮料、乳味、茶味、咖啡味及其他味饮料等)(仅限果味饮料)	1.5	固体饮料按稀释倍数增加使用量
15.03.03	果酒	1.5	
16.01	果冻	5.0	如用于果冻粉,按冲调倍数增加使用量

沙蒿胶 **rtemisia gum (sa-hao seed gum)**

CNS 号 20.037 INS 号 —

功能 增稠剂

食品分类号	食品名称	最大使用量/(g/kg)	备 注
06.03.01.02	专用小麦粉(如自发粉、饺子粉)	0.3	
06.03.02.02	生干面制品(仅限挂面)	0.3	
06.04.02	杂粮制品	0.3	
06.07	方便米面制品(仅限方便面)	0.3	
08.02	预制肉制品	0.5	
08.03.04	西式火腿(熏烤、烟熏、蒸煮火腿)类	0.5	
08.03.05	肉灌肠类	0.5	
09.02.03	冷冻鱼糜制品(包括鱼丸等)	0.5	

沙棘黄 **hippophae rhamnoides yellow**

CNS 号 08.124 INS 号 —

功能 着色剂

食品分类号	食品名称	最大使用量/(g/kg)	备 注
02.01.01.02	氢化植物油	1.0	
07.02.04	糕点上彩装	1.5	

山梨醇酐单月桂酸酯(又名司盘 20),山梨醇酐单棕榈酸酯(又名司盘 40),山梨醇酐单硬脂酸酯(又名司盘 60),山梨醇酐叁硬脂酸酯(又名司盘 65),山梨醇酐单油酸酯(又名司盘 80) **sorbitan monolaurate, sorbitan monopalmitate, sorbitan monostearate, sorbitan tristearate, sorbitan monooleate**

CNS 号 10.024,10.008,10.003,10.004,10.005 INS 号 493,495,491,492,494

功能 乳化剂

食品分类号	食品名称	最大使用量/(g/kg)	备 注
01.01.03	调制乳	3.0	
01.05	稀奶油(淡奶油)及其类似品	10.0	

表 A.1（续）

食品分类号	食品名称	最大使用量/(g/kg)	备　注
02.0	脂肪，油和乳化脂肪制品(02.01.01.01 植物油除外)	15.0	
02.01.01.02	氢化植物油	10.0	
03.01	冰淇淋、雪糕类	3.0	
04.01.01.02	经表面处理的鲜水果	按生产需要适量使用	
04.02.01.02	经表面处理的新鲜蔬菜	按生产需要适量使用	
04.04	豆类制品	1.6	以每千克黄豆的使用量计
05.01	可可制品、巧克力和巧克力制品，包括代可可脂巧克力及制品	10.0	
05.02.02	除胶基糖果以外的其他糖果	3.0	
07.01	面包	3.0	
07.02	糕点	3.0	
07.03	饼干	3.0	
14.02.03	果蔬汁(肉)饮料(包括发酵型产品等)	3.0	
14.03.02	植物蛋白饮料	6.0	
14.04.02.02	风味饮料(包括果味饮料、乳味、茶味、咖啡味及其他味饮料等)(仅限果味饮料)	0.5	
14.06	固体饮料类(速溶咖啡除外)	3.0	
14.06.03	速溶咖啡	10.0	
16.04.01	干酵母	10.0	
16.07	其他(饮料混浊剂)	0.05	

山梨酸及其钾盐 **sorbic acid, potassium sorbate**

CNS 号　17.003,17.004　　INS 号　200,202

功能　防腐剂、抗氧化剂、稳定剂

食品分类号	食品名称	最大使用量/(g/kg)	备　注
01.06	干酪	1.0	以山梨酸计
02.01.01.02	氢化植物油	1.0	以山梨酸计
02.02.01.02	人造黄油及其类似制品(如黄油和人造黄油混合品)	1.0	以山梨酸计
03.03	风味冰、冰棍类	0.5	以山梨酸计
04.01.01.02	经表面处理的鲜水果	0.5	以山梨酸计
04.01.02.05	果酱	1.0	以山梨酸计

表 A.1（续）

食品分类号	食品名称	最大使用量/(g/kg)	备　注
04.01.02.08	蜜饯凉果	0.5	以山梨酸计
04.02.01.02	经表面处理的新鲜蔬菜	0.5	以山梨酸计
04.02.02.03	腌渍的蔬菜	0.5	以山梨酸计
04.02.02.03	腌渍的蔬菜(仅限即食笋干)	1.0	以山梨酸计
04.03.02	加工食用菌和藻类	0.5	以山梨酸计
04.04.01.03	豆干再制品	1.0	以山梨酸计
04.04.01.05	新型豆制品(大豆蛋白膨化食品、大豆素肉等)	1.0	以山梨酸计
05.02.01	胶基糖果	1.5	以山梨酸计
05.02.02	除胶基糖果以外的其他糖果	1.0	以山梨酸计
06.04.02.02	其他杂粮制品(仅限杂粮灌肠制品)	1.5	以山梨酸计
06.07	方便米面制品(仅限米面灌肠制品)	1.5	以山梨酸计
07.01	面包	1.0	以山梨酸计
07.02	糕点	1.0	以山梨酸计
07.04	焙烤食品馅料及表面用挂浆	1.0	以山梨酸计
08.03	熟肉制品	0.075	以山梨酸计
08.03.05	肉灌肠类	1.5	以山梨酸计
09.03	预制水产品(半成品)	0.075	以山梨酸计
09.03.04	风干、烘干、压干等水产品	1.0	以山梨酸计
09.06	其他水产品及其制品(仅限即食海蜇)	1.0	以山梨酸计
10.03	蛋制品(改变其物理性状)	1.5	以山梨酸计
11.05	调味糖浆	1.0	以山梨酸计
12.03	醋	1.0	以山梨酸计
12.04	酱油	1.0	以山梨酸计
12.05	酱及酱制品	0.5	以山梨酸计
12.10	复合调味料	1.0	以山梨酸计
14.0	饮料类(14.01 包装饮用水类除外)	0.5	以山梨酸计，固体饮料按冲调倍数增加使用量
14.02.02	浓缩果蔬汁(浆)(仅限食品工业用)	2.0	以山梨酸计
14.03.01.03	乳酸菌饮料	1.0	以山梨酸计
15.02	配制酒	0.4	以山梨酸计
15.03.01	葡萄酒	0.2	以山梨酸计

表 A.1（续）

食品分类号	食品名称	最大使用量/(g/kg)	备注
15.03.03	果酒	0.6	以山梨酸计
16.01	果冻	0.5	以山梨酸计，如用于果冻粉，按冲调倍数增加使用量
16.03	胶原蛋白肠衣	0.5	以山梨酸计

山梨糖醇和山梨糖醇液 **sorbitol and sorbitol syrup**

CNS 号 19.006 INS 号 420(i)，420(ii)

功能 甜味剂、膨松剂、乳化剂、水分保持剂、稳定剂、增稠剂

食品分类号	食品名称	最大使用量/(g/kg)	备注
01.04	炼乳及其调制产品	按生产需要适量使用	
02.03	02.02类以外的脂肪乳化制品，包括混合的和（或）调味的脂肪乳化制品（仅限植脂奶油）	按生产需要适量使用	
03.0	冷冻饮品（03.04食用冰除外）	按生产需要适量使用	
04.02.02.03	腌渍的蔬菜	按生产需要适量使用	
04.05.02.01	熟制坚果与籽类（仅限油炸坚果与籽类）	按生产需要适量使用	
05.01.02	巧克力和巧克力制品，除05.01.01以外的可可制品	按生产需要适量使用	
05.02	糖果	按生产需要适量使用	
06.03.02.01	生湿面制品（如面条、饺子皮、馄饨皮、烧麦皮）	30.0	
07.01	面包	按生产需要适量使用	
07.02	糕点	按生产需要适量使用	
07.03	饼干	按生产需要适量使用	
09.02.03	冷冻鱼糜制品（包括鱼丸等）	0.5	
12.0	调味品	按生产需要适量使用	
14.0	饮料类（14.01包装饮用水类除外）	按生产需要适量使用	
16.06	膨化食品	按生产需要适量使用	
16.07	其他（豆制品工艺用）	按生产需要适量使用	
16.07	其他（制糖工艺用）	按生产需要适量使用	
16.07	其他（酿造工艺用）	按生产需要适量使用	

表 A.1(续)

双乙酸钠 **sodium diacetate**

CNS 号 17.013 INS 号 262ii

功能 防腐剂

食品分类号	食品名称	最大使用量/(g/kg)	备 注
02.01	基本不含水的脂肪和油	1.0	
04.04.01.02	豆干类	1.0	
04.04.01.03	豆干再制品	1.0	
06.01	原粮	1.0	
06.02.01	大米	0.2	残留量≤30 mg/kg
06.05.02.04	粉圆	4.0	
07.02	糕点	4.0	
08.02	预制肉制品	3.0	
08.03	熟肉制品	3.0	
09.04	熟制水产品(可直接食用)	1.0	
12.0	调味品	2.5	
12.10	复合调味料	10.0	
16.06	膨化食品	1.0	

双乙酰酒石酸单双甘油酯 **diacetyl tartaric acid ester of mono(di)glycerides (DATEM)**

CNS 号 10.010 INS 号 472e

功能 乳化剂、增稠剂

食品分类号	食品名称	最大使用量/(g/kg)	备 注
01.02.01	发酵乳	按生产需要适量使用	
01.05.01	稀奶油	按生产需要适量使用	
02.02.01.01	黄油和浓缩黄油	10.0	
06.03.02.01	生湿面制品(如面条、饺子皮、馄饨皮、烧麦皮)	10.0	
06.03.02.02	生干面制品	10.0	
11.01.02	其他糖和糖浆(如红糖、赤砂糖、槭树糖浆)	按生产需要适量使用	
12.09	香辛料类	0.001	

松香季戊四醇酯 **pentaerythritol ester of wood rosin**

CNS 号 14.005 INS 号 —

功能 被膜剂、胶姆糖基础剂

食品分类号	食品名称	最大使用量/(g/kg)	备 注
04.01.01.02	经表面处理的鲜水果	0.09	
04.02.01.02	经表面处理的新鲜蔬菜	0.09	

表 A.1（续）

酸性红（又名偶氮玉红） **carmoisine（azorubine）**

CNS 号 08.013 INS 号 122

功能 着色剂

食品分类号	食品名称	最大使用量/(g/kg)	备 注
03.0	冷冻饮品(03.04 食用冰除外)	0.05	
05.0	可可制品、巧克力和巧克力制品(包括代可可脂巧克力及制品)以及糖果	0.05	
07.04	焙烤食品馅料及表面用挂浆(仅限饼干夹心)	0.05	

酸性磷酸铝钠 **sodium aluminium phosphate-acidic**

CNS 号 06.009 INS 号 541i

功能 膨松剂

食品分类号	食品名称	最大使用量	备 注
06.03.02.04	面糊(如用于鱼和禽肉的拖面糊)、裹粉、煎炸粉	按生产需要适量使用	干品中铝的残留量≤100 mg/kg
06.03.02.05	油炸面制品	按生产需要适量使用	干品中铝的残留量≤100 mg/kg
07.0	焙烤食品	按生产需要适量使用	干品中铝的残留量≤100 mg/kg

酸枣色 **jujube pigment**

CNS 号 08.133 INS 号 —

功能 着色剂

食品分类号	食品名称	最大使用量/(g/kg)	备 注
04.02.02.03	腌渍的蔬菜	1.0	
05.02	糖果	0.2	
07.02	糕点	0.2	
12.04	酱油	1.0	
14.02.03	果蔬汁(肉)饮料(包括发酵型产品等)	1.0	固体饮料按稀释倍数增加使用量
14.04.02.02	风味饮料(包括果味饮料、乳味、茶味、咖啡味及其他味饮料等)(仅限果味饮料)	1.0	固体饮料按稀释倍数增加使用量

表 A.1（续）

羧甲基淀粉钠 **sodium carboxy methyl starch**

CNS 号 20.012 INS 号 —

功能 增稠剂

食品分类号	食品名称	最大使用量/(g/kg)	备 注
03.01	冰淇淋、雪糕类	0.06	
04.01.02.05	果酱	0.1	
06.07	方便米面制品	15.0	
07.01	面包	0.02	
12.05	酱及酱制品	0.1	

碳酸钾 **potassium carbonate**

CNS 号 01.301 INS 号 501i

功能 酸度调节剂

食品分类号	食品名称	最大使用量/(g/kg)	备 注
06.03.02.01	生湿面制品（如面条、饺子皮、馄饨皮、烧麦皮）	60.0	
13.01	婴幼儿配方食品	按生产需要适量使用	

碳酸镁 **magnesium carbonate**

CNS 号 13.005 INS 号 504i

功能 面粉处理剂、膨松剂、稳定剂、抗结剂

食品分类号	食品名称	最大使用量/(g/kg)	备 注
06.03.01	小麦粉	1.5	
14.06	固体饮料	10.0	以碳酸镁计

碳酸钠 **sodium carbonate**

CNS 号 01.302 INS 号 500i

功能 酸度调节剂

食品分类号	食品名称	最大使用量	备 注
06.03.02.01	生湿面制品（如面条、饺子皮、馄饨皮、烧麦皮）	按生产需要适量使用	
06.03.02.02	生干面制品	按生产需要适量使用	

碳酸氢钾 **potassium hydrogen carbonate**

CNS 号 01.307 INS 号 501ii

功能 酸度调节剂

食品分类号	食品名称	最大使用量	备 注
13.01	婴幼儿配方食品	按生产需要适量使用	
13.03	特殊医学用途配方食品（13.01 中涉及品种除外）	按生产需要适量使用	

表 A.1(续)

碳酸氢三钠(又名倍半碳酸钠) **sodium sesquicarbonate**

CNS 号 01.305 INS 号 500iii

功能 酸度调节剂

食品分类号	食品名称	最大使用量	备 注
01.0	乳及乳制品(01.01.01、01.01.02、13.0 涉及品种除外)	按生产需要适量使用	仅限羊奶
07.02	糕点	按生产需要适量使用	
07.03	饼干	按生产需要适量使用	

糖精钠 **sodium saccharin**

CNS 号 19.001 INS 号 954

功能 甜味剂、增味剂

食品分类号	食品名称	最大使用量/(g/kg)	备 注
03.0	冷冻饮品(03.04 食用冰除外)	0.15	以糖精计
04.01.02.02	水果干类(仅限芒果干、无花果干)	5.0	以糖精计
04.01.02.05	果酱	0.2	以糖精计
04.01.02.08	蜜饯凉果	1.0	以糖精计
04.01.02.08.02	凉果类	5.0	以糖精计
04.01.02.08.04	话化类(甘草制品)	5.0	以糖精计
04.01.02.08.05	果丹(饼)类	5.0	以糖精计
04.02.02.03	腌渍的蔬菜	0.15	以糖精计
04.04.01.05	新型豆制品(大豆蛋白膨化食品、大豆素肉等)	1.0	以糖精计
04.04.01.06	熟制豆类(五香豆、炒豆)	1.0	以糖精计
04.05.02.01.01	带壳熟制坚果与籽类	1.2	以糖精计
04.05.02.01.02	脱壳熟制坚果与籽类	1.0	以糖精计
07.01	面包	0.15	以糖精计
07.02	糕点	0.15	以糖精计
07.03	饼干	0.15	以糖精计
12.10	复合调味料	0.15	以糖精计
14.0	饮料类(14.01 包装饮用水类除外)	0.15	以糖精计,固体饮料按冲调倍数增加使用量
15.02	配制酒	0.15	以糖精计

表 A.1（续）

特丁基对苯二酚 **tertiary butylhydroquinone（TBHQ）**

CNS 号 04.007 INS 号 319

功能 抗氧化剂

食品分类号	食品名称	最大使用量/(g/kg)	备 注
02.0	脂肪，油和乳化脂肪制品	0.2	以油脂中的含量计
02.01	基本不含水的脂肪和油	0.2	以油脂中的含量计
04.05.02.01	熟制坚果与籽类	0.2	以油脂中的含量计
04.05.02.03	坚果与籽类罐头	0.2	以油脂中的含量计
06.03.02.05	油炸面制品	0.2	以油脂中的含量计
06.07	方便米面制品	0.2	以油脂中的含量计
07.03	饼干	0.2	以油脂中的含量计
08.02.02	腌腊肉制品类（如咸肉、腊肉、板鸭、中式火腿、腊肠）	0.2	以油脂中的含量计
09.03.04	风干、烘干、压干等水产品	0.2	以油脂中的含量计
16.06	膨化食品	0.2	以油脂中的含量计

L-α-天冬氨酰-*N*-(2,2,4,4-四甲基-3-硫化三亚甲基)-D-丙氨酰胺（又名阿力甜） **alitame**

CNS 号 19.013 INS 号 956

功能 甜味剂

食品分类号	食品名称	最大使用量	备 注
03.0	冷冻饮品（03.04 食用冰除外）	0.1 g/kg	
04.01.02.08.04	话化类（甘草制品）	0.3 g/kg	
05.02.01	胶基糖果	0.3 g/kg	
11.04	餐桌甜味料	0.15 g/份	
14.0	饮料类（14.01 包装饮用水类除外）	0.1 g/kg	固体饮料按冲调倍数增加使用量
16.01	果冻	0.1 g/kg	如用于果冻粉，按冲调倍数增加使用量

天然苋菜红 **natural amaranthus red**

CNS 号 08.130 INS 号 —

功能 着色剂

食品分类号	食品名称	最大使用量/(g/kg)	备 注
04.01.02.08	蜜饯凉果	0.25	
04.01.02.09	装饰性果蔬	0.25	
05.02	糖果	0.25	
07.02.04	糕点上彩装	0.25	

表 A.1（续）

食品分类号	食品名称	最大使用量/(g/kg)	备 注
14.02.03	果蔬汁（肉）饮料（包括发酵型产品等）	0.25	固体饮料按稀释倍数增加使用量
14.04.01	碳酸饮料	0.25	
14.04.02.02	风味饮料（包括果味饮料、乳味、茶味、咖啡味及其他味饮料等）（仅限果味饮料）	0.25	固体饮料按稀释倍数增加使用量
15.02	配制酒	0.25	
16.01	果冻	0.25	如用于果冻粉，按冲调倍数增加使用量

田菁胶 **sesbania gum**

CNS 号 20.021 INS 号 —

功能 增稠剂

食品分类号	食品名称	最大使用量/(g/kg)	备 注
03.01	冰淇淋、雪糕类	5.0	
06.03.02.02	生干面制品	2.0	
06.07	方便米面制品	2.0	
07.01	面包	2.0	
14.03.02	植物蛋白饮料	1.0	

甜菊糖苷 **steviol glycosides**

CNS 号 19.008 INS 号 960

功能 甜味剂

食品分类号	食品名称	最大使用量	备 注
04.01.02.08	蜜饯凉果	按生产需要适量使用	
04.05.02.01	熟制坚果与籽类	按生产需要适量使用	
05.02	糖果	按生产需要适量使用	
07.02	糕点	按生产需要适量使用	
12.0	调味品	按生产需要适量使用	
14.0	饮料类（14.01 包装饮用水类除外）	按生产需要适量使用	
16.06	膨化食品	按生产需要适量使用	

表 A.1(续)

脱氢乙酸及其钠盐 **dehydroacetic acid,sodium dehydroacetate**

CNS号 17.009(i),17.009(ii) INS号 265,266

功能 防腐剂

食品分类号	食品名称	最大使用量/(g/kg)	备注
02.02.01.01	黄油和浓缩黄油	0.3	以脱氢乙酸计
04.02.02.03	腌渍的蔬菜	0.3	以脱氢乙酸计
04.03.02.03	腌渍的食用菌和藻类	0.3	以脱氢乙酸计
04.04.02	发酵豆制品	0.3	以脱氢乙酸计
06.05.02	淀粉制品	1.0	以脱氢乙酸计
07.01	面包	0.5	以脱氢乙酸计
07.02	糕点	0.5	以脱氢乙酸计
07.04	焙烤食品馅料及表面用挂浆	0.5	以脱氢乙酸计
08.02	预制肉制品	0.5	以脱氢乙酸计
08.03	熟肉制品	0.5	以脱氢乙酸计
12.10	复合调味料	0.5	以脱氢乙酸计
14.02.01	果蔬汁(浆)	0.3	以脱氢乙酸计

脱乙酰甲壳素(又名壳聚糖) **deacetylated chitin(chitosan)**

CNS号 20.026 INS号 —

功能 增稠剂、被膜剂

食品分类号	食品名称	最大使用量/(g/kg)	备注
06.02.01	大米	0.1	
08.03.04	西式火腿(熏烤、烟熏、蒸煮火腿)类	6.0	
08.03.05	肉灌肠类	6.0	

维生素E(*dl-α-*生育酚,*d-α-*生育酚,混合生育酚浓缩物) **vitamine E (*dl-α-*tocopherol,*d-α-*tocopherol,mixed tocopherol concentrate)**

CNS号 04.016 INS号 307

功能 抗氧化剂

食品分类号	食品名称	最大使用量/(g/kg)	备注
02.01	基本不含水的脂肪和油	按生产需要适量使用	
04.05.02.01	熟制坚果与籽类(仅限油炸坚果与籽类)	0.2	以油脂计
06.03.02.05	油炸面制品	0.2	以油脂中的含量计
06.06	即食谷物,包括碾轧燕麦(片)	0.085	
12.10	复合调味料	按生产需要适量使用	

表 A.1（续）

食品分类号	食品名称	最大使用量/(g/kg)	备 注
14.02.03	果蔬汁(肉)饮料(包括发酵型产品等)	0.2	
14.03	蛋白饮料类	0.2	
14.04.01.02	其他型碳酸饮料	0.2	
14.04.02	非碳酸饮料(包括特殊用途饮料、风味饮料)	0.2	
14.05	茶、咖啡、植物饮料类	0.2	
14.06.02	蛋白型固体饮料	0.2	
16.06	膨化食品	0.2	以油脂计

稳定态二氧化氯 **stabilized chlorine dioxide**

CNS 号 17.028 INS 号 926

功能 防腐剂

食品分类号	食品名称	最大使用量/(g/kg)	备 注
04.01.01.02	经表面处理的鲜水果	0.01	
04.02.01.02	经表面处理的新鲜蔬菜	0.01	
09.0	水产品及其制品(包括鱼类、甲壳类、贝类、软体类、棘皮类等水产品及其加工制品)(仅限鱼类加工)	0.05	

苋菜红及其铝色淀 **amaranth, amaranth aluminum lake**

CNS 号 08.001 INS 号 123

功能 着色剂

食品分类号	食品名称	最大使用量/(g/kg)	备 注
03.0	冷冻饮品(03.04 食用冰除外)	0.025	以苋菜红计
04.01.02.05	果酱	0.3	以苋菜红计
04.01.02.08	蜜饯凉果	0.05	以苋菜红计
04.01.02.09	装饰性果蔬	0.1	以苋菜红计
04.02.02.03	腌渍的蔬菜	0.05	以苋菜红计
05.0	可可制品、巧克力和巧克力制品(包括代可可脂巧克力及制品)以及糖果	0.05	以苋菜红计
07.02.04	糕点上彩装	0.05	以苋菜红计
07.04	焙烤食品馅料及表面用挂浆(仅限饼干夹心)	0.05	以苋菜红计
11.05.01	水果调味糖浆	0.3	以苋菜红计

表 A.1(续)

食品分类号	食品名称	最大使用量/(g/kg)	备注
12.10.01.01	固体汤料	0.2	以苋菜红计
14.02.03	果蔬汁(肉)饮料(包括发酵型产品等)	0.05	以苋菜红计,高糖果蔬汁(肉)饮料按照稀释倍数加入
14.04.01	碳酸饮料	0.05	以苋菜红计
14.04.02.02	风味饮料(包括果味饮料、乳味、茶味、咖啡味及其他味饮料等)(仅限果味饮料)	0.05	以苋菜红计,高糖果味饮料按照稀释倍数加入
14.06	固体饮料类	0.05	使用量以苋菜红计,为按冲调倍数稀释后液体中的量
15.02	配制酒	0.05	以苋菜红计
16.01	果冻	0.05	以苋菜红计,如用于果冻粉,按冲调倍数增加使用量

橡子壳棕 **acorn shell brown**

CNS号 08.126 INS号 —

功能 着色剂

食品分类号	食品名称	最大使用量/(g/kg)	备注
14.04.01.01	可乐型碳酸饮料	1.0	
15.02	配制酒	0.3	

硝酸钠,硝酸钾 **sodium nitrate,potassium nitrate**

CNS号 09.001,09.003 INS号 251,252

功能 护色剂、防腐剂

食品分类号	食品名称	最大使用量/(g/kg)	备注
08.02.02	腌腊肉制品类(如咸肉、腊肉、板鸭、中式火腿、腊肠)	0.5	以亚硝酸钠计,残留量≤30 mg/kg
08.03.01	酱卤肉制品类	0.5	以亚硝酸钠计,残留量≤30 mg/kg
08.03.02	熏、烧、烤肉类	0.5	以亚硝酸钠计,残留量≤30 mg/kg
08.03.03	油炸肉类	0.5	以亚硝酸钠计,残留量≤30 mg/kg
08.03.04	西式火腿(熏烤、烟熏、蒸煮火腿)类	0.5	以亚硝酸钠计,残留量≤30 mg/kg

表 A.1（续）

食品分类号	食品名称	最大使用量/(g/kg)	备 注
08.03.05	肉灌肠类	0.5	以亚硝酸钠计，残留量≤30 mg/kg
08.03.06	发酵肉制品类	0.5	以亚硝酸钠计，残留量≤30 mg/kg

辛，癸酸甘油酯 **octyl and decyl glycerate**

CNS 号 10.018 INS 号 —

功能 乳化剂

食品分类号	食品名称	最大使用量	备 注
01.03	乳粉(包括加糖乳粉)和奶油粉及其调制产品(纯乳粉除外)	按生产需要适量使用	
02.01.01.02	氢化植物油	按生产需要适量使用	
03.01	冰淇淋、雪糕类	按生产需要适量使用	
05.0	可可制品、巧克力和巧克力制品(包括代可可脂巧克力及制品)以及糖果	按生产需要适量使用	
14.0	饮料类(14.01 包装饮用水类除外)	按生产需要适量使用	

辛基苯氧聚乙烯氧基 **octylphenol polyoxyethylene**

CNS 号 14.006 INS 号 —

功能 被膜剂

食品分类号	食品名称	最大使用量/(g/kg)	备 注
04.01.01.02	经表面处理的鲜水果	0.075	
04.02.01.02	经表面处理的新鲜蔬菜	0.075	

辛烯基琥珀酸铝淀粉 **starch aluminum octenylsuccinate**

CNS 号 20.038 INS 号 —

功能 增稠剂、抗结剂、乳化剂

食品分类号	食品名称	最大使用量	备 注
05.0	可可制品、巧克力和巧克力制品(包括代可可脂巧克力及制品)以及糖果	按生产需要适量使用	
06.03.02.04	面糊(如用于鱼和禽肉的拖面糊)、裹粉、煎炸粉	按生产需要适量使用	
06.07	方便米面制品	按生产需要适量使用	
12.10.01	固体复合调味料	按生产需要适量使用	
12.10.02	半固体复合调味料	按生产需要适量使用	
14.06	固体饮料类	按生产需要适量使用	

表 A.1（续）

新红及其铝色淀 **new red,new red aluminum lake**

CNS 号 08.004 INS 号 —

功能 着色剂

食品分类号	食品名称	最大使用量/(g/kg)	备 注
04.01.02.08.02	凉果类	0.05	以新红计
04.01.02.09	装饰性果蔬	0.1	以新红计
05.0	可可制品、巧克力和巧克力制品(包括代可可脂巧克力及制品)以及糖果(05.01.01 可可制品除外)	0.05	以新红计
07.02.04	糕点上彩装	0.05	
14.02.03	果蔬汁(肉)饮料(包括发酵型产品等)	0.05	以新红计,固体饮料按稀释倍数增加使用量
14.04.01	碳酸饮料	0.05	以新红计
14.04.02.02	风味饮料(包括果味饮料、乳味、茶味、咖啡味及其他味饮料等)(仅限果味饮料)	0.05	以新红计,固体饮料按稀释倍数增加使用量
15.02	配制酒	0.05	以新红计

薪草提取物 **mesona chinensis benth extract**

CNS 号 18.009 INS 号 —

功能 稳定剂和凝固剂

食品分类号	食品名称	最大使用量	备 注
04.04.01.01	豆腐类	按生产需要适量使用	

亚麻籽胶(又名富兰克胶) **linseed gum**

CNS 号 20.020 INS 号 —

功能 增稠剂

食品分类号	食品名称	最大使用量/(g/kg)	备 注
03.01	冰淇淋、雪糕类	0.3	
06.03.02.02	生干面制品	1.5	
08.03	熟肉制品	5.0	
14.0	饮料类(14.01 包装饮用水类除外)	5.0	固体饮料按冲调倍数增加使用量

亚铁氰化钾,亚铁氰化钠 **potassium ferrocyanide,sodium ferrocyanide**

CNS 号 02.001,02.008 INS 号 536,535 —

功能 抗结剂

食品分类号	食品名称	最大使用量/(g/kg)	备 注
12.01	盐及代盐制品	0.01	以亚铁氰根计

表 A.1（续）

亚硝酸钠，亚硝酸钾 **sodium nitrite，potassium nitrite**

CNS 号 09.002，09.004 INS 号 250，249

功能 护色剂、防腐剂

食品分类号	食品名称	最大使用量/(g/kg)	备 注
08.02.02	腌腊肉制品类（如咸肉、腊肉、板鸭、中式火腿、腊肠）	0.15	以亚硝酸钠计，残留量≤30 mg/kg
08.03.01	酱卤肉制品类	0.15	以亚硝酸钠计，残留量≤30 mg/kg
08.03.02	熏、烧、烤肉类	0.15	以亚硝酸钠计，残留量≤30 mg/kg
08.03.03	油炸肉类	0.15	以亚硝酸钠计，残留量≤30 mg/kg
08.03.04	西式火腿（熏烤、烟熏、蒸煮火腿）类	0.15	以亚硝酸钠计，残留量≤70 mg/kg
08.03.05	肉灌肠类	0.15	以亚硝酸钠计，残留量≤30 mg/kg
08.03.06	发酵肉制品类	0.15	以亚硝酸钠计，残留量≤30 mg/kg
08.03.08	肉罐头类	0.15	以亚硝酸钠计，残留量≤50 mg/kg

胭脂虫红 **carmine cochineal**

CNS 号 08.145 INS 号 120

功能 着色剂

食品分类号	食品名称	最大使用量/(g/kg)	备 注
01.02.02	风味发酵乳	0.05	以胭脂红酸计
01.03.02	调制乳粉和调制奶油粉（包括调味乳粉和调味奶油粉）	0.6	以胭脂红酸计
01.04.02	调制炼乳（包括甜炼乳、调味炼乳及其他使用了非乳原料的调制炼乳）	0.15	以胭脂红酸计
01.06	干酪	0.1	以胭脂红酸计
02.03	02.02 类以外的脂肪乳化制品，包括混合的和（或）调味的脂肪乳化制品（仅限植脂奶油）	0.6	以胭脂红酸计
03.0	冷冻饮品（03.04 食用冰除外）	0.15	以胭脂红酸计
04.01.02.05	果酱	0.6	以胭脂红酸计
04.05.02.01	熟制坚果与籽类（仅限油炸坚果与籽类）	0.1	以胭脂红酸计

表 A.1（续）

食品分类号	食品名称	最大使用量/(g/kg)	备 注
05.01.03	代可可脂巧克力及使用可可脂代用品的巧克力类似产品	0.3	以胭脂红酸计
05.02	糖果	0.3	以胭脂红酸计
06.03.02.04	面糊(如用于鱼和禽肉的拖面糊)、裹粉、煎炸粉	按生产需要适量使用	以胭脂红酸计
06.06	即食谷物,包括碾轧燕麦(片)	0.2	以胭脂红酸计
06.07	方便米面制品	0.3	以胭脂红酸计
07.0	焙烤食品	0.6	以胭脂红酸计
08.03	熟肉制品	0.5	以胭脂红酸计
12.10	复合调味料(12.10.02 半固体复合调味料除外)	1.0	以胭脂红酸计
12.10.02	半固体复合调味料	0.05	以胭脂红酸计
14.0	饮料类(14.01 包装饮用水类除外)	0.6	以胭脂红酸计,固体饮料按稀释倍数增加使用量
15.02	配制酒	0.25	以胭脂红酸计
16.01	果冻	0.05	以胭脂红酸计,如用于果冻粉,按冲调倍数增加使用量使用量
16.06	膨化食品	0.1	以胭脂红酸计

胭脂红及其铝色淀 **ponceau 4R,ponceau 4R aluminum lake**

CNS 号 08.002 INS 号 124

功能 着色剂

食品分类号	食品名称	最大使用量/(g/kg)	备 注
01.01.03	调制乳	0.05	以胭脂红计
01.02.02	风味发酵乳	0.05	以胭脂红计
01.03.02	调制乳粉和调制奶油粉(包括调味乳粉和调味奶油粉)	0.15	以胭脂红计
01.04.02	调制炼乳(包括甜炼乳、调味甜炼乳及其他使用了非乳原料的调制炼乳)	0.05	以胭脂红计
03.0	冷冻饮品(03.04 食用冰除外)	0.05	以胭脂红计
04.01.02.04	水果罐头	0.1	以胭脂红计
04.01.02.05	果酱	0.5	以胭脂红计
04.01.02.08	蜜饯凉果	0.05	以胭脂红计
04.01.02.09	装饰性果蔬	0.1	以胭脂红计
04.02.02.03	腌渍的蔬菜	0.05	以胭脂红计

表 A.1(续)

食品分类号	食品名称	最大使用量/(g/kg)	备　注
05.0	可可制品、巧克力和巧克力制品(包括代可可脂巧克力及制品)以及糖果(05.04 装饰糖果、顶饰和甜汁除外)	0.05	以胭脂红计
05.03	糖果和巧克力制品包衣	0.1	以胭脂红计
06.05.02.02	虾味片	0.05	以胭脂红计
07.02.04	糕点上彩装	0.05	以胭脂红计
07.03.03	蛋卷	0.01	以胭脂红计
07.04	焙烤食品馅料及表面用挂浆(仅限饼干夹心和蛋糕夹心)	0.05	以胭脂红计
08.03.09	可食用动物肠衣类	0.025	以胭脂红计
11.05	调味糖浆	0.2	以胭脂红计
11.05.01	水果调味糖浆	0.5	以胭脂红计
12.10.02	半固体复合调味料(12.10.02.01 蛋黄酱、沙拉酱除外)	0.5	以胭脂红计
12.10.02.01	蛋黄酱、沙拉酱	0.2	以胭脂红计
14.02.03	果蔬汁(肉)饮料(包括发酵型产品等)	0.05	以胭脂红计,固体饮料按稀释倍数增加使用量
14.03.01	含乳饮料	0.05	以胭脂红计,固体饮料按稀释倍数增加使用量
14.03.02	植物蛋白饮料	0.025	以胭脂红计,固体饮料按稀释倍数增加使用量
14.04.01	碳酸饮料	0.05	以胭脂红计
14.04.02.02	风味饮料(包括果味饮料、乳味、茶味、咖啡味及其他味饮料等)(仅限果味饮料)	0.05	以胭脂红计,固体饮料按稀释倍数增加使用量
15.02	配制酒	0.05	以胭脂红计
16.01	果冻	0.05	以胭脂红计,如用于果冻粉,按冲调倍数增加使用量
16.03	胶原蛋白肠衣	0.025	以胭脂红计
16.06	膨化食品	0.05	以胭脂红计

表 A.1(续)

胭脂树橙(红木素,降红木素) **annatto extract**

CNS 号 08.144 INS 号 160b

功能 着色剂

食品分类号	食品名称	最大使用量/(g/kg)	备 注
01.06.04	再制干酪	0.6	
02.02.01.02	人造黄油及其类似制品(如黄油和人造黄油混合品)	0.05	
02.05	其他油脂或油脂制品(仅限植脂末)	0.02	
03.0	冷冻饮品(03.04 食用冰除外)	0.6	
04.01.02.05	果酱	0.6	
05.01.02	巧克力和巧克力制品、除05.01.01以外的可可制品	0.025	
05.01.03	代可可脂巧克力及使用可可脂代用品的巧克力类似产品	0.6	
05.02	糖果	0.6	
06.03.02.04	面糊(如用于鱼和禽肉的拖面糊)、裹粉、煎炸粉	0.01	
06.06	即食谷物,包括碾轧燕麦(片)	0.07	
06.07	方便米面制品	0.012	
07.0	焙烤食品	0.6	
08.03.04	西式火腿(熏烤、烟熏、蒸煮火腿)类	0.025	
08.03.05	肉灌肠类	0.025	
12.10	复合调味料	0.1	
14.0	饮料类(14.01 包装饮用水类除外)	0.6	固体饮料按冲调倍数增加使用量
16.01	果冻	0.6	如用于果冻粉,按冲调倍数增加使用量
16.06	膨化食品	0.01	

盐酸 **hydrochloric acid**

CNS 号 01.108 INS 号 507

功能 酸度调节剂

食品分类号	食品名称	最大使用量	备 注
12.10.02.01	蛋黄酱、沙拉酱	按生产需要适量使用	

表 A.1（续）

杨梅红 **mynica red**

CNS 号 08.149 INS 号 —

功能 着色剂

食品分类号	食品名称	最大使用量/(g/kg)	备 注
03.0	冷冻饮品(03.04 食用冰除外)	0.2	
05.02	糖果	0.2	
07.02.04	糕点上彩装	0.2	
12.10.02	半固体复合调味料	0.2	
15.03.03	果酒(仅限于配制果酒)	0.2	
14.0	饮料类(14.01 包装饮用水除外)	0.1	固体饮料按稀释倍数增加使用量
16.01	果冻	0.2	如用于果冻粉，以冲调倍数增加使用量

氧化铁黑和氧化铁红 **iron oxide black，iron oxide red**

CNS 号 08.014，08.015 INS 号 172i，172ii

功能 着色剂

食品分类号	食品名称	最大使用量/(g/kg)	备 注
05.03	糖果和巧克力制品包衣	0.02	

叶黄素 **lutein**

CNS 号 08.146 INS 号 161b

功能 着色剂

食品分类号	食品名称	最大使用量/(g/kg)	备 注
01.07	以乳为主要配料的即食风味甜点或其预制产品(不包括冰淇淋和调味酸奶)	0.05	
03.0	冷冻饮品(03.04 食用冰除外)	0.1	
04.01.02.05	果酱	0.05	
06.04.02.01	八宝粥罐头	0.05	
06.04.02.02	其他杂粮制品(仅限杂粮甜品罐头)	0.05	
06.07	方便米面制品	0.15	
06.08	冷冻米面制品	0.1	
06.09	谷物和淀粉类甜品(仅限谷类甜品罐头)	0.05	
07.0	焙烤食品	0.15	

表 A.1(续)

食品分类号	食品名称	最大使用量/(g/kg)	备　注
14.0	饮料类(14.01 包装饮用水类除外)	0.05	固体饮料按稀释倍数增加使用量
16.01	果冻	0.05	如用于果冻粉,以冲调倍数增加使用量

叶绿素铜钠盐,叶绿素铜钾盐 **chlorophyllin copper complex, sodium and potassium salts**

CNS 号　08.009　INS 号　141ii

功能　着色剂

食品分类号	食品名称	最大使用量/(g/kg)	备　注
03.0	冷冻饮品(03.04 食用冰除外)	0.5	
04.02.02.04	蔬菜罐头	0.5	
04.04.01.06	熟制豆类	0.5	
04.05.02	加工坚果与籽类	0.5	
05.02	糖果	0.5	
07.0	焙烤食品	0.5	
14.0	饮料类(14.01 包装饮用水类除外)	0.5	固体饮料按稀释倍数增加使用量,果蔬汁(肉)饮料除外
14.02.03	果蔬汁(肉)饮料(包括发酵型产品等)	按生产需要适量使用	
15.02	配制酒	0.5	
16.01	果冻	0.5	如用于果冻粉,以冲调倍数增加

液体二氧化碳(煤气化法) **carbon dioxide**

CNS 号　17.034　INS 号　—

功能　防腐剂

食品分类号	食品名称	最大使用量	备　注
14.04.01	碳酸饮料类	按生产需要适量使用	
15.03.06	其他发酵酒类(充气型)	按生产需要适量使用	

乙二胺四乙酸二钠 **disodium ethylene-diamine-tetra-acetate**

CNS 号　18.005　INS 号　386

功能　稳定剂、凝固剂、抗氧化剂、防腐剂

食品分类号	食品名称	最大使用量/(g/kg)	备　注
04.01.02.05	果酱	0.07	
04.01.02.08.03	果脯类(仅限地瓜果脯)	0.25	

表 A.1（续）

食品分类号	食品名称	最大使用量/(g/kg)	备 注
04.02.02.03	腌渍的蔬菜	0.25	
04.02.02.04	蔬菜罐头	0.25	
04.02.02.05	蔬菜泥(酱),番茄沙司除外	0.07	
04.05.02.03	坚果与籽类罐头	0.25	
06.04.02.01	八宝粥罐头	0.25	
12.10	复合调味料	0.075	
14.0	饮料类(14.01 包装饮用水类除外)	0.03	

乙二胺四乙酸二钠钙 **calcium disodium ethylene-diamine-tetra-acetate**

CNS 号 04.020 INS 号 385

功能 抗氧化剂

食品分类号	食品名称	最大使用量/(g/kg)	备 注
12.10	复合调味料	0.075	

乙萘酚 **β-naphthol**

CNS 号 17.021 INS 号 —

功能 防腐剂

食品分类号	食品名称	最大使用量/(g/kg)	备 注
04.01.01.02	经表面处理的鲜水果(仅限柑橘类)	0.1	残留量≤70 mg/kg

乙酸钠 **sodium acetate**

CNS 号 00.013 INS 号 262i

功能 酸度调节剂、防腐剂

食品分类号	食品名称	最大使用量/(g/kg)	备 注
12.10	复合调味料	10.0	
16.06	膨化食品	1.0	

乙酰磺胺酸钾(又名安赛蜜) **acesulfame potassium**

CNS 号 19.011 INS 号 950

功能 甜味剂

食品分类号	食品名称	最大使用量	备 注
01.02.02	风味发酵乳	0.35 g/kg	
01.07	以乳为主要配料的即食风味甜点或其预制产品(仅限乳基甜品罐头)	0.3 g/kg	

表 A.1（续）

食品分类号	食品名称	最大使用量	备　注
03.0	冷冻饮品(03.04 食用冰除外)	0.3 g/kg	
04.01.02.04	水果罐头	0.3 g/kg	
04.01.02.05	果酱	0.3 g/kg	
04.01.02.08.01	蜜饯类	0.3 g/kg	
04.02.02.03	腌渍的蔬菜	0.3 g/kg	
04.03.02	加工食用菌和藻类	0.3 g/kg	
04.05.02.01	熟制坚果与籽类	3.0 g/kg	
05.02	糖果	2.0 g/kg	
05.02.01	胶基糖果	4.0 g/kg	
06.04.02.01	八宝粥罐头	0.3 g/kg	
06.04.02.02	其他杂粮制品(仅限黑芝麻糊和杂粮甜品罐头)	0.3 g/kg	
06.09	谷类和淀粉类甜品(仅限谷类甜品罐头)	0.3 g/kg	
07.0	焙烤食品	0.3 g/kg	
11.04	餐桌甜味料	0.04 g/份	
12.0	调味品	0.5 g/kg	
12.04	酱油	1.0 g/kg	
14.0	饮料类(14.01 包装饮用水类除外)	0.3 g/kg	固体饮料按冲调倍数增加使用量
16.01	果冻	0.3 g/kg	如用于果冻粉，按冲调倍数增加使用量

乙氧基喹　　**ethoxy quin**

CNS 号　17.010　　INS 号　—

功能　防腐剂

食品分类号	食品名称	最大使用量	备　注
04.01.01.02	经表面处理的鲜水果	按生产需要适量使用	残留量≤1 mg/kg

异构化乳糖液　　**isomerized lactose syrup**

CNS 号　00.003　　INS 号　—

功能　其他

食品分类号	食品名称	最大使用量/(g/kg)	备　注
01.03	乳粉(包括加糖乳粉)和奶油粉及其调制产品	15.0	
07.03	饼干	2.0	
13.01	婴幼儿配方食品	15.0	
14.0	饮料类(14.01 包装饮用水类除外)	1.5	固体饮料按冲调倍数增加使用量

表 A.1（续）

D-异抗坏血酸及其钠盐 **D-isoascorbic acid (erythorbic acid), sodium D-isoascorbate**

CNS 号 04.004,04.018 INS 号 315,316

功能 抗氧化剂、护色剂

食品分类号	食品名称	最大使用量/(g/kg)	备 注
06.04.02.01	八宝粥罐头	1.0	以抗坏血酸计
15.03.01	葡萄酒	0.15	以抗坏血酸计

异麦芽酮糖 **isomaltulose (palatinose)**

CNS 号 19.003 INS 号 —

功能 甜味剂

食品分类号	食品名称	最大使用量	备 注
03.0	冷冻饮品(03.04 食用冰除外)	按生产需要适量使用	
04.01.02.05	果酱	按生产需要适量使用	
05.02	糖果	按生产需要适量使用	
07.01	面包	按生产需要适量使用	
07.02	糕点	按生产需要适量使用	
07.03	饼干	按生产需要适量使用	
14.0	饮料类(14.01 包装饮用水类除外)	按生产需要适量使用	
15.02	配制酒	按生产需要适量使用	

硬脂酸(又名十八烷酸) **stearic acid (octadecanoic acid)**

CNS 号 14.009 INS 号 570

功能 被膜剂、胶姆糖基础剂

食品分类号	食品名称	最大使用量/(g/kg)	备 注
05.0	可可制品、巧克力和巧克力制品(包括代可可脂巧克力及制品)以及糖果	1.2	

硬脂酸钙 **calcium stearate**

CNS 号 10.039 INS 号 470

功能 乳化剂、抗结剂

食品分类号	食品名称	最大使用量/(g/kg)	备 注
12.09.01	香辛料及粉	20.0	
12.10.01	固体复合调味料	20.0	

表 A.1(续)

硬脂酸钾 **potassium stearate**

CNS 号 10.028 INS 号 470

功能 乳化剂、抗结剂

食品分类号	食品名称	最大使用量/(g/kg)	备 注
07.02	糕点	0.18	
12.09.01	香辛料及粉	20.0	

硬脂酸镁 **magnesium stearate**

CNS 号 02.006 INS 号 470

功能 乳化剂、抗结剂

食品分类号	食品名称	最大使用量	备 注
04.01.02.08	蜜饯凉果	0.8 g/kg	
05.0	可可制品、巧克力和巧克力制品(包括代可可脂巧克力及制品)以及糖果	按生产需要适量使用	

硬脂酰乳酸钠,硬脂酰乳酸钙 **sodium stearoyl lactylate, calcium stearoyl lactylate**

CNS 号 10.011,10.009 INS 号 481i,482i

功能 乳化剂、稳定剂

食品分类号	食品名称	最大使用量/(g/kg)	备 注
01.01.03	调制乳	2.0	
01.02.02	风味发酵乳	2.0	
01.05.01	稀奶油	5.0	
01.05.03	调味稀奶油	5.0	
01.05.04	稀奶油类似品	5.0	
02.02	水油状脂肪乳化制品	5.0	
02.03	02.02 类以外的脂肪乳化制品,包括混合的(或)调味的脂肪乳化制品	5.0	
02.05	其他油脂或油脂制品(仅限植脂末)	10.0	
04.01.02.05	果酱	2.0	
04.02.02.02	干制蔬菜(仅限脱水马铃薯粉)	2.0	
05.04	装饰糖果(如工艺造型,或用于蛋糕装饰)、顶饰(非水果材料)和甜汁	2.0	
06.03.01.02	专用小麦粉(如自发粉、饺子粉)	2.0	

表 A.1（续）

食品分类号	食品名称	最大使用量/(g/kg)	备　注
06.03.02.01	生湿面制品	2.0	
06.03.02.03	发酵面制品	2.0	
07.01	面包	2.0	
07.02	糕点	2.0	
07.03	饼干	2.0	
08.03.05	肉灌肠类	2.0	
11.05	调味糖浆	2.0	
14.03	蛋白饮料类	2.0	
14.04.02.01	特殊用途饮料(包括运动饮料、营养素饮料等)	2.0	
14.04.02.02	风味饮料(包括果味饮料、乳味、茶味及其他饮料)	2.0	
14.05	茶、咖啡、植物饮料类	2.0	

诱惑红及其铝色淀　　**allura red, allura aluminum lake**

CNS 号　08.012　　INS 号　129

功能　着色剂

食品分类号	食品名称	最大使用量/(g/kg)	备　注
03.0	冷冻饮品(03.04 食用冰除外)	0.07	以诱惑红计
04.01.02.02	水果干类(仅限苹果干)	0.07	以诱惑红计，用于燕麦片调色调香载体
04.01.02.09	装饰性果蔬	0.05	以诱惑红计
04.04.01.06	熟制豆类	0.1	以诱惑红计
04.05.02	加工坚果与籽类	0.1	以诱惑红计
05.0	可可制品、巧克力和巧克力制品(包括代可可脂巧克力及制品)以及糖果	0.3	以诱惑红计
06.05.02.04	粉圆	0.2	以诱惑红计
06.06	即食谷物，包括碾轧燕麦(片)(仅限可可玉米片)	0.07	以诱惑红计
07.02.04	糕点上彩装	0.05	以诱惑红计
07.04	焙烤食品馅料及表面用挂浆(仅限饼干夹心)	0.1	以诱惑红计
08.03.04	西式火腿(熏烤、烟熏、蒸煮火腿)类	0.025	以诱惑红计
08.03.05	肉灌肠类	0.015	以诱惑红计
08.03.09	可食用动物肠衣类	0.05	以诱惑红计

表 A.1（续）

食品分类号	食品名称	最大使用量/(g/kg)	备　注
11.05	调味糖浆	0.3	以诱惑红计
12.10.01	固体复合调味料	0.04	以诱惑红计
12.10.02	半固体复合调味料(12.10.02.01 蛋黄酱、沙拉酱除外)	0.5	以诱惑红计
14.0	饮料类(14.01 包装饮用水类除外)	0.1	以诱惑红计，固体饮料按冲调倍数增加使用量
15.02	配制酒	0.05	铝色淀除外
16.01	果冻	0.025	以诱惑红计，如用于果冻粉，按冲调倍数增加使用量
16.03	胶原蛋白肠衣	0.05	以诱惑红计
16.06	膨化食品	0.1	以诱惑红计

玉米黄　　**corn yellow**

CNS 号　08.116　　INS 号　—

功能　着色剂

食品分类号	食品名称	最大使用量/(g/kg)	备　注
02.01.01.02	氢化植物油	5.0	
05.02	糖果	5.0	

越橘红　　**cowberry red**

CNS 号　08.105　　INS 号　—

功能　着色剂

食品分类号	食品名称	最大使用量	备　注
03.0	冷冻饮品(03.04 食用冰除外)	按生产需要适量使用	
14.02.03	果蔬汁(肉)饮料(包括发酵型产品等)	按生产需要适量使用	固体饮料按稀释倍数增加使用量
14.04.02.02	风味饮料(包括果味饮料、乳味、茶味、咖啡味及其他味饮料等)(仅限果味饮料)	按生产需要适量使用	固体饮料按稀释倍数增加使用量

藻蓝(淡、海水)　　**spirulina blue (algae blue, lina blue)**

CNS 号　08.137　　INS 号　—

功能　着色剂

食品分类号	食品名称	最大使用量/(g/kg)	备　注
01.06	干酪	0.8	
03.0	冷冻饮品(03.04 食用冰除外)	0.8	

表 A.1（续）

食品分类号	食品名称	最大使用量/(g/kg)	备　注
05.02	糖果	0.8	
12.09.01	香辛料及粉	0.8	
14.02.03	果蔬汁(肉)饮料(包括发酵型产品等)	0.8	固体饮料按稀释倍数增加使用量
14.04.02.02	风味饮料(包括果味饮料、乳味、茶味、咖啡味及其他味饮料等)(仅限果味饮料)	0.8	固体饮料按稀释倍数增加使用量
16.01	果冻	0.8	如用于果冻粉，按冲调倍数增加使用量

皂荚糖胶 **gleditsia sinenis lam gum**

CNS 号　20.029　INS 号　—

功能　增稠剂

食品分类号	食品名称	最大使用量/(g/kg)	备　注
03.01	冰淇淋、雪糕类	4.0	
06.03.01.02	专用小麦粉(如自发粉、饺子粉)	4.0	
12.0	调味品	4.0	
14.0	饮料类(14.01 包装饮用水类除外)	4.0	固体饮料按冲调倍数增加使用量

蔗糖脂肪酸酯 **sucrose esters of fatty acid**

CNS 号　10.001　INS 号　473

功能　乳化剂

食品分类号	食品名称	最大使用量/(g/kg)	备　注
01.01.03	调制乳	3.0	
01.05	稀奶油(淡奶油)及其类似品	10.0	
02.01	基本不含水的脂肪和油	10.0	
02.02	水油状脂肪乳化制品	10.0	
02.03	02.02 类以外的脂肪乳化制品，包括混合的和(或)调味的脂肪乳化制品	10.0	
03.0	冷冻饮品(03.04 食用冰除外)	1.5	
04.01.01.02	经表面处理的鲜水果	1.5	
04.01.02.05	果酱	5.0	
05.0	可可制品、巧克力和巧克力制品(包括代可可脂巧克力及制品)以及糖果	10.0	

表 A.1（续）

食品分类号	食品名称	最大使用量/(g/kg)	备 注
06.03.01.02	专用小麦粉（如自发粉、饺子粉）	5.0	
06.03.02.01	生湿面制品（如面条、饺子皮、馄饨皮、烧麦皮）	4.0	
06.03.02.02	生干面制品	4.0	
06.03.02.04	面糊（如用于鱼和禽肉的拖面糊）、裹粉、煎炸粉	5.0	
06.04.02.01	八宝粥罐头	1.5	
06.07	方便米面制品	4.0	
07.0	焙烤食品	3.0	
08.0	肉及肉制品	1.5	
10.01	鲜蛋	1.5	用于鸡蛋保鲜
11.05	调味糖浆	5.0	
12.0	调味品	5.0	
14.0	饮料类（14.01 包装饮用水类除外）	1.5	固体饮料按冲调倍数增加使用量
16.01	果冻	4.0	
16.07	其他（乳化天然色素）	10.0	
16.07	其他（仅限即食菜肴）	5.0	
16.07	其他（制糖工艺用）	按生产需要适量使用	

栀子黄 **gardenia yellow**

CNS 号 08.112 INS 号 —

功能 着色剂

食品分类号	食品名称	最大使用量/(g/kg)	备 注
02.02.01.02	人造黄油及其类似制品（如黄油和人造黄油混合品）	1.5	
03.0	冷冻饮品（03.04 食用冰除外）	0.3	
04.01.02.08.01	蜜饯类	0.3	
04.02.02.03	腌渍的蔬菜	1.5	
04.05.02.01	熟制坚果与籽类（仅限油炸坚果与籽类）	1.5	
04.05.02.03	坚果与籽类罐头	0.3	
05.0	可可制品、巧克力和巧克力制品（包括代可可脂巧克力及制品）以及糖果	0.3	

表 A.1（续）

食品分类号	食品名称	最大使用量/(g/kg)	备　注
06.03.02.01	生湿面制品(如面条、饺子皮、馄饨皮、烧麦皮)	1.0	
06.03.02.02	生干面制品	0.3	
06.07	方便米面制品	1.5	
06.10	粮食制品馅料	1.5	
07.02	糕点	0.9	
07.03	饼干	1.5	
07.04	焙烤食品馅料及表面用挂浆	1.0	
08.03	熟肉制品(仅限禽肉熟制品)	1.5	
12.0	调味品(12.01 盐及代盐制品除外)	1.5	
14.02.03	果蔬汁(肉)饮料(包括发酵型产品等)	0.3	
14.04.02.02	风味饮料(包括果味饮料、乳味、茶味、咖啡味及其他味饮料等)(仅限果味饮料)	0.3	
14.06	固体饮料类	1.5	
15.02	配制酒	0.3	
16.01	果冻	0.3	如用于果冻粉，按冲调倍数增加使用量
16.06	膨化食品	0.3	

栀子蓝 **gardenia blue**

CNS 号　08.123　　INS 号　—

功能　着色剂

食品分类号	食品名称	最大使用量/(g/kg)	备　注
03.0	冷冻饮品(03.04 食用冰除外)	1.0	
04.01.02.05	果酱	0.3	
04.02.02.03	腌渍的蔬菜	0.5	
04.05.02.01	熟制坚果与籽类(仅限油炸坚果与籽类)	0.5	
05.02	糖果	0.3	
06.07	方便米面制品	0.5	
06.10	粮食制品馅料	0.5	
07.02	糕点	0.9	
07.04	焙烤食品馅料及表面用挂浆	1.0	

表 A.1（续）

食品分类号	食品名称	最大使用量/(g/kg)	备 注
12.0	调味品(12.01 盐及代盐制品除外)	0.5	
14.02	果蔬汁类	0.5	
14.03	蛋白饮料类	0.5	
14.04.02.02	风味饮料(包括果味饮料、乳味、茶味、咖啡味及其他味饮料等)(仅限果味饮料)	0.2	
14.06	固体饮料类	0.5	
15.02	配制酒	0.2	
16.06	膨化食品	0.5	

植酸(又名肌醇六磷酸),植酸钠 **phytic acid(inositol hexaphosphoric acid),sodium phytate**

CNS 号 04.006 INS 号 —

功能 抗氧化剂

食品分类号	食品名称	最大使用量/(g/kg)	备 注
02.01	基本不含水的脂肪和油	0.2	
04.01.02	加工水果	0.2	
04.02.02	加工蔬菜	0.2	
05.04	装饰糖果(如工艺造型,或用于蛋糕装饰)、顶饰(非水果材料)和甜汁	0.2	
08.02.02	腌腊肉制品类(如咸肉、腊肉、板鸭、中式火腿、腊肠)	0.2	
08.03.01	酱卤肉制品类	0.2	
08.03.02	熏、烧、烤肉类	0.2	
08.03.03	油炸肉类	0.2	
08.03.04	西式火腿(熏烤、烟熏、蒸煮火腿)类	0.2	
08.03.05	肉灌肠类	0.2	
08.03.06	发酵肉制品类	0.2	
09.01	鲜水产(仅限虾类)	按生产需要适量使用	残留量≤20 mg/kg
11.05	调味糖浆	0.2	
14.02.03	果蔬汁(肉)饮料(包括发酵型产品等)	0.2	

表 A.1（续）

植物炭黑 **vegetable carbon,carbon black**

CNS 号　08.138　INS 号　153

功能　着色剂

食品分类号	食品名称	最大使用量/(g/kg)	备　注
03.0	冷冻饮品(03.04 食用冰除外)	5.0	
05.02	糖果	5.0	
06.02.02	大米制品	5.0	
06.03.02	小麦粉制品	5.0	
07.02	糕点	5.0	
07.03	饼干	5.0	

仲丁胺 **secondary butyamine**

CNS 号　17.011　INS 号　—

功能　防腐剂

食品分类号	食品名称	最大使用量	备　注
04.01.01.02	经表面处理的鲜水果	按生产需要适量使用	残留量：柑橘（果肉）≤0.005 mg/kg,荔枝（果肉）≤0.009 mg/kg,苹果（果肉）≤0.001 mg/kg
04.02.01	新鲜蔬菜(仅限蒜薹和青椒)	按生产需要适量使用	残留量≤3 mg/kg

竹叶抗氧化物 **antioxidant of bamboo leaves**

CNS 号　04.019　INS 号　—

功能　抗氧化剂

食品分类号	食品名称	最大使用量/(g/kg)	备　注
02.01	基本不含水的脂肪和油	0.5	
04.05.02.01	熟制坚果与籽类(仅限油炸坚果与籽类)	0.5	
06.03.02.05	油炸面制品	0.5	
06.06	即食谷物,包括碾轧燕麦(片)	0.5	
07.0	焙烤食品	0.5	
08.02.02	腌腊肉制品类(如咸肉、腊肉、板鸭、中式火腿、腊肠)	0.5	
08.03.01	酱卤肉制品类	0.5	
08.03.02	熏、烧、烤肉类	0.5	
08.03.03	油炸肉类	0.5	
08.03.04	西式火腿(熏烤、烟熏、蒸煮火腿)类	0.5	

表 A.1(续)

食品分类号	食品名称	最大使用量/(g/kg)	备 注
08.03.05	肉灌肠类	0.5	
08.03.06	发酵肉制品类	0.5	
09.0	水产品及其制品(包括鱼类、甲壳类、贝类、软体类、棘皮类等水产品及其加工制品)	0.5	
14.02.03	果蔬汁(肉)饮料(包括发酵型产品等)	0.5	
14.05.01	茶饮料类	0.5	
16.06	膨化食品	0.5	

紫草红 **gromwell red**

CNS 号 08.140 INS 号 —

功能 着色剂

食品分类号	食品名称	最大使用量/(g/kg)	备 注
03.0	冷冻饮品(03.04 食用冰除外)	0.1	
07.02	糕点	0.9	
07.03	饼干	0.1	
07.04	焙烤食品馅料及表面用挂浆	1.0	
14.02.03	果蔬汁(肉)饮料(包括发酵型产品等)	0.1	固体饮料按稀释倍数增加使用量
14.04.02.02	风味饮料(包括果味饮料、乳味、茶味、咖啡味及其他味饮料等)(仅限果味饮料)	0.1	固体饮料按稀释倍数增加使用量
15.03.03	果酒	0.1	

紫胶(又名虫胶) **shellac**

CNS 号 14.001 INS 号 904

功能 被膜剂、胶姆糖基础剂

食品分类号	食品名称	最大使用量/(g/kg)	备 注
04.01.01.02	经表面处理的鲜水果(仅限柑橘类)	0.5	
04.01.01.02	经表面处理的鲜水果(仅限苹果)	0.4	
05.01	可可制品、巧克力和巧克力制品,包括代可可脂巧克力及制品	0.2	
05.02.01	胶基糖果	3.0	
07.03.02	威化饼干	0.2	

表 A.1（续）

紫胶红（又名虫胶红） **lac dye red（lac red）**

CNS 号 08.104 INS 号 —

功能 着色剂

食品分类号	食品名称	最大使用量/(g/kg)	备 注
04.01.02.05	果酱	0.5	
05.0	可可制品、巧克力和巧克力制品(包括代可可脂巧克力及制品)以及糖果	0.5	
07.04	焙烤食品馅料及表面用挂浆(仅限风味派馅料)	0.5	
12.10	复合调味料	0.5	
14.02.03	果蔬汁(肉)饮料(包括发酵型产品等)	0.5	固体饮料按稀释倍数增加使用量
14.04.01	碳酸饮料	0.5	
14.04.02.02	风味饮料(包括果味饮料、乳味、茶味、咖啡味及其他味饮料等)(仅限果味饮料)	0.5	固体饮料按稀释倍数增加使用量
15.02	配制酒	0.5	

表 A.2 可在各类食品中按生产需要适量使用的食品添加剂名单

序号	添加剂名称	CNS 号	英文名称	INS 号	功能
1	5'-呈味核苷酸二钠	12.004	disodium 5'-ribonucleotide	635	增味剂
2	5'-肌苷酸二钠	12.003	disodium 5'-inosinate	631	增味剂
3	5'-鸟苷酸二钠	12.002	disodium 5'-guanylate	627	增味剂
4	*D*-异抗坏血酸及其钠盐	04.004,04.018	*D*-isoascorbic acid (erythorbic acid),sodium *D*-isoascorbate	315,316	抗氧化剂
5	*L*(+)-酒石酸	01.111	*L*(+)-tartaric acid	334	酸度调节剂
6	*N*-[*N*-(3,3-二甲基丁基)]-*L*-α-天门冬氨-*L*-苯丙氨酸 1-甲酯(纽甜)	19.019	neotame	961	甜味剂
7	β-胡萝卜素	08.010	β-carotene	160a	着色剂
8	β-环状糊精	20.024	β-cyclodextrin	459	增稠剂
9	阿拉伯胶	20.008	arabic gum	414	增稠剂
10	半乳甘露聚糖	00.014	galactomannan	—	其他
11	冰乙酸(低压羰基化法)	01.112		—	酸度调节剂
12	赤藓糖醇[a]	19.018	erythritol	—	甜味剂

表 A.2（续）

序号	添加剂名称	CNS 号	英文名称	INS 号	功能
13	醋酸酯淀粉	20.039	starch acetate	1420	增稠剂
14	单,双甘油脂肪酸酯(油酸、亚油酸、亚麻酸、棕榈酸、山嵛酸、硬脂酸、月桂酸)	10.006	mono-and diglycerides of fatty acids	471	乳化剂
15	改性大豆磷脂	10.019	modified soybean phospholipid	—	乳化剂
16	柑橘黄	08.143	orange yellow	—	着色剂
17	甘油	15.014	glycerine	422	水分保持剂、乳化剂
18	高粱红	08.115	sorghum red	—	着色剂
19	谷氨酸钠	12.001	monosodium glutamate	621	增味剂
20	瓜尔胶	20.025	guar gum	412	增稠剂
21	果胶	20.006	pectins	440	增稠剂
22	海藻酸钾	20.005	potassium alginate	402	增稠剂
23	海藻酸钠	20.004	sodium alginate	401	增稠剂
24	槐豆胶(刺槐豆胶)	20.023	carob bean gum	410	增稠剂
25	黄原胶(汉生胶)	20.009	xanthan gum	415	增稠剂
26	甲基纤维素	20.043	mehyl cellulose	461	增稠剂
27	结冷胶	20.027	gellan gum	418	增稠剂
28	酒石酸	01.103	tartaric acid	334	酸度调节剂
29	聚丙烯酸钠	20.036	sodium polyacrylate	—	增稠剂
30	卡拉胶	20.007	carrageenan	407	增稠剂
31	抗坏血酸(又名维生素 C)	04.014	ascorbic acid	300	抗氧化剂
32	抗坏血酸钠		sodium ascorbate	301	抗氧化剂
33	抗坏血酸钙	04.009	calcium ascorbate	302	抗氧化剂
34	酪蛋白酸钠(酪朊酸钠)	10.002	sodium caseinate	—	乳化剂
35	磷酸酯双淀粉	20.034	distarch phosphate	1412	增稠剂
36	磷脂	04.010	phospholipid	322	抗氧化剂、乳化剂
37	氯化钾	00.008	potassium chloride	508	其他
38	罗汉果甜苷	19.015	lo-han-kuo extract	—	甜味剂
39	酶解大豆磷脂	10.040	enzymatically decomposed soybean phospholipid	—	乳化剂
40	明胶	20.002	gelatin	—	增稠剂
41	木糖醇	19.007	xylitol	967	甜味剂
42	柠檬酸	01.101	citric acid	330	酸度调节剂

表 A.2（续）

序号	添加剂名称	CNS 号	英文名称	INS 号	功能
43	柠檬酸钾	01.304	tripotassium citrate	332ii	酸度调节剂
44	柠檬酸钠	01.303	trisodium citrate	331iii	酸度调节剂、稳定剂
45	柠檬酸一钠	01.306	sodium dihydrogen citrate	331i	酸度调节剂
46	柠檬酸脂肪酸甘油酯	10.032	citric and fatty acid esters of glycerol	472c	乳化剂
47	苹果酸	01.104	malic acid	296	酸度调节剂
48	葡萄糖酸-δ-内酯	18.007	glucono delta-lactone	575	稳定和凝固剂
49	羟丙基淀粉	20.014	hydroxypropyl starch	1440	增稠剂、膨松剂、乳化剂、稳定剂
50	羟丙基二淀粉磷酸酯	20.016	hydroxypropyl distarch phosphate	1442	增稠剂
51	羟丙基甲基纤维素（HPMC）	20.028	hydroxypropyl methyl cellulose	464	增稠剂
52	琼脂	20.001	agar	406	增稠剂
53	乳酸	01.102	lactic acid	270	酸度调节剂
54	乳酸钾	15.011	potassium lactate	326	水分保持剂
55	乳酸钠	15.012	sodium lactate	325	水分保持剂、酸度调节剂、抗氧化剂、膨松剂、增稠剂、稳定剂
56	乳酸脂肪酸甘油酯	10.031	lactic and fatty acid esters of glycerol	472b	乳化剂
57	乳糖醇（4-β-D 吡喃半乳糖-D-山梨醇）	19.014	lactitol	966	甜味剂
58	双乙酰酒石酸单双甘油酯	10.010	diacetyl tartaric acid ester of mono(di)glycerides	472e	乳化剂
59	酸处理淀粉	20.032	acid treated starch	1401	增稠剂
60	羧甲基纤维素钠	20.003	sodium carboxy methyl cellulose	466	增稠剂
61	碳酸钙（包括轻质和重质碳酸钙）	13.006	calcium carbonate (light and heavy)	170i	膨松剂、面粉处理剂
62	碳酸钾	01.301	potassium carbonate	501i	酸度调节剂
63	碳酸钠	01.302	sodium carbonate	500i	酸度调节剂
64	碳酸氢铵	06.002	ammonium hydrogen carbonate	503ii	膨松剂
65	碳酸氢钾	01.307	potassium hydrogen carbonate	501ii	酸度调节剂

表 A.2（续）

序号	添加剂名称	CNS号	英文名称	INS号	功能
66	碳酸氢钠	06.001	sodium hydrogen carbonate	500ii	膨松剂、酸度调节剂、稳定剂
67	天门冬酰苯丙氨酸甲酯(阿斯巴甜)[b]	19.004	aspartame	951	甜味剂
68	天然胡萝卜素	08.147		—	着色剂
69	甜菜红	08.101	beet red	162	着色剂
70	微晶纤维素	02.005	microcrystallin cellulose	460i	抗结剂、增稠剂、稳定剂
71	辛烯基琥珀酸淀粉钠	10.030	sodium starch octenyl succinate	1450	乳化剂
72	氧化淀粉	20.030	oxidized starch	1404	增稠剂
73	氧化羟丙基淀粉	20.033	oxidized hydroxypropyl starch	—	增稠剂
74	乙酸(醋酸)	01.107	acetic acid	260	酸度调节剂
75	乙酰化单、双甘油脂肪酸酯	10.027	acetylated mono-and diglyceride (acetic and fatty acid esters of glycerol)	472a	乳化剂
76	乙酰化二淀粉磷酸酯	20.015	acetylated distarch phosphate	1414	增稠剂
77	乙酰化双淀粉己二酸酯	20.031	acetylated distarch adipate	1422	增稠剂

[a] 生产菌株分别为 *Moniliella pollinis*，*Trichosporonides megachiliensis* 和解脂假丝酵母 *Candida lipolytica*。

[b] 添加阿斯巴甜之食品应标明："阿斯巴甜(含苯丙氨酸)"。

表 A.3 按生产需要适量使用的食品添加剂所例外的食品类别名单

食品分类号	食 品 名 称
01.01.01	巴氏杀菌乳
01.01.02	灭菌乳
01.02.01	发酵乳
01.03.01	乳粉和奶油粉
01.05.01	稀奶油
02.01	基本不含水的脂肪和油
02.02.01.01	黄油和浓缩黄油
04.01.01	新鲜水果
04.02.01	新鲜蔬菜
04.02.02.01	冷冻蔬菜
04.02.02.06	发酵蔬菜制品

表 A.3（续）

食品分类号	食　品　名　称
04.03.01	新鲜食用菌和藻类
04.03.02.01	冷冻食用菌和藻类
06.01	原粮
06.02	大米及其制品
06.03.01	小麦粉
06.03.02.01	生湿面制品（面条、饺子皮、馄饨皮、烧麦皮）
06.03.02.02	生干面制品（挂面）
08.01	生、鲜肉
09.01	鲜水产
09.03	预制水产品（半成品）
10.01	鲜蛋
10.03.01	脱水蛋制品（如蛋白粉、蛋黄粉、蛋白片）
10.03.03	冷冻蛋制品（如冰蛋）
11.01	食糖
11.01.02	其他糖和糖浆（如红糖、赤砂糖、冰片糖、原糖、糖蜜、部分转化糖、槭树糖浆等）
11.03.01	蜂蜜
12.01	盐及代盐制品
12.09	香辛料类
13.01	婴幼儿配方食品
13.02	婴幼儿辅助食品
13.03	特殊医学用途配方食品（13.01 中涉及品种除外）
14.01.01	饮用天然矿泉水
14.01.02	饮用纯净水
14.01.03	其他饮用水
14.02.01	果蔬汁（浆）
14.02.02	浓缩果蔬汁（浆）
15.03.01	葡萄酒
16.02	茶叶、咖啡

附 录 B
食品用香料使用规定

B.1 食品用香料、香精的使用原则

B.1.1 在食品中使用食品用香料、香精的目的是使食品产生、改变或提高食品的风味。食品用香料一般配制成食品用香精后用于食品加香，部分也可直接用于食品加香。食品用香料、香精不包括只产生甜味、酸味或咸味的物质，也不包括增味剂。

B.1.2 食品用香料、香精在各类食品中按生产需要适量使用，表B.1中所列食品没有加香的必要，不得添加食品用香料、香精，法律、法规或国家食品安全标准另有明确规定者除外。除表B.1所列食品外，其他食品是否可以加香应按相关食品产品标准规定执行。

B.1.3 用于配制食品用香精的食品用香料品种应符合本标准的规定。用物理方法、酶法或微生物法(所用酶制剂应符合本标准的有关规定)从食品(可以是未加工过的，也可以是经过了适合人类消费的传统的食品制备工艺的加工过程)制得的具有香味特性的物质或天然香味复合物可用于配制食品用香精。

注：天然香味复合物是一类含有食品用香味物质的制剂。

B.1.4 具有其他食品添加剂功能的食品用香料，在食品中发挥其他食品添加剂功能时，应符合本标准的规定。例如：苯甲酸、肉桂醛、瓜拉纳提取物、二醋酸钠、琥珀酸二钠、磷酸三钙、氨基酸等。

B.1.5 食品用香精可以含有对其生产、贮存和应用等所必需的食品用香精辅料(包括食品添加剂和食品)。食品用香精辅料应符合以下要求：

a) 食品用香精中允许使用的辅料应符合QB/T 1505《食用香精》标准的规定。在达到预期目的前提下尽可能减少使用品种。

b) 作为辅料添加到食品用香精中的食品添加剂不应在最终食品中发挥功能作用，在达到预期目的前提下尽可能降低在食品中的使用量。

B.1.6 食品用香精的标签应符合QB/T 4003《食用香精标签通用要求》标准的规定。

B.1.7 凡添加了食品用香料、香精的食品应按照国家相关标准进行标示。

B.2 食品用香料包括天然香料和合成香料两种。

B.3 允许使用的食品用天然香料名单：见表B.2。

B.4 允许使用的食品用合成香料名单：见表B.3。

表B.1 不得添加食用香料、香精的食品名单

食品分类号	食 品 名 称
01.01.01	巴氏杀菌乳
01.01.02	灭菌乳
01.02.01	发酵乳
01.05.01	稀奶油
02.01.01	植物油脂
02.01.02	动物油脂(猪油、牛油、鱼油和其他动物脂肪)
02.01.03	无水黄油、无水乳脂
04.01.01	新鲜水果
04.02.01	新鲜蔬菜
04.02.02.01	冷冻蔬菜

表 B.1（续）

食品分类号	食　品　名　称
04.03.01	新鲜食用菌和藻类
04.03.02.01	冷冻食用菌和藻类
06.01	原粮
06.02.01	大米
06.03.01	小麦粉
06.04.01	杂粮粉
06.05.01	食用淀粉
08.01	生、鲜肉
09.01	鲜水产
10.01	鲜蛋
11.01	食糖
11.03.01	蜂蜜
12.01	盐及代盐制品
13.01	婴幼儿配方食品[a]
14.01.01	饮用天然矿泉水
14.01.02	饮用纯净水
14.01.03	其他饮用水

[a] 较大婴儿和幼儿配方食品中可以使用香兰素、乙基香兰素和香荚兰豆浸膏，最大使用量分别为 5 mg/100 mL、5 mg/100 mL 和按照生产需要适量使用，其中 100 mL 以即食食品计，生产企业应按照冲调比例折算成配方食品中的使用量；婴幼儿谷类辅助食品中可以使用香兰素，最大使用量为 7 mg/100 g，其中 100 g 以即食食品计，生产企业应按照冲调比例折算成谷类食品中的使用量；凡使用范围涵盖 0 至 6 个月婴幼儿配方食品不得添加任何食用香料。

表 B.2　允许使用的食品用天然香料名单

序号	编码	香料中文名称	香料英文名称	FEMA 编号
1	N001	丁香叶油	Clove leaf oil (*Eugenia* spp.)	2325
2	N002	丁香花蕾酊(提取物)	Clove bud tincture (extract) (*Eugenia* spp.)	2322
3	N003	丁香花蕾油	Clove bud oil (*Eugenia* spp.)	2323
4	N004	罗勒油	Basil oil (*Ocimum basilicum* L.)	2119
5	N005	八角茴香油	Anise star oil (*Illicium verum* Hook, F.)	2096
6	N006	九里香浸膏	Common Jasmin orange concrete (*Murraya paniculata*)	—
7	N007	广藿香油	Patchouli oil (*Pogostemon cablin*)	2838
8	N008	万寿菊油	Tagetes oil (*Tagetes* spp.)	3040
9	N009	大茴香脑	*trans*-Anethole Anise camphor	2086

表 B.2（续）

序号	编码	香料中文名称	香料英文名称	FEMA 编号
10	N010	小豆蔻油	Cardamom oil (Cardamom seed oil)	2241
11	N011	小豆蔻酊	Cardamom tincture (*Elletaria cardamomum*)	2240
12	N012	小茴香酊	Fennel tincture (*Foeniculum vulgare* Mill.)	—
13	N013	山苍籽油	*Litsea cubeba* berry oil	3846
14	N014	山楂酊	Hawthorn fruit tincture (*Crataegus* spp.)	—
15	N015	大蒜油	Garlic oil (*Allium sativum* L.)	2503
16	N016	大蒜油树脂	Garlic oleoresin (*Allium sativum* L.) garlic and its derivatives	—
17	N017	天然康酿克油	Cognac oil, green	2331
18	N018	天然薄荷脑	*l*-Menthol, natural	2665
19	N019	云木香油	Costus root oil (*Saussures lappa* Clanke)	2336
20	N020	月桂叶油	Bay, sweet, oil (*Laurus nobilis* L.)	2125
21	N021	乌梅酊	Wumei tincture (*Prunus mume*)	—
22	N022	布枯叶油	Buchu leaves oil (*Barosma* spp.)	2169
23	N023	可可酊	Cocoa tincture (*Theobroma cacao* Linn.)	—
24	N024	可可壳酊	Cocoa husk tincture (*Theobroma cacao* Linn.)	—
25	N025	甘松油	China nardostachys oil (*Nardostachys chinensis* Batal.)	—
26	N026	甘草酊	Licorice tincture (*Glycyrrhiza* spp.)	2628
27	N027	甘草流浸膏	Licorice extract (*Glycyrrhiza* spp.)	2628
28	N028	冬青油	Wintergreen oil (*Gaultheria procumbens* L.)	3113
29	N029	白兰花油	*Michelia alba* flower oil	3950
30	N030	白兰叶油	*Michelia alba* leaf oil	3950
31	N031	白兰净油	*Michelia alba* flower absolute	3950
32	N032	白兰浸膏	*Michelia alba* flower concrete	3950
33	N033	白芷酊	*Angelica dahurica* tincture	—
34	N034	白柠檬油	Lime oil [*Citrus aurantifolia* (Christman) Swingle]	2631
35	N035	白柠檬萜烯	Lime oil terpene	—
36	N036	生姜油树脂	Ginger oleoresin (*Zingiber officinale* Rosc.)	2523
37	N037	肉豆蔻油	Nutmeg oil (*Myristica fragrans* Houtt.)	2793
38	N038	肉豆蔻酊	Nutmeg tincture (*Myristica fragrans* Houtt.)	—
39	N039	中国肉桂油	Cassia oil (*Cinnamomum cassia* Blume)	2258
40	N040	中国肉桂皮酊(提取物)	Cassia bark tincture (extract) (*Cinnamomum cassia* Blume)	2257
41	N041	红茶酊	Black tea tincture (*Camellia sinensis*)	—

表 B.2（续）

序号	编码	香料中文名称	香料英文名称	FEMA 编号
42	N042	印蒿油	Davana oil (*Artemisia pallens* wall.)	2359
43	N043	吐鲁酊(提取物)	Tolu balsam tincture (extract) (*Myroxylon* spp.)	3069
44	N044	吐鲁香膏	Tolu balsam gum (*Myroxylon* spp.)	3070
45	N045	豆豉酊	Soya bean fermented tincture	—
46	N046	杜松籽油(刺柏子油)	Juniper berry oil (*Juniperus communis* L.)	2604
47	N047	芫荽籽油	Coriander oil (*Coriandrum sativum* L.)	2334
48	N048	芹菜花油	Celery flower oil (*Apium graveolens* L.)	—
49	N049	芹菜籽油	Celery seed oil (*Apium graveolens* L.)	2271
50	N050	牡荆叶油	*Vitex cannabifolia* leaf oil	—
51	N051	圆柚油	Grapefruit oil, expressed (*Citrus paradisi* Mact.)	2530
52	N052	苍术脂(苍术硬脂,苍术油)	Atractylodes oil (*Atractylodes lancea*)	—
53	N053	枣子酊	Chinese date (common Jujube) tincture (*Ziziphus jujuba* Mill.)	—
54	N054	玫瑰花油	Rose oil (*Rosa* spp.)	2989
55	N055	玫瑰净油	Rose absolute (*Rosa* spp.)	2988
56	N056	玫瑰浸膏	Rose concrete (*Rosa* spp.)	—
57	N057	鸢尾浸膏	Orris concrete (*Iris florentina* L.)	2829
58	N058	鸢尾脂(鸢尾凝脂)	Orris root extract (*Iris florentina* L.)	2830
59	N059	杭白菊油	Chrysanthemum Hang Zhou flower oil (*Dendranthema morifolium* 或 *Chrysanthemum morifolium*)	—
60	N060	杭白菊浸膏(杭菊花流浸膏)	Chrysanthemum Hang Zhou flower extract (*Dendranthema morifolium* 或 *Chrysanthemum morifolium*)	—
61	N061	枫槭油	Maple oil (*Acer* spp.)	—
62	N062	枫槭浸膏	Maple concrete (*Acer* spp.)	—
63	N063	岩蔷薇浸膏(赖百当浸膏)	Labdanum extract (*Cistus ladaniferus*)	2610
64	N064	咖啡酊	Coffee tincture (*Coffee* spp.)	—
65	N065	罗汉果酊	Luohanfruit tincture (*Siraitia grosvenorii* (Swingle) C. Jeffrey)	—
66	N066	金合欢浸膏	Cassie concrete (*Acacia farnesiana* Willd.)	—
67	N067	依兰依兰油	Ylang ylang oil (*Cananga odorata* Hook. f. and Thomas)	3119
68	N068	大花茉莉净油	*Jasminum grandiflorum* absolute	2598
69	N069	大花茉莉浸膏	*Jasminum grandiflorum* concrete	2599
70	N070	小花茉莉净油	*Jasminum sambac* absolute	—

表 B.2（续）

序号	编码	香料中文名称	香料英文名称	FEMA 编号
71	N071	小花茉莉浸膏	*Jasminum sambac* concrete	—
72	N072	佛手油	Sarcodactylis oil (*Citrus medicus* L. var. *Sarcodactylus* Swingle)	3899
73	N073	独活酊	Angelica root tincture (extract) (*Angelica archangelica* L.)	2087
74	N074	洋葱油	Onion oil (*Allium cepa* L.)	2817
75	N075	生姜油	Ginger oil (*Zingiber officinale* Rosc.)	2522
76	N076	姜黄油	Turmeric oil (*Curcuma longa* L.)	3085
77	N077	姜黄油树脂	Turmeric oleoresin (*Curcuma longa* L.)	3087
78	N078	姜黄浸膏	Turmeric extract (*Curcuma longa* L.)	3086
79	N079	葫芦巴酊	Fenugreek tincture (extract) (*Trigonella foenum graecum* L.)	2485
80	N080	玳玳花油	Daidai flower oil (*Citrus aurantium* L. 'Daidai')	2771
81	N081	玳玳花浸膏	Daidai flower concrete (*Citrus aurantium* L. 'Daidai')	2771
82	N082	玳玳果油	Daidai fruit oil (*Citrus aurantium* L. 'Daidai')	2771
83	N083	柚皮油	Pummelo peel oil [*Citrus grandis* (L.) Osbeck]	—
84	N084	柏木油(北美香柏)	Cedar leaf oil (*Thuja occidentalis* L.)	2267
85	N085	枯茗籽油(孜然油)	Cumin seed oil (*Cuminum cyminum* L.)	2343
86	N086	柠檬油	Lemon oil [*Citrus limon* (L.) Burm. f.]	2625
87	N087	无萜柠檬油	Lemon oil, terpeneless [*Citrus limon* (L.) Burm. F.]	2626
88	N088	柠檬油萜烯	Terpenes of lemon oil	—
89	N089	柠檬叶油	Petitgrain lemon oil [*Citrus limon* (L.) Burm. f.]	2853
90	N090	柠檬草油	Lemongrass oil (*Cymbopogon citratus* DC. and C. *flexuosus*)	2624
91	N091	栀子花浸膏	Gardenia flower concrete (*Gardenia jasminoides* Ellis)	—
92	N092	树兰油	*Aglaia odorata* flower oil	—
93	N093	树兰花酊	*Aglaia odorata* flower tincture	—
94	N094	树兰花浸膏	*Aglaia odorata* flower concrete	—
95	N095	树苔净油	Treemoss absolute (*Evernia furfuraceae*)	—
96	N096	树苔浸膏	Treemoss concrete (*Evernia furfuraceae*)	—
97	N097	香叶油(玫瑰香叶油)	Geranium oil (geranium rose oil) (*Pelargonium graveolens* L'Her)	2508
98	N098	除萜香叶油	Geranium oil terpeneless	2508
99	N099	香风茶油	Xiang Feng cha oil(*Rabdosia* spp.)	—
100	N101	香柠檬油	Bergamot oil (*Citrus aurantium* L. subsp. *bergamia*)	2153

表 B.2（续）

序号	编码	香料中文名称	香料英文名称	FEMA 编号
101	N102	香根油	Vertiver oil (*Vetiveria zizanioides* Nash.)	—
102	N103	香根浸膏	Vertiver concrete (*Vetiveria zizanioides* Nash.)	—
103	N104	香荚兰豆酊	Vanilla bean tincture (*Vanilla* spp.)	3105
104	N105	香荚兰豆浸膏(提取物)	Vanilla bean concrete (extract) (*Vanilla* spp.)	3105
105	N106	香附子油	Cyperus oil (*Cupressus sempervirens*)	—
106	N107	香葱油	Chives oil (*Allium schoenoprasum*)	—
107	N108	香紫苏油	Clary sage oil (*Salvia sclarea* L.)	2321
108	N109	香榧子壳浸膏	*Torreya grandis* shell concrete	—
109	N110	橘子油	Mandarin oil (*Citrus reticulata* Blanco)	2657
110	N111	除萜橘子油	Mandarin oil, terpeneless	—
111	N112	酒花酊	Hops tincture (extract) (*Humulus lupulus* L.)	2578
112	N113	酒花浸膏	Hops extract, solid (*Humulus lupulus* L.)	2579
113	N114	桉叶油(蓝桉油)	Eucalyptus oil (*Eucalyptus globulus* Labille)	2466
114	N115	海狸酊	Castoreum tincture (extract) (*Castor* spp.)	2261
115	N116	斯里兰卡桂皮油	Cinnamon bark oil (*Cinnamomum* spp.)	2291
116	N117	斯里兰卡桂叶油	Cinnamon leaf oil (*Cinnamomum* spp.)	2292
117	N118	桂花净油	*Osmanthus fragrans* flower absolute	3750
118	N119	桂花酊	*Osmanthus fragrans* flower tincture	—
119	N120	桂花浸膏	*Osmanthus fragrans* flower concrete	—
120	N121	桂圆酊	Longan tincture (*Euphoria longan*)	—
121	N122	留兰香油	Spearmint oil (*Mentha spicata*)	3032
122	N123	核桃壳提取物	Walnut hull extract (*Juglans* spp.)	3111
123	N124	素方花净油	Common white jasmine flower absolute (*Jasminum jasminunm officinale* L.)	—
124	N125	桦焦油	Birch sweet oil (*Betula lenta* L.)	2154
125	N126	蚕豆花酊	Broad bean flower tincture (*Vicia faba* Linn.)	—
126	N127	绿茶酊	Green tea tincture(*Thea sinensis* 或 *Camellia sinensis*)	—
127	N128	野玫瑰浸膏	Wild rose concrete (*Rosa multiflora*)	—
128	N129	甜小茴香油	Fennel oil, sweet (*Foeniculum vulgare* Mill. var. *dulce* D. C.)	2483
129	N130	甜叶菊油	*Stevia rebaudiana* oil	—
130	N131	甜橙油	Orange oil [*Citrus sinensis* (L.) Osbeck]	2821
131	N132	除萜甜橙油	Orange oil, terpeneless [*Citrus sinensis* (L.) Osbeck]	2822
132	N133	甜橙油萜烯	Terpenes of orange oil	—

表 B.2（续）

序号	编码	香料中文名称	香料英文名称	FEMA 编号
133	N134	菊苣浸膏	Chicory concrete (extract) (*Cichorium intybus* L.)	2280
134	N135	晚香玉浸膏	Tuberose concrete (*Polianthes tuberosa*)	—
135	N136	紫罗兰浸膏	Violet leaf concrete (*Viola odorata*)	3110
136	N137	椒样薄荷油	Peppermint oil (*Mentha piperita* L.)	2848
137	N138	黑加仑酊	Black currant tincture (*Ribes nigrum* L.)	2346
138	N139	黑加仑浸膏	Black currant concrete (*Ribes nigrum* L.)	2346
139	N140	槐树花净油	*Sophora japonica* flower absolute	—
140	N141	槐树花浸膏	*Sophora japonica* flower concrete	—
141	N142	辣椒酊	Capsicum tincture (extract) (*Capsicum* spp.)	2233
142	N143	辣椒油树脂(灯笼辣椒油树脂)	Paprika oleoresin (*Capsicum annuum* L.)	2834
143	N144	愈疮木油	Guaiac wood oil (*Bulnesia sarmienti* Lor.)	2534
144	N145	缬草油	Valerian root oil (*Valeriana officinalis* L.)	3100
145	N146	墨红花净油	*Rose crimsonglory* flower absolute	—
146	N147	墨红花浸膏	*Rose crimsonglory* flower concrete	—
147	N149	橙叶油	Petitgrain bigarade oil (*Citrus aurantium* L.)	2855
148	N150	亚洲薄荷油	*Mentha arvensis* oil (Cornmint oil)	4219
149	N151	亚洲薄荷素油	*Mentha arvensis* oil,partially dementholized	—
150	N152	檀香油	Sandalwood oil (*Santalum album* L.)	3005
151	N153	薰衣草油	Lavender oil (*Lavandula angustifolia*)	2622
152	N154	头状百里香油(西班牙牛至油)	Origanum oil (*Thymus capitatus*)	2828
153	N155	可乐果提取物	Kolas nut extract (*Cola acuminate* Schott et End L.)	2607
154	N156	加州胡椒油	Schinus molle oil (*Schinus molle* L.)	3018
155	N157	卡黎皮油	Cascarilla bark oil (*Croton* spp.)	2255
156	N158	百里香油	Thyme oil (*Thymus vulgaris* or *zigis* L.)	3064
157	N159	奶油发酵起子蒸馏物(黄油蒸馏物)	Butter starters distillate	2173
158	N160	卡南伽油	Cananga oil (*Cananga odorata* Hook. F. and Thoms)	2232
159	N161	月桂叶提起物/油树脂	Laurel leaves extract/oleoresin (*Laurus nobilis* L.)	2613
160	N162	生姜提取物(生姜浸膏)	Ginger extract (Ginger concrete.) (*Zingiber officinale*)	2521
161	N163	白栎木屑提取物	Oak chips extract (*Quercus alba* L.)	2794
162	N164	龙蒿油	Estragon oil (*Artemisia dracunculus* L.)	2412
163	N165	白樟油	Camphor oil,white [*Cinnamomum camphora* (L.) Presl]	2231
164	N166	肉豆蔻衣油	Mace oil (*Myristica fragrans* Houtt.)	2653

表 B.2（续）

序号	编码	香料中文名称	香料英文名称	FEMA 编号
165	N167	众香叶油	Pimento leaf oil (*Pimenta officinalis* Lindl.)	2901
166	N168	西班牙鼠尾草油	Sage oil, Spanish (*Salvia lavandulaefolia* VahL.)	3003
167	N169	红橘油	Tangerine oil (*Citrus reticulata* Blanco)	3041
168	N170	杂薰衣草油	Lavandin oil (*Lavandula hydrida*)	2618
169	N171	杏仁油	Apricot Kernel oil (*Prunus armeniaca* L.)	2105
170	N172	苏合香油	Styrax oil (*Liquidambar* spp.)	—
171	N173	苏合香提取物	Styrax extract (*Liquidambar* spp.)	3037
172	N174	长角豆油	Locust bean oil (*Ceratonia siliqua* L.)	—
173	N175	角豆提取物	Carob bean extract (*Ceratonia siliqua* L.)	2243
174	N176	皂树皮提取物	Quillaia (*Quillaja saponaria* Molina)	2973
175	N177	乳香油	Olibanum oil (*Boswellia* spp.)	2816
176	N178	没药油	Myrrh oil (*Commiphora* spp.)	2766
177	N179	良姜根提取物	Galangal root extract (*Alpinia* spp.)	2499
178	N180	苏格兰松油	Pine oil, scotch (*Pinus sylvestris* L.)	2906
179	N181	小茴香油(普通小茴香油)	Fennel oil, (common) (*Foeniculum vulgare* Mill)	2481
180	N182	苦杏仁油	Almond oil, bitter (*Prunus amygdalus*)	2046
181	N183	阿魏油	Asafoetida oil (*Ferula asafoetida* L.)	2108
182	N184	金合欢净油	Cassie absolute [*Acacia farnesiana* (L.) Willd.]	2260
183	N185	欧芹叶油	Parsley leaf oil (*Petroselinum* Crispum.)	2836
184	N186	松针油	Pine needle oil (*Abies* spp.)	2905
185	N187	波罗尼花净油	Boronia absolute (*Boronia megastigma* Nees)	2167
186	N188	玫瑰木油	Bois de rose oil (*Aniba rosaeodora* Ducke)	2156
187	N189	玫瑰草油	Palmarosa oil [*Cymbopogon martini* (Roxb.) stapf]	2831
188	N190	香茅油	Citronella oil (*Cymbopogon nardus* Rendle)	2308
189	N191	迷迭香油	Rosemary oil (*Rosemarinus officinalis* L.)	2992
190	N192	香脂冷杉油	Balsam fir oil [*Abies balsamea* (L.) Mill.]	2114
191	N193	香脂冷杉油树脂	Balsam fir oleoresin [*Abies balsamea* (L.) Mill.]	2115
192	N194	胡萝卜籽油	Carrot seed oil (*Daucus carota* L.)	2244
193	N195	春黄菊花油(罗马)	Chamomile flower oil (Roman) (*Anthemis nobilis* L.)	2275
194	N196	春黄菊净油(提取物)(罗马)	Chamomile flower absolute (extract) (Roman) (*Anthemis nobilis* L.)	2274
195	N197	药鼠李提取物	Cascara bitterless extract (*Rhamnus purshiana* DC.)	2253
196	N198	荜澄茄油	Cubeb oil (*Piper cubeba* L. f.)	2339

表 B.2(续)

序号	编码	香料中文名称	香料英文名称	FEMA 编号
197	N199	胡薄荷油(欧亚薄荷油)	Pennyroyal oil (*Mentha pulegium* L.)	2839
198	N200	圆叶当归油(欧当归油)	Lovage oil (*Levisticum officinale* Koch.)	2651
199	N201	夏至草提取物	Horehound extract (*Marrubium vulgare* L.)	2581
200	N202	莫哈弗丝兰提取物	Yucca mohave extract (*Yucca* spp.)	3121
201	N203	海草(藻)提取物	Kelp (*Laminaria and Kereocystis* spp.)	2606
202	N204	海索草油	Hyssop oil (*Hyssopus officinalis* L.)	2591
203	N205	莳萝草油(莳萝油)	Dill herb oil (*Anethum graveolens*)	2383
204	N206	秘鲁香脂	Balsam peru (*Myroxylon pereirae* Klotzsch)	2116
205	N207	格蓬油	Galbanum oil (*Ferula galbaniflua*)	2501
206	N208	脂檀油	Amyris oil (*Amyris balsamifera* L.)	—
207	N209	银白金合欢净油(含羞草净油)	Mimosa absolute (*Acacia decurrens* Will. Var. *dealbata*)	2755
208	N210	接骨木花净油	Elder flower absolute (*Sambucus canadensis* L. and S. *nigra* L.)	—
209	N211	甘牛至油	Marjoram oil, sweet [*Majorana hortensis* Moench (*Origanum majorana* L.)]	2663
210	N212	黄龙胆根提取物	Gentian root extract (*Gentiana lutea* L.)	2506
211	N213	黄葵籽油	Ambrette seed oil (*Hibiscus abelmoschus* L.)	2051
212	N214	野黑樱桃树皮提取物	Cherry bark extract (wild) (*Prunus serotina* Ehrh.)	2276
213	N215	黑胡椒油	Pepper oil, black (*Piper nigrum* L.)	2845
214	N216	葛缕籽油	Caraway seed oil (*Carum carvi* L.)	2238
215	N217	榄香香树脂	Elemi resinoid (*Canarium* ssp.)	2407
216	N218	蜡菊提取物	Immortelle extract (*Helichrysum angustifolium* DC.)	2592
217	N219	蜜蜂花油	Balm oil (*Melissa officinalis* L.)	2113
218	N220	*d*-樟脑	*d*-Camphor	2230
219	N221	橙花净油	Orange flower absolute (*Citrus aurantium* L. subsp. *amara*)	2818
220	N222	橙苷(柚皮甙提取物)	Naringin extract (*Citrus paradisi* Macf.)	2769
221	N223	穗薰衣草油	Spike lavender oil (*Lavandula latifolia* L.)	3033
222	N224	鹰爪豆净油	Genet absolute (*Spartium junceum* L.)	2504
223	N225	玳玳果皮油	Daidai peel oil (*Citrus aurantium* L. 'Daidai')	3823
224	N226	甜橙油(橙皮压榨法)	Orange oil, sweet cold pressed (*citrus sinensis* (L.) osbeck)	2825
225	N227	小米辣椒油树脂	Bush red pepper oleoresin (*Capsicum frutescens* L.)	2234
226	N228	丁香茎油	Clove stem oil (*Eugenia* spp.)	2328

表 B.2（续）

序号	编码	香料中文名称	香料英文名称	FEMA 编号
227	N229	大茴香油(茴芹油)	Anise oil (*Pimpinella anisum* L.)	2094
228	N230	*l*-天冬酰胺	*l*-Asparagine	—
229	N231	巴拉圭茶净油/提取物	Mate absolute/extract (*Ilex paraguariensis* St. Hil.)	—
230	N232	白山核桃树皮提取物	Hickory bark extract (*Carya* spp.)	2577
231	N233	瓜拉纳提取物	Guarana extract (*Paullinia cupana* HBK)	2536
232	N234	甘草根	Licorice root (*Glycyrrhiza glabra*)	2630
233	N235	白百里香油	Thyme oil, white (*Thymus zygis* L.)	3065
234	N236	白胡椒油	Pepper oil, white (*piper nigrum* L.)	2851
235	N237	白胡椒油树脂	Pepper oleoresin, white (*piper nigrum* L.)	2852
236	N238	白康酿克油	Cognac oil, white	2332
237	N239	白脱酯	Butter esters	2172
238	N240	白脱酸	Butter acids	2171
239	N241	众香果油	Pimenta oil (*Pimenta officinalis*)	2018
240	N242	安息香树脂	Benzoin resinoid (*Styrax tonkinensis* Pierre)	2133
241	N243	当归籽油	Angelica seed oil (*Angelica archanglica* L.)	2090
242	N244	当归根油	Angelica root oil (*Angelica archangelica* L.)	2088
243	N245	肉豆蔻衣油树脂/提取物	Mace oleoresin/extract (*Myristica fragrans* Houtt)	2654
244	N246	西印度月桂叶提取物	Bay leaves, west Indian, extract (*Pimenta acris* kostel)	2121
245	N247	西印度月桂叶油	Bay leaves, West Indian, oil (*Pimenta acris* kostel)	2122
246	N248	*l*-阿戊糖	*l*-Arabinose	3255
247	N249	阿拉伯胶	Arabic gum	2001
248	N250	欧当归提取物(圆叶当归提取物)	Lovage extract (*Levisticum officinale* Koch)	2650
249	N251	欧芹油树脂	Parsley oleoresin (*Petroselinum* spp.)	2837
250	N252	油酸	Oleic acid	2815
251	N253	苦木提取物	Quassia extract [*Picrasma excelsa* (sw.) planch. *Quassia amara* L.]	2971
252	N254	苦橙叶净油	Orange leaf absolute (*Citrus aurantium* L.)	2820
253	N255	苦橙油	Orange oil, bitter (*Citrus aurantium* L.)	2823
254	N256	金鸡纳树皮	Cinchona bark (yellow) (*Cinchona* spp.)	2283
255	N257	金钮扣油树脂	Jambu oleoresin (*Spilanthes acmelia* Oleracea)	3783
256	N258	奎宁盐酸盐	Quinine hydrochloride	2976
257	N259	枯茗油	Cumin oil (*Cuminum cyminum* L.)	2340
258	N260	洋葱油树脂	Onion oleoresin (*Allium cepa* L.)	—
259	N261	茶树油	Tea tree oil (*Melaleuca alternifolia*)	3902

表 B.2（续）

序号	编码	香料中文名称	香料英文名称	FEMA 编号
260	N262	除萜白柠檬油	Lime oil, expressed terpeneless (*Citrus aurantifolia* Swingle)	2632
261	N263	除萜甜橙皮油	Orange peel oil, sweet, terpeneless (*Citrus sinensis* L. Osbeck)	2826
262	N264	莳萝籽	Dill seed, Indian (*Anethum sowa* D. C.)	2384
263	N265	黄芥末提取物/黄芥末油树脂	Mustard extract/oleoresin, yellow (*Brassica* spp.)	—
264	N266	棕芥末提取物	Mustard extract, brown (*Brassica* spp.)	—
265	N267	焦木酸	Pyroligneous acid	2967
266	N268	紫苏油	Perilla leaf oil (Shiso oil) (*Perilla frutescens*)	4013
267	N269	葡萄柚油萜烯	Grapefruit oil terpenes (*Citrus paradisi* Macf)	—
268	N270	黑胡椒油树脂/黑胡椒油提取物	Pepper oleoresin/extract black (*Piper nigrum* L.)	2846
269	N271	榄香油/提取物/香树脂	Elemi oil/extract/ resinoid (*Canarium cimmune* or *Iuzonicum* Miq)	2408
270	N272	蜂蜡净油	Beeswax absolute (*Apis Mellifera* L.)	2126
271	N273	赖百当净油(岩蔷薇净油)	Labdanum absolute (*Cistus* spp.)	2608
272	N274	鼠尾草油	Sage oil (*Salvia officinalis* L.)	3001
273	N275	蜡菊净油	Helichrysum absolute (*Helichrysum augustifolium*)	—
274	N276	糖蜜提取物	Molasses extract	—
275	N277	檀香醇(α-,β-)	Santalol, α- and β-	3006
276	N278	山达草流浸膏	Yerba santa fluid extract [*Eriodictyon californicum* (Hook and Arn) Torr]	3118
277	N279	苜蓿提取物	Alfalfa extract (*Medicago sativa* L.)	2013
278	N280	众香子	Allspice (*Pimenta officinalis* Lind L.)	2017
279	N281	众香子油树脂/提取物	Allspice oleoresin/extract (*Pimenta officinalis* Lind L.)	2019
280	N282	黄葵籽净油	Ambrette seed absolute (*Hibiscus abelmoschus* L.)	2050
281	N283	秘鲁香膏油	Balsam oil, Peru (*Myroxylon pereirae* Klotzsch)	2117
282	N284	罗勒提取物	Basil extract (*Ocimum basilicum* L.)	2120
283	N285	芹菜籽提取物(固体)	Celery seed extract solid (*Apium graveolens* L.)	2269
284	N286	芹菜籽(CO_2)提取物	Celery seed (CO_2) Extract (*Apium graveolens* L.)	2270
285	N287	母菊油(匈牙利春黄菊油)	Chamomile flower oil (Hungarian) (*Matricaria chamomilla* L.)	2273
286	N288	黄色金鸡纳树皮提取物	Cinchona bark extract (yellow) (*Cinchona* spp.)	2284
287	N289	丁香花蕾油树脂	Clove bud oleoresin (*Eugenia* spp.)	2324
288	N290	红三叶草提取物(固体)	Clover tops red extract solid (*Trifolium pratense* L.)	2326

表 B.2（续）

序号	编码	香料中文名称	香料英文名称	FEMA 编号
289	N291	蒲公英流浸膏	Dandelion fluid extract (*Taraxacum* spp.)	2357
290	N292	蒲公英根固体提取物	Dandelion root solid extract (*Taraxacum* spp.)	2358
291	N293	加拿大飞蓬草油	Fleabane oil (*Erigeron canadensis*)	2409
292	N294	穗花槭提取物(固体)	Mountain maple extract solid (*Acer spicatum* Lam.)	2757
293	N295	芸香油	Rue oil (*Ruta graveolens* L.)	2995
294	N296	鼠尾草油树脂/提取物	Sage oleoresin/extract (*Salvia officinalis* L.)	3002
295	N297	菝葜提取物	Sarsaparilla extract (*Smilax* spp.)	3009
296	N298	水蒸气蒸馏松节油	Turpentine, steam-distilled (*Pinus* spp.)	3089
297	N299	缬草根提取物	Valerian root extract (*Valeriana officinalis* L.)	3099
298	N300	香荚兰油树脂	Vanilla oleoresin (*Vanilla fragrans*)	3106
299	N301	紫罗兰叶净油	Violet leaves absolute (*Viola odorata* L.)	3110
300	N302	洋艾油	Wormwood oil (*Artemisia absinthium* L.)	3116
301	N303	玫瑰茄	Roselle (*Hibiscus sabdariffa* L.)	—
302	N304	橘柚油	Tangelo oil	—
303	N305	晚香玉净油	Tuberose absolute (*Polianthes tuberosa* L.)	—
304	N306	美国栗树叶提取物	Chestnut leaves extract [*Castanea dentate* (Marsh.) Borkh.]	—
305	N307	古巴香脂油	Copaiba oil (South American spp. of *Copaifera*)	—
306	N308	达迷草叶	Damiana leaves (*Turnera diffusa* Willd.)	—
307	N309	匈牙利春黄菊(母菊)花净油	Chamomile flower absolute (Hungarian) (*Matricaria chamomilla* L.)	—
308	N310	接骨木花提取物	Elder flowers extract (*Sambucus canadensis* L. and *S. nigra* L.)	—
309	N311	防风根油	Opoponax oil (*Commiphora* ssp.)	—
310	N312	藏红花提取物	Saffron extract (*Crocus sativus* L.)	2999
311	N313	香叶提取物	Geranium extract (*Pelargonlium* spp.)	—
312	N314	葫芦巴油树脂	Fenugreek oleoresin (*Trigonella foenum-graecum* L.)	2486
313	N315	柠檬提取物	Lemon extract [*Citrus limon* (L.) Burm. f.]	2623
314	N316	德国鸢尾树脂	Orris resinoid (*Iris germanical* L.)	—
315	N317	罗望子提取物(浸膏)	Tamarind extract (*Tamarindus indica* L.)	—
316	N318	辣根油	Horseradish oil (*Armoracia lapathifolia* Gilib)	—
317	N319	葫芦巴籽浸膏	Fenugreek seed extract (*Trigonella foenum-graecum* L.)	2485
318	N320	芹菜叶油	Celery leaf oil (*Apium graveolens* L.)	—
319	N321	柏木油萜烯	Cedarwood oil terpenes	—

表 B.2（续）

序号	编码	香料中文名称	香料英文名称	FEMA 编号
320	N322	肉豆蔻油树脂	Nutmeg oleoresin (*Myristica fragrans* Houtt)	—
321	N323	八角茴香	Anise star (*Illicum verum* Hook. F.)	2095
322	N324	芫荽油/油树脂	Coriander oil/oleoresin (*Coriandrum sativum* L.)	2334
323	N325	葫芦巴	Fenugreek (*Trigonella foenum-graecum* L.)	2484
324	N326	韭葱油	Leek oil (*Allium porrum*)	—
325	N327	甜橙皮提取物	Orange peel extract, sweet [*Citrus sinensis* (L.) Osbeck]	2824
326	N328	牛至	*Origanum vulgare*	2660
327	N329	香橙皮油	*Citrus junos* peel oil	2318
328	N330	海藻净油	*Algues* absolute	—
329	N331	墨西哥牛至油树脂	Oregano oleoresin (*Lippia* spp.)	2827
330	N332	甘草酸胺	Glycyrrhizin, ammoniated (*Glycyrrhiza* spp.)	2528
331	N333	冬香草油	Savory winter oil (*Satureja montana* L.)	3016
332	N334	安息香	Styrax (*Liquidambar* spp.)	3036
333	N335	阿魏液态提取物(流浸膏)	Asafoetida fluid extract (*Ferula assafoetida* L.)	2106
334	N336	桃树叶净油	Peach tree leaf absolute (*Prunus persica* L. Batsch)	—
335	N337	白藓牛至	Dittany of crete (*Origanum dictamnus* L.)	2399
336	N338	酒花油	Hops oil (*Humulus lupulus* L.)	2580
337	N339	赖百当油	Labdanum oil (*Cistus ladaniferus*)	2609
338	N340	薰衣草净油	Lavender absolute (*Lavandula angustidolia*)	2620
339	N341	没药树脂提取物	Opoponax extract resinoid (*Commiphora* ssp.)	—
340	N342	花椒提取物	Ash bark, prickly, extract (*Xanthoxylum* spp.)	2110
341	N343	蓖麻油	Castor oil (*Ricinus communis*)	2263
342	N344	儿茶粉	Catechu powder (*Acacia catechu* Willd.)	2265
343	N345	苦艾	Wormwood (*Artemisia absinthium* L.)	3114
344	N346	苦橙花油	Neroli bigarade oil (*Citrus aurantium* L.)	2771
345	N347	达瓦树胶	Ghatti gum (*Anogeissus latifolia* Wall.)	2519
346	N348	苦艾提取物	Wormwood extract (*Artemisia absinthium* L.)	3115
347	N349	刺柏提取物	Juniper extract (*Juniperus communis* L.)	2603
348	N350	甘草提取物(粉)	Licorice extract powder (*Glycyrrhiza glabra* L.)	2629
349	N351	甜菜碱(天然提取)	Betaine (Natural Extract)	4223
350	N352	松焦油	Pine tar oil (*Pinus* spp.)	2907
351	N353	橡苔净油	Oakmoss absolute(*Evernia* spp.)	2795
352	N354	苏格兰留兰香油	Scotch spearmint oil (*Mentha cardiaca* L.)	4221

表 B.2(续)

序号	编码	香料中文名称	香料英文名称	FEMA 编号
353	N355	海索草提取物(神香草提取物)	Hyssop extract (*Hyssopus officinalis* L.)	2590
354	N356	安古树皮提取物	Angostura extract (*Galipea offincinalis* Hancock)	2092
355	N357	德国春黄菊花(母菊花)提取物	Chamomile (German) extract (*Matricaria chamomilla* L.)	—
356	N358	石榴果汁浓缩物	Pomegranate concentrate	—
357	N359	*L*-苏氨酸	*L*-Threonine	—
358	N360	*L*-丝氨酸	*L*-Serine	—
359	N361	灵猫净油	Civet absolute (*Viverra* civetta Schreber V. zibetha Schreber)	2319
360	N362	胭脂树提取物	Annatto extract (*Bixa orellana* L.)	2103
361	N363	卡黎皮提取物	Cascarilla bark extract (*Croton* spp.)	2254
362	N364	肉桂皮油/油树脂	Cinnanon bark oil/oleoresin (*Cinnamomaum* spp.)	2290
363	N365	刺梧桐树胶	Karaya gum (*Sterculia urens*)	2605
364	N366	橘叶油	Petitgrain mandarin oil (*Citrus reticulate* Blanco var. mandarin)	2854
365	N367	欧洲山松针叶油	Pine needle oil, dwarf, oil [*Pinus mugo turra* var. pumilio (Haenke) Zenari]	2904
366	N368	玫瑰果籽提取物	Rose hips extract (*Rosa* spp.)	2990
367	N369	夏香草油	Savory summer oil (*Satureja hortensis* L.)	3013
368	N370	加拿大细辛油	Snakeroot oil,Canadian (*Asarum canadense* L.)	3023
369	N371	单宁酸	Tannic acid	3042
370	N372	黄蓍胶	Tragacanth gum (*Astragalus* spp.)	3079
371	N373	甘牛至油树脂/提取物	Marjoram oleoresin/extract [Majorana hortensis Moench (*Origanum majorana* L.)]	2659
372	N374	摩洛哥豆蔻提取物	Grains of paradise extract [*Aframomum melegueta* (Rosc.) K. Schum]	2529
373	N375	橙皮素	Hesperetin	4313
374	N376	根皮素	Phloretin	4390
375	N377	芝麻(CO_2)提取物	Sesame CO_2 extract	—
376	N378	芝麻蒸馏物	Sesame dist.	—
377	N379	干制鲣鱼(CO_2)提取物	Katsuobushi CO_2 extract	—
378	N380	郎姆酒净油	Rum absolute	—
379	N381	豆豉油树脂	Toushi oleoresin (Douchi oleoresin)	—
380	N382	药蜀葵	Althea root (*Althea officinalis* L.)	2048
381	N383	香蜂草	Balm (*Melissa officinalis* L.)	2111

表 B.2（续）

序号	编码	香料中文名称	香料英文名称	FEMA 编号
382	N384	白千层油	Cajeput oil (*Melaleuca cajuputi* Powell)	2225
383	N385	中国肉桂	Cassia (*Cinnamomum cassia* Blume)	2256
384	N386	丁香	Cloves (*Eugenia* spp.)	2327
385	N387	玉米穗丝	Corn silk (*Zea mays* L.)	2335
386	N388	毕澄茄	Cubebs (*Piper cubeba* L. f.)	2338
387	N389	芦荟提取物	Aloe extract (*Aloe* spp.)	2047
388	N390	龙涎香酊	Ambergris tincture	2049
389	N391	黄葵酊	Ambrette tincture (*Hibiscus abelmoschus* L.)	2052
390	N392	燕根(萝藦科植物)提取物	Swallowroot (*Decalepis hamiltonii*) extract	4283
391	N393	红枣浸膏	date concrete (*Ziziphus jujuba*)	—
392	N394	高倍天然苹果香料	Folded Apple Essence	—
393	N395	β-愈疮木烯	β-Guaiene Guaia-1(5),7(11)-diene	—
394	N396	褐藻胶	Algin (*Laminaria* spp. and other kelps)	2014
395	N397	香厚壳桂皮油	massoia bark oil (*Cryptocarya massoio*)	3747
396	N398	(-)-高圣草酚钠盐	(-)-homoeriodyctiol sodium salt	4228
397	N399	酶处理异槲皮苷	isoquercitrin,enzymatically modified	4225
398	N400	葡萄籽提取物	grape seed extract (*Vitis vinifera*)	4045
399	N401	留兰香提取物	spearmint extract (*Mentha spicata* L.)	3031
400	N402	杂醇油(精制过)	Fusel oil,refined	2497

表 B.3 允许使用的食品用合成香料名单

序号	编码	原编码	香料中文名称	香料英文名称	FEMA 编号
1	S0001	I1001	1,2-丙二醇	1,2-Propanediol (Propylene glycol)	2940
2	S0002	I1002	丙三醇(甘油)	1,2,3-Propanetriol (Glycerol)	2525
3	S0003	I1003	异丙醇	Isopropyl alcohol	2929
4	S0004	I1004	正丁醇	1-Butanol (Butyl alcohol)	2178
5	S0005	I1005	异丁醇	Isobutyl alcohol	2179
6	S0006	I1006	正戊醇	1-Pentanol (Amyl alcohol)	2056
7	S0007	I1007	2-戊醇	2-Pentanol	3316
8	S0008	I1008	异戊醇	Isoamyl alcohol	2057
9	S0009	I1009	1-戊烯-3-醇	1-Penten-3-ol	3584
10	S0010	I1010	正己醇	1-Hexanol (Hexyl alcohol)	2567
11	S0011	I1011	2-己烯-1-醇	2-Hexen-1-ol	2562

表 B.3（续）

序号	编码	原编码	香料中文名称	香料英文名称	FEMA 编号
12	S0012	I1012	4-己烯-1-醇	4-Hexen-1-ol	3430
13	S0013	I1013	正庚醇	1-Heptanol (Heptyl alcohol)	2548
14	S0014	I1014	正辛醇	1-Octanol (Octyl alcohol)	2800
15	S0015	I1015	2-辛醇	2-Octanol	2801
16	S0016	I1016	1-辛烯-3-醇	1-Octen-3-ol	2805
17	S0017	I1017	顺式-5-辛烯-1-醇	*cis*-5-Octen-1-ol	3722
18	S0018	I1018	正壬醇	1-Nonanol (Nonyl alcohol)	2789
19	S0019	I1019	顺式-6-壬烯-1-醇	*cis*-6-Nonen-1-ol	3465
20	S0020	I1020	反式-2-壬烯-1-醇	*trans*-2-Nonen-1-ol	3379
21	S0021	I1021	2,6-壬二烯-1-醇	2,6-Nonadien-1-ol	2780
22	S0022	I1022	正癸醇	1-Decanol (Decyl alcohol)	2365
23	S0023	I1023	十一醇	Undecyl alcohol	3097
24	S0024	I1024	月桂醇(十二醇)	Lauryl alcohol (Dodecyl alcohol)	2617
25	S0025	I1025	1-十六醇	1-Hexadecanol	2554
26	S0026	I1026	小茴香醇	Fenchyl alcohol	2480
27	S0027	I1027	叶醇(顺式-3-己烯-1-醇)	Leaf alcohol (*cis*-3-Hexen-1-ol)	2563
28	S0028	I1028	龙脑	Borneol	2157
29	S0029	I1030	芳樟醇	Linalool	2635
30	S0030	I1031	氧化芳樟醇	Linalool oxide	3746
31	S0031	I1032	异胡薄荷醇	Isopulegol	2962
32	S0032	I1033	苏合香醇(α-甲基苄醇)	Styralyl alcohol (α-Methylbenzyl alcohol)	2685
33	S0033	I1034	苯甲醇	Benzyl alcohol	2137
34	S0034	I1035	苯乙醇	Phenethyl alcohol	2858
35	S0035	I1036	苯丙醇	Phenylpropyl alcohol	2885
36	S0036	I1037	玫瑰醇	Rhodinol	2980
37	S0037	I1038	α-松油醇	α-Terpineol	3045
38	S0038	I1039	金合欢醇	Farnesol	2478
39	S0039	I1040	香叶醇	Geraniol	2507
40	S0040	I1041	*dl*-香茅醇	*dl*-Citronellol	2309
41	S0041	I1042	茴香醇	Anisyl alcohol	2099
42	S0042	I1043	肉桂醇	Cinnamic alcohol	2294
43	S0043	I1044	α-紫罗兰醇(甲位紫罗兰醇)	α-Ionol	3624
44	S0044	I1045	β-紫罗兰醇(乙位紫罗兰醇)	β-Ionol	3625
45	S0045	I1046	二氢-β-紫罗兰醇	Dihydro-β-ionol	3627

表 B.3（续）

序号	编码	原编码	香料中文名称	香料英文名称	FEMA 编号
46	S0046	I1047	橙花醇	Nerol	2770
47	S0047	I1048	橙花叔醇	Nerolidol	2772
48	S0048	I1049	二甲基苄基原醇	Dimethyl benzyl carbinol	2393
49	S0049	I1050	正丙醇	1-Propanol (Propyl alcohol)	2928
50	S0050	I1051	3-己醇	3-Hexanol	3351
51	S0051	I1052	1-己烯-3-醇	1-Hexen-3-ol	3608
52	S0052	I1053	2-乙基己醇	2-Ethyl-1-hexanol	3151
53	S0053	I1054	2-庚醇	2-Heptanol	3288
54	S0054	I1055	3-辛醇	3-Octanol	3581
55	S0055	I1056	顺式-3-辛烯-1-醇	*cis*-3-Octen-1-ol	3467
56	S0056	I1057	2-十一醇	2-Undecanol	3246
57	S0057	I1058	对,α-二甲基苄醇	*p*,α-Dimethylbenzyl alcohol	3139
58	S0058	I1059	对-异丙基苄醇	*p*-Isopropylbenzyl alcohol	2933
59	S0059	I1060	对,α,α-三甲基苄醇	*p*,α,α-Trimethylbenzyl alcohol	3242
60	S0060	I1061	β-石竹烯醇	β-Caryophyllene alcohol	—
61	S0061	I1062	龙蒿脑	Estragole	2411
62	S0062	I1063	四氢香叶醇	Tetrahydrogeraniol	2391
63	S0063	I1064	二氢香芹醇	Dihydrocarveol	2379
64	S0064	I1065	1-对-盖烯-4-醇	1-*p*-Menthen-4-ol	2248
65	S0065	I1066	紫苏醇	Perilla alcohol	2664
66	S0066	I1067	薄荷脑（*dl*-薄荷脑,*l*-薄荷脑）	Menthol (*dl*-Menthol,*l*-Menthol)	2665
67	S0067	I1068	3-(*l*-薄荷氧基)-2-甲基-1,2-丙二醇	3-(*l*-Menthoxy)-2-methylpropane-1, 2-diol	3849
68	S0068	I1069	3,5,5-三甲基环己醇	3,5,5-Trimethylcyclohexanol	3962
69	S0069	I1070	顺式-2-壬烯-1-醇	*cis*-2-Nonen-1-ol	3720
70	S0070	I1071	反式,反式-2,4-癸二烯醇	*E*,*E*-2,4-Decadien-1-ol (*trans*,*trans*-2,4-Decadien-1-ol)	3911
71	S0071	I1072	反式-2-辛烯-4-醇	(*E*)-2-Octen-4-ol	3888
72	S0072	I1073	对-盖-3-烯-1-醇	*p*-Menth-3-en-1-ol	3563
73	S0073	I1074	对-盖-1,8(10)二烯-9-醇	Menthadienol [*p*-mentha-1, 8 (10)-dien-9-ol]	—
74	S0074	I1075	柏木烯醇	Cedrenol	—
75	S0075	I1076	脱氢芳樟醇	Dehydrolinalool [(*E*)-3, 7-Dimethyl-1,5,7-octatrien-3-ol]	3830
76	S0076	I1077	*d*-木糖	*d*-Xylose	3606

表 B.3（续）

序号	编码	原编码	香料中文名称	香料英文名称	FEMA 编号
77	S0077	I1078	*d*-核糖	*d*-Ribose	3793
78	S0078	I1079	*l*-鼠李糖	*l*-Rhamnose	3730
79	S0079	I1080	二苯醚	Diphenyl ether	3667
80	S0080	I1081	对-甲酚甲醚	*p*-Cresyl methyl ether	2681
81	S0081	I1082	异丁香酚甲醚	*iso*-Eugenyl methyl ether	2476
82	S0082	I1083	甲基苯乙醚	Methyl phenethyl ether	3198
83	S0083	I1084	朗姆醚(乙醇氧化水合物)	Rum ether (Ethyl oxyhydrate)	2996
84	S0084	I1085	仲丁基乙醚	*sec*-Butyl ethyl ether	3131
85	S0085	I1086	乙基苄基醚	Ethyl benzyl ether	2144
86	S0086	I1087	大茴香醚	Anisole	2097
87	S0087	I1088	邻-甲基大茴香醚	*o*-Methylanisole	2680
88	S0088	I1089	橙花醚	Nerol oxide	3661
89	S0089	I1090	2,4-二甲基大茴香醚	2,4-Dimethylanisole	3828
90	S0090	I1091	香兰基乙醚	Vanillyl ethyl ether	3815
91	S0091	I1101	丁香酚	Eugenol	2467
92	S0092	I1102	异丁香酚	Isoeugenol	2468
93	S0093	I1103	甲基丁香酚	Methyl eugenol	2475
94	S0094	I1104	对-甲酚	*p*-Cresol	2337
95	S0095	I1105	邻-甲酚	*o*-Cresol	3480
96	S0096	I1106	间-甲酚	*m*-Cresol	3530
97	S0097	I1107	百里香酚	Thymol	3066
98	S0098	I1108	麦芽酚	Maltol	2656
99	S0099	I1109	苯酚	Phenol	3223
100	S0100	I1110	2-甲氧基-4-甲基苯酚	2-Methoxy-4-methylphenol	2671
101	S0101	I1111	对-乙基苯酚	*p*-Ethylphenol	3156
102	S0102	I1112	2-甲氧基-4-乙烯基苯酚	2-Methoxy-4-vinylphenol	2675
103	S0103	I1113	对-二甲氧基苯	*p*-Dimethoxybenzene	2386
104	S0104	I1114	愈疮木酚	Guaiacol	2532
105	S0105	I1115	4-乙基愈疮木酚	4-Ethylguaiacol	2436
106	S0106	I1116	苯甲醛丙二醇缩醛	Benzaldehyde propylene glycol acetal	2130
107	S0107	I1117	2-异丙基苯酚	2-Isopropylphenol	3461
108	S0108	I1118	2,6-二甲基苯酚	2,6-Xylenol	3249
109	S0109	I1119	2,6-二甲氧基苯酚	2,6-Dimethoxyphenol	3137
110	S0110	I1120	间苯二酚	Resorcinol	3589

表 B.3（续）

序号	编码	原编码	香料中文名称	香料英文名称	FEMA 编号
111	S0111	I1121	香芹酚	Carvacrol	2245
112	S0112	I1122	2-甲氧基-4-丙基苯酚	2-Methoxy-4-propylphenol	3598
113	S0113	I1123	2,5-二甲基苯酚	2,5-Xylenol	3595
114	S0114	I1124	对-乙烯基苯酚	*p*-Vinylphenol	3739
115	S0115	I1131	乙醛	Acetaldehyde	2003
116	S0116	I1132	乙醛二乙缩醛	Acetaldehyde diethyl acetal	2002
117	S0117	I1133	丙醛	Propionaldehyde	2923
118	S0118	I1134	3-(2-呋喃基)丙烯醛	3-(2-Furyl)acrolein	2494
119	S0119	I1135	丁醛	Butyraldehyde	2219
120	S0120	I1136	2-甲基丁醛	2-Methylbutyraldehyde	2691
121	S0121	I1137	2-甲基-2-丁烯醛	2-Methyl-2-butenal	3407
122	S0122	I1138	2-苯基-2-丁烯醛	2-Phenyl-2-butenal	3224
123	S0123	I1139	戊醛	Valeraldehyde	3098
124	S0124	I1140	异戊醛	Isovaleraldehyde	2692
125	S0125	I1141	2-甲基戊醛	2-Methylvaleraldehyde	3413
126	S0126	I1142	2-戊烯醛	2-Pentenal	3218
127	S0127	I1143	2-甲基-2-戊烯醛	2-Methyl-2-pentenal	3194
128	S0128	I1144	4-甲基-2-苯基-2-戊烯醛	4-Methyl-2-phenyl-2-pentenal	3200
129	S0129	I1145	2,4-戊二烯醛	2,4-Pentadienal	3217
130	S0130	I1146	己醛	Hexanal	2557
131	S0131	I1147	2-己烯醛(叶醛)	2-Hexenal (Leaf aldehyde)	2560
132	S0132	I1148	顺式-3-己烯醛	*cis*-3-Hexenal	2561
133	S0133	I1149	5-甲基-2-苯基-2-己烯醛	5-Methyl-2-phenyl-2-hexenal	3199
134	S0134	I1150	2-异丙基-5-甲基-2-己烯醛	2-Isopropyl-5-methyl-2-hexenal	3406
135	S0135	I1151	反式,反式-2,4-己二烯醛	*trans*,*trans*-2,4-Hexadienal	3429
136	S0136	I1152	庚醛	Heptyl aldehyde	2540
137	S0137	I1153	4-庚烯醛	4-Heptenal	3289
138	S0138	I1154	反式-2-庚烯醛	*trans*-2-Heptenal	3165
139	S0139	I1155	2,6-二甲基-5-庚烯醛	2,6-Dimethyl-5-heptenal	2389
140	S0140	I1156	2,4-庚二烯醛	2,4-Heptadienal	3164
141	S0141	I1157	辛醛	Octylaldehyde	2797
142	S0142	I1158	2-辛烯醛	2-Octenal	3215
143	S0143	I1159	反式,反式-2,4-辛二烯醛	*trans*,*trans*-2,4-Octadienal	3721
144	S0144	I1160	反式,反式-2,6-辛二烯醛	*Trans*,*trans*-2,6-Octadienal	3466

表 B.3（续）

序号	编码	原编码	香料中文名称	香料英文名称	FEMA 编号
145	S0145	I1161	壬醛	Nonanal	2782
146	S0146	I1162	甲基壬乙醛(2-甲基十一醛)	Methylnonylacetaldehyde (2-Methylundecanal)	2749
147	S0147	I1163	2-壬烯醛	2-Nonenal	3213
148	S0148	I1164	顺式-6-壬烯醛	*cis*-6-Nonenal	3580
149	S0149	I1165	2,4-壬二烯醛(反式-2-反式-4-壬二烯醛)	2,4-Nonadienal (*trans*-2-*trans*-4-Nonadienal)	3212
150	S0150	I1166	反式-2-顺式-6-壬二烯醛	Nona-2-*trans*-6-*cis*-dienal	3377
151	S0151	I1167	甲酸桃金娘烯酯	Myrtenyl formate	3405
152	S0152	I1168	正癸醛(癸醛)	*n*-Decyl aldehyde (Decanal)	2362
153	S0153	I1169	2-癸烯醛	2-Decenal	2366
154	S0154	I1170	2,4-癸二烯醛	2,4-Decadienal	3135
155	S0155	I1171	十一醛	Undecanal	3092
156	S0156	I1172	2-十一烯醛	2-Undecenal	3423
157	S0157	I1173	2,4-十一碳二烯醛	2,4-Undecadienal	3422
158	S0158	I1174	月桂醛	Lauric aldehyde	2615
159	S0159	I1175	2-十二碳烯醛	2-Dodecenal	2402
160	S0160	I1176	反式-2-顺式-6-十二碳二烯醛	2-*trans*-6-*cis*-Dodecadienal	3637
161	S0161	I1177	十四醛	Tetradecyl aldehyde	2763
162	S0162	I1178	桃醛(γ-十一烷内酯)	Peach aldehyde (γ-Undecalactone)	3091
163	S0163	I1179	大茴香醛	*p*-Anisaldehyde	2670
164	S0164	I1180	水杨醛	Salicylaldehyde	3004
165	S0165	I1181	苯甲醛	Benzaldehyde	2127
166	S0166	I1182	甲基苯甲醛(邻、对、间位混合物)	Tolualdehydes(mixed *o*,*m*,*p*)	3068
167	S0167	I1183	3,4-二甲氧基苯甲醛	3,4-Dimethoxybenzenecarbonal	3109
168	S0168	I1184	苯乙醛	Phenylacetaldehyde	2874
169	S0169	I1185	苯乙醛二甲缩醛	Phenylacetaldehyde dimethyl acetal	2876
170	S0170	I1186	苯丙醛(3-苯基丙醛)	Phenylpropyl aldehyde (3-Phenylpropionaldehyde)	2887
171	S0171	I1187	枯茗醛	Cuminaldehyde	2341
172	S0172	I1188	香兰素	Vanillin	3107
173	S0173	I1189	香茅醛	Citronellal	2307
174	S0174	I1190	柠檬醛	Citral	2303
175	S0175	I1191	洋茉莉醛(胡椒醛)	Heliotropin (Piperonal)	2911
176	S0176	I1192	肉桂醛	Cinnamic aldehyde	2286

表 B.3（续）

序号	编码	原编码	香料中文名称	香料英文名称	FEMA 编号
177	S0177	I1193	乙二醇缩肉桂醛	Cinnamaldehyde ethylene glycol acetal	2287
178	S0178	I1194	紫苏醛	Perillaldehyde	3557
179	S0179	I1195	对-盖-1-烯-9-醛	*p*-Menth-1-en-9-al	3178
180	S0180	I1196	糠醛	Furfural	2489
181	S0181	I1197	5-甲基糠醛	5-Methylfurfural	2702
182	S0182	I1198	1,1-二甲氧基乙烷	1,1-Dimethoxyethane	3426
183	S0183	I1199	2,6,6-三甲基环己-1,3-二烯基甲醛	2, 6, 6-Trimethylcyclohexa-1, 3-dienyl-methanal	3389
184	S0184	I1200	异丁醛	Isobutyraldehyde	2220
185	S0185	I1201	顺式-4-己烯醛	*cis*-4-Hexenal	3496
186	S0186	I1202	顺式-5-辛烯醛	*cis*-5-Octenal	3749
187	S0187	I1203	4-癸烯醛	4-Decenal	3264
188	S0188	I1204	反式,反式-2,4-十二碳二烯醛	*trans*,*trans*-2,4-Dodecadienal	3670
189	S0189	I1205	2-十三烯醛	2-Tridecenal	3082
190	S0190	I1206	4-乙基苯甲醛	4-Ethylbenzaldehyde	3756
191	S0191	I1207	2-羟基-4-甲基苯甲醛	2-Hydroxy-4-methylbenzaldehyde	3697
192	S0192	I1208	邻-甲氧基肉桂醛	*o*-Methoxycinnamaldehyde	3181
193	S0193	I1209	龙脑烯醛	Campholenic aldehyde	3592
194	S0194	I1210	α-己基肉桂醛	α-Hexylcinnamaldehyde	2569
195	S0195	I1211	香兰素 1,2-丙二醇缩醛	Vanillin propylene glycol acetal	3905
196	S0196	I1212	乙醛乙醇顺式-3-己烯醇缩醛	Acetaldehyde ethyl *cis*-3-hexenyl acetal	3775
197	S0197	I1213	反式,反式-2,6-壬二烯醛	2-*trans*-6-*trans*-Nonadienal	3766
198	S0198	I1214	2,4,7-癸三烯醛	2,4,7-Decatrienal	4089
199	S0199	I1215	β-甜橙醛	β-Sinensal	3141
200	S0200	I1216	4-羟基苯甲醛	4-Hydroxy benzaldehyde	3984
201	S0201	I1217	邻-甲氧基苯甲醛	*o*-Methoxybenzaldehyde	4077
202	S0202	I1218	12-甲基十三醛	12-Methyltridecanal	4005
203	S0203	I1231	甲乙酮	Methyl ethyl ketone	2170
204	S0204	I1232	3-羟基-2-丁酮(乙偶姻)	3-Hydroxy-2-butanone (Acetoin)	2008
205	S0205	I1233	4-(对-甲氧基苯基)-2-丁酮	4-(*p*-Methoxyphenyl)-2-butanone	2672
206	S0206	I1234	4-苯基-3-丁烯-2-酮	4-Phenyl-3-buten-2-one	2881
207	S0207	I1235	丁二酮 2,3-丁二酮	Diacetyl 2,3-Diketo butane	2370
208	S0208	I1236	2-戊酮	2-Pentanone	2842

表 B.3（续）

序号	编码	原编码	香料中文名称	香料英文名称	FEMA 编号
209	S0209	I1237	1-戊烯-3-酮	1-Penten-3-one	3382
210	S0210	I1238	2,3-戊二酮	2,3-Pentanedione	2841
211	S0211	I1239	3-乙基 2-羟基-2-环戊烯-1-酮	3-Ethyl-2-hydroxy-2-cyclopenten-1-one	3152
212	S0212	I1240	甲基环戊烯醇酮(3-甲基-2-羟基-2-环戊烯-1-酮)	Methylcyclopentenolone (3-methyl-2-hydroxy-2-cyclopenten-1-one)	2700
213	S0213	I1241	4-己烯-3-酮	4-Hexene-3-one	3352
214	S0214	I1242	5-甲基-3-己烯-2-酮	5-Methyl-3-hexen-2-one	3409
215	S0215	I1243	3,4-己二酮	3,4-Hexanedione	3168
216	S0216	I1244	2-庚酮	2-Heptanone	2544
217	S0217	I1245	3-庚烯-2-酮	3-Hepten-2-one (Methyl pentenyl ketone)	3400
218	S0218	I1246	6-甲基-5-庚烯-2-酮	6-Methyl-5-hepten-2-one	2707
219	S0219	I1247	1-辛烯-3-酮	1-Octen-3-one	3515
220	S0220	I1248	2-壬酮	2-Nonanone	2785
221	S0221	I1249	2-十一酮	2-Undecanone	3093
222	S0222	I1250	2-十三酮	2-Tridecanone	3388
223	S0223	I1251	圆柚酮	Nootkatone	3166
224	S0224	I1252	*L*-香芹酮	*L*-Carvone	2249
225	S0225	I1253	苯乙酮	Acetophenone	2009
226	S0226	I1254	4-甲基苯乙酮 对-甲基苯乙酮	4-Methylacetophenone *p*-Methylacetophenone	2677
227	S0227	I1255	对-甲氧基苯乙酮	*p*-Methoxyacetophenone	2005
228	S0228	I1256	顺式茉莉酮	*cis*-Jasmone	3196
229	S0229	I1257	覆盆子酮(悬钩子酮)	Raspberry ketone [4-(*p*-Hydroxyphenyl)-2-butanone]	2588
230	S0230	I1258	α-突厥酮	α-Damascone	3659
231	S0231	I1259	突厥烯酮	Damascenone	3420
232	S0232	I1260	苯甲醛甘油缩醛	Benzaldehyde glyceryl acetal	2129
233	S0233	I1261	α-鸢尾酮	α-Irone	2597
234	S0234	I1262	α-紫罗兰酮	α-Ionone	2594
235	S0235	I1263	β-紫罗兰酮	β-Ionone	2595
236	S0236	I1264	*dl*-樟脑	*dl*-Camphor	—
237	S0237	I1265	薄荷酮	Menthone	2667
238	S0238	I1266	*d*,*l*-异薄荷酮	*d*,*l*-Isomenthone	3460
239	S0239	I1267	4-(2-呋喃基)-3-丁烯-2-酮	4-(2-Furyl)-3-buten-2-one	2495

表 B.3（续）

序号	编码	原编码	香料中文名称	香料英文名称	FEMA 编号
240	S0240	I1268	2-乙基-4-羟基-5-甲基-3(2*H*)-呋喃酮	2-Ethyl-4-hydroxy-5-methyl-3 (2*H*)-furanone	3623
241	S0241	I1269	4,5-二甲基-3-羟基-2,5-二氢呋喃-2-酮	4,5-Dimethyl-3-hydroxy-2,5-dihydro-furan-2-one	3634
242	S0242	I1270	2-乙基-3-甲基-4-羟基二氢-2,5-呋喃-5-酮	2-Ethyl-3-methyl-4-hydroxydihydro-2,5-furan-5-one	3153
243	S0243	I1271	4,5-二氢-3(2*H*)噻吩酮(四氢噻吩-3-酮)	4, 5-Dihydro-3-(2*H*) thiophenone (Tetrahydrothiophen-3-one)	3266
244	S0244	I1272	2-乙基呋喃	2-Ethylfuran	3673
245	S0245	I1273	2-乙酰基呋喃	2-Acetylfuran	3163
246	S0246	I1274	2-乙酰基-5-甲基呋喃	2-Acetyl-5-methylfuran	3609
247	S0247	I1275	丙酮	Acetone	3326
248	S0248	I1276	1-苯基-1,2-丙二酮	1-Phenyl-1,2-propanedione	3226
249	S0249	I1277	3,4-二甲基-1,2-环戊二酮	3,4-Dimethyl-1,2-cyclopentadione	3268
250	S0250	I1278	3,5-二甲基-1,2-环戊二酮	3,5-Dimethyl-1,2-cyclopentadione	3269
251	S0251	I1279	2,3-己二酮	2,3-Hexanedione	2558
252	S0252	I1280	1-甲基-2,3-环己二酮	1-Methyl-2,3-cyclohexadione	3305
253	S0253	I1281	2,2,6-三甲基环己酮	2,2,6-Trimethylcyclohexanone	3473
254	S0254	I1282	2,6,6-三甲基-2-环己烯-1,4-二酮	2, 6, 6-Trimethylcyclohex-2-ene-1, 4-dione	3421
255	S0255	I1283	3-庚酮	3-Heptanone	2545
256	S0256	I1284	5-甲基-2-庚烯-4-酮	5-Methyl-2-hepten-4-one	3761
257	S0257	I1285	6-甲基-3,5-庚二烯-2-酮	6-Methyl-3,5-heptadien-2-one	3363
258	S0258	I1286	2-辛酮	2-Octanone	2802
259	S0259	I1287	3-辛酮	3-Octanone	2803
260	S0260	I1288	3-辛烯-2-酮	3-Octen-2-one	3416
261	S0261	I1289	6,10-二甲基-5,9-十一碳二烯-2-酮	6,10-Dimethyl-5,9-undecadien-2-one	3542
262	S0262	I1290	2-十五酮	2-Pentadecanone	3724
263	S0263	I1291	3-甲基环十五酮	3-Methyl-1-cyclopentadecanone	3434
264	S0264	I1292	环十七-9-烯-1-酮	Cycloheptadeca-9-en-1-one	3425
265	S0265	I1293	二苯甲酮	Benzophenone	2134
266	S0266	I1294	2-羟基苯乙酮	2-Hydroxyacetophenone	3548
267	S0267	I1295	异弗尔酮	Isophorone	3553
268	S0268	I1296	二氢茉莉酮(2-戊基-3-甲基-2-环戊烯-1-酮)	Dihydrojasmone(2-Pentyl-3-methyl-2-cyclopenten-1-one)	3763

表 B.3（续）

序号	编码	原编码	香料中文名称	香料英文名称	FEMA 编号
269	S0269	I1297	新甲基橙皮苷二氢查耳酮	Neohesperidin dihydrochalcone Neohesperidin DHC	3811
270	S0270	I1298	姜油酮	Zingerone	3124
271	S0271	I1299	*β*-突厥酮(4-(2,6,6-三甲基环己-1-烯基)丁-2-烯-4-酮)	*β*-Damascone 4-(2,6,6-Trimethylcyclohex-1-enyl)but-2-en-4-one	3243
272	S0272	I1300	3-甲硫基丁醛	3-(Methylthio) butanal	3374
273	S0273	I1301	*α*-戊基桂醛	*α*-Amylcinnamaldehyde	2061
274	S0274	I1302	*d*-葑酮	*d*-Fenchone	2479
275	S0275	I1303	2-甲基四氢呋喃-3-酮	2-Methyltetrahydrofuran-3-one	3373
276	S0276	I1304	4-羟基-2,5-二甲基-3(2*H*)呋喃酮	4-Hydroxy-2,5-dimethyl-3(2*H*)furanone	3174
277	S0277	I1305	2,5-二甲基-4-甲氧基-3(2*H*)呋喃酮	2,5-Dimethyl-4-methoxy-3(2*H*)-furanone	3664
278	S0278	I1306	2-戊基呋喃	2-Pentylfuran	3317
279	S0279	I1307	4,5,6,7-四氢-3,6-二甲基苯并呋喃(薄荷呋喃)	4,5,6,7-Tetrahydro-3,6-dimethylbenzofuran(Menthofuran)	3235
280	S0280	I1308	1,5,5,9-四甲基-13-氧杂三环[8.3.0.0(4,9)]十三烷	1,5,5,9-Tetramethyl-13-oxatricyclo[8.3.0.0(4,9)]tridecane	3471
281	S0281	I1309	顺式-二氢香芹酮	*cis*-Dihydrocarvone	3565
282	S0282	I1310	3-巯基-2-丁酮(3-巯基-丁-2-酮)	3-Mercapto-2-butanone	3298
283	S0283	I1311	胡椒基丙酮	Piperonyl acetone	2701
284	S0284	I1312	二氢-*β*-紫罗兰酮	Dihydro-*β*-ionone	3626
285	S0285	I1313	4-甲基-2,3-戊二酮	4-Methyl-2,3-pentanedione	2730
286	S0286	I1314	反式-7-甲基-3-辛烯-2-酮	(*E*)-7-Methyl-3-octen-2-one	3868
287	S0287	I1315	3-乙酰硫基-2-甲基呋喃	3-(Acetylthio)-2-methylfuran	3973
288	S0288	I1316	4-乙酰氧基-2,5-二甲基-3(2*H*)呋喃酮	4-Acetoxy-2,5-dimethyl-3(2*H*)-furanone	3797
289	S0289	I1317	3-乙基-2-羟基-4-甲基-2-环戊烯-1-酮	3-Ethyl-2-hydroxy-4-methylcyclopent-2-en-1-one	3453
290	S0290	I1318	环己酮	Cyclohexanone	3909
291	S0291	I1319	2,3-庚二酮	2,3-Heptanedione	2543
292	S0292	I1320	2,3-辛二酮	2,3-Octanedione	4060
293	S0293	I1321	乙酸	Acetic acid	2006
294	S0294	I1322	丙酸	Propionic acid	2924
295	S0295	I1323	丙酮酸	Pyruvic acid	2970
296	S0296	I1324	丁酸	Butyric acid	2221

表 B.3（续）

序号	编码	原编码	香料中文名称	香料英文名称	FEMA 编号
297	S0297	I1325	异丁酸	Isobutyric acid	2222
298	S0298	I1326	2-甲基丁酸	2-Methylbutyric acid	2695
299	S0299	I1327	2-乙基丁酸	2-Ethylbutyric acid	2429
300	S0300	I1328	戊酸	Valeric acid	3101
301	S0301	I1329	2-甲基戊酸	2-Methylvaleric acid	2754
302	S0302	I1330	2-甲基-2-戊烯酸(草莓酸)	2-Methyl-2-pentenoic acid (Strawberriff)	3195
303	S0303	I1331	异戊酸	Isovaleric acid	3102
304	S0304	I1332	己酸	Hexanoic acid	2559
305	S0305	I1333	己二酸	Adipic acid	2011
306	S0306	I1334	反式-2-己烯酸	*trans*-2-Hexenoic acid	3169
307	S0307	I1335	3-己烯酸	3-Hexenoic acid	3170
308	S0308	I1336	庚酸	Heptanoic acid	3348
309	S0309	I1337	辛酸	Octanoic acid	2799
310	S0310	I1338	壬酸	Nonoic acid	2784
311	S0311	I1339	癸酸	Decanoic acid	2364
312	S0312	I1340	十二酸(月桂酸)	Dodecanoic acid (Lauric acid)	2614
313	S0313	I1341	十四酸(肉豆蔻酸)	Tetradecanoic acid (Myristic acid)	2764
314	S0314	I1342	十六酸(棕榈酸)	Hexadecylic acid (Palmitic acid)	2832
315	S0315	I1343	苯甲酸	Benzoic acid	2131
316	S0316	I1344	苯乙酸	Phenylacetic acid	2878
317	S0317	I1345	柠檬酸	Citric acid	2306
318	S0318	I1346	肉桂酸	Cinnamic acid	2288
319	S0319	I1347	富马酸	Fumaric acid	2488
320	S0320	I1348	3-甲基戊酸(酐酪酸)	3-Methylpentanoic acid	3437
321	S0321	I1349	*β*-丙氨酸	*β*-Alanine	3252
322	S0322	I1350	*l*-苯基丙氨酸	*l*-Phenylalanine	3585
323	S0323	I1351	*l*-半胱氨酸	*l*-Cysteine	3263
324	S0324	I1352	甘氨酸	Glycine	3287
325	S0325	I1353	*l*-谷氨酸	*l*-Glutamic acid	3285
326	S0326	I1354	*l*-亮氨酸	*l*-Leucine	3297
327	S0327	I1355	*dl*-蛋氨酸	*dl*-Methionine	3301
328	S0328	I1356	乙酰丙酸	Levulinic acid	2627
329	S0329	I1357	2-氧代丁酸	2-Oxobutyric acid	3723

表 B.3（续）

序号	编码	原编码	香料中文名称	香料英文名称	FEMA 编号
330	S0330	I1358	2-甲基己酸	2-Methylhexanoic acid	3191
331	S0331	I1359	2-甲基庚酸	2-Methyloenanthic acid	2706
332	S0332	I1360	4-甲基辛酸	4-Methyloctanoic acid	3575
333	S0333	I1361	3,7-二甲基-6-辛烯酸	3,7-Dimethyl-6-octenoic acid	3142
334	S0334	I1362	9-癸烯酸	9-Decenoic acid	3660
335	S0335	I1363	十一酸	Undecanoic acid	3245
336	S0336	I1364	10-十一碳烯酸	10-Undecenoic acid	3247
337	S0337	I1365	3-苯丙酸	3-Phenylpropionic acid	2889
338	S0338	I1366	乳酸	Lactic acid	2611
339	S0339	I1367	*l*-脯氨酸	*l*-Proline	3319
340	S0340	I1368	*dl*-缬氨酸	*dl*-Valine	3444
341	S0341	I1369	2-(4-甲氧基苯氧基)-丙酸钠	Sodium 2-(4-methyoxy-phenoxy) propanoate	3773
342	S0342	I1370	*l*-和 *dl*-丙氨酸	*l*-And d,*l*-Alanine	3818
343	S0343	I1371	*l*-精氨酸	*l*-Arginine	3819
344	S0344	I1372	*l*-赖氨酸	*l*-Lysine	3847
345	S0345	I1373	3-甲基巴豆酸	3-Methylcrotonic acid	3187
346	S0346	I1374	甲酸	Formic acid	2487
347	S0347	I1375	4-甲基壬酸	4-Methylnonanoic acid	3574
348	S0348	I1376	异己酸	Isohexanoic acid	3463
349	S0349	I1377	2-羟基苯甲酸(水杨酸)	2-Hydroxybenzoic acid (Salicylic acid)	3985
350	S0350	I1378	惕各酸	Tiglic acid	3599
351	S0351	I1379	琥珀酸	Succinic acid	—
352	S0352	I1380	硬脂酸	Stearic acid	3035
353	S0353	I1381	甲酸乙酯	Ethyl formate	2434
354	S0354	I1382	甲酸丁酯	Butyl formate	2196
355	S0355	I1383	甲酸戊酯	Amyl formate	2068
356	S0356	I1384	甲酸异戊酯	Isoamyl formate	2069
357	S0357	I1385	甲酸己酯	Hexyl formate	2570
358	S0358	I1386	甲酸苄酯	Benzyl formate	2145
359	S0359	I1387	甲酸香叶酯	Geranyl formate	2514
360	S0360	I1388	甲酸香茅酯	Citronellyl formate	2314
361	S0361	I1389	甲酸苯乙酯	Phenethyl formate	2864
362	S0362	I1390	甲酸芳樟酯	Linalyl formate	2642

表 B.3（续）

序号	编码	原编码	香料中文名称	香料英文名称	FEMA 编号
363	S0363	I1391	乙酸甲酯	Methyl acetate	2676
364	S0364	I1392	乙酸乙酯	Ethyl acetate	2414
365	S0365	I1393	乙酰乙酸乙酯	Ethyl acetoacetate	2415
366	S0366	I1394	乙酸丙酯	Propyl acetate	2925
367	S0367	I1395	乙酸异丙酯	Isopropyl acetate	2926
368	S0368	I1396	乙酸烯丙酯	Allyl acetate	—
369	S0369	I1397	乙酰丙酸乙酯	Ethyl acetylpropanoate	2442
370	S0370	I1398	乙酸丁酯	Butyl acetate	2174
371	S0371	I1399	乙酸异丁酯	Isobutyl acetate	2175
372	S0372	I1400	乙酸异戊酯	Isoamyl acetate	2055
373	S0373	I1401	乙酸己酯	Hexyl acetate	2565
374	S0374	I1402	乙酸 2-己烯酯	2-Hexen-1-yl acetate	2564
375	S0375	I1403	乙酸庚酯	Heptyl acetate	2547
376	S0376	I1404	乙酸辛酯	Octyl acetate	2806
377	S0377	I1405	乙酸 3-辛酯	3-Octyl acetate	3583
378	S0378	I1406	1-辛烯-3-醇乙酸酯	1-Octen-3-yl acetate	3582
379	S0379	I1407	乙酸壬酯	Nonyl acetate	2788
380	S0380	I1408	2-丁烯酸己酯	*n*-Hexyl 2-butenoate	3354
381	S0381	I1409	乙酸癸酯	Decyl acetate	2367
382	S0382	I1410	乙酸苄酯	Benzyl acetate	2135
383	S0383	I1411	乙酸苯乙酯	Phenethyl acetate	2857
384	S0384	I1412	乙酸茴香酯	Anisyl acetate	2098
385	S0385	I1413	乙酸龙脑酯	Bornyl acetate	2159
386	S0386	I1414	乙酸薄荷酯	Menthol acetate	2668
387	S0387	I1415	乙酸肉桂酯	Cinnamyl acetate	2293
388	S0388	I1416	乙酸香茅酯	Citronellyl acetate	2311
389	S0389	I1417	乙酸香叶酯	Geranyl acetate	2509
390	S0390	I1418	乙酸对-甲酚酯	*p*-Cresyl acetate	3073
391	S0391	I1419	乙酸苏合香酯	Styrallyl acetate	2684
392	S0392	I1420	乙酸橙花酯	Neryl acetate	2773
393	S0393	I1421	乙酸松油酯	Terpinyl acetate	3047
394	S0394	I1422	异丁酸肉桂酯	Cinnamyl isobutyrate	2297
395	S0395	I1423	顺式-3-己烯-1-醇乙酸酯(乙酸叶醇酯)	*cis*-3-Hexen-1-yl acetate (Leaf acetate)	3171
396	S0396	I1424	乙酸糠酯	Furfuryl acetate	2490

表 B.3（续）

序号	编码	原编码	香料中文名称	香料英文名称	FEMA 编号
397	S0397	I1425	庚酸烯丙酯	Allyl heptanoate	2031
398	S0398	I1426	乙酸芳樟酯	Linalyl acetate	2636
399	S0399	I1427	乙酸葛缕酯	Carvyl acetate	2250
400	S0400	I1428	乙酸二氢葛缕酯	Dihydrocarvyl acetate	2380
401	S0401	I1429	苯乙酸丁酯	Butyl phenylacetate	2209
402	S0402	I1430	丙酸乙酯	Ethyl propionate	2456
403	S0403	I1431	丙二酸二乙酯	Diethyl malonate	2375
404	S0404	I1432	丙酸异丁酯	Isobutyl propionate	2212
405	S0405	I1433	丙酸异戊酯	Isoamyl propionate	2082
406	S0406	I1434	丙酸顺式-3-己烯酯和丙酸反式-2-己烯酯	*cis*-3-Hexenyl propionate and *trans*-2-Hexenyl propionate	3778
407	S0407	I1435	丙酸香叶酯	Geranyl propionate	2517
408	S0408	I1436	丙酸香茅酯	Citronellyl propionate	2316
409	S0409	I1437	丙酸苄酯	Benzyl propionate	2150
410	S0410	I1438	丙酸苯乙酯	Phenethyl propionate	2867
411	S0411	I1439	丙酸芳樟酯	Linalyl propionate	2645
412	S0412	I1440	丁酸甲酯	Methyl butyrate	2693
413	S0413	I1441	2-甲基丁酸甲酯	Methyl 2-methylbutyrate	2719
414	S0414	I1442	丁酸乙酯	Ethyl butyrate	2427
415	S0415	I1443	异丁酸乙酯	Ethyl isobutyrate	2428
416	S0416	I1444	2-甲基丁酸乙酯	Ethyl 2-methylbutyrate	2443
417	S0417	I1445	3-羟基丁酸乙酯	Ethyl 3-hydroxybutyrate	3428
418	S0418	I1446	丁二酸二乙酯	Diethyl succinate	2377
419	S0419	I1447	异丁酸甲酯	Methyl isobutyrate	2694
420	S0420	I1448	丁酸丁酯	Butyl butyrate	2186
421	S0421	I1449	丁酸异丁酯	Isobutyl butyrate	2187
422	S0422	I1450	2-甲基丁酸丁酯	*n*-Butyl 2-methylbutyrate	3393
423	S0423	I1451	2-甲基丁酸 2-甲基丁酯	2-Methylbutyl 2-methylbutyrate	3359
424	S0424	I1452	异丁酸丁酯	Butyl isobutyrate	2188
425	S0425	I1453	丁酸戊酯	Amyl butyrate	2059
426	S0426	I1454	丁酸异戊酯	Isoamyl butyrate	2060
427	S0427	I1455	2-甲基丁酸异戊酯	Isoamyl 2-methylbutanoate	3505
428	S0428	I1456	异丁酸异戊酯	Isopentyl isobutyrate	3507
429	S0429	I1457	丁酸己酯	Hexyl butyrate	2568

表 B.3（续）

序号	编码	原编码	香料中文名称	香料英文名称	FEMA 编号
430	S0430	I1458	2-甲基丁酸己酯	Hexyl 2-methylbutyrate	3499
431	S0431	I1459	丁酸顺式-3-己烯酯(丁酸叶醇酯)	*cis*-3-Hexenyl butyrate (Leaf butyrate)	3402
432	S0432	I1460	2-甲基丁酸-3-己烯酯	3-Hexenyl 2-methylbutanoate	3497
433	S0433	I1461	异丁酸庚酯	Heptyl isobutyrate	2550
434	S0434	I1462	2-甲基丁酸辛酯	Octyl 2-methylbutyrate	3604
435	S0435	I1463	1-辛烯-3-醇丁酸酯	1-Octen-3-yl butyrate	3612
436	S0436	I1464	丁酸苄酯	Benzyl butyrate	2140
437	S0437	I1465	异丁酸苄酯	Benzyl isobutyrate	2141
438	S0438	I1466	丁酸苯乙酯	Phenethyl butyrate	2861
439	S0439	I1467	2-甲基丁酸苯乙酯	Phenethyl 2-methylbutyrate	3632
440	S0440	I1468	异丁酸苯乙酯	Phenethyl isobutyrate	2862
441	S0441	I1469	丁酸香叶酯	Geranyl butyrate	2512
442	S0442	I1470	异丁酸香叶酯	Geranyl isobutyrate	2513
443	S0443	I1471	丁酸芳樟酯	Linalyl butyrate	2639
444	S0444	I1472	异丁酸芳樟酯	Linalyl isobutyrate	2640
445	S0445	I1473	当归酸异丁酯	Isobutyl angelate	2180
446	S0446	I1474	异丁酸橙花酯	Neryl isobutyrate	2775
447	S0447	I1475	正戊酸乙酯	Ethyl valerate	2462
448	S0448	I1476	丁酰乳酸丁酯	Butyl butyryllactate	2190
449	S0449	I1477	异戊酸乙酯	Ethyl isovalerate	2463
450	S0450	I1478	水杨酸丁酯(柳酸丁酯)	Butyl salicylate	3650
451	S0451	I1479	异戊酸丁酯	Butyl isovalerate	2218
452	S0452	I1480	异戊酸异戊酯	Isoamyl isovalerate	2085
453	S0453	I1481	异戊酸 3-己烯酯	3-Hexenyl isovalerate	3498
454	S0454	I1482	异戊酸壬酯	Nonyl isovalerate	2791
455	S0455	I1483	异戊酸苯乙酯	Phenethyl isovalerate	2871
456	S0456	I1484	异戊酸香叶酯	Geranyl isovalerate	2518
457	S0457	I1485	己酸甲酯	Methyl hexanoate	2708
458	S0458	I1486	2-己烯酸甲酯	Methyl 2-hexenoate	2709
459	S0459	I1487	己酸乙酯	Ethyl hexanoate(Ethyl caproate)	2439
460	S0460	I1488	3-己烯酸乙酯	Ethyl 3-hexenoate	3342
461	S0461	I1489	3-羟基己酸乙酯	Ethyl 3-hydroxyhexanoate	3545
462	S0462	I1490	反式-2-己烯酸乙酯	Ethyl *trans*-2-hexenoate	3675
463	S0463	I1491	己酸丙酯	Propyl hexanoate	2949

表 B.3（续）

序号	编码	原编码	香料中文名称	香料英文名称	FEMA 编号
464	S0464	I1492	己酸戊酯	Amyl hexanoate	2074
465	S0465	I1493	己酸异戊酯	Isoamyl hexanoate	2075
466	S0466	I1494	己酸己酯	Hexyl hexanoate	2572
467	S0467	I1495	己酸顺式-3-己烯酯(己酸叶醇酯)	*cis*-3-Hexenyl hexanoate (Leaf hexanoate)	3403
468	S0468	I1496	庚酸乙酯	Ethyl heptanoate	2437
469	S0469	I1497	庚酸丙酯	Propyl heptanoate	2948
470	S0470	I1498	庚酸丁酯	Butyl heptanoate	2199
471	S0471	I1499	2-甲基-3-巯基呋喃	2-Methyl-3-furanthiol	3188
472	S0472	I1500	辛酸甲酯	Methyl caprylate	2728
473	S0473	I1501	辛酸乙酯	Ethyl caprylate	2449
474	S0474	I1502	顺式-4-辛烯酸乙酯	Ethyl *cis*-4-octenoate	3344
475	S0475	I1503	顺式-4,7-辛二烯酸乙酯	Ethyl *cis*-4,7-octadienoate	3682
476	S0476	I1504	辛酸异戊酯	Isoamyl octanoate	2080
477	S0477	I1505	辛酸壬酯	Nonyl octanoate	2790
478	S0478	I1506	辛酸苯乙酯	Phenethyl octanoate	3222
479	S0479	I1507	2-壬烯酸甲酯	Methyl 2-nonenoate	2725
480	S0480	I1508	壬酸乙酯	Ethyl nonanoate	2447
481	S0481	I1509	癸酸乙酯	Ethyl decanoate	2432
482	S0482	I1510	反式-2-顺式-4-癸二烯酸乙酯	Ethyl *trans*-2,*cis*-4-decadienoate	3148
483	S0483	I1511	十二酸乙酯(月桂酸乙酯)	Ethyl dodecanoate (Ethyl laurate)	2441
484	S0484	I1512	十四酸甲酯(肉豆蔻酸甲酯)	Methyl tetradecanoate (Methtyl myristate)	2722
485	S0485	I1513	苯甲酸甲酯	Methyl benzoate	2683
486	S0486	I1514	苯甲酸乙酯	Ethyl benzoate	2422
487	S0487	I1515	苯甲酸丙酯	Propyl benzoate	2931
488	S0488	I1516	苯甲酸己酯	Hexyl benzoate	3691
489	S0489	I1517	苯甲酸苄酯	Benzyl benzoate	2138
490	S0490	I1518	苯甲酸顺式-3-己烯酯(苯甲酸叶醇酯)	*cis*-3-Hexenyl benzoate (Leaf benzoate)	3688
491	S0491	I1519	邻氨基苯甲酸甲酯	Methyl anthranilate	2682
492	S0492	I1520	苯乙酸甲酯	Methyl phenylacetate	2733
493	S0493	I1521	苯乙酸乙酯	Ethyl phenylacetate	2452
494	S0494	I1522	苯乙酸异戊酯	Isoamyl phenylacetate	2081
495	S0495	I1523	苯乙酸苯乙酯	Phenethyl phenylacetate	2866

表 B.3（续）

序号	编码	原编码	香料中文名称	香料英文名称	FEMA 编号
496	S0496	I1524	惕各酸乙酯	Ethyl tiglate	2460
497	S0497	I1525	惕各酸苄酯	Benzyl tiglate	3330
498	S0498	I1526	乳酸乙酯	Ethyl lactate	2440
499	S0499	I1527	乳酸丁酯	Butyl lactate	2205
500	S0500	I1528	肉桂酸甲酯	Methyl cinnamate	2698
501	S0501	I1529	肉桂酸乙酯	Ethyl cinnamate	2430
502	S0502	I1530	肉桂酸苄酯	Benzyl cinnamate	2142
503	S0503	I1531	肉桂酸苯乙酯	Phenethyl cinnamate	2863
504	S0504	I1532	肉桂酸肉桂酯	Cinnamyl cinnamate	2298
505	S0505	I1533	水杨酸甲酯(柳酸甲酯)	Methyl salicylate	2745
506	S0506	I1534	水杨酸乙酯(柳酸乙酯)	Ethyl salicylate	2458
507	S0507	I1535	水杨酸异戊酯(柳酸异戊酯)	Isoamyl salicylate	2084
508	S0508	I1536	十四酸乙酯(肉豆蔻酸乙酯)	Ethyl tetradecanoate (Ethyl myristate)	2445
509	S0509	I1537	油酸乙酯	Ethyl oleate	2450
510	S0510	I1538	棕榈酸乙酯	Ethyl palmitate	2451
511	S0511	I1539	二氢茉莉酮酸甲酯	Methyl dihydrojasmonate	3408
512	S0512	I1540	椰子油混合酸乙酯	Ethyl ester of coconut oil mixed acid	—
513	S0513	I1541	柠檬酸三乙酯	Triethyl citrate	3083
514	S0514	I1542	甲酸大茴香酯	Anisyl formate	2101
515	S0515	I1543	甲酸顺式-3-己烯酯(甲酸叶醇酯)	*cis*-3-Hexenyl formate (Leaf formate)	3353
516	S0516	I1544	乙酸 2-甲基丁酯	2-Methylbutyl acetate	3644
517	S0517	I1545	乙酸 3-苯丙酯	3-Phenylpropyl acetate	2890
518	S0518	I1546	乙酸丁香酯	Eugenyl acetate	2469
519	S0519	I1547	4,5-二甲基-2-异丁基-3-噻唑啉	4,5-Dimethyl-2-isobutyl-3-thiazoline	3621
520	S0520	I1548	乙酸异胡薄荷酯	Isopulegyl acetate	2965
521	S0521	I1549	乙酸 1,3,3-三甲基-2-降龙脑酯	1,3,3-Trimethyl-2-norbornanyl acetate	3390
522	S0522	I1550	丙酸甲酯	Methyl propionate	2742
523	S0523	I1551	丙烯酸乙酯	Ethyl acrylate	2418
524	S0524	I1552	乳酸顺式-3-己烯酯(乳酸叶醇酯)	*cis*-3-Hexenyl lactate (Leaf lactate)	3690
525	S0525	I1553	丙酸癸酯	Decyl propionate	2369
526	S0526	I1554	反式-2-丁烯酸乙酯	Ethyl *trans*-2-butenoate	3486
527	S0527	I1555	丁酸丙酯	Propyl butyrate	2934
528	S0528	I1556	异丁酸异丙酯	Isopropyl isobutyrate	2937
529	S0529	I1557	2-甲基丁酸异丙酯	Isopropyl 2-methylbutyrate	3699

表 B.3（续）

序号	编码	原编码	香料中文名称	香料英文名称	FEMA 编号
530	S0530	I1558	异丁酸己酯	Hexyl isobutyrate	3172
531	S0531	I1559	丁酸庚酯	Heptyl butyrate	2549
532	S0532	I1560	异丁酸辛酯	Octyl isobutyrate	2808
533	S0533	I1561	异丁酸-3-苯丙酯	3-Phenylpropyl isobutyrate	2893
534	S0534	I1562	丁酸香茅酯	Citronellyl butyrate	2312
535	S0535	I1563	丁酸肉桂酯	Cinnamyl butyrate	2296
536	S0536	I1564	异戊酸甲酯	Methyl isovalerate	2753
537	S0537	I1565	异戊酸异丁酯	Isobutyl isovalerate	3369
538	S0538	I1566	异戊酸 2-甲基丁酯	2-Methylbutyl isovalerate	3506
539	S0539	I1567	异戊酸苄酯	Benzyl isovalerate	2152
540	S0540	I1568	2-戊基吡啶	2-Pentylpyridine	3383
541	S0541	I1569	异戊酸肉桂酯	Cinnamyl isovalerate	2302
542	S0542	I1570	异戊酸薄荷酯	Menthyl isovalerate	2669
543	S0543	I1571	3-己烯酸甲酯	Methyl 3-hexenoate	3364
544	S0544	I1572	正己酸异丁酯	Isobutyl caproate	2202
545	S0545	I1573	己酸烯丙酯	Allyl hexanoate	2032
546	S0546	I1574	己酸芳樟酯	Linalyl hexanoate	2643
547	S0547	I1575	3,7-二甲基-6-辛烯酸甲酯	Methyl 3,7-dimethyl-6-octenoate	3361
548	S0548	I1576	3-壬烯酸甲酯	Methyl 3-nonenoate	3710
549	S0549	I1577	9-十一烯酸甲酯	Methyl 9-undecenoate	2750
550	S0550	I1578	十一酸乙酯	Ethyl undecanoate	3492
551	S0551	I1579	十四酸异丙酯(肉豆蔻酸异丙酯)	Isopropyl tetradecanoate (Isopropyl myristate)	3556
552	S0552	I1580	*N*-甲基邻氨基苯甲酸甲酯	Methyl *N*-methylanthranilate (Dimethyl anthranilate)	2718
553	S0553	I1581	邻氨基苯甲酸乙酯	Ethyl anthranilate	2421
554	S0554	I1582	苯甲酸异戊酯	Isoamyl benzoate	2058
555	S0555	I1583	苯甲酸苯乙酯	Phenethyl benzoate	2860
556	S0556	I1584	苯乙酸异丁酯	Isobutyl phenylacetate	2210
557	S0557	I1585	苯乙酸己酯	Hexyl phenylacetate	3457
558	S0558	I1586	苯丙酸乙酯(氢化肉桂酸乙酯)	Ethyl 3-phenylpropionate (Ethyl hydrocinnamate)	2455
559	S0559	I1587	环己基羧酸甲酯	Methyl cyclohexanecarboxylate	3568
560	S0560	I1588	大茴香酸甲酯	Methyl *p*-anisate	2679
561	S0561	I1589	大茴香酸乙酯	Ethyl *p*-anisate	2420

表 B.3（续）

序号	编码	原编码	香料中文名称	香料英文名称	FEMA 编号
562	S0562	I1590	水杨酸苯乙酯	Phenethyl salicylate	2868
563	S0563	I1591	十二酸异戊酯(月桂酸异戊酯)	Isoamyl dodecanoate (Isoamyl laurate)	2077
564	S0564	I1592	亚油酸甲酯（48%），亚麻酸甲酯(52%)混合物	Methyl linoleate（48%） methyl linolenate（52%） mixture	3411
565	S0565	I1593	茉莉酮酸甲酯	Methyl jasmonate	3410
566	S0566	I1594	水杨酸苄酯(柳酸苄酯)	Benzyl salicylate	2151
567	S0567	I1595	肉桂酸异丁酯	Isobutyl cinnamate	2193
568	S0568	I1596	肉桂酸 3-苯丙酯	3-Phenylpropyl cinnamate	2894
569	S0569	I1597	酒石酸二乙酯	Diethyl tartrate	2378
570	S0570	I1598	菸酸甲酯	Methyl nicotinate	3709
571	S0571	I1599	惕各酸苯乙酯	Phenethyl tiglate	2870
572	S0572	I1600	3-乙酰基-2,5-二甲基噻吩	3-Acetyl-2,5-dimethylthiophene	3527
573	S0573	I1601	3,5,5-三甲基-1-己醇	3,5,5-Trimethyl-1-hexanol	3324
574	S0574	I1602	丁酸茴香酯	Anisyl butyrate	2100
575	S0575	I1603	异戊酸龙脑酯	Bornyl isovalerate	2165
576	S0576	I1604	2,6-二甲基-4-庚醇	2,6-Dimethyl-4-heptanol	3140
577	S0577	I1605	苯甲酸异丁酯	Isobutyl benzoate	2185
578	S0578	I1606	甲酸橙花酯	Neryl formate	2776
579	S0579	I1607	乙酸甲基苄醇酯(邻、对、间位混合物)	Methylbenzyl acetate(mixed *o*-,*m*-,*p*-)	3702
580	S0580	I1608	乙酸顺式和反式-对 1,(7)8-盖二烯-2-醇酯	*cis*-and-*trans*-*p*-1,(7)8-Menthadien-2-yl acetate	3848
581	S0581	I1609	乙酸龙脑烯醇酯	Campholene acetate	3657
582	S0582	I1610	丙酸丙酯	Propyl propionate	2958
583	S0583	I1611	丙酸丁酯	Butyl propionate	2211
584	S0584	I1612	丙酸己酯	Hexyl propionate	2576
585	S0585	I1613	丙酮酸乙酯	Ethyl pyruvate	2457
586	S0586	I1614	丁酸辛酯	Octyl butyrate	2807
587	S0587	I1615	异丁酸丙酯	*n*-Propyl isobutyrate	2936
588	S0588	I1616	异丁酸异丁酯	Isobutyl isobutyrate	2189
589	S0589	I1617	异丁酸香茅酯	Citronellyl isobutyrate	2313
590	S0590	I1618	反式-2-丁烯酸顺式-3-己烯酯(反式-2-丁烯酸叶醇酯)	(*Z*)-3-Hexenyl(*E*)-2-butenoate［Leaf (*E*)-2-butenoate］	3982
591	S0591	I1619	丁二酸单薄荷酯(琥珀酸单薄荷酯)	Diethyl butanedioate（Momo-menthyl succinate）	3810
592	S0592	I1620	正戊酸正戊酯	Pentyl valerate	—

表 B.3（续）

序号	编码	原编码	香料中文名称	香料英文名称	FEMA 编号
593	S0593	I1621	异戊酸辛酯	Octyl isovalerate	2814
594	S0594	I1622	己酸丁酯	Butyl hexanoate	2201
595	S0595	I1623	己酸苯乙酯	Phenethyl hexanoate	3221
596	S0596	I1624	异丁酸叶醇酯（顺式-3-己烯醇异丁酸酯）	Leaf isobutyrate [(*Z*)-3-Hexenyl isobutyrate]	3929
597	S0597	I1625	辛酸己酯	Hexyl octanoate	2575
598	S0598	I1626	2-辛烯酸乙酯	Ethyl 2-octenoate	3643
599	S0599	I1627	2,4,7-癸三烯酸乙酯	Ethyl 2,4,7-decatrienoate	3832
600	S0600	I1628	苯甲酸芳樟酯	Linalyl benzoate	2638
601	S0601	I1629	反式-2-甲基 2-丁酸顺式-3-己烯酯（惕各酸叶醇酯）	(*Z*)-3-Hexenyl(*E*)-2-methyl-2-butenoate (Leaf tiglate)	3931
602	S0602	I1630	2-丁烯酸异丁酯	Isobutyl 2-butenoate	3432
603	S0603	I1631	3-甲基丁酸己酯	Hexyl 3-methyl butanoate	3500
604	S0604	I1632	顺式-3-己烯酸叶醇酯（顺式-3-己烯酸顺式-3-己烯酯）	*cis*-3-Hexenyl *cis*-3-hexenoate (Leaf *cis*-3-hexenoate)	3689
605	S0605	I1633	3-羟基己酸甲酯	Methyl 3-hydroxyhexanoate	3508
606	S0606	I1634	苯甲酸香叶酯	Geranyl benzoate	2511
607	S0607	I1635	琥珀酸二甲酯	Dimethyl succinate	2396
608	S0608	I1636	硬脂酸乙酯	Ethyl stearate	3490
609	S0609	I1637	3-甲基-2-丁烯-1-醇乙酸酯（乙酸异戊烯酯）	3-Methyl-2-buten-1-ol acetate (Prenyl acetate)	4202
610	S0610	I1638	己酸反式-2-己烯酯	*trans*-2-Hexenyl hexanoate	3983
611	S0611	I1639	甲酸龙脑酯	Bornyl formate	2161
612	S0612	I1640	顺式-4-庚烯酸乙酯	Ethyl (*Z*)-hept-4-enoate	3975
613	S0613	I1641	辛酸戊酯	Amyl octanoate	2079
614	S0614	I1642	4-甲基戊酸甲酯	Methyl 4-methylvalerate	2721
615	S0615	I1643	乙酸胡椒醛酯	Heliotropin acetate	2912
616	S0616	I1644	丙酸肉桂酯	Cinnamyl propionate	2301
617	S0617	I1645	异丁酸甲基苯基原酯（异丁酸苏合香酯）	Methyl phenyl carbinyl isobutyrate (Styrallyl isobutyrate)	2687
618	S0618	I1646	异丁酸十二酯	Dodecyl isobutyrate	3452
619	S0619	I1647	异丁酸松油酯	Terpinyl isobutyrate	3050
620	S0620	I1648	水杨酸异丁酯	Isobutyl salicylate	2213
621	S0621	I1649	肉桂酸异戊酯	Isoamyl cinnamate	2063
622	S0622	I1650	乙酸异龙脑酯	Isobornyl acetate	2160

表 B.3（续）

序号	编码	原编码	香料中文名称	香料英文名称	FEMA 编号
623	S0623	I1701	γ-戊内酯	γ-Valerolactone	3103
624	S0624	I1702	γ-己内酯	γ-Hexalactone	2556
625	S0625	I1703	γ-庚内酯	γ-Heptalactone	2539
626	S0626	I1704	γ-辛内酯	γ-Octalactone	2796
627	S0627	I1705	γ-壬内酯	γ-Nonalactone	2781
628	S0628	I1706	γ-癸内酯	γ-Decalactone	2360
629	S0629	I1707	γ-十二内酯	γ-Dodecalactone	2400
630	S0630	I1708	γ-丁内酯	γ-Butyrolactone	3291
631	S0631	I1709	δ-己内酯	δ-Hexalactone	3167
632	S0632	I1710	δ-辛内酯	δ-Octalactone	3214
633	S0633	I1711	δ-壬内酯	δ-Nonalactone	3356
634	S0634	I1712	δ-癸内酯	δ-Decalactone	2361
635	S0635	I1713	δ-十一内酯	δ-Undecalactone	3294
636	S0636	I1714	δ-十二内酯	δ-Dodecalactone	2401
637	S0637	I1715	十五内酯	Pentadecanolide	2840
638	S0638	I1716	5-羟基-2-癸烯酸δ-内酯	5-Hydroxy-2-decenoic acid δ-lactone (Cocolactone)	3744
639	S0639	I1717	3-丙叉苯酞	3-Propylidenephthalide	2952
640	S0640	I1718	3-丁叉苯酞	3-Butylidenephthalide	3333
641	S0641	I1719	薄荷内酯	Mintlactone	3764
642	S0642	I1720	δ-十三内酯	δ-Tridecalactone	—
643	S0643	I1721	δ-十四内酯	δ-Tetradecalactone	3590
644	S0644	I1722	5-羟基-2,4-癸二烯酸内酯(6-戊基-α-吡喃酮)	5-Hydroxy-2,4-decadienoic acid lactone (6-Pentyl-α-pyrone)	3696
645	S0645	I1723	5-羟基-7-癸烯酸内酯(茉莉内酯)	5-Hydroxy-7-decenoic acid lactone (Jasmine lactone)	3745
646	S0646	I1724	威士忌内酯	Whiskey lactone	3803
647	S0647	I1725	二氢猕猴桃内酯[(+/−)-2,6,6-三甲基-2-羟基环亚己基乙酸γ-内酯]	Dihydroactinidiolide [(+/−)-(2,6,6-Trimethyl-2-hydroxycyclohexylidene) acetic acid γ-lactone]	4020
648	S0648	I1726	黄葵内酯	Ambrettolide	2555
649	S0649	I1727	α-当归内酯	α-Angelica lactone	3293
650	S0650	I1728	γ-甲基癸内酯	γ-Methyldecalactone	3786
651	S0651	I1731	β-石竹烯	β-Caryophyllene	2252
652	S0652	I1732	巴伦西亚橘烯	Valencene	3443

表 B.3（续）

序号	编码	原编码	香料中文名称	香料英文名称	FEMA 编号
653	S0653	I1733	月桂烯	Myrcene	2762
654	S0654	I1734	*d*-苧烯	*d*-Limonene	2633
655	S0655	I1735	异松油烯	Terpinolene	3046
656	S0656	I1736	罗勒烯	Ocimene	3539
657	S0657	I1737	莰烯	Camphene	2229
658	S0658	I1738	*α*-蒎烯	*α*-Pinene	2902
659	S0659	I1739	*β*-蒎烯	*β*-Pinene	2903
660	S0660	I1740	1,8-桉叶素	1,8-Cineole	2465
661	S0661	I1741	1,4-桉叶素	1,4-Cineole	3658
662	S0662	I1742	二氢香豆素	Dihydrocoumarin	2381
663	S0663	I1743	1,4-二甲基-4-乙酰基-1-环己烯	1,4-Dimethyl-4-acetyl-1-cyclohexene	3449
664	S0664	I1744	2-甲酰基-6,6-二甲基双环[3.1.1]庚-2-烯(桃金娘烯醛)	2-Formyl-6,6-dimethylbicyclo[3.1.1]-hept-2-ene (Myrtenal)	3395
665	S0665	I1745	茶螺烷[1-氧杂螺-(4,5)-2,6,10,10-四甲基-6-癸烯]	Theaspirane [2,6,10,10-Tetramethyl-1-oxaspiro(4,5)-dec-6-ene]	3774
666	S0666	I1746	1,3,5-十一碳三烯	1,3,5-Undecatriene	3795
667	S0667	I1747	对,*α*-二甲基苯乙烯	*p*,*α*-Dimethylstyrene	3144
668	S0668	I1748	*α*-水芹烯	*α*-Phellandrene	2856
669	S0669	I1749	红没药烯	Bisabolene	3331
670	S0670	I1750	*γ*-松油烯	*γ*-Terpinene	3559
671	S0671	I1751	6-羟基二氢茶螺烷	6-Hydroxydihydrotheaspirane	3549
672	S0672	I1752	1-甲基-3-甲氧基-4-异丙基苯	1-Methyl-3-methoxy-4-isopropylbenzene	3436
673	S0673	I1753	间-二甲氧基苯	*m*-Dimethoxybenzene	2385
674	S0674	I1754	对-异丙基甲苯	*p*-Cymene	2356
675	S0675	I1755	3,4-二甲酚	3,4-Dimethylphenol	3596
676	S0676	I1756	1-甲基萘	1-Methylnaphthalene	3193
677	S0677	I1757	1,2-二甲氧基苯	1,2-Dimethoxybenzene	3799
678	S0678	I1758	*α*-金合欢烯	*α*-Farnesene	3839
679	S0679	I1759	苏合香烯	Styrene	3233
680	S0680	I1760	*α*-松油烯	*α*-Terpinene	3558
681	S0681	I1761	3-蒈烯	3-Carene	3821
682	S0682	I1762	聚苧烯	Polylimonene	—
683	S0683	I1763	香菇素	Lenthionine	—
684	S0684	I1764	氧化石竹烯	Caryophyllene oxide	4085

表 B.3（续）

序号	编码	原编码	香料中文名称	香料英文名称	FEMA 编号
685	S0685	I1765	2,4,6-三甲基-1,3,5-三氧杂环己烷(三聚乙醛)	2,4,6-Trimethyl-1,3,5-trioxacyclohexane (Paraldehyde)	4010
686	S0686	I1781	甲硫醇	Methyl mercaptan	2716
687	S0687	I1782	3-甲硫基丙醇	3-(Methylthio)propanol	3415
688	S0688	I1783	正丁硫醇	1-Butanethiol	3478
689	S0689	I1784	2-甲基-1-丁硫醇	2-Methyl-1-butanethiol	3303
690	S0690	I1785	3-(甲硫基)-1-己醇	3-(Methylthio)-1-hexanol	3438
691	S0691	I1786	1,6-己二硫醇	1,6-Hexanedithiol	3495
692	S0692	I1787	糠基硫醇(咖啡醛)	Furfuryl mercaptan	2493
693	S0693	I1788	二甲基硫醚	Dimethyl sulfide	2746
694	S0694	I1789	二甲基二硫醚	Dimethyl disulfide	3536
695	S0695	I1790	二甲基三硫醚	Dimethyl trisulfide	3275
696	S0696	I1791	二丁基硫醚	Dibutyl sulfide	2215
697	S0697	I1792	2,2'-(硫代二亚甲基)-二呋喃二糠基硫醚	2,2'-(Thiodimethylene)-difuran 2-Furfuryl monosufide Bis(2-furfuryl)sulfide Difurfuryl sulphide	3238
698	S0698	I1793	二糠基二硫醚	Difurfuryl disulphide	3146
699	S0699	I1794	邻-甲硫基苯酚	*o*-(Methylthio)-phenol	3210
700	S0700	I1795	3-甲硫基丙醛	3-(Methylthio)propionaldehyde	2747
701	S0701	I1796	8-巯基薄荷酮	*p*-Mentha-8-thiol-3-one	3177
702	S0702	I1797	硫代乙酸糠酯	Furfuryl thioacetate	3162
703	S0703	I1798	3-甲硫基丙酸甲酯	Methyl 3-methylthiopropionate	2720
704	S0704	I1799	3-甲硫基丙酸乙酯	Ethyl 3-methylthiopropionate	3343
705	S0705	I1800	吲哚	Indole	2593
706	S0706	I1801	三甲基胺	Trimethylamine	3241
707	S0707	I1802	玫瑰醚	Rose oxide	3236
708	S0708	I1803	羟基香茅醇	Hydroxycitronellol	2586
709	S0709	I1804	3,5-二甲基-1,2,4-三硫杂环戊烷	3,5-Dimethyl-1,2,4-trithiolane	3541
710	S0710	I1805	2-甲基吡嗪	2-Methylpyrazine	3309
711	S0711	I1806	2,3-二甲基吡嗪	2,3-Dimethylpyrazine	3271
712	S0712	I1807	2,5-二甲基吡嗪	2,5-Dimethylpyrazine	3272
713	S0713	I1808	2,3,5-三甲基吡嗪	2,3,5-Trimethylpyrazine	3244
714	S0714	I1809	对-甲苯基乙醛	*p*-Tolylacetaldehyde	3071
715	S0715	I1810	2,6,6-三甲基-1 或 2-环己烯-1-甲醛	2,6,6-Trimethyl-1 or 2-cyclohexen-1-carboxaldehyde	3639

表 B.3（续）

序号	编码	原编码	香料中文名称	香料英文名称	FEMA 编号
716	S0716	I1811	2-异丁基-3-甲基吡嗪	2-Isobutyl 3-methylpyrazine	3133
717	S0717	I1812	2-甲氧基-3-仲丁基吡嗪	2-Methoxy-3-sec-butylpyrazine	3433
718	S0718	I1813	2,3-二乙基吡嗪	2,3-Diethylpyrazine	3136
719	S0719	I1814	3-乙基-2,6-二甲基吡嗪	3-Ethyl-2,6-dimethylpyrazine	3150
720	S0720	I1815	乙酰基吡嗪	Acetylpyrazine	3126
721	S0721	I1816	2-乙酰基-3-乙基吡嗪	2-Acetyl-3-ethylpyrazine	3250
722	S0722	I1817	2,3-二乙基-5-甲基吡嗪	2,3-Diethyl-5-methylpyrazine	3336
723	S0723	I1818	5-异丙基-2-甲基吡嗪	5-Isopropyl-2-methylpyrazine	3554
724	S0724	I1819	2,6-二甲基吡啶	2,6-Dimethylpyridine	3540
725	S0725	I1820	4-甲基噻唑	4-Methylthiazole	3716
726	S0726	I1821	α-甲基肉桂醛	α-Methylcinnamaldehyde	2697
727	S0727	I1822	5-羟乙基-4-甲基噻唑	5-Hydroxyethyl-4-methylthiazole	3204
728	S0728	I1823	2,4,5-三甲基噻唑	2,4,5-Trimethylthiazole	3325
729	S0729	I1824	2-乙基-4-甲基噻唑	2-Ethyl-4-methylthiazole	3680
730	S0730	I1825	5-乙烯基-4-甲基噻唑	4-Methyl-5-vinylthiazole	3313
731	S0731	I1826	2-乙酰基噻唑	2-Actylthiazole	3328
732	S0732	I1827	2-异丙基-4-甲基噻唑	2-Isopropyl-4-methylthiazole	3555
733	S0733	I1828	2-异丁基噻唑	2-Isobutylthiazole	3134
734	S0734	I1829	苯并噻唑	Benzothiazole	3256
735	S0735	I1830	*N*-糠基吡咯	*N*-Furfuryl pyrrole	3284
736	S0736	I1831	2-乙酰基吡咯	2-Acetylpyrrole	3202
737	S0737	I1832	5,6,7,8-四氢喹噁啉	5,6,7,8-Tetrahydroquinoxaline	3321
738	S0738	I1833	2,4,5-三甲基-δ-3-噁唑啉	2,4,5-Trimethyl-δ-3-oxazoline	3525
739	S0739	I1834	2-甲基-4-丙基-1,3-噁唑烷	2-Methyl-4-propyl-1,3-oxathiane	3578
740	S0740	I1835	吡啶	Pyridine	2966
741	S0741	I1836	二丙基二硫醚	Propyl disulfide	3228
742	S0742	I1837	2-戊基硫醇	2-Pentanethiol	3792
743	S0743	I1838	邻-甲基苯硫酚	*o*-Toluenethiol	3240
744	S0744	I1839	苄基硫醇	Benzyl mercaptan	2147
745	S0745	I1840	1-对-盖烯-8-硫醇	1-*p*-Menthene-8-thiol	3700
746	S0746	I1841	甲基丙基二硫醚	Methyl propyl disulfide	3201
747	S0747	I1842	甲基苄基二硫醚	Methyl benzyl disulfide	3504
748	S0748	I1843	甲基糠基二硫醚	Methyl furfuryl disulfide	3362
749	S0749	I1844	烯丙基二硫醚	Allyl disulfide	2028

表 B.3(续)

序号	编码	原编码	香料中文名称	香料英文名称	FEMA 编号
750	S0750	I1845	双(2-甲基-3-呋喃基)二硫醚	Bis (2-methyl-3-furyl)disulfide	3259
751	S0751	I1846	糠基甲基硫醚	Furfuryl methyl sulfide	3160
752	S0752	I1847	2,6-二甲基苯硫酚	2,6-Dimethylthiophenol	3666
753	S0753	I1848	2-甲基-3(2-呋喃基)丙烯醛	2-Methyl-3(2-furyl)acrolein	2704
754	S0754	I1849	2-甲基四氢噻吩-3-酮	2-Methyltetrahydrothiophen-3-one	3512
755	S0755	I1850	2-甲基-5-(甲硫基)呋喃	2-Methyl-5-(methylthio)furan	3366
756	S0756	I1851	2-羟基-3,5,5-三甲基-2-环己烯酮	2-Hydroxy-3, 5, 5-trimethyl-2-cyclohexenone	3459
757	S0757	I1852	糠酸甲酯	Methyl 2-furoate	2703
758	S0758	I1853	硫代乙酸乙酯	Ethyl thioacetate	3282
759	S0759	I1854	硫代乙酸丙酯	Propyl thioacetate	3385
760	S0760	I1855	3-巯基丙酸乙酯	Ethyl 3-mercaptopropionate	3677
761	S0761	I1856	硫代丁酸甲酯	Methyl thiobutyrate	3310
762	S0762	I1857	异硫氰酸烯丙酯	Allyl isothiocyanate	2034
763	S0763	I1858	2-硫代糠酸甲酯	Methyl 2-thiofuroate	3311
764	S0764	I1859	3-甲基-1,2,4-三噻烷	3-Methyl-1,2,4-trithiane	3718
765	S0765	I1860	2,3,5,6-四甲基吡嗪	2,3,5,6-Tetramethylpyrazine	3237
766	S0766	I1861	2-乙基吡嗪	2-Ethylpyrazine	3281
767	S0767	I1862	2-乙基-3,(5 或 6)-二甲基吡嗪	2-Ethyl-3(5 or 6)-dimethylpyrazine	3149
768	S0768	I1863	2-甲氧基-3-异丁基吡嗪	2-Methoxy-3-isobutyl pyrazine	3132
769	S0769	I1864	1-甲基-2-乙酰基吡咯	1-Methyl-2-acetylpyrrole	3184
770	S0770	I1865	*N*-乙基-2-乙酰基吡咯	1-Ethyl-2-acetylpyrrole	3147
771	S0771	I1866	喹啉	Quinoline	3470
772	S0772	I1867	6-甲基喹啉	6-Methylquinoline	2744
773	S0773	I1868	5-甲基喹噁啉	5-Methylquinoxaline	3203
774	S0774	I1869	哌啶	Piperidine	2908
775	S0775	I1870	β-甲基吲哚	β-Methylindole	3019
776	S0776	I1871	5-乙基-2-甲基吡啶	5-Ethyl-2-methylpyridine	3546
777	S0777	I1872	3-乙基吡啶	3-Ethylpyridine	3394
778	S0778	I1873	2-乙酰基吡啶	2-Acetylpyridine	3251
779	S0779	I1874	3-乙酰基吡啶	3-Acetylpyridine	3424
780	S0780	I1875	甲酸肉桂酯	Cinnamyl formate	2299
781	S0781	I1876	异戊胺	Isopentylamine	3219
782	S0782	I1877	苯乙胺	Phenethylamine	3220

表 B.3（续）

序号	编码	原编码	香料中文名称	香料英文名称	FEMA 编号
783	S0783	I1878	2-甲基-1,3-二硫环戊烷	2-Methyl-1,3-dithiolane	3705
784	S0784	I1879	6-乙酰氧基二氢茶螺烷	6-Acetoxydihydrotheaspirane	3651
785	S0785	I1880	4,5-二甲基噻唑	4,5-Dimethyl thiazole	3274
786	S0786	I1881	3-巯基己醇	3-Mercaptohexanol	3850
787	S0787	I1882	三硫丙酮	Trithioacetone	3475
788	S0788	I1883	2,6-二甲基吡嗪	2,6-Dimethylpyrazine	3273
789	S0789	I1884	2-(甲硫基)乙酸乙酯	Ethyl 2-(methylthio) acetate	3835
790	S0790	I1885	乙酸 3-巯基己酯	3-Mercaptohexyl acetate	3851
791	S0791	I1886	2-(甲基二硫基)丙酸乙酯	Ethyl 2-(methyldithio) propionate	3834
792	S0792	I1887	3-(甲硫基)丁酸乙酯	Ethyl 3-(methylthio) butyrate	3836
793	S0793	I1888	丁酸 3-巯基己酯	3-Mercaptohexyl butyrate	3852
794	S0794	I1889	己酸 3-巯基己酯	3-Mercaptohexyl hexanoate	3853
795	S0795	I1890	糠醇	Furfuryl alcohol	2491
796	S0796	I1891	四氢糠醇	Tetrahydro furfuryl alcohol	3056
797	S0797	I1892	牛磺酸(2-氨基乙基磺酸)	Taurine (2-Aminoethylsulfonic Acid)	3813
798	S0798	I1893	2-乙基-3-甲基吡嗪	2-Ethyl-3-Methylpyrazine	3155
799	S0799	I1894	3-甲基-2-丁硫醇	3-Methyl-2-butanethiol	3304
800	S0800	I1895	2-甲基-3-四氢呋喃硫醇	2-Methyl-3-tetrahydrofuranthiol	3787
801	S0801	I1896	丙硫醇	Propanethiol	3521
802	S0802	I1897	1,3-丙二硫醇	1,3-Propanedithiol	3588
803	S0803	I1898	烯丙基硫醇(2-丙烯基-1-硫醇)	Allyl mercaptan (2-propen-1-thiol)	2035
804	S0804	I1899	4-甲氧基-2-甲基-2-丁硫醇	4-Methoxy-2-methyl-2-butanethiol	3785
805	S0805	I1900	2-苯乙硫醇	2-Phenylethyl mercaptan	3894
806	S0806	I1901	3-巯基-3-甲基-1-丁醇	3-Mercapto-3-methyl-1-butanol	3854
807	S0807	I1902	甲基 2-甲基-3-呋喃基二硫醚	Methyl 2-methyl-3-furyl disufide	3573
808	S0808	I1903	甲基乙基硫醚	Methyl ethyl sulfide	3860
809	S0809	I1904	甲基苯基二硫醚	Methyl phenyl disulfide	3872
810	S0810	I1905	二乙基硫醚	Diethyl sulfide	3825
811	S0811	I1906	二丙基三硫醚	Dipropyl trisulfide	3276
812	S0812	I1907	丙烯基丙基二硫醚	Propenyl propyl disulfide	3227
813	S0813	I1908	二烯丙基硫醚	Allyl sulfide	2042
814	S0814	I1909	二烯丙基三硫醚	Diallyl trisulfide	3265
815	S0815	I1910	二烯丙基四硫醚(二烯丙基聚硫醚)	Diallyl tetrasulfide (Diallyl polysulfide)	3533
816	S0816	I1911	2-甲硫甲基-2-丁烯醛	2-(Methylthio)methyl-2-butenal	3601

表 B.3（续）

序号	编码	原编码	香料中文名称	香料英文名称	FEMA 编号
817	S0817	I1912	3-甲硫基己醛	3-Methylthio hexanal	3877
818	S0818	I1913	乙酸环己酯	Cyclohexyl acetate	2349
819	S0819	I1914	邻-氨基苯乙酮	*o*-Amino acetophenone	3906
820	S0820	I1915	2-甲基-3-甲硫基呋喃	2-Methyl-3-(methylthio) furan	3949
821	S0821	I1916	甲酸 3-巯基 3-甲基丁酯	3-Mercapto-3-methyl-butyl formate	3855
822	S0822	I1917	乙酸 3-甲硫基丙酯	3-(Methylthio) propyl acetate	3883
823	S0823	I1918	3-甲基硫代丁酸 *S*-甲酯(异戊酸甲硫醇酯)	*S*-Methyl 3-methylbutanethioate (Methylthiol isovalerate)	3864
824	S0824	I1919	甲硫磺酸 *S*-甲酯	*S*-Methyl methanethiosulfonate	—
825	S0825	I1920	2-甲硫基丁酸甲酯	Methyl 2-methythio butyrate	3708
826	S0826	I1921	3-甲硫基-1-己醇乙酸酯	3-(Methylthio)-1-hexyl acetate	3789
827	S0827	I1922	甲硫醇乙酸酯	*S*-methyl thioacetate	3876
828	S0828	I1923	(5*H*)-5-甲基-6,7-二氢环戊基并(b)吡嗪	(5*H*)-5-Methyl-6, 7-dihydro-cyclopenta (b) pyrazine	3306
829	S0829	I1924	2-甲氧基吡嗪	2-Methoxypyrazine	3302
830	S0830	I1925	2-,5 或 6-甲氧基-3-甲基吡嗪	2-,5 or 6-Methoxy-3-methyl-pyrazine	3183
831	S0831	I1926	2-乙酰基-3,5(或 6)-二甲基吡嗪	2-Acetyl-3,5(or6)dimethyl pyrazine	3327
832	S0832	I1927	2-乙酰基 3-甲基吡嗪	2-Acetyl 3-methyl pyrazine	3964
833	S0833	I1928	四氢吡咯(吡咯烷)	Tetrahydropyrrole (Pyrrolidine)	3523
834	S0834	I1929	2-异丁基吡啶	2-Isobutyl pyridine	3370
835	S0835	I1930	2-乙基-4,5-二甲基噁唑	2-Ethyl-4,5-dimethyloxazole	3672
836	S0836	I1931	硫化铵	Ammonium sulfide	2053
837	S0837	I1932	2-巯基丙酸乙酯	Ethyl 2-mercaptopropionate	3279
838	S0838	I1933	*N*-(4-羟基-3-甲氧基苄基)壬酰胺	*N*-(4-Hydroxy-3-methoxybenzyl)-nonanamide	2787
839	S0839	I1934	1,4-二噻烷	1,4-Dithiane	3831
840	S0840	I1935	桃金娘烯醇	Myrtenol	3439
841	S0841	I1936	胡椒碱	Piperine	2909
842	S0842	I1937	2,3-二甲基苯并呋喃	2,3-Dimethylbenzofuran	3535
843	S0843	I1938	4-羟基-5-甲基-3(2*H*)呋喃酮	4-Hydroxy-5-methyl-3-(2*H*)-furanone	3635
844	S0844	I1939	γ-紫罗兰酮	γ-Ionone	3175
845	S0845	I1940	α-二氢紫罗兰酮	Dihydro-Alpha-ionone	3628
846	S0846	I1941	*d*-胡椒酮(对-蓋-1-烯-3-酮)	*d*-Piperitone (*p*-menth-1-en-3-one)	2910
847	S0847	I1942	胡椒烯酮(对-蓋-1,4(8)-二烯-3-酮)	Piperitenone (*p*-Mentha-1,4(8)-dien-3-one)	3560

表 B.3（续）

序号	编码	原编码	香料中文名称	香料英文名称	FEMA 编号
848	S0848	I1943	*l*-天冬氨酸	*l*-Aspartic acid	3656
849	S0849	I1944	*d*,*l*-异亮氨酸	*d*,*l*-Isoleucine	3295
850	S0850	I1945	焦木酸提取物	Pyroligneous acid extract	2968
851	S0851	I1946	醋酸钠	Sodium acetate	3024
852	S0852	I1947	二醋酸钠	Sodium diacetate	3900
853	S0853	I1948	琥珀酸二钠	Disodium succinate	3277
854	S0854	I1949	5'-鸟苷酸二钠	Disodium 5'-guanylate	3668
855	S0855	I1950	5'-肌苷酸二钠	Disodium 5'-inosinate	3669
856	S0856	I1951	磷酸三钙	Tricalcium phosphate	3081
857	S0857	I1952	δ-十六内酯	δ-Hexadecalactone	—
858	S0858	I1953	(＋/－)二氢薄荷内酯	(＋/－)Dihydromintlactone	4032
859	S0859	I1954	顺式-4-十二烯醛	(*Z*)-4-Dodecenal	4036
860	S0860	I1955	4,5-环氧反式-2-癸烯醛	4,5-Epoxy *trans*-2-decenal	4037
861	S0861	I1956	2-乙基-5-甲基吡嗪	2-Ethyl-5-methylpyrazine	3154
862	S0862	I1957	顺式-3-顺式-6-壬二烯-1-醇	*cis*-3-*cis*-6-Nonadien-1-ol	3885
863	S0863	I1958	2-甲基-1-丁醇	2-Methyl-1-butanol	3998
864	S0864	I1959	异龙脑	Isoborneol	2158
865	S0865	I1960	2-壬醇	2-Nonanol	3315
866	S0866	I1961	反式-2-辛烯-1-醇	(*E*)-2-Octen-1-ol (*trans*-2-Octen-1-ol)	3887
867	S0867	I1962	香芹醇	Carveol	2247
868	S0868	I1963	对-盖烷-2-酮	*p*-Menthan-2-one	3176
869	S0869	I1964	4-甲基-3-戊烯-2-酮	4-Methyl-3-penten-2-one	3368
870	S0870	I1965	反式,反式-3,5 辛二烯-2-酮	*trans*,*trans*-3,5-Octadien-2-one	4008
871	S0871	I1966	2-甲基呋喃	2-Methyl furan	4179
872	S0872	I1967	3-癸烯-2-酮	3-Decen-2-one	3532
873	S0873	I1968	2-辛烯-4-酮	2-Octen-4-one	3603
874	S0874	I1970	2-呋喃基-2-丙酮	(2-Furyl)-2-propanone	2496
875	S0875	I1972	5-甲基-2,3-已二酮	5-Methyl-2,3-hexanedione	3190
876	S0876	I1973	2-甲基-3-戊烯酸	2-Methyl-3-pentenoic acid	3464
877	S0877	I1974	*L*-酪氨酸	*L*-Tyrosine	3736
878	S0878	I1975	2-氧代戊二酸	2-Oxopentanedioic acid	3891
879	S0879	I1976	4-茴香酸	4-Anisic acid	3945
880	S0880	I1977	亚油酸	Linoleic acid	3380
881	S0881	I1978	甘草酸	Glycyrrhizic acid	—

表 B.3（续）

序号	编码	原编码	香料中文名称	香料英文名称	FEMA 编号
882	S0882	I1979	*L*-胱氨酸	*L*-Cystine	—
883	S0883	I1980	*L*-蛋氨酸	*L*-Methionine	—
884	S0884	I1981	*L*-谷氨酰胺	*L*-Glutamine	3684
885	S0885	I1982	2-丙硫醇	2-Propanethiol	3897
886	S0886	I1983	4-巯基-4-甲基-2-戊酮	4-Mercapto-4-methyl-2-pentanone	3997
887	S0887	I1984	1,2-乙二硫醇	1,2-Ethanedithiol	3484
888	S0888	I1985	异戊烯基硫醇	Prenyl mercaptan	3896
889	S0889	I1986	*d*,*l*-(3-氨基-3-羧基丙基)二甲基氯化锍(甲基蛋氨酸-氯化锍)	*d*,*l*-(3-Amino-3-carboxypropyl) dimethylsulfonium chloride (*d*,*l*-Methylmethionine sulfonium chloride)	3445
890	S0890	I1987	2-甲基-3-硫代乙酰氧基-4,5-二氢呋喃	2-Methyl-3-thioacetoxy-4, 5-dihydrofuran	3636
891	S0891	I1988	异丁基硫醇	Isobutyl mercaptan	3874
892	S0892	I1989	苄基硫醇	Benzenethiol	3616
893	S0893	I1990	异硫氰酸苄酯	Benzyl isothiocyanate	—
894	S0894	I1991	甲基烯丙基三硫醚	Allyl methyl trisulfide	3253
895	S0895	I1992	2-戊基噻吩	2-Pentyl thiophene	4387
896	S0896	I1993	3,5-二乙基-1,2,4-三硫杂环戊烷	3,5-Diethyl-1,2,4-trithiolane	4030
897	S0897	I1994	噻吩	Thiophene	—
898	S0898	I1995	2,4,6-三甲基二氢-4*H*-1,3,5-二噻嗪	2, 4, 6-Trimethyldihydro-4*H*-1, 3, 5-dithiazine	4018
899	S0899	I1996	异硫氰酸 3-甲硫基丙酯	3-Methylthiopropyl isothiocyanate	3312
900	S0900	I1997	3-甲基丁基硫醇	3-Methylbutanethiol	3858
901	S0901	I1998	2-乙酰基-2-噻唑啉	2-Acetyl-2-thiazoline	3817
902	S0902	I1999	甲基丙基三硫醚	Methyl propyl trisulfide	3308
903	S0903	I2000	噻唑	Thiazole	3615
904	S0904	I2001	吡嗪	Pyrazine	4015
905	S0905	I2002	甲基 1-丙烯基二硫醚	Methyl 1-propenyl disulfide	3576
906	S0906	I2003	甲酸丙酯	Propyl formate	2943
907	S0907	I2004	香兰素 3-(*L*-盖氧基)丙-1,2-二醇缩醛	Vanlillin 3-(*L*-menthoxy) propane-1, 2-diol acetal	3904
908	S0908	I2005	3-戊烯-2-酮	3-Penten-2-one	3417
909	S0909	I2006	十二酸甲酯(月桂酸甲酯)	Methyl dodecanoate (Methyl laurate)	2715
910	S0910	I2007	乙酸紫苏酯(对-1,8-盖二烯-7-醇乙酸酯	Perillyl acetate(*p*-Mentha-1,8-dien-7-yl acetate)	3561

表 B.3（续）

序号	编码	原编码	香料中文名称	香料英文名称	FEMA 编号
911	S0911	I2008	苹果酸二乙酯	Diethyl malate	2374
912	S0912	I2009	甲硫基乙酸甲酯	Methyl (methylthio) acetate	4003
913	S0913	I2010	2-乙酰基-1-吡咯啉	2-Acetyl-1-pyrroline	4249
914	S0914	I2011	甲酸异丙酯	Isopropyl formate	2944
915	S0915	I2012	4-甲基-2-戊烯醛	4-Methyl-2-pentenal	3510
916	S0916	I2013	亚油酸乙酯	Ethyl linoleate	—
917	S0917	I2014	2,4,6-三异丁基-5,6-二氢-4*H*-1,3,5-二噻嗪	2,4,6-Triisobutyl-5,6-dihydro-4*H*-1,3,5-dithiazine	4017
918	S0918	I2015	乙酸十二醇酯	Dodecyl acetate	2616
919	S0919	I2016	2-乙基丁醛	2-Ethyl butyraldehyde	2426
920	S0920	I2017	辛酸辛酯	Octyl caprylate	2811
921	S0921	I2018	己醛二乙缩醛	Hexanal diethyl acetal	—
922	S0922	I2019	丙酸异丙酯	Isopropyl propionate	2959
923	S0923	I2020	丁酸反式-2-己烯酯	*trans*-2-Hexenyl butyrate	3926
924	S0924	I2021	异硫氰酸丁酯	Butyl Isothiocyanate	4082
925	S0925	I2022	*N*-葡糖酰基乙醇胺	*N*-Gluconyl ethanolamine	4254
926	S0926	I2023	*N*-乳酰基乙醇胺	*N*-Lactoyl ethanolamine	4256
927	S0927	I2024	1-庚烯-3-醇	1-Hepten-3-ol	4129
928	S0928	I2025	乙硫醇	Ethanethiol	4258
929	S0929	I2026	六偏磷酸钠	Sodium hexameta phosphate	3027
930	S0930	I2027	乙酸 *L*-龙脑酯	*L*-Bornyl acetate	4080
931	S0931	I2028	反式-α-突厥酮	*trans*-α-Damascone	4088
932	S0932	I2029	二乙基二硫醚	Diethyl disulfide	4093
933	S0933	I2030	2,5-二甲基-3(2*H*)呋喃酮	2,5-Dimethyl-3(2*H*) furanone	4101
934	S0934	I2031	香叶酸	Geranic acid	4121
935	S0935	I2032	1-(3-羟基-5-甲基-2-噻吩)乙酮	1-(3-Hydroxy-5-methyl-2-thienyl) ethanone	4142
936	S0936	I2033	异黄葵内酯	Isoambrettolide	4145
937	S0937	I2034	异丁酸异龙脑酯	Isobornyl isobutyrate	4146
938	S0938	I2035	*N*-甲基邻氨基苯甲酸异丁酯	Isobutyl *N*-methylanthranilate	4149
939	S0939	I2036	丁酸 3-(甲硫基)丙酯	Methionyl butyrate [3-(Methylthio) propyl butyrate]	4160
940	S0940	I2037	(*S*1)-甲氧基-3-庚硫醇	(*S*1)-Methoxy-3-heptanethiol	4162
941	S0941	I2038	5-*Z*-辛烯酸甲酯	Methyl 5-*Z*-octenoate	4165
942	S0942	I2039	*N*-乙酰基邻氨基苯甲酸甲酯	Methyl *N*-acetylanthranilate	4170

表 B.3（续）

序号	编码	原编码	香料中文名称	香料英文名称	FEMA 编号
943	S0943	I2040	3-甲基-2-(3-甲基-2-丁烯)呋喃	3-Methyl-2-(3-methylbut-2-enyl) furan	4174
944	S0944	I2041	乙酸植醇酯	Phytyl acetate	4197
945	S0945	I2042	3,7,11-三甲基十二碳-2,6,10-三烯醇乙酸酯	3，7，11-Trimethyldodeca-2，6，10-trienyl acetate	4213
946	S0946	I2043	三乙胺	Triethylamine	4246
947	S0947	I2044	丙酸茴香酯	Anisyl propionate	2102
948	S0948	I2045	丁酸 3-丁酮-2-醇酯	Butan-3-one-2-yl butanoate	3332
949	S0949	I2046	异喹啉	Isoquinoline	2978
950	S0950	I2047	2-丙酰噻唑	2-Propionylthiazole	3611
951	S0951	I2048	2(4)-异丙基-4(2),6-二甲基二氢(4*H*)-1,3,5-二噻嗪	2(4)-Isopropyl-4(2),6-dimethyldihydro(4*H*)-1,3,5-dithiazine	3782
952	S0952	I2049	丁酸松油酯	Terpinyl butyrate	3049
953	S0953	I2050	3-正丁基苯肽	3-*n*-Butylphthalide	3334
954	S0954	I2051	2,2-二甲基-5-(1-甲基-1-丙烯基)四氢呋喃	2，2-Dimethyl-5-(1-methylpropen-1-yl)tetrahydrofuran	3665
955	S0955	I2052	(6*R*)-3-甲基-6-(1-甲基乙基)-2-环己烯-1-酮	2-Cyclohexen-1-one， 3-methyl-6-(1-methylethyl)-,(6*R*)-	4200
956	S0956	I2053	3-甲基-2-丁烯-1-醇	3-Methyl-2-buten-1-ol	3647
957	S0957	I2054	对蓋-1-烯-9-醇乙酸酯	1-*p*-Menthen-9-yl acetate	3566
958	S0958	I2055	乙酸 2-辛烯醇酯	2-Octen-1-yl acetate	3516
959	S0959	I2056	1-(对-甲氧基苯基)-2-丙酮	1-(*p*-Methoxyphenyl)-2-propanone	2674
960	S0960	I2057	十八酸丁酯(硬脂酸丁酯)	Butyl octadecanoate (Butyl stearate)	2214
961	S0961	I2058	(+/—)-1-苯乙基硫醇	(+/—)-1-Phenylethylmercaptan	4061
962	S0962	I2059	4-异丙基-2-环己烯酮	4-Isopropyl-2-cyclohexenone	3939
963	S0963	I2060	邻-甲氧基苯甲酸甲酯	Methyl *o*-methoxybenzoate	2717
964	S0964	I2061	丙酮醛	Pyruvaldehyde	2969
965	S0965	I2062	甲基乙基三硫醚	Methyl ethyl trisulfide	3861
966	S0966	I2063	2-甲基-2-(甲二硫基)-丙醛	2-Methyl-2-(methyldithio) propanal	3866
967	S0967	I2064	二(甲硫基)甲烷	Bis-(Methylthio) methane	3878
968	S0968	I2065	2,3,5-三硫杂己烷	2,3,5-Trithiahexane	4021
969	S0969	I2066	4-乙基辛酸	4-Ethyl octanoic acid	3800
970	S0970	I2067	二氢诺卡酮	Dihydronootkatone	3776
971	S0971	I2068	1-乙氧基-3-甲基-2-丁烯	1-Ethoxy-3-methyl-2-butene	3777
972	S0972	I2069	2-乙烯基-2-甲基-5-(1-甲基乙烯基)四氢呋喃	2-Ethenyl-2-methyl-5-(1-methylethe-nyl)-tetrahydrofuran	3759

表 **B.3**（续）

序号	编码	原编码	香料中文名称	香料英文名称	FEMA 编号
973	S0973	I2070	异戊酸糠酯	Furfuryl isovalerate	3283
974	S0974	I2071	异戊酸芳樟酯	Linalyl isovalerate	2646
975	S0975	I2072	3-甲基-2-丁醇	3-Methyl-2-butanol	3703
976	S0976	I2073	3-甲基-1-戊醇	3-Methyl-1-pentanol	3762
977	S0977	I2074	4-甲基-2-戊酮	4-Methyl-2-pentanone	2731
978	S0978	I2075	反式-3-顺式-6-壬二烯醇	*trans*-3-*cis*-6-Nonadienol	3884
979	S0979	I2076	庚酸甲酯	Methyl heptanoate	2705
980	S0980	I2077	顺式-3-己烯醇丙酸酯	(*Z*)-3-Hexenyl propionate	3933
981	S0981	I2078	反式-2-癸烯酸乙酯	Ethyl *trans*-2-decenoate	3641
982	S0982	I2079	2-乙基苯酚	2-Ethyl phenol	—
983	S0983	I2080	盐酸硫胺素	Thiamine hydrochloride	3322
984	S0984	I2081	*N*-甲基吡咯-2-甲醛	*N*-Methyl pyrrol-2-carboxaldehyde	4332
985	S0985	I2082	乙酸香兰素酯	Vanillin acetate	3108
986	S0986	I2083	*l*-组氨酸	*l*-Histidine	3694
987	S0987	I2084	δ-突厥酮	δ-Damascone	3622
988	S0988	I2085	2-甲基戊酸乙酯	Ethyl 2-methylpentanoate	3488
989	S0989	I2086	4-甲硫基-2-丁酮	4-Methylthio-2-butanone	3375
990	S0990	I2087	乳酸 *l*-薄荷酯	*l*-Menthyl lactate	3748
991	S0991	I2088	甲基 3-甲基-1-丁烯基二硫醚	Methyl 3-methyl-1-butenyl disulfide	3865
992	S0992	I2089	1-巯基-2-丙酮	1-Mercapto-2-propanone	3856
993	S0993	I2090	乙酸正戊酯	Pentyl acetate	—
994	S0994	I2091	胡薄荷酮	Pulegone	2963
995	S0995	I2092	1-苯基丙醇-1	1-Phenylpropan-1-ol	2884
996	S0996	I2093	4-苯基 2-丁醇	4-Phenyl-2-butanol	2879
997	S0997	I2094	庚醇-3	Heptan-3-ol	3547
998	S0998	I2095	3-乙酰氧基己酸甲酯	Methyl 3-acetoxy hexanoate	—
999	S0999	I2096	对-蓋-1-烯-3-醇	*p*-Menth-1-en-3-ol	3179
1000	S1000	I2097	4-苧醇	4-Thujanol	3239
1001	S1001	I2098	丙酮酸顺式-3-己烯酯(丙酮酸叶醇酯)	*cis*-3-Hexenyl pyrovate (Leaf pyrovate)	3934
1002	S1002	I2099	联苯	Biphenyl	3129
1003	S1003	I2100	顺式-4-羟基-6-十二烯酸内酯	(*Z*)-4-Hydroxy-6-dodecenoic acid lactone	3780
1004	S1004	I2101	甲基亚磺酰甲烷	Methylsulfinylmethane	3875
1005	S1005	I2102	3,7-二甲基-2,6-辛二烯酸甲酯(香叶酸甲酯)	Methyl 3,7-dimethyl-2,6-octadienoate (methyl geranate)	—

表 B.3（续）

序号	编码	原编码	香料中文名称	香料英文名称	FEMA 编号
1006	S1006	I2103	反式和顺式-4,8-二甲基-3,7-壬二烯-2-酮	(*E*) and (*z*)-4,8-Dimethyl-3,7-nonadien-2-one	3969
1007	S1007	I2104	异亚戊基异戊胺	Isopentylidene isopentylamine	3990
1008	S1008	I2105	戊酸异戊酯	Isoamyl valerate	—
1009	S1009	I2106	丙酸反式-2-己烯酯	*trans*-2-Hexenyl propionate 2-Hexen-1-ol,propanoate,(*E*)	3932
1010	S1010	I2107	硫化氢(仅用于热反应香料)	Hydrogen sulfide	3779
1011	S1011	I2108	戊酸甲酯	Methyl valerate	2752
1012	S1012	I2109	丁酸异丙酯	Isopropyl butyrate	2935
1013	S1013	I2110	烯丙基甲基二硫醚	Allyl methyl disulfide	3127
1014	S1014	I2111	3-壬酮	3-Nonanone	3440
1015	S1015	I2112	二苄基二硫醚	Benzyl disulfide	3617
1016	S1016	I2113	苯乙酸顺式-3-己烯酯(苯乙酸叶醇酯)	*cis*-3-Hexenyl phenylacetate (Leaf phenylacetate)	3633
1017	S1017	I2114	乙酸 3-(乙酰巯基)己酯	3-Acetylmercaptohexyl acetate	3816
1018	S1018	I2115	己酸甲硫醇酯	*S*-Methyl hexanethioate(methyl thiohexanoate)	3862
1019	S1019	I2116	反式-2-丁烯酸(巴豆酸)	(*E*)-2-Butenoic acid (Crotonic acid)	3908
1020	S1020	I2117	戊酸顺式-3-己烯酯(戊酸叶醇酯)	(*Z*)-3-Hexenyl valerate (Leaf valerate)	3936
1021	S1021	I2118	己酸苄酯	Benzyl hexanoate	4026
1022	S1022	I2119	烯丙基丙基二硫醚	Allyl propyl disulfide	4073
1023	S1023	I2120	2,8-表硫-顺式-对-盖烷 4,7,7-三甲基-6-硫杂双环[3.2.1]辛烷 硫代桉叶素	2,8-Epithio-*cis*-*p*-menthane 4,7,7-Trimethyl-6-thiabicyclo [3.2.1] octane Thiocineole	4108
1024	S1024	I2121	癸酸甲酯	Methyl decanoate	—
1025	S1025	I2122	甲酸异丁酯	Isobutyl formate	2197
1026	S1026	I2123	4-庚酮	4-Heptanone	2546
1027	S1027	I2124	戊酸丁酯	Butyl valerate	2217
1028	S1028	I2125	丁酸环己酯	Cyclohexyl butyrate	2351
1029	S1029	I2126	山梨酸乙酯(2,4-己二烯酸乙酯)	Ethyl sorbate (Ethyl 2,4-hexadiencate)	2459
1030	S1030	I2127	单油酸甘油酯	Glyceryl monooleate	2526
1031	S1031	I2128	5-羟基-4-辛酮	5-Hydroxy-4-octanone	2587
1032	S1032	I2129	壬酸甲酯	Methyl nonanoate	2724
1033	S1033	I2130	丙酸橙花酯	Neryl propionate	2777
1034	S1034	I2131	肉桂酸丙酯	Propyl cinnamate	2938

表 B.3（续）

序号	编码	原编码	香料中文名称	香料英文名称	FEMA 编号
1035	S1035	I2132	丁酸玫瑰酯	Rhodinyl butyrate	2982
1036	S1036	I2133	异丁酸玫瑰酯	Rhodinyl isobutyrate	2983
1037	S1037	I2134	丙酸松油酯	Terpinyl propionate	3053
1038	S1038	I2135	丙酸糠酯	Furfuryl propionate	3346
1039	S1039	I2136	戊酸糠酯	Furfuryl pentanoate	3397
1040	S1040	I2137	异茉莉酮	Isojasmone	3552
1041	S1041	I2138	苄基甲基硫醚	Benzyl methyl sulfide	3597
1042	S1042	I2139	3-甲基-2-丁烯醛	3-Methyl-2-butenal	3646
1043	S1043	I2140	2,4-癸二烯酸丙酯	Propyl 2,4-decadienoate	3648
1044	S1044	I2141	反式-2-己烯酸己酯	Hexyl *trans*-2-hexenoate	3692
1045	S1045	I2142	4-烯丙基-2,6-二甲氧基苯酚	4-Allyl-2,6-dimethoxyphenol	3655
1046	S1046	I2143	2-羟基-4-甲基戊酸甲酯	Methyl 2-hydroxy-4-methylpentanoate	3706
1047	S1047	I2144	反式-2-辛烯酸甲酯	Methyl *trans*-2-octenoate	3712
1048	S1048	I2145	2,2,6-三甲基-6-乙烯基四氢吡喃	2,2,6-Trimethyl-6-vinyltetrahydropyran	3735
1049	S1049	I2146	香紫苏内酯	Sclareolide(Decahydro-3a,6,6,9a-tetramethylnaphtho(2,1b)furan-2(1*H*)-one)	3794
1050	S1050	I2147	苯甲酸甲硫醇酯	*S*-Methyl benzothioate	3857
1051	S1051	I2148	反式-2-己烯酸顺式-3-己烯酯	(*Z*)-3-Hexenyl(*E*)-2-hexenoate	3928
1052	S1052	I2149	2-巯基苯甲醚	2-Mercaptoanisole	4159
1053	S1053	I2150	香兰素苏和赤-2,3-丁二醇缩醛	Vanillin erythro and threo-butan-2,3-diol acetal	4023
1054	S1054	I2151	反式 6-甲基-3-庚烯-2-酮	(*E*)-6-Methyl-3-hepten-2-one	4001
1055	S1055	I2152	(±)3-巯基丁酸乙酯	(±)-Ethyl 3-mercaptobutyrate	3977
1056	S1056	I2153	3-巯基-2-甲基戊醇	3-Mercapto-2-methylpentan-1-ol	3996
1057	S1057	I2154	乙醛二异戊醇缩醛	Acetaldehyde diisoamyl acetal	4024
1058	S1058	I2155	(+/—)-2-苯基-4-甲基-2-己烯醛	(+/—)-2-Phenyl-4-methyl-2-hexenal	4194
1059	S1059	I2156	2-庚硫醇	2-Heptanethiol	4128
1060	S1060	I2157	2-(2-羟基-4-甲基-3-环己烯基)-丙酸 γ-内酯	2-(2-Hydroxy-4-methyl-3-cyclohexenyl)-propionic acid γ-lactone (Wine Lactone)	4140
1061	S1061	I2158	*L*-盖基甲基醚(2-异丙基-5-甲基环己基甲基醚)	*L*-Menthyl methyl ether (2-Isopropyl-5-methylcyclohexyl methyl ehter)	4054
1062	S1062	I2159	己酸异丙酯	Isopropyl hexanoate	2950
1063	S1063	I2160	2,4-己二烯-1-醇	2,4-Hexadien-1-ol	3922
1064	S1064	I2161	十六烷酸甲酯	Methyl hexadecanoate	—

表 B.3（续）

序号	编码	原编码	香料中文名称	香料英文名称	FEMA 编号
1065	S1065	I2162	5-甲基-2-噻吩甲醛	5-Methyl-2-thiophenecarboxaldehyde	3209
1066	S1066	I2163	4-甲基-2,6-二甲氧基苯酚	4-Methyl-2,6-dimethoxyphenol	3704
1067	S1067	I2164	对-甲氧基肉桂醛	*p*-Methoxycinnamaldehyde	3567
1068	S1068	I2165	2,4,5-三甲基噁唑	2,4,5-Trimethyloxazole	4394
1069	S1069	I2166	苯甲醛二乙缩醛	Benzaldehyde diethyl acetal	—
1070	S1070	I2167	*d*-新薄荷醇	*d*-Neo-Menthol	2666
1071	S1071	I2168	2-壬烯酸 γ-内酯	2-Nonenoic acid gamma-lactone	4188
1072	S1072	I2169	反式-4-癸烯酸乙酯	Ethyl *trans*-4-decenoate	3642
1073	S1073	I2170	晚香玉内酯{二氢-5-[(*Z*,*Z*)-2,5-辛二烯-2(3*H*)-呋喃酮}	Tuberose Lactone {Dihydro-5-[(*Z*,*Z*)-octa-2,5-dienyl]-2(3*H*)-furanone}	4067
1074	S1074	I2171	4-甲基-2-戊基-1,3-二氧戊环(己醛 1,2-丙二醇缩醛)	4-Methyl-2-pentyl-1,3-dioxolane (Hexanal propylene glycol acetal)	3630
1075	S1075	I2172	乙酸 3-巯基庚酯	3-Mercaptoheptyl acetate	4289
1076	S1076	I2173	甲基纤维素	Methyl cellulose	2696
1077	S1077	I2174	植醇(叶绿醇)(叶黄烯醇)(3,7,11,15-四甲基-2-十六烯-1-醇)	phytol (3, 7, 11, 15-Tetramethyl-2-hexadecen-1-ol)	4196
1078	S1078	I2175	异戊醛二乙缩醛	Isovaleraldehyde diethyl acetal	4371
1079	S1079	I2176	异硫氰酸 3-丁烯酯	3-Butenyl isothiocyanate	4418
1080	S1080	I2177	异硫氰酸 4-戊烯酯	4-Pentenyl isothiocyanate	4427
1081	S1081	I2178	异硫氰酸 5-己烯酯	5-Hexenyl isothiocyanate	4421
1082	S1082	I2179	顺式-9-十八烯醇乙酸酯(乙酸油醇酯)	*cis*-9-Octadecenyl acetate (Oleyl acetate)	4359
1083	S1083	I2180	糠基甲基醚	Furfuryl methyl ether	3159
1084	S1084	I2181	3-己酮	3-Hexanone	3290
1085	S1085	I2182	异硫氰酸 2-丁酯	2-Butyl isothiocyanate	4419
1086	S1086	I2183	异硫氰酸异丁酯	Isobutyl isothiocyanate	4424
1087	S1087	I2184	异硫氰酸 6-(甲硫基)己酯	6-(Methylthio) hexyl isothiocyanate	4415
1088	S1088	I2185	异硫氰酸 5-(甲硫基)戊酯	5-(Methylthio) pentyl isothiocyanate	4416
1089	S1089	I2186	异硫氰酸戊酯	Amyl isothiocyanate	4417
1090	S1090	I2187	异硫氰酸异丙酯	Isopropyl isothiocyanate	4425
1091	S1091	I2188	异硫氰酸异戊酯	Isoamyl isothiocyanate	4423
1092	S1092	I2190	2,5-二甲基呋喃	2,5-Dimethylfuran	4106
1093	S1093	I2191	环紫罗兰酮	Cycloionone	3822
1094	S1094	I2192	2-异丁基-4-甲基-1,3-二氧戊环(异戊醛 1,2-丙二醇缩醛)	2-Isobutyl-4-methyl-1,3-dioxolane (Isovaleraldehyde propylene glycol acetal)	4286 4378

表 B.3（续）

序号	编码	原编码	香料中文名称	香料英文名称	FEMA 编号
1095	S1095	I2193	顺式和反式-2-异丙基-4-甲基-1,3-二氧戊环(异丁醛 1,2-丙二醇缩醛)	*cis*-and *trans*-2-Isopropyl-4-methyl-1,3-dioxolane (Isobutyraldehyde propylene glycol acetal)	4287
1096	S1096	I2194	4-氨基丁酸(γ-氨基丁酸)	4-Aminobutyric acid (Gamma-Aminobutyric acid)	4288
1097	S1097	I2195	*N*-[2-(3,4-二甲氧基苯基)乙基]-3,4二甲氧基肉桂酸酰胺	*N*-[2-(3,4-Dimethoxyphenyl) ethyl]-3,4-dimethoxycinnamic acid amide	4310
1098	S1098	I2196	二-(1-丙烯基)硫醚(异构体混合物)	Di-(1-propenyl)-sulfide (mixture of isomers)	4386
1099	S1099	I2197	乙酸 2-戊酯	2-Pentyl acetate	4012
1100	S1100	I2198	乙胺	Ethylamine	4236
1101	S1101	I2199	2,8-二硫杂-4-壬烯-4-甲醛 [5-(甲硫基)-2-(甲硫基甲基)-2-戊烯醛]	2,8-Dithianon-4-en-4-carboxaldehyde 5-(Methylthio)-2-(methylthiomethyl)-2-pentenal Methialdol	3483
1102	S1102	I2200	1-丁烯-1-基甲基硫醚	1-Buten-1-yl methyl sulfide	3820
1103	S1103	I2201	二异丙基二硫醚	Diisopropyl disulfide	3827
1104	S1104	I2202	(*E*)-2-癸烯酸	(*E*)-2-Decenoic acid	3913
1105	S1105	I2203	*L*-苧烯	*L*-Limonene	—
1106	S1106	I2204	正己硫醇	1-Hexanethiol	3842
1107	S1107	I2205	2-癸酮	2-Decanone	4271
1108	S1108	I2206	二糠基醚	Difurfuryl ether	3337
1109	S1109	I2207	异丁酸乙基香兰素酯	Ethyl vanillin isobutyrate	3837
1110	S1110	I2208	8-罗勒烯醇乙酸酯(2,6-二甲基-2,5,7-辛三烯-1-醇乙酸酯)	8-Ocimenyl acetate (2,6-Dimethyl-2,5,7-octatriene-1-yl acetate)	3886
1111	S1111	I2209	丁胺	Butylamine	3130
1112	S1112	I2210	1-氨基-2-丙醇	1-Amino-2-propanol	3965
1113	S1113	I2211	反式-1,5-辛二烯-3-酮	(*E*)-1,5-Octadien-3-one	4405
1114	S1114	I2212	2,5-二甲基-4-乙氧基-3(2*H*)呋喃酮	2,5-dimethyl-4-ethoxy-3(2*H*)furanone	4104
1115	S1115	I2213	反式-2-顺式-4-顺式-7-十三碳三烯醛	2-*trans*-4-*cis*-7-*cis*-Tridecatrienal	3638
1116	S1116	I2214	反式-2-顺式-4-癸二烯酸甲酯	Methyl (*E*)-2-(*Z*)-4-decadienoate	3859
1117	S1117	I2215	2-(4-甲基-2-羟基苯基)-丙酸-γ-内酯	2-(4-Methyl-2-hydroxyphenyl) propionic acid-γ-lactone	3863
1118	S1118	I2216	丙酸顺式-5-辛烯酯	(*Z*)-5-Octenyl propionate	3890
1119	S1119	I2217	3-甲基-2-丁烯硫醇乙酸酯	3-Methyl-2-butenyl thioacetate (Prenyl thioacetate)	3895

表 B.3（续）

序号	编码	原编码	香料中文名称	香料英文名称	FEMA 编号
1120	S1120	I2218	1-吡咯啉	1-Pyrroline	3898
1121	S1121	I2219	2,3,4-三甲基-3-戊醇	2,3,4-Trimethyl-3-pentanol	3903
1122	S1122	I2220	二异丙基三硫醚	Diisopropyl trisulfide	3968
1123	S1123	I2221	2-丙酰基-1-吡咯啉	2-Propionyl-1-pyrroline	4063
1124	S1124	I2222	3,6-二乙基-1,2,4,5-四硫杂环己烷与3,5-二乙基-1,2,4-三硫杂环戊烷的混合物	Mixture of 3,6-Diethyl-1,2,4,5-tetrathiane and 3,5-diethyl-1,2,4-trithiolane	4094
1125	S1125	I2223	2,5-二羟基-1,4-二噻烷（巯基乙醛二聚体）	2,5-Dihydroxy-1,4-dithiane (Mercaptoacetaldehyde dimer)	3826
1126	S1126	I2224	3-己烯醛(反式/顺式混合物)	3-Hexenal (*trans*/*cis* mix)	3923
1127	S1127	I2225	4-羟基-3,5-二甲氧基苯甲醛	4-Hydroxy-3,5-dimethoxybenzaldehyde	4049
1128	S1128	I2226	2-十一烯-1-醇	2-Undecen-1-ol	4068
1129	S1129	I2227	2-(4-羟基苯基)-乙胺(酪胺)	2-(4-hydroxyphenyl) ethylamine (Tyramine)	4215
1130	S1130	I2228	4[(2-呋喃甲基)硫基]-2-戊酮(4-糠硫基-2-戊酮)	4-[(2-Furanmethyl) thio]-2-pentanone (4-Furfurylthio-2-pentanone)	3840
1131	S1131	I2229	己酸甲硫基甲酯	Methylthiomethyl hexanoate	3880
1132	S1132	I2230	2,6-二甲基-4-庚酮	2, 6-Dimethyl-4-heptanone (Diisobutyl ketone)	3537
1133	S1133	I2231	*d*-香芹酮	*d*-carvone	2249
1134	S1134	I2232	反式-3-己烯醇	*trans*-3-hexenol	4356
1135	S1135	I2233	甲酸松油酯	terpinyl formate	3052
1136	S1136	I2234	脱氢圆柚酮	dehydronootkatone	4091
1137	S1137	I2235	己酸香叶酯	geranyl hexanoate	2515
1138	S1138	I2236	3-甲基己醛	3-methyl hexanal	4261
1139	S1139	I2237	(反式,反式)-2,4-壬二烯	(*E*,*E*)-2,4-nonadiene	4292
1140	S1140	I2238	1-辛烯	1-octene	4293
1141	S1141	I2239	2-甲基苯乙酮	2-methyl acetophenone	4316
1142	S1142	I2240	1-乙基-2-甲酰基吡咯(茶吡咯)	1-ethyl-2-formylpyrrole (Tea pyrrole)	4317
1143	S1143	I2241	2-(4-甲基-5-噻唑基)乙醇辛酸酯	2-(4-methyl-5-thiazolyl) ethyl octanoate	4280
1144	S1144	I2242	2-乙基-6-甲基吡嗪	2-ethyl-6-methylpyrazine	3919
1145	S1145	I2243	对-丙基苯酚	*p*-propylphenol	3649
1146	S1146	I2244	3,5-二乙基-2-甲基吡嗪	3,5-diethyl-2-methylpyrazine	3916
1147	S1147	I2245	马鞭草烯酮	verbenone	4216
1148	S1148	I2246	4-戊烯醛	4-pentenal	4262

表 B.3(续)

序号	编码	原编码	香料中文名称	香料英文名称	FEMA 编号
1149	S1149	I2247	乙酰乙酸乙酯丙二醇缩酮	ethyl acetoacetate propylene glycol ketal	4294
1150	S1150	I2248	山梨酸甲酯	methyl sorbate	3714
1151	S1151	I2249	2,5-二乙基四氢呋喃	2,5-diethyl tetrahydrofurane	3743
1152	S1152	I2250	脱氢薄荷呋喃内酯	dehydromenthofurolactone	3755
1153	S1153	I2251	乙酸桃金娘烯酯	myrtenyl acetate	3765
1154	S1154	I2252	2-(4-甲基-5-噻唑基)乙醇己酸酯	2-(4-methyl-5-thiazolyl) ethyl hexanoate	4279
1155	S1155	I2253	2-(4-甲基-5-噻唑基)乙醇丁酸酯	2-(4-methyl-5-thiazolyl)ethyl butyrate	4277
1156	S1156	I2254	吡咯	pyrrole	3386
1157	S1157	I2255	*S*-烯丙基-*L*-半胱氨酸	*S*-allyl-*L*-cysteine	4322
1158	S1158	A3001	2-巯基-3-丁醇	2-Mercapto-3-butanol	3502
1159	S1159	A3002	硫代香叶醇	Thiogeraniol	3472
1160	S1160	A3003	蒎烷硫醇	Pinanyl mercaptan	3503
1161	S1161	A3004	α-甲基-β-羟基丙基 α-甲基-β-巯丙基硫醚	α-Methyl-β-hydroxypropyl α-methyl-β-mercaptopropyl sulfide	3509
1162	S1162	A3005	乙基麦芽酚	Ethyl maltol	3487
1163	S1163	A3006	柠檬醛二乙缩醛	Citral diethyl acetal	2304
1164	S1164	A3007	3-丙烯基-6-乙氧基苯酚(丙烯基乙基愈创木酚)	3-Propenyl-6-ethoxyphenol (Propenylguaethol)	2922
1165	S1165	A3009	β-甲基紫罗兰酮	Methyl-β-ionone	2712
1166	S1166	A3010	δ-甲基紫罗兰酮	Methyl-δ-ionone	2713
1167	S1167	A3011	2,6-壬二烯醛二乙缩醛	2,6-Nonadienal diethyl acetal	3378
1168	S1168	A3012	9-十一烯醛	9-Undecenal	3094
1169	S1169	A3013	10-十一烯醛	10-Undecenal	3095
1170	S1170	A3014	十六醛(俗称)(杨梅醛)	Aldehyde C-16 pure (so called) (Strawberry aldehyde)	2444
1171	S1171	A3015	乙基香兰素	Ethyl vanillin	2464
1172	S1172	A3016	兔耳草醛(仙客来醛)	Cyclamen aldehyde	2743
1173	S1173	A3017	羟基香茅醛	Hydroxycitronellal	2583
1174	S1174	A3018	β-环高柠檬醛	β-Homocyclocitral	3474
1175	S1175	A3019	*l*-薄荷酮甘油缩酮	*l*-Menthone 1,2-glycerol Ketal	3807
1176	S1176	A3020	4-甲硫基-4-甲基-2-戊酮	4-(Methylthio)-4-methyl-2-pentanone	3376
1177	S1177	A3021	3-巯基-2-戊酮	3-Mercapto-2-pentanone	3300
1178	S1178	A3022	*d*,*l*-薄荷酮甘油缩酮	*d*,*l*-Menthone1,2-glycerol Ketal	3808
1179	S1179	A3023	α-甲基紫罗兰酮	Methyl-α-ionone	2711
1180	S1180	A3024	α-异甲基紫罗兰酮	α-*iso*-Methylionone	—

表 B.3(续)

序号	编码	原编码	香料中文名称	香料英文名称	FEMA 编号
1181	S1181	A3025	烯丙基 α-紫罗兰酮	Allyl α-ionone	2033
1182	S1182	A3026	6-甲基香豆素	6-Methylcoumarin	2699
1183	S1183	A3027	2-巯基丙酸	2-Mercaptopropionic acid	3180
1184	S1184	A3028	2-甲基-4-戊烯酸	2-Methyl-4-pentenoic acid	3511
1185	S1185	A3029	乙酸二甲基苄基原酯	Benzyl dimethyl carbinyl acetate	2392
1186	S1186	A3030	环己基乙酸烯丙酯	Allyl cyclohexaneacetate	2023
1187	S1187	A3031	乙酸玫瑰酯	Rhodinyl acetate	2981
1188	S1188	A3032	3-(2-呋喃基)丙酸乙酯	Ethyl 3(2-furyl)propanoate	2435
1189	S1189	A3033	丙酸烯丙酯	Allyl propionate	2040
1190	S1190	A3034	3-环己基丙酸烯丙酯	Allyl 3-cyclohexylpropionate	2026
1191	S1191	A3035	3-(2-呋喃基)丙酸异丁酯	Isobutyl 3-(2-furan)propionate	2198
1192	S1192	A3036	硫代丙酸糠酯	Furfuryl thiopropionate	3347
1193	S1193	A3037	丁酸二甲基苄基原酯	Dimethyl benzyl carbinyl butyrate	2394
1194	S1194	A3038	环己基丁酸烯丙酯	Allyl cyclohexanebutyrate	2024
1195	S1195	A3039	1,3-壬二醇乙酸酯(混合酯)	1,3-Nonanediol acetate(mixed esters)	2783
1196	S1196	A3040	丁酸苏合香酯	Styralyl butyrate	2686
1197	S1197	A3041	乙酸柏木酯	Cedryl acetate	—
1198	S1198	A3042	异丁酸麦芽酚酯	Maltol isobutyrate	3462
1199	S1199	A3043	2-甲基-4-戊烯酸乙酯	Ethyl 2-methyl-4-pentenoate	3489
1200	S1200	A3044	乙酸四氢糠酯	Tetrahydrofurfuryl acetate	3055
1201	S1201	A3045	庚炔羧酸甲酯	Methyl heptine carbonate	2729
1202	S1202	A3046	辛炔羧酸甲酯	Methyl octyne carbonate	2726
1203	S1203	A3047	癸二酸二乙酯	Diethyl sebacate	2376
1204	S1204	A3048	10-十一烯酸乙酯	Ethyl 10-undecenoate	2461
1205	S1205	A3049	苯乙酸烯丙酯	Allyl phenylacetate	2039
1206	S1206	A3050	三乙酸甘油酯	Triacetin	2007
1207	S1207	A3051	苯乙酸香叶酯	Geranyl phenylacetate	2516
1208	S1208	A3052	苯乙酸对-甲酚酯	*p*-Cresyl phenylacetate	3077
1209	S1209	A3053	4-苯基丁酸甲酯(苯丁酸甲酯)	Methyl 4-phenylbutyrate	2739
1210	S1210	A3054	4-苯基丁酸乙酯(苯丁酸乙酯)	Ethyl 4-phenylbutyrate	2453
1211	S1211	A3056	肉桂酸烯丙酯	Allyl cinnamate	2022
1212	S1212	A3057	2-甲基-3-戊烯酸乙酯	Ethyl 2-methyl-3-pentenoate	3456
1213	S1213	A3058	亚硝酸乙酯	Ethyl nitrite	2446
1214	S1214	A3059	庚酸戊酯	Amyl heptanoate	2073

表 B.3(续)

序号	编码	原编码	香料中文名称	香料英文名称	FEMA 编号
1215	S1215	A3060	3-乙酰基-2,5-二甲基呋喃	3-Acetyl-2,5-dimethylfuran	3391
1216	S1216	A3061	2,5-二甲基-3-氧代(2*H*)-4-呋喃丁酸酯	2,5-Dimethyl-3-Oxo-(2*H*)-fur-4-yl butyrate	3970
1217	S1217	A3062	2-甲氧基-3(5或6)-异丙基吡嗪	2-Methoxy-3(5 or 6)-isopropylpyranzine	3358
1218	S1218	A3063	2-甲基-3(5或6)-糠硫基吡嗪	2-Methyl-3,(5 or 6)-(furfurylthio)-pyrazine(mixture of isomers)	3189
1219	S1219	A3064	2-甲基(或乙基)-3(5或6)-甲氧基吡嗪	2-Methyl (or ethyl)-3 (5 or 6)-methoxy pyrazine	3280
1220	S1220	A3065	2,5-二甲基-2,5-二羟基-1,4-二硫代环已烷	2,5-Dimethyl-2,5-dihydroxy-1,4-dithiane	3450
1221	S1221	A3066	5,7-二氢-2-甲基噻嗯并-(3,4-*d*)嘧啶	5,7-Dihydro-2-methylthieno (3,4-*d*)-pyrimidine	3338
1222	S1222	A3067	2-乙氧基噻唑	2-Ethoxythiazole	3340
1223	S1223	A3068	2,4-二甲基-5-乙酰基噻唑	2,4-Dimethyl-5-acetylthiazole	3267
1224	S1224	A3069	乙酸异丁香酯	Isoeugenyl acetate	2470
1225	S1225	A3070	3-甲基丁酸对-甲酚酯(异戊酸对甲酚酯)	*p*-Methylphenyl 3-methylbutyrate (*p*-Cresyl isovalerate)	3387
1226	S1226	A3071	*l*-薄荷醇乙二醇碳酸酯	*l*-Menthol ethylene glycol carbonate	3805
1227	S1227	A3072	3-(2-甲基丙基)吡啶	3-(2-Methylpropyl) pyridine	3371
1228	S1228	A3073	乙基香兰素1,2-丙二醇缩醛	Ethylvanillin propylene glycol acetal	3838
1229	S1229	A3074	人造康乃克油	Artificial cognac oil	—
1230	S1230	A3075	山楂核烟熏香味料Ⅰ号	Smoking flavorings No. Ⅰ made from hawthorn kernels	—
1231	S1231	A3076	山楂核烟熏香味料Ⅱ号	Smoking flavorings No. Ⅱ made from hawthorn kernels	—
1232	S1232	A3077	苄基异丁基原醇(α-异丁基苯乙醇)	Isobutyl benzyl carbinol (α-Butyl iso phenethyl alcohol)	2208
1233	S1233	A3078	4-苯基-3-丁烯-2-醇	4-Phenyl-3-buten-2-ol	2880
1234	S1234	A3079	2-甲基-4-苯基-2-丁醇	2-Methyl-4-phenyl-2-butanol	3629
1235	S1235	A3080	*l*-薄荷醇丙二醇碳酸酯	*l*-Menthol 1-(or 2-)-propylene glycol carbonate	3806
1236	S1236	A3081	辛酸烯丙酯	Allyl octanoate	2037
1237	S1237	A3082	α-丙基苯乙醇	α-Propylphenethyl alcohol	2953
1238	S1238	A3083	龙葵醇(β-甲基苯乙醇)	Hydratropyl alcohol (β-Methylphenethyl alcohol)	2732
1239	S1239	A3084	四氢芳樟醇	Tetrahydrolinalool	3060

表 B.3（续）

序号	编码	原编码	香料中文名称	香料英文名称	FEMA 编号
1240	S1240	A3085	2,3-二巯基丁烷	2,3-Dimercaptobutane	3477
1241	S1241	A3086	β-萘乙醚	β-Naphthyl ethyl ether	2768
1242	S1242	A3087	异丁基 β-萘醚	β-Naphthyl isobutyl ether	3719
1243	S1243	A3088	邻-丙基苯酚	*o*-Propylphenol	3522
1244	S1244	A3089	苄基异丁香酚	Isoeugenyl benzyl ether	3698
1245	S1245	A3090	2-甲基-3(5 或 6)-甲硫基吡嗪	2-Methyl-3（5 or 6）-（methylthio）pyrazine	3208
1246	S1246	A3091	香茅氧基乙醛	Citronellyloxyacetaldehyde	2310
1247	S1247	A3092	乙醛苯乙醇丙醇缩醛	Acetaldehyde phenylethyl propyl acetal	2004
1248	S1248	A3093	2-甲基-3-(对甲基苯基)丙醛	2-Methyl-3-(*p*-methylphenyl)propanal Satinaldehyde	2748
1249	S1249	A3094	2-苯基-3-(2-呋喃基)丙-2-烯醛	2-Phenyl-3-(2-furyl)prop-2-enal	3586
1250	S1250	A3095	3,5,5-三甲基己醛	3,5,5-Trimethylhexanal	3524
1251	S1251	A3096	2-甲基-3(5 或 6)-乙氧基吡嗪	2-Methyl-3(5 or 6)-ethoxypyrazine	3569
1252	S1252	A3097	庚醛甘油缩醛	Heptanal glyceryl acetal	2542
1253	S1253	A3098	苯乙醛甘油缩醛	Phenylacetaldehyde glyceryl acetal	2877
1254	S1254	A3099	对-异丙基苯乙醛	*p*-Isopropyl phenylacetaldehyde	2954
1255	S1255	A3100	2-甲基-4-苯丁醛	2-Methyl-4-phenylbutyraldehyde	2737
1256	S1256	A3101	龙葵醛	Hydratropic aldehyde	2886
1257	S1257	A3102	龙葵醛二甲缩醛	Hydratropic aldehyde dimethyl acetal	2888
1258	S1258	A3103	羟基香茅醛二乙缩醛	Hydroxycitronellal diethyl acetal	2584
1259	S1259	A3104	柠檬醛二甲缩醛	Citral dimethyl acetal	2305
1260	S1260	A3105	4-甲基-5-(2-乙酰氧乙基)-噻唑	4-Methyl-5-(2-acetoxyethyl) thiazole	3205
1261	S1261	A3106	α-丁基肉桂醛	α-Butylcinnamaldehyde	2191
1262	S1262	A3107	4-庚烯-3-酮	4-Heptene-3-one	—
1263	S1263	A3108	4-甲基-1-苯基-2-戊酮	4-Methyl-1-phenyl-2-pentanone	2740
1264	S1264	A3109	1-(对-甲氧基苯基)-1-戊烯-3-酮	1-(*p*-Methoxyphenyl)-1-penten-3-one	2673
1265	S1265	A3110	α-己叉基环戊酮	α-Hexylidenecyclopentanone	2573
1266	S1266	A3111	四甲基乙基环己烯酮	Tetramethyl ethylcyclohexenone	3061
1267	S1267	A3112	糠硫醇甲酸酯	Furfurylthiol formate	3158
1268	S1268	A3113	甲基 β-萘酮	Methyl β-naphthyl ketone	2723
1269	S1269	A3114	2-(3-苯丙基)四氢呋喃	2-(3-Phenylpropyl)tetrahydrofuran	2898
1270	S1270	A3115	烯丙基乙酸	Allyl acetic acid	2843
1271	S1271	A3116	甲酸二甲基苄基原酯	Dimethyl benzyl carbinyl formate	2395

表 B.3（续）

序号	编码	原编码	香料中文名称	香料英文名称	FEMA 编号
1272	S1272	A3117	4-乙酰基-6-叔丁基-1,1-二甲基茚满	4-Acetyl-6-*t*-butyl-1,1-dimethylindane	3653
1273	S1273	A3118	癸醛二甲缩醛(1,1-二甲氧基癸烷)	Decanal dimethyl acetal (1,1-Dimethoxydecane)	2363
1274	S1274	A3119	乙酸环己基乙酯	Cyclohexaneethyl acetate	2348
1275	S1275	A3120	对-甲苯氧基乙酸乙酯	Ethyl (*p*-tolyloxy) acetate	3157
1276	S1276	A3121	乙酸二甲基苯乙基原酯	Dimethyl phenethyl carbinyl acetate	2735
1277	S1277	A3125	丙酸甲基苯基原酯	Methyl phenylcarbinyl propionate	2689
1278	S1278	A3126	2-呋喃基丙烯酸丙酯	Propyl 2-furanacrylate	2945
1279	S1279	A3129	异丁酸二甲基苯乙基原酯	Dimethyl phenethyl carbinyl isobutyrate	2736
1280	S1280	A3130	异丁酸 2-苯氧基乙酯	2-Phenoxyethyl isobutyrate	2873
1281	S1281	A3133	十三碳二酸环乙二醇二酯	Ethylene brassylate	3543
1282	S1282	A3134	邻氨基苯甲酸异丁酯	Isobutyl anthranilate	2182
1283	S1283	A3135	对-叔丁基苯乙酸甲酯	Methyl *p*-tert-butylphenylacetate	2690
1284	S1284	A3136	苯氧乙酸烯丙酯	Allyl phenoxyacetate	2038
1285	S1285	A3137	苯乙酸辛酯	Octyl phenylaceteate	2812
1286	S1286	A3138	苯乙酸苄酯	Benzyl phenylacetate	2149
1287	S1287	A3139	苯乙酸芳樟酯	Linalyl phenylacetate	3501
1288	S1288	A3140	苯乙酸香茅酯	Citronellyl phenylacetate	2315
1289	S1289	A3141	苯乙酸愈创木酚酯	Guaiacyl phenylacetate	2535
1290	S1290	A3142	3-甲基-2-丁烯酸 2-苯乙酯(千里酸苯乙酯)	2-phenethyl 3-Methyl-2-butenoate (Phenethyl senecioate)	2869
1291	S1291	A3144	3-苯基缩水甘油酸乙酯	Ethyl 3-phenylglycidate	2454
1292	S1292	A3146	肉桂酸芳樟酯	Linalyl cinnamate	2641
1293	S1293	A3147	1,2-二[(1'-乙氧基)-乙氧基]丙烷	1,2-Di[(1'-ethoxy) ethoxy] propane	3534
1294	S1294	A3148	*N*,2,3-三甲基-2-异丙基丁酰胺	2-Isopropyl-*N*,2,3-trimethylbutyramide	3804
1295	S1295	A3149	*N*-乙基-2-异丙基-5-甲基-环己烷甲酰胺	*N*-Ethyl-2-isopropyl-5-methylcyclohexane carboxamide	3455
1296	S1296	A3150	3-*l*-盖氧基-1,2-丙二醇	3-*l*-Menthoxypropane-1,2-diol	3784
1297	S1297	A3151	香兰基丁醚	Vanillyl butyl ether	3796
1298	S1298	A3152	9-癸烯醛	9-Decenal	3912
1299	S1299	A3153	2-仲丁基环己酮	2-*sec*-Butylcyclohexanone	3261
1300	S1300	A3154	2,3-十一碳二酮	2,3-Undecadione	3090
1301	S1301	A3155	环己烷基甲酸	Cyclohexanecarboxylic acid	3531
1302	S1302	A3156	5 和 6-癸烯酸(牛奶内酯)	5-and 6-Decenoic acid (Milk lactone)	3742

表 B.3（续）

序号	编码	原编码	香料中文名称	香料英文名称	FEMA 编号
1303	S1303	A3157	八乙酸蔗糖酯	Sucrose octaacetate	3038
1304	S1304	A3158	丁酸烯丙酯	Allyl butyrate	2021
1305	S1305	A3159	异丁酸香兰素酯	Vanillin isobutyrate	3754
1306	S1306	A3160	戊二酸单 *l*-薄荷醇酯	*l*-Monomenthyl glutarate	4006
1307	S1307	A3161	苯甲酰基乙酸乙酯	Ethyl benzoylacetate	2423
1308	S1308	A3163	ε-十二内酯	ε-Dodecalactone	3610
1309	S1309	A3164	八氢香豆素	Octahydrocoumarin	3791
1310	S1310	A3165	2,5-二甲基-3-呋喃硫醇	2,5-Dimethyl-3-furathiol	3451
1311	S1311	A3166	1,2-丁二硫醇	1,2-Butanedithiol	3528
1312	S1312	A3167	双-(2,5-二甲基-3-呋喃基)二硫醚	Bis(2,5-dimethyl-3-furyl) disufide	3476
1313	S1313	A3168	丙基 2-甲基-3-呋喃基二硫醚	Propyl 2-methyl-3-furyl disulfide	3607
1314	S1314	A3169	二环己基二硫醚	Dicyclohexyl disulfide	3448
1315	S1315	A3170	糠基异丙基硫醚	Furfuryl isopropyl sulfide	3161
1316	S1316	A3171	2-乙基苯硫酚	2-Ethyl thiophenol	3345
1317	S1317	A3172	2-(乙酰氧基)丙酸甲硫醇酯	Methylthio 2-(acetyloxy) propionate	3788
1318	S1318	A3173	2-(丙酰氧基)丙酸甲硫醇酯	Methylthio 2-(propionyloxy) propionate	3790
1319	S1319	A3174	3-糠硫基丙酸乙酯	Ethyl 3-(furfurylthio)propionate	3674
1320	S1320	A3175	2-甲硫基吡嗪	2-Methylthiopyrazine	3231
1321	S1321	A3176	异硫氰酸苯乙酯	Phenethyl isothiocyanate	4014
1322	S1322	A3177	2-(3-苯丙基)吡啶	2-(3-Phenylpropyl) pyridine	3751
1323	S1323	A3178	4,5-二甲基-2-乙基-3-噻唑啉	4,5-Dimethyl-2-ethyl-3-thiazoline	3620
1324	S1324	A3179	2-仲丁基-4,5-二甲基-3-噻唑啉	2-(2-Butyl)-4,5-dimethyl-3-thiazoline	3619
1325	S1325	A3180	吡嗪乙硫醇	Pyrazine ethanethiol	3230
1326	S1326	A3181	水杨酸苯酯	Phenyl salicylate	3960
1327	S1327	A3182	庚醛二甲缩醛	Heptanal dimethyl acetal	2541
1328	S1328	A3183	羟基香茅醛二甲缩醛	Hydroxy citronellal dimethyl acetal	2585
1329	S1329	A3184	对-丙基茴香醚	*p*-Propyl anisole	2930
1330	S1330	A3185	异丁酸对-甲酚酯	*p*-Tolyl isobutyrate	3075
1331	S1331	A3186	异丁酸邻-甲酚酯	*o*-Tolyl isobutyrate	3753
1332	S1332	A3187	柠檬醛丙二醇缩醛	Citral propylene glycol acetal	—
1333	S1333	A3188	反式-2-己烯醛二乙缩醛	*trans*-2-Hexenal diethyl acetal	4047
1334	S1334	A3189	2-巯基噻吩	2-Mercaptothiophene	3062
1335	S1335	A3190	对-盖-3,8-二醇	*p*-Menth-3,8-diol	4053
1336	S1336	A3191	1,8-辛二硫醇	1,8-Octanedithiol	3514

表 B.3（续）

序号	编码	原编码	香料中文名称	香料英文名称	FEMA 编号
1337	S1337	A3192	螺[2,4-二硫杂-1-甲基-8-氧杂双环[3.3.0]-辛烷-3,3'-(1'-氧杂-2'-甲基)环戊烷]	spiro[2,4-Dithia-1-methyl-8-oxabicyclo[3.3.0] octane-3, 3'-(1'-oxa-2'-methyl) cyclopentane]	3270
1338	S1338	A3193	3-壬烯-2-酮	3-Nonen-2-one	3955
1339	S1339	A3194	3-甲基-2,4-壬二酮	3-Methyl-2,4-nonadione	4057
1340	S1340	A3195	2,5-二甲基-3-硫代乙酰氧基呋喃	2,5-Dimethyl-3-thioacetoxyfuran	4034
1341	S1341	A3196	反式-4-己烯醛	*trans*-4-Hexenal	4046
1342	S1342	A3197	3-[(2-甲基-3-呋喃)硫基]-2-丁酮	(+/—)-3-[(2-Methyl-3-furyl) thio]-2-butanone	4056
1343	S1343	A3198	3-巯基-2-甲基戊醛	3-Mercapto-2-methylpentanal	3994
1344	S1344	A3199	2-(*L*-盖氧基)乙醇	2-(*L*-Menthoxy) ethanol	4154
1345	S1345	A3200	丙酸四氢糠酯	Tetrahydrofurfuryl propionate	3058
1346	S1346	A3201	异戊酸烯丙酯	Allyl isovalerate	2045
1347	S1347	A3202	3-辛酮-1-醇	3-Octanon-1-ol	2804
1348	S1348	A3203	三丙酸甘油酯	Glyceryl tripropanoate	3286
1349	S1349	A3204	辛酸 α-糠酯	α-Furfuryl octanoate	3396
1350	S1350	A3205	丁酸反式-2-辛烯醇酯	*trans*-2-Octen-1-yl butanoate	3517
1351	S1351	A3206	苯乙醛二异丁缩醛	Phenylacetaldehyde diisobutyl acetal	3384
1352	S1352	A3207	1,3-二苯基-2-丙酮	1,3-Diphenyl-2-propanone	2397
1353	S1353	A3208	10-十一烯酸丁酯	Butyl 10-undecylenate	2216
1354	S1354	A3209	乙酸檀香酯	Santalyl acetate	3007
1355	S1355	A3210	2-乙基丁酸香叶酯	Geranyl 2-ethylbutyrate	3339
1356	S1356	A3211	3-羟甲基-2-辛酮	3-Hydroxymethyl-2-octanone	3292
1357	S1357	A3212	1,2-环己二酮	1,2-Cyclohexanedione	3458
1358	S1358	A3213	松香甘油酯	Glycerol ester of rosin	4226
1359	S1359	A3214	赤、苏-3-巯基-2-甲基丁-1-醇(3-巯基-2-甲基丁醇)	rythro and threo-3-Mercapto-2-methyl-butan-1-ol (3-Mercapto-2-methylbutyl alcohol)	3993
1360	S1360	A3215	4-甲基联苯	4-Methyl biphenyl	3186
1361	S1361	A3216	α-戊基肉桂醇	α-Amylcinnamyl alcohol	2065
1362	S1362	A3217	1-苯基-3-甲基-戊醇-3	1-phenyl-3-methyl-3-pentanol	2883
1363	S1363	A3218	5-苯基戊醇	5-Phenylpentanol	3618
1364	S1364	A3219	对-盖烷醇-2	*p*-Menthan-2-ol	3562
1365	S1365	A3220	脱氢二氢紫罗兰醇	Dehydrodihydroionol	3446
1366	S1366	A3221	乙基葑醇	Ethyl fenchol	3491

表 B.3（续）

序号	编码	原编码	香料中文名称	香料英文名称	FEMA 编号
1367	S1367	A3222	辛烯基琥珀酸单阿拉伯胶酯	Gum Arabic, hydrogen octenylbutane dioate	4227
1368	S1368	A3223	*N*1-(2-甲氧基-4-甲基苄基)-*N*2-(2-(5-甲基-2-吡啶基)乙基)草酰胺	*N*1-(2-methoxy-4-methylbenzyl)-*N*2-(2-(5-methylpyridin-2-yl) ethyl) oxalamide	4234
1369	S1369	A3224	*N*1-(2,4-二甲氧基苄基)-*N*2-(2-(2-吡啶基)乙基)草酰胺	*N*1-(2, 4-dimethoxybenzyl)-*N*2-(2-(pyridin-2-yl)ethyl)oxalamide	4233
1370	S1370	A3225	*N*-(4-庚基)-(3,4-亚甲二氧基)苯甲酰胺	*N*-(heptan-4-yl) benzo [d] [1, 3] dioxole-5-carboxamide	4232
1371	S1371	A3226	二苄醚	Dibenzyl ether	2371
1372	S1372	A3227	5-羟基-十二酸甘油酯	Glyceryl 5-hydroxydodecanoate	3686
1373	S1373	A3228	三丁酸甘油酯	Tributyrin	2223
1374	S1374	A3229	壬酸烯丙酯	Allyl nonanoate	2036
1375	S1375	A3230	5-羟基癸酸甘油酯	Glyceryl 5-hydroxydecanoate	3685
1376	S1376	A3231	丙酸 3-苯基丙酯	3-Phenylpropyl propionate	2897
1377	S1377	A3232	肉桂酸异丙酯	Isopropyl cinnamate	2939
1378	S1378	A3233	2-酮基-4-丁硫醇	2-Keto-4-butanethiol	3357
1379	S1379	A3234	甲基-对-甲苯缩水甘油酸乙酯	Ethyl methyl-*p*-toly glycidate	3757
1380	S1380	A3235	5-羟基-8-十一碳烯酸 δ-内酯	5-Hydroxy-8-undecenoic acid delta-lactone	3758
1381	S1381	A3236	*N*-环丙基-反式-2-顺式-壬二烯胺	*N*-Cyclopropyl-(*E*)2,(*Z*)6-nonadienamide	4087
1382	S1382	A3237	*N*-乙基-反式-2-顺式-6-壬二烯酰胺	*N*-Ethyl-(*E*)2,(*Z*)6-nonadienamide	4113
1383	S1383	A3238	2,4-二甲基-1,3-二氧戊环(乙醛 1,2-丙二醇缩醛)	2, 4-Dimethyl-1, 3-dioxolane (Acetaldehyde propylene glycol acetal)	4099
1384	S1384	A3239	*β*-萘甲醚	*β*-Naphthyl methyl ether	—
1385	S1385	A3240	二羟基丙酮	Dihydroxyacetone	4033
1386	S1386	A3241	二苯基二硫醚	Phenyl disulfide	3225
1387	S1387	A3242	乙基香芹酚	Ethyl carvacrol	2246
1388	S1388	A3243	甲基苯甲醛甘油缩醛(邻-、间-、对-异构体混合物)	Tolualdehyde glyceryl acetal (*o*-, *m*-, *p*-mixed isomers)	3067
1389	S1389	A3244	(+/−)-反式和顺式-4,8-二甲基 3,7-壬二烯-2-醇	(+/−)-*trans*-and *cis*-4, 8-Dimethyl-3,7-nona-dien-2-ol	4102
1390	S1390	A3245	(+/−)-反式和顺式-4,8-二甲基-3,7-壬二烯-2-醇乙酸酯	(+/−)-*trans*-and *cis*-4, 8-Dimethyl-3,7-nona-dien-2-yl acetate	4103
1391	S1391	A3246	(反式和顺式)-1-甲氧基-1-癸烯	*trans*-and *cis*-1-Methoxy-1-decene	4161

表 B.3（续）

序号	编码	原编码	香料中文名称	香料英文名称	FEMA 编号
1392	S1392	A3247	2-(4-甲基-5-噻唑基)乙醇癸酸酯	2-(4-Methyl-5-thiazolyl)ethyl decanoate	4281
1393	S1393	A3248	2-(4-甲基-5-噻唑基)乙醇异丁酸酯	2-(4-Methyl-5-thiazolyl) ethyl isobutyrate	4278
1394	S1394	A3249	2-(4-甲基-5-噻唑基)乙醇甲酸酯	2-(4-Methyl-5-thiazolyl)ethyl formate	4275
1395	S1395	A3250	异戊酸 3-苯丙酯	3-Phenylpropyl isovalerate	2899
1396	S1396	A3251	*D*,*L*-薄荷脑(+/−)-1,2-丙二醇碳酸酯	*D*,*L*-Metho(+/−)-propylene glycol carbonate	3992
1397	S1397	A3252	乙酸 1-乙氧基乙醇酯	1-Ethoxyethyl acetate	4069
1398	S1398	A3253	*N*-异丁基-反-2-反-4-癸二烯酸酰胺	*N*-Isobutyldeca-*trans*-2-*trans*-4-dienamide	4148
1399	S1399	A3254	二苯乙醇酮(2-羟基-2-苯基苯乙酮)	Benzoin (2-Hydroxy-2-phenylacetophenone)	2132
1400	S1400	A3255	甲基异戊基二硫醚	Methyl isopentyl disulfide	4168
1401	S1401	A3256	邻氨基苯甲酸烯丙酯	Allyl anthranilate	2020
1402	S1402	A3257	6-环己基己酸烯丙酯	Allyl cyclohexanehexanoate	2025
1403	S1403	A3258	5-环己基戊酸烯丙酯	Allyl cyclohexanevalerate	2027
1404	S1404	A3259	2-乙基丁酸烯丙酯	Allyl 2-ethylbutyrate	2029
1405	S1405	A3260	惕各酸烯丙酯(反式-2-甲基-2-丁烯酸烯丙酯)	Allyl tiglate (Allyl *trans*-2-methyl-2-butenoate)	2043
1406	S1406	A3261	10-十一烯酸烯丙酯	Allyl 10-undecenoate	2044
1407	S1407	A3262	*α*-戊基肉桂醛二甲缩醛	*α*-Amylcinnamaldehyde dimethyl acetal	2062
1408	S1408	A3263	乙酸 *α*-戊基肉桂酯	*α*-Amylcinnamyl acetate	2064
1409	S1409	A3264	甲酸 *α*-戊基肉桂酯	*α*-Amylcinnamyl formate	2066
1410	S1410	A3265	异戊酸 *α*-戊基肉桂酯	*α*-Amylcinnamyl isovalerate	2067
1411	S1411	A3266	4(2-呋喃基)丁酸异戊酯	Isoamyl 4(2-furan) butyrate	2070
1412	S1412	A3267	3(2-呋喃基)丙酸异戊酯	Isoamyl 3(2-furan) propionate	2071
1413	S1413	A3268	2-戊基-5 或 6-酮-1,4-二噁烷	2-Amyl-5 or 6-keto-1,4-dioxane	2076
1414	S1414	A3269	丙酮酸异戊酯	Isoamyl pyruvate	2083
1415	S1415	A3270	苄基丁基醚	Benzyl butyl ether	2139
1416	S1416	A3271	*N*-3,7-二甲基-2,6-辛二烯-环基甲烷酰胺	*N*-3,7-Dimethyl-2,6-octadienylcyclopropylcarboxamide	4267
1417	S1417	A3272	*N*-(乙氧羰基甲基)-对蓋烷-3-甲酰胺	[*N*-(Ethoxycarbonyl) methyl]-*p*-menthane-3-carboxamide	4309
1418	S1418	A3273	硬木烟熏香味料 SmokEz C-10	SmokEz C-10	—
1419	S1419	A3274	硬木烟熏香味料 SEF 7525	Scansmoke SEF 7525	—
1420	S1420	A3275	(反式,顺式)-2,6-壬二烯-1-醇乙酸酯	(*E*,*Z*)-2,6-Nonadien-1-ol acetate	3952

表 B.3（续）

序号	编码	原编码	香料中文名称	香料英文名称	FEMA 编号
1421	S1421	A3276	邻氨基苯甲酸苯乙酯	Phenylethyl anthranilate	2859
1422	S1422	A3277	2-丙酰基-2-噻唑啉	2-Propionyl-2-thiazoline	4064
1423	S1423	A3278	顺式-8-十四烯醛	(*Z*)-8-Tetradecenal	4066
1424	S1424	A3279	烯丙硫醇己酸酯	Allyl thiohexanoate	4076
1425	S1425	A3280	双香兰素	Divanillin	4107
1426	S1426	A3281	顺式和反式-2-庚基环丙烷羧酸	*cis* and *trans*-2-Heptylcyclopropane carboxylic acid	4130
1427	S1427	A3282	5-羟基-4-甲基己酸 δ-内酯	5-Hydroxy-4-methylhexanoic acid δ-lactone	4141
1428	S1428	A3283	4-巯基-2-戊酮	4-Mercapto-2-pentanone	4157
1429	S1429	A3284	2,4,6-三硫杂庚烷	2,4,6-Trithiaheptane	4214
1430	S1430	A3285	1-(4-甲氧苯基)-4-甲基-1-戊烯-3-酮	1-(4-Methoxyphenyl)-4-methyl-1-penten-3-one	3760
1431	S1431	A3286	3(2)-羟基-5-甲基-2(3)-己酮	3(2)-Hydroxy-5-methyl-2(3)-hexanone	3989
1432	S1432	A3287	二巯基甲烷	Dimercaptomethane	4097
1433	S1433	A3288	4-羟基-2-丁烯酸 γ-内酯[2(5*H*)-呋喃酮]	4-Hydroxy-2-butenoic acid γ-lactone [2(5*H*)-furanone]	4138
1434	S1434	A3289	(+/−)-3-甲硫基丁酸异丁酯	(+/−)-Isobutyl 3-methylthiobutyrate	4150
1435	S1435	A3290	3-甲硫基-2-丁酮	3-(Methylthio)-2-butanone	4181
1436	S1436	A3291	顺式和反式-5-乙基-4-甲基-2-(2-甲基丙基)-噻唑啉	*cis*-and *trans*-5-Ethyl-4-methyl-2-(2-methylpropyl)-thiazoline	4319
1437	S1437	A3292	1-戊硫醇	1-Pentanethiol	4333
1438	S1438	A3293	(+/−)-4-巯基-4-甲基-2-戊醇	(+/−)-4-mercapto-4-methyl-2-pentanol	4158
1439	S1439	A3294	异戊酸环己酯	cyclohexyl isovalerate	2355
1440	S1440	A3295	2-噻吩基二硫醚	2-thienyl disulfide	3323
1441	S1441	A3296	双(2-甲基-3-呋喃基)四硫醚	bis(2-methyl-3-furyl) tetrasulfide	3260
1442	S1442	A3297	辛酸对-甲酚酯	*p*-tolyl octanoate	3733
1443	S1443	A3298	丙酸麦芽酚酯	maltol propionate	3941
1444	S1444	A3299	顺式-2-己烯-1-醇	(*Z*)-2-hexen-1-ol	3924
1445	S1445	A3300	(+/−)反式和顺式-2-己烯醛丙二醇缩醛	(+/−) *trans*-and *cis*-2-hexenal propylene glycol acetal	4272
1446	S1446	A3301	乙酸 2-乙基丁酯	2-ethylbutyl acetate	2425
1447	S1447	A3302	2,5-二乙基-3-甲基吡嗪	2,5-diethyl-3-methylpyrazine	3915

表 B.3（续）

序号	编码	原编码	香料中文名称	香料英文名称	FEMA 编号
1448	S1448	A3303	4-(甲硫基)-2-戊酮	4-(methylthio)-2-pentanone	4182
1449	S1449	A3304	甲硫基甲硫醇	methylthiomethylmercaptan	4185
1450	S1450	A3305	顺式和反式-5-乙基-4-甲基-2-(1-甲基丙基)-噻唑啉	*cis*-and *trans*-5-ethyl-4-methyl-2-(1-methylpropyl)-thiazoline	4318
1451	S1451	A3306	辛醛二甲缩醛	octanal dimethyl acetal	2798
1452	S1452	A3307	3-巯基-3-甲基-1-丁醇乙酸酯	3-mercapto-3-methyl-1-butyl acetate	4324
1453	S1453	A3308	(*R*,*S*)-3-羟基丁酸 *l*-薄荷酯	*l*-menthyl (*R*,*S*)-3-hydroxybutyrate	4308

注：凡列入合成香料目录的香料，其对应的天然物（即结构完全相同的对应物）应视作已批准使用的香料。为了与 GB 2760—2007 版顺利衔接，香料名单中原编码仅供参考。

附　录　C

食品工业用加工助剂（以下简称“加工助剂”）使用规定

C.1　食品工业用加工助剂的使用原则

C.1.1　加工助剂应在食品生产加工过程中使用，使用时应具有工艺必要性，在达到预期目的前提下应尽可能降低使用量。

C.1.2　加工助剂一般应在制成最终成品之前除去，无法完全除去的，应尽可能降低其残留量，其残留量不应对健康产生危害，不应在最终食品中发挥功能作用。

C.1.3　加工助剂应该符合相应的质量规格要求。

C.2　表C.1以加工助剂名称汉语拼音排序规定了可在各类食品加工过程中使用，残留量不需限定的加工助剂名单（不含酶制剂）。

C.3　表C.2以加工助剂名称汉语拼音排序规定了需要规定功能和使用范围的加工助剂名单（不含酶制剂）。

C.4　表C.3以酶制剂名称汉语拼音排序规定了食品加工中允许使用的酶。各种酶的来源和供体应符合表中的规定。

表C.1　可在各类食品加工过程中使用，残留量不需限定的加工助剂名单（不含酶制剂）

序号	助剂中文名称	助剂英文名称
1	氨水	ammonia solution
2	丙三醇（甘油）	glycerol
3	丙酮	acetone
4	丙烷	propane
5	单，双甘油脂肪酸酯	mono-and diglycerides of fatty acids
6	氮气	nitrogen
7	二氧化硅	silicon dioxide
8	二氧化碳	carbon dioxide
9	硅藻土	diatomaceous earth
10	活性炭	activated carbon
11	磷脂	phospholipid
12	硫酸钙	calcium sulfate
13	硫酸镁	magnesium sulfate
14	硫酸钠	sodium sulfate
15	氯化铵	ammonium chloride
16	氯化钙	calcium chloride
17	氯化钾	potassium chloride
18	柠檬酸	citric acid
19	氢气	hydrogen
20	氢氧化钙	calcium hydroxide

表 C.1（续）

序号	助剂中文名称	助剂英文名称
21	氢氧化钾	potassium hydroxide
22	氢氧化钠	sodium hydroxide
23	乳酸	lactic acid
24	硅酸镁	magnesium silicate
25	碳酸钙（包括轻质和重质碳酸钙）	calcium carbonate (light,heavy)
26	碳酸钾	potassium carbonate
27	碳酸镁（包括轻质和重质碳酸镁）	magnesium carbonate (light,heavy)
28	碳酸钠	sodium carbonate
29	碳酸氢钾	potassium hydrogen carbonate
30	碳酸氢钠	sodium hydrogen carbonate
31	纤维素	cellulose
32	盐酸	hydrochloric acid
33	氧化钙	calcium oxide
34	氧化镁（包括重质和轻质）	magnesium oxide (heavy,light)
35	乙醇	ethanol
36	乙酸	acetic acid
37	植物活性炭	vegetable carbon (activated)

表 C.2 需要规定功能和使用范围的加工助剂名单（不含酶制剂）

序号	中文名称	英文名称	功　能	使用范围
1	1,2-丙二醇	1,2-propanediol	冷却剂、提取溶剂	啤酒加工工艺、提取工艺
2	1,2-二氯乙烷	1,2-dichloromethane	提取溶剂	咖啡、茶的加工工艺
3	1-丁醇	1-butanol	萃取溶剂	发酵工艺
4	6 号轻汽油	solvent No. 6	浸油溶剂、提取溶剂	发酵工艺、提取工艺
5	*D*-甘露糖醇	*D*-mannitol	防粘剂	糖果的加工工艺
6	阿拉伯胶	arabic gum	澄清剂	葡萄酒加工工艺
7	凹凸棒粘土	attapulgite clay	脱色剂	油脂加工工艺
8	巴西棕榈蜡	carnauba wax	脱模剂	焙烤食品加工工艺
9	钯	palladium	催化剂	发酵工艺
10	白油（液体石蜡）	white mineral oil	消泡剂、脱模剂	薯片的加工工艺、油脂加工工艺、糖果的加工工艺、粮食加工工艺（用于防尘）
11	不溶性聚乙烯聚吡咯烷酮	insoluble polyvinylpolypyrrolidone (PVPP)	吸附剂	啤酒、葡萄酒、果酒、黄酒、配制酒的加工工艺和发酵工艺
12	丁烷	butane	提取溶剂	提取工艺

表 C.2（续）

序号	中文名称	英文名称	功　能	使用范围
13	蜂蜡	beeswax	脱模剂	焙烤食品加工工艺
14	高岭土	kaolin	澄清剂、助滤剂	葡萄酒、果酒、黄酒、配制酒的加工工艺和发酵工艺
15	高碳醇脂肪酸酯复合物	higher alcohol fatty acid ester complex	消泡剂	发酵工艺、大豆蛋白加工工艺
16	固化单宁	immobilized tannin	澄清剂	配制酒的加工工艺和发酵工艺
17	硅胶	silica gel	澄清剂	啤酒、葡萄酒、果酒、配制酒和黄酒的加工工艺
18	滑石粉	talc	脱模剂、防粘剂	糖果的加工工艺、发酵提取工艺
19	活性白土	activated clay	澄清剂、食用油脱色剂、吸附剂	配制酒的加工工艺和发酵工艺、油脂加工工艺、水处理工艺
20	甲醇	methanol	提取溶剂	提取工艺
21	酒石酸氢钾	potassium bitartarate	结晶剂	葡萄酒加工工艺
22	聚苯乙烯	polytyrene	助滤剂	啤酒的加工工艺
23	聚丙烯酰胺	polyacrylamide	絮凝剂、助滤剂	饮料(水处理)的加工工艺、制糖工艺和发酵工艺
24	聚二甲基硅氧烷及其乳液	polydimethyl siloxane	消泡剂	豆制品工艺(最大使用量 0.3 g/kg,以每千克黄豆的使用量计)、肉制品、啤酒加工工艺(上述加工工艺最大使用量 0.2 g/kg)、焙烤食品工艺(在模具中的最大使用量 30 mg/dm^2)、油脂加工工艺(最大使用量 0.01 g/kg)、果冻、果汁、浓缩果汁粉、饮料、速溶食品、冰淇淋、果酱、调味品和蔬菜加工工艺(上述加工工艺最大使用量 0.05 g/kg)、发酵工艺(最大使用量 0.1 g/kg)
25	聚甘油聚亚油酸酯	polyglycerol ester of polylinoleic acid	脱模剂,分散剂	油脂加工、焙烤食品加工和豆制品加工工艺
26	聚氧乙烯山梨醇酐单月桂酸酯(吐温 20),聚氧乙烯山梨醇酐单棕榈酸酯(吐温 40),聚氧乙烯山梨醇酐单硬脂酸酯(吐温 60),聚氧乙烯山梨醇酐单油酸酯(吐温 80)	polyoxyethylene (20) sorbitan monolaurate, polyoxyethylene (20) sorbitan monopalmitate, polyoxyethylene (20) sorbitan monostearate, polyoxyethylene (20) sorbitan monooleat	分散剂、提取溶剂、消泡剂	制糖工艺、发酵工艺、提取工艺、果蔬汁(肉)饮料(最大使用量为 0.75 g/kg)、植物蛋白饮料(最大使用量为 2.0 g/kg)
27	聚氧丙烯甘油醚	polyoxypropylene glycerol ether (GP)	消泡剂	发酵工艺

表 C.2（续）

序号	中文名称	英文名称	功　　能	使用范围
28	聚氧丙烯氧化乙烯甘油醚	polyoxypropylene oxyethylene glycol ether(GPE)	消泡剂	发酵工艺
29	聚氧乙烯聚氧丙烯胺醚	polyoxyethylene polyoxypropylene amine ether(BAPE)	消泡剂	发酵工艺
30	聚氧乙烯聚氧丙烯季戊四醇醚	polyoxyethylene polyoxypropylene pentaerythritol ether (PPE)	消泡剂	发酵工艺
31	卡拉胶	Carrageenan	澄清剂	啤酒加工工艺
32	矿物油	mineral oil	消泡剂、脱模剂、防粘剂、润滑剂	发酵工艺、糖果、薯片和豆制品的加工工艺
33	离子交换树脂	ion exchange resins	脱色剂、吸附剂	啤酒、葡萄酒、果酒、配制酒、黄酒、罐头食品的加工工艺、水处理工艺、制糖工艺和发酵工艺
34	磷酸	phosphoric acid	澄清剂、精炼脱胶、发酵用营养物质	制糖工艺和油脂加工工艺、发酵工艺
35	磷酸二氢铵	ammouium dihydrogen phosphate	发酵用营养物质	发酵工艺
36	磷酸氢二铵	diammouium hydrogen phosphate	发酵用营养物质	发酵工艺
37	磷酸二氢钾	potassium phosphate, monobasic	发酵用营养物质	发酵工艺
38	磷酸二氢钠	sodium dihydrogen phosphate	发酵用营养物质	发酵工艺
39	磷酸钙	calcium phosphate	分散剂	乳制品加工工艺
40	磷酸氢二钠	disodium hydrogen phosphate	絮凝剂、发酵用营养物质	饮料(水处理)的加工工艺、发酵工艺
41	磷酸三钠	trisodium phosphate	絮凝剂、发酵用营养物质	饮料(水处理)的加工工艺、发酵工艺
42	硫磺	sulfur	澄清剂	制糖工艺
43	硫酸	sulfuric acid	絮凝剂、发酵用营养物质	啤酒的加工工艺、发酵工艺、淀粉加工工艺
44	硫酸铵	ammonium sulfate	发酵用营养物质	发酵工艺
45	硫酸铜	copper sulphate	澄清剂、螯合剂	葡萄酒的加工工艺、皮蛋的加工工艺
46	硫酸锌	zinc sulphate	螯合剂、絮凝剂	皮蛋的加工工艺、啤酒的加工工艺
47	硫酸亚铁	ferrous sulfate	絮凝剂	饮料(水处理)和啤酒的加工工艺
48	氯化镁	magnesium chloride	发酵用营养物质	发酵工艺
49	明胶	gelatin	澄清剂	葡萄酒的加工工艺
50	镍	nickel	催化剂	发酵工艺、油脂加工工艺、糖醇加工工艺

表 C.2（续）

序号	中文名称	英文名称	功 能	使用范围
51	苹果酸	malic acid	发酵用营养物质	发酵工艺
52	膨润土	bentonite	吸附剂、助滤剂、澄清剂、脱色剂	葡萄酒、果酒、黄酒和配制酒、油脂、调味品和果蔬汁的加工工艺、发酵工艺
53	乳化硅油	emulsifying silicon oil	消泡剂	豆制品、饮料和薯片加工工艺、发酵工艺
54	石蜡	paraffin	脱模剂	糖果、焙烤食品加工工艺
55	石油醚	petroleum ether	提取溶剂	配制酒的加工工艺、提取工艺
56	食用单宁	edible tannin	助滤剂、澄清剂、脱色剂	黄酒、啤酒、葡萄酒和配制酒的加工工艺、油脂脱色工艺
57	松香甘油酯	glycerol ester of rosin	脱毛剂	畜禽脱毛处理工艺
58	维生素 B 族	vitamin B family	发酵用营养物质	发酵工艺
59	辛，癸酸甘油酯	octyl and decyl glycerate	防粘剂	糖果加工工艺
60	辛烯基琥珀酸淀粉钠	starch sodium octenylsuccinate	防粘剂	胶基糖果加工工艺
61	异丙醇	isopropyl alcohol	提取溶剂	提取工艺
62	乙二胺四乙酸二钠	disodium EDTA	吸附剂、螯合剂	熟制坚果与籽类、啤酒和配制酒的加工工艺、发酵工艺、饮料工艺
63	乙醚	ether	提取溶剂	配制酒的加工工艺
64	乙酸钠	sodium acetate	螯合剂	发酵工艺、淀粉加工工艺
65	乙酸乙酯	ethyl actetate	提取溶剂	配制酒的加工工艺
66	月桂酸	lauric acid	脱皮剂	果蔬脱皮
67	蔗糖聚丙烯醚	sucrose polyoxypropylene ester	消泡剂	发酵工艺和制糖工艺
68	蔗糖脂肪酸酯	sucrose esters of fatty acid	消泡剂	制糖工艺、豆制品加工工艺
69	珍珠岩	pearl rock	助滤剂	啤酒、葡萄酒、果酒和配制酒的加工工艺、发酵工艺、油脂加工工艺
70	正己烷	n-hexane	提取溶剂	提取工艺、大豆蛋白加工工艺

表 C.3 食品用酶制剂及其来源名单

序号	酶	来 源[a]	供 体[b]
1	α-半乳糖苷酶 Alpha-galactosidase	黑曲霉 *Aspergillus niger*	
2	α-淀粉酶 Alpha-amylase	地衣芽孢杆菌 *Bacillus licheniformis*	地衣芽孢杆菌 *Bacillus licheniformis*
			嗜热脂肪芽孢杆菌 *Bacillus stearothermophilus*
		黑曲霉 *Aspergillus niger*	

表 C.3（续）

序号	酶	来 源[a]	供 体[b]
2	α-淀粉酶 Alpha-amylase	解淀粉芽孢杆菌 *Bacillus amyloliquefaciens*	
		枯草芽孢杆菌 *Bacillus subtilis*	嗜热脂肪芽孢杆菌 *Bacillus stearothermophilus*
		米根霉 *Rhizopus oryzae*	
		米曲霉 *Aspergillus oryzae*	
		嗜热脂肪芽孢杆菌 *Bacillus stearothermophilus*	
		猪或牛的胰腺 hog or bovine pancreas	
3	α-乙酰乳酸脱羧酶 Alpha-acetolactate decarboxylase	枯草芽孢杆菌 *Bacillus subtilis*	短小芽孢杆菌 *Bacillus brevis*
4	β-淀粉酶 beta-amylase	大麦、山芋、大豆、小麦和麦芽 barley,taro,soya,wheat and malted barley	
		枯草芽孢杆菌 *Bacillus subtilis*	
5	β-葡聚糖酶 beta-glucanase	地衣芽孢杆菌 *Bacillus licheniformis*	
		孤独腐质霉 *Humicola insolens*	
		哈次木霉 *Trichoderma harzianum*	
		黑曲霉[c] *Aspergillus niger*	
		枯草芽孢杆菌 *Bacillus subtilis*	
		李氏木霉 *Trichoderma reesei*	
		解淀粉芽孢杆菌 *Bacillus amyloliquefaciens*	解淀粉芽孢杆菌 *Bacillus amyloliquefaciens*
		Disporotrichum dimorphosporum	
		埃默森篮状菌 *Talaromyces emersonii*	
		绿色木霉 *Trichoderma viride*	
6	阿拉伯呋喃糖苷酶 Arabinofuranosidease	黑曲霉 *Aspergillus niger*	
7	氨基肽酶 Aminopeptidase	米曲霉 *Aspergillus oryzae*	
8	半纤维素酶 Hemicellulase	黑曲霉 *Aspergillus niger*	
9	菠萝蛋白酶 Bromelain	菠萝 *Ananas* spp.	
10	蛋白酶（包括乳凝块酶）Protease (including milk clotting enzymes)	寄生内座壳（栗疫菌）*Cryphonectria parasitica*（*Endothia parasitica*）	寄生内座壳（栗疫菌）*Cryphonectria parasitica*（*Endothia parasitica*）
		地衣芽孢杆菌 *Bacillus licheniformis*	

表 C.3（续）

序号	酶	来 源[a]	供 体[b]
10	蛋白酶（包括乳凝块酶）Protease (including milk clotting enzymes)	黑曲霉 *Aspergillus niger*	
		黑曲霉 *Aspergillus niger*	黑曲霉 *Aspergillus niger*
		解淀粉芽孢杆菌 *Bacillus amyloliquefaciens*	
		解淀粉芽孢杆菌 *Bacillus amyloliquefaciens*	解淀粉芽孢杆菌 *Bacillus amyloliquefaciens*
		枯草芽孢杆菌 *Bacillus subtilis*	
		寄生内座壳（栗疫菌）*Cryphonectria parasitica*(*Endothia parasitica*)	
		米黑根毛霉 *Rhizomucor miehei*	
		米曲霉 *Aspergillus oryzae*	
		乳克鲁维酵母 *Kluyveromyces lactis*	小牛胃 *Calf stomach*
		微小毛霉 *Mucor pusillus*	
		蜂蜜曲霉 *Aspergillus melleus*	
11	单宁酶 Tannase	米曲霉 *Aspergillus oryzae*	
12	多聚半乳糖醛酸酶 Polygalacturonase	黑曲霉[c] *Aspergillus niger*	
		米根霉 *Rhizopus oryzae*	
13	谷氨酰胺酶 Glutaminase	解淀粉芽孢杆菌 *Bacillus amyloliquefaciens*	
14	谷氨酰胺转氨酶 Glutamine Transaminase	茂原链轮丝菌 *Streptoverticillium mobaraense*	
15	果胶裂解酶 Pectinlyase	黑曲霉 *Aspergillus niger*	
		黑曲霉 *Aspergillus niger*	黑曲霉 *Aspergillus niger*
16	果胶酶 Pectinase	黑曲霉 *Aspergillus niger*	
		米根霉 *Rhizopus oryzae*	
17	果胶酯酶(果胶甲基酯酶) Pectinesterase (Pectin methylesterase)	黑曲霉 *Aspergillus niger*	
		黑曲霉 *Aspergillus niger*	黑曲霉 *Aspergillus niger*
		米曲霉 *Aspergillus oryzae*	针尾曲霉 *Aspergillus aculeatus*
18	过氧化氢酶 Catalase	黑曲霉 *Aspergillus niger*	
		牛、猪或马的肝脏 bovine, pig or horse liver	
		溶壁微球菌 *Micrococcus lysodeicticus*	
19	核酸酶 Nuclease	橘青霉 *penicillium citrinum*	
20	环糊精葡萄糖苷转移酶 Cyclomaltodextin glucanotransferase	地衣芽孢杆菌 *Bacillus licheniformis*	高温厌氧杆菌 *Thermoanaerobacter* sp.

表 C.3（续）

序号	酶	来源[a]	供体[b]
21	己糖氧化酶 Hexose oxidase	（多形）汉逊酵母 *Hansenula polymorpha*	皱波角叉菜 *Chondrus crispus*
22	菊糖酶 Inulinase	黑曲霉 *Aspergillus niger*	
23	磷脂酶 Phospholipase	胰腺 pancreas	
24	磷脂酶 A2 Phospholipase A2	猪胰腺组织 porcine pancreas	
		黑曲霉 *Aspergillus niger*	猪胰腺组织 porcine pancreas
25	磷脂酶 C Phospholipase C	巴斯德毕赤酵母 *Pichia pastoris*	从土壤中分离的编码磷脂酶 C 基因的微生物
26	麦芽碳水化合物水解酶(α-、β-麦芽碳水化合物水解酶) Malt carbohydrases (alpha-and beta-amylase)	麦芽和大麦 malted barley & barley	
27	麦芽糖淀粉酶 Maltogenic amylase	枯草芽孢杆菌 *Bacillus subtilis*	嗜热脂肪芽孢杆菌 *Bacillus stearothermophilis*
28	木瓜蛋白酶 Papain	木瓜 *Carica papaya*	
29	木聚糖酶 Xylanase	*Fusarium venenatum*	棉状嗜热丝孢菌 *Thermomyces lanuginosus*
	木聚糖酶 Xylanase	毕赤氏酵母 *Pichia paseoris*	
		孤独腐质霉 *Humicola insolens*	
		黑曲霉 *Aspergillus niger*	
		黑曲霉 *Aspergillus niger*	黑曲霉 *Aspergillus niger*
		李氏木霉 *Trichoderma reesei*	
		绿色木霉 *Trichoderma viride*	
		枯草芽孢杆菌 *Bacillus subtilis*	枯草芽孢杆菌 *Bacillus subtilis*
		米曲霉 *Aspergillus oryzae*	棉状嗜热丝孢菌 *Thermomyces lanuginosus*
		米曲霉 *Aspergillus oryzae*	黑曲霉[c] *Aspergillus niger*
30	凝乳酶 A Chymosin A	大肠杆菌 K-12 *Eschorichia Coli* K-12	小牛前凝乳酶 A 基因 calf prochymosin A gene
31	凝乳酶 B Chymosin B	黑曲霉泡盛变种 *Aspergillus niger* var. *awamori*	小牛前凝乳酶 B 基因 calf prochymosin B gene
		乳克鲁维酵母 *Kluyveromyces lactis*	小牛前凝乳酶 B 基因 calf prochymosin B gene
32	凝乳酶或粗制凝乳酶 Chymosin or Rennet	小牛、山羊或羔羊的皱胃 calf, kid, or lamb abomasum	

表 C.3（续）

序号	酶	来源[a]	供体[b]
33	葡糖淀粉酶（淀粉葡糖苷酶）Glucoamylase(amyloglucosidase)	戴尔根霉 *Rhizopus delemar*	
		黑曲霉 *Aspergillus niger*	黑曲霉 *Aspergillus niger*
			埃默森篮状菌 *Talaromyces emersonii*
		米根霉 *Rhizopus oryzae*	
		米曲霉 *Aspergillus oryzae*	
		雪白根霉 *Rhizopus niveus*	
34	葡糖氧化酶 Glucose oxidase	黑曲霉 *Aspergillus niger*	
		米曲霉 *Aspergillus oryzae*	黑曲霉 *Aspergillus niger*
35	葡糖异构酶（木糖异构酶）Glucose isomerase(xylose isomerase)	橄榄产色链霉菌 *Streptomyces olivochromogenes*	
		橄榄色链霉菌 *Streptomyces olivaceus*	
		密苏里游动放线菌 *Actinoplanes missouriensis*	
		凝结芽孢杆菌 *Bacillus coagulans*	
		锈棕色链霉菌 *Streptomyces rubiginosus*	
		紫黑吸水链霉菌 *Streptomyces violaceoniger*	
		鼠灰链霉菌 *Streptomyces murinus*	
36	普鲁兰酶 Pullulanase	产气克雷伯氏菌 *Klebsiella aerogenes*	
		枯草芽孢杆菌 *Bacillus subtilis*	
		枯草芽孢杆菌 *Bacillus subtilis*	嗜酸普鲁兰芽孢杆菌 *Bacillus acidopullulyticus*
		嗜酸普鲁兰芽孢杆菌 *Bacillus acidopullulyticus*	
		枯草芽孢杆菌 *Bacillus subtilis*	*Bacillus deramificans*
		地衣芽孢杆菌 *Bacillus licheniformis*	*Bacillus deramificans*
37	漆酶 Laccase	米曲霉 *Aspergillus oryzae*	嗜热毁丝霉 *Myceliophthora thermophila*
38	溶血磷脂酶（磷脂酶 B）Lysophospholipase (lecithinase B)	黑曲霉 *Aspergillus niger*	
		黑曲霉 *Aspergillus niger*	黑曲霉 *Aspergillus niger*

表 C.3（续）

序号	酶	来　源[a]	供　体[b]
39	乳糖酶（β-半乳糖苷酶）Lactase (beta-galactosidase)	脆壁克鲁维酵母 *Kluyveromyces fragilis*	
		黑曲霉 *Aspergillus niger*	
		米曲霉 *Aspergillus oryzae*	
		乳克鲁维酵母 *Kluyveromyces lactis*	
		乳克鲁维酵母 *Kluyveromyces lactis*	乳克鲁维酵母 *Kluyveromyces lactis*
40	天门冬酰胺酶 Asparaginase	黑曲霉 *Aspergillus niger*	黑曲霉 *Aspergillus niger*
		米曲霉 *Aspergillus oryzae*	米曲霉 *Aspergillus oryzae*
41	脱氨酶 Deaminase	蜂蜜曲霉 *Aspergillus melleus*	
42	胃蛋白酶 Pepsin	猪、小牛、小羊、禽类的胃组织 hog, calf, goat(kid) or poultry stomach	
43	无花果蛋白酶 Ficin	无花果 *Ficus* spp.	
44	纤维二糖酶 Cellobiase	黑曲霉 *Aspergillus niger*	
45	纤维素酶 Cellulase	黑曲霉 *Aspergillus niger*	
		李氏木霉 *Trichoderma reesei*	
		绿色木霉 *Trichoderma viride*	
46	胰蛋白酶 Typsin	猪或牛的胰腺 porcine or bovine pancreas	
47	胰凝乳蛋白酶(糜蛋白酶)Chymotrypsin	猪或牛的胰腺 porcine or bovine pancreas	
48	脂肪酶 Lipase	黑曲霉 *Aspergillus niger*	
		黑曲霉 *Aspergillus niger*	南极假丝酵母 *Candida antarctica*
		米根霉 *Rhizopus oryzae*	
		米黑根毛霉 *Rhizomucor miehei*	
		米曲霉 *Aspergillus oryzae*	
		米曲霉 *Aspergillus oryzae*	尖孢镰刀菌 *Fusarium oxysporum*
			棉状嗜热丝孢菌 *Thermomyces lanuginosus*
		小牛或小羊的唾液腺或前胃组织 salivary glands or forestomach of calf, kid, or lamb	
		雪白根霉 *Rhizopus niveus*	
		羊咽喉 goat gullets	
		猪或牛的胰腺 hog or bovine pancreas	
		米曲霉 *Aspergillus oryzae*	米黑根霉 *Rhizomucor miehei*

表 C.3（续）

序号	酶	来源[a]	供体[b]
49	酯酶 Esterase	黑曲霉 *Aspergillus niger*	
		李氏木霉 *Trichoderma reesei*	
		米黑根毛霉 *Rhizomucor miehei*	
50	植酸酶 phytase	黑曲霉 *Aspergillus niger*	
51	转化酶（蔗糖酶）Invertase（saccharase）	酿酒酵母 *Saccharomyces cerevisiae*	
52	转葡糖苷酶 Transglucosidase	黑曲霉 *Aspergillus niger*	

[a] 指用于提取酶制剂的动物、植物或微生物。

[b] 指为酶制剂的生物技术来源提供基因片段的动物、植物或微生物。

[c] 包括针尾曲霉 *Aspergillus aculeatus* 和泡盛曲霉 *A. awamori*。

附 录 D
胶基糖果中基础剂物质及其配料名单

胶基糖果中基础剂物质(简称胶基)及其配料应由符合下表中所列的各项物质配合制成。各成分用量在本标准中有规定者按规定执行,未规定者按生产需要适量使用。

表 D.1 胶基及其配料允许使用的物质名单

胶基中文名称/类别	胶基英文名称
D1 天然橡胶	natural gum
1 巴拉塔树胶	massaranduba balata
2 节路顿胶	jelutong
3 来开欧胶	leche caspi (sorva)
4 芡茨棕树胶	chiquibul
5 糖胶树胶	chicle
6 天然橡胶(乳胶固形物)	natural rubber (latex solids)
D2 合成橡胶	synthetic rubber
1 丁二烯-苯乙烯 75/25、50/50 橡胶(丁苯橡胶)	butadiene-styrene rubber 75/25,50/50 (SBR)
2 聚丁烯	polybutylene
3 聚乙烯	polyethylene
4 聚异丁烯	polyisobutylene
5 异丁烯-异戊二烯共聚物(丁基橡胶)	isobutylene-isoprene copolymer (butyl rubber)
D3 树脂	resin
1 部分二聚松香(包括松香、木松香、妥尔松香)甘油酯	glycerol ester of partially dimerized rosin (gum, wood, tall oil)
2 部分氢化松香(包括松香、木松香、妥尔松香)甘油酯	glycerol ester of partially hydrogenated rosin (gum, wood, tall oil)
3 部分氢化松香(包括松香、木松香、妥尔松香)季戊四醇酯	pentaerythritol ester of partially hydrogenated rosin (gum, wood, tall oil)
4 部分氢化松香(包括松香、木松香、妥尔松香)甲酯	methyl ester of partially hydrogenated rosin (gum, wood, tall oil)
5 醋酸乙烯酯-月桂酸乙烯酯共聚物	vinyl acetate-vinyl laurate copolymer
6 合成树脂(包括萜烯树脂)	synthetic resin (synthetic terpene resin)
7 聚醋酸乙烯酯	polyvinyl acetate (PVA)
8 聚合松香(包括木松香、妥尔松香)甘油酯	glycerol ester of polymerized rosin (gum, wood, tall oil)
9 木松香甘油酯	glycerol ester of wood rosin
10 松香(包括松香、木松香、妥尔松香)季戊四醇酯	pentaerythritol ester of rosin (gum, wood, tall oil)
11 松香甘油酯	glycerol ester of gum rosin
12 妥尔松香甘油酯	glycerol ester of tall oil rosin
D4 蜡类	wax
1 巴西棕榈蜡	carnauba wax
2 蜂蜡	beeswax
3 聚乙烯蜡均聚物	polyethylene-wax homopolymer
4 石蜡	paraffin

表 D.1（续）

胶基中文名称/类别	胶基英文名称
5 石油石蜡(费-托合成法)	paraffin wax,synthetic (Fischer-Tropsch)
6 微晶石蜡	microcrystalline wax
7 小烛树蜡	candelilla wax
D5 乳化剂、软化剂	emulsifier and softener
1 丙二醇	propylene glycol
2 单、双、叁脂肪酸甘油酯	mono,di,tri-glycerides of esters of fatty acids
3 单脂肪酸甘油酯	monoglycerides
4 甘油	glycerine
5 果胶	pectin
6 海藻酸、海藻酸钠、海藻酸铵	alginic acid,sodium alginate,ammonium alginate
7 磷脂	phospholipid
8 明胶	gelatin
9 氢化植物油	hydrogen vegetable oils
10 三乙酸甘油酯	triacetin
11 脱脂可可粉	defatted cocoa powder
12 乙酰化单双脂肪酸甘油酯	acetylated mono and di-glycerides
13 硬脂酸、硬脂酸钙、硬脂酸镁、硬脂酸钠、硬脂酸钾	stearic acid and its calcium, magnesium, sodium and potassim salts
14 蔗糖脂肪酸酯	sucrose fatty acid ester
D6 抗氧化剂、防腐剂	antioxidant,preservative
1 苯甲酸钠	benzoic acid,sodium benzoate
2 丁基羟基茴香醚(BHA)	butylated hydroxyanisole
3 二丁基甲基甲苯(BHT)	butylated hydroxy toluene
4 没食子酸丙酯(PG)	propyl gallate
5 山梨酸钾	sorbic acid,potassium sorbate
6 生育酚	tocopherol
7 竹叶抗氧化物	antioxidant of bommboo leaf
D7 填充剂	filling agent
1 滑石粉	talc
2 磷酸氢钙	calcium hydrogen phosphate (dicalcium orthophosphate)
3 碳酸钙(包括轻质和重质碳酸钙)	calcium carbonate (light,heavy)
4 碳酸镁	magnesium carbonate

附 录 E
食品添加剂功能类别

每个添加剂在食品中可具有一种或多种功能。在本标准每个食品添加剂的具体规定中，列出了该食品添加剂常用的功能，并非详尽的列举。

E.1 酸度调节剂：用以维持或改变食品酸碱度的物质。

E.2 抗结剂：用于防止颗粒或粉状食品聚集结块，保持其松散或自由流动的物质。

E.3 消泡剂：在食品加工过程中降低表面张力，消除泡沫的物质。

E.4 抗氧化剂：能防止或延缓油脂或食品成分氧化分解、变质，提高食品稳定性的物质。

E.5 漂白剂：能够破坏、抑制食品的发色因素，使其褪色或使食品免于褐变的物质。

E.6 膨松剂：在食品加工过程中加入的，能使产品发起形成致密多孔组织，从而使制品具有膨松、柔软或酥脆的物质。

E.7 胶基糖果中基础剂物质：赋予胶基糖果起泡、增塑、耐咀嚼等作用的物质。

E.8 着色剂：使食品赋予色泽和改善食品色泽的物质。

E.9 护色剂：能与肉及肉制品中呈色物质作用，使之在食品加工、保藏等过程中不致分解、破坏，呈现良好色泽的物质。

E.10 乳化剂：能改善乳化体中各种构成相之间的表面张力，形成均匀分散体或乳化体的物质。

E.11 酶制剂：由动物或植物的可食或非可食部分直接提取，或由传统或通过基因修饰的微生物(包括但不限于细菌、放线菌、真菌菌种)发酵、提取制得，用于食品加工，具有特殊催化功能的生物制品。

E.12 增味剂：补充或增强食品原有风味的物质。

E.13 面粉处理剂：促进面粉的熟化和提高制品质量的物质。

E.14 被膜剂：涂抹于食品外表，起保质、保鲜、上光、防止水分蒸发等作用的物质。

E.15 水分保持剂：有助于保持食品中水分而加入的物质。

E.16 营养强化剂：为增强营养成分而加入食品中的天然的或者人工合成的属于天然营养素范围的物质。

E.17 防腐剂：防止食品腐败变质、延长食品储存期的物质。

E.18 稳定剂和凝固剂：使食品结构稳定或使食品组织结构不变，增强粘性固形物的物质。

E.19 甜味剂：赋予食品以甜味的物质。

E.20 增稠剂：可以提高食品的黏稠度或形成凝胶，从而改变食品的物理性状、赋予食品黏润、适宜的口感，并兼有乳化、稳定或使呈悬浮状态作用的物质。

E.21 食品用香料：能够用于调配食品香精，并使食品增香的物质。

E.22 食品工业用加工助剂：有助于食品加工能顺利进行的各种物质，与食品本身无关。如助滤、澄清、吸附、脱模、脱色、脱皮、提取溶剂等。

E.23 其他：上述功能类别中不能涵盖的其他功能。

附 录 F
食品分类系统

食品分类系统见表 F.1。

表 F.1 食品分类系统

食品分类号	食 品 名 称
01.0	乳及乳制品(13.0 特殊膳食用食品涉及品种除外)
01.01	巴氏杀菌乳、灭菌乳和调制乳
01.01.01	巴氏杀菌乳
01.01.02	灭菌乳
01.01.03	调制乳
01.02	发酵乳和风味发酵乳
01.02.01	发酵乳
01.02.02	风味发酵乳
01.03	乳粉(包括加糖乳粉)和奶油粉及其调制产品
01.03.01	乳粉和奶油粉
01.03.02	调制乳粉和调制奶油粉(包括调味乳粉和调味奶油粉等)
01.04	炼乳及其调制产品
01.04.01	淡炼乳(原味)
01.04.02	调制炼乳(包括甜炼乳、调味甜炼乳及其他使用了非乳原料的调制炼乳等)
01.05	稀奶油(淡奶油)及其类似品
01.05.01	稀奶油
01.05.02	凝固稀奶油
01.05.03	调味稀奶油
01.05.04	稀奶油类似品
01.06	干酪
01.06.01	非熟化干酪
01.06.02	熟化干酪
01.06.03	乳清干酪
01.06.04	再制干酪
01.06.04.01	普通再制干酪
01.06.04.02	调味再制干酪
01.06.05	干酪类似品
01.06.06	乳清蛋白干酪
01.07	以乳为主要配料的即食风味甜点或其预制产品(不包括冰淇淋和调味酸奶)
01.08	其他乳制品(如乳清粉、酪蛋白粉)
02.0	脂肪,油和乳化脂肪制品
02.01	基本不含水的脂肪和油
02.01.01	植物油脂
02.01.01.01	植物油
02.01.01.02	氢化植物油
02.01.02	动物油脂(包括猪油、牛油、鱼油和其他动物脂肪等)

表 F.1（续）

食品分类号	食品名称
02.01.03	无水黄油，无水乳脂
02.02	水油状脂肪乳化制品
02.02.01	脂肪含量 80%以上的乳化制品
02.02.01.01	黄油和浓缩黄油
02.02.01.02	人造黄油及其类似制品（如黄油和人造黄油混合品）
02.02.02	脂肪含量 80%以下的乳化制品
02.03	02.02 类以外的脂肪乳化制品，包括混合的和（或）调味的脂肪乳化制品
02.04	脂肪类甜品
02.05	其他油脂或油脂制品
03.0	冷冻饮品
03.01	冰淇淋、雪糕类
03.02	—
03.03	风味冰、冰棍类
03.04	食用冰
03.05	其他冷冻饮品
04.0	水果、蔬菜（包括块根类）、豆类、食用菌、藻类、坚果以及籽类等
04.01	水果
04.01.01	新鲜水果
04.01.01.01	未经加工的鲜果
04.01.01.02	经表面处理的鲜水果
04.01.01.03	去皮或预切的鲜水果
04.01.02	加工水果
04.01.02.01	冷冻水果
04.01.02.02	水果干类
04.01.02.03	醋、油或盐渍水果
04.01.02.04	水果罐头
04.01.02.05	果酱
04.01.02.06	果泥
04.01.02.07	除 04.01.02.05 以外的果酱（如印度酸辣酱）
04.01.02.08	蜜饯凉果
04.01.02.08.01	蜜饯类
04.01.02.08.02	凉果类
04.01.02.08.03	果脯类
04.01.02.08.04	话化类（甘草制品）
04.01.02.08.05	果丹（饼）类
04.01.02.08.06	果糕类
04.01.02.09	装饰性果蔬
04.01.02.10	水果甜品，包括果味液体甜品
04.01.02.11	发酵的水果制品
04.01.02.12	煮熟的或油炸的水果
04.01.02.13	其他加工水果

表 F.1（续）

食品分类号	食品名称
04.02	蔬菜
04.02.01	新鲜蔬菜
04.02.01.01	未经加工鲜蔬菜
04.02.01.02	经表面处理的新鲜蔬菜
04.02.01.03	去皮、切块或切丝的蔬菜
04.02.01.04	豆芽菜
04.02.02	加工蔬菜
04.02.02.01	冷冻蔬菜
04.02.02.02	干制蔬菜
04.02.02.03	腌渍的蔬菜
04.02.02.04	蔬菜罐头
04.02.02.05	蔬菜泥(酱),番茄沙司除外
04.02.02.06	发酵蔬菜制品
04.02.02.07	经水煮或油炸的蔬菜
04.02.02.08	其他加工蔬菜
04.03	食用菌和藻类
04.03.01	新鲜食用菌和藻类
04.03.01.01	未经加工鲜食用菌和藻类
04.03.01.02	经表面处理的鲜食用菌和藻类
04.03.01.03	去皮、切块或切丝的食用菌和藻类
04.03.02	加工食用菌和藻类
04.03.02.01	冷冻食用菌和藻类
04.03.02.02	干制食用菌和藻类
04.03.02.03	腌渍的食用菌和藻类
04.03.02.04	食用菌和藻类罐头
04.03.02.05	经水煮或油炸的藻类
04.03.02.06	其他加工食用菌和藻类
04.04	豆类制品
04.04.01	非发酵豆制品
04.04.01.01	豆腐类
04.04.01.02	豆干类
04.04.01.03	豆干再制品
04.04.01.03.01	炸制半干豆腐
04.04.01.03.02	卤制半干豆腐
04.04.01.03.03	熏制半干豆腐
04.04.01.03.04	其他半干豆腐
04.04.01.04	腐竹类(包括腐竹、油皮等)
04.04.01.05	新型豆制品(大豆蛋白膨化食品、大豆素肉等)
04.04.01.06	熟制豆类
04.04.02	发酵豆制品
04.04.02.01	腐乳类

表 F.1（续）

食品分类号	食 品 名 称
04.04.02.02	豆豉及其制品(包括纳豆)
04.04.03	其他豆制品
04.05	坚果和籽类
04.05.01	新鲜坚果与籽类
04.05.02	加工坚果与籽类
04.05.02.01	熟制坚果与籽类
04.05.02.01.01	带壳熟制坚果与籽类
04.05.02.01.02	脱壳熟制坚果与籽类
04.05.02.02	包衣的坚果和籽类
04.05.02.03	坚果与籽类罐头
04.05.02.04	坚果与籽类的泥(酱),包括花生酱等
04.05.02.05	其他加工的坚果与籽类(如腌渍的果仁)
05.0	可可制品、巧克力和巧克力制品(包括代可可脂巧克力及制品)以及糖果
05.01	可可制品、巧克力和巧克力制品,包括代可可脂巧克力及制品
05.01.01	可可制品(包括以可可为主要原料的脂、粉、浆、酱、馅等)
05.01.02	巧克力和巧克力制品、除05.01.01以外的可可制品
05.01.03	代可可脂巧克力及使用可可脂代用品的巧克力类似产品
05.02	糖果
05.02.01	胶基糖果
05.02.02	除胶基糖果以外的其他糖果
05.03	糖果和巧克力制品包衣
05.04	装饰糖果(如工艺造型,或用于蛋糕装饰)、顶饰(非水果材料)和甜汁
06.0	粮食和粮食制品,包括大米、面粉、杂粮、块根植物、豆类和玉米提取的淀粉等(不包括07.0类焙烤制品)
06.01	原粮
06.02	大米及其制品
06.02.01	大米
06.02.02	大米制品
06.02.03	米粉(包括汤圆粉等)
06.02.04	米粉制品
06.03	小麦粉及其制品
06.03.01	小麦粉
06.03.01.01	通用小麦粉
06.03.01.02	专用小麦粉(如自发粉、饺子粉)
06.03.02	小麦粉制品
06.03.02.01	生湿面制品(如面条、饺子皮、馄饨皮、烧麦皮)
06.03.02.02	生干面制品
06.03.02.03	发酵面制品
06.03.02.04	面糊(如用于鱼和禽肉的拖面糊)、裹粉、煎炸粉
06.03.02.05	油炸面制品
06.04	杂粮粉及其制品

表 F.1(续)

食品分类号	食品名称
06.04.01	杂粮粉
06.04.02	杂粮制品
06.04.02.01	八宝粥罐头
06.04.02.02	其他杂粮制品
06.05	淀粉及淀粉类制品
06.05.01	食用淀粉
06.05.02	淀粉制品
06.05.02.01	粉丝、粉条
06.05.02.02	虾味片
06.05.02.03	藕粉
06.05.02.04	粉圆
06.06	即食谷物,包括碾轧燕麦(片)
06.07	方便米面制品
06.08	冷冻米面制品
06.09	谷类和淀粉类甜品(如米布丁、木薯布丁)
06.10	粮食制品馅料
07.0	焙烤食品
07.01	面包
07.02	糕点
07.02.01	中式糕点(月饼除外)
07.02.02	西式糕点
07.02.03	月饼
07.02.04	糕点上彩装
07.03	饼干
07.03.01	夹心及装饰类饼干
07.03.02	威化饼干
07.03.03	蛋卷
07.03.04	其他饼干
07.04	焙烤食品馅料及表面用挂浆
07.05	其他焙烤食品
08.0	肉及肉制品
08.01	生、鲜肉
08.01.01	生鲜肉
08.01.02	冷却肉(包括排酸肉、冰鲜肉、冷鲜肉等)
08.01.03	冻肉
08.02	预制肉制品
08.02.01	调理肉制品(生肉添加调理料)
08.02.02	腌腊肉制品类(如咸肉、腊肉、板鸭、中式火腿、腊肠)
08.03	熟肉制品
08.03.01	酱卤肉制品类
08.03.01.01	白煮肉类

表 F.1（续）

食品分类号	食　品　名　称
08.03.01.02	酱卤肉类
08.03.01.03	糟肉类
08.03.02	熏、烧、烤肉类
08.03.03	油炸肉类
08.03.04	西式火腿(熏烤、烟熏、蒸煮火腿)类
08.03.05	肉灌肠类
08.03.06	发酵肉制品类
08.03.07	熟肉干制品
08.03.07.01	肉松类
08.03.07.02	肉干类
08.03.07.03	肉脯类
08.03.08	肉罐头类
08.03.09	可食用动物肠衣类
08.03.10	其他肉及肉制品
09.0	水产及其制品(包括鱼类、甲壳类、贝类、软体类、棘皮类等水产及其加工制品等)
09.01	鲜水产
09.02	冷冻水产品及其制品
09.02.01	冷冻制品
09.02.02	冷冻挂浆制品
09.02.03	冷冻鱼糜制品(包括鱼丸等)
09.03	预制水产品(半成品)
09.03.01	醋渍或肉冻状水产品
09.03.02	腌制水产品
09.03.03	鱼子制品
09.03.04	风干、烘干、压干等水产品
09.03.05	其他预制水产品(如鱼肉饺皮)
09.04	熟制水产品(可直接食用)
09.04.01	熟干水产品
09.04.02	经烹调或油炸的水产品
09.04.03	熏、烤水产品
09.04.04	发酵水产品
09.05	水产品罐头
09.06	其他水产品及其制品
10.0	蛋及蛋制品
10.01	鲜蛋
10.02	再制蛋(不改变物理性状)
10.02.01	卤蛋
10.02.02	糟蛋
10.02.03	皮蛋
10.02.04	咸蛋
10.02.05	其他再制蛋

表 F.1(续)

食品分类号	食品名称
10.03	蛋制品(改变其物理性状)
10.03.01	脱水蛋制品(如蛋白粉、蛋黄粉、蛋白片)
10.03.02	热凝固蛋制品(如蛋黄酪、松花蛋肠)
10.03.03	冷冻蛋制品(如冰蛋)
10.03.04	液体蛋
10.04	其他蛋制品
11.0	甜味料,包括蜂蜜
11.01	食糖
11.01.01	白糖及白糖制品(如白砂糖、绵白糖、冰糖、方糖等)
11.01.02	其他糖和糖浆(如红糖、赤砂糖、冰片糖、原糖、糖蜜、部分转化糖、槭树糖浆等)
11.02	淀粉糖(果糖、葡萄糖、饴糖、部分转化糖等)
11.03	蜂蜜及花粉
11.03.01	蜂蜜
11.03.02	花粉
11.04	餐桌甜味料
11.05	调味糖浆
11.05.01	水果调味糖浆
11.05.02	其他调味糖浆
11.06	其他甜味料
12.0	调味品
12.01	盐及代盐制品
12.02	鲜味剂和助鲜剂
12.03	醋
12.03.01	酿造食醋
12.03.02	配制食醋
12.04	酱油
12.04.01	酿造酱油
12.04.02	配制酱油
12.05	酱及酱制品
12.05.01	酿造酱
12.05.02	配制酱
12.06	—
12.07	料酒及制品
12.08	—
12.09	香辛料类
12.09.01	香辛料及粉
12.09.02	香辛料油
12.09.03	香辛料酱(如芥末酱、青芥酱)
12.09.04	其他香辛料加工品
12.10	复合调味料
12.10.01	固体复合调味料

表 F.1（续）

食品分类号	食 品 名 称
12.10.01.01	固体汤料
12.10.01.02	鸡精、鸡粉
12.10.01.03	其他固体复合调味料
12.10.02	半固体复合调味料
12.10.02.01	蛋黄酱、沙拉酱
12.10.02.02	以动物性原料为基料的调味酱
12.10.02.03	以蔬菜为基料的调味酱
12.10.02.04	其他
12.10.03	液体复合调味料(不包括 12.03,12.04)
12.10.03.01	浓缩汤(罐装、瓶装)
12.10.03.02	肉汤、骨汤
12.10.03.03	调味清汁
12.10.03.04	蚝油、虾油、鱼露等
12.11	其他调味料
13.0	特殊膳食用食品
13.01	婴幼儿配方食品
13.01.01	婴儿配方食品
13.01.02	较大婴儿和幼儿配方食品
13.01.03	特殊医学用途婴儿配方食品
13.02	婴幼儿辅助食品
13.02.01	婴幼儿谷类辅助食品
13.02.02	婴幼儿罐装辅助食品
13.03	特殊医学用途配方食品(13.01 中涉及品种除外)
13.04	低能量配方食品
13.05	除 13.01～13.04 外的其他特殊膳食用食品
14.0	饮料类
14.01	包装饮用水类
14.01.01	饮用天然矿泉水
14.01.02	饮用纯净水
14.01.03	其他饮用水
14.02	果蔬汁类
14.02.01	果蔬汁(浆)
14.02.02	浓缩果蔬汁(浆)
14.02.03	果蔬汁(肉)饮料(包括发酵型产品等)
14.03	蛋白饮料类
14.03.01	含乳饮料
14.03.01.01	发酵型含乳饮料
14.03.01.02	配制型含乳饮料
14.03.01.03	乳酸菌饮料
14.03.02	植物蛋白饮料
14.03.03	复合蛋白饮料

表 F.1（续）

食品分类号	食 品 名 称
14.04	水基调味饮料类
14.04.01	碳酸饮料
14.04.01.01	可乐型碳酸饮料
14.04.01.02	其他型碳酸饮料
14.04.02	非碳酸饮料
14.04.02.01	特殊用途饮料(包括运动饮料、营养素饮料等)
14.04.02.02	风味饮料(包括果味饮料、乳味、茶味、咖啡味及其他味饮料等)
14.05	茶、咖啡、植物饮料类
14.05.01	茶饮料类
14.05.02	咖啡饮料类
14.05.03	植物饮料类(包括可可饮料、谷物饮料等)
14.06	固体饮料类
14.06.01	果香型固体饮料
14.06.02	蛋白型固体饮料
14.06.03	速溶咖啡
14.06.04	其他固体饮料
14.07	—
14.08	其他饮料类
15.0	酒类
15.01	蒸馏酒
15.01.01	白酒
15.01.02	调香蒸馏酒
15.01.03	白兰地
15.01.04	威士忌
15.01.05	伏特加
15.01.06	朗姆酒
15.01.07	其他蒸馏酒
15.02	配制酒
15.03	发酵酒
15.03.01	葡萄酒
15.03.01.01	无汽葡萄酒
15.03.01.02	起泡和半起泡葡萄酒
15.03.01.03	调香葡萄酒
15.03.01.04	特种葡萄酒(按特殊工艺加工制作的葡萄酒,如在葡萄原酒中加入白兰地,浓缩葡萄汁等)
15.03.02	黄酒
15.03.03	果酒
15.03.04	蜂蜜酒
15.03.05	啤酒和麦芽饮料
15.03.06	其他发酵酒类(充气型)
16.0	其他类(第 01.0～15.0 类除外)
16.01	果冻

表 F.1（续）

食品分类号	食　品　名　称
16.02	茶叶、咖啡
16.03	胶原蛋白肠衣
16.04	酵母及酵母类制品
16.04.01	干酵母
16.04.02	其他酵母及酵母类制品
16.05	—
16.06	膨化食品
16.07	其他

中华人民共和国国家标准

GB 2761—2011

食品安全国家标准
食品中真菌毒素限量

2011-04-20 发布 2011-10-20 实施

中华人民共和国卫生部 发布

前　言

本标准代替 GB 2761—2005《食品中真菌毒素限量》以及 GB 2715—2005《粮食卫生标准》中的真菌毒素限量指标。

本标准与 GB 2761—2005 相比，主要变化如下：

——修改了标准名称；

——增加了可食用部分的定义；

——增加了应用原则；

——增加了赭曲霉毒素 A、玉米赤霉烯酮指标；

——修改了黄曲霉毒素 B_1、黄曲霉毒素 M_1、脱氧雪腐镰刀菌烯醇及展青霉素限量指标；

——修改了黄曲霉毒素 B_1、黄曲霉毒素 M_1 及脱氧雪腐镰刀菌烯醇的检测方法；

——增加了附录 A。

食品安全国家标准
食品中真菌毒素限量

1 范围

本标准规定了食品中黄曲霉毒素 B_1、黄曲霉毒素 M_1、脱氧雪腐镰刀菌烯醇、展青霉素、赭曲霉毒素A及玉米赤霉烯酮的限量指标。

2 术语和定义

2.1 真菌毒素

真菌在生长繁殖过程中产生的次生有毒代谢产物。

2.2 可食用部分

食品原料经过机械手段(如谷物碾磨、水果剥皮、坚果去壳、肉去骨、鱼去刺、贝去壳等)去除非食用部分后,所得到的用于食用的部分。

注1:非食用部分的去除不可采用任何非机械手段(如粗制植物油精炼过程)。

注2:用相同的食品原料生产不同产品时,可食用部分的量依生产工艺不同而异。如用麦类加工麦片和全麦粉时,可食用部分按100%计算;加工小麦粉时,可食用部分按出粉率折算。

2.3 限量

真菌毒素在食品原料和(或)食品成品可食用部分中允许的最大含量水平。

3 应用原则

3.1 无论是否制定真菌毒素限量,食品生产和加工者均应采取控制措施,使食品中真菌毒素的含量达到最低水平。

3.2 本标准列出了可能对公众健康构成较大风险的真菌毒素,制定限量值的食品是对消费者膳食暴露量产生较大影响的食品。

3.3 食品类别(名称)说明(附录A)用于界定真菌毒素限量的适用范围,仅适用于本标准。当某种真菌毒素限量应用于某一食品类别(名称)时,则该食品类别(名称)内的所有类别食品均适用,有特别规定的除外。

3.4 食品中真菌毒素限量以食品通常的可食用部分计算,有特别规定的除外。

3.5 干制食品中真菌毒素限量以相应食品原料脱水率或浓缩率折算。脱水率或浓缩率可通过对食品的分析、生产者提供的信息以及其他可获得的数据信息等确定。

4 指标要求

4.1 黄曲霉毒素 B_1

4.1.1 食品中黄曲霉毒素 B_1 限量指标见表1。

表 1 食品中黄曲霉毒素 B_1 限量指标

食品类别(名称)	限量 μg/kg
谷物及其制品	
玉米、玉米面(渣、片)及玉米制品	20
稻谷[a]、糙米、大米	10
小麦、大麦、其他谷物	5.0
小麦粉、麦片、其他去壳谷物	5.0
豆类及其制品	
发酵豆制品	5.0
坚果及籽类	
花生及其制品	20
其他熟制坚果及籽类	5.0
油脂及其制品	
植物油脂(花生油、玉米油除外)	10
花生油、玉米油	20
调味品	
酱油、醋、酿造酱(以粮食为主要原料)	5.0
特殊膳食用食品	
婴幼儿配方食品	
婴儿配方食品[b]	0.5(以粉状产品计)
较大婴儿和幼儿配方食品[b]	0.5(以粉状产品计)
特殊医学用途婴儿配方食品	0.5(以粉状产品计)
婴幼儿辅助食品	
婴幼儿谷类辅助食品	0.5

[a] 稻谷以糙米计。

[b] 以大豆及大豆蛋白制品为主要原料的产品。

4.1.2 检验方法:婴幼儿配方食品及婴幼儿辅助食品按 GB 5009.24 规定的方法测定,其他食品按 GB/T 18979 规定的方法测定。

4.2 黄曲霉毒素 M_1

4.2.1 食品中黄曲霉毒素 M_1 限量指标见表 2。

表 2 食品中黄曲霉毒素 M_1 限量指标

食品类别(名称)	限量 μg/kg
乳及乳制品[a]	0.5
特殊膳食用食品	
婴儿配方食品[b]	0.5(以粉状产品计)
较大婴儿和幼儿配方食品[b]	0.5(以粉状产品计)
特殊医学用途婴儿配方食品	0.5(以粉状产品计)

[a] 乳粉按生乳折算。

[b] 以乳类及乳蛋白制品为主要原料的产品。

4.2.2 检验方法：婴幼儿配方食品按 GB 5009.24 规定的方法测定，乳及乳制品按 GB 5413.37 规定的方法测定。

4.3 脱氧雪腐镰刀菌烯醇

4.3.1 食品中脱氧雪腐镰刀菌烯醇限量指标见表 3。

表 3 食品中脱氧雪腐镰刀菌烯醇限量指标

食品类别(名称)	限量 μg/kg
谷物及其制品	
玉米、玉米面(渣、片)	1 000
大麦、小麦、麦片、小麦粉	1 000

4.3.2 检验方法：按 GB/T 23503 规定的方法测定。

4.4 展青霉素

4.4.1 食品中展青霉素限量指标见表 4。

表 4 食品中展青霉素限量指标

食品类别(名称)[a]	限量 μg/kg
水果及其制品	
水果制品(果丹皮除外)	50
饮料类	
果蔬汁类	50
酒类	50
[a] 仅限于以苹果、山楂为原料制成的产品。	

4.4.2 检验方法：按 GB/T 5009.185 规定的方法测定。

4.5 赭曲霉毒素 A

4.5.1 食品中赭曲霉毒素 A 限量指标见表 5。

表 5 食品中赭曲霉毒素 A 限量指标

食品类别(名称)	限量 μg/kg
谷物及其制品	
谷物[a]	5.0
谷物碾磨加工品	5.0
豆类及其制品	
豆类	5.0
[a] 稻谷以糙米计。	

4.5.2 检验方法:按 GB/T 23502 规定的方法测定。

4.6 玉米赤霉烯酮

4.6.1 食品中玉米赤霉烯酮限量指标见表 6。

表 6 食品中玉米赤霉烯酮限量指标

食品类别(名称)	限量 μg/kg
谷物及其制品	
小麦、小麦粉	60
玉米、玉米面(渣、片)	60

4.6.2 检验方法:按 GB/T 5009.209 规定的方法测定。

附　录　A
食品类别(名称)说明

A.1　食品类别(名称)说明见表A.1。

表A.1　食品类别(名称)说明

水果及其制品	新鲜水果(未经加工的、经表面处理的、去皮或预切的、冷冻的水果) 　浆果和其他小粒水果 　其他新鲜水果(包括甘蔗) 水果制品 　水果罐头 　水果干类 　醋、油或盐渍水果 　果酱(泥) 　蜜饯凉果(包括果丹皮) 　发酵的水果制品 　煮熟的或油炸的水果 　水果甜品 　其他水果制品
谷物及其制品(不包括焙烤制品)	谷物 　稻谷 　玉米 　小麦 　大麦 　其他谷物[例如,粟(谷子)、高粱、黑麦、燕麦、荞麦等] 谷物碾磨加工品 　糙米 　大米 　小麦粉 　玉米面(渣、片) 　麦片 　其他去壳谷物(例如,小米、高粱米、大麦米、黍米等) 谷物制品 　大米制品(例如,米粉、汤圆粉及其他制品等) 　小麦粉制品 　　生湿面制品(例如,面条、饺子皮、馄饨皮、烧麦皮等) 　　生干面制品 　　发酵面制品 　　面糊(例如,用于鱼和禽肉的拖面糊)、裹粉、煎炸粉 　　面筋 　　其他小麦粉制品 　玉米制品 　其他谷物制品[例如,带馅(料)面米制品、八宝粥罐头等]

表 A.1(续)

豆类及其制品	豆类(干豆、以干豆磨成的粉) 豆类制品 　　非发酵豆制品(例如,豆浆、豆腐类、豆干类、腐竹类、熟制豆类、大豆蛋白膨化食品、大豆素肉等) 　　发酵豆制品(例如,腐乳类、纳豆、豆豉、豆豉制品等) 　　豆类罐头
坚果及籽类	新鲜坚果及籽类 　　木本坚果(树果) 　　油料(不包括谷物种子和豆类) 　　饮料及甜味种子(例如,可可豆、咖啡豆等) 坚果及籽类制品 　　熟制坚果及籽类(带壳、脱壳) 　　包衣的坚果及籽类 　　坚果及籽类罐头 　　坚果及籽类的泥(酱),包括花生酱等 　　其他坚果及籽类制品(例如,腌渍的果仁等)
乳及乳制品	生乳 巴氏杀菌乳 灭菌乳 调制乳 发酵乳 炼乳 乳粉 乳清粉和乳清蛋白粉 干酪 再制干酪 其他乳制品
油脂及其制品	植物油脂 动物油脂(例如,猪油、牛油、鱼油、稀奶油、奶油、无水奶油等) 油脂制品 　　氢化植物油及以氢化植物油为主的产品(例如,人造奶油、起酥油等) 　　调和油 　　其他油脂制品
调味品	食用盐 鲜味剂和助鲜剂 醋 酱油 酱及酱制品 调味料酒 香辛料类 　　香辛料及粉 　　香辛料油 　　香辛料酱(例如,芥末酱、青芥酱等)

表 A.1（续）

调味品	其他香辛料加工品
	水产调味品
	鱼类调味品(例如，鱼露等)
	其他水产调味品(例如，蚝油、虾油等)
	复合调味料(例如，固体汤料、鸡精、鸡粉、蛋黄酱、沙拉酱、调味清汁等)
	其他调味品
饮料类	包装饮用水
	矿泉水
	纯净水
	其他包装饮用水
	果蔬汁类(例如，苹果汁、苹果醋、山楂汁、山楂醋等)
	果蔬汁(浆)
	浓缩果蔬汁(浆)
	其他果蔬汁(肉)饮料(包含发酵型产品)
	蛋白饮料类
	含乳饮料(发酵型含乳饮料、配制型含乳饮料、乳酸菌饮料)
	植物蛋白饮料
	复合蛋白饮料
	碳酸饮料类
	茶饮料类
	咖啡饮料类
	植物饮料类
	风味饮料类
	特殊用途饮料类(例如，运动饮料、营养素饮料等)
	固体饮料类(包括速溶咖啡)
	其他饮料类
酒类	蒸馏酒(例如，白酒、白兰地、威士忌、伏特加、朗姆酒等)
	配制酒
	发酵酒(例如，葡萄酒、黄酒、果酒、啤酒等)
特殊膳食用食品	婴幼儿配方食品
	婴儿配方食品
	较大婴儿和幼儿配方食品
	特殊医学用途婴儿配方食品
	婴幼儿辅助食品
	婴幼儿谷类辅助食品
	婴幼儿罐装辅助食品
	其他特殊膳食用食品

ICS 03.120.30
A 41

中华人民共和国国家标准

GB/T 2828.5—2011/ISO 2859-5:2005

计数抽样检验程序 第5部分:按接收质量限(AQL)检索的逐批序贯抽样检验系统

Sampling procedures for inspection by attributes—Part 5:System of sequential sampling plans indexed by acceptance quality limit (AQL) for lot-by-lot inspection

(ISO 2859-5:2005,IDT)

2011-07-29 发布 2011-12-01 实施

中华人民共和国国家质量监督检验检疫总局
中国国家标准化管理委员会 发布

前　言

GB/T 2828《计数抽样检验程序》分为以下部分：

——第 1 部分：按接收质量限(AQL)检索的逐批检验抽样计划(ISO 2859-1:1999,IDT)；

——第 2 部分：按极限质量(LQ)检索的孤立批检验抽样方案(ISO 2859-2:1985,NEQ)；

——第 3 部分：跳批抽样程序(ISO 2859-3:2005,IDT)；

——第 4 部分：声称质量水平的评定程序(ISO 2859-4:2002,MOD)；

——第 5 部分：按接收质量限(AQL)检索的逐批序贯抽样检验系统(ISO 2859-5:2005,IDT)；

——第 10 部分：GB/T 2828 计数抽样检验系列标准导则(ISO 2859-10:2006,MOD)；

——第 11 部分：小总体声称质量水平的评价程序(代替 GB/T 15482—1995)。

本部分为 GB/T 2828 的第 5 部分。

本部分按照 GB/T 1.1—2009 给出的规则起草。

本部分等同采用国际标准 ISO 2859-5:2005《计数抽样检验程序　第 5 部分：按接收质量限(AQL)检索的逐批序贯抽样检验系统》。

本部分由全国统计方法应用标准化技术委员会(SAC/TC 21)提出并归口。

本部分起草单位：中国标准化研究院、深圳市华测检测技术股份有限公司、中国科学院数学与系统科学研究院、北京工业大学、中国人民解放军军械工程学院。

本部分主要起草人：张帆、丁文兴、于振凡、谢田法、冯士雍、张玉柱、钱峰、孙华山。

引　言

在当代生产过程中，期望不合格品率常常达到 10^{-6} 级的高质量水平。在这种情况下，使用通常的抽样方案（例如 GB/T 2828.1 所提供的抽样方案），往往需要非常大的样本量。面对这个问题，使用者会使用较高错判概率的验收抽样方案，或在极端情况下，完全放弃验收抽样程序。然而，许多情况下，仍然需要用标准化的统计方法验收高质量的产品，这时就要应用样本量尽可能小的统计抽样方法。序贯抽样方案是仅有的满足这种需要的统计抽样方法，因为在具有相近统计特性的所有可能的抽样方案中，序贯抽样方案具有最小的平均样本量。因此，非常有必要给出与 GB/T 2828.1 中常用的验收抽样方案在统计上等价、但所需平均样本量显著小的序贯抽样检验方案。

序贯抽样方案的主要优势是可以降低平均样本量。平均样本量是在给定的批或过程质量水平下，其抽样方案所有可能出现的样本量的加权平均。在等效操作特性的前提下，像二次和多次抽样方案一样，序贯抽样方案比一次抽样方案的平均样本量更小。使用序贯抽样方案比使用二次或多次抽样方案，节省的平均费用更多。对于质量非常好的批，序贯抽样方案的节省最多可达 85%，比较起来，二次抽样方案只能节省 37%，多次（五次）抽样方案只能节省 75%。另一方面，在使用二次、多次或序贯抽样方案时，对某些特定质量的批，实际检验的单位产品数有可能超过对应的一次抽样方案的样本量 n_0。对二次和多次抽样方案，实际检验的单位产品数的上限约为 1.25 n_0。对经典序贯抽样方案，则没有上限，实际检验的单位产品数可以超过对应一次方案的样本量 n_0，甚至能大到与批量 N 相等。本部分的序贯抽样方案，引入了截尾规则，实际检验的单位产品数的上限值为 1.5 n_0。

其他需要考虑的因素包括：

a)　简单性

与一次抽样方案的简单规则相比，序贯抽样方案的规则稍显复杂。

b)　检验量的可变性

对具体的批来说，由于实际检验的单位产品数事先未知，序贯抽样方案的组织实施会有一些困难，例如，检验操作流程的安排等。

c)　抽取样本产品的费用

如果在不同时间抽取样本产品费用较高，那么序贯抽样方案平均样本量降低的获益会被抽样费用的增加所抵消。

d)　测试的持续时间

如果单个产品的测试时间较长，且多个产品可同时测试，则采用序贯抽样方案的测试时间比采用对应的一次抽样方案所需的时间长。

e)　批内质量的变异

如果批由两个或多个不同来源的子批组成，且子批间的质量可能存在实质差别，则序贯抽样方案代表性样本的抽取比对应的一次抽样方案更困难。

二次、多次抽样方案的优点和缺点介于一次和序贯抽样方案之间。权衡平均样本量小的优点与上述缺点可得出如下结论：序贯抽样方案仅适用于单个样本产品的测试费用相对昂贵的情形。

一次、二次、多次和序贯抽样方案类型的选择应在批检验开始之前确定。在一批检验期间，不允许从一种抽样方案类型转移到另一种类型，因为如果实际检验结果影响了接收准则的选择，则抽样方案的操作特性可能会剧烈变化。

尽管序贯抽样方案较之对应的一次抽样方案在平均意义上更为经济，但对于某具体批的检验，可能会出现累积不合格品数长期徘徊于接收数和拒收数之间，直到检验量很大时才能作出接收或拒收判定的情形。使用图解法时,上述情形对应于阶梯曲线在不定域内随机徘徊。这种情况最有可能发生在批或过程的质量水平(不合格品百分数或每百单位产品不合格数)接近于接收线和拒收线斜率 g 的100倍时,其中 g 是接收线和拒收线斜率。

为避免上述情形,在抽样开始之前应设置累积样本量的一个截尾值 n_t,当累积样本量达到 n_t 时,若批的接收性还没有确定,则终止检验,并用截尾接收数和截尾拒收数来判定批的接收与否。

尽管截尾会导致序贯抽样方案操作特性的变化,但本部分中确定序贯抽样方案的操作特性时考虑了截尾。截尾准则是本部分所提供抽样方案的一个组成部分。

计数抽样检验程序
第5部分:按接收质量限(AQL)检索的逐批序贯抽样检验系统

1 范围

本部分中的序贯抽样检验计划是GB/T 2828.1计数验收抽样系统的补充。

GB/T 2828.1的验收抽样计划是按接收质量限(AQL)来检索的。它的目标是通过批不接收使生产方在经济上和心理上产生压力,促使其将过程平均至少维持与规定的接收质量限同样好,而同时为使用方可能接收劣质批的风险提供一个上限。

本部分指定的抽样计划可用于(但不限于)下述检验:

——最终产品;

——零部件和原材料;

——操作;

——在制品;

——库存品;

——维修;

——数据或记录;

——管理程序。

这些抽样计划主要用于连续系列批,即连续系列批的长度达到足以允许使用10.3中的转移规则。这些转移规则为:

a) 一旦发现质量变劣,通过转移到加严检验或暂停抽样检验加强对使用方的保护;

b) 一旦达到一致好的质量,经负责部门决定,通过转移到放宽检验对生产方提供一种鼓励,并减少检验费用。

此处提供的抽样检验计划不能用于规定范围之外的情形。对孤立批或者序列长度达不到应用本部分要求的连续批,建议使用者查阅GB/T 2828.2或GB/T 8051以获得合适的抽样方案。

2 规范性引用文件

下列文件对于本文件的应用是必不可少的。凡是注日期的引用文件,仅注日期的版本适用于本文件。凡是不注日期的引用文件,其最新版本(包括所有的修改单)适用于本文件。

GB/T 2828.1—2003 计数抽样检验程序 第1部分:按接收质量限(AQL)检索的逐批检验抽样计划(ISO 2859-1:1999,IDT)

GB/T 3358.2—2009 统计学词汇及符号 第2部分:应用统计(ISO 3534-2:2006,IDT)

3 术语和定义

下列术语和定义适用于本文件。

3.1

检验 inspection

通过观察和判定，适当时结合测量、试验或量测的合格评定。

[引自 GB/T 3358.2]

3.2

初次检验 original inspection

对先前未检验的批或其他数量的产品进行的检验。

注：初次检验有别于对先前已经判为不接收，而通过进一步挑选、返工等再提交的批所进行的检验。

[引自 GB/T 3358.2]

3.3

计数检验 inspection by attributes

对所考虑的产品集合内每个单位产品上的一个或多个特定特征的出现次数进行记录、对有多少个单位产品具有或不具有特征进行记数，或有多少个上述事件出现在单位产品或产品集合上进行记数的检验。

注：当所实施的检验仅记录单位产品/个体是否为不合格品时，称为不合格品检验。当所进行的检验是对每个单元上的不合格计数时，称为不合格数检验。

[引自 GB/T 3358.2]

3.4

单位产品 item

能被单独描述和考虑的一个事物。

示例：一个分立的物品、一定量的散料、一项服务、一次活动、一个人员、一个系统，或它们的组合。

[引自 GB/T 3358.2]

3.5

不合格 nonconformity

未满足要求。

[引自 GB/T 3358.2]

注 1：在某些情况下，规范与使用方要求(见 3.6 缺陷)一致；在另一些情况它们可能不一致，或更严，或更宽，或者不完全知道或不了解两者间的精确关系。

注 2：通常按不合格的严重程度将它们分类，例如：

——A 类　认为最被关注的一种类型的不合格。在验收抽样中，将给这种类型的不合格指定一个很小的 AQL 值。

——B 类　认为关注程度比 A 类稍低的一种类型的不合格。如果存在第三类(C 类)不合格，可以给 B 类不合格指定比 A 类不合格大但比 C 类不合格小的 AQL 值。其余不合格依此类推。

注 3：增加特性和不合格分类通常会影响产品的总接收概率。

注 4：不合格分类的项目、归属于哪个类和为各类选择接收质量限，应适合特定情况的质量要求。

3.6

缺陷 defect

未满足与预期或规定用途有关的要求。

注 1：区分缺陷与不合格的概念是重要的，这是因为其中有法律内涵，特别是与产品责任问题有关。因此，术语“缺陷”应慎用。

注 2：顾客希望的预期用途可能受供方提供的信息内容的影响，如操作或维护说明。

[引自 GB/T 3358.2]

3.7

不合格品　nonconforming item

有一项或多项**不合格**(3.5)的**单位产品**(3.4)。

[引自 GB/T 3358.2]

注：不合格品通常按不合格的严重程度分类，例如：

——A类　包含一个或一个以上A类不合格，同时还可能包含B类和(或)C类不合格的产品。

——B类　包含一个或一个以上B类不合格，同时还可能包含C类等不合格，但不包含A类不合格的产品。

3.8

(样本)不合格品百分数　percent nonconforming (in a sample)

样本(3.15)中的**不合格品**(3.7)数除以**样本量**(3.16)再乘以100，即：

$$100 \times \frac{d}{n}$$

式中：

d ——样本中的不合格品数；

n ——样本量。

[引自 GB/T 2828.1—2003,3.1.8]

3.9

(总体或批)不合格品百分数　percent nonconforming (in a population or lot)

总体或批(3.13)中的**不合格品**(3.7)数除以**总体量或批量**(3.14)再乘以100，即：

$$100 \times p_{ni} = 100 \times \frac{D_{ni}}{N}$$

式中：

p_{ni} ——不合格品率；

D_{ni}——总体或批中的不合格品数；

N ——总体量或批量。

注1：改写自 GB/T 2828.1—2003,3.1.9。

注2：本部分的术语“不合格品百分数”(见3.8和3.9)和“每百单位产品不合格数”(见3.10和3.11)，主要用于替代理论术语“不合格品率”和“每单位产品不合格数”，因为前者使用最为普遍。

3.10

(样本)每百单位产品不合格数　nonconformities per 100 items (in a sample)

样本(3.15)中**不合格**(3.5)数除以**样本量**(3.16)再乘以100，即：

$$100 \times \frac{d}{n}$$

式中：

d ——样本中的不合格数；

n ——样本量。

[引自 GB/T 2828.1—2003,3.1.10]

3.11

(总体或批)每百单位产品不合格数　nonconformities per 100 items (in a population or lot)

总体或批(3.13)中的**不合格**(3.5)数除以**总体量或批量**(3.14)再乘以100，即：

$$100 \times p_{nt} = 100 \times \frac{D_{nt}}{N}$$

式中：

p_{nt}——每**单位产品**(3.4)中的不合格数；

D_{nt}——总体或批中不合格数；

N——总体量或批量。

注1：改写自GB/T 2828.1—2003,3.1.11。

注2：一个单位产品可能包含一个或一个以上的不合格。

3.12

负责部门 responsible authority

为维护本部分的中立地位而使用的概念（主要用于规范），而不管是否正在被第一、第二或第三方援引或利用。

[引自GB/T 3358.2]

注1：负责部门可以是：

a) 供方组织内部的质量部门（第一方）；

b) 采购方或采购组织（第二方）；

c) 独立验证或认证机构（第三方）；

d) 按双方的书面协议（如供方和采购方的文件）上所述职能（见注2），不同于a)、b)或c)的任何一方。

注2：GB/T 2828.1概述了负责部门的责任和职能（见5.2、6.2、7.2、7.3、7.5、7.6、9.1、9.3.3、9.4、10.1、10.3和13.1）。

3.13

批 lot

按抽样目的，在基本相同条件下组成的总体的一个确定部分。

注：例如，抽样目的可以是判定批的可接收性，或是估计某特定特性的均值。

[引自GB/T 3358.2]

3.14

批量 lot size

批（3.13）中产品的数量。

[引自GB/T 2828.1—2003,3.1.14]

3.15

样本 sample

由一个或多个抽样单元构成的总体的子集。

[引自GB/T 3358.2]

3.16

样本量 sample size

样本中所包含的抽样单元的数目。

[引自GB/T 3358.2]

3.17

验收抽样方案 acceptance sampling plan

由所使用的**样本量**（3.16）及相应的批接收准则组成的方案。

[引自GB/T 3358.2]

注1：一次抽样方案是样本量、接收数和拒收数的组合。二次抽样方案是两个样本量、第一样本以及联合样本的接收数和拒绝数的组合。

注2：抽样方案不包含抽取样本的规则。

注3：本部分的内容中应区分以下术语：**验收抽样方案**（3.17）、**验收抽样计划**（3.18）和**验收抽样检验系统**（3.19）。

3.18

验收抽样计划 acceptance sampling scheme

验收抽样方案（3.17）与从一个抽样方案转为另一个抽样方案的转移规则的组合。

[引自 GB/T 3358.2]

注：见 10.3

3.19

验收抽样检验系统　acceptance sampling inspection system

验收抽样方案(3.17)，或**验收抽样计划**(3.18)以及选择适当抽样方案或计划的准则的集合。

[引自 GB/T 3358.2]

注：本部分是按批量范围、检验水平和 AQL 检索的抽样系统。GB/T 2828.2 给出了按 LQ 检索的抽样系统。

3.20

正常检验　normal inspection

没有理由认为过程质量水平与规定的质量水平不同时，所采用的**检验**(3.1)。

[引自 GB/T 3358.2]

3.21

加严检验　tightened inspection

当预定**批**(3.13)数的**正常检验**(3.20)结果表明过程质量水平劣于规定的质量水平时，所转移到的比正常检验严格度高的**检验**(3.1)。

[引自 GB/T 3358.2]

3.22

放宽检验　reduced inspection

当预定**批**(3.13)数的**正常检验**(3.20)结果表明过程质量水平优于规定的质量水平时，所转移到的比正常检验严格度低的**检验**(3.1)。

[引自 GB/T 3358.2]

注：放宽检验下的识别能力低于正常检验。

3.23

转移得分　switching score

在**正常检验**(3.20)情况下，用于确定当前的检验结果是否足以允许转移到**放宽检验**(3.22)的一种指示数。

[引自 GB/T 2828.1—2003，3.1.23]

注：见 10.3.3。

3.24

过程平均　process average

在规定的时段或生产量内平均的过程水平。

[引自 GB/T 2828.1—2003，3.1.25]

注：在本部分中，过程平均是过程处于统计控制状态期间的质量水平(不合格品百分数或每百单位产品不合格数)。

3.25

接收质量限　acceptance quality level

AQL

可容忍的最差质量水平。

[引自 GB/T 3358.2]

注 1：本概念仅适用于诸如 GB/T 2828.1 和 GB/T 6378 带有转移规则和暂停规则的抽样计划。

注 2：虽然具有与接收质量限一样差的某些个别批，能以相当高的概率接收，但是，指定接收质量限并非暗示它是所需要的质量水平。在有些标准(如 GB/T 2828.1)中出现的带有转移规则和暂停规则的[验收]抽样检验计划，其设计目的是激励供方具有比接收质量限一致好的过程平均。若供方做不到，则从正常检验转移到加严检验的概率很高。一旦执行加严检验，除非采取改善过程的行动，则根据转移规则有很大的可能暂停抽样检验。

3.26

使用方风险　consumer's risk

CR

当质量水平为不满意值时，但被**验收抽样方案**(3.17)接收的概率。

[引自 GB/T 3358.2]

3.27

生产方风险　producers risk

PR

当质量水平为可接收时，但不被**验收抽样方案**(3.17)接收的概率。

[引自 GB/T 3358.2]

3.28

使用方风险质量　consumers risk quality

Q_{CR}

对于**验收抽样方案**(3.17)，与规定的**使用方风险**(3.26)相对应的**批**(3.13)或过程的质量水平。

[引自 GB/T 3358.2]

注：使用方风险一般规定为10%。

3.29

生产方风险质量　producers risk quality

Q_{PR}

对于**验收抽样方案**(3.17)，与规定的**生产方风险**(3.27)相对应的**批**(3.13)或过程的质量水平。

[引自 GB/T 3358.2]

注：生产方风险一般规定为5%。

3.30

极限质量　limiting quality

LQ

在对孤立批进行验收抽样检验时，将其限制在低接收概率的质量水平。

[引自 GB/T 3358.2]

3.31

记数　count

执行计数检验时，每个样本产品的检验结果。

注：对于不合格品的检验，如果样本产品不合格则记为1，否则记为0。对于不合格数的检验，是在样本产品中发现的不合格数。

3.32

累积数　cumulative count

实施序贯抽样检验时，从检验开始直到当前被检样本产品记数的总和。

3.33

累积样本量　cumulative sample size

实施序贯抽样检验时，从检验开始直到当前被检样本产品的总数。

3.34

接收值　acceptance value

〈序贯抽样〉图解法中用于判定批被接收的值，由抽样方案规定的参数和累积样本量得出。

3.35

接收数　acceptance number

〈序贯抽样〉数值法中用于判定批被接收的数，由接收值向下取整获得。

3.36

拒收值 rejection value

〈序贯抽样〉图解法中用于判定批不接收的值，由抽样方案规定的参数和累积样本量得出。

3.37

拒收数 rejection number

〈序贯抽样〉数值法中用于判定批不接收的数，由拒收值向上取整获得。

3.38

接收性表 acceptability table

〈序贯抽样〉数值法中用于判定批接收性的表。

3.39

接收性图 acceptability chart

〈序贯抽样〉图解法中用于判定批接收性的图，由以下3个区域组成：

——接收域；

——拒收域；

——不定域。

其边界是接收线、拒收线和截尾线。

4 符号及缩略语

A	(序贯抽样方案的)接收值
Ac	接收数
$\mathbf{Ac}_0$	对应一次抽样方案的接收数
$\mathbf{Ac}_t$	截尾时的接收数
AQL	接收质量限(以不合格品百分数或每百单位产品不合格数表示)
AOQ	平均检出质量(以不合格品百分数或每百单位产品不合格数表示)
AOQL	平均检出质量上限(以不合格品百分数或每百单位产品不合格数表示)
d	记数
D	累积数
g	接收和拒收线的斜率
h_A	接收线截距
h_R	拒收线截距
LQ	极限质量(以不合格品百分数或每百单位产品不合格数表示)
N	批量
n_0	对应一次抽样方案的样本量
n_{cum}	累积样本量
n_t	截尾时的累积样本量(截尾样本量)
$\overline{P}$	过程平均
p_x	接收概率为x(x为小数)时的质量水平
P_a	接收概率(百分比)
Q_{CR}	使用方风险质量(以不合格品百分数或每百单位产品不合格数表示)
Q_{PR}	生产方风险质量(以不合格品百分数或每百单位产品不合格数表示)
R	(序贯抽样方案的)拒收值
Re	拒收数
$\mathbf{Re}_0$	对应一次抽样方案的拒收数

Re_t　截尾时的拒收数

注：$Re_t = Ac_t + 1$

5　不合格的表示

5.1　总则

一批产品质量的优劣可以用不合格品百分数(见3.8和3.9)和每百单位产品不合格数表示(见3.10和3.11)。附录A、附录B、附录C中的表的生成均基于不合格品或不合格随机出现且统计独立的假定。如果已知产品的某个不合格可能由某一条件引起,而该条件还可能引起其他一些不合格,则应仅考虑该产品是否为合格品,而不考虑该产品有多少个不合格。

5.2　不合格的分类

因为大多数验收抽样检验涉及一个以上的质量特性,同时因为它们在质量和(或)经济效益上的重要性可能不同,往往需要根据如3.5中定义的分类来划分不合格类型。不合格类型的数目、不合格的归类以及选定每个类型的AQL值,应符合特定场合的质量要求。

6　接收质量限(AQL)

6.1　用法

本部分使用AQL和样本量字码(见11.2)检索所需的抽样方案和抽样计划。

当为不合格(或一组不合格)指定一个AQL值时,表明如果质量水平(不合格品百分数或每百单位产品不合格数)不大于指定的AQL值,抽样计划会接收绝大多数的提交批。对于给定的AQL值,本部分提供了多个抽样方案,它们在AQL值处的接收概率依赖于样本量大小,样本量大的抽样方案其接收概率一般要高于样本量小的抽样方案。

AQL是抽样计划的一个参数,不应与描述生产过程质量的过程平均相混淆,在本抽样系统下,为避免过多的批不被接收,要求过程平均要比AQL更小。

注意:指定AQL并不意味着生产方有权故意供应任何不合格品。

6.2　AQL的确定

抽样检验中,所使用的AQL值应在合同中或由负责部门指定(或按惯例确定)。正如定义3.5中说明的那样,可以给不合格组或单个的不合格指定不同的AQL。不合格组的划分应适应特定场合的质量要求。除了给单个的不合格指定AQL外,还可给不合格组指定AQL。当以不合格品百分数(3.8和3.9)表示质量水平时,AQL值应不超过10(%)。当以每百单位产品不合格数(见3.10和3.11)表示质量水平时,可使用的AQL值最高可达1 000。

6.3　优先的AQL值

附录中的表给出的AQL值为优先的AQL系列。如果某些产品指定的AQL值不是这些数值中的某一个,则这些表不适用。

7　批的构成与提交

7.1　批的构成

产品应汇集成可识别的批、子批或可交付的其他形式(见7.2)。就实用而言,每个批应由同型号、同等级、同类别、同尺寸和同成分，在基本相同的时段和一致的条件下制造的产品组成。

7.2 批的提交

批的组成、批量、批的识别方式以及提交方式，应经负责部门指定或批准。必要时，生产方应对每个批提供足够且合适的贮存场地、为正确识别和提交所需的设备以及抽取样本所需的人员。

8 接收与不接收

8.1 批的接收性

批的接收与否应通过使用抽样方案来判定。

当表示采用本部分的验收抽样程序的判定结果时，采用术语“不接收”而不用“拒收”。当不满足接收准则，且涉及使用方可能采取行动的场合时，保留使用术语“拒收”。

8.2 不接收批的处置

负责部门应决定怎样处置不接收的批。这样的批可以报废、分选(替换或不替换不合格品)、返工、或用更专门的适用准则再评定，或等待进一步的处理。

8.3 不合格品

如果批已被接收，保留不接收在检验阶段发现的任何不合格品的权利，不管该产品是否构成样本的一部分。所发现的不合格品可以返工或以合格品代替。经负责部门批准，可按负责部门规定的方式再次提交检验。

8.4 不合格或不合格品的分类

当存在着两类或两类以上的不合格或不合格品时，它们可具有不同的 AQL，因此在使用序贯抽样时，应使用一组不同参数的抽样方案，如附录 A、附录 B、附录 C 中的表所示。

8.5 对致命不合格类型的特别保留条款

某些不合格类型可能极为重要，本条款是针对这种指定的不合格类型的特殊规定。经负责部门同意，可对批中每个产品针对指定不合格类型进行检验。检验方有权检验提交的每个产品，并且只要发现一个这种类型的不合格，即可立即不接收该批。同时有权对指定的不合格类型，从生产方提交的任意批中抽样，只要从一个批取出的样本中发现包含一个或一个以上这种类型的不合格就不接收任何批。

8.6 批的再提交

如果某个批不接收，应立即通知所有各方。在所有产品被重新检测或重新试验，而且确信生产方已剔除所有不合格品或以合格品代替，或者已校正所有的不合格之前，这样的批不应再提交。负责部门应确定再检验采用正常检验还是加严检验，再检验是针对所有类型的不合格还是只针对最初出现不合格的个别类型。

9 样本抽取

9.1 抽取样本的方式

应按简单随机抽样(见 GB/T 10111—2008)，从批中抽取样本。但是，当批由子批或(按某个合理的规则识别的)层组成时,应使用分层按比例抽样,即从各子批或各层中相继抽取的产品数,应尽可能与子批或层的大小成比例。

9.2 抽取样本的时间

样本可在批生产出来后或在批生产期间抽取。两种情形均应按 9.1 抽取样本。

10 正常、加严和放宽检验

10.1 检验开始

除非负责部门另有规定,开始检验时应采用正常检验。

10.2 检验继续

除非转移程序(见 10.3)要求改变检验的严格度,对接连的批,正常、加严或者放宽检验应保持不变。转移程序应分别独立地用于各类不合格或不合格品。

10.3 转移规则和程序(见图 1)

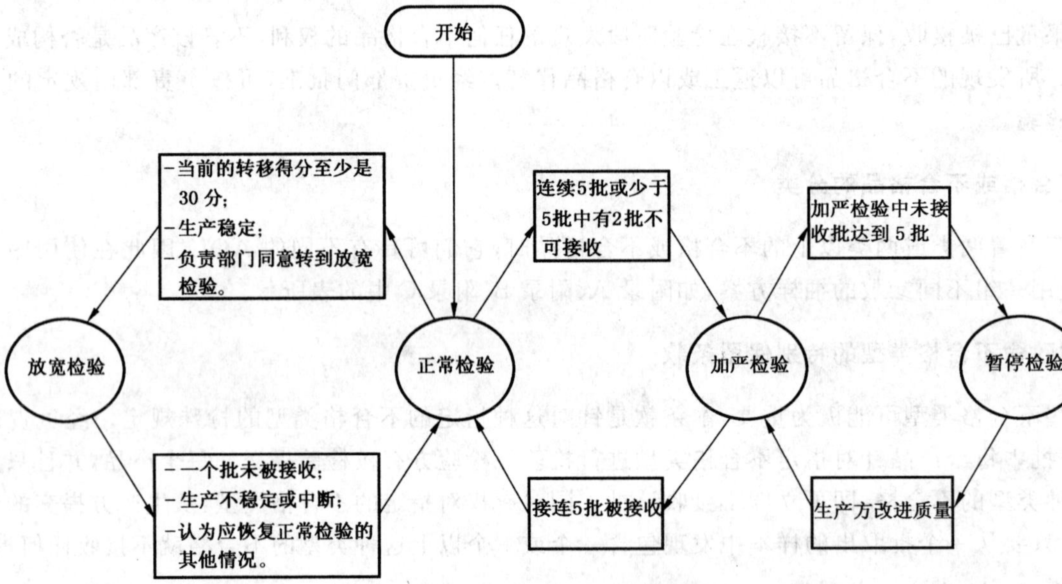

图 1 转移规则简图(见 10.3)

10.3.1 正常到加严

当正在采用正常检验时,只要初次检验中连续 5 批或少于 5 批中有 2 批不接收,则转移到加严检验。本程序不考虑再提交批。

10.3.2 加严到正常

当正在采用加严检验时,如果初次检验的接连 5 批接收,应恢复正常检验。

10.3.3 正常到放宽

10.3.3.1 总则

当正在采用正常检验时，如果下列各条件均满足，应转移到放宽检验：

a) 当前的转移得分(见 10.3.3.2)至少是 30 分；

b) 生产稳定；

c) 负责部门同意转到放宽检验。

10.3.3.2 转移得分

除非负责部门另有规定，在正常检验一开始就应计算转移得分。

在正常检验开始时，应将转移得分设定为 0，而在检验每个后续的批以后，应更新转移得分。

当批被接收，而累积样本量 n_{cum} 小于或等于截尾样本量的一半(即不超过 $0.5n_t$)时，将转移得分加 3；否则将转移得分重置为 0。

10.3.3.3 跳批抽样程序

当应用本部分的序贯抽样方案时，GB/T 2828.3 的跳批抽样程序不适用。

10.3.4 放宽到正常

当正在执行放宽检验时，如果初次检验出现下列任一情况，应恢复到正常检验。

a) 一个批不接收；

b) 生产不稳定或中断；

c) 认为应恢复正常检验的其他情况。

10.4 暂停检验

如果在初次加严检验的连续系列批中不接收批的累积数达到 5，应暂停检验，直到生产方采取行动以改进所提供产品或服务的质量，而且负责部门承认此行动可能有效时，才能恢复本部分的检验程序。恢复检验应从加严检验开始。

11 抽样方案

11.1 检验水平

检验水平标志着相应的检验量。表 1 给出了 3 个一般检验水平，即检验水平Ⅰ、Ⅱ和Ⅲ。除非另有规定，应使用检验水平Ⅱ。当要求鉴别力较低时可使用检验水平Ⅰ，当要求鉴别力较高时可使用检验水平Ⅲ。表 1 还给出了另外两个特殊检验水平 S-3 和 S-4，可用于样本量必须相对地小而且能容忍较大抽样风险的情形。

任何特定应用所要求的检验水平应由负责部门规定。这就允许负责部门对某些用途要求较高的鉴别力，而对另一些用途要求较低的鉴别力。在每一检验水平下，按照第 10 章规定，应根据转移规则的要求来选用正常、加严或放宽检验。检验水平的选择与 3 种检验的严格度完全不同。因此，当在正常、加严和放宽检验间进行转移时，已规定的检验水平应保持不变。

在指定检验水平 S-3 至 S-4 时，应小心避免 AQL 同这些检验水平不协调。例如，在 S-3 检验水平下字码(顺序)不会超过 H，而与字码 H 对应的 AQL 最低为 1.0(%)，因此将 S-3 检验水平下的 AQL

规定为0.65(%)或更低是无效的。

如果样本量相对于批量比较小，那么通过检验从批中抽取的样本所获得的批质量的信息仅依赖于样本量的绝对大小，而不依赖于样本量对于批量的相对大小。不过，对不同的批量需要考虑不同的样本量，至少还有以下两方面原因：

a) 当错误判定造成的损失很大时，作出正确判定更为重要；

b) 如果样本量占批量的比例太小，严格做到随机抽样比较困难。

表1 样本量字码

批 量	特殊水平		一般检验水平		
	S-3	S-4	Ⅰ	Ⅱ	Ⅲ
51～90	[a]	A	[a]	[a]	F
91～150	[a]	A	[a]	F	G
151～280	[a]	[a]	[a]	G	H
281～500	[a]	[a]	F	H	J
501～1 200	[a]	F	G	J	K
1 201～3 200	[a]	G	H	K	L
3 201～10 000	F	G	J	L	M
10 001～35 000	F	H	K	M	N
35 001～150 000	G	J	L	N	P
150 001～500 000	G	J	M	P	Q
500 001以上	H	K	N[b]	Q	R

[a] 使用GB/T 2828.1中相应的多次抽样方案。

[b] ISO 2859-5中一般检验水平Ⅰ下，批量范围为500 001以上时样本量字码误为K，应为N。

11.2 样本量字码

样本量由样本量字码确定。对给定的批量和规定的检验水平使用表1检索适用的字码。

注：为节省表的篇幅或避免正文中不必要的重复，样本量字码有时简称为“字码”。

11.3 抽样方案的检索

应使用AQL和样本量字码从附录A、附录B和附录C的表中检索抽样方案。对于一个规定的AQL和一个给定的批量，应使用AQL和样本量字码的同一组合从正常、加严和放宽检验表中检索抽样方案。

当对于给定的AQL和样本量字码组合没有相应的抽样方案可用时，表中箭头指向另一字码。此时将使用新的样本量字码检索出抽样方案，而不是使用初始样本量字码。如果这个过程导致不同类型的不合格或不合格品的截尾样本量不同，当负责部门指定或同意时，应将最大的截尾样本量对应的样本量字码应用于所有不合格或不合格品类型。

对某些AQL和样本量字码组合，从表中检索出抽样方案为星号(*)，表示相应的一次抽样方案接收数为零。这种情况下，序贯抽样方案等同于相应的截尾一次抽样方案，建议用户使用更为简单的一次抽样方案代替比较复杂的序贯抽样方案。那么这个方案的截尾规则为，只要发现一个不合格品，即应停止检验，且判定该批不接收。

11.4 序贯抽样方案的实施

11.4.1 方案确定

执行序贯抽样计划前，检验员应检索并记录参数 h_A，h_R 和 g 的具体数值，以及截尾值 n_t 和 Ac_t。

11.4.2 样本抽取

从批中随机抽取每一个样本产品，并按照抽取顺序进行检验。

11.4.3 记数和累积数

11.4.3.1 记数

对于不合格品百分数的检验，如果样本产品不合格，则该样本产品的记数 d 为 1，否则 d 为 0。

对于每百单位产品不合格数的检验，样本产品的记数 d 为样本产品中的不合格数。

11.4.3.2 累积数

累积数 D 是从第一个样本产品到最近检验的一个样本产品记数 d 的累积和。

11.4.4 数值法和图解法的选择

本部分提供了序贯抽样计划的两种实施方法：数值法和图解法，这两种方法都可选用。

数值法使用接收性表，其优点是准确，在边缘情况下可避免争议。接收性表还可用来记录检验结果。

图解法使用接收性图，优点是批质量信息可由图上不定域内的折线来显示，其信息随着检验样本产品的增加而增加，直到折线达到或穿越边界线为止。另一方面，因为描点和画线本身不很准确，所以该方法在边缘情况下不能精确判定是否接收。

数值法是目前判断批接收与否的标准方法（见 11.4.6.2 的注意）。当使用数值法时，建议使用合适的软件计算并制作接收性表。

接收性表或接收性图可绘制在一张纸上。如果使用电脑，接收性表和接收性图可显示在电脑屏幕上。输入数据（记数 d）就能确定批是否可接收。此外，还有其他优点，例如：

——将接收性表和接收性图分别置于计算机屏幕的不同窗口；

——确定批接收与否后，打印检验记录；

——精炼检验记录。

11.4.5 数值法

11.4.5.1 接收性表的准备

当使用数值法时，将运用以下公式计算接收性表。

对于小于样本量截尾值的每个累计样本量 n_{cum}，接收值 A 由式(1)给出：

$$A=(g\times n_{cum})-h_A \qquad (1)$$

将接收值 A 向下取整得到接收数Ac。

对每个 n_{cum},拒收值 R 由式(2)给出：

$$R=(g\times n_{cum})+h_R \qquad (2)$$

将拒收值 R 向上取整得到拒收数 Re。

当累积样本量太小时,接收值 A 可能为负,此时无法判定接收,允许检验批接收的最小累积样本量由 h_A/g 向上取整得到。另一方面,当累积样本量太小时,拒收值 R 可能大于累积样本量,此时在不合格品百分数检验中无法判定不接收,在不合格品百分数检验中,允许不接收批的最小累积样本量由 $h_R/(1-g)$ 向上取整得到。

每当拒收数 Re 大于截尾值 Re_t 时,应由 Re_t 代替 Re,因为累积数 D 大于截尾值 Re_t 时,不可能接收批。

由式(1)和式(2)得到的值 A 和 R 保留的小数点后位数应与 g 相同。

最终,填充必要数据即得接收性表。

11.4.5.2 判定

每个样本产品检验后,将记数与累积数填入 11.4.5.1 准备的接收性表。

a) 对累积样本量 n_{cum},若累积数 D 小于或等于相应的接收数 Ac,则接收该批,检验终止。

b) 对累积样本量 n_{cum},若累积数 D 大于或等于相应的拒收数 Re,则不接收该批,检验终止。

c) 如果 a)和 b)都不满足,则继续抽取下一个样本产品进行检验。

当累积样本量达到截尾样本量 n_t 时,应按规则 a)或 b)做出判定,其中 Ac 采用截尾接收数 Ac_t,Re 采用截尾拒收数 $Re_t(=Ac_t+1)$。

11.4.6 图解法

11.4.6.1 接收性图的制作

使用图解法时,应根据下列步骤制作接收性图。在直角坐标系中,以累积样本量 n_{cum} 为横轴,累积数 D 为纵轴。在图中画两条斜率皆为 g 的直线,下边的直线为接收线,截距为 $-h_A$,纵坐标值对应于式(1)的接收值 A;上边的直线为拒收线,截距为 h_R,纵坐标值对应于式(2)的拒收值 R。在 $n_{cum}=n_t$ 处加入一条垂直线,作为截尾线。在 $D=Re_t$ 处加入一条水平线作为切断线。

图中的这些线确定了 3 个区域：

——接收域:接收线及其下方区域,连同截尾线上的点 (n_t, Ac_t) 及其以下部分;

——拒收域:拒收线及其上方区域,连同截尾线上的点 (n_t, Re_t) 及其以上部分;

——不定域:接收线和拒收线之间,截尾线左侧的带状区域。

加入切断线后,在不定域上部由拒收线、截尾线和切断线为边界的三角形区域(包括每一边界)是拒收域的一部分。

GB/T 2828 本部分中,接收性图表示累积数的所有点总不会落在接收线或拒收线上。图 2 是制作好的接收性图的一个示例,其中,1 表示拒收域,2 表示检验终止,3 表示不定域,4 表示接收域。

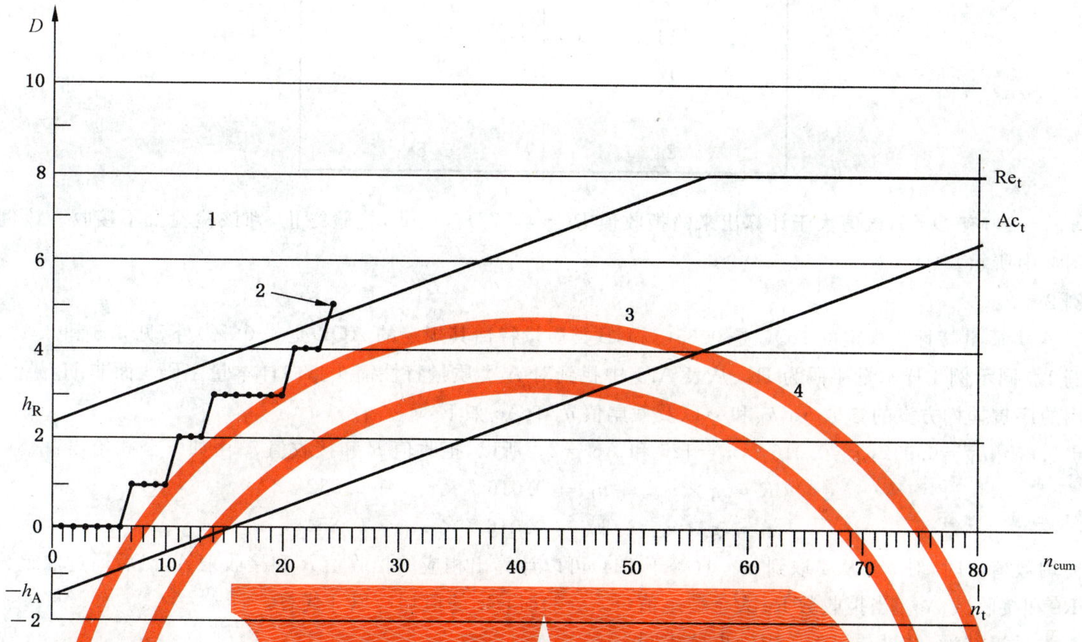

图 2　接收性图

11.4.6.2　**判定**

应用图解法时，应按照如下程序进行：

每个样本产品检验后，再按 11.4.6.1 要求制作的接收性图上描出（n_{cum}，D）点。

a)　如果点落在接收域内，则接收该批，检验终止。

b)　如果点落在拒收域内，则不接收该批，检验终止。

c)　如果点落在不定域内，则继续抽取下一个样本产品进行检验。

接收性图中的相邻点用直线连起来，得到的折线显现出检验结果的变化趋势。

注意：若点非常接近接收线或拒收线，则应改用数值法进行判定。

11.5　数值示例

下面的示例说明了如何使用本部分的序贯抽样方案。

示例 1

GB/T 2828.1 的抽样系统被用于检验某种产品。规定的 AQL 是 4.0(%)。使用一般检验水平Ⅰ。使用正常检验的一次抽样方案来对一些批进行检验。每一批的批量(N)是 1 500。决定改用本部分的序贯抽样计划。由检验水平Ⅰ和批量 1 500，从表 1 中检索出样本量字码是 H。然后在表 A.1 中查得序贯抽样方案相应的参数 h_A，h_R 和 g 以及截尾值 n_t 和 Ac_t。

具体数值如下：$h_A=1.426$，$h_R=2.449$，$g=0.097$，截尾值为：$n_t=80$ 和 $Ac_t=7$。所以，拒收值 R 和接收值 A 由如下公式给出：

$$R = g \times n_{cum} + h_R = 0.097 \times n_{cum} + 2.449$$

$$A = g \times n_{cum} - h_A = 0.097 \times n_{cum} - 1.426$$

当使用数值法时，对 n_{cum} 从 1 取到 $n_t-1(=79)$ 可以计算出相应的拒收值 R 和接收值 A，然后通过取整分别得到接收数 Ac 和拒收数 Re。当拒收数 Re 大于截尾值($Re_t=8$)时，Re 的值均应以 8 代替。

现在假定从批中相继随机抽取样本产品提交检验，检验结果如下：

n_{cum}	D
7	1
11	2
14	3
21	4
24	5

对 $n_{cum}=24$，有 $D=5$，该值大于计算出来的拒收值 $R(=4.777)$。因此，检验终止，判该检验批不接收。该例的接收性图如图 2 中所示。

示例 2

除了 A 类质量特性其规定的 AQL 是 0.65(%)，B 类质量特性其规定的 AQL 是 4.0(%)外(见 3.5 和 3.7)，其他条件同示例 1。同示例 1 样本量字码为 H。从表 A.1 中找到对 A 类质量特性箭头指向样本量字码 J 而非 H。

适用的序贯抽样方案的参数 h_A，h_R 和 g 以及截尾值 n_t 和 Ac_t 如下：

$h_A=0.854$，$h_R=0.932$，$g=0.0167$，$n_t=125$ 和 $Ac_t=2$。所以，拒收值 R 和接收值 A 由如下公式给出：

$$R = g \times n_{cum} + h_R = 0.0167 \times n_{cum} + 0.932$$

$$A = g \times n_{cum} - h_A = 0.0167 \times n_{cum} - 0.854$$

当使用数值法时，对 n_{cum} 从 1 取到 n_t-1(等于 124)可以计算出相应的拒收值 R 和接收值 A，然后通过取整分别得到拒收数 Re 和接收数 Ac。当拒收数 Re 大于截尾值($Re_t=3$)时，Re 的值均应以 3 代替。

对 B 类质量特性，结果与示例 1 中给出的相同。

注： 在序贯抽样方案中，允许对不同类型的质量特性采用不同的样本量字码。

示例 3

在示例 2 中，更新转移得分得到确认。目前对 A 类和 B 类质量特性的转移得分分别是 10 和 15。首先，确定判定批接收时的累积样本量，然后与极限值($0.5n_t$)比较，以确定是否增加转移得分。

a) A 类质量特性

对 A 类质量特性，只在下列累积样本量处判接收：

n_{cum}	A	Ac
52	0.014 4	0
112	1.016 4	1
125	—	2

在上述方案中，只有 $n_{cum}=52$ 且 $Ac=0$ 时满足增加转移得分($n_{cum}\leqslant 0.5n_t=62.5$)的准则。因此，如果在 $n_{cum}=52$，$Ac=0$ 处批被接收，则为目前的转移得分加 3；否则，转移得分重置为 0。

b) B 类质量特性

对 B 类质量特性，只在下列累积样本量处判接收：

n_{cum}	A	Ac
15	0.029	0
26	1.096	1
36	2.066	2
46	3.036	3
56	4.006	4
67	5.073	5
77	6.043	6
80	—	7

在上述方案中，$n_{cum}\leqslant 36$ 且 $Ac\leqslant 2$ 时均满足增加转移得分($n_{cum}\leqslant 0.5n_t=40$)的准则。因此，如果 $n_{cum}\leqslant 36$，$Ac\leqslant 2$ 时批被接收，则为当前的转移得分加 3；否则，转移得分重置为 0。

12 接收性的判定

12.1 对不合格品的检验

在不合格品百分数检验中，要确定批的接收性，应根据 11.1～11.4 使用合适的抽样方案。

当对两类或两类以上不合格品规定了不同的 AQL 值时，应分别对每个类确定批的接收性。也就是说，即使某些类的接收性已确定，仍应继续对其余类进行检验，因而可以对不同的类分别使用转移规则。

12.2 对不合格的检验

在每百单位产品不合格数的检验中，要确定批的接收性，应使用对不合格品的检验（见 12.1）的规定程序，只不过用“不合格”取代“不合格品”。

13 附加信息

13.1 操作特性（OC）曲线

操作特性曲线表示抽样方案在给定的过程质量下，批预期被接收的比例。本部分给出的抽样方案的 OC 曲线与 GB/T 2828.1 中对应的抽样方案的 OC 曲线在实际应用上是匹配的。为简便起见，GB/T 2828.1 的 OC 曲线和表 10 可用于确定本部分中抽样方案的 OC 曲线。

AQL 值大于 10（%）的 OC 曲线适用于对不合格的检验；而 AQL 值小于或等于 10（%）的 OC 曲线既适用于对不合格品的检验，也可用于对不合格的检验。

13.2 过程平均

过程平均可用初次检验时，生产方提供的样本中不合格品百分数的平均值或每百单位产品不合格数的平均值来估计。为减少估计偏倚，进行估计所依据的样本产品累积数，应至少是 $p=0$ 时批被接收的样本量（见表 D.1 或表 D.2），或者是批被迅速拒绝时的累积样本量。

13.3 单个方案的使用

本部分被规定用来作为一个抽样系统，它通过将正常、加严和放宽检验用于连续系列批来达到对使用方的保护；与此同时，当质量优于 AQL 时，保证生产方提交的绝大多数的批会被接收。

注意：有时，会从本部分中选取特定的单个方案，而不使用转移规则。如购买方可能只需使用抽样方案进行产品验证，这本不是本部分的应用目的，并且这种应用不应被认为是“符合 GB/T 2828.5 的检验”。当这种情况发生时，本部分中的抽样方案是按 AQL 检索的单个抽样方案的集合。所选用抽样方案的 OC 曲线和与抽样方案有关的其他信息需要从 GB/T 2828.1 提供的表中查出并分别进行评估。

14 用表

11.1 中表 1 用于确定样本量字码。

附录 A 中表 A.1、表 A.2 和表 A.3 用于序贯抽样方案的正常检验。

附录 B 中表 B.1、表 B.2 和表 B.3 用于序贯抽样方案的加严检验。

附录 C 中表 C.1、表 C.2 和表 C.3 用于序贯抽样方案的放宽检验。

附 录 A
(规范性附录)
正常检验抽样方案

本附录给出了正常检验的序贯抽样方案表。

表 A.1 适用于 AQL 由不合格品百分数表示且截尾样本量不超过 315 时。

表 A.2 适用于 AQL 由每百单位产品不合格数表示且截尾样本量不超过 315 时。

表 A.3 适用于 AQL 由不合格品百分数或每百单位产品不合格数表示且截尾样本量超过 315 时。

表 A.1 基于不合格品百分数的正常检验序贯抽样方案的参数和截尾值(主表)

样本量字码[a]	n_0[b]	n_t[c]	参数[d]	接收质量限(AQL,以不合格品百分数表示)[e]															
				0.010	0.015	0.025	0.040	0.065	0.10	0.15	0.25	0.40	0.65	1.0	1.5	2.5	4.0	6.5	10.0
F	20	32	h_A h_R g Ac_t	↓	↓	↓	↓	↓	↓	↓	↓	↓	*	↑	↓	0.860 0.857 0.071 6 2	0.861 1.465 0.096 0 3	1.161 1.525 0.158 5	1.162 2.201 0.240 7
G	32	50	h_A h_R g Ac_t	↓	↓	↓	↓	↓	↓	↓	↓	*	↑	↓	0.916 0.906 0.045 6 2	0.917 1.471 0.061 2 3	1.329 1.472 0.104 5	1.423 2.157 0.158 7	1.581 2.496 0.215 10
H	50	80	h_A h_R g Ac_t	↓	↓	↓	↓	↓	↓	↓	*	↑	↓	0.783 0.925 0.025 1 2	0.965 1.454 0.041 8 3	1.331 1.540 0.065 3 5	1.426 2.449 0.097 0 7	1.657 2.777 0.136 10	1.905 3.057 0.192 15
J	80	125	h_A h_R g Ac_t	↓	↓	↓	↓	↓	↓	*	↑	↓	0.854 0.932 0.016 7 2	1.004 1.420 0.026 4 3	1.391 1.547 0.040 9 5	1.514 2.388 0.061 3 7	1.679 2.826 0.083 5 10	2.127 2.999 0.122 15	2.432 3.466 0.171 21
K	125	200	h_A h_R g Ac_t	↓	↓	↓	↓	↓	*	↑	↓	0.949 0.910 0.011 6 2	0.953 1.505 0.016 0 3	1.400 1.549 0.026 4 5	1.533 2.485 0.039 3 7	1.802 2.868 0.054 6 10	2.103 3.218 0.077 1 15	2.457 3.813 0.108 21	2.732 5.373 0.159 31
L	200	315	h_A h_R g Ac_t	↓	↓	↓	↓	*	*	↑	0.852 0.935 0.006 5 2	1.088 1.401 0.011 1 3	1.383 1.582 0.016 1 5	1.484 2.555 0.023 7 7	1.775 2.922 0.033 4 10	2.175 3.208 0.048 1 15	2.605 3.741 0.068 0 21	3.021 4.933 0.101 31	↑

[a] 对样本量字码从 A 到 E 的情形,使用 GB/T 2828.1 中的抽样方案。

[b] n_0 是对应的一次抽样方案样本量。

[c] n_t 是截尾样本量。

[d] Ac_t 是截尾时的接收数。

[e] ▼:使用箭头下方的第一个抽样方案。▲:使用箭头上方的第一个抽样方案。如果没有对应的抽样方案,则使用 GB/T 2828.1 中相应的多次抽样方案。
*:使用 GB/T 2828.1 中对应的 Ac=0 时的截尾一次抽样方案。

表 A.2 基于每百单位产品不合格数的正常检验序贯抽样方案的参数和截尾值(主表)

样本量字码[a]	n_0[b]	n_t[c]	参数[d]	接收质量限(AQL,以每百单位产品不合格数表示)[e]															
				0.010	0.015	0.025	0.040	0.065	0.10	0.15	0.25	0.40	0.65	1.0	1.5	2.5	4.0	6.5	10.0
F	20	32	h_A	↓	↓	↓	↓	↓	↓	↓	↓	↓	*	↑	↓	0.752	0.955	1.339	1.340
			h_R													0.936	1.365	1.498	2.574
			g													0.062 6	0.106 0	0.167	0.233
			Ac_t													2	3	5	7
G	32	50	h_A	↓	↓	↓	↓	↓	↓	↓	↓	*	↑	↓	0.916	1.075	1.324	1.372	1.887
			h_R												0.906	1.356	1.496	2.604	2.679
			g												0.045 6	0.071 5	0.101	0.141	0.218
			Ac_t												2	3	5	7	10
H	50	80	h_A	↓	↓	↓	↓	↓	↓	↓	*	↑	↓	0.948	0.949	1.405	1.427	1.851	2.216
			h_R											0.909	1.496	1.531	2.617	2.850	3.151
			g											0.029 5	0.039 6	0.066 8	0.094 0	0.137	0.195
			Ac_t											2	3	5	7	10	15
J	80	125	h_A	↓	↓	↓	↓	↓	↓	*	↑	↓	0.885	0.958	1.366	1.429	1.768	2.254	2.620
			h_R										0.916	1.473	1.559	2.614	2.907	3.161	3.777
			g										0.017 0	0.025 1	0.040 1	0.057 4	0.083 5	0.121	0.169
			Ac_t										2	3	5	7	10	15	21
K	125	200	h_A	↓	↓	↓	↓	↓	*	↑	↓	0.875	0.991	1.393	1.487	1.779	2.302	2.688	2.957
			h_R									0.925	1.483	1.583	2.619	3.021	3.184	3.869	5.619
			g									0.010 8	0.016 5	0.026 0	0.038 0	0.053 2	0.078 6	0.109	0.158
			Ac_t									2	3	5	7	10	15	21	31
L	200	315	h_A	↓	↓	↓	↓	*	↑	↓	0.847	0.941	1.385	1.499	1.878	2.216	2.659	3.040	↑
			h_R								0.941	1.520	1.584	2.564	2.852	3.271	3.889	5.340	
			g								0.006 50	0.009 80	0.016 1	0.023 7	0.034 1	0.047 9	0.067 4	0.099 0	
			Ac_t								2	3	5	7	10	15	21	31	

[a] 对样本量字码从 A 到 E 的情形,使用 GB/T 2828.1 中的抽样方案。

[b] n_0 是对应的一次抽样方案样本量。

[c] n_t 是截尾样本量。

[d] Ac_t 是截尾时的接收数。

[e] ↓:使用箭头下方的第一个抽样方案。↑:使用箭头上方的第一个抽样方案。如果没有对应的抽样方案,则使用 GB/T 2828.1 中相应的多次抽样方案。
*:使用 GB/T 2828.1 中对应的 Ac=0 时的截尾一次抽样方案。

表 A.3 基于不合格品百分数和每百单位产品不合格数的正常检验序贯抽样方案的参数和截尾值(主表)

样本量字码	n_0[a]	n_t[b]	参数[c]	接收质量限(AQL,以不合格品百分数表示)[d]															
				0.010	0.015	0.025	0.040	0.065	0.10	0.15	0.25	0.40	0.65	1.0	1.5	2.5	4.0	6.5	10.0
M	315	500	h_A	↓	↓	↓	*	↑	↓	0.819	0.902	1.391	1.495	1.777	2.138	2.495	2.832	↑	↑
			h_R							0.946	1.556	1.579	2.581	2.983	3.328	4.011	5.574		
			g							0.004 01	0.006 01	0.010 3	0.015 1	0.021 1	0.030 1	0.042 1	0.062 1		
			Ac_t							2	3	5	7	10	15	21	31		
N	500	800	h_A	↓	↓	*	↑	↓	0.811	0.898	1.328	1.525	1.811	2.114	2.472	2.893	↑	↑	↑
			h_R						0.948	1.568	1.630	2.591	2.999	3.421	4.160	5.749			
			g						0.002 51	0.003 77	0.006 26	0.009 60	0.013 4	0.018 8	0.026 3	0.039 2			
			Ac_t						2	3	5	7	10	15	21	31			
P	800	1 250	h_A	↓	*	↑	↓	0.843	0.931	1.392	1.451	1.744	2.280	2.685	3.084	↑	↑	↑	↑
			h_R					0.943	1.533	1.593	2.608	3.009	3.204	3.834	5.157				
			g					0.001 61	0.002 41	0.004 01	0.005 78	0.008 14	0.012 1	0.016 9	0.024 9				
			Ac_t					2	3	5	7	10	15	21	31				
Q	1 250	2 000	h_A	*	↑	↓	0.816	0.900	1.331	1.514	1.812	2.123	2.541	2.947	↑	↑	↑	↑	↑
			h_R				0.948	1.568	1.629	2.610	3.018	3.443	4.111	5.750					
			g				0.001 01	0.001 51	0.002 51	0.003 82	0.005 34	0.007 51	0.010 6	0.015 7					
			Ac_t				2	3	5	7	10	15	21	31					
R	2 000	3 150	h_A	↑	↑	0.826	0.923	1.368	1.471	1.768	2.211	2.603	3.050	↑	↑	↑	↑	↑	↑
			h_R			0.946	1.542	1.608	2.615	3.019	3.309	3.981	5.360						
			g			0.000 635	0.000 960	0.001 59	0.002 33	0.003 28	0.004 77	0.006 67	0.009 90						
			Ac_t			2	3	5	7	10	15	21	31						

[a] n_0 是对应的一次抽样方案样本量。

[b] n_t 是截尾样本量。

[c] Ac_t 是截尾时的接收数。

[d] ↓:使用箭头下方的第一个抽样方案。↑:使用箭头上方的第一个抽样方案。如果没有对应的抽样方案,则使用 GB/T 2828.1 中相应的多次抽样方案。

*:使用 GB/T 2828.1 中对应的 Ac=0 时的截尾一次抽样方案。

以上序贯抽样方案的参数适用于不合格品百分数检验或每百单位产品不合格数检验。

附 录 B
（规范性附录）
加严检验抽样方案

本附录给出了加严检验的序贯抽样方案表。

表 B.1 适用于 AQL 由不合格品百分数表示且截尾样本量不超过 315 时。

表 B.2 适用于 AQL 由每百单位产品不合格数表示且截尾样本量不超过 315 时。

表 B.3 适用于 AQL 由不合格品百分数或每百单位产品不合格数表示且截尾样本量超过 315 时。

表 B.1　基于不合格品百分数的加严检验序贯抽样方案的参数和截尾值(主表)

样本量字码[a]	n_0[b]	n_t[c]	参数[d]	接收质量限(AQL,以不合格品百分数表示)[e] 0.010	0.015	0.025	0.040	0.065	0.10	0.15	0.25	0.40	0.65	1.0	1.5	2.5	4.0	6.5	10.0
F	20	32	h_A	↓	↓	↓	↓	↓	↓	↓	↓	↓	↓	*	↓	↓	0.860	0.861	1.161
			h_R														0.857	1.465	1.525
			g														0.071 6	0.096 0	0.158
			Ac_t														2	3	5
G	32	50	h_A	↓	↓	↓	↓	↓	↓	↓	↓	↓	*	↓	↓	0.916	0.917	1.329	1.423
			h_R													0.906	1.471	1.472	2.157
			g													0.045 6	0.061 2	0.104	0.158
			Ac_t													2	3	5	7
H	50	80	h_A	↓	↓	↓	↓	↓	↓	↓	↓	*	↓	↓	0.783	0.965	1.331	1.426	1.689
			h_R												0.925	1.454	1.540	2.449	2.793
			g												0.025 1	0.041 8	0.065 3	0.097 0	0.152
			Ac_t												2	3	5	7	12
J	80	125	h_A	↓	↓	↓	↓	↓	↓	↓	*	↓	↓	0.854	1.004	1.391	1.514	1.911	2.226
			h_R											0.932	1.420	1.547	2.388	2.827	3.316
			g											0.016 7	0.026 4	0.040 9	0.061 3	0.097 0	0.145
			Ac_t											2	3	5	7	12	18
K	125	200	h_A	↓	↓	↓	↓	↓	↓	*	↓	↓	0.949	0.953	1.400	1.533	1.853	2.272	2.731
			h_R										0.910	1.505	1.549	2.485	2.934	3.572	4.329
			g										0.011 6	0.016 0	0.026 4	0.039 3	0.060 7	0.091 9	0.139
			Ac_t										2	3	5	7	12	18	27
L	200	315	h_A	↓	↓	↓	↓	↓	*	↓	↓	0.852	1.088	1.383	1.484	1.925	2.346	2.824	↑
			h_R									0.935	1.401	1.582	2.555	2.923	3.563	4.380	
			g									0.006 52	0.011 1	0.016 1	0.023 7	0.038 1	0.057 3	0.086 3	
			Ac_t									2	3	5	7	12	18	27	

[a] 对样本量字码从 A 到 E 的情形,使用 GB/T 2828.1 中的抽样方案。

[b] n_0 是对应的一次抽样方案样本量。

[c] n_t 是截尾样本量。

[d] Ac_t 是截尾时的接收数。

[e] ▼:使用箭头下方的第一个抽样方案。▲:使用箭头上方的第一个抽样方案。如果没有对应的抽样方案,则使用 GB/T 2828.1 中相应的多次抽样方案。

*:使用 GB/T 2828.1 中对应的 Ac=0 时的截尾一次抽样方案。

表 B.2　基于每百单位产品不合格数的加严检验序贯抽样方案的参数和截尾值(主表)

样本量字码[a]	n_0[b]	n_t[c]	参数[d]	接收质量限(AQL,以不合格品百分数表示)[e] 0.010	0.015	0.025	0.040	0.065	0.10	0.15	0.25	0.40	0.65	1.0	1.5	2.5	4.0	6.5	10.0
F	20	32	h_A h_R g Ac_t	↓	↓	↓	↓	↓	↓	↓	↓	↓	↓	*	↓	↓	0.752 0.936 0.062 6 2	0.955 1.365 0.106 0 3	1.339 1.498 0.167 5
G	32	50	h_A h_R g Ac_t	↓	↓	↓	↓	↓	↓	↓	↓	↓	*	↓	↓	0.916 0.906 0.045 6 2	1.075 1.356 0.071 5 3	1.324 1.496 0.101 5	1.372 2.604 0.141 7
H	50	80	h_A h_R g Ac_t	↓	↓	↓	↓	↓	↓	↓	↓	*	↓	↓	0.948 0.909 0.029 5 2	0.949 1.496 0.039 6 3	1.405 1.531 0.066 8 5	1.427 2.617 0.094 0 7	1.927 2.851 0.154 12
J	80	125	h_A h_R g Ac_t	↓	↓	↓	↓	↓	↓	↓	*	↓	↓	0.885 0.916 0.017 0 2	0.958 1.473 0.025 1 3	1.366 1.559 0.040 1 5	1.429 2.614 0.057 4 7	2.029 2.908 0.097 0 12	2.483 3.445 0.146 18
K	125	200	h_A h_R g Ac_t	↓	↓	↓	↓	↓	↓	*	↓	↓	0.875 0.925 0.010 8 2	0.991 1.483 0.016 5 3	1.393 1.583 0.026 0 5	1.487 2.619 0.038 0 7	1.885 3.029 0.060 1 12	2.445 3.597 0.092 8 18	2.909 4.615 0.138 27
L	200	315	h_A h_R g Ac_t	↓	↓	↓	↓	↓	*	↓	↓	0.847 0.941 0.006 50 2	0.941 1.520 0.009 80 3	1.385 1.584 0.016 1 5	1.499 2.564 0.023 7 7	1.964 2.934 0.038 1 12	2.405 3.628 0.057 2 18	2.975 4.495 0.088 4 27	↑

[a] 对样本量字码从 A 到 E 的情形,使用 GB/T 2828.1 中的抽样方案。

[b] n_0 是对应的一次抽样方案样本量。

[c] n_t 是截尾样本量。

[d] Ac_t 是截尾时的接收数。

[e] ▼:使用箭头下方的第一个抽样方案。▲:使用箭头上方的第一个抽样方案。如果没有对应的抽样方案,则使用 GB/T 2828.1 中相应的多次抽样方案。

*:使用 GB/T 2828.1 中对应的 Ac=0 时的截尾一次抽样方案。

表 B.3 基于不合格品百分数和每百单位产品不合格数的加严检验序贯抽样方案的参数和截尾值(主表)

样本量字码	n_0[a]	n_t[b]	参数[c]	接收质量限(AQL,以不合格品百分数表示)[d]															
				0.010	0.015	0.025	0.040	0.065	0.10	0.15	0.25	0.40	0.65	1.0	1.5	2.5	4.0	6.5	10.0
M	315	500	h_A h_R g Ac_t	↓	↓	↓	↓	*	↓	↓	0.819 0.946 0.004 01 2	0.902 1.556 0.006 01 3	1.391 1.579 0.010 3 5	1.495 2.581 0.015 1 7	1.930 2.984 0.024 1 12	2.329 3.679 0.036 1 18	2.788 4.620 0.054 1 27	↑	↑
N	500	800	h_A h_R g Ac_t	↓	↓	↓	*	↓	↓	0.811 0.948 0.002 51 2	0.898 1.568 0.003 77 3	1.328 1.630 0.006 26 5	1.525 2.591 0.009 60 7	1.911 3.014 0.015 1 12	2.318 3.780 0.022 6 18	2.841 4.698 0.034 2 27	↑	↑	↑
P	800	1 250	h_A h_R g Ac_t	↓	↓	*	↓	↓	0.843 0.943 0.001 61 2	0.931 1.533 0.002 41 3	1.392 1.593 0.004 01 5	1.451 2.608 0.005 78 7	2.050 3.010 0.009 70 12	2.488 3.522 0.014 5 18	3.017 4.398 0.021 7 27	↑	↑	↑	↑
Q	1 250	2 000	h_A h_R g Ac_t	↓	*	↓	↓	0.816 0.948 0.001 01 2	0.900 1.568 0.001 51 3	1.351 1.629 0.002 51 5	1.514 2.610 0.003 82 7	1.902 3.045 0.006 01 12	2.318 3.819 0.009 01 18	2.894 4.713 0.013 7 27	↑	↑	↑	↑	↑
R	2 000	3 150	h_A h_R g Ac_t	*	↑	↓	0.826 0.946 0.000 635 2	0.923 1.542 0.000 960 3	1.368 1.608 0.001 59 5	1.471 2.615 0.002 33 7	1.981 3.020 0.003 81 12	2.418 3.654 0.005 72 18	2.942 4.581 0.008 58 27	↑	↑	↑	↑	↑	↑
S	3 150	5 000	h_A h_R g Ac_t	↑	↑	0.819 0.948 0.000 401 2								↑	↑	↑	↑	↑	↑

[a] n_0 是对应的一次抽样方案样本量。

[b] n_t 是截尾样本量。

[c] Ac_t 是截尾时的接收数。

[d] ▼:使用箭头下方的第一个抽样方案。▲:使用箭头上方的第一个抽样方案。如果没有对应的抽样方案,则使用 GB/T 2828.1 中相应的多次抽样方案。

*:使用 GB/T 2828.1 中对应的 Ac=0 时的截尾一次抽样方案。

以上序贯抽样方案的参数同时适用于不合格品百分数检验和每百单位产品不合格数检验。

附 录 C
（规范性附录）
放宽检验抽样方案

本附录给出了放宽检验的序贯抽样方案表。

表 C.1 适用于 AQL 由不合格品百分数表示且截尾样本量不超过 315 时。

表 C.2 适用于 AQL 由每百单位产品不合格数表示且截尾样本量不超过 315 时。

表 C.3 适用于 AQL 由不合格品百分数或每百单位产品不合格数表示且截尾样本量超过 315 时。

表 C.1 基于不合格品百分数的放宽检验序贯抽样方案的参数和截尾值(主表)

样本量字码[a]	n_0[b]	n_t[c]	参数[d]	接收质量限(AQL,以不合格品百分数表示)[e]															
				0.010	0.015	0.025	0.040	0.065	0.10	0.15	0.25	0.40	0.65	1.0	1.5	2.5	4.0	6.5	10.0
H	20	32	h_A h_R g Ac_t	↓	↓	↓	↓	↓	↓	↓	*	↕	↓	↓	0.860 0.857 0.071 6 2	0.861 1.465 0.096 0 3	1.161 1.525 0.158 5	1.162 2.201 0.240 7	1.179 2.233 0.282 9
J	32	50	h_A h_R g Ac_t	↓	↓	↓	↓	↓	↓	*	↕	↕	↓	0.916 0.906 0.045 6 2	0.917 1.471 0.061 2 3	1.329 1.472 0.104 5	1.423 2.157 0.158 7	1.573 2.173 0.188 9	1.663 2.549 0.242 12
K	50	80	h_A h_R g Ac_t	↓	↓	↓	↓	↓	*	↕	↕	↕	0.783 0.925 0.025 1 2	0.965 1.454 0.041 8 3	1.331 1.540 0.065 3 5	1.426 2.449 0.097 0 7	1.509 2.450 0.114 9	1.679 2.793 0.152 12	1.905 3.057 0.192 15
L	80	125	h_A h_R g Ac_t	↓	↓	↓	↓	*	↕	↕	↕	0.854 0.932 0.016 7 2	1.004 1.420 0.026 4 3	1.391 1.547 0.040 9 5	1.514 2.388 0.061 3 7	1.643 2.414 0.072 1 9	1.911 2.827 0.097 0 12	2.127 2.999 0.122 15	↑
M	125	200	h_A h_R g Ac_t	↓	↓	↓	*	↕	↕	↕	0.949 0.910 0.011 6 2	0.953 1.505 0.016 0 3	1.400 1.549 0.026 4 5	1.533 2.485 0.039 3 7	1.609 2.535 0.045 6 9	1.853 2.934 0.060 7 12	2.103 3.218 0.077 1 15	↑	↑
N	200	315	h_A h_R g Ac_t	↓	↓	*	↑	↕	↕	0.852 0.935 0.006 55 2	1.088 1.401 0.011 1 3	1.383 1.582 0.016 1 5	1.484 2.555 0.023 7 7	1.661 2.556 0.028 6 9	1.925 2.923 0.038 1 12	2.175 3.208 0.048 1 15	↑	↑	↑

[a] 对样本量字码从 A 到 E 的情形,使用 GB/T 2828.1 中的抽样方案。

[b] n_0 是对应的一次抽样方案样本量。

[c] n_t 是截尾样本量。

[d] Ac_t 是截尾时的接收数。

[e] ↓:使用箭头下方的第一个抽样方案。↑:使用箭头上方的第一个抽样方案。如果没有对应的抽样方案,则使用 GB/T 2828.1 中相应的多次抽样方案。

*:使用 GB/T 2828.1 中对应的 Ac=0 时的截尾一次抽样方案。

表 C.2 基于每百单位产品不合格数的加严检验序贯抽样方案的参数和截尾值(主表)

样本量字码[a]	n_0[b]	n_t[c]	参数[d]	接收质量限(AQL,以每百单位产品不合格数表示)[e]															
				0.010	0.015	0.025	0.040	0.065	0.10	0.15	0.25	0.40	0.65	1.0	1.5	2.5	4.0	6.5	10.0
H	20	32	h_A h_R g Ac_t	↓	↓	↓	↓	↓	↓	↓	*	↑	↓	↓	0.752 0.936 0.062 6 2	0.955 1.365 0.106 0 3	1.339 1.498 0.167 5	1.340 2.574 0.233 7	1.513 2.575 0.282 9
J	32	50	h_A h_R g Ac_t	↓	↓	↓	↓	↓	↓	*	↑	↓	↓	0.916 0.906 0.045 6 2	1.075 1.356 0.071 5 3	1.324 1.496 0.101 5	1.372 2.604 0.141 7	1.698 2.605 0.181 9	2.021 2.680 0.251 12
K	50	80	h_A h_R g Ac_t	↓	↓	↓	↓	↓	*	↑	│	↓	0.948 0.909 0.029 5 2	0.949 1.496 0.039 6 3	1.405 1.531 0.066 8 5	1.427 2.617 0.094 0 7	1.600 2.618 0.113 9	1.927 2.851 0.154 12	2.216 3.151 0.195 15
L	80	125	h_A h_R g Ac_t	↓	↓	↓	↓	*	↑	│	↓	0.885 0.916 0.017 0 2	0.958 1.473 0.025 1 3	1.366 1.559 0.040 1 5	1.429 2.614 0.057 4 7	1.725 2.615 0.072 1 9	2.029 2.908 0.097 0 12	2.254 3.161 0.121 15	↑
M	125	200	h_A h_R g Ac_t	↓	↓	↓	*	↑	│	↓	0.875 0.925 0.010 8 2	0.991 1.483 0.016 5 3	1.393 1.583 0.026 0 5	1.487 2.619 0.038 0 7	1.638 2.620 0.045 1 9	1.885 3.029 0.060 1 12	2.302 3.184 0.078 6 15	↑	↑
N	200	315	h_A h_R g Ac_t	↓	↓	*	↑	↓	↓	0.847 0.941 0.006 50 2	0.941 1.520 0.009 80 3	1.385 1.584 0.016 1 5	1.499 2.564 0.023 7 7	1.703 2.566 0.028 7 9	1.964 2.934 0.038 1 12	2.216 3.271 0.047 9 15	↑	↑	↑

[a] 对样本量字码从 A 到 E 的情形,使用 GB/T 2828.1 中的抽样方案。

[b] n_0 是对应的一次抽样方案样本量。

[c] n_t 是截尾样本量。

[d] Ac_t 是截尾时的接收数。

[e] ↓:使用箭头下方的第一个抽样方案。↑:使用箭头上方的第一个抽样方案。如果没有对应的抽样方案,则使用 GB/T 2828.1 中相应的多次抽样方案。
*:使用 GB/T 2828.1 中对应的 Ac=0 时的截尾一次抽样方案。

表 C.3 基于不合格品百分数和每百单位产品不合格数的加严检验序贯抽样方案的参数和截尾值(主表)

样本量字码	n_0[a]	n_t[b]	参数[c]	接收质量限(AQL,以不合格品百分数表示)[d]															
				0.010	0.015	0.025	0.040	0.065	0.10	0.15	0.25	0.40	0.65	1.0	1.5	2.5	4.0	6.5	10.0
P	315	500	h_A	↓	*	↑	↓	↓	0.819	0.902	1.391	1.495	1.666	1.930	2.138	↑	↑	↑	↑
			h_R						0.946	1.556	1.579	2.281	2.582	2.984	3.328				
			g						0.004 01	0.006 01	0.010 3	0.015 1	0.018 1	0.024 1	0.030 1				
			Ac_t						2	3	5	7	9	12	15				
Q	500	800	h_A	*	↑	↑	↓	0.811	0.898	1.328	1.525	1.645	1.911	2.114	↑	↑	↑	↑	↑
			h_R					0.948	1.568	1.630	2.591	2.599	3.014	3.421					
			g					0.002 51	0.003 77	0.006 26	0.009 60	0.011 3	0.015 1	0.018 8					
			Ac_t					2	3	5	7	9	12	15					
R	800	1 250	h_A	↑	↑	↑	0.843	0.931	1.392	1.451	1.732	2.050	2.280	↑	↑	↑	↑	↑	↑
			h_R				0.943	1.533	1.593	2.608	2.609	3.010	3.204						
			g				0.001 61	0.002 41	0.004 01	0.005 78	0.007 21	0.009 70	0.012 1						
			Ac_t				2	3	5	7	9	12	15						

[a] n_0 是对应的一次抽样方案样本量。

[b] n_t 是截尾样本量。

[c] Ac_t 是截尾时的接收数。

[d] ▼:使用箭头下方的第一个抽样方案▲:使用箭头上方的第一个抽样方案。如果没有对应的抽样方案,则使用 GB/T 2828.1 中相应的多次抽样方案。

*:使用 GB/T 2828.1 中对应的 Ac=0 时的截尾一次抽样方案。

以上序贯抽样方案的参数同时适用于不合格品百分数检验和每百单位产品不合格数检验。

附 录 D
（资料性附录）
序贯抽样方案的平均样本量

序贯抽样方案的主要优点是降低了平均样本量。然而，序贯抽样也存在缺点（见引言）。要估计平均样本量降低带来的益处，我们需要知道各个序贯抽样方案的平均样本量。遗憾的是，并没有准确的数学公式来计算序贯抽样方案的平均样本量。因此，对于给定的抽样方案和质量水平（以不合格品百分数或每百单位产品不合格数表示），只能通过数值计算得到序贯抽样方案的平均样本量。对于质量水平的一些选定值，表 D.1 和表 D.2 中给出了本部分序贯抽样方案的近似平均样本量（ASN）。表 D.1 给出了不合格品百分数检验的平均样本量，表 D.2 给出了每百单位产品不合格数检验的平均样本量。值得注意的是，样本量字码为 M 到 Q 时，不合格品百分数检验的序贯抽样方案与每百单位产品不合格数检验的序贯抽样方案是相同的。并且，这两类抽样方案的统计性质也几乎是一样的。

本部分的序贯抽样方案与 GB/T 2828.1 对应的（即，具有相同的样本量字码和 AQL）抽样方案是相匹配的。这表明本部分序贯抽样方案实际上与 GB/T 2828.1 对应的一次抽样方案具有相同的 OC 曲线。本部分中的序贯抽样方案和 GB/T 2828.1 中一次抽样方案的对应关系见表 D.3 和表 D.4。因此，可以用 GB/T 2828.1 中的一次抽样方案的参数（n_0 和 Ac_0）来检索序贯抽样方案。对每个抽样方案，表 D.1 和表 D.2 给出了如下四个主要质量水平处的平均样本量的近似值：

a) 0（无不合格品的理想质量水平）；

b) Q_{PR}（对应的一次抽样方案，其接收概率为 95%时的质量水平）；

c) 100 g（接近于最大平均样本量时的质量水平，其中 g 是序贯抽样方案的参数）；

d) Q_{CR}（对应的一次抽样方案，其接收概率为 10%时的质量水平）。

表 D.5 和表 D.6 给出了 Q_{PR} 和 Q_{CR} 以及相关风险 $P_r(Q_{PR})$ 和 $P_a(Q_{CR})$ 值。未在表中列出的过程质量水平相应的平均样本量可插值得出。

示例

GB/T 2828.1 抽样系统已用于某种产品的抽样检验。规定 AQL 为 4.0（%），检验水平 I，批量（N）为 1 500。

现决定改用本部分的序贯抽样计划。对于检验水平 I，批量 1 500，从表 1 中检索出对应的样本量字码为 H。表 A.1 给出了序贯抽样方案的参数 h_A，h_R 和 g 和截尾值 n_t 和 Ac_t。具体数值为：$h_A=1.426$，$h_R=2.449$，$g=0.097$，截尾值 $n_t=80$，$Ac_t=7$。由 GB/T 2828.1 表 2-A 或 GB/T 2828 本部分的表 D.3，得到对应的一次抽样方案（$n_0=50$，$Ac_0=5$）。

由表 D.5 可知，对于选定的序贯抽样方案，生产方风险质量 Q_{PR} 等于 5.357 1%（实际生产方风险为 5.002 3%），使用方风险质量 Q_{CR} 等于 17.761 8%（实际使用方风险为 10.078 6%）。当提交批质量等于 Q_{PR} 时，由表 D.1 可知平均样本量为 29.6（即，对应一次抽样方案样本量的 59.2%，50×59.2%=29.6）。当提交批的质量等于 Q_{CR} 时，由表 D.1 可知平均样本量为 28.5（即，对应一次抽样方案样本量的 57.0%，50×57%=28.5）。当提交批质量是理想状态（无不合格品），由表 D.1 可知，检验 15 件产品后，批可接收。最差的情况（即，质量水平等于 100 g=9.7%），平均样本量等于 39.3。综上表明平均样本量至少降低了 20%。

表 D.1 序贯抽样方案的平均样本量(不合格品百分数检验情形)

n_0	100p (%)	Ac_0 1	2	3	5	6	7	8	10	12	14	18	21
20	0	13	9	8	5	5	5						
	Q_{PR}	15.1	13.4	12.5	10.9	10.8	10.8						
	100 g	15.8	15.9	15.4	15.1	14.8	15.6						
	Q_{CR}	9.74	10.3	10.3	11.7	11.5	13.0						
32	0	21	15	13	10	9	8	7	6				
	Q_{PR}	24.3	21.8	19.9	18.5	18.2	17.9	17.8	16.8				
	100 g	25.1	25.4	23.8	24.3	24.0	24.5	24.3	23.8				
	Q_{CR}	15.0	16.0	15.6	17.9	17.3	18.6	18.0	18.2				
50	0	32	24	21	15	14	13	12	10	9	9		
	Q_{PR}	38.0	33.8	31.8	29.6	29.2	28.3	27.9	27.1	26.5	26.0		
	100 g	40.0	39.0	37.8	39.3	38.2	38.6	37.7	37.8	37.8	37.7		
	Q_{CR}	23.2	24.4	24.2	28.5	26.9	28.8	27.4	28.1	28.6	29.2		
80	0	52	39	35	25	23	21	20	18	16	15	13	11
	Q_{PR}	60.9	54.1	52.3	47.8	47.0	46.0	45.9	44.3	43.4	42.6	41.7	41.1
	100 g	63.1	61.7	61.0	61.9	60.6	61.3	61.3	60.0	59.7	59.5	59.5	60.6
	Q_{CR}	36.5	38.2	38.4	43.4	41.4	44.0	43.3	42.9	43.5	44.0	45.0	47.4
125	0	82	60	54	40	36	34	31	28	25	23	20	18
	Q_{PR}	95.1	85.4	80.5	75.2	73.7	72.2	71.4	69.6	68.6	67.5	66.1	66.9
	100 g	97.4	98.5	94.1	97.7	95.1	96.7	94.8	94.5	94.7	94.5	94.9	99.1
	Q_{CR}	56.7	60.0	59.3	68.7	64.8	69.4	66.3	67.4	68.6	69.5	71.4	78.8
200	0	131	99	86	63	59	54	51	46	41	39	33	30
	Q_{PR}	154	136	130	122	119	117	115	112	111	109	107	106
	100 g	159	153	152	157	153	154	152	150	150	150	150	153
	Q_{CR}	90.8	94.4	94.4	109	104	109	105	105	107	108	110	116
315	0	205	151	136	100	93	85	81	72	65	60	52	46
	Q_{PR}	242	218	204	192	188	184	183	178	175	173	170	170
	100 g	252	250	238	247	241	244	240	238	237	238	237	244
	Q_{CR}	143	150	148	171	163	172	165	167	169	171	175	187
500	0	324	239	213	159	146	136	127	113	103	94	84	74
	Q_{PR}	384	345	325	304	298	293	289	283	279	276	270	271
	100 g	400	398	381	394	382	389	380	379	379	380	379	391
	Q_{CR}	227	239	235	273	256	274	261	266	270	274	279	302
800	0	524	387	348	252	241	215	212	189	172	159	140	124
	Q_{PR}	617	553	523	490	483	471	468	452	444	440	431	429
	100 g	638	632	607	626	620	616	620	598	596	596	595	604
	Q_{CR}	361	378	375	428	418	429	428	414	418	423	429	448
1 250	0	808	597	531	397	365	340	317	283	258	240	212	188
	Q_{PR}	956	862	809	760	744	733	722	707	698	688	676	678
	100 g	997	992	948	982	951	971	947	945	946	945	947	974
	Q_{CR}	565	595	586	680	638	683	650	661	670	678	692	747

表 D.1（续）

n_0	$100p$ (%)	Ac_0 1	2	3	5	6	7	8	10	12	14	18	21
2 000	0	1 301	962	861	632	597	539	520	464	423	391	343	309
	Q_{PR}	1 535	1 377	1 301	1 224	1 203	1 174	1 167	1 130	1 112	1 099	1 080	1 077
	$100g$	1 594	1 577	1 515	1 567	1 542	1 542	1 531	1 499	1 496	1 495	1 495	1 523
	Q_{CR}	902	944	935	1 074	1 036	1 077	1 049	1 040	1 052	1 062	1 081	1 137
3 150	0	2 043											
	Q_{PR}	2 415											
	$100g$	2 514											
	Q_{CR}	1 423											

表 D.2 序贯抽样方案的平均样本量(每百单位产品不合格数检验情形)

n_0	$100p$ (%)	Ac_0 1	2	3	5	6	7	8	10	12	14	18	21
20	0	13	10	9	6	6	5						
	Q_{PR}	15.2	13.7	13.2	12.1	12.0	12.1						
	$100g$	16.0	15.7	15.5	15.8	15.6	16.1						
	Q_{CR}	9.38	9.85	9.94	11.3	10.8	11.6						
32	0	21	16	14	10	10	9	9	8				
	Q_{PR}	24.2	21.7	20.9	19.9	19.7	18.8	18.6	18.2				
	$100g$	24.9	24.5	24.3	24.4	25.6	24.7	24.0	24.1				
	Q_{CR}	14.7	15.3	15.4	17.7	17.6	17.4	16.7	16.9				
50	0	33	24	22	16	15	14	13	12	11	10		
	Q_{PR}	38.1	34.4	32.5	30.6	30.3	29.4	28.9	28.3	27.9	27.5		
	$100g$	39.0	39.6	37.9	39.7	39.0	39.1	37.9	37.9	38.0	37.9		
	Q_{CR}	22.9	24.1	23.9	27.8	26.5	27.7	26.3	26.7	27.1	27.4		
80	0	53	39	35	25	24	22	21	19	18	16	14	13
	Q_{PR}	61.7	55.0	52.5	49.3	48.5	47.0	46.9	45.4	44.6	44.2	43.3	42.9
	$100g$	63.4	62.7	60.9	63.0	62.6	61.7	61.6	60.1	59.8	59.9	59.8	60.5
	Q_{CR}	36.4	38.0	37.9	43.3	42.5	43.0	42.4	41.8	42.1	42.6	43.1	44.7
125	0	82	61	54	40	37	34	32	30	27	25	22	19
	Q_{PR}	95.9	85.4	81.2	76.5	75.2	73.6	72.7	70.5	69.6	68.7	67.8	68.0
	$100g$	99.0	97.8	94.9	98.9	96.4	97.7	95.4	94.2	94.5	94.6	95.0	97.7
	Q_{CR}	56.7	59.4	59.0	68.6	64.9	68.9	65.5	65.9	67.0	67.7	69.4	74.5
200	0	131	97	87	64	60	56	52	47	43	40	35	31
	Q_{PR}	154	138	131	122	120	117	116	113	112	110	108	108
	$100g$	160	158	152	157	154	154	151	150	150	150	150	153
	Q_{CR}	90.6	94.9	94.0	108	103	107	103	104	106	107	108	114

表 D.3　与一次抽样方案匹配的序贯抽样方案(不合格品百分数检验情形)

n_0	序贯抽样方案	Ac_0											
		1	2	3	5	6	7	8	10	12	14	18	21
20	h_A	0.860	0.861	1.161	1.162	1.179	1.337						
	h_R	0.857	1.465	1.525	2.201	2.233	2.659						
	g	0.071 6	0.096 0	0.158	0.240	0.282	0.334						
	Ac_t	2	3	5	7	9	10						
32	h_A	0.916	0.917	1.329	1.423	1.573	1.581	1.663	1.737				
	h_R	0.906	1.471	1.472	2.157	2.173	2.496	2.549	2.705				
	g	0.045 6	0.061 2	0.104	0.158	0.188	0.215	0.242	0.304				
	Ac_t	2	3	5	7	9	10	12	15				
50	h_A	0.783	0.965	1.331	1.426	1.509	1.657	1.689	1.905	2.105	2.185		
	h_R	0.925	1.454	1.540	2.449	2.450	2.777	2.793	3.057	3.195	3.443		
	g	0.025 1	0.041 8	0.065 3	0.097 0	0.114	0.136	0.152	0.192	0.234	0.273		
	Ac_t	2	3	5	7	9	10	12	15	18	21		
80	h_A	0.854	1.004	1.391	1.514	1.643	1.679	1.911	2.127	2.226	2.432	2.629	2.711
	h_R	0.932	1.420	1.547	2.388	2.414	2.826	2.827	2.999	3.316	3.466	3.919	4.386
	g	0.016 7	0.026 4	0.040 9	0.061 3	0.072 1	0.083 5	0.097 0	0.122	0.145	0.171	0.219	0.255
	Ac_t	2	3	5	7	9	10	12	15	18	21	27	31
125	h_A	0.949	0.953	1.400	1.533	1.609	1.802	1.853	2.103	2.272	2.457	2.731	2.732
	h_R	0.910	1.505	1.549	2.485	2.535	2.868	2.934	3.218	3.572	3.813	4.329	5.373
	g	0.011 6	0.016 0	0.026 4	0.039 3	0.045 6	0.054 6	0.060 7	0.077 1	0.091 9	0.108	0.139	0.159
	Ac_t	2	3	5	7	9	10	12	15	18	21	27	31
200	h_A	0.852	1.088	1.383	1.484	1.661	1.775	1.925	2.175	2.346	2.605	2.824	3.021
	h_R	0.935	1.401	1.582	2.555	2.556	2.922	2.923	3.208	3.563	3.741	4.380	4.933
	g	0.006 55	0.011 1	0.016 1	0.023 7	0.028 6	0.033 4	0.038 1	0.048 1	0.057 3	0 068 0	0.086 3	0.101
	Ac_t	2	3	5	7	9	10	12	15	18	21	27	31
315	h_A	0.819	0.902	1.391	1.495	1.666	1.777	1.930	2.138	2.329	2.495	2.788	2.832
	h_R	0.946	1.556	1.579	2.581	2.582	2.983	2.984	3.328	3.679	4.011	4.620	5.574
	g	0.004 01	0.006 01	0.010 3	0.015 1	0.018 1	0.021 1	0.024 1	0.030 1	0.036 1	0 042 1	0.054 1	0.062 1
	Ac_t	2	3	5	7	9	10	12	15	18	21	27	31
500	h_A	0.811	0.898	1.328	1.525	1.645	1.811	1.911	2.114	2.318	2.472	2.841	2.893
	h_R	0.948	1.568	1.630	2.591	2.599	2.999	3.014	3.421	3.780	4.160	4.698	5.749
	g	0.002 51	0.003 77	0.006 26	0.009 60	0.011 3	0.0134	0.015 1	0.018 8	0.022 6	0 026 3	0.034 2	0.039 2
	Ac_t	2	3	5	7	9	10	12	15	18	21	27	31
800	h_A	0.843	0.931	1.392	1.451	1.732	1.744	2.050	2.280	2.488	2.685	3.017	3.084
	h_R	0.943	1.533	1.593	2.608	2.609	3.009	3.010	3.204	3.522	3.834	4.398	5.157
	g	0.001 61	0.002 41	0.004 01	0.005 78	0.007 21	0.008 14	0.009 70	0.012 1	0.014 5	0.016 9	0.021 7	0.024 9
	Ac_t	2	3	5	7	9	10	12	15	18	21	27	31
1 250	h_A	0.816	0.900	1.331	1.514	1.645	1.812	1.902	2.123	2.318	2.541	2.894	2.947
	h_R	0.948	1.568	1.629	2.610	2.611	3.018	3.045	3.443	3.819	4.111	4.713	5.750
	g	0.001 01	0.001 51	0.002 51	0.003 82	0.004 51	0.005 34	0.006 01	0.007 51	0.009 01	0.010 6	0.013 7	0.015 7
	Ac_t	2	3	5	7	9	10	12	15	18	21	27	31

表 D.3（续）

n_0	序贯抽样方案	Ac_0											
		1	2	3	5	6	7	8	10	12	14	18	21
2 000	h_A	0.826	0.923	1.368	1.471	1.707	1.765	1.981	2.211	2.418	2.603	2.942	3.050
	h_R	0.946	1.542	1.608	2.615	2.616	3.019	3.020	3.309	3.654	3.981	4.581	5.360
	g	0.000 635	0.000 960	0.001 59	0.002 33	0.002 86	0.003 28	0.003 81	0.004 77	0.005 72	0.006 67	0.008 58	0.009 90
	Ac_t	2	3	5	7	9	10	12	15	18	21	27	31
3 150	h_A	0.819											
	h_R	0.948											
	g	0.000 401											
	Ac_t	2											

表 D.4 与一次抽样方案匹配的序贯抽样方案（每百单位产品不合格数检验情形）

n_0	序贯抽样方案	Ac_0											
		1	2	3	5	6	7	8	10	12	14	18	21
20	h_A	0.752	0.955	1.339	1.340	1.513	1.553						
	h_R	0.936	1.365	1.498	2.574	2.275	3.087						
	g	0.062 6	0.106	0.167	0.233	0.282	0.334						
	Ac_t	2	3	5	7	9	10						
32	h_A	0.916	1.075	1.324	1.372	1.698	1.887	2.021	2.108				
	h_R	0.906	1.356	1.496	2.604	2.605	2.679	2.680	3.088				
	g	0.045 6	0.071 5	0.101	0.141	0.181	0.218	0.251	0.301				
	Ac_t	2	3	5	7	9	10	12	15				
50	h_A	0.948	0.949	1.405	1.427	1.600	1.851	1.927	2.216	2.323	2.570		
	h_R	0.909	1.496	1.531	2.617	2.618	2.850	2.851	3.151	3.536	3.833		
	g	0.029 5	0.039 6	0.066 8	0.094 0	0.113	0.137	0.154	0.195	0.231	0.271		
	Ac_t	2	3	5	7	9	10	12	15	18	21		
80	h_A	0.885	0.958	1.366	1.429	1.725	1.768	2.029	2.254	2.483	2.620	3.038	3.221
	h_R	0.916	1.473	1.559	2.614	2.615	2.907	2.908	3.161	3.445	3.777	4.249	4.816
	g	0.017 0	0.025 1	0.040 1	0.057 4	0.072 1	0.083 5	0.097 0	0.121	0.146	0.169	0.219	0.255
	Ac_t	2	3	5	7	9	10	12	15	18	21	27	31
125	h_A	0.875	0.991	1.393	1.487	1.638	1.779	1.885	2.302	2.445	2.688	2.909	2.957
	h_R	0.925	1.483	1.583	2.619	2.620	3.021	3.029	3.184	3.597	3.869	4.615	5.619
	g	0.010 8	0.016 5	0.026 0	0.038 0	0.045 1	0.053 2	0.060 1	0.078 6	0.092 8	0.109	0.138	0.158
	Ac_t	2	3	5	7	9	10	12	15	18	21	27	31
200	h_A	0.847	0.941	1.385	1.499	1.703	1.878	1.964	2.216	2.405	2.659	2.975	3.040
	h_R	0.941	1.520	1.584	2.564	2.566	2.852	2.934	3.271	3.628	3.889	4.495	5.340
	g	0.006 5	0.009 8	0.016 1	0.023 7	0.028 7	0.034 1	0.038 1	0.047 9	0.057 2	0.067 4	0.088 4	0.099 0
	Ac_t	2	3	5	7	9	10	12	15	18	21	27	31

表 D.5 计数序贯抽样方案的 Q_{PR}、Q_{CR} 及相应风险(不合格品百分数检验情形)

n_0	参数	Ac₀ 1	2	3	5	6	7	8	10	12	14	18	21
20	Q_{PR}	1.806 5	4.216 9	7.135 4	13.955 4	17.731 1	21.706 9						
	Q_{CR}	18.096 1	24.476 5	30.418 7	41.489 0	46.726 7	51.803 1						
	$P_r(Q_{PR})$	4.864 1	5.010 7	4.992 4	5.189 7	4.999 3	4.961 5						
	$P_a(Q_{CR})$	10.0244	10.088 7	9.942 5	10.987 8	10.344 2	9.946 7						
32	Q_{PR}	1.121 9	2.604 3	4.384 5	8.495 5	10.744 7	13.093 3	15.527 8	20.618 3				
	Q_{CR}	11.619 5	15.787 5	19.698 9	27.067 0	30.593 8	34.040 8	37.419 1	43.998 9				
	$P_r(Q_{PR})$	5.041 6	4.963 5	5.043 7	5.022 9	5.006 5	4.997 1	5.003 2	5.003 8				
	$P_a(Q_{CR})$	10.071 1	9.962 6	10.485 2	10.055 7	9.942 1	9.831 7	9.710 8	10.098 9				
50	Q_{PR}	0.715 4	1.655 2	2.778 8	5.357 1	6.759 7	8.218 5	9.724 8	12.855 7	16.117 5	19.488 5		
	Q_{CR}	7.558 1	10.295 9	12.875 6	17.761 8	20.113 1	22.419 2	24.687 4	29.129 7	33.468 3	37.720 3		
	$P_r(Q_{PR})$	5.004 5	5.010 6	5.018 3	5.002 3	5.003 4	4.998 3	5.012 5	4.996 0	5.010 3	4.998 6		
	$P_a(Q_{CR})$	10.062 0	9.962 0	10.086 0	10.078 6	9.831 2	10.091 5	10.029 1	10.041 7	10.014 3	10.023 4		
80	Q_{PR}	0.446 0	1.029 8	1.725 7	3.316 5	4.178 9	5.073 8	5.995 9	7.9064	9.888 3	11.927 9	16.145 9	19.409 4
	Q_{CR}	4.775 2	6.516 0	8.160 3	11.285 0	12.793 1	14.275 2	15.735 6	18.603 7	21.415 2	24.181 2	29.603 7	33.591 9
	$P_r(Q_{PR})$	5.006 1	5.001 7	4.995 6	5.000 8	5.001 6	5.003 4	4.752 8	4.991 4	4.994 9	5.001 9	5.001 8	5.000 1
	$P_a(Q_{CR})$	10.1 61 2	10.053 3	9.842 2	10.025 0	9.995 6	10.008 8	9.888 3	9.950 6	9.987 9	10.012 7	9.980 9	9.986 0
125	Q_{PR}	0.285 0	0.657 3	1.100 3	2.1108	2.657 4	3.224 1	3.807 3	5.018 5	6.262 1	7.544 4	10.188 1	12.226 2
	Q_{CR}	3.076 0	4.201 6	5.266 3	7.293 2	8.273 2	9.237 1	10.187 9	12.057 8	13.894 2	15.704 0	19.261 2	21.885 7
	$P_r(Q_{PR})$	5.002 8	4.997 6	5.001 9	4.996 9	5.006 3	5.000 0	4.997 1	5.001 8	5.000 5	5.002 2	5.000 7	5.000 6
	$P_a(Q_{CR})$	10.037 1	10.000 8	10.037 4	10.017 1	10.017 1	10.0 20 9	10.007 1	9.998 5	9.992 0	9.994 9	10.000 7	9.829 7
200	Q_{PR}	0.178 0	0.410 1	0.686 0	1.314 4	1.654 0	2.005 7	2.367 4	3.114 7	3.887 3	4.679 7	6.310 6	7.565 3
	Q_{CR}	1.930 9	2.639 1	3.309 7	4.587 9	5.206 4	5.815 3	6.416 2	7.599 0	8.761 8	9.908 9	12.167 1	13.835 8
	$P_r(Q_{PR})$	4.996 2	4.998 8	4.998 8	5.001 8	4.851 3	5.000 4	4.957 2	5.001 1	5.000 5	5.000 3	4.999 0	5.003 5
	$P_a(Q_{CR})$	9.971 1	10.000 1	9.991 4	9.998 5	9.980 9	10.002 6	9.961 6	10.001 8	10.005 2	9.992 4	10.004 8	10.020 2

表 D.5（续）

n_0	参数	Ac₀											
		1	2	3	5	6	7	8	10	12	14	18	21
315	Q_{PR}	0.112 9	0.260 1	0.434 9	0.832 7	1.047 5	1.269 9	1.498 5	1.970 7	2.458 1	2.957 9	3.985 5	4.775 2
	Q_{CR}	1.229 2	1.680 7	2.108 5	2.924 4	3.319 5	3.708 5	4.092 6	4.849 0	5.593 0	6.327 5	7.774 4	8.844 6
	$P_r(Q_{PR})$	5.002 3	5.002 8	4.993 1	5.003 8	4.894 6	5.005 3	4.949 8	5.006 1	4.999 3	5.001 7	4.998 5	4.999 7
	$P_a(Q_{CR})$	9.970 4	10.014 3	10.017 4	9.990 0	9.974 4	10.019 2	9.886 4	9.986 0	10.021 1	9.995 6	10.035 0	10.035 5
500	Q_{PR}	0.071 1	0.163 7	0.273 7	0.523 9	0.658 9	0.798 6	0.942 2	1.238 6	1.544 6	1.858 2	2.502 4	2.997 2
	Q_{CR}	0.775 7	1.060 9	1.331 2	1.847 0	2.096 9	2.343 0	2.586 0	3.064 7	3.535 7	4.000 9	4.917 7	5.596 2
	$P_r(Q_{PR})$	5.001 6	5.000 3	5.005 4	5.005 9	4.991 6	4.999 0	5.001 9	5.001 5	5.001 7	4.999 6	4.999 0	4.999 9
	$P_a(Q_{CR})$	9.989 6	10.031 8	9.993 7	10.013 3	10.020 6	10.036 6	10.024 5	10.038 9	9.997 4	9.982 9	10.045 4	10.041 8
800	Q_{PR}	0.044 4	0.102 3	0.171 0	0.327 1	0.411 4	0.498 5	0.588 1	0.773 0	0.963 8	1.159 2	1.560 7	1.868 9
	Q_{CR}	0.485 3	0.663 9	0.833 2	1.156 2	1.312 8	1.467 0	1.619 3	1.919 3	2.214 7	2.506 4	3.081 4	3.507 2
	$P_r(Q_{PR})$	4.997 0	4.998 7	5.007 6	5.003 3	4.625 8	5.004 2	4.546 4	5.009 0	5.006 3	5.005 4	5.001 9	5.002 2
	$P_a(Q_{CR})$	10.020 8	10.023 8	9.996 2	10.006 1	10.000 2	10.030 2	9.994 7	10.010 7	10.063 9	10.023 3	10.041 9	10.031 9
1 250	Q_{PR}	0.028 4	0.065 4	0.109 4	0.209 2	0.263 1	0.318 9	0.376 1	0.494 3	0.616 2	0.741 1	0.997 6	1.194 4
	Q_{CR}	0.310 8	0.425 2	0.533 7	0.740 7	0.841 0	0.939 9	1.037 5	1.229 9	1.419 2	1.606 3	1.975 1	2.248 2
	$P_r(Q_{PR})$	4.993 0	5.004 3	5.003 6	5.000 1	4.997 6	5.012 9	4.999 7	5.000 7	5.010 5	5.004 8	5.002 0	5.001 8
	$P_a(Q_{CR})$	10.059 1	10.075 9	10.081 9	10.089 8	10.086 7	10.044 1	10.094 0	10.090 3	10.057 3	10.069 0	10.060 1	10.090 7
2 000	Q_{PR}	0.017 8	0.040 9	0.068 3	0.130 7	0.164 4	0.199 2	0.235 0	0.308 7	0.384 9	0.462 9	0.623 0	0.745 8
	Q_{CR}	0.1943	0.265 9	0.333 7	0.463 2	0.526 0	0.587 8	0.648 9	0.769 3	0.887 8	1.004 9	1.235 7	1.406 7
	$P_r(Q_{PR})$	5.000 7	5.003 0	5.006 7	5.019 2	4.750 5	5.001 5	4.799 1	5.000 3	4.999 8	5.000 2	5.001 6	4.998 4
	$P_a(Q_{CR})$	10.062 9	10.086 7	10.064 4	10.017 4	10.005 8	10.089 7	9.996 4	10.090 4	10.093 2	10.098 7	10.092 2	10.066 5
3 150	Q_{PR}	0.011 3											
	Q_{CR}	0.123 4											
	$P_r(Q_{PR})$	4.990 0											
	$P_a(Q_{CR})$	10.056 3											

表 D.6 计数序贯抽样方案的 Q_{PR}、Q_{CR} 及相应风险(每百单位产品不合格数检验情形)

n_0	参数	Ac_0											
		1	2	3	5	6	7	8	10	12	14	18	21
20	Q_{PR}	1.776 8	4.088 5	6.831 6	13.065 1	16.426 6	1 9.904 1						
	Q_{CR}	19.448 6	26.611 6	33.403 9	46.373 4	52.660 4	58.854 6						
	$P_r(Q_{PR})$%	5.085 7	5.059 2	4.894 1	4.993 6	4.828 3	5.022 4						
	$P_a(Q_{CR})$%	10.066 1	9.801 6	9.842 8	10.432 1	10.135 6	9.909 9						
32	Q_{PR}	1.110 5	2.555 3	4.269 7	8.165 7	10.266 6	12.440 1	14.672 6	19.278 1				
	Q_{CR}	12.155 4	16.632 3	20.877 4	28.983 4	32.912 7	36.784 1	40.608 5	48.145 8				
	$P_r(Q_{PR})$%	5.022 9	5.007 3	4.993 0	4.992 6	4.392 0	5.005 5	4.971 2	4.986 0				
	$P_a(Q_{CR})$%	10.315 7	10.083 5	10.055 1	9.982 8	9.810 5	9.944 3	9.874 1	10.014 0				
50	Q_{PR}	0.710 7	1.635 4	2.732 6	5.226 0	6.5 70 6	7.961 6	9.390 5	12.338 0	15.379 2	18.492 7		
	Q_{CR}	7.779 4	10.644 6	13.361 6	18.549 3	20.064 1	23.541 8	25.989 4	30.813 3	35.563 2	40.256 0		
	$P_r(Q_{PR})$%	5.002 0	5.013 3	4.959 8	4.988 9	4.840 2	5.000 5	4.990 7	5.000 2	4.997 8	4.996 8		
	$P_a(Q_{CR})$%	10.062 4	10.065 3	10.016 6	10.056 8	9.812 7	9.920 2	10.015 0	9.997 0	9.983 8	10.027 4		
80	Q_{PR}	0.444 2	1.022 1	1.707 9	3.266 3	4.106 6	4.976 0	5.869 0	7.711 3	9.612 0	11.557 9	15.552 4	18.617 2
	Q_{CR}	4.862 2	6.652 9	8.351 0	11.593 3	13.165 1	14.713 6	16.243 4	19.258 3	22.227 0	25.160 0	30.945 4	35.230 3
	$P_r(Q_{PR})$%	5.019 6	5.015 2	5.005 8	4.995 7	4.542 4	4.999 0	4.736 8	4.998 5	5.000 0	4.998 6	5.001 1	5.002 9
	$P_a(Q_{CR})$%	9.955 2	10.021 6	9.955 6	10.012 3	10.046 3	9.994 2	9.956 3	10.009 3	10.033 7	10.009 2	10.007 7	9.997 7
125	Q_{PR}	0.284 3	0.654 2	1.093 1	2.090 4	2.628 3	3.184 7	3.756 2	4.935 2	6.151 7	7.397 1	9.953 6	11.915 0
	Q_{CR}	3.111 8	4.257 9	5.344 6	7.419 7	8.425 7	9.416 7	10.395 8	12.325 3	14.225 3	16.102 4	19.805 0	22.547 4
	$P_r(Q_{PR})$%	5.010 2	5.001 1	4.991 8	4.998 4	4.916 9	5.001 0	5.000 0	5.000 6	5.002 5	4.999 8	4.997 7	5.001 0
	$P_a(Q_{CR})$%	9.942 1	10.011 3	9.995 6	9.994 8	9.937 1	9.998 3	9.962 7	9.994 7	9.997 8	9.994 5	10.000 0	9.997 3
200	Q_{PR}	0.177 7	0.408 8	0.683 2	1.306 5	1.652 7	1.990 4	2.347 6	3.084 5	3.844 8	4.623 2	6.221 0	7.446 9
	Q_{CR}	1.944 9	2.661 2	3.340 4	4.637 3	5.266 0	5.885 5	6.497 4	7.7033	8.890 8	10.064 0	12.378 1	14.092 1
	$P_r(Q_{PR})$%	4.994 8	5.002 2	5.003 4	5.000 9	4.837 6	4.998 8	4.997 1	5.001 6	4.999 5	4.999 4	4.999 4	5.000 0
	$P_a(Q_{CR})$%	9.994 6	9.999 2	9.979 5	10.004 5	9.967 8	10.000 1	10.001 3	10.002 4	9.998 4	9.994 3	9.997 4	9.995 0

参 考 文 献

[1] GB/T 2828.2—2008 计数抽样检验程序 第2部分:按极限质量(LQ)检索的孤立批检验抽样方案

[2] GB/T 2828.3—2008 计数抽样检验程序 第3部分:跳批抽样程序

[3] GB/T 3358.1 统计学词汇及符号 第1部分:一般统计术语与用于概率的术语

[4] GB/T 16307—1996 计量截尾序贯抽样检验程序及抽样表(适用于标准差已知的情形)

[5] ISO/TR 8550:1994 *Guide for the selection of an acceptance sampling system, scheme or plan for inspection of discrete items in lots*

[6] WALD, A. *Sequential Analysis*, Wiley, New York, 1947

[7] JOHNSON, N. L. Sequential analysis—A survey, *J. Roy. Statist. Soc.*, *A*124, 1961, pp. 372-411

[8] GHOSH, B. K. *Sequential Tests of Statistical Hypothesis*, Addison-Wesley, New York, 1970

[9] ENKAWA, T. and MORI, M. Exact expressions for OC and ASN functions of Poisson sequential probability test, *Rep. Stat. Appl. Res.*, *JUSE*, 32(3), 1985, pp. 1-16

ICS 33.160.20
M 74

中华人民共和国国家标准

GB/T 2846—2011
代替 GB/T 2846—1988

调幅广播收音机测量方法

Methods of measurement on radio receivers for AM broadcast transmissions

(IEC 60315-3:1999,Methods of measurement on radio receivers for various classes of emission—Part 3:Receivers for amplitude-modulated sound-broadcasting emissions,NEQ)

2011-12-30 发布　　2012-05-01 实施

中华人民共和国国家质量监督检验检疫总局
中国国家标准化管理委员会　发布

前 言

本标准按照 GB/T 1.1—2009 给出的规则起草。

本标准代替 GB/T 2846—1988《调幅广播收音机测量方法》。

本标准与 GB/T 2846—1988 相比较，主要变化如下：

a) 增加了前言；

b) 增加 4.18 自动调谐测量方法；

c) 增加“刻度误差”测量方法；

d) 针对数字调谐收音机规定 999 kHz 为优选测量频率；

e) 3.13 补充由时钟及晶振引起接收机啸叫的测量方法；

f) 将 3.14 中“若收音机输出不小于标准输出频率”改为“若收音机输出不小于标准输出功率”；

g) 将 3.16 中“调幅度为 30％的高频信号”改为“调幅度为 80％的高频信号”；

h) 增加 4.19“回差”测量方法；

i) 增加射频抑制的相关测试方法；

j) 增加了规范性附录 A。

本标准与国际标准 IEC 60315-3：1999《各种发射类别的无线电接收机的测量方法　第 3 部分：调幅声音广播发射接收机》的一致性程度为非等效。

本标准由中华人民共和国工业和信息化部提出。

本标准由全国音频、视频及多媒体系统与设备标准化技术委员会（SAC/TC 242）归口。

本标准主要起草单位：中国电子科技集团公司第三研究所、广东电子电器产品监督检验所、广东东莞德生电器制造有限公司、工业和信息化部第五研究所、索尼（中国）有限公司。

本标准主要起草人：刘希、李强、张谷一、郁文、王湘、王庚、吴丽莎、郑晨、祁家堃。

本标准所代替标准的历次版本颁布情况为：

——GB/T 2846—1988。

调幅广播收音机测量方法

1 范围

本标准规定了调幅广播收音机电声性能的测量方法。

本标准适用于工作频率为526.5 kHz～26.1 MHz的调幅广播收音机(以下简称收音机)进行电声性能测量的标准测量方法。

2 规范性引用文件

下列文件对于本文件的应用是必不可少的。凡是注日期的引用文件,仅注日期的版本适用于本文件。凡是不注日期的引用文件,其最新版本(包括所有的修改单)适用于本文件。

IEC 60315-1:1988 各种发射类别的无线电接收机的测量方法 第1部分:一般考虑和测量(包括音频测量)方法(Methods of measurement on radio receivers for various classes of emission—Part 1: General considerations and methods of measurement,including audio-frequency measurements)

IEC 60315-3 各种发射类别的无线电接收机的测量方法 第3部分:调幅声音广播发射接收机调幅声广播接收机射频测量方法(Methods of measurement on radio receivers for various classes of emission—Part 3:Receivers for amplitude-modulated sound- broadcasting emissions)

3 术语和定义

下列术语和定义适用于本文件。

3.1

电压和电流值 voltage and current quantities

除特殊指出外,均用有效值表示。

3.2

电平的表示 presentation of level

功率、电压和场强的电平值用分贝表示,如表1所示。

表1 电平表示法

电平种类	0 dB值	符　号
功率	$1\ mW=1\times10^{-3}\ W$	dB(mW)
电压	$1\ \mu V=1\times10^{-6}\ V$	dB(μV)
场强	$1\ \mu V/m=1\times10^{-6}\ V/m$	dB(μV/m)

3.3

交流收音机 AC receivers for broadcast

以交流电作电源的收音机。

3.4

直流收音机　DC receivers for broadcast

以干电池或蓄电池作电源的收音机。

3.5

标准调制度　standard modulation factor

优选的调制频率如表2所示。

标准调制频率规定为1 000 Hz。

表2　优选调制频率

优选频率 Hz	倍频程的间隔			优选频率 Hz	倍频程的间隔			优选频率 Hz	倍频程的间隔		
	1	$\frac{1}{2}$	$\frac{1}{3}$		1	$\frac{1}{2}$	$\frac{1}{3}$		1	$\frac{1}{2}$	$\frac{1}{3}$
16	√	√	√	180	—	√	—	2 000	√	√	√
18	—	—	—	200	—	—	√	2 240	—	—	—
20	—	—	√	224	—	—	—	2 500	—	—	—
22.4	—	√	—	250	√	√	√	2 800	—	√	—
25	—	—	√	280	—	—	—	3 150	—	—	√
28	—	—	—	315	—	—	√	3 550	—	—	—
31.5	√	√	√	355	—	√	—	4 000	√	√	√
35.5	—	—	—	400	—	—	√	4 500	—	—	—
40	—	—	√	450	—	—	—	5 000	—	—	√
45	—	√	—	500	√	√	√	5 600	—	√	—
50	—	—	√	560	—	—	—	6 300	—	—	√
56	—	—	—	630	—	—	√	7 100	—	—	—
63	√	√	√	710	—	√	—	8 000	√	√	√
71	—	—	—	800	—	—	√	9 000	—	—	—
80	—	—	√	900	—	—	—	10 000	—	—	√
90	—	√	—	1 000	√	√	√	11 200	—	√	—
100	—	—	√	1 120	—	—	—	12 500	—	—	√
112	—	—	—	1 250	—	—	√	14 000	—	—	—
125	√	√	√	1 400	—	√	—	16 000	√	√	√
140	—	—	—	1 600	—	—	√				
160	—	—	√	1 800	—	—	—				
注：√表示相应的优选频率的倍频程的间隔。											

4　测量条件

4.1　标准测量条件

接收机应该在如下标准条件下测量：

a） 供电电压和频率等于额定值。

b） 标准的射频输入信号是通过天线的模拟网络匹配到接收机的天线接线端或应用标准磁场发生器感应信号到接收机的磁性天线。

c） 如果测量是在末端进行，用于连通扩音器的声频输出端子（如果有的话）被连接到声频代用负载，像其他的声频输出端子一样。

d） 将接收机调谐到适用信号。

e） 调节音量控制器（如果有的话）使得主声频输入端子的输出电压低于额定失真-极限的输出电压 10 dB，或者符合参考值。

f） 环境条件在额定范围内。

g） 对于立体声接收机，调节平衡控制器或者等效元件（如果有）使得两通道的输出电压相等。

h） 调节音量控制器（如果有）使得音频尽可能地平坦（例如，在 100 Hz、1 kHz 和 10 kHz 的相等响应值）。如果有，用音频输入端子实现；否则上述的 10 kHz 的频率可以降为 2 kHz。

i） 如果这些可以通过用户控制，自动频率控制就不使用。

注： 如果自动频率控制有用户控制，测量应该在自动频率控制关闭的状态下（这样便于结果分析）和自动频率控制开的状态下（这代表正常使用状态）进行。两个设置的结果应清楚标志。如果自动频率控制没有用户控制，仍然需要使自动频率控制不工作。在这种情况下，可暂时改变接收机内部接线，所采取措施应在测量结果中详细说明。

j） 静噪控制（如果有），应处于不工作位置。

测量条件的补充和说明见附录 A。

4.2 信噪比

4.2.1 概述

信噪比是指在一定的输入信号电平下，接收机输出端的信号电压与噪声电压之比。

4.2.2 测量方法

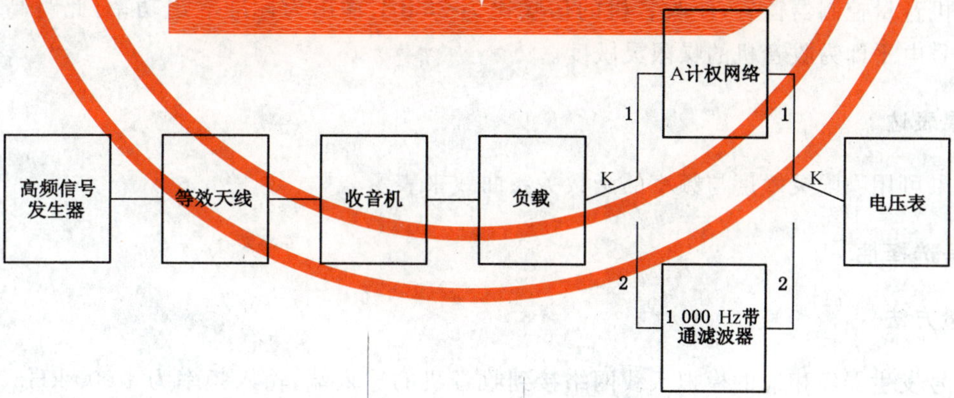

图 1 信噪比测量方框图

测量电路如图 1 所示。接收机置于标准测量条件下，音调控制器在平直位置，带宽控制在宽带位置，输入信号电平，对于使用外接天线和拉杆天线的收音机来说是 1 mV，对于使用磁性天线和框形天线的收音机来说为 10 mV/m，输入信号频率为标准测量频率 1 000 kHz，调制度为 30%，调制频率为 1 000 Hz。第一步，将开关 K 打向 2，先用较低输入信号电平，按音频输出最大调谐法调谐；然后增大输入信号电平到规定值，调节音量控制器使输出为额定输出功率。第二步，使高频信号发生器去调制，将开关 K 打向 1，测量收音机的噪音输出电压。

额定输出功率时对应的电压与去调制时噪声电压之比,即为信噪比。

也可在其他输入信号电平值和调制度时,重复上述测量。

也可在音量控制器、带宽控制器的其他位置进行测量,但必须在测量结果中说明。

测量中若出现收音机失谐现象,可允许重新调谐,但在测量结果中注明。在噪音很小时,可不加1 000 Hz带通滤波器。

结果表达:测量结果可以用信噪比与输入信号电平的函数关系曲线来表示。输入信号电平以微伏或微伏/米为单位,表示在对数横坐标上。若以分贝(微伏)或分贝(微伏/米)为单位,则表示在线性横坐标上。信噪比以分贝为单位,表示在线性纵坐标上。图2示出一例。

注1:使用A计权网络时,要求电压表为真正的有效值表。

注2:按图1连接仪器测量时,要注意到A计权网络,1 000 Hz带通滤波器的插入衰减以及两者之间对于1 000 Hz参考频率的相对误差,如果其数值足以影响测量精度时,就要计入其数值。

宽带测量:测量方法同A计权测量,区别是将图1中的A计权网络换成附录A中所述的宽带滤波器。其频率特性在图中表明的允差范围内。带通滤波器在22.4 Hz~22.4 kHz范围内基本保持恒定的传输系数,频带之外按规定速率衰减。

测量结果需说明采用的是宽带测量。

4.3 噪限灵敏度

4.3.1 概述

当收音机的信噪比为26 dB时,输出标准输出功率所需要的最小输入信号电平,即为收音机的噪限灵敏度。

4.3.2 测量方法

测量装置及测量方法同4.2,只是此时输入信号的调制度为30%,反复调节高频信号发生器的输出电平和收音机音量控制器位置,使收音机的信噪比为26 dB,输出为标准输出功率,此时高频信号发生器的输出信号电平即为收音机的噪限灵敏度。

4.3.3 结果表达

测量结果可用噪限灵敏度与频率的函数关系曲线来表示。

4.4 单信号选择性

4.4.1 测量方法

高频信号发生器经相应的模拟天线网络接到收音机的输入端,输入频率为1 000 kHz,调制频率为1 000 Hz,调幅度为30%的高频信号。用4.3中的方法调整,调节高频输入信号电平到实测噪限灵敏度,调整收音机音频输出到标准输出功率,然后,分别向两边偏调高频信号发生器的频率为:±9,±18,±36 kHz……。增加输入信号电平,是收音机在各偏调频率点仍保持输出标准输出功率。各偏调频率点的输入信号电平与调谐频率点输入信号电平之差,即为各偏调频率点的单信号选择性。为了能描述出选择性曲线,在调谐频率附近,偏调较小频率进行测量。

调谐方法也可按音频输出最大调谐法进行。

在高频信号发生器输出电平不同值时,重复上述测量。

为了消除啸叫/交流声或噪声对测量的影响,可使用标准测量频率(如1 000 Hz)带通滤波器。

4.4.2 结果表达

测量结果可用曲线表示，偏调频率数以千赫为单位，表示在线性横坐标上。选择性以分贝为单位，表示在线性纵坐标上。

4.5 中频抑制

4.5.1 单信号中频抑制

调谐于某一频率的收音机，当加入等于中频频率的信号时，产生标准输出功率所需要的中频信号电平与调谐频率点的噪限灵敏度电平之差即为中频抑制。

4.5.2 测量方法

测量频率为优选测量频率点。按4.3方法调整，然后将高频信号发生器调节到中频附近并按音频输出最大调谐，调节高频信号发生器的输出电平，使收音机输出标准输出功率。此高频信号发生器的输出电平与调谐频率的噪限灵敏度电平之差即为收音机在该频率上的中频抑制。

4.5.3 结果表达

测量结果可用曲线表示。测量频率为千赫(或兆赫)为单位，表示在对数横坐标上。中频抑制以分贝为单位，表示在线性纵坐标上。

4.5.4 双信号中频抑制

中频干扰信号与接收信号同时存在时，在收音机输出端由互调产生的1 000 Hz干扰音频输出为规定值时的中频信号电平与调谐点信号电平之差即为双信号中频抑制。

4.5.5 测量方法

按图2连接好测量仪器，送入有用信号电平，调节收音机音频输出。然后使有用信号去调制，输入不加调制的中频干扰信号，微调这一信号使互调产生的1 000 Hz干扰信号为最大，再调节干扰信号电平，使干扰输出比原有用信号输出功率降低26 dB，此时，干扰信号与有用信号输入电平之差即为双信号中频抑制。

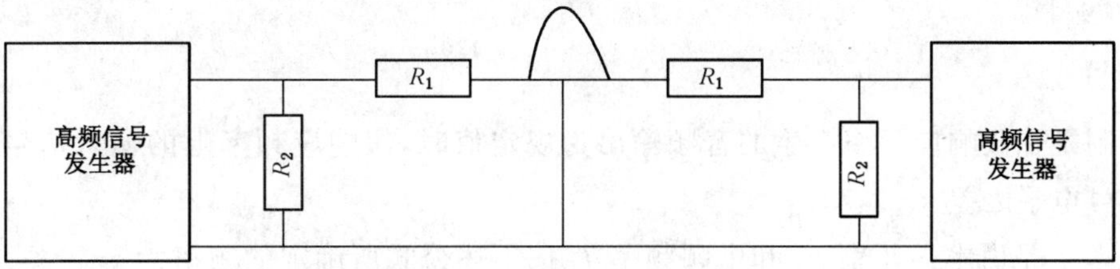

a) 高频信号发生器按终端接80 Ω的端电压刻度

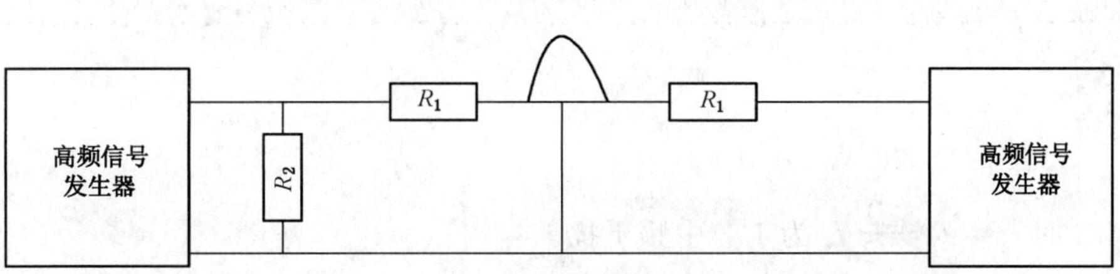

b) 高频信号发生器，一台(左)按终端接80 Ω的端电压刻度，
另一台(右)按终端开路电压刻度

图2 中频抑制测量连接图

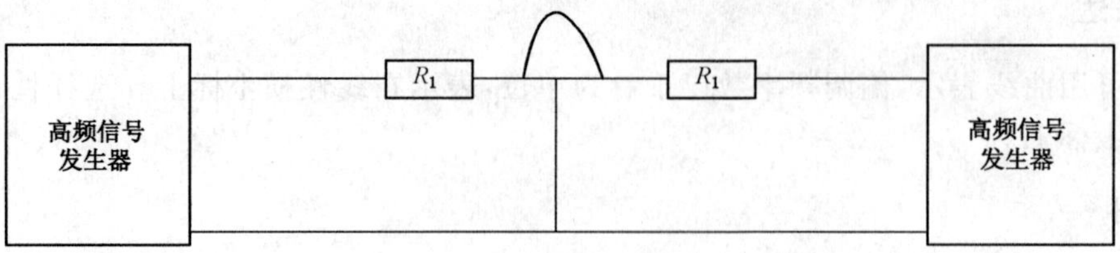

c) 高频信号发生器均按终端开路电压刻度

图2(续)

4.6 镜像抑制

4.6.1 单信号镜像抑制

调谐在某一频率上的收音机，当加入等于镜像频率的信号时，产生标准输出功率所需要的输入信号电平与该调谐频率的噪限灵敏度电平之差即为镜像抑制。

4.6.2 测量方法

除输入收音机的镜像频率干扰外，其他测量方法同4.5.2。

4.6.3 双信号镜像抑制

镜像干扰信号与接收信号同时存在时，在收音机输出端由互调产生的1 000 Hz干扰音频输出为规定值时的镜像干扰信号电平与调谐信号电平之差即为双信号镜像抑制。

4.6.4 测量方法

除输入收音机的镜像频率干扰外，其他测量方法同4.5.5。

4.7 假响应抑制

4.7.1 概述

假响应抑制是在假响应频率产生的音频输出为规定值时，假响应频率上的输入信号电平与调谐频率上的输入信号电平之差。

假响应频率 f 是由本振频率 f_0 和中频频率 f_i 按下述公式所确定的频率：

a) $$f=f_0\pm\frac{1}{n}f_i \quad\cdots\cdots(1)$$

式中：

n——大于零的整数。

当 $n=2$ 时，$f=f_0\pm\frac{1}{2}f_i$ 为1/2中频干扰。

b) $$f=f_0/n \quad\cdots\cdots(2)$$

式中：

n——等于或大于1的整数。

这种假响应只能用双信号法测量。

c) $f=nf_0 \pm f_i$ ……………………………………………………………… (3)

式中：

n——正整数。

当 $n=0$ 时，$f=f_i$ 为中频干扰。

当 $n=1$ 时，$f=f_0 \pm f_i$ 为镜像干扰。

4.7.2 测量方法

除输入收音机的假响应频率干扰外，其他测量方法同 4.5。

4.8 整机频率特性

4.8.1 整机电压频率特性

收音机电压频率特性是指音频输出电平与调制频率的对应关系。

4.8.1.1 直接调制法

测量方法：收音机在标准测量条件下，输入一频率为 1 000 kHz（数调为 999 kHz），调制频率为 1 000 Hz，调制度为 30%，电平为 1 mV[60 dB(μV)]的信号。按附录 A 音频输出最大调谐法进行调谐。带宽控制器置于宽带位置，音调控制器应在平直位置，调节音量控制器，使音频输出端负载上功率为 0.25 倍额定输出功率。在音频频率范围内连续改变调制频率，用自动记录仪或音频电压表测量整机电压频率特性。

以标准调制频率 1 000 Hz 的输出电平为 0 dB，在额定频率范围内，输出电压的最大值与最小值的分贝数之差，即为整机电压不均匀度。

也可在音调控制器其他位置重复进行测量。但应调制音量控制器保持 1 000 Hz 输出不变。

有响度控制器的若不能断开，应使其置于最小控制作用位置，并在测量结果中注明。

对于使用磁性天线或框形天线的收音机来说，输入信号场强为 10 mV/m[80 dB (μV/m)]。

结果表达：测量结果用输出电压与调制频率的函数关系曲线来表示，调制频率以赫兹为单位，表示在对数横坐标上。

4.8.1.2 预加重法

测量方法与结果表达和直接调制法相同，只是在调制信号与高频信号发生器之间加入预加重网络。为避免某些频率上的过调制，可能需要在其他频率上使用小于 30%的调制度。

注：预加重网络时间常数按相关标准规定。

4.8.2 整机声压频率特性

收音机整机声压频率特性是指扬声器在自由空间规定位置上所产生的声压与调制频率之间的关系。

4.8.3 测量方法

测量装置如图 3 所示。

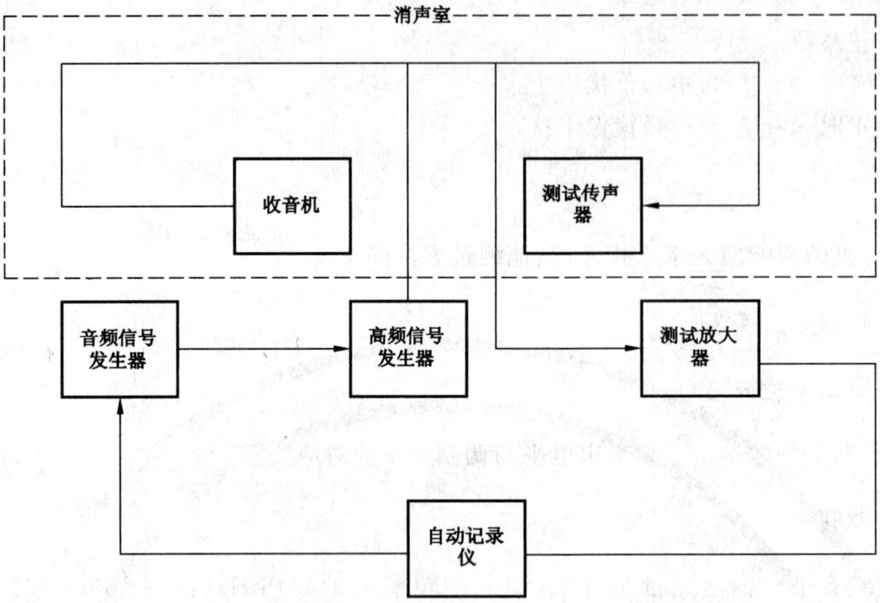

图 3　整机声压频率特性测量装置

测试传声器位于收音机扬声器中心或面板正面各扬声器中心联线构成的多边形几何重心的轴线上。如果使用复杂装置的多个扬声器，应找出合适的轴线，此轴线位置应在结果中说明。垂直距离为 0.5 m±1 cm 或 1 m±2 cm。

从天线输入优选测量频率，并加入 1 000 Hz，30%调制的高频信号。输入信号电平为 1 mV[60 dB(μV)]。参见附录 A 音频输出最大调谐法进行调谐。带宽控制器在宽带位置。调节音量控制器使扬声器音圈电压相应于 0.25 倍额定输出功率。在音频频率范围内，连续改变调制频率，用自动记录仪或音频电压表测量整机声压频率特性曲线。在额定频率范围内，如果收音机有过载现象，或因输出过小而使测量发生困难，则可适当减小或增加输出功率，并在结果中注明。

在额定频率范围内，声压的最大值与最小值之差称为整机声压不均匀度，以分贝表示。在求不均匀度时，峰谷宽度小于 1/6 倍频程的部分削去不计。

具有音调控制器的收音机，应分别测量高、低音调在最大抬升位置与最大衰减位置（单个音调控制器在高音调最大抬升与最大衰减位置）时的两条曲线。测量中，调节音量控制器，使在标准测量频率 1 000 Hz 时的输出保持不变（即两条曲线应在 1 000 Hz 处重合）。根据音调控制器在最大抬升和最大衰减位置两条曲线的变化范围，在额定频率范围内可调到的最小的声压不均匀度，即作为整机声压不均匀度。

对于使用磁性天线或框形天线的收音机，采用类似的测量方法。输入信号电平为 10 mV/m [(80 dB(μV/m)]。

有响度控制器的，若不能断开，应使其置于最小控制作用位置，并在测量结果中注明。

4.8.4　结果表达

测量结果用整机声压与调制频率的函数关系曲线来表示。调制频率以赫兹为单位，表示在对数横坐标上。声压以分贝为单位，表示在线性纵坐标上。标准测量频率点的声压为参考声压，要在结果中注明。

4.9 谐波失真

4.9.1 整机电压谐波失真

4.9.1.1 测量方法

在标准测量条件下，收音机输入一频率为 1 000 kHz，调制频率为 1 000 Hz，80%调制的高频信号，输入信号电平为 1 mV[60 dB(μV)]。使用磁性天线或框形天线的收音机，输入信号电平为 10 mV/m[80 dB(μV/m)]。按附录 A 音频输出最大调谐法进行调谐。调节音量控制器，使收音机输出标准输出功率，在额定频率范围内按优选调制频率进行调制，不再重新调谐，保持调制度和音频输出不变，测量各频率的电压谐波失真系数。

1.5 V～3 V 的低电压收音机，可在 60%调制度下进行测量。

4.9.1.2 结果表达

将各频率与其相对应的电压谐波失真系数列表表示。

4.9.2 整机声压谐波失真

4.9.2.1 测量方法

测量装置按图 4 安排。测试传声器位置按 4.8.3。方法同 4.9.1。调节音量控制器，使扬声器音圈电压相应于额定输出功率。测量各频率点的声压谐波失真系数。如果某些频率点在频率特性的峰谷点上，且峰谷点的频带宽度不大于扬声器标准规定值，存在失真较大的情况，则允许偏开此点进行测量，但与规定测量频率之差为±10%。

1.5 V～3 V 的低电压收音机，可在 60%调制度下进行测量。

4.9.2.2 结果表达

将各频率与其相对应的声压谐波失真系数列表表示。

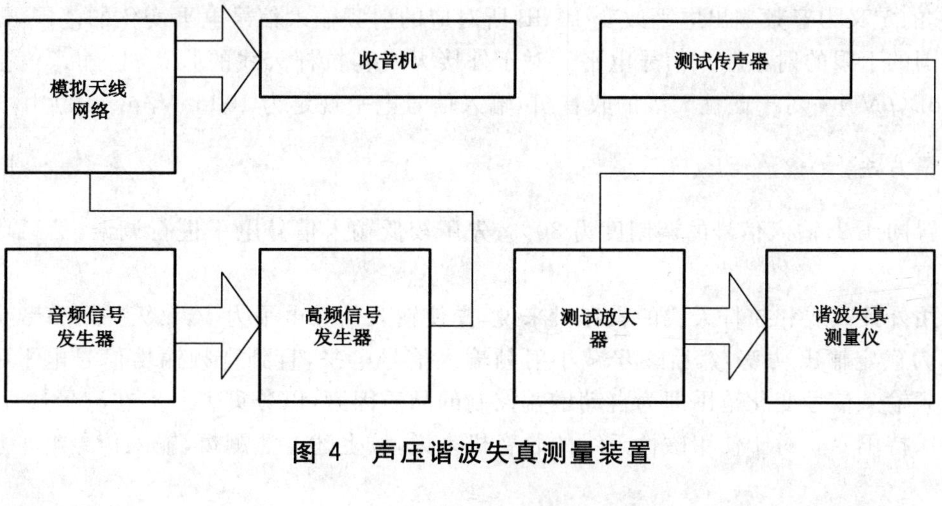

图 4 声压谐波失真测量装置

4.10 高频机震

4.10.1 概述

扬声器的震动通过空气和结构件传递到收音机的高频部分。这种声反馈所造成的自激振荡称为高频机震。

4.10.2 测量方法

高频信号发生器经相应的模拟天线网络接到收音机的输入端，输入信号电平为1 μV[60 dB(μV)]的高频等幅信号，测量频率为各波段最高标称频率点，或选择其他更易于产生高频机震的频率点。音调控制器中波在平直位置，短波在窄带位置，带宽控制器在宽带位置，将音量控制器先置于最大输出位置。在测量频率上或在波段内逐点改变频率，并跟随调谐，左右微调高频信号发生器频率，仔细寻找倾向于机震的调谐位置。待机震发生后，逐渐关小音量控制器，在每次关小音量控制器后，必须重新调开信号频率，使原有机震完全停止。然后微调高频信号发生器频率，检查是否再能产生机震，直到音量控制器关到临界机震抑制位置为止。

临界机震抑制位置即为机震输出功率比额定输出功率低20 dB(包括等幅和加调制两种输入信号情况)。保持音量控制器的位置不变，加入1 000 Hz，80%的调制信号，按音频输出最大调谐，测量其输出功率。额定输出功率与临界机震抑制位置时的实际输出功率之比，以分贝表示，即为按功率法计算的高频机震抑制。

当加入1 000 Hz，80%调制信号后的实际输出功率大于额定输出功率时，则减小调制度，使收音机仍输出额定输出功率。此时实际调制度与80%调制度之比，以分贝表示，即为按调制度法计算的高频机震抑制。

使用磁性天线或框形天线的收音机，采用类似的测量方法，输入信号电平为10 mV/m[80 dB(μV/m)]。

在音调控制器的其他位置及不同输入信号电平的情况下，可重复测量。

必须注意，高频信号发生器与收音机尽可能不放在同一工作台上。在测量过程中，不应敲击收音机和高频信号发生器。高频信号发生器本身不应产生高频机震。

4.11 自动增益控制特性

4.11.1 概述

自动增益制特性是对应于输入信号电平的变化量，收音机自动压缩输出信号变化量的性能。输入输出特性曲线可详细反映自动增益的性能，但为了说明技术要求，可采用自动增益控制(AGC)品质因素来描述，它的定义为音频输出电平改变10 dB所对应的射频输入信号电平变化的范围，但必须规定对应于所述范围的上限的射频输入信号电平。对于外接天线和拉杆天线的收音机，输入信号电平规定为10 mV [80 dB(μV)]；对于磁性天线的收音机，输入信号电平规定为100 mV/m [100 dB (μV/m)]。

4.11.2 测量方法

测量装置同4.2，输入信号的调制度为30%，先用较低输入信号电平进行调谐，然后增大输入信号电平到规定值。

对于使用外接天线和拉杆天线的收音机来说，先使输入信号电平为10 mV并调整音量控制器使音频输出功率为额定输出功率，然后逐步减小射频输入信号电平，直到音频输出信号电平下降10 dB为止。此段射频输入信号变化范围即为自动增益控制的品质因素，以分贝表示。在测量过程中，音量电位器的位置应保持不变。对于使用磁性天线的收音机来说，按上述方法测量，输入信号电平从100 mV/m开始下降。

注：在测量过程中，一般不重新调谐。如信号较强因失谐而使测量不能正常进行时，则可重新调谐以测出数据，并在结果中注明。应检查收音机输出是否有阻塞下降现象，并在结果中注明阻塞下降的分贝数。

4.11.3 结果表达

测量结果用分贝表示，也可表示在输入输出特性曲线上。

4.12 调制交流声

4.12.1 概述

本条用于测量直接使用交流电源的收音机。

4.12.2 测量方法

高频信号发生器经相应的模拟天线网络接到收音机的输入端，输入优选测量频率，并加入 80 Hz，80%调制的高频信号。最大输入信号电平，对于使用外接天线、拉杆天线的收音机为 1 mV[60 dB(μV)]。音调控制器在平直位置，带宽控制器在宽带位置。首先按音频输出最大调谐。调节音量控制器使收音机输出额定有用功率，然后去调制，改变交流电源插头方向，并微调高频信号发生器频率，使收音机交流声输出电压最大。额定输出功率的相应电压与交流声输出电压之比，以分贝表示，即为调制交流声。

将音量控制器调到音频输出最小位置，测得的交流声为剩余交流声，用毫瓦或分贝(毫瓦)表示。

在其他输入信号电平上可重复测量，在拾声器插口短路时也应进行测量。

对于使用磁性天线或框形天线的收音机，采用类似的测量方法。输入信号电平为 10 mV/m [80 dB(μV/m)]。

为了滤除交流声以外的噪声，测量中应使用 400 Hz 低通滤波器。并注意高频信号发生器本身的调制交流声对测量结果的影响。应对适当的过压和欠压两种情况重复进行测量。

如果用频率分析仪测量各交流声分量电压，测量结果可用交流声分量的频谱表示。交流声分量的频率以赫兹为单位，表示在对数横坐标上。交流声分量的输出功率以分贝(毫伏)为单位，表示在线性纵坐标上。

4.13 单信号啸叫

4.13.1 概述

在超外差收音机中，加入单一信号，由于收音机内部各部分之间的相互作用，有时产生啸叫声。当调谐频率改变时，啸叫的频率也急剧变化。此类啸叫一般是由与中频有简单关系的频率引起的。

啸叫的输出功率与标准输出功率之比，用分贝表示，即为单信号啸叫。

4.13.2 测量方法

高频信号发生器经相应的模拟天线网络接到收音机输入端。依次输入 2 倍、3 倍中频或其他特定频率，并加入调制频率为 1 000 Hz，调幅度为 30% 的高频信号。输入信号电平为 1 mV [60 dB(μV)]。要注意，不要使其他干扰信号影响测量。仔细地使收音机调谐在信号上。然后去调制，同时改变高频信号发生器的频率和收音机的调谐，使啸叫声出现，并直到啸叫输出最大为止。然后，再仔细微调收音机，使啸叫频率为零。接着重新加入调制，调节音量控制器，使收音机输出标准输出功率。去调制，重新微调高频信号发生器频率，使啸叫频率等于 1 000 Hz，记录此时啸叫输出功率。最大的啸叫功率与标准输出功率之比，以分贝表示，即为单信号啸叫。在测量中，音调控制器在平直位置，带宽控制器在宽带位置。内部时钟脉冲或振荡器的谐波和次谐波频率：mf_c/n，其中 m 和 n 是正整数，f_c 是时钟脉冲频率，$f_d=(m/n)\times f_c$。本机振荡频率的谐波互调分量和内部时钟脉冲或振荡器的谐波和次谐波频率：$|mf_c/n-I(f_d+f_i)|$，其中 m、n 和 I 是正整数。这些信号可能产生啸叫，当 $f_d=[m/(n\times I)]\times f_c-[(I\pm1)/I]\times f_i$，在接收机的任何频带，应该核对可以引起啸叫的 I、m 和 n 的全部组合。

测量中收音机输出端应使用标准调制频率带通滤波器。

使用磁性天线或框形天线的收音机，采用类似的测量方法。输入信号电平为 10 mV/m [80 dB(μV/m)]。

4.13.3 结果表示

测量结果可用频谱表示。测试频率以千赫或兆赫为单位,表示在对数横坐标上。单信号啸叫以分贝为单位,表示在线性纵坐标上。

接收信号与机内中频谐波,本机振荡谐波产生干扰的公式为:

$f_d = nf_i$,信号与中频谐波产生干扰的频率点

$f_d = f_i(m \pm 1)/(n-m)$,信号与本振谐波产生干扰的频率点

式中:

f_d——信号频率;

f_i——中频频率。

两式可合并为 $f_d = pf_i$ 对应于 m 和 n 从 1 至 8 的各不同值时,p 可以具有下列一系列数值:

1/6、1/5、1/4、2/7、1/3、2/5、1/2、3/5、2/3、3/4、4/5、5/4、4/3、3/2、5/3、2、5/2、3、7/2、4、5、5、6、7、8。

式中,$p=2$ 和 $p=3$ 时,在一般情况下影响最为重要。

在某一规定的测量频率上,单信号啸叫可作为输入信号电平的函数进行测量。这种测量结果,输入电平信号以微伏或微伏/米为单位,表示在对数横坐标上。若以分贝(微伏)或(微伏/米)为单位,则表示在线性横坐标上。单信号啸叫以分贝为单位,表示在线性纵坐标上。

4.14 降压特性

4.14.1 测量方法

高频信号发生器经相应的模拟天线网络接到收音机的输入端,输入频率为 1 000 kHz。并加入 1 000 Hz,30%调制的高频信号,输入信号电平为 1 mV[60 dBμV]。音调控制器在高、低音调最大提升位置(单个音调控制器在高音调最大提升位置),带宽控制器在宽带位置,按音频输出最大调谐。调节音量控制器使收音机输出标准输出功率。

在交流电源电压降到额定值 0.8 倍的降压范围内,或直流电源电压降到额定值的 0.6 倍的降压范围内,仍按音频输出最大进行调谐。当音量控制器在最大输出位置时,若收音机输出不小于标准输出功率,且在调节过程中无自激啸叫声,则认为收音机能够工作。

在无信号输入时,在以上范围内,检查收音机在全波段范围内无自激啸叫声。

使用磁性天线或框形天线的收音机,采用类似的测量方法。输入信号电平为 10 mV/m[30 dB(μV/m)]。

4.15 互调

4.15.1 概述

收音机的互调是指接收一个规定射频输入信号电平时,由于两个特定频率相同电平干扰信号的同时作用,在输出端产生一音频输出的效应。对应于规定音频输出时的射频干扰信号电平则为该状态下的互调值。

4.15.2 测量方法

按图 5 将三个信号发生器经组合网络加到收音机输入端,先将两干扰信号输出调到零。有用信号按标准测量条件规定加入,并调整好收音机输入、输出。然后去掉有用信号调制,将两个不加调制的干扰信号按 a)~f)式中频率关系同时加入,并同时增加。微调其中一干扰信号频率,使收音机输出端产生的 1 000 Hz 互调输出为最大。当这一输出正好比有用信号在标准测量条件下的输出低 26 dB 时,记下干扰信号电平值,此值则为互调测量结果。测量时输出端应加 1 000 Hz 带通滤波器。

对有用信号电平值不同时重复上述测量。

a) $f_1+f_2=f_1+1\ \text{kHz}\quad f_1>\frac{1}{2}f_d>f_2$

$f_1-f_2=9\ \text{kHz}$

b) $f_1-f_2=f_1+1\ \text{kHz}\quad f_1>f_2$

$|f_2-f_1|=9\ \text{kHz}$

c) $f_1+f_2=f_d+1\ \text{kHz}\quad f_1>\frac{1}{2}f_d>f_2$

$f_1-f_2=9\ \text{kHz}$

d) $f_1-f_2=f_d+1\ \text{kHz}\quad f_1>f_2$

$|f_2-f_d|=9\ \text{kHz}$

e) $f_1+f_2=f_m+1\ \text{kHz}\quad f_1>\frac{1}{2}f_m>f_2$

$|f_2-f_1|=9\ \text{kHz}$

f) $2f_1-f_2=f_d+1\ \text{kHz}\quad |f_1-f_d|=9\ \text{kHz}$

式中：

f_1、f_2——干扰信号频率；

f_1 ——收音机中频频率；

f_d ——收音机工作信号频率；

f_m ——收音机镜像频率。

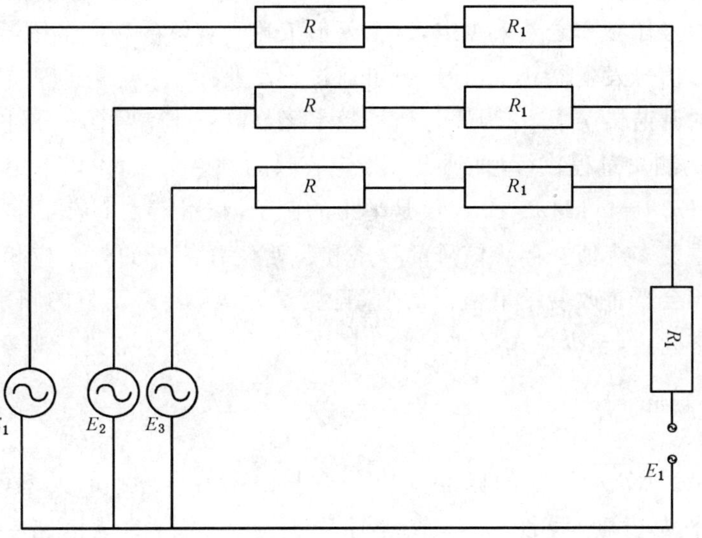

说明：

R 为源电阻；$R_1=\frac{1}{2}R$；组合源电动势$=\frac{E_1+E_2+E_3}{3}$。

图 5　组合 3 个相同源阻抗的信号源的网络

4.16　最大有用功率

测量方法：高频信号发生器经相应的模拟天线网络接到收音机输入端，输入载频为 1 000 kHz，调制频率为 1 000 Hz，调幅度为 80％的高频信号，输入信号电平为 10 mV/m 或 1 mV，按音频输出最大调谐，输出功率失真为 10％。此时收音机的输出功率即为最大有用功率，以(瓦)W 表示。

4.17 自动搜索系统性能特性

4.17.1 概述

按开始按钮，自动设备操作调谐控制，无线接收机即可进行自动搜索，直至第一个足够大的电平信号为止(该信号设为停止信号)。

4.17.2 测试方法

关于以上给出的性能特性，采用以下相关的测试方法：

a) 作为停止信号电平函数的调谐错误

具有标准参考频率，调制度30%的停止信号，应使用参考频率在频率范围中点的接收机进行观察。该接收机用合适的方法手动调谐。振荡频率 f_{o0}，与结果操作频率一致，f_{o0}将被测并且作为一系列测试的参考频率。按开始按钮，自动搜索系统开始运行，直至再一次达到最初选择的停止信号进而停止自动装置。反复几次按下开始按钮，测量每一次停止于停止信号后的振荡频率。反复该过程直至频率测量的次数足够多，例如，10次测量测出10个可能不同的频率值 f_{o0}到 f_{o10}。多重复几组停止信号的电平，以便于找出停止电平与调谐错误之间的关系。

b) 作为开始位置频率和停止信号的操作频率之差的函数的调谐错误

测试方法与a)相同，只是停止信号的电平固定为常数，该常数由测试过程a)测出的一个合适电平的最低值确定。每一组测量(例如10次)开始点应该相同，这个值由已知的开始位置频率和停止信号的操作频率之差来决定，这个差值依赖于观测的频率范围，同时不同的开始位置最好通过第二个信号发生器获得信号，也可通过手动获得。

c) 在指定容限的调谐错误下，作为停止信号频率函数的停止信号的最低电平

一直按照a)的测量过程执行，直到出现指定容限的调谐错误，由以下定义：

$\overline{\Delta f(n)}+2|S(n)|=2\ \text{kHz}$ (2仅仅是举出的例子)利用第二个信号作为起始位置。停止信号的频率应该重复多个值。停止信号的频率和起始位置信号的频率应相差比较大，这样两者频率差的增大不会严重改变结果错误的值(见测量方法b))。调整的频率间隔的值根据被观测的频率范围来确定，至少应选择在频率范围两端的两个频率点进行观察。

4.17.3 结果表述

a) 平均的调谐错误$\overline{\Delta f(n)}$及它的标准差$|S(n)|$与停止信号电平的关系可由图表示出。以射频输入信号电平为横轴，线性刻度；纵坐标为相应的平均的调谐错误$\overline{\Delta f(n)}$及它的标准差$|S(n)|$；线性刻度，标注好符号，以千赫兹为单位。停止信号的频率与测量次数同结果一起给出。

b) 平均的调谐错误$\overline{\Delta f(n)}$及它的标准差$|S(n)|$与停止信号的频率和起始位置信号的频率差的关系可由图表示出。以频率差为横轴，以千赫兹为单位；纵坐标为相应的平均的调谐错误$\overline{\Delta f(n)}$及它的标准差$|S(n)|$；线性刻度，标注好符号，同样以千赫兹为单位。

c) 在特定容限调谐错误下，停止信号的电平与停止信号的频率可以由图表示出。以停止信号的频率为横轴，以千赫兹或兆赫兹为单位(在此情况下对数刻度)；纵坐标为在特定容限调谐差下射频输入频率的最小电平，线性刻度，以及停止信号的频率和起始位置信号的频率差，以千赫兹为单位，线性刻度。特定容限调谐错误的值$\overline{\Delta f(n)}+2|S(n)|$，以千赫兹为单位。测量次数同结果一起给出。

4.18 刻度误差

4.18.1 概述

接收机的实际接收频率与其刻度频率之差即为刻度误差。

4.18.2 测量方法

先将接收机的调谐指针从低端向高端慢慢地调至标准测试频率(或附近)的刻度中点。然后,调节信号发生器,在小于限幅灵敏度电平下,按音频输出最大调谐。随后,去调制,用数字频率计测量信号发生器的频率,该频率与刻度频率之差,即为接收机的刻度误差,用兆赫表示。

还可以在其他测试频率上重复进行测量。

4.19 调谐机构回差

4.19.1 概述

调谐机构回差包括调谐旋钮的回差和调谐指针的回差。当收音机先后两次从不同方向调谐到同一工作频率时,如有回差存在,调谐旋钮将有两个不同的调谐位置,调谐指针也将有两个不同的调谐位置。

4.19.2 测量方法

首先使收音机工作在测量频率上,将第一台高频信号发生器按音频输出最大调谐,输入信号电平为额定噪限灵敏度,辅助高频信号发生器输出电平为零。调节音量控制器使收音机输出为标准输出功率,然后去调制,再使未调制的辅助高频信号发生器输出适当的载波电平,并调到收音机的实际中频,仔细微调频率使收音机输出为零拍。以这种状态作为准确调谐点。使用调谐机构,在适当的偏调频率范围内,从相反的两个方向将收音机调谐到同一工作频率时(收音机输出为零拍),计算旋钮回差或指针回差。

附 录 A
（规范性附录）
测量条件的补充和说明

A.1 宽带滤波器

宽带滤波器在22.4 Hz～22.4 kHz范围内基本保持恒定的传输参数，在该频带之外按规定的衰减率进行衰减。

A.2 PS计权滤波器

滤波器应具有下列特性（这些特性与CCIR46-2号标准规定的相一致）。

PS计权滤波器特别适用于有节目信号时，来自系统的噪声输出干扰效应的测量。这些值是在对数图表上通过线性内插得到，指定频率如：31.5 Hz、100 Hz、1 000 Hz、5 000 Hz、6 300 Hz及20 000 Hz。

A.3 调谐方法

A.3.1 音频输出最大调谐法

把规定电平值的1 000 Hz调制的高频信号加到收音机的输入端，并调谐收音机。然后微调高频信号发生器，使收音机1 000 Hz的音频输出达到最大值，以此点作为收音机的调谐点。

A.3.2 通带中心点调谐法

当按音频输出最大调谐时，若调谐点不明显或多峰（包括峰谷值超过6 dB的情况），则从最大输出的频率点左右偏调高频信号发生器频率，得出使收音机输出下降6 dB的两个频率，计算其算术平均值的中心频率，以此作为收音机的调谐点。

A.4 模拟天线

A.4.1 室外天线的模拟网络

室外模拟天线网络和高频信号发生器连接如图A.1所示。

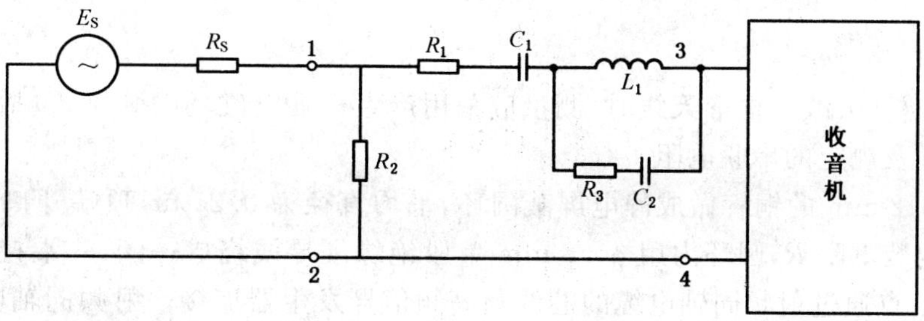

说明：

R_S——高频信号发生器内阻；

E_S——高频信号发生器电动势(按终端开路读数)；

$R_S=R_1$；

$R_2=(80-R_S/2)\Omega$；

$R_3=330\ \Omega$；

$C_1=120\ pF$；

$C_2=390\ pF$；

$L_1=22\ \mu H$；

$U_{12}=E_S/2$。

图 A.1 室外模拟天线网络

如果高频信号发生器按终端匹配闭路刻度读数，输出端带匹配器，不另加 R_1 则 1、2 端电压 U_{12} 即为输出指示电压。

A.4.2 拉杆天线的模拟网络

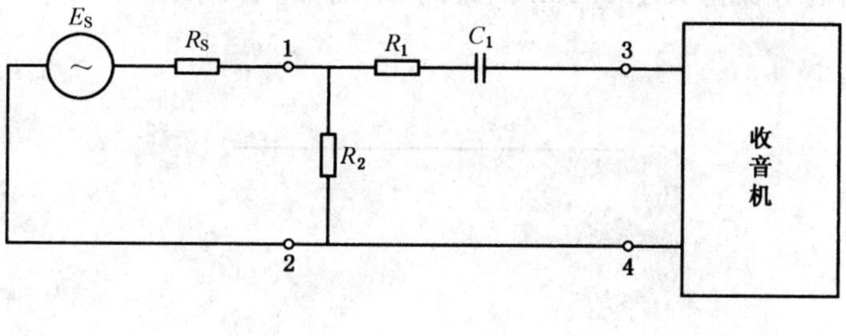

说明：

R_S——高频信号发生器内阻；

E_S——高频信号发生器电动势(按终端开路读数)；

$R_S=R_2$；

$R_1=(80-R_S/2)\Omega$；

$C_1=10\ pF$。

图 A.2 拉杆天线模拟网络

拉杆天线长度大于 1 m 时，C 的数值按技术条件规定。2 m 以下短天线设计的收音机，其模拟天线按拉杆天线考虑。

$U_{12}=E_S/2$ (U_{12} 为 1、2 端电压)

如果高频信号发生器按终端匹配闭路刻度读数，输出端带匹配器，不另加 R_2，则 U_{12}(1、2 端电压)即为输出指示电压。

A.4.3 圆环天线

当收音机使用磁性天线或框形天线时，测量应采用产生标准电磁场的装置，包括高频信号发生器、圆环天线、连接电缆及规定的串联电阻。

用 ϕ10 mm～ϕ12 mm 的铜管做成静电屏蔽圆环，平均直径为 0.25 m，顶端开口，间隙为 3 mm，底部为一屏蔽小盒，内装电阻 R，圆环内用 ϕ0.8 mm 单股绝缘硬导线绕成一圈，一端接铜环（接地），一端接电阻 R 连接点，该点通过射频同轴电缆的芯线与高频信号发生器连接。射频同轴电缆两端的连接处用屏蔽插头，其长度为 1.2 m，总电容为 120 pF。

收音机框形天线应放在单圈圆环天线的正面 P_1 处，距离 d_1。收音机的磁性天线应放在单圈圆环天线侧面 P_2 处，距离为 d_2。等效场强的计算如下：

P_1 处的等效场强 $E_1=\dfrac{60\pi r^2 N}{d_1^3}\times I=\dfrac{60\pi r^2 N}{d_1^3}\times\dfrac{U}{R}$

P_2 处的等效场强 $E_2=\dfrac{30\pi r^2 N}{d_2^3}\times I=\dfrac{30\pi r^2 N}{d_2^3}\times\dfrac{U}{R}$

式中：

E_1 和 E_2——等效场强，单位为伏每米（V/m）；

N——圆环天线的线圈圈数；

d_1 和 d_2——P_1 和 P_2 处到单圈圆环天线中心的距离，单位为米（m）；

U——高频信号发生器输出电压，单位为伏特（V）；

R——限流电阻，单位为欧姆（Ω）；

I——单圈圆环天线中的电流，单位为安培（A）。

当使用圆环天线测量收音机的有关参数时，该圆环天线、收音机的磁性天线或框形天线都必须与较大金属物、屏蔽室的金属墙等保持大于 0.5 m 的距离，从而减少因杂散电磁场和周围物体的影响所造成的测量误差。

ICS 23.100.40
J 20

中华人民共和国国家标准

GB/T 2878.1—2011/ISO 6149-1:2006
代替 GB/T 2878—1993

液压传动连接　带米制螺纹和O形圈密封的油口和螺柱端　第1部分:油口

Connections for hydraulic fluid power—Ports and stud ends with metric threads and O-ring sealing—Part 1:Ports

(ISO 6149-1:2006,Connections for hydraulic fluid power and general use—Ports and stud ends with ISO 261 metric threads and O-ring sealing—Part 1:Ports with truncated housing for O-ring seal,IDT)

2011-12-30 发布　　2012-10-01 实施

中华人民共和国国家质量监督检验检疫总局
中国国家标准化管理委员会　发布

前　言

GB/T 2878《液压传动连接　带米制螺纹和O形圈密封的油口和螺柱端》分为4部分：

——第1部分：油口；

——第2部分：重型螺柱端(S系列)；

——第3部分：轻型螺柱端(L系列)；

——第4部分：六角螺塞。

本部分为GB/T 2878的第1部分。

本部分按照GB/T 1.1—2009给出的规则起草。

本部分代替GB/T 2878—1993《液压元件螺纹连接　油口型式和尺寸》。与GB/T 2878—1993相比，除编辑性修改外主要技术变化如下：

——改变了标准中、英文名称；

——"工作压力不大于40 MPa"提高为"最高工作压力为63 MPa"(见第1章)；

——删除了液压元件油口型式B；

——删除了液压元件油口尺寸M5×0.8(见表1)；

——增加了试验方法、油口命名和标识等章节；

——增加了油口锪孔直径的宽系列(见表1)；

——删除了附录A液压元件螺纹连接油口用O形橡胶密封圈。

本部分使用翻译法等同采用ISO 6149-1:2006《用于液压传动和一般用途的管接头　带ISO 261米制螺纹和O形圈密封的油口和螺柱端　第1部分：带O形圈用锪孔沟槽的油口》。

本部分与ISO 6149-1:2006在结构上和技术内容上相同，本部分作了下列编辑性修改：

——改变标准名称以便与现有的标准系列一致；

——在"1　范围"中第二段第一句按意译表达，使叙述更简单、明确；

——删除国际标准中的5个脚注。

与本部分中规范性引用的国际文件有一致性对应关系的我国文件如下：

GB/T 193—2003　普通螺纹　直径与螺距系列(ISO 261:1998，MOD)

GB/T 197—2003　普通螺纹　公差(ISO 965-1:1998，MOD)

GB/T 2878.2—2011　液压传动连接　带米制螺纹和O形圈密封的油口和螺柱端　第2部分：重型螺柱端(S系列)(ISO 6149-2:2006，IDT)

GB/T 2878.3—2011　液压传动连接　带米制螺纹和O形圈密封的油口和螺柱端　第3部分：轻型螺柱端(L系列)(ISO 6149-3:2006，IDT)

GB/T 17446—1998　流体传动系统及元件　术语(idt ISO 5598:1985)

GB/T 20330—2006　攻丝前钻孔用麻花钻直径(ISO 2306:1972，MOD)

本部分由中国机械工业联合会提出。

本部分由全国液压气动标准化技术委员会(SAC/TC 3)归口。

本部分负责起草单位：浙江苏强格液压股份有限公司、江苏省机械研究设计院有限责任公司、中机生产力促进中心。

本部分参加起草单位：海盐管件制造有限公司、上海立新液压有限公司、中船重工集团第704研究所、浙江华夏阀门有限公司、宁波市恒通液压科技有限公司。

本部分主要起草人:罗学荣、牛月军、杨永军、冯峰、耿志学、朱旭初、杨茅、彭沪海、邹昌建、韦彬、洪超、梁勇。

本部分所代替标准的历次版本发布情况为:

——GB/T 2878—1993。

引　言

在液压传动系统中,功率是通过封闭回路内的受压流体传递和控制。在一般应用中,流体(液体或气体)可以在压力下输送。

液压元件通过其螺纹油口用管接头与硬管或软管连接。

油口是液压传动元件(泵、马达、阀、缸等)的组成部分。

建议新设计的液压系统和元件优先采用GB/T 2878系列的螺纹油口和螺柱端,因为这一系列规定的油口和螺柱端采用米制螺纹和O形圈密封。希望借此推荐能帮助使用者进行选择。

液压传动连接 带米制螺纹和 O 形圈密封的油口和螺柱端 第 1 部分:油口

1 范围

GB/T 2878 的本部分规定了液压传动连接用米制螺纹油口的尺寸和要求,适用于与 GB/T 2878.2 和 GB/T 2878.3 中规定的螺柱端连接。

本部分所规定的油口适用的最高工作压力为 63 MPa(630 bar)。许用工作压力应根据油口尺寸、材料、结构、工况、应用等因素来确定。

本部分的使用者宜确保油口周边的材料足以承受最高工作压力。

2 规范性引用文件

下列文件对于本文件的应用是必不可少的。凡是注日期的引用文件,仅注日期的版本适用于本文件。凡是不注日期的引用文件,其最新版本(包括所有的修改单)适用于本文件。

ISO 261 ISO 普通米制螺纹 总方案(ISO general purpose metric screw threads—General plan)

ISO 965-1 ISO 普通米制螺纹 公差 第 1 部分:原则与基本数据(ISO general purpose metric screw threads—Tolerances—Part 1:Principles and basic data)

ISO 2306 攻丝前钻孔用钻头(Drills for use prior to tapping screw threads)

ISO 5598 流体传动系统及元件 词汇(Fluid power systems and components—Vocabulary)

ISO 6149-2 用于液压传动和一般用途的管接头 带 ISO 261 螺纹和 O 形圈密封的油口和螺柱端 第 2 部分:重型(S 系列)螺柱端的尺寸、型式、试验方法和技术要求(Connections for hydraulic fluid power and general use—Ports and stud ends with ISO 261 metric threads and O-ring sealing—Part 2:Dimensions,design,test methods and requirements for heavyduty (S series) stud ends)

ISO 6149-3 用于液压传动和一般用途的管接头 带 ISO 261 螺纹和 O 形圈密封的油口和螺柱端 第 3 部分:轻型(L 系列)螺柱端的尺寸、型式、试验方法和技术要求(Connections for fluid power and general use—Ports and stud ends with ISO 261 metric threads and O-ring sealing—Part 3:Dimensions,design,test methods and requirements for light-duty (L series) stud ends)

3 术语和定义

ISO 5598 中界定的术语和定义适用于本部分。

4 尺寸

油口尺寸应符合图 1 和表 1 的规定。

单位为毫米

表面粗糙度单位为微米

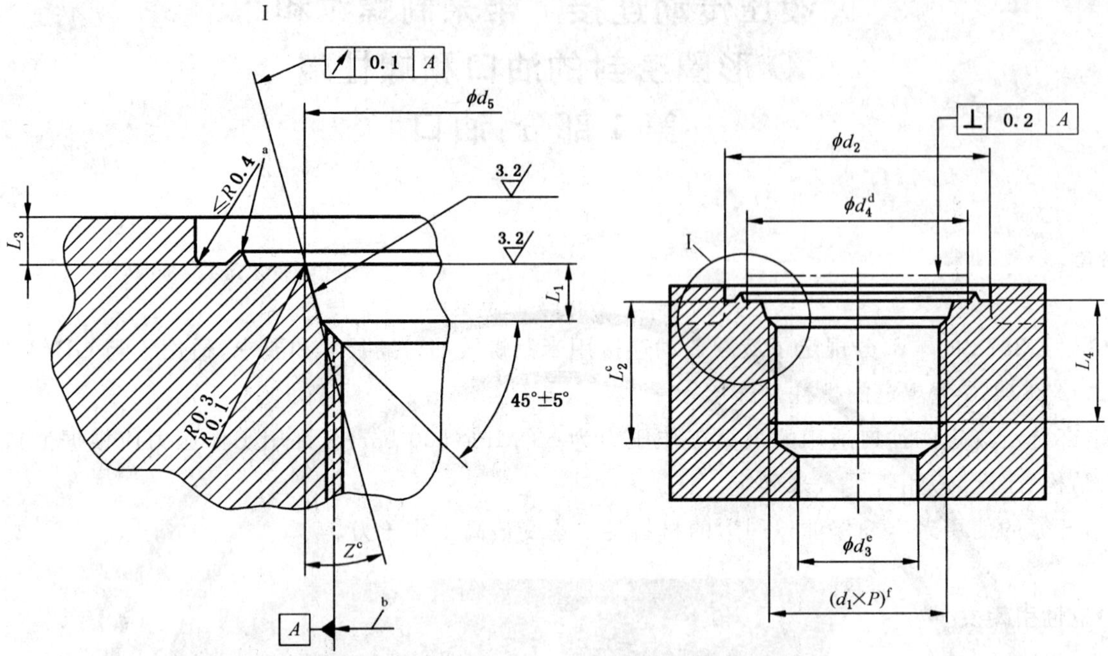

[a] 可选择的油口标识，见图 2 和第 7 章；

[b] 螺纹中径；

[c] 该尺寸仅适用于丝锥不能贯通时；

[d] 测量范围尺寸；

[e] 仅供参考；

[f] 螺纹。

图 1　油口

表 1　油口尺寸

单位为毫米

螺纹[a] ($d_1 \times P$)	d_2 宽的[d] min	d_2 窄的[e] min	d_3[b] 参考	d_4	d_5 $^{+0.1}_{0}$	L_1 $^{+0.4}_{0}$	L_2[c] min	L_3 max	L_4 min	Z (°) ±1°
M8×1	17	14	3	12.5	9.1	1.6	11.5	1	10	12
M10×1	20	16	4.5	14.5	11.1	1.6	11.5	1	10	12
M12×1.5	23	19	6	17.5	13.8	2.4	14	1.5	11.5	15
M14×1.5[f]	25	21	7.5	19.5	15.8	2.4	14	1.5	11.5	15
M16×1.5	28	24	9	22.5	17.8	2.4	15.5	1.5	13	15
M18×1.5	30	26	11	24.5	19.8	2.4	17	2	14.5	15
M20×1.5[g]	33	29	—	27.5	21.8	2.4	—	2	14.5	15
M22×1.5	33	29	14	27.5	23.8	2.4	18	2	15.5	15

表 1（续） 单位为毫米

螺纹[a] ($d_1 \times P$)	d_2		d_3[b] 参考	d_4	d_5 $^{+0.1}_{0}$	L_1 $^{+0.4}_{0}$	L_2[c] min	L_3 max	L_4 min	Z (°) ±1°
	宽的[d] min	窄的[e] min								
M27×2	40	34	18	32.5	29.4	3.1	22	2	19	15
M30×2	44	38	21	36.5	32.4	3.1	22	2	19	15
M33×2	49	43	23	41.5	35.4	3.1	22	2.5	19	15
M42×2	58	52	30	50.5	44.4	3.1	22.5	2.5	19.5	15
M48×2	63	57	36	55.5	50.4	3.1	25	2.5	22	15
M60×2	74	67	44	65.5	62.4	3.1	27.5	2.5	24.5	15

[a] 符合 ISO 261，公差等级按照 ISO 965-1 的 6H。钻头按照 ISO 2306 的 6H 等级。

[b] 仅供参考。连接孔可以要求不同的尺寸。

[c] 此攻丝底孔深度需使用平底丝锥才能加工出规定的全螺纹长度。在使用标准丝锥时，应相应增加攻丝底孔深度，采用其他方式加工螺纹时，应保证表中螺纹和沉孔深度。

[d] 带凸环标识的孔口平面直径。

[e] 没有凸环标识的孔口平面直径。

[f] 测试用油口首选。

[g] 仅适用于插装阀阀孔（参见 ISO 7789）。

5 试验方法

油口应与螺柱端一起按照 ISO 6149-2 和 ISO 6149-3 所给的试验方法和要求进行试验。对于最高工作压力低于 ISO 6149-2 和 ISO 6149-3 规定值的情况，试验压力应由制造商和用户商定。

6 油口的命名

油口应按以下方式命名：

——提及 GB/T 2878 的油口，例如：GB/T 2878.1；

——螺纹规格（$d_1 \times P$）。

示例：符合 GB/T 2878 本部分的油口，螺纹尺寸为 M18×1.5，命名如下：

油口 GB/T 2878.1-M18×1.5

7 标识

符合本部分的油口在结构尺寸允许的情况下宜采用符合图 2 和表 2 的凸环标识，或在元件上用永久的标识标明油口规格，如“GB/T 2878.1-M18×1.5”。

单位为毫米

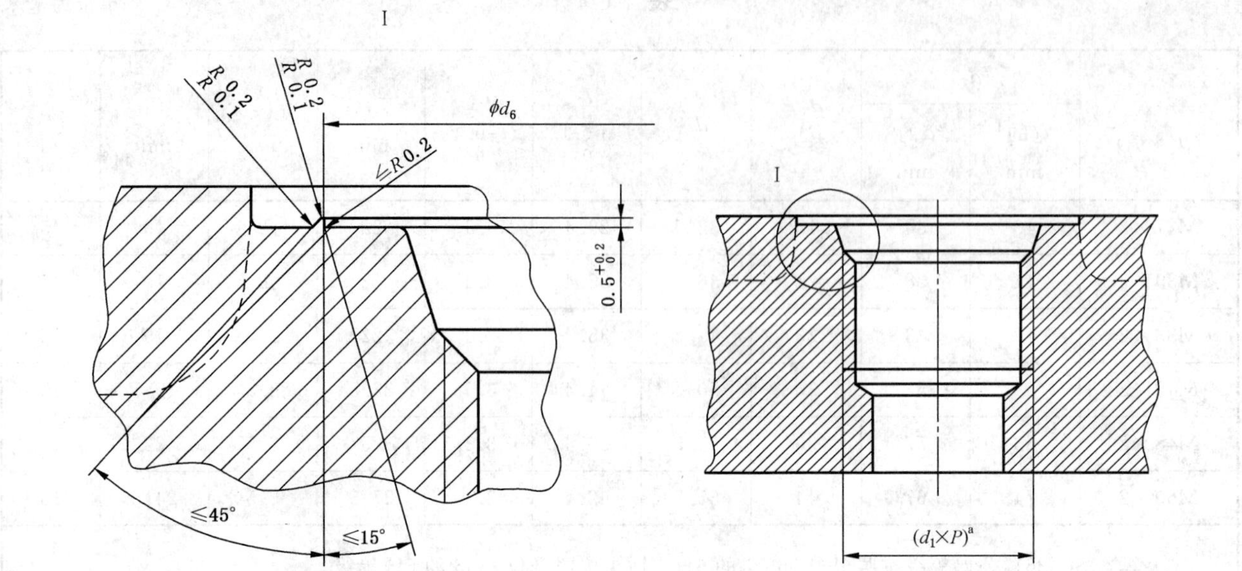

a 螺纹。

图 2 可选择的油口标识

表 2 可选择的油口标识 单位为毫米

螺纹 ($d_1 \times P$)	$d_6\ ^{+0.5}_{0}$
M8×1	14
M10×1	16
M12×1.5	19
M14×1.5	21
M16×1.5	24
M18×1.5	26
M20×1.5[a]	29
M22×1.5	29
M27×2	34
M30×2	38
M33×2	43
M42×2	52
M48×2	57
M60×2	67

a 仅适用于插装阀阀孔(参见 ISO 7789)。

8 标注说明(引用 GB/T 2878 的本部分)

当选择遵守本部分时,建议制造商在试验报告、产品目录和销售文件中使用以下说明:"油口符合 GB/T 2878.1—2011《液压传动连接 带米制螺纹和O形圈密封的油口和螺柱端 第1部分:油口》的规定"。

参 考 文 献

[1] ISO 1101 Technical drawings—Geometrical tolerancing—Tolerances of form, orientation, location and run-out—Generalities, definitions, symbols, indications on drawings

[2] ISO 1179-1 Connections for general use and fluid power—Ports and stud ends with ISO 228-1 threads with elastomeric or metal-to-metal sealing—Part 1: Threaded ports

[3] ISO 1179-2 Connections for general use and fluid power—Ports and stud ends with ISO 228-1 threads with elastomeric or metal-to-metal sealing—Part 2: Heavy-duty (S series) and light-duty (L series) stud ends and elastomeric sealing (type E)

[4] ISO 1179-3 Connections for general use and fluid power—Ports and stud ends with ISO 228-1 threads with elastomeric or metal-to-metal sealing—Part 3: Light-duty (L series) stud ends with sealing by O-ring with retaining ring (types G and H)

[5] ISO 1179-4 Connections for general use and fluid power—Ports and stud ends with ISO 228-1 threads with elastomeric or metal-to-metal sealing—Part 4: Stud ends for general use only with metal-to-metal sealing (type B)

[6] ISO 1302 Geometrical Product Specifications (GPS)—Indication of surface texture in technical product documentation

[7] ISO 6410-1 Technical drawings—Screw threads and threaded parts—Part 1: General conventions

[8] ISO 7789 Hydraulic fluid power—Two-, three- and four-port screw-in cartridge valves—Cavities

[9] ISO 9974-1 Connections for general use and fluid power—Ports and stud ends with ISO 261 threads or elastomeric or metal-to-metal sealing—Part 1: Threaded ports

[10] ISO 9974-2 Connections for general use and fluid power—Ports and stud ends with ISO 261 threads or elastomeric or metal-to-metal sealing—Part 2: Stud ends with elastomeric sealing (type E)

[11] ISO 9974-3 Connections for general use and fluid power—Ports and stud ends with ISO 261 threads or elastomeric or metal-to-metal sealing—Part 3: Stud ends with metal-to-metal sealing (type B)

[12] ISO 11926-1 Connections for general use and fluid power—Ports and stud ends with ISO 725 threads and O-ring sealing—Part 1: Ports with O-ring seal in truncated housing

[13] ISO 11926-2 Connections for general use and fluid power—Ports and stud ends with ISO 725 threads and O-ring sealing—Part 2: Heavy-duty (S series) stud ends

[14] ISO 11926-3 Connections for general use and fluid power—Ports and stud ends with ISO 725 threads and O-ring sealing—Part 3: Light-duty (L series) stud ends

ICS 23.100.40
J 20

中华人民共和国国家标准

GB/T 2878.2—2011

液压传动连接　带米制螺纹和O形圈密封的油口和螺柱端　第2部分：重型螺柱端(S系列)

Connections for hydraulic fluid power—Ports and stud ends with metric threads and O-ring sealing—Part 2: Heavy-duty stud ends (S series)

(ISO 6149-2:2006, Connections for hydraulic fluid power and general use—Ports and stud ends with ISO 261 metric threads and O-ring sealing—Part 2: Dimensions, design, test methods and requirements for heavy-duty (S series) stud ends, MOD)

2011-12-30 发布　　2012-10-01 实施

中华人民共和国国家质量监督检验检疫总局
中国国家标准化管理委员会　发布

前　言

GB/T 2878《液压传动连接　带米制螺纹和O形圈密封的油口和螺柱端》分为4部分：

——第1部分：油口；

——第2部分：重型螺柱端(S系列)；

——第3部分：轻型螺柱端(L系列)；

——第4部分：六角螺塞。

本部分为GB/T 2878的第2部分。

本部分按照GB/T 1.1—2009给出的规则起草。

本部分使用重新起草法修改采用ISO 6149-2:2006《用于液压传动和一般用途的管接头　带ISO 261米制螺纹和O形圈密封的油口和螺柱端　第2部分：重型(S系列)螺柱端的尺寸、型式、试验方法和技术要求》。

本部分与ISO 6149-2:2006的技术性差异及其原因如下：

——关于规范性引用文件，本部分做了具有技术性差异的调整，以适应我国的技术条件，调整情况集中反映在第2章中，具体调整如下：

- 用修改采用国际标准的GB/T 193代替了ISO 261(见表1)；
- 用修改采用国际标准的GB/T 197代替了ISO 965-1(见表1)；
- 用等同采用国际标准的GB/T 3103.1代替了ISO 4759-1(见第4章)；
- 用等同采用国际标准的GB/T 3452.2代替了ISO 3601-3(见第6章)；
- 用等同采用国际标准的GB/T 6031代替了ISO 48(见第6章)；
- 用等同采用国际标准的GB/T 17446代替了ISO 5598(见第3章)；
- 用等同采用国际标准的GB/T 26143代替了ISO 19879(见第7章)；

——5.1中将螺柱端的材质由低碳钢改为碳钢；

——第8章中，删除螺柱端标记中的名称标注；

——第9章中，将螺柱端标识要求叙述中的“应”改为“宜”。

本部分做了下列编辑性修改：

——标准名称简化；

——删除国际标准7个脚注。

本部分由中国机械工业联合会提出。

本部分由全国液压气动标准化技术委员会(SAC/TC 3)归口。

本部分负责起草单位：浙江苏强格液压股份有限公司、江苏省机械研究设计院有限责任公司、中机生产力促进中心。

本部分参加起草单位：海盐管件制造有限公司，上海立新液压有限公司，中船重工集团第704研究所，浙江华夏阀门有限公司、宁波市恒通液压科技有限公司。

本部分主要起草人：罗学荣、牛月军、杨永军、冯峰、耿志学、朱旭初、彭沪海、邹昌建、韦彬、洪超、杨茅、梁勇。

引　言

在液压传动系统中，功率是通过封闭回路内的受压流体传递和控制的。在一般应用中，流体(液体或气体)可以在压力下输送。

液压元件通过其螺纹油口用管接头的螺柱端与硬管或软管连接。

建议新设计的液压系统和元件优先采用GB/T 2878系列的螺纹油口和螺柱端，因为这一系列规定的油口和螺柱端采用米制螺纹和O形圈密封。希望借此推荐帮助使用者进行合理选择。

液压传动连接　带米制螺纹和O形圈密封的油口和螺柱端 第2部分：重型螺柱端(S系列)

1　范围

GB/T 2878的本部分规定了米制可调节和不可调节重型(S系列)柱端及O形圈的尺寸、性能要求和试验程序。

符合本部分的不可调节螺柱端适用于最高工作压力63 MPa(630 bar)，可调节螺柱端适用于最高工作压力40 MPa(400 bar)。许用工作压力应根据螺柱端尺寸、材料、结构、工作条件和应用场合等条件来确定。

仅符合本部分尺寸的产品不能保证能达到额定性能。制造商宜按照本部分所包含的规范进行试验，以确保元件符合额定性能。

注1：需要进行有效次数的试验，以确认碳钢制造的管接头的性能要求。

注2：本部分适用于GB/T 14034.1—2010、ISO 8434-3中所述的管接头和符合GB/T 2878.4的螺塞。相关的软管接头技术规范参见ISO 12151-4。

注3：本部分的引言提供了对于液压传动应用新设计上使用的油口和螺柱端的建议。

2　规范性引用文件

下列文件对于本文件的应用是必不可少的。凡是注日期的引用文件，仅注日期的版本适用于本文件。凡是不注日期的引用文件，其最新版本(包括所有的修改单)适用于本文件。

GB/T 193　普通螺纹　直径与螺距系列

GB/T 197　普通螺纹　公差

GB/T 3103.1—2002　紧固件公差　螺栓、螺钉、螺柱和螺母(ISO 4759-1)

GB/T 3452.2—2007　液压气动用O形橡胶密封圈　第2部分：外观质量检验规范(ISO 3601-3)

GB/T 6031　硫化橡胶或热塑性橡胶硬度的测定(10～100 IRHD)(ISO 48)

GB/T 17446　流体传动系统及元件　术语(ISO 5598)

GB/T 26143　液压管接头　试验方法(ISO 19879)

3　术语和定义

GB/T 17446中界定的以及下列术语和定义适用于本部分。

3.1

可调节螺柱端　adjustable stud end

在拧紧连接螺母期间，允许管接头调整方向以完成连接定位的螺柱端管接头。

注：这种类型的螺柱端主要用于异形管接头(如T形、十字形和弯头)。

3.2

不可调节螺柱端　non-adjustable stud end

在拧紧连接螺母期间，不需要专门调整方向的螺柱端管接头。仅用于直通式管接头。

4 尺寸

重型(S系列)螺柱端应符合图1、图2和表1所给尺寸。六角对边宽度的公差应符合GB/T 3103.1—2002规定的C级。

单位为毫米
表面粗糙度单位为微米

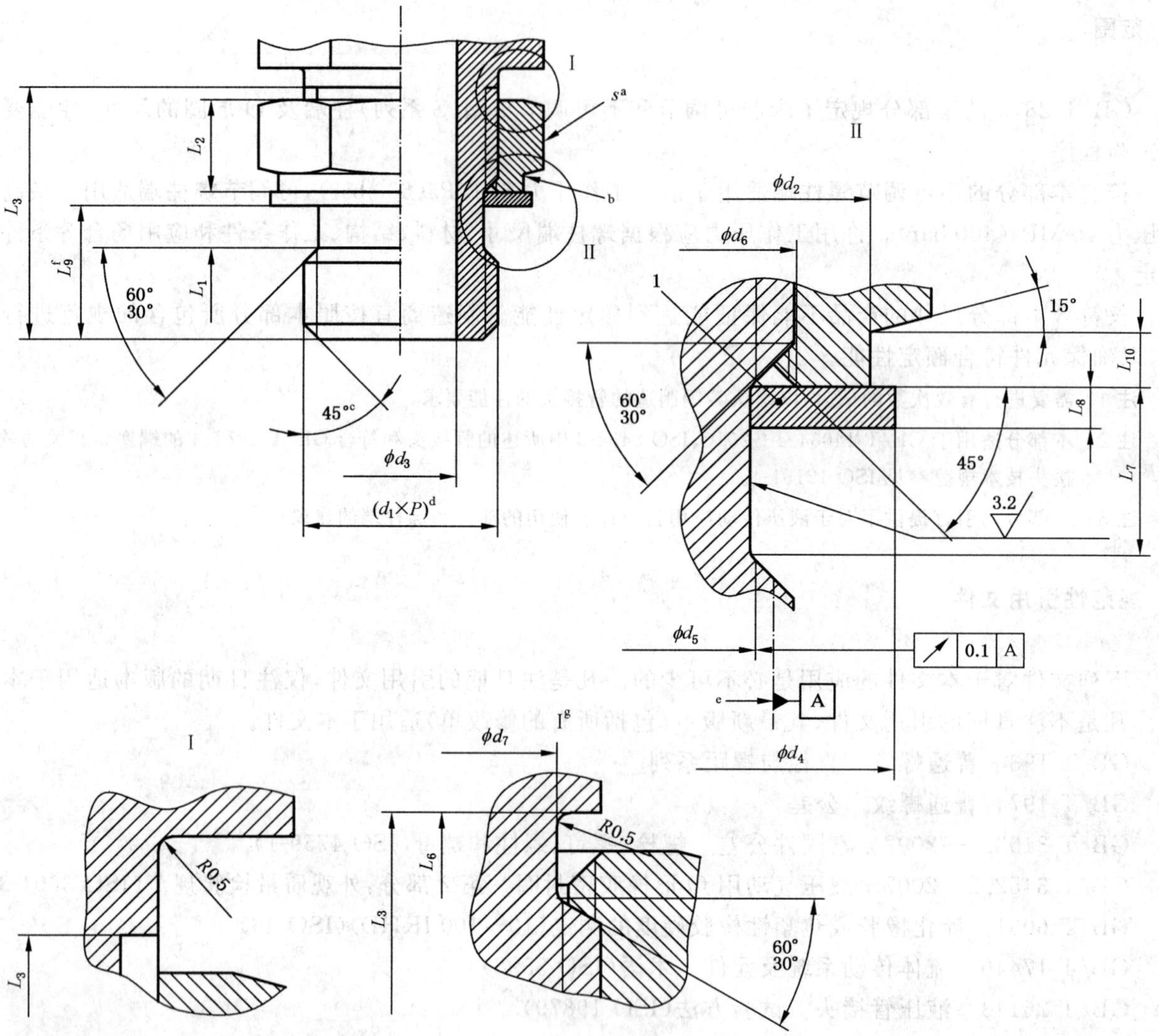

说明：

1——垫片。

[a] 六角对边宽度；

[b] 螺柱端标识(见第9章)；

[c] 倒角至螺纹底径；

[d] 螺纹；

[e] 螺纹中径；

[f] 可调节；

[g] 任选结构。

图1 可调节重型(S系列)螺柱端

单位为毫米

表面粗糙度单位为微米

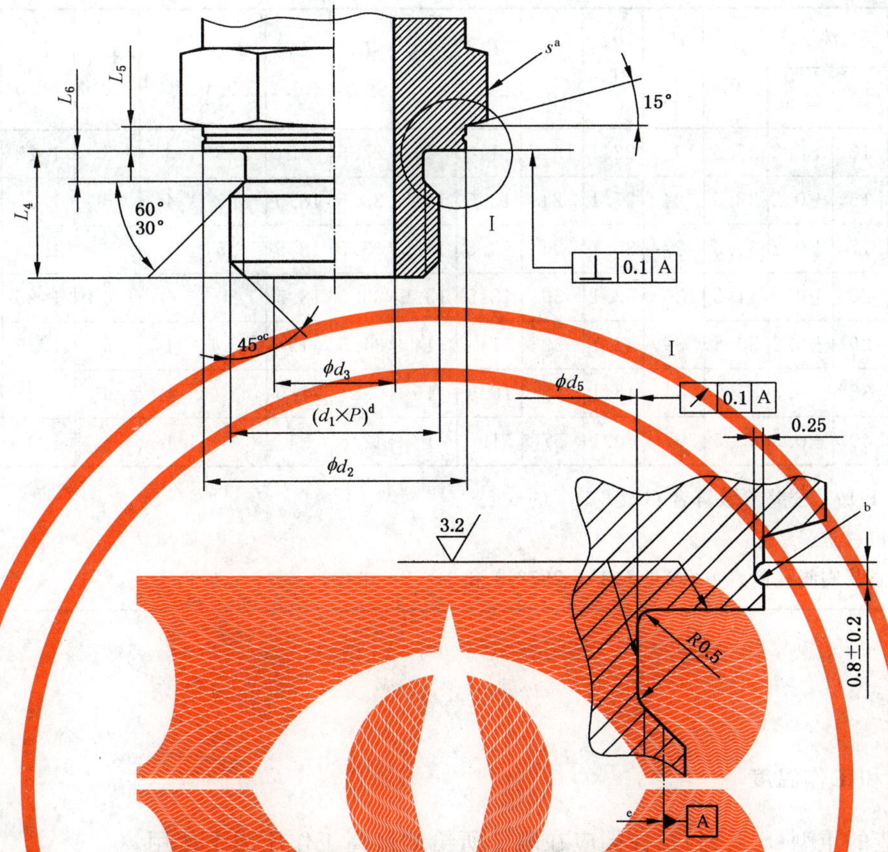

a 六角对边宽度；

b 可选凹槽，位于 L_5 的中间；螺柱端标识(见第 9 章)；

c 倒角至螺纹底径；

d 螺纹；

e 螺纹中径。

图 2　不可调节重型(S 系列)螺柱端

表 1　重型(S 系列)螺柱端的尺寸

单位为毫米

螺纹[a] ($d_1 \times p$)	d_2	d_3		d_4	d_5	d_6	d_7	L_1	L_2	L_3	L_4	L_5	L_6	L_7	L_8	L_9	L_{10}	S
	±0.2	尺寸	公差	±0.4	$^{0}_{-0.1}$	$^{+0.4}_{0}$	$^{0}_{-0.3}$	±0.2	±0.2	最小	±0.2	±0.1	$^{+0.3}_{0}$	±0.1	±0.08	参考	±0.1	
M8×1	11.8	2	±0.1	12.5	6.4	8.1	6.4	6.5	7	18	9.5	1.6	2	4	0.9	9.6	1.5	12
M10×1	13.8	3	±0.1	14.5	8.4	10.1	8.4	6.5	7	18	9.5	1.6	2	4	0.9	9.6	1.5	14
M12×1.5	16.8	4	±0.1	17.5	9.7	12.1	9.7	7.5	8.5	21	11	2.5	3	4.5	0.9	11.1	2	17
M14×1.5[b]	18.8	6	±0.1	19.5	11.7	14.1	11.7	7.5	8.5	21	11	2.5	3	4.5	0.9	11.1	2	19
M16×1.5	21.8	7	±0.2	22.5	13.7	16.1	13.7	9	9	23	12.5	2.5	3	4.5	0.9	12.6	2	22
M18×1.5	23.8	9	±0.2	24.5	15.7	18.1	15.7	10.5	10.5	26	14	2.5	3	4.5	0.9	14.1	2.5	24
M20×1.5[c]	26.8	—	±0.2	—	17.7	—	17.7	—	—	—	14	2.5	3	—	—	—	2.5	—

表 1（续） 单位为毫米

螺纹[a]	d_2	d_3		d_4	d_5	d_6	d_7	L_1	L_2	L_3	L_4	L_5	L_6	L_7	L_8	L_9	L_{10}	S
($d_1 \times p$)	±0.2	尺寸	公差	±0.4	$^{0}_{-0.1}$	$^{+0.4}_{0}$	$^{0}_{-0.3}$	±0.2	±0.2	最小	±0.2	±0.1	$^{+0.3}_{0}$	±0.1	±0.08	参考	±0.1	
M22×1.5	26.8	12	±0.2	27.5	19.7	22.1	19.7	11	11	27.5	15	2.5	3	5	1.25	14.8	2.5	27
M27×2	31.8	15	±0.2	32.5	24	27.1	24	13.5	13.5	33.5	18.5	2.5	4	6	1.25	18.3	2.5	32
M30×2	35.8	17	±0.2	36.5	27	30.1	27	13.5	13.5	33.5	18.5	2.5	4	6	1.25	18.3	2.5	36
M33×2	40.8	20	±0.2	41.5	30	33.1	30	13.5	13.5	33.5	18.5	3	4	6	1.25	18.3	3	41
M42×2	49.8	26	±0.2	50.5	39	42.1	39	14	14	34.5	19	3	4	6	1.25	18.8	3	50
M48×2	54.8	32	±0.3	55.5	45	48.1	45	16.5	15	38	21.5	3	4	6	1.25	21.3	3	55
M60×2	64.8	40	±0.3	65.5	57	60.1	57	19	17	42.5	24	3	4	6	1.25	23.8	3	65

[a] 符合 GB/T 193，公差等级符合 GB/T 197 的 6 g。

[b] 测试用油口首选。

[c] 仅适用于插装阀阀孔的螺塞（参见 GB/T 2878.4 和 JB/T 5963）。

5 要求

5.1 工作压力和工作温度

用碳钢制造的重型（S 系列）螺柱端应在表 2 所给的最高工作压力下使用。

5.2 性能

当以表 5 中的扭矩进行装配并按照第 7 章进行爆破或循环耐久性（脉冲）试验时，用碳钢制造的重型（S 系列）螺柱端应达到或超过表 2 给出的爆破和脉冲压力。

表 2 重型（S 系列）螺柱端适用的压力

螺纹	螺柱端类型											
	不可调节						可调节					
	最高工作压力		试验压力				最高工作压力		试验压力			
			爆破		脉冲[a]				爆破		脉冲[a]	
	MPa	(bar)	MPa	(bar)	MPa	(bar)	MPa	(bar)	MPa	(bar)	MPa	(bar)
M8×1	63	(630)	252	(2 520)	83.8	(838)	40	(400)	160	(1 600)	53.2	(532)
M10×1	63	(630)	252	(2 520)	83.8	(838)	40	(400)	160	(1 600)	53.2	(532)
M12×1.5	63	(630)	252	(2 520)	83.8	(838)	40	(400)	160	(1 600)	53.2	(532)
M14×1.5	63	(630)	252	(2 520)	83.8	(838)	40	(400)	160	(1 600)	53.2	(532)
M16×1.5	63	(630)	252	(2 520)	83.8	(838)	40	(400)	160	(1 600)	53.2	(532)
M18×1.5	63	(630)	252	(2 520)	83.8	(838)	40	(400)	160	(1 600)	53.2	(532)
M20×1.5[b]	40	(400)	160	(1 600)	53.2	(532)	—	—	—	—	—	—

表 2（续）

螺纹	螺柱端类型											
	不可调节						可调节					
	最高工作压力		试验压力				最高工作压力		试验压力			
	MPa	(bar)	爆破		脉冲[a]		MPa	(bar)	爆破		脉冲[a]	
			MPa	(bar)	MPa	(bar)			MPa	(bar)	MPa	(bar)
M22×1.5	63	(630)	252	(2 520)	83.8	(838)	40	(400)	160	(1 600)	53.2	(532)
M27×2	40	(400)	160	(1 600)	53.2	(532)	40	(400)	160	(1 600)	53.2	(532)
M30×2	40	(400)	160	(1 600)	53.2	(532)	35	(350)	140	(1 400)	46.5	(465)
M33×2	40	(400)	160	(1 600)	53.2	(532)	35	(350)	140	(1 400)	46.5	(465)
M42×2	25	(250)	100	(1 000)	33.2	(332)	25	(250)	100	(1 000)	33.2	(332)
M48×2	25	(250)	100	(1 000)	33.2	(332)	20	(200)	80	(800)	26.6	(266)
M60×2	25	(250)	100	(1 000)	33.2	(332)	16	(160)	64	(640)	21.3	(213)

注：以上确定的压力适用于碳钢制造的管接头和按 GB/T 26143 进行的试验。

[a] 循环耐久性试验压力。

[b] 仅适用于插装阀阀孔的螺塞(参见 GB/T 2878.4 和 JB/T 5963)。

5.3 可调节螺柱端垫片的安装和平面度

应以适当的方式将垫片安装在螺柱上。此安装应足够紧，使垫片不会因振动从最高位置靠自重落下，但移动垫片所需的锁母最大扭矩应不超过表 3 给出的扭矩值。

垫片装配后表面形状应凹凸一致(即没有波状)并且凹面朝向螺柱端，其平面度应符合表 3 的规定。

表 3 可调节螺柱端的垫片推动扭矩和平面度允差

螺纹	推动垫片所需的最大扭矩/(N·m)	垫片的平面度允差/mm
M8×1	1	0.25
M10×1	3	0.25
M12×1.5	4	0.25
M14×1.5	5	0.25
M16×1.5	7	0.25
M18×1.5	10	0.25
M22×1.5	12	0.25
M27×2	15	0.4
M30×2	18	0.4
M33×2	20	0.4
M42×2	25	0.5
M48×2	30	0.5
M60×2	40	0.5

6 O形圈

适用于重型(S系列)螺柱端的O形圈应符合图3所示和表4所给的尺寸。

除非另有规定，在第5章和表2要求的压力下，当与石油基液压油一起使用和试验时，所用O形圈应由丁腈橡胶制造，硬度为(90±5)IRHD(按照GB/T 6031测定)，并且应符合表4所给尺寸，质量等级应不低于GB/T 3452.2—2007规定的O形圈质量验收标准的N级要求。在实际工作压力和系统的液压油与表2及本章规定不同或工作温度超过丁腈橡胶的适用温度范围的情况下，应向密封件制造商咨询，以保证选择适当材料的O形圈。

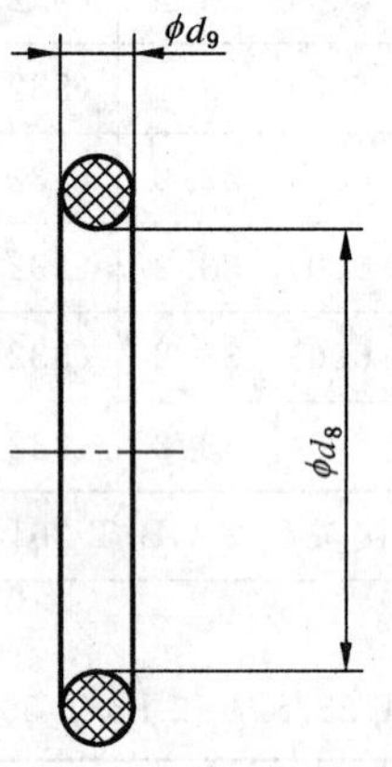

图3 O形圈

表4 重型(S系列)螺柱端配用的O形圈尺寸 单位为毫米

螺纹	内径 d_8		截面直径 d_9	
	尺寸	公差	尺寸	公差
M8×1	6.1	±0.2	1.6	±0.08
M10×1	8.1	±0.2	1.6	±0.08
M12×1.5	9.3	±0.2	2.2	±0.08
M14×1.5	11.3	±0.2	2.2	±0.08
M16×1.5	13.3	±0.2	2.2	±0.08
M18×1.5	15.3	±0.2	2.2	±0.08
M20×1.5[a]	17.3	±0.22	2.2	±0.08
M22×1.5	19.3	±0.22	2.2	±0.08
M27×2	23.6	±0.24	2.9	±0.09
M30×2	26.6	±0.26	2.9	±0.09
M33×2	29.6	±0.29	2.9	±0.09
M42×2	38.6	±0.37	2.9	±0.09
M48×2	44.6	±0.43	2.9	±0.09
M60×2	56.6	±0.51	2.9	±0.09

[a] 仅适用于插装阀阀孔的螺塞(参见GB/T 2878.4和JB/T 5963)。

表 5 螺柱端合格判定试验扭矩

螺纹	螺柱端合格判定试验扭矩 N·m +10% 0
M8×1	10
M10×1	20
M12×1.5	35
M14×1.5	45
M16×1.5	55
M18×1.5	70
M20×1.5[a]	80
M22×1.5	100
M27×2	170
M30×2	215
M33×2	310
M42×2	330
M48×2	420
M60×2	500

[a] 仅适用于插装阀阀孔的螺塞(参见 GB/T 2878.4 和 JB/T 5963)。

7 试验方法

爆破和循环耐久性(脉冲)试验应按 GB/T 26143 进行。

8 螺柱端的命名

重型(S 系列)螺柱端应按以下方式命名：

——提及 GB/T 2878 的重型(S 系列)螺柱端，即：GB/T 2878.2；

——螺纹尺寸($d_1 \times p$)。

示例：符合 GB/T 2878 本部分的螺柱端，螺纹尺寸为 M18×1.5，命名如下：

螺柱端 GB/T 2878.2-M18×1.5

9 标识

重型(S 系列)螺柱端在规格尺寸允许的情况下宜按图 1 和图 2 所示做出标识，并符合表 1 给出的尺寸。不可调节(直通)螺柱端在规格尺寸允许的情况下，宜通过靠近螺纹 d_1 的圆柱形加工面(直径 d_2，宽度 L_5)和其上的凹槽进行识别。可调节螺柱端在规格尺寸允许的情况下，宜通过锁母靠近垫片一端的圆柱形加工面(直径 d_2，宽度 L_{10})识别。

10 标注说明(引用GB/T 2878的本部分)

当选择遵守本部分时,建议制造商在试验报告、产品目录和销售文件中使用以下说明:“重型(S系列)螺柱端符合GB/T 2878.2—2011《液压传动连接 带米制螺纹和O形圈密封的油口和螺柱端 第2部分:重型螺柱端(S系列)》的规定”。

参 考 文 献

[1] GB/T 3 普通螺纹收尾、肩距、退刀槽和倒角

[2] GB/T 131 产品几何技术规范(GPS) 技术产品文件中表面结构的表示法

[3] GB/T 1182 形状和位置公差 通则、定义、符号和图样表示法

[4] GB/T 2878.4 液压传动连接 带米制螺纹和O形圈密封的油口和螺柱端 第4部分:六角螺塞

[5] GB/T 14034-1 流体传动金属管连接 第1部分:24°锥形管接头

[6] GB/T 19674.1 液压管接头用螺纹油口和柱端 螺纹油口

[7] GB/T 19674.2 液压管接头用螺纹油口和柱端 填料密封柱端(A型和E型)

[8] GB/T 19674.3 液压管接头用螺纹油口和柱端 金属对金属密封柱端(B型)

[9] JB/T 5963 二通、三通、四通螺纹式插装阀阀孔尺寸

[10] ISO 1179-1 Connections for general use and fluid power—Ports and stud ends with ISO 228-1 threads with elastomeric or metal-to-metal sealing—Part 1:Threaded ports

[11] ISO 1179-2 Connections for general use and fluid power—Ports and stud ends with ISO 228-1 threads with elastomeric or metal-to-metal sealing—Part 2:Heavy-duty (S series) and light-duty (L series) stud ends and elastomeric sealing (type E)

[12] ISO 1179-3 Connections for general use and fluid power—Ports and stud ends with ISO 228-1 threads with elastomeric or metal-to-metal sealing—Part 3:Light-duty (L series) stud ends with sealing by O-ring with retaining ring (types G and H)

[13] ISO 1179-4 Connections for general use and fluid power—Ports and stud ends with ISO 228-1 threads with elastomeric or metal-to-metal sealing—Part 4:Stud ends for general use only with metal-to-metal sealing (type B)

[14] ISO 8434-3 Metallic tube connections for fluid power and general use—Part 3:O-ring face seal fittings

[15] ISO 11926-1 Connections for general use and fluid power—Ports and stud ends with ISO 725 threads and O-ring sealing—Part 1:Parts with O-ring seal in truncated housing

[16] ISO 11926-2 Connections for general use and fluid power—Ports and stud ends with ISO 725 threads and O-ring sealing—Part 2:Heavy-duty (S series) stud ends

[17] ISO 11926-3 Connections for general use and fluid power—Ports and stud ends with ISO 725 threads and O-ring sealing—Part 3:Light-duty (L series) stud ends

[18] ISO 12151-4 Connections for hydraulic fluid power and general use—Hose fittings—Part 4: Hose fittings with ISO 6149 metric stud ends

ICS 23.100.40
J 20

中华人民共和国国家标准

GB/T 2878.4—2011

液压传动连接 带米制螺纹和O形圈密封的油口和螺柱端 第4部分:六角螺塞

**Connections for hydraulic fluid power—
Ports and stud ends with metric threads and O-ring sealing—
Part 4:Hex plugs**

(ISO 6149-4:2006,Connections for fluid power and general use—
Ports and stud ends with ISO 261 metric threads and O-ring sealing—
Part 4:Dimensions,design,test methods and requirements for external hex and internal hex port plugs,MOD)

2011-12-30 发布　　2012-10-01 实施

中华人民共和国国家质量监督检验检疫总局
中国国家标准化管理委员会　发布

前　　言

GB/T 2878《液压传动连接　带米制螺纹和 O 形圈密封的油口和螺柱端》分为 4 部分：

——第 1 部分：油口；

——第 2 部分：重型螺柱端(S 系列)；

——第 3 部分：轻型螺柱端(L 系列)；

——第 4 部分：六角螺塞。

本部分为 GB/T 2878 的第 4 部分。

本部分按照 GB/T 1.1—2009 给出的规则起草。

本部分使用重新起草法修改采用 ISO 6149-4:2006《用于液压传动和一般用途的管接头　带 ISO 261 米制螺纹和 O 形圈密封的油口和螺柱端　第 4 部分：外六角和内六角螺塞的尺寸、型式、试验方法和技术要求》。

本部分与 ISO 6149-4:2006 的技术性差异及其原因如下：

——关于规范性引用文件，本部分做了具有技术性差异的调整，以适应我国的技术条件，调整情况集中反映在第 2 章；

——将螺塞材质由低碳钢改为碳钢(见 10.1)；

——取消了螺塞标记中的名称标注(见第 8 章)；

——将螺塞的标识改为在规格尺寸允许的情况下宜做出标识(见第 9 章)；

——增加了螺塞各种成形方法中应满足性能要求(见第 10 章)；

——增加了密封面表面粗糙度为 $Ra \leqslant 3.2\ \mu m$(见 10.2)；

——增加了外六角右视图(见图 1)。

本部分做了下列编辑性修改：

——标准名称简化；

——将“国际标准的本部分”改为“本部分”；

——增加“参考文献”。

本部分由中国机械工业联合会提出。

本部分由全国液压气动标准化技术委员会(SAC/TC 3)归口。

本部分负责起草单位：浙江苏强格液压股份有限公司、江苏省机械研究设计院有限责任公司、中机生产力促进中心。

本部分参加起草单位：海盐管件制造有限公司、上海立新液压有限公司、中船重工集团第 704 研究所、浙江华夏阀门有限公司、宁波市恒通液压科技有限公司。

本部分主要起草人：罗学荣、牛月军、杨永军、冯峰、耿志学、朱旭初、彭沪海、邹昌建、韦彬、洪超、杨茅、梁勇。

引　言

在流体传动系统中，功率是通过在封闭回路内的受压流体(液体或气体)传递和控制的。在一般应用中，流体可以在压力下输送。

元件通过管接头或软管接头将其螺纹油口与硬管或软管连接。通过拧入螺塞可以封闭油口。

液压传动连接　带米制螺纹和O形圈密封的油口和螺柱端　第4部分：六角螺塞

1　范围

GB/T 2878 的本部分规定了适用于 GB/T 2878.1 中规定的油口的外六角和内六角螺塞的尺寸和性能要求。

符合本部分的螺塞适用于最高工作压力 63 MPa(630 bar)。许用工作压力应根据螺塞的末端尺寸、材料、结构、工作条件和应用场合等条件来确定。

仅符合本部分规定尺寸的六角螺塞不能保证达到本部分规定的额定性能。为确保六角螺塞符合其额定性能，制造商应按照本部分规定的技术规范进行检测。

2　规范性引用文件

下列文件对于本文件的应用是必不可少的。凡是注日期的引用文件，仅注日期的版本适用于本文件。凡是不注日期的引用文件，其最新版本(包括所有的修改单)适用于本文件。

GB/T 193　普通螺纹　直径与螺距系列

GB/T 197—2003　普通螺纹　公差

GB/T 2878.2　液压传动连接　带米制螺纹和O形圈密封的油口和螺柱端　第2部分：重型螺柱端(S系列)(ISO 6149-2)

GB/T 3103.1—2002　紧固件公差　螺栓、螺钉、螺柱和螺母(ISO 4759-1)

GB/T 3452.2—2007　液压气动用O形橡胶密封圈　第2部分：外观质量检验规范(ISO 3601-3)

GB/T 5267.1　紧固件　电镀层(ISO 4092)

GB/T 5267.2　紧固件　非电解锌片涂层(ISO 10683)

GB/T 5576　橡胶与胶乳　命名法(ISO 1629)

GB/T 6031　硫化橡胶或热塑性橡胶硬度的测定(10～100 IRHD)(ISO 48)

GB/T 10125　人造气氛腐蚀试验　盐雾试验

GB/T 17446　流体传动系统及元件　术语(ISO 5598)

GB/T 26143　液压管接头　试验方法(ISO 19879)

3　术语和定义

GB/T 17446 中界定的以及下列术语和定义适用于本部分。

3.1

螺塞　plug

不带流体通道的螺柱端，用于封堵油液。

4 尺寸

4.1 螺塞尺寸

外六角和内六角螺塞应分别符合图1和图2所示及表1和表2所给的尺寸。

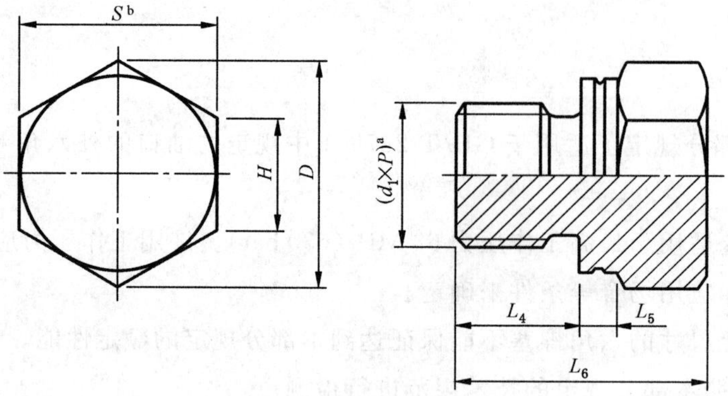

注：螺柱端应符合GB/T 2878.2不可调节重型(S系列)螺柱端规定。

[a] 螺纹。

[b] 外六角对边宽度。

图1 外六角螺塞(PLEH)

表1 外六角螺塞尺寸

单位为毫米

螺纹 ($d_1×P$)	L_4 参考	L_5 参考	L_6 ±0.5	s[a]
M8×1	9.5	1.6	16.5	12
M10×1	9.5	1.6	17	14
M12×1.5	11	2.5	18.5	17
M14×1.5	11	2.5	19.5	19
M16×1.5	12.5	2.5	22	22
M18×1.5	14	2.5	24	24
M20×1.5[b]	14	2.5	25	27
M22×1.5	15	2.5	26	27
M27×2	18.5	2.5	31.5	32
M30×2	18.5	2.5	33	36
M33×2	18.5	3	34	41
M42×2	19	3	36.5	50
M48×2	21.5	3	40	55
M60×2	24	3	44.5	65

[a] 公差见4.2。

[b] 仅适用于插装阀的插装孔(参见JB/T 5963)。

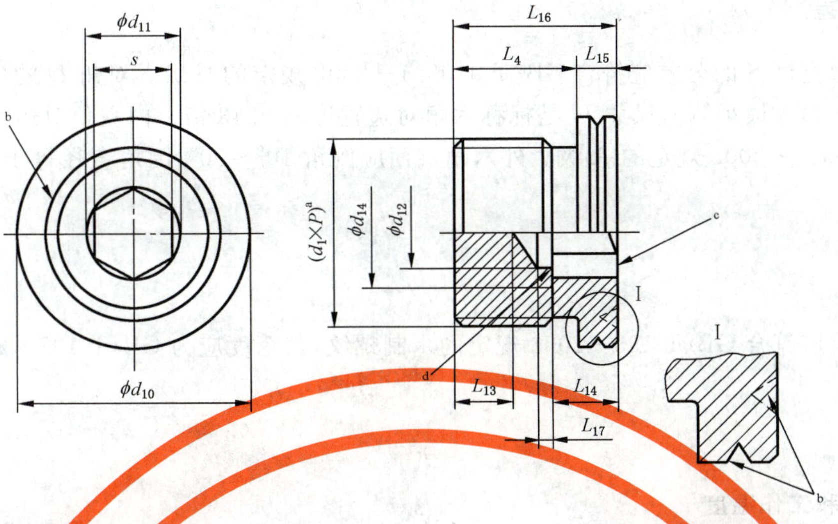

螺柱端应符合 GB/T 2878.2 不可调节重型(S 系列)螺柱端规定。

[a] 螺纹。

[b] 标识凹槽:1 mm(宽)×0.25 mm(深),形状可选择,标识位置可于直径 d_{10} 的肩部接近宽度 L_{15} 的中点。亦可位于螺塞的顶面。

[c] 孔口倒角:90°×d_{11}(直径)。

[d] 可选择的沉孔的底孔:$d_{14} \times L_{17}$。

图 2　内六角螺塞(PLIH)

表 2　内六角螺塞尺寸

单位为毫米

螺纹 ($d_1 \times P$)	d_{10} ±0.2	d_{11} $^{+0.25}_{0}$	d_{12} $^{+0.13}_{0}$	d_{14} $^{+0.25}_{0}$	L_4	L_{13}	L_{14}	L_{15}	L_{16}	L_{17}	s[a]
M8×1	11.8	4.6	4	4.7	9.5	3	5	3.5	13	2.1	4
M10×1	13.8	5.8	5	5.9	9.5	3	5.5	4	13.5	2.1	5
M12×1.5	16.8	6.9	6	7	11	3	7.5	4.5	15.5	2.5	6
M14×1.5	18.8	6.9	6	7	11	3	7.5	5	16	2.5	6
M16×1.5	21.8	9.2	8	9.3	12.5	3	8.5	5	17.5	2.5	8
M18×1.5	23.8	9.2	8	9.3	14	3	8.5	5	19	2.5	8
M20×1.5[b]	26.8	11.5	10	11.6	14	3	8.5	5	19	2.9	10
M22×1.5	26.8	11.5	10	11.6	15	3	8.5	5	20	2.9	10
M27×2	31.8	13.9	12	14	18.5	3	10.5	5	23.5	3.7	12
M30×2	35.8	16.2	14	16.3	18.5	3	11	6	24.5	3.7	14
M33×2	40.8	16.2	14	16.3	18.5	3	11	6	24.5	3.7	14
M42×2	49.8	19.6	17	19.7	19	3	11	6	25	3.7	17
M48×2	54.8	19.6	17	19.7	21.5	3	11	6	27.5	3.7	17
M60×2	64.8	21.9	19	22	24	3	12	6	30	3.7	19

[a] 公差见 4.2。

[b] 仅适用于插装阀的插装孔(参见 JB/T 5963)。

4.2 六角形公差

外六角对边宽度 S 的公差应符合 GB/T 3103.1—2002 规定的 C 级。对角 D 的最小尺寸是相对平面尺寸的 1.092 倍。最小侧面尺寸 H 是标称六角对边宽度的 0.43 倍。内六角对边宽度的尺寸公差应符合 GB/T 3103.1—2002 规定的 A 级。外六角端面应倒角 10°～30°,倒角直径等于六角对边宽度,公差为 $_{-0.4}^{\ 0}$ mm。

4.3 螺纹

螺塞的螺纹应符合 GB/T 193—2003 规定的米制螺纹,其精度应为 GB/T 197—2003 规定的 6 g。

5 要求

5.1 工作压力和工作温度

符合本部分的外六角和内六角螺塞适合在表 3 给出的最高工作压力下和－40 ℃～＋120 ℃的温度范围内使用。用于此范围之外的压力和/或温度时,应向制造商咨询。

符合本部分的螺塞可以带有橡胶密封件。螺塞制造和交付时应带有适用于石油基液压油的橡胶密封件,并标明密封件适用的工作温度范围。这类螺塞和密封件若用于其他介质,可能导致工作温度范围缩小或不适合应用。根据需要,制造商可以提供带有适用于除石油基液压油之外的油液并满足螺塞指定工作温度范围的橡胶密封件的螺塞。

5.2 性能

符合本部分的外六角和内六角螺塞应满足表 3 给出的爆破和脉冲压力,当按照第 7 章试验时应能承受 6.5 kPa(0.065 bar)的绝对真空压力。

表 3 外六角和内六角螺塞的压力

螺纹	外六角螺塞			内六角螺塞		
	最高工作压力[a]	试验压力		最高工作压力[a]	试验压力	
		爆破	脉冲[b]		爆破	脉冲[b]
	MPa(bar)	MPa(bar)	MPa(bar)	MPa(bar)	MPa(bar)	MPa(bar)
M8×1	63(630)	252(2 520)	84(840)	42(420)	168(1 680)	56(560)
M10×1	63(630)	252(2 520)	84(840)	42(420)	168(1 680)	56(560)
M12×1.5	63(630)	252(2 520)	84(840)	42(420)	168(1 680)	56(560)
M14×1.5	63(630)	252(2 520)	84(840)	63(630)	252(2 520)	84(840)
M16×1.5	63(630)	252(2 520)	84(840)	63(630)	252(2 520)	84(840)
M18×1.5	63(630)	252(2 520)	84(840)	63(630)	252(2 520)	84(840)
M20×1.5[c]	40(400)	160(1 600)	52(520)	40(400)	160(1 600)	52(520)
M22×1.5	63(630)	252(2 520)	84(840)	63(630)	252(2 520)	84(840)
M27×2	40(400)	160(1 600)	52(520)	40(400)	160(1 600)	52(520)
M30×2	40(400)	160(1 600)	52(520)	40(400)	160(1 600)	52(520)
M33×2	40(400)	160(1 600)	52(520)	40(400)	160(1 600)	52(520)

表 3（续）

螺纹	外六角螺塞			内六角螺塞		
	最高工作压力[a]	试验压力		最高工作压力[a]	试验压力	
		爆破	脉冲[b]		爆破	脉冲[b]
	MPa(bar)	MPa(bar)	MPa(bar)	MPa(bar)	MPa(bar)	MPa(bar)
M42×2	25(250)	100(1 000)	33(330)	25(250)	100(1 000)	33(330)
M48×2	25(250)	100(1 000)	33(330)	25(250)	100(1 000)	33(330)
M60×2	25(250)	100(1 000)	33(330)	25(250)	100(1 000)	33(330)

[a] 适用于碳钢制造的螺塞。

[b] 循环耐久性试验压力。

[c] 仅适用于插装阀阀孔(参见 JB/T 5963)。

6 O 形圈

除非另有规定，当用于按 5.1 和表 3 要求的压力以及试验时，O 形圈应：

——采用硬度为(90±5)IRHD 的丁腈橡胶(NBR)制成，按照 GB/T 6031 检测；

——符合图 3 所示及表 4 所给的尺寸；

——满足或超过 GB/T 3452.2—2007 中 N 级 O 形圈质量验收标准。

O 形圈的尺寸公差应按照 GB/T 2878.2 的规定。

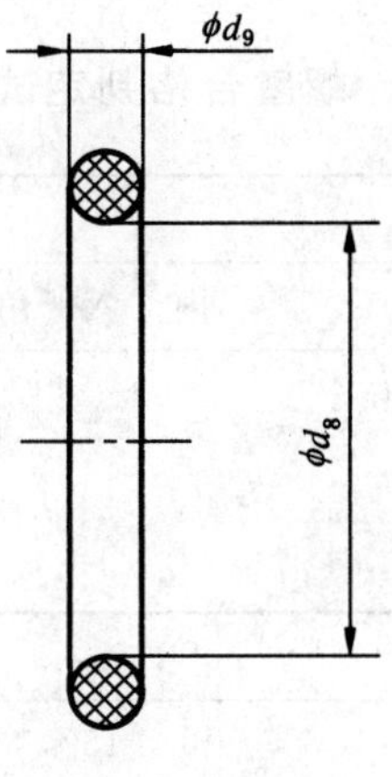

图 3 O 形圈

表 4 O 形圈规格 单位为毫米

螺纹	内径 d_8		截面直径 d_9	
	尺寸	公差	尺寸	公差
M8×1	6.1	±0.2	1.6	±0.08
M10×1	8.1	±0.2	1.6	±0.08
M12×1.5	9.3	±0.2	2.2	±0.08

表 4（续）

单位为毫米

螺纹	内径 d_8		截面直径 d_9	
	尺寸	公差	尺寸	公差
M14×1.5	11.3	±0.2	2.2	±0.08
M16×1.5	13.3	±0.2	2.2	±0.08
M18×1.5	15.3	±0.2	2.2	±0.08
M20×1.5[a]	17.3	±0.22	2.2	±0.08
M22×1.5	19.3	±0.22	2.2	±0.08
M27×2	23.6	±0.24	2.9	±0.09
M30×2	26.6	±0.26	2.9	±0.09
M33×2	29.6	±0.29	2.9	±0.09
M42×2	38.6	±0.37	2.9	±0.09
M48×2	44.6	±0.43	2.9	±0.09
M60×2	56.6	±0.51	2.9	±0.09

[a] 仅适用于插装阀阀孔的螺塞(参见 JB/T 5963)。

7 试验方法

应按照 GB/T 26143 的规定，对螺塞进行爆破、耐久性(脉冲)和真空试验。在试验中应使用表 5 给出的扭矩进行安装。试验结果应记录在 GB/T 26143 规定的试验数据表中。

表 5 螺塞合格判定试验扭矩

螺纹	螺塞	
	内六角	外六角
	扭矩 N·m $^{+10}_{0}$ %	
M8×1	8	10
M10×1	15	20
M12×1.5	22	35
M14×1.5	45	45
M16×1.5	55	55
M18×1.5	70	70
M20×1.5[a]	80	80
M22×1.5	100	100
M27×2	170	170
M30×2	215	215

表 5（续）

螺纹	螺塞	
	内六角	外六角
	扭矩 N·m $^{+10}_{0}$ %	
M33×2	310	310
M42×2	330	330
M48×2	420	420
M60×2	500	500
[a] 仅适用于插装阀阀孔(参见 JB/T 5963)。		

8 螺塞的命名

为了方便订购，应使用代号命名螺塞。用“GB/T 2878.4”作区分，然后是连字符，后接形状代号，对于外六角用“PLEH”，或内六角用“PLIH”，然后是连字符，后接螺塞螺纹尺寸，对于交付带有符合第 6 章要求的 O 形圈的螺塞，后接 O 形圈代号 NBR。如果需要，可以对代号补充，用连字符后跟符合 GB/T 5267.1 或 GB/T 5267.2 规定的镀层代号，后接符合 GB/T 5576 规定的 O 形圈材料代号。

示例 1：用于 GB/T 2878.1 油口，螺纹尺寸为 M12×1.5 的外六角螺塞，命名如下：

螺塞 GB/T 2878.4-PLEH-M12

示例 2：用于 GB/T 2878.1 油口，螺纹尺寸为 M12×1.5，订货带有符合第 6 章要求的 O 形圈的外六角螺塞，命名如下：

螺塞 GB/T 2878.4-PLEH-M12-NBR

示例 3：用于 GB/T 2878.1 油口，螺纹尺寸为 M12×1.5，订货带有符合第 6 章要求且用 FKM(氟橡胶)代替 NBR 制作的 O 形圈的外六角螺塞，命名如下：

螺塞 GB/T 2878.4-PLEH-M12-FKM

示例 4：用于 GB/T 2878.1 油口，螺纹尺寸为 M12×1.5，订货带有符合 GB/T 5267.1 规定的镀锌层以及装有符合第 6 章要求且用 FKM 代替 NBR 制作的 O 形圈的外六角螺塞，命名如下：

螺塞 GB/T 2878.4-PLEH-M12-A3C-FKM

9 标识

外六角螺塞在规格尺寸允许的情况下宜做出符合 GB/T 2878.2 中对不可调节螺柱端要求的标识。内六角螺塞在规格尺寸允许的情况下宜做出图 2 所示的标识。

10 加工

10.1 结构

除非另有要求，通常螺塞可以用碳钢通过锻造、冷成型制造或用棒料通过机加工而成，其性能应满足第 5 章规定的要求。

10.2 工艺

工艺应符合制造高质量螺塞的大批量生产要求。螺塞应无可视的污染物和所有在使用中会被冲出的毛刺、切屑和碎片，以及其他任何会影响到螺塞功能的缺陷。除非另有规定，密封面表面粗糙度应为 $Ra \leqslant 3.2\ \mu m$，其余表面的粗糙度应为 $Ra \leqslant 6.3\ \mu m$。

10.3 表面处理

所有碳钢螺塞的外表面和螺纹应镀上或涂以合适的材料。除非供需双方另有协议，螺塞应按照 GB/T 10125 的要求通过 72 h 中性盐雾试验。除下列指定部位外，在盐雾试验期间，螺塞的任何部位出现红色铁锈都应视为失效。

——棱边，如六角形的尖点、螺纹的齿牙和齿顶，由于批量生产和运输的影响使得镀层和涂层产生机械损伤处。

——由于卷曲、扩口、弯曲和其他后续金属加工引起的镀层或涂层机械变形的部位。

——试验箱中零件悬挂或固定处，这些位置可能聚集冷凝液。

在贮存过程中，应避免受到腐蚀。

考虑到对环境的影响，按照本部分制造的零件不应采用镉镀层。

在应用过程中，镀层的变化会影响安装力矩，需要重新验证。

11 采购信息

当用户咨询或订购时，宜使用与第 8 章中螺塞的命名一致的描述。如果材料、压力和温度等选择与本部分要求不一致时，应向制造商咨询。

12 标记

螺塞宜永久性地标注出制造商名称或商标。

13 标注说明（引用 GB/T 2878 的本部分）

当选择遵守本部分时，建议制造商在试验报告、产品目录和销售文件中使用以下说明："螺塞符合 GB/T 2878.4—2011《液压传动连接　带米制螺纹和 O 形圈密封的油口和螺柱端　第 4 部分：六角螺塞》的规定"。

表 5（续）

螺纹	螺塞	
	内六角	外六角
	扭矩 N·m $^{+10}_{0}$ %	
M33×2	310	310
M42×2	330	330
M48×2	420	420
M60×2	500	500

[a] 仅适用于插装阀阀孔(参见 JB/T 5963)。

8 螺塞的命名

为了方便订购，应使用代号命名螺塞。用“GB/T 2878.4”作区分，然后是连字符，后接形状代号，对于外六角用“PLEH”，或内六角用“PLIH”，然后是连字符，后接螺塞螺纹尺寸，对于交付带有符合第 6 章要求的 O 形圈的螺塞，后接 O 形圈代号 NBR。如果需要，可以对代号补充，用连字符后跟符合 GB/T 5267.1 或 GB/T 5267.2 规定的镀层代号，后接符合 GB/T 5576 规定的 O 形圈材料代号。

示例 1：用于 GB/T 2878.1 油口，螺纹尺寸为 M12×1.5 的外六角螺塞，命名如下：

螺塞 GB/T 2878.4-PLEH-M12

示例 2：用于 GB/T 2878.1 油口，螺纹尺寸为 M12×1.5，订货带有符合第 6 章要求的 O 形圈的外六角螺塞，命名如下：

螺塞 GB/T 2878.4-PLEH-M12-NBR

示例 3：用于 GB/T 2878.1 油口，螺纹尺寸为 M12×1.5，订货带有符合第 6 章要求且用 FKM(氟橡胶)代替 NBR 制作的 O 形圈的外六角螺塞，命名如下：

螺塞 GB/T 2878.4-PLEH-M12-FKM

示例 4：用于 GB/T 2878.1 油口，螺纹尺寸为 M12×1.5，订货带有符合 GB/T 5267.1 规定的镀锌层以及装有符合第 6 章要求且用 FKM 代替 NBR 制作的 O 形圈的外六角螺塞，命名如下：

螺塞 GB/T 2878.4-PLEH-M12-A3C-FKM

9 标识

外六角螺塞在规格尺寸允许的情况下宜做出符合 GB/T 2878.2 中对不可调节螺柱端要求的标识。内六角螺塞在规格尺寸允许的情况下宜做出图 2 所示的标识。

10 加工

10.1 结构

除非另有要求，通常螺塞可以用碳钢通过锻造、冷成型制造或用棒料通过机加工而成，其性能应满足第 5 章规定的要求。

10.2 工艺

工艺应符合制造高质量螺塞的大批量生产要求。螺塞应无可视的污染物和所有在使用中会被冲出的毛刺、切屑和碎片，以及其他任何会影响到螺塞功能的缺陷。除非另有规定，密封面表面粗糙度应为 $Ra \leqslant 3.2\ \mu m$，其余表面的粗糙度应为 $Ra \leqslant 6.3\ \mu m$。

10.3 表面处理

所有碳钢螺塞的外表面和螺纹应镀上或涂以合适的材料。除非供需双方另有协议，螺塞应按照 GB/T 10125 的要求通过 72 h 中性盐雾试验。除下列指定部位外，在盐雾试验期间，螺塞的任何部位出现红色铁锈都应视为失效。

——棱边，如六角形的尖点、螺纹的齿牙和齿顶，由于批量生产和运输的影响使得镀层和涂层产生机械损伤处。

——由于卷曲、扩口、弯曲和其他后续金属加工引起的镀层或涂层机械变形的部位。

——试验箱中零件悬挂或固定处，这些位置可能聚集冷凝液。

在贮存过程中，应避免受到腐蚀。

考虑到对环境的影响，按照本部分制造的零件不应采用镉镀层。

在应用过程中，镀层的变化会影响安装力矩，需要重新验证。

11 采购信息

当用户咨询或订购时，宜使用与第 8 章中螺塞的命名一致的描述。如果材料、压力和温度等选择与本部分要求不一致时，应向制造商咨询。

12 标记

螺塞宜永久性地标注出制造商名称或商标。

13 标注说明（引用 GB/T 2878 的本部分）

当选择遵守本部分时，建议制造商在试验报告、产品目录和销售文件中使用以下说明："螺塞符合 GB/T 2878.4—2011《液压传动连接　带米制螺纹和 O 形圈密封的油口和螺柱端　第 4 部分：六角螺塞》的规定"。

表 5（续）

螺　　纹	螺　　塞	
	内　六　角	外　六　角
	扭矩 N·m $^{+10}_{\ 0}$ %	
M33×2	310	310
M42×2	330	330
M48×2	420	420
M60×2	500	500

[a] 仅适用于插装阀阀孔(参见 JB/T 5963)。

8　螺塞的命名

为了方便订购，应使用代号命名螺塞。用“GB/T 2878.4”作区分，然后是连字符，后接形状代号，对于外六角用“PLEH”，或内六角用“PLIH”，然后是连字符，后接螺塞螺纹尺寸，对于交付带有符合第 6 章要求的 O 形圈的螺塞，后接 O 形圈代号 NBR。如果需要，可以对代号补充，用连字符后跟符合 GB/T 5267.1 或 GB/T 5267.2 规定的镀层代号，后接符合 GB/T 5576 规定的 O 形圈材料代号。

示例 1： 用于 GB/T 2878.1 油口，螺纹尺寸为 M12×1.5 的外六角螺塞，命名如下：

螺塞 GB/T 2878.4-PLEH-M12

示例 2： 用于 GB/T 2878.1 油口，螺纹尺寸为 M12×1.5，订货带有符合第 6 章要求的 O 形圈的外六角螺塞，命名如下：

螺塞 GB/T 2878.4-PLEH-M12-NBR

示例 3： 用于 GB/T 2878.1 油口，螺纹尺寸为 M12×1.5，订货带有符合第 6 章要求且用 FKM(氟橡胶)代替 NBR 制作的 O 形圈的外六角螺塞，命名如下：

螺塞 GB/T 2878.4-PLEH-M12-FKM

示例 4： 用于 GB/T 2878.1 油口，螺纹尺寸为 M12×1.5，订货带有符合 GB/T 5267.1 规定的镀锌层以及装有符合第 6 章要求且用 FKM 代替 NBR 制作的 O 形圈的外六角螺塞，命名如下：

螺塞 GB/T 2878.4-PLEH-M12-A3C-FKM

9　标识

外六角螺塞在规格尺寸允许的情况下宜做出符合 GB/T 2878.2 中对不可调节螺柱端要求的标识。内六角螺塞在规格尺寸允许的情况下宜做出图 2 所示的标识。

10　加工

10.1　结构

除非另有要求，通常螺塞可以用碳钢通过锻造、冷成型制造或用棒料通过机加工而成，其性能应满足第 5 章规定的要求。

10.2 工艺

工艺应符合制造高质量螺塞的大批量生产要求。螺塞应无可视的污染物和所有在使用中会被冲出的毛刺、切屑和碎片，以及其他任何会影响到螺塞功能的缺陷。除非另有规定，密封面表面粗糙度应为 $Ra \leqslant 3.2\ \mu m$，其余表面的粗糙度应为 $Ra \leqslant 6.3\ \mu m$。

10.3 表面处理

所有碳钢螺塞的外表面和螺纹应镀上或涂以合适的材料。除非供需双方另有协议，螺塞应按照 GB/T 10125 的要求通过 72 h 中性盐雾试验。除下列指定部位外，在盐雾试验期间，螺塞的任何部位出现红色铁锈都应视为失效。

——棱边，如六角形的尖点、螺纹的齿牙和齿顶，由于批量生产和运输的影响使得镀层和涂层产生机械损伤处。

——由于卷曲、扩口、弯曲和其他后续金属加工引起的镀层或涂层机械变形的部位。

——试验箱中零件悬挂或固定处，这些位置可能聚集冷凝液。

在贮存过程中，应避免受到腐蚀。

考虑到对环境的影响，按照本部分制造的零件不应采用镉镀层。

在应用过程中，镀层的变化会影响安装力矩，需要重新验证。

11 采购信息

当用户咨询或订购时，宜使用与第 8 章中螺塞的命名一致的描述。如果材料、压力和温度等选择与本部分要求不一致时，应向制造商咨询。

12 标记

螺塞宜永久性地标注出制造商名称或商标。

13 标注说明(引用 GB/T 2878 的本部分)

当选择遵守本部分时，建议制造商在试验报告、产品目录和销售文件中使用以下说明："螺塞符合 GB/T 2878.4—2011《液压传动连接　带米制螺纹和 O 形圈密封的油口和螺柱端　第 4 部分：六角螺塞》的规定"。

参 考 文 献

[1] GB/T 2878.1 液压传动连接 带米制螺纹和O形圈密封的油口和螺柱端 第1部分：油口

[2] JB/T 5963 液压二通、三通、四通螺纹式插装阀插装孔